Handbook of Dispersion and Flocculation Technology

分散・凝集技術ハンドブック

監　修　　秋吉 一成

編集幹事　武田 真一

編集委員　足立 泰久，大島 広行，川﨑 英也
　　　　　小林　功，小林 敏勝，中村　浩

NTS

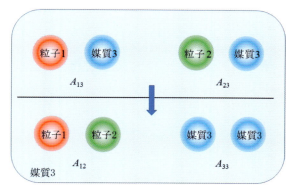

図4 粒子1と2のHamaker定数に対する媒質3の効果(p.15)

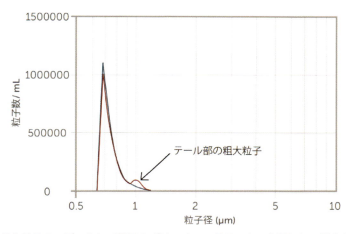

図3 CMPスラリーに凝集粒子のモデルとして微量のポリスチレンラテックスを添加し、測定したときの結果[2] (p.119)

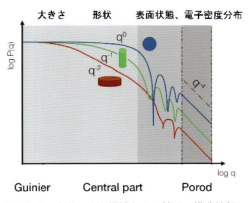

図7 SAXSデータの小角〜中角〜広角領域とナノ粒子の構造情報の対応関係(p.124)

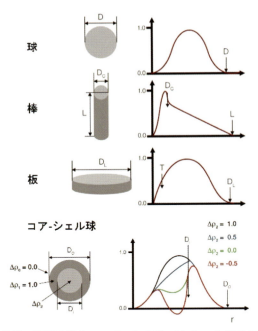

図9　電子密度が均一な球状，棒状，板状粒子のPDDF，およびコア-シェル構造を持つ球状粒子のPDDF（p.125）

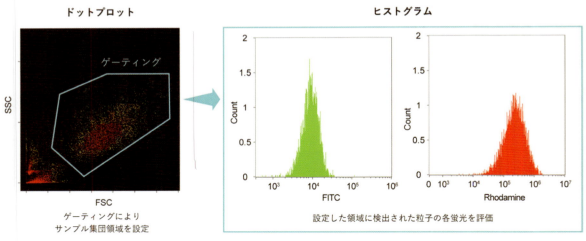

図3　フローサイトメトリーによるコロイド粒子解析の流れ（p.136）

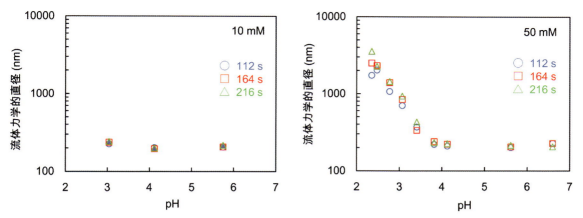

図2 KCl水溶液のセルロースナノファイバーの流体力学的直径[2] (p.149)

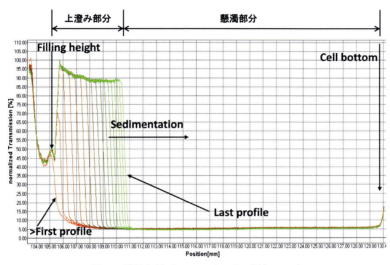

図2 透過光量プロファイルの一例 (p.156)

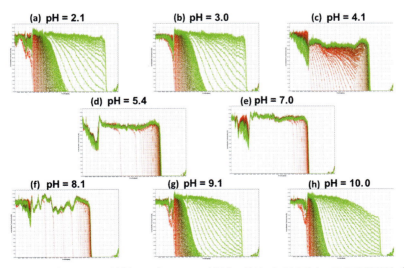

図8 Degussa社製TiO$_2$(P25)−Wacker社製SiO$_2$(HDK V15)混合スラリーに対する各pHの沈降特性プロファイル (p.159)

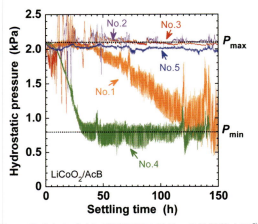

図6 リチウムイオン電池正極スラリーの沈降静水圧[7]
（p.165）

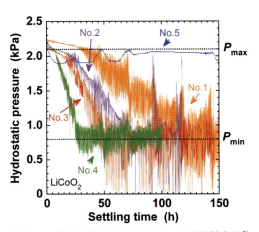

図7 コバルト酸リチウムスラリーの沈降静水圧[7]
（p.165）

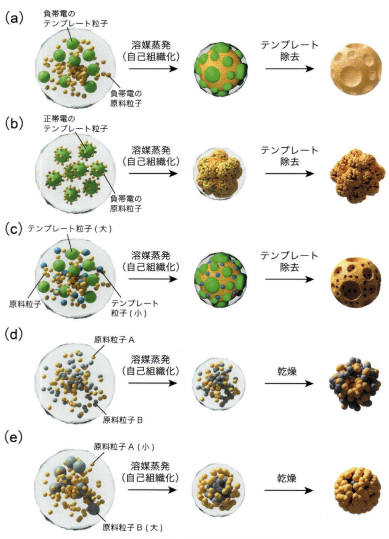

図6 噴霧乾燥法による微粒子の形態制御（p.228）

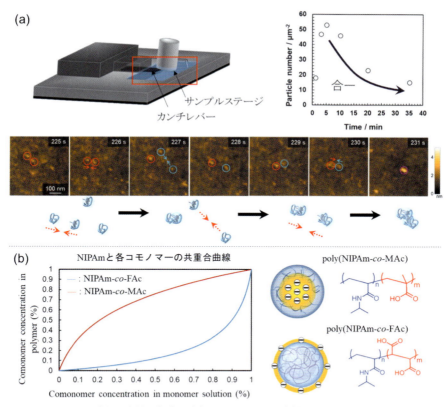

図3 (a) HS-AFM を用いた沈殿重合の直接可視化, (b) コモノマーの反応性比を活用したゲル微粒子内部の官能基分布制御 (p.247)

Reprinted with permission from ref. 8 and ref. 11. Copyright 2016 and 2021, American Chemical Society.

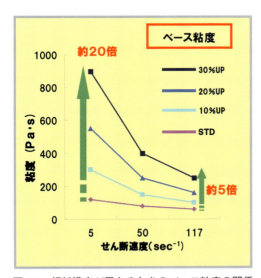

図14 顔料濃度が異なるときのベース粘度の関係 (p.318)

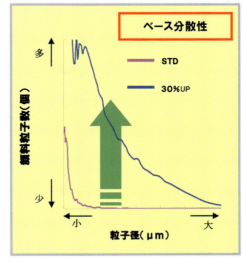

図15 顔料濃度が異なるときのベース分散性の関係 (p.319)

口絵 - v

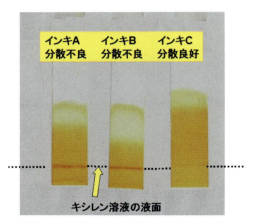

図18　ろ紙クロマト試験の一例（p.319）

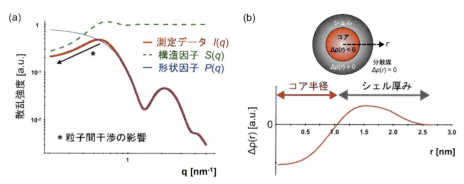

図4　(a) 5 wt% CTAB（10 mM KCl）溶液の散乱曲線，(b) 逆重畳法により得られた電子密度プロファイル（p.342）

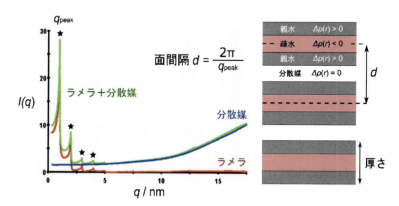

図6　ラメラ構造のSAXSデータ例（p.344）

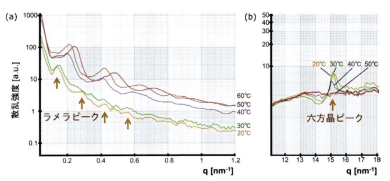

図7 ジアルキルジメチルアンモニウム塩と高級アルコールを含む水溶液中で形成されたラメラ構造（α-ゲル）の散乱曲線。(a) SAXSデータ，(b) WAXSデータ (p.345)

SAXSpace (Anton Paar GmbH) で測定。

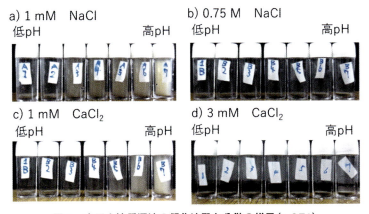

図1 水田土壌懸濁液の凝集沈殿と分散の様子 (p.371)

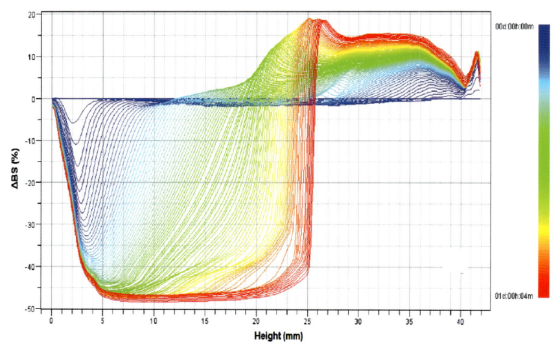

図4 レシチンで大豆油を乳化して調製したエマルションのタービスキャンによる安定性評価(p.390)
エマルションを40℃で24時間静置した際のΔBSの変化をチューブの高さに対してプロットした。横軸の0はチューブの底に当たり、数字が大きくなるほどチューブの上部に近づく。一定時間毎にスキャンしたデータを重ね書きしている。文献4)より引用。

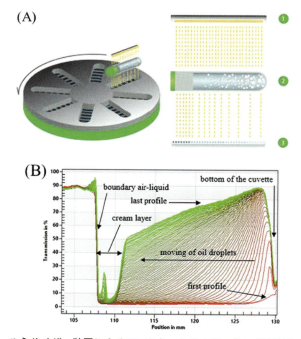

図5 ルミサイザー装置によるエマルションのクリーミング評価(p.391)
(A)ルミサイザーの基本的構成。①光源、②サンプルの詰まった遠心チューブ、③センサー(検出器)。文献7)より引用。
(B)ヘスペリジンを溶解した大豆油を乳化して調製したエマルションの分析結果。遠心操作を始めて一定時間後のスキャンデータを重ね書きしている。文献6)より引用。

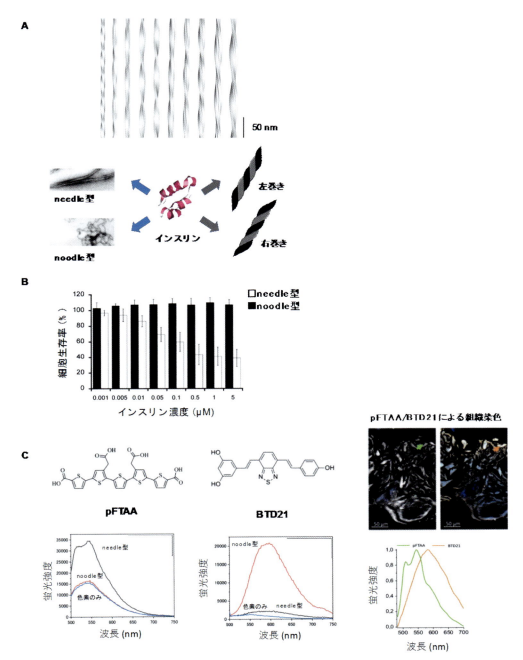

図2 A:アミロイドの構造多型例(上:AL1 アミロイド(文献7)より),下:インスリンアミロイド(needle/noodle 型は文献10)より)),B:インスリンアミロイドの毒性多型(文献10)より),C:LCO によるインスリンアミロイドの多型解析(文献14)より)(p.402)

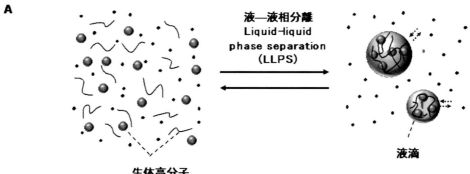

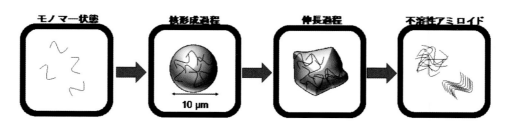

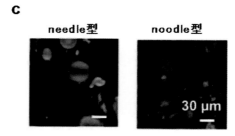

図3 A：液-液相分離(LLPS)による液滴形成，B：液滴内でのアミロイド形成，C：needle型インスリンアミロイドによる液滴形成(文献23)より)(p.405)

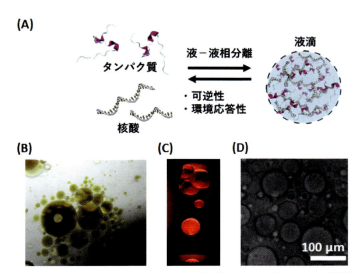

図1 (A)核酸とタンパク質によって形成されるドロプレットの模式図。(B)水相と油相に分離したサラダドレッシング。(C)加温により油滴が対流するラバランプ。(D)10重量%のPEGと10重量%のDEXによって形成されるドロプレットの顕微鏡図。ドロプレットの内部がDEX濃厚相で，外部がPEG濃厚相となっている(p.412)

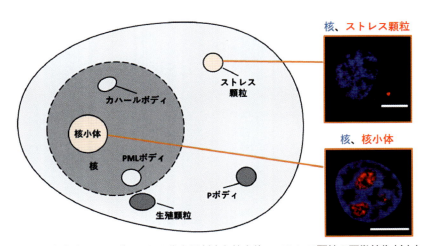

図6 細胞内に存在するドロプレットの代表例(左)と核小体・ストレス顆粒の顕微鏡像(右)(p.418)
スケールバー＝10 μm

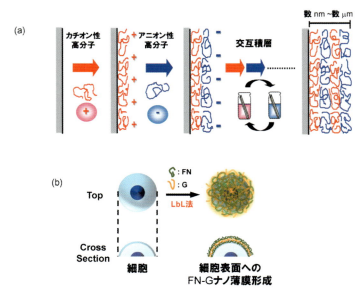

図1 (a)交互積層法, (b)細胞表面へのFN-Gナノ薄膜形成のイメージ(p.422)
FN：フィブロネクチン, G：ゼラチン

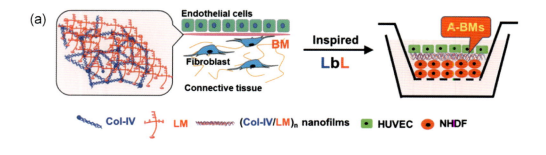

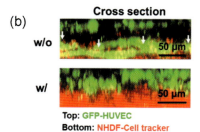

図4 (a)細胞表面への人工基底膜形成による細胞の区画化制御のイメージ。(b) 75 nm の Col IV-LN 薄膜あり(w/)となし(w/o)の条件における共焦点レーザー顕微鏡観察による HUVEC(緑)と NHDF の5層組織(赤)の24時間培養後の区画化(p.424)

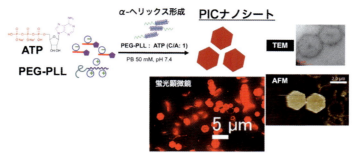

図5 PEG-PLL と ATP から作製される PIC ナノシート (p.428)

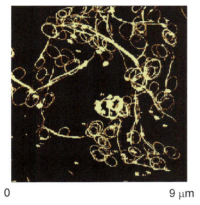

図3 環状 CNT の AFM 像 (p.444)

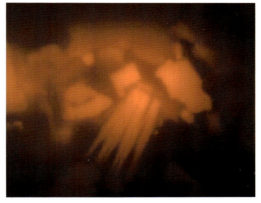

図5 ローダミン水溶液中に浮遊している GO (p.446)
均一な薄膜形態の他にも，直線的な亀裂の入ったくさび形形態も確認できる

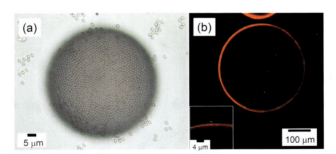

図8 蛍光ラベルした固体粒子が気液界面に吸着することにより水中にて安定化された泡 (p.467)
(a) 光学顕微鏡写真，(b) 共焦点レーザー顕微鏡写真（挿入図は泡壁の拡大図）。文献 40) より引用，改変

監修者・編集委員・執筆者一覧

【監修者】

秋吉　一成　　京都大学　大学院医学研究科　特任教授

【編集幹事】

武田　真一　　武田コロイドテクノ・コンサルティング株式会社　代表取締役社長

【編集委員】(五十音順)

足立　泰久　　筑波大学名誉教授

大島　広行　　東京理科大学名誉教授

川﨑　英也　　関西大学　化学生命工学部　教授

小林　　功　　国立研究開発法人農業・食品産業技術総合研究機構
　　　　　　　食品研究部門 食品加工・素材研究領域　食品加工グループ　上級研究員

小林　敏勝　　小林分散技研　代表／東京理科大学　創域理工学部　客員教授

中村　　浩　　株式会社豊田中央研究所　スラリー研究領域　研究領域リーダ/理事

【執筆者】(掲載順)

武田　真一　　武田コロイドテクノ・コンサルティング株式会社　代表取締役社長

大島　広行　　東京理科大学名誉教授

足立　泰久　　筑波大学名誉教授

中村　　浩　　株式会社豊田中央研究所　スラリー研究領域　研究領域リーダ/理事

辰巳　　怜　　一般社団法人プロダクト・イノベーション協会　主任研究員

高江　恭平　　鳥取大学　工学部　准教授

山口　哲司　　株式会社堀場製作所　固体・粉粒体計測開発部

髙橋かより　　国立研究開発法人産業技術総合研究所　物質計測標準研究部門粒子計測研究グループ　主任研究員

佐々木健吉　　日本インテグリス合同会社　Advanced Purity Solutions Division　Lead, Field Applications

高崎　祐一　　株式会社アントンパール・ジャパン　ビジネスユニットキャラクタリゼーション　X線回折・X線散乱装置プロダクトマネージャー

池田　純子　　マジェリカ・ジャパン株式会社　代表取締役／東北大学　多元物質化学研究所　客員准教授

水田　涼介　　京都大学　大学院工学研究科　助教

秋吉　一成	京都大学　大学院医学研究科　特任教授	
小林　幹佳	筑波大学　生命環境系　准教授	
森　隆昌	法政大学　生命科学部　教授	
平野　大輔	協和界面科学株式会社　技術部　エキスパート	
中村　彰一	大塚電子株式会社　開発本部計測分析機器開発部アプリケーション技術グループ	
石田　尚之	同志社大学　理工学部　教授	
神谷　秀博	東京農工大学名誉教授	
川﨑　英也	関西大学　化学生命工学部　教授	
平野　知之	広島大学　大学院先進理工系科学研究科　助教	
荻　崇	広島大学　大学院先進理工系科学研究科　教授	
鈴木登代子	神戸大学　大学院工学研究科　助教	
南　秀人	神戸大学　大学院工学研究科　教授	
鈴木　大介	信州大学　学術研究院（繊維学系）　准教授	
渡邊　拓巳	信州大学　学術研究院（繊維学系）	
安原　主馬	奈良先端科学技術大学院大学　先端科学技術研究科　准教授	
酒井　俊郎	信州大学　工学部　教授	
菰田　悦之	神戸大学　大学院工学研究科　准教授	
山村　方人	九州工業大学　大学院工学研究院　教授	
日下　靖之	国立研究開発法人産業技術総合研究所　センシング技術研究部門　研究グループ長	
小林　敏勝	小林分散技研　代表／東京理科大学　創域理工学部　客員教授	
南家真貴子	日本ペイント・オートモーティブコーティング株式会社　オートボディR&DI本部　コアR&D　色材技術	
藪野　通夫	トーヨーケム株式会社　川越製造所千歳工場　工場長	
那須　昭夫	株式会社資生堂　みらい開発研究所	
三刀　俊祐	テイカ株式会社　岡山研究所　係長	
坂　貞徳	国立研究開発法人海洋研究開発機構／信州大学　工学部　特任教授	
石黒　宗秀	北海道大学名誉教授	
幸内　淳一	日産化学株式会社　物質科学研究所　農薬研究部製剤実用化研究グループ　グループリーダー	
松村　康生	京都大学　生存圏研究所　特任教授	
松宮健太郎	京都大学　大学院農学研究科　准教授	
石井　統也	香川大学　農学部　助教	
土江　祐介	愛媛大学　大学院理工学研究科	
座古　保	愛媛大学　大学院理工学研究科　教授	

白木 賢太郎	筑波大学　数理物質系　教授
鶴田　充生	甲南大学　大学院フロンティアサイエンス研究科
川内　敬子	甲南大学　フロンティアサイエンス学部　准教授
三好　大輔	甲南大学　フロンティアサイエンス学部　教授
松崎　典弥	大阪大学　大学院工学研究科　教授
岸村　顕広	九州大学　大学院工学研究院　准教授
高橋　弘至	積水メディカル株式会社　検査海外事業部　製品・開発推進部　部長
太平　博暁	積水メディカル株式会社　研究開発統括部　つくば研究所基盤領域開発センター高分子利用分析グループ　グループ長
佐野　正人	山形大学名誉教授
田仲　玲奈	国立研究開発法人森林研究・整備機構　森林総合研究所　主任研究員
山中　淳平	名古屋市立大学　大学院薬学研究科　教授
奥薗　透	名古屋市立大学　大学院薬学研究科　准教授
豊玉　彰子	名古屋市立大学　大学院薬学研究科　准教授
藤井　秀司	大阪工業大学　工学部　教授
鈴木　龍樹	仙台高等専門学校　総合工学科　助教
出口　茂	国立研究開発法人海洋研究開発機構　生命理工学センター　センター長

目　次

第1編　基礎原理

第1章　分散・凝集とは

（武田　真一）

1. はじめに …………………………………………………………………3
2. 状態としての分散 ………………………………………………………3
3. 過程としての分散 ………………………………………………………4

第2章　分散・凝集の歴史

第1節　コロイドの分類

（大島　広行）

1. 可逆(親水)コロイドと不可逆(疎水)コロイド ……………………6
2. ハード系とソフト系 ……………………………………………………7

第2節　分散・凝集に対する2つの見方：速度論と平衡論

（大島　広行）

1. コロイドの分散・凝集に対する2つの見方 …………………………9
2. 不可逆コロイドの分散・凝集の速度論：DLVO理論 ………………9
3. 可逆コロイドの相転移理論：Langmuir理論 ………………………10
4. Onsagerの排除体積理論 ………………………………………………11

第3節　Hamaker定数（凝集促進因子）の歴史

（大島　広行）

1. はじめに：Hamaker定数とは何か ……………………………………13
2. Hamakerの理論とHamaker定数 ………………………………………13
3. Hamaker定数の巨視的な表現 …………………………………………16

第4節　ゼータ電位（分散促進因子）の歴史

（大島　広行）

1. はじめに：ゼータ電位とは何か ································· 18
2. Gouy-Chapman モデル：帯電粒子周囲の電気二重層 ················· 19
3. Smoluchowski の式：Debye 長より大きい粒子 ····················· 20
4. Hückel の式：Debye 長より小さい粒子 ··························· 21
5. Henry の式：任意のサイズの粒子 ································ 22
6. Overbeek の緩和効果の理論：ゼータ電位が高い場合 ················ 23
7. 電気泳動の標準理論：O'Brien-White の理論 ······················ 25

第5節　凝集速度と安定度比

（大島　広行）

1. はじめに：コロイド分散系の凝集速度 ···························· 27
2. Smoluchowski の急速凝集の理論 ································· 27
3. Fuchs の緩慢凝集の理論：相互作用場における凝集速度と安定度比 ··· 30
4. 安定度比の式の改良 ··· 31

第3章　分散・凝集が関係する特性と現象
第1節　分散・凝集状態とその定義
第1項　凝集状態とその定義

（武田　真一）

1. 1次粒子と凝集粒子 ·· 33
2. 凝集現象の科学と歴史 ·· 34
3. 凝集形態と JIS による分類 ····································· 34
4. 分散過程における分散・凝集状態とそれを支配する力 ·············· 34

第2項　分散性と分散安定性の定義

（武田　真一）

1. はじめに ··· 37
2. ISO の分散安定性と実用系の安定性 ······························ 37

第2節　分散・凝集を支配する因子—コロイド粒子間相互作用
第1項　凝集の速度論：DLVO理論

（大島　広行）

1. DLVO理論とは何か ･･･39
2. 2個の球状粒子間の全相互作用エネルギー ･･････････････････････････････39
3. 臨界凝集濃度とSchultze-Hardyの経験則 ･･･････････････････････････････41
4. 安定性の基準 ･･･42

第2項　凝縮相と分散相の平衡：Langmuirの相平衡理論 ･････････････････43

（大島　広行）

第3項　排除体積効果：Onsagerの理論 ･････････････････････････････････46

（大島　広行）

第4項　枯渇相互作用：朝倉・大澤理論 ･････････････････････････････････48

（大島　広行）

第5項　吸着高分子間の立体相互作用 ･･･････････････････････････････････51

（大島　広行）

第6項　コロイド分散系における結晶構造：Alder転移 ･･･････････････････54

（大島　広行）

第3節　凝集の制御科学
第1項　凝集速度論

（足立　泰久）

1. はじめに ･･･57
2. ポピュレーション（母集団）方程式（スモルコフスキー方程式） ････････････57
3. ブラウン凝集 ･･･58
4. せん断流れ場における凝集 ･･･60
5. 流体力学的相互作用 ･･･60
6. ブラウン運動と流れ場の共存域での凝集速度 ･････････････････････････････61
7. 乱流場における凝集 ･･･61

第2項　基準撹拌を適用した吸着性高分子による凝集の初期過程
（足立　泰久）

1. はじめに ··· 64
2. 中性高分子による初期の凝集過程 ··· 65
3. 高分子電解質の凝集に関わるイオン強度の効果 ································· 66

第4節　分散系のレオロジーの基礎
（中村　浩）

1. 概　況 ··· 70
2. レオロジーの基礎 ··· 71
3. 分散系のレオロジーの基礎 ··· 74
4. 分散系のレオロジー(非ニュートン流体) ····································· 75
5. 分散系のレオロジーを支配する液構造 ······································· 76

第4章　分散・凝集のシミュレーション
第1節　プロセスにおける分散系のシミュレーション
（辰巳　怜）

1. はじめに ··· 79
2. 流動シミュレーション ··· 79
3. 乾燥シミュレーション ··· 83

第2節　ソフトマター系のミクロ・マクロ・メソスケールシミュレーション
（高江　恭平）

1. 数値シミュレーションの役割とは ··· 86
2. 分子動力学シミュレーション ··· 86
3. マクロな流体力学シミュレーション ··· 88
4. コロイド溶液のメソスケールダイナミクス ··································· 92
5. まとめ ··· 94
6. 補　足 ··· 95

第2編　計測・評価

第1章　分散性（粒子径分布）評価事例

第1節　レーザ回折・散乱法の原理と応用例

（山口　哲司）

1. はじめに …………………………………………………………………………………… 101
2. 測定原理 …………………………………………………………………………………… 101
3. 粒子径分布演算 …………………………………………………………………………… 102
4. 装置概要 …………………………………………………………………………………… 102
5. 測定精度 …………………………………………………………………………………… 105
6. 測定事例 …………………………………………………………………………………… 105
7. 各種アクセサリーを使った応用例 ……………………………………………………… 105
8. おわりに …………………………………………………………………………………… 110

第2節　DLS（動的光散乱法）

（高橋　かより）

1. はじめに …………………………………………………………………………………… 111
2. 動的光散乱法と静的光散乱法 …………………………………………………………… 111
3. 動的光散乱の原理 ………………………………………………………………………… 111
4. DLS法による相互作用評価 ……………………………………………………………… 113
5. 粒子の形状評価 …………………………………………………………………………… 114

第3節　凝集粒子数カウント法

（佐々木　健吉）

1. はじめに …………………………………………………………………………………… 117
2. アキュサイザー …………………………………………………………………………… 117
3. おわりに …………………………………………………………………………………… 119

第4節　SAXS（小角X線散乱法）

（高崎　祐一）

1. 小角X線散乱法とは ……………………………………………………………………… 120
2. 小角X線散乱法の活用例 ………………………………………………………………… 122
3. まとめ ……………………………………………………………………………………… 126

第5節　パルスNMR法の原理と分散性評価への応用
（池田　純子）

1. はじめに ·· 127
2. 測定原理 ·· 127
3. 評価事例―単層カーボンナノチューブの分散条件を検討 ······································ 128
4. おわりに ·· 132

第6節　フローサイトメトリー
（水田　涼介，秋吉　一成）

1. はじめに ·· 133
2. フローサイトメーターの原理 ·· 133
3. フローサイトメトリーによるサンプルの解析 ··· 135
4. 次世代のフローサイトメトリー ··· 136

第7節　超音波法
（武田　真一）

1. 超音波法の原理 ·· 138
2. 超音波減衰機構 ·· 139
3. 超音波法によるモデル系の評価例 ·· 140
4. おわりに ··· 141

第2章　分散安定性の計測・評価法
第1節　濁度を用いた分散凝集の評価方法
（小林　幹佳）

1. はじめに ··· 142
2. 透過率・吸光度・濁度 ··· 142
3. 上澄みの透過率と分散凝集の判定 ··· 143
4. 濁度の時間変化方法 ··· 144
5. おわりに ··· 146

第2節　動的光散乱法を用いた分散凝集の評価方法
（小林　幹佳）

1. はじめに ··· 148
2. 動的光散乱法と流体力学的径 ··· 148

3. 動的光散乱法による分散凝集の判定 ･･･148
　　4. 光散乱の時間変化から議論する分散凝集 ･･････････････････････････････････････150
　　5. おわりに ･･153

第3節　沈降速度測定法―自然沈降法・遠心沈降法
〔武田　真一〕
　　1. 沈降分析法による分散安定性評価 ･･154
　　2. 沈降に対する安定性と凝集に対する安定性の関係 ･･････････････････････････････154
　　3. 自然沈降分析法および遠心沈降分析法の原理と測定装置 ････････････････････････154
　　4. 自然沈降分析法によるスラリー評価の測定例 ･･････････････････････････････････156
　　5. 遠心沈降分析法のスラリーへの応用例 ･･158
　　6. まとめ ･･160

第4節　沈降静水圧測定法
〔森　隆昌〕
　　1. はじめに ･･161
　　2. 沈降静水圧測定法の原理 ･･161
　　3. 沈降静水圧測定例 ･･162
　　4. おわりに ･･165

第5節　レオロジー測定法
〔中村　浩〕
　　1. 種々の粘度, レオロジー測定装置 ･･167
　　2. レオメーターによるレオロジー測定法 ･･169

第3章　界面特性の実験的計測・評価法
第1節　表面張力・界面張力測定
〔平野　大輔〕
　　1. はじめに ･･173
　　2. 表面張力・界面張力測定 ･･173
　　3. 動的表面張力測定 ･･177
　　4. おわりに ･･178

第2節　接触角測定

（平野　大輔）

1. はじめに ··180
2. 接触角と濡れ ··180
3. 表面自由エネルギー解析 ···186
4. おわりに ··187

第3節　ゼータ電位測定

第1項　電気泳動法

（中村　彰一）

1. 電気泳動法とは ···188
2. 各種電気泳動法 ···189
3. 電気泳動法から求めたゼータ電位の利用分野 ····················191

第2項　超音波法

（武田　真一）

1. 濃厚分散系で観測される界面動電現象 ·····························193
2. 沈降電位法とドルン効果（Dorn Effect）···························193
3. 超音波法によるゼータ電位測定 ····································194
4. おわりに ··197

第4節　表面間力測定法（AFM）

（石田　尚之）

1. 表面間力の直接測定 ··198
2. AFMによる表面間力測定方法 ······································198
3. AFMによる相互作用測定の実例 ···································200
4. まとめ ···204

第5節　パルスNMR法による濡れ性評価

（武田　真一）

1. はじめに ··206
2. 界面エネルギー評価としてのHDP（Hansen Dispersibility Parameter）値評価 ···············206

第3編 微粒子の合成

第1章 ナノ粒子・微粒子表面設計・制御

(神谷 秀博)

  1. はじめに ……………………………………………………………………………213
  2. ナノ粒子の液相合成過程での表面設計・制御法 …………………………………213
  3. サブミクロン以上の大きさの微粒子表面の構造設計による付着・凝集性制御 …216
  4. おわりに ……………………………………………………………………………217

第2章 ハード微粒子

第1節 金属ナノ粒子

(川﨑 英也)

  1. はじめに ……………………………………………………………………………218
  2. 液相法による金属ナノ粒子合成の留意点 …………………………………………218
  3. クエン酸塩 …………………………………………………………………………219
  4. ポリオール(多価アルコール) ……………………………………………………220
  5. ジメチルホルムアミド(DMF) ……………………………………………………221
  6. 抱水ヒドラジン(ヒドラジン水和物) ……………………………………………221
  7. 水素化ホウ素ナトリウム(金属水素化物) ………………………………………222
  8. 金属錯体熱分解法 …………………………………………………………………223

第2節 形態制御微粒子―噴霧熱分解法,噴霧乾燥法,液相法

(平野 知之,荻 崇)

  1. はじめに ……………………………………………………………………………225
  2. 噴霧熱分解法,噴霧乾燥法による形態制御微粒子 ………………………………225
  3. 液相法による形態制御微粒子 ……………………………………………………233
  4. おわりに ……………………………………………………………………………236

第3章 ソフト微粒子

第1節 高分子微粒子

(鈴木 登代子,南 秀人)

  1. はじめに ……………………………………………………………………………238
  2. 不均一重合法による高分子微粒子の合成 ………………………………………238
  3. 乳化重合 ……………………………………………………………………………239

  4. 懸濁重合 ……………………………………………………………………………240
  5. ミニエマルション重合 ………………………………………………………240
  6. マイクロエマルション重合 …………………………………………………241
  7. 分散重合(沈殿重合)とシード分散重合法 …………………………………241
  8. おわりに ………………………………………………………………………243

第2節　ハイドロゲル微粒子の合成
(渡邊　拓巳, 鈴木　大介)

  1. はじめに ………………………………………………………………………245
  2. 沈殿重合法によるハイドロゲル微粒子の合成 ……………………………245
  3. ゲル微粒子形成メカニズムの理解と粒子内官能基分布の制御 …………246
  4. 乳化重合を駆使したゲル微粒子内部へのナノドメイン構造の構築 ……248
  5. ハイドロゲル微粒子の分散・凝集 …………………………………………249
  6. まとめ …………………………………………………………………………250

第3節　自己組織化微粒子
(安原　主馬)

  1. はじめに ………………………………………………………………………252
  2. 両親媒性分子の自己組織化と分子設計 ……………………………………252
  3. 両親媒性分子のミセル形成 …………………………………………………252
  4. 両親媒性分子が水中で形成するナノカプセル(ベシクル・リポソーム) …253
  5. 両親媒性分子によって形成されるユニークな自己組織化微粒子 ………256
  6. おわりに ………………………………………………………………………258

第4節　エマルション
(酒井　俊郎)

  1. はじめに ………………………………………………………………………260
  2. 界面活性剤の両親媒特性を利用した乳化 …………………………………260
  3. 微粒子を利用した乳化 ………………………………………………………262
  4. 乳化剤(界面活性剤)を一切使用しない乳化剤フリー乳化 ………………262
  5. おわりに ………………………………………………………………………264

第4編　産業応用

第1章　エネルギー・エレクトロニクス

第1節　リチウム電池の分散，凝集とレオロジー

（菰田　悦之）

1. リチウム電池の電極スラリー …………………………………………269
2. 正極スラリー ……………………………………………………………269
3. 負極スラリー ……………………………………………………………272
4. まとめ ……………………………………………………………………273

第2節　燃料電池の分散・凝集と電池特性

（菰田　悦之）

1. はじめに …………………………………………………………………275
2. 粒子濃度とレオロジー特性および発電性能 …………………………275
3. 触媒スラリーの最適撹拌時間 …………………………………………277
4. まとめ ……………………………………………………………………278

第3節　エネルギーデバイスにおける塗布，乾燥，成膜

（山村　方人）

1. はじめに …………………………………………………………………279
2. スロットダイ塗布の特徴 ………………………………………………279
3. 粒子分散塗布膜乾燥の特徴 ……………………………………………281
4. 塗布流動解析のシナリオ ………………………………………………282
5. 乾燥解析のシナリオ ……………………………………………………284

第4節　印刷エレクトロニクス

（日下　靖之）

1. 印刷とエレクトロニクス ………………………………………………287
2. 印刷プロセス ……………………………………………………………287
3. 材　料 ……………………………………………………………………290
4. デバイス応用例 …………………………………………………………291

第2章　コーティングマテリアル・色材

第1節　コーティング・色材分野における分散・凝集技術

（小林　敏勝）

 1.　はじめに ……………………………………………………………………………293
 2.　顔料分散技術 ………………………………………………………………………294
 3.　エマルション樹脂 …………………………………………………………………298
 4.　増粘剤 ………………………………………………………………………………300

第2節　塗料における顔料分散

（南家　真貴子）

 1.　塗料の概要 …………………………………………………………………………305
 2.　塗料用顔料に求められる機能 ……………………………………………………305
 3.　塗料の製造プロセスと分散への影響因子 ………………………………………306
 4.　溶剤系塗料における顔料分散 ……………………………………………………307
 5.　水系塗料における顔料分散 ………………………………………………………309

第3節　オフセット印刷インキにおける顔料分散

（藪野　通夫）

 1.　はじめに ……………………………………………………………………………312
 2.　オフセット印刷インキについて …………………………………………………312
 3.　顔料の特徴とインキの製造方法 …………………………………………………313
 4.　分散の基礎理論とオフセット印刷インキにおける分散の具体例 ……………315
 5.　オフセット印刷インキの生産設備 ………………………………………………316
 6.　オフセット印刷インキ生産におけるベース状態と分散性 ……………………318
 7.　顔料分散性と印刷効果・印刷適性への影響 ……………………………………318
 8.　オフセット印刷インキの分散性評価方法 ………………………………………319
 9.　まとめ ………………………………………………………………………………320

第4節　顔料のナノ分散

（小林　敏勝）

 1.　はじめに ……………………………………………………………………………321
 2.　ナノ分散に適した顔料分散剤 ……………………………………………………321
 3.　ナノ分散用顔料分散機 ……………………………………………………………324
 4.　おわりに ……………………………………………………………………………326

第3章 香粧品

第1節 微粒子粉体である紫外線散乱剤に関する分散技術

(那須 昭夫)

1. はじめに ······328
2. 分散安定化の考え方 ······328
3. 紫外線散乱剤分散系の評価方法 ······330
4. おわりに ······333

第2節 紫外線散乱剤の特徴と製造方法

(三刀 俊祐)

1. 紫外線防御剤について ······335
2. 紫外線散乱剤の分散性 ······335
3. 表面処理剤の種類と分散性への影響 ······336
4. 表面処理工程と分散性への影響 ······337
5. 表面処理プロセスによる光学特性の変化 ······338
6. おわりに ······339

第3節 小角X線散乱法の香粧品応用事例

(高崎 祐一)

1. 小角X線散乱とは ······340
2. 小角X線散乱法によるナノ粒子の測定からデータ解析の流れ ······340
3. SAXS測定の応用事例 ······341
4. まとめ ······345

第4節 化粧品コロイドの調製と安定性評価

(坂 貞徳)

1. はじめに ······347
2. 分散コロイドの調製と評価方法 ······347
3. トップダウン法と高圧乳化装置 ······348
4. 乳化粒子およびリポソームの粒径評価 ······349
5. 測定例 ······350
6. まとめ ······353

第4章　農業，環境分野

第1節　総論：コロイド凝集の解析に基づく土壌・水環境，農学分野の工学展開

〔足立　泰久〕

1. はじめに ……………………………………………………………………………355
2. 球形単分散コロイド粒子を用いるメリット ……………………………………355
3. モデルを用いた思考と環境問題における位置づけ ……………………………357
4. フロッキュレーション解析に基づく環境界面工学の展開 ……………………357
5. 今後の展望 …………………………………………………………………………359

第2節　吸着理論の基礎と展開

〔石黒　宗秀〕

1. Langmuir の吸着式 …………………………………………………………………360
2. 協同吸着・多層吸着・不均質場の静電気力によるイオン吸着 ………………366

第3節　粘土に対するDLVO理論の適合性

〔小林　幹佳〕

1. 粘土と分散凝集の経験則 …………………………………………………………371
2. DLVO 理論の特徴と凝集速度 ……………………………………………………372
3. 粘土の分散凝集と DLVO 理論 ……………………………………………………374
4. DLVO 理論では議論できない事例 ………………………………………………375
5. おわりに ……………………………………………………………………………376

第4節　コロイドの凝集分散と農薬施用

〔幸内　淳一〕

1. はじめに ……………………………………………………………………………378
2. フロアブル剤の特徴 ………………………………………………………………378
3. 水田用直接散布フロアブル剤の特徴 ……………………………………………382
4. エマルション剤の特徴 ……………………………………………………………383
5. サスポエマルション剤の特徴 ……………………………………………………384
6. おわりに ……………………………………………………………………………385

第5章　食品分野
第1節　食品乳化・分散系の安定性評価
（松村　康生，松宮　健太郎，石井　統也）

1. 緒論 …………………………………………………………………………386
2. O/W型エマルション（サスペンション）の不安定化の過程 …………386
3. 不安定化現象の評価法と現象に関わる重要因子の解析 ………………388

第6章　バイオ分野
第1節　タンパク質凝集（アミロイド）と疾患
（土江　祐介，座古　保）

1. タンパク質凝集（アミロイド）の形成 …………………………………399
2. アミロイドの多様性 ………………………………………………………401
3. アミロイドと液–液相分離 ………………………………………………404

第2節　タンパク質凝集抑制剤としてのアルギニンの応用
（白木　賢太郎）

1. タンパク質の凝集を抑制する添加剤 ……………………………………407
2. アルギニンによるタンパク質凝集の抑制 ………………………………408
3. アルギニンによる凝集抑制のメカニズム ………………………………408
4. アルギニンの多様な応用例 ………………………………………………409
5. アルギニンの欠点と残された課題 ………………………………………410

第3節　細胞内液–液相分離：核酸，タンパク質の凝集と機能
（鶴田　充生，川内　敬子，三好　大輔）

1. はじめに ……………………………………………………………………412
2. ドロプレットの形成のメカニズム ………………………………………413
3. 生体分子によるドロプレットの物性と機能 ……………………………413
4. ドロプレットの形成の駆動力と分子環境の効果 ………………………415
5. ドロプレット形成に必要なタンパク質とRNAの配列および構造 ……416
6. ドロプレットのゲル化・凝集化 …………………………………………418
7. 細胞内ドロプレットの機能 ………………………………………………418
8. ドロプレットの破綻と疾患 ………………………………………………419
9. おわりに ……………………………………………………………………420

第4節　細胞集積

（松崎　典弥）

1. はじめに ……………………………………………………………………………………… 422
2. 細胞表面への高分子ナノ薄膜形成 ………………………………………………………… 423
3. 細胞集積技術 ………………………………………………………………………………… 423
4. 人工基底膜による細胞の区画化制御 ……………………………………………………… 424
5. まとめ ………………………………………………………………………………………… 425

第5節　高分子電解質を活用した生体高分子の凝縮と相分離

（岸村　顕広）

1. はじめに ……………………………………………………………………………………… 426
2. ポリイオンコンプレックス形成とコンプレックスコアセルベート ……………………… 426
3. ポリマー設計に基づく複合コアセルベートへのタンパク質取り込み制御：デザイナーコアセルベートの創出 …………………………………………………………………………… 428
4. 相分離の概念を活用した階層構造体形成：過渡的な凝縮体形成の活用 ………………… 430
5. おわりに ……………………………………………………………………………………… 432

第6節　臨床検査用ラテックス粒子

（高橋　弘至，太平　博暁）

1. はじめに ……………………………………………………………………………………… 434
2. LTIA用ラテックス粒子 ……………………………………………………………………… 435
3. LTIA検査薬の性能向上技術 ………………………………………………………………… 436
4. LTIAの今後の展望 …………………………………………………………………………… 439

第5編　先端サイエンスにおけるコロイド凝集分散

第1章　ナノカーボン

（佐野　正人）

1. カーボンナノチューブ ……………………………………………………………………… 443
2. グラフェン …………………………………………………………………………………… 446
3. まとめ ………………………………………………………………………………………… 447

第2章 ナノセルロース分散液のレオロジー

（田仲　玲奈）

1. はじめに ·· 448
2. 固有粘度の概要 ··· 448
3. ナノセルロース分散液の固有粘度 ···································· 449
4. まとめ ··· 451

第3章 コロイド結晶と宇宙実験

（山中　淳平, 奥薗　透, 豊玉　彰子）

1. はじめに ·· 453
2. コロイド系の結晶化 ··· 453
3. 荷電コロイド系の制御された結晶成長 ······························ 456
4. 宇宙実験 ·· 458
5. おわりに ·· 460

第4章 粒子安定化泡

（藤井　秀司）

1. はじめに ·· 463
2. 気液界面に吸着した粒子とその評価法 ······························ 463
3. 粒子安定化泡 ··· 466
4. おわりに ·· 475

第5章 天然色素の凝集制御と分子の柔らかさ

（鈴木　龍樹, 出口　茂）

1. はじめに ·· 478
2. 分子配列に基づく解釈 ·· 478
3. 分子ひずみに基づく解釈 ·· 480
4. おわりに ·· 482

※本書に記載されている会社名，製品名，サービス名は各社の登録商標または商標です。なお，必ずしも商標表示（Ⓡ, TM）を付記していません。

第1編 基礎原理

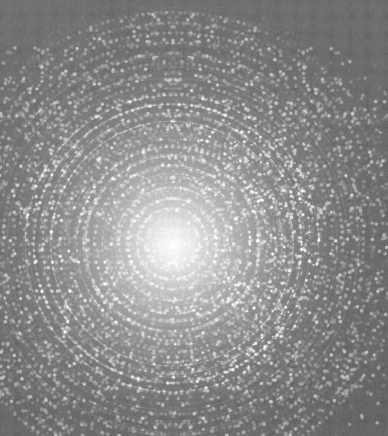

第1章
分散・凝集とは

武田コロイドテクノ・コンサルティング株式会社　**武田　真一**

1. はじめに

　さまざまな分野で分散・凝集は重要な現象であり，濡れ，吸着，粒子間相互作用などが総合的に働く複雑な現象であり，「分散は難しい」といわれる原因にもなっている。また，「分散」という用語は，分野によって異なった意味に使われるため，誤解を招くことや，理解の妨げになることにも繋がっていると思われる。そこで，「分散」と言う用語の使用法から説明しよう。

　一般に，分散とは『岩波理化学辞典』（岩波書店）によれば，「一つの相にある物質内（分散媒）に他の物質が微粒子（分散相，分散質）として散在する現象」と定義されるが，実用的に「分散」を扱う際には，次に示すように分けて考えると，誤解を避けることができる。すなわち，①状態としての分散：溶媒中に分散させた粒子は熱力学的に不安定であって放置しておくと凝集する。この凝集を防止し，粒子一個一個が独立に浮遊したままの状態を維持し安定化しておくような処置がなされたとき「粒子は分散している」といい，その状態を「分散（状態）」という[1]。②操作，過程としての分散：大きな結晶または凝集している大粒子を粉砕して微粒子とし，溶媒で濡らし，液中に均一に浮遊させるような処置がなされたときの操作を「分散（操作・過程）」という[1]。それでは具体的に分散状態，分散操作について考えてみよう。

2. 状態としての分散

　分散状態を記述するには，さまざまな観点があるので，ここでは物理化学的な観点から状態を表すことに限定して概説する。したがって，分散媒と粒子が化学反応を起こして溶解したり，溶存しているイオンが粒子に析出するような状態変化については触れない。

　一般に，「粒子の分散状態」を表すには，①分散性（Dispersibility）と呼ばれる微粒子化の程度を表す観点と，②分散安定性（Dispersion stability）と呼ばれる時間経過に対する粒子分散状態の変化速度の2つの観点がある[2,3]。スラリー調製時の分散状態は，「分散性」が重要であるが，保管時の分散状態は，「分散安定性」が重要となる。すなわち，調製時の分散状態が時間の経過に対してどのように変化するのか，またその速度はどの程度なのかが重要となる。

　例えば，凝集粒子を1次粒子に微粒子化した場合，その微粒子化の程度については，「分散性（Dispersibility）」を評価すべきであるが，この「分散性」は1次粒子の粒子径分布，凝集粒子の大きさやその割合，粒子径の均一性などで表現される。したがって，この場合にはゼータ電位測定は意味をなさない。つまり，ゼータ電位の大小は「分散性」の指標とはなり得ないのである。しかしながら，現状は，「分散・凝集状態」というと，すぐにゼータ電位で評価可能と判断される方が多く，評価法だけでなく，制御因子の選択にも混乱を招く場合がある。そこで，このような混乱を避けるため，ISOではこれら用語の定義を明確にし，評価法のガイドラインを作成する作業が進められた[2,3]。ここで，その概要を紹介すると，「分散性」を評価したい場合には，ISO/TS22107: Dispersibility of solid particles into a liquid[3]にその指針がまとめられているが，対象となる粒子の大きさを考慮して適切な手法を選択して液中の粒子径分布を正確に評価することが基本となる。一方，微粒子化を行ってスラリーやペーストを調製

し，その分散状態が時間の経過に対して変化する速度あるいはその特性については，ISO/TR13097: Guidelines for the characterization of dispersion stability にまとめられており[2]，このような特性を「分散安定性(Dispersion stability)」と定義されている。したがって，分散状態を記述する際には，①分散性＝微粒子化の程度，②分散安定性＝分散状態の経時変化速度のいずれの観点から記述する必要があるのか，を意識して区別しておく必要がある。

3. 過程としての分散

分散過程あるいは分散操作には，大別するとゾルゲル法や加水分解反応などを利用して粒子を成長させて分散体を作製するビルドアップ法と，ビーズミル等の粉砕機で機械的エネルギーを利用して粒子を粉砕して分散体を作製するブレイクダウン法がある。本節で述べたいことは，"Dispersion"の意味には「状態」と「過程」の両方の意味があるのでそれを区別して使用していただきたいということと，ビルドアップ法については，本書第3編「微粒子の合成」で述べられているので，ここでは，ブレイクダウン法による分散過程について述べる。

微粒子・ナノ粒子が大気中で1次粒子あるいは凝集粒子のいずれの形態にあっても，一旦，溶媒と接すると，粒子表面はそれまで気体分子と接していた状態から溶媒分子と接する状態に変化する。ただし，必ずそのような置換反応が生じるのではなく，粒子表面の特性に依存して反応の進行の程度が決まる。気体分子との接触状態を維持するような表面特性を「疎液性が高い」「濡れ性が悪い」と呼ばれる。一方，気体分子から容易に溶媒分子に置換するような表面特性の場合には，「濡れ性が良い」「液体への親和性が高い」といわれる。特に水に対して親和性が高い場合には「親水性」，油に対して親和性が高い場合には「親油性」の表面であると表現される。この「濡れ性」と分散過程の関係を議論する場合，①固体表面に対する純液体の濡れ(界面張力の検討)，②固体表面に対する界面活性剤や樹脂溶液の濡れ(高分子吸着速度の検討)，③粒子凝集体中への溶液の浸透(Washburnの式の検討)[4]などがある。したがって，溶媒，湿潤剤や分散剤の種類や添加量の選定がこの過程では重要となる[5]。

さらに，粒子が濡れた後には，機械的解砕の過程があり[4]，液相に濡れて凝集力の小さくなった粒子の凝集体が，分散機内で衝撃力やせん断力の作用により，一層小さい凝集体，理想的には1次粒子まで解砕される過程である。ただ，粉砕法にも種々あるので，機械的粉砕装置の種類，使用するボールやビーズなどのメディアのサイズ・材質，それら稼働する条件の選定が重要となる[6]。解砕工程では，解砕だけではなく混練機や撹拌機 脱泡機も併用されるので，それらの検討も重要となる。特に生産性の向上，分散体の品質管理，工程の省エネ化，安全性や作業環境など生産技術に関わる因子は多岐に渡るので，「状態としての分散」を支配する因子について述べたコロイド科学，界面科学，粉体工学などの基礎原理を理解して分散過程の設計に取り組む必要がある。参考までに，分散過程とそれに対応する分散理論との相関をまとめたので図1に示す。

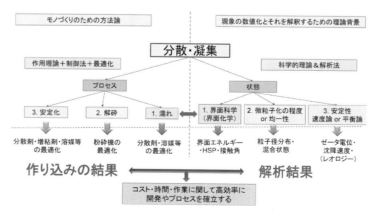

図1　分散過程とそれに対応する分散理論との相関

文　献

1) 北原文雄：色材, **43**(12), 622-628 (1970).
2) ISO TR13097: Guidelines for the characterization of dispersion stability (2013).
3) ISO TS22107: Dispersibility of solid particles into a liquid (2021).
4) 小林敏勝：色材, **74**(3), 136-141 (2001).
5) 釣谷泰一：色材, **51**(4), 235-247 (1978).
6) 釣谷泰一：色材, **51**(5), 309-331 (1978).

第2章 分散・凝集の歴史

第1節
コロイドの分類

東京理科大学名誉教授　大島　広行

1. 可逆（親水）コロイドと不可逆（疎水）コロイド

コロイドの名は1861年のGraham[1]の命名による。Grahamは半透膜を通過できない粒子をコロイドと名付けた。IUPAC(International Union of Pure and Applied Chemistry, 国際純正・応用化学連合)の定義によれば，1 nm～1,000 nmのサイズの微粒子が媒質中に分散している状態がコロイド状態である。この状態にある系をコロイド分散系あるいはコロイドと呼び，微粒子をコロイド粒子と呼ぶ。このようにコロイドは物質ではなく状態を意味する[1]。

コロイドは可逆コロイドと不可逆コロイドに大別できる。可逆コロイドは熱力学的に安定な系で，水中で凝集しても容易に再分散する。可逆コロイドの凝集は分散状態から凝集状態への相転移である。親水コロイドは可逆コロイドであり，高分子コロイドや会合（ミセル）コロイドが親水コロイドである。不可逆コロイドの凝集は容易に再分散せず，この凝集は分散状態から凝集状態への不可逆過程である。疎水コロイドは不可逆コロイドである（表1）。

コロイド粒子の親水性・疎水性を決定する因子は，粒子同士と溶媒（水）同士，粒子と溶媒の親和性である。一般に2種類の分子Ⓐ，Ⓑがあり，それぞれの性質をA, Bと表そう。ⒶとⒷの間にはvan der Waals引力が働く。後に本章第3節で述べるが，

この引力はLondon-van der Waals定数で表される。そのポテンシャルエネルギーは記号的に$-AB$のようにAとBの積に負号を付けた量で表すことができる。AとBはそれぞれの分子の分極率とゆらぎ振動数に比例する（図1）。

ⒶとⒷが分離している状態（ⒶⒶ結合とⒷⒷ結合が1個ずつ）のエネルギー$-(A^2+B^2)$とⒶとⒷが結合している状態（ⒶⒷ結合が2個）のエネルギー$-2AB$の差Δuは以下のように表される。

$$\Delta u = u(2ⒶⒷ) - u(ⒶⒶ + ⒷⒷ)$$
$$= -2AB - (-A^2 + B^2) \tag{1}$$

式(1)を変形すると，

$$\Delta u = (A - B)^2 > 0 \tag{2}$$

になる。すなわち，混合するとエネルギーが増加する。エネルギー的には不利な状態になる。つまり，分離していた方がエネルギー的に有利である。エネルギー的に有利な状態では「同じもの同士が結合し，異なるもの同士は分離する傾向がある」。この傾向はAとBの値の差$A-B$が小さい（水とアルコール

表1　コロイドの分類

分散コロイド	疎水コロイド	不可逆コロイド
会合コロイド	親水コロイド	可逆コロイド
高分子コロイド		

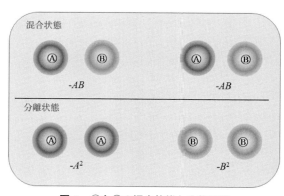

図1　ⒶとⒷの混合状態と分離状態

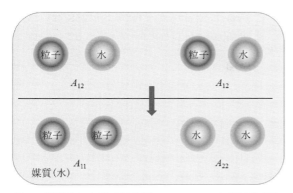

図2 媒質中における粒子間 van der Waals 相互作用と Hamaker 定数

のように分子Ⓐと⒝が互いに似ている)ほど小さく，逆に，AとBの値の差が大きい(水と油のように分子Ⓐと⒝が互いに大きく異なる)ほど大きい。

以上の結果をⒶ＝粒子表面の分子，⒝＝水分子の系に適用すると，粒子表面の分子と溶媒分子が互いに大きく異なるほど(疎水性粒子)，粒子同士が互いに強く凝集しようとし不可逆凝集を起こす。逆に，粒子表面の分子と溶媒分子が互いに似ている親水性粒子では，粒子同士の凝集傾向は弱く，凝集も可逆的な凝集になる(**図2**)。

後に本章第3節で述べるが，水中における2個のコロイド粒子間の van der Waals 引力エネルギーは London-van der Waals 定数の代わりに Hamaker 定数 A を用いて式(3)のように表される。

$$A_{121} = (\sqrt{A_{11}} - \sqrt{A_{22}})^2 \quad (3)$$

ここで，A_{11} は真空中における粒子同士の van der Waals 相互作用に対する Hamaker 定数，A_{22} は真空中における水同士の van der Waals 相互作用に対する Hamaker 定数であり，A_{121} は水中における2個の粒子間の van der Waals 相互作用に対する Hamaker 定数である。疎水性粒子は水と大きく異なるので，A_{11} と A_{22} の値の差が大きく A_{121} の値が大きくなり，粒子間に大きな引力が働き強い不可逆凝集を起こす。逆に水に似ている親水性粒子では，A_{11} と A_{22} の値の差が小さく，したがって，A_{121} の値が小さくなり，粒子間引力は小さく，凝集は弱く可逆凝集となる。van Oss ら[2]によれば，水中における疎水性粒子同士の van der Waals 相互作用に対する Hamaker 定数は熱エネルギー kT(k＝Boltzmann 定数，T＝絶対温度)の100倍程度，疎水性粒子と

表2 種々のコロイドの組み合わせに対する Hamaker 定数

コロイドの組み合わせ	Hamaker 定数 A
疎水–疎水	$\sim 100\,kT$
疎水–親水	$\sim 10\,kT$
親水–親水	$\sim kT$

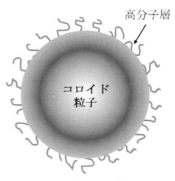

図3 柔らかい粒子

親水性粒子では kT の10倍程度，親水性粒子同士では kT 程度になることが導かれている(**表2**)。

コロイドの分類には形状による分類もある。多くの粒子は球形であるが，異方性粒子の分散系は球状粒子には見られない独特の現象を示す。とくに円柱状粒子等の異方性粒子は等方相とネマティック液晶相を形成する(第3章第2節第2項参照)。

2. ハード系とソフト系

可逆(親水)コロイドの多く，すなわち，高分子コロイド，会合(ミセル)コロイドの多くがソフト系である。表面に構造のない金属粒子等のハード系のコロイド粒子に対して，表面を高分子等のソフトマテリアルで覆った柔らかい粒子ソフト系のコロイド粒子に含まれる(第3章第2節第2項参照)(**図3**)。特に，高分子電解質層で覆われた柔らかい粒子では，Donnan 電位が主要な働きをし，電気泳動等の界面動電現象では Brinkman パラメタ(柔らかさのパラメタ)が登場する[4]。

文　献

1) T. Graham: *Phil. Trans. Roy. Soc. London*, **140**, 1 (1850).

2) 北原文雄：コロイド化学史, サイエンティスト社 (2017).
3) C. J. van Oss et al.: *Colloid Polym. Sci.*, **258**, 424 (1980).
4) H. Ohshima: *Adv. Colloid Interface Sci.*, **62**, 189 (1995).

第2章 分散・凝集の歴史

第2節
分散・凝集に対する2つの見方:速度論と平衡論

東京理科大学名誉教授　大島　広行

1. コロイドの分散・凝集に対する2つの見方

コロイド粒子の分散・凝集に対して2つの見方があり,それぞれの立場に基づく2つの理論がある。コロイドの分散状態から凝集状態への変化を不可逆過程とみなす速度論と可逆的相転移とみなす平衡論である(**図1**)。本章第1節のコロイドの分類に従えば,不可逆(疎水)コロイドの凝集に対しては速度論を適用し,可逆(親水)コロイドには平衡論を適用する。

速度論に基づく分散・凝集理論がDLVO(Derjaguin-Landau-Verwey-Overbeek)理論[1,2]である。平衡論はLangmuir理論[3]に始まる。以下にこれらの理論について順に解説する。

2. 不可逆コロイドの分散・凝集の速度論:DLVO理論

1941年にロシアのDerjaguinとLandau[1]が発表し,次いで,1948年にオランダのVerweyとOverbeek[2]が独立に発表したコロイドの分散・凝集理論はDLVO理論と呼ばれる。DLVO理論については第3章第2節第1項で詳しく解説するが,以下ではこの理論の概略を述べる。DLVO理論では,コロイド粒子の分散状態を厳密に熱力学的な意味で安定と考えるのではなく,時間とともに最終的には必ず凝集する不安定な状態とみなす。凝集過程を不安定な分散状態から安定な凝集状態への不可逆過程と捉えて速度論的に扱い,凝集する速度を評価する。DLVO理論における安定な分散系とは系の凝集速度がほとんどゼロとみなせるほどゆっくりした系を意味する。

DLVO理論では,コロイド粒子間に働くvan der Waals引力がコロイドの凝集を引き起こすと考え

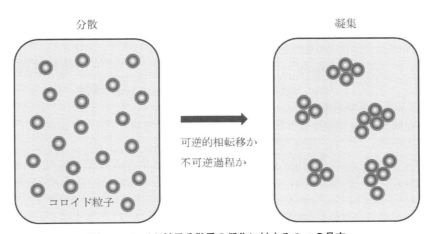

図1　コロイド粒子分散系の凝集に対する2つの見方

る。この考えは1937年に発表されたHamaker理論[4]に基づく（本章第3節参照）。Hamakerは2個のコロイド粒子間のvan der Waals引力が一方のコロイド粒子の構成分子と他方のコロイド粒子の構成分子の間のvan der Waals力の総和で与えられることを理論的に示した。個々の分子間引力は弱いが、分子間引力は加算性がよく成り立つ相互作用なので、多数の分子からなるコロイド粒子間に大きな引力が働くことになる。

さらに、DLVO理論は電解質溶液中において帯電コロイド粒子周囲に対イオンからなる電気二重層が形成されることに着目した（本章第4節参照）。2個のコロイド粒子が接近すると互いの電気二重層が重なり、粒子間の領域における電解質イオンによる浸透圧が上昇する。これがコロイド粒子間の静電斥力を生む。

DLVO理論ではコロイド粒子間にvan der Waals引力と静電斥力が働き、これらの2つの力のバランスで分散・凝集が決まると考える。静電斥力が大きければ分散し、van der Waals引力が大きければ凝集する。van der Waals引力と静電斥力のそれぞれのポテンシャルエネルギー$V_A(H)$と$V_R(H)$の和から全エネルギーを求め、2個の粒子の表面間距離Hに対して図示する。これをポテンシャル曲線とよぶ（図2）。このポテンシャル曲線に極大（ポテンシャルの山）が存在すれば、コロイド分散系はゆっくりと凝集（緩慢凝集）する。山の高さが熱エネルギーkT（k=Boltzmann定数，T=絶対温度）より十分高い系の場合は安定な系とみなす。逆にポテンシャルの山が低ければあるいは存在しない場合は直ちに凝集（急速凝集）する。ポテンシャルの山を越えて凝集する確率から凝集速度を計算し、コロイド粒子分散系の安定性を評価する（本章第5節参照）。

DLVO理論の正しさは、DLVO理論が発表される以前から知られていたSchulze-Hardyの経験則を説明できたことによって証明された。コロイド粒子分散系に電解質を加え、電解質濃度を上げていくと、ある濃度（臨界凝集濃度）で急速凝集が起きる。Schulze-Hardyの経験則に呼ばれ、臨界凝集濃度は加えた電解質由来の対イオン（粒子の電荷と反対符号のイオン）の価数の6乗に反比例する。この経験則をDLVO理論は見事に説明することができた。

なお、コロイド粒子の表面電位が高い場合にのみSchulze-Hardyの経験則が理論的に導かれる。粒子

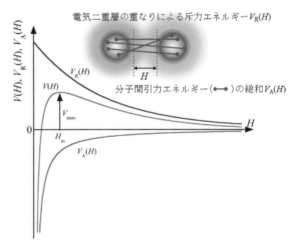

図2　2個のコロイド粒子間相互作用に対するポテンシャル曲線

の表面電位が低い場合は臨界凝集濃度は対イオンの価数の6乗でなく2乗に反比例してSchulze-Hardyの経験則を説明できない。実際、1940年のDerjaguinの論文[5]では低電位のコロイド粒子を扱っているため、Schulze-Hardyの経験則は説明できなかった。Derjaguinは回顧録[6]の中で述べているように、この問題の解決のためにLandauに相談したところ、高電位のコロイド粒子で計算することを助言され、その結果、Schulze-Hardyの経験則を説明することができた。DerjaguinとLandauの論文[1]のタイトルには"strongly charged particles"と明記されてる。なお、VerweyとOverbeekは当時第二次世界大戦の最中であったため、DerjaguinとLandauの論文[1]を知らず、独立に同じ結果を導き1948年に書籍の形で発表した[2]。後に、VerweyとOverbeekはDerjaguinとLandauのプライオリティを表明している[7,8]。

3. 可逆コロイドの相転移理論：Langmuir理論

DLVO理論に先立ち、1938年にLangmuirが発表した理論[3]は以下のようにDLVO理論と全く異なる。第3章第2節第2項で詳しく述べるが、Langmuir理論ではコロイド分散系の分散状態と凝集状態を互いに平衡に共存できる2つの熱力学的な安定な相とみなし、凝集過程を可逆的相転移と考える。

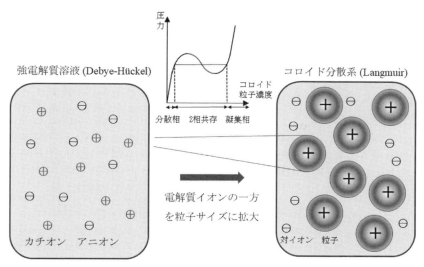

図3 Langmuir 理論

　DLVO 理論では2個の粒子のみを考えたが，Langmuir 理論では統計力学に基づいて多数の粒子を扱う。さらに，コロイド粒子間の van der Waals 引力はコロイド粒子を凝集させる力として不十分であると考えて考慮しない。その代わりに，電解質溶液中の対イオンとコロイド粒子の間に働く静電引力を介して粒子同士が引き合うと考える。コロイド粒子同士の間および対イオン同士の間には静電斥力が働くが，コロイド粒子と対イオン間の静電引力の方が大きい場合，コロイド分散系が凝集すると考える。コロイド粒子間，対イオン間，およびコロイド粒子と対イオン間のそれぞれの相互作用エネルギーの計算には Debye-Hückel の強電解質理論を用いた。すなわち，図3のように，カチオンとアニオンからなる電解質イオンのうち，一方のイオンのサイズのみコロイド粒子のサイズまで大きくして，粒子と対イオンからなる分散系をつくる。この系に Debye-Hückel の強電解質理論を適用して分散系の自由エネルギーを求め，系の圧力を粒子濃度の関数として計算する。

　また，コロイド粒子間の電気二重層の重なりによる静電斥力は考えず，粒子自身の熱運動(Brown 運動)によって粒子同士が互いに分散すると考える。

　DLVO 理論では2個の粒子間全相互作用のポテンシャル曲線を描きポテンシャル曲線の極大の高さを議論したが，Langmuir 理論では統計力学的手法を採用しているため，ポテンシャル曲線の代わりに分散系の圧力を粒子濃度の関数として描き，分散相と凝集相の間の相平衡と相転移を議論する。こうして，Langmuir はコロイド分散系の分散系の圧力を粒子濃度の関数として表したところ，図3のような極大と極小を持つ曲線を得た。この曲線の粒子濃度が低い領域は分散相に対応し，粒子濃度の高い領域は凝集相に対応する。いずれの領域においても粒子濃度の上昇とともに圧力が増加する。ところが，粒子濃度が中間の領域では粒子濃度の上昇とともに分散系の圧力が減少する。これは，物理的に不可能であり，この中間領域では分散相と凝集相が互いに平衡に共存すると考える。その結果，圧力はこの領域で一定となり，図3のように水平線になる。この領域では分散相から凝集相への相転移が起きていると結論する。実在気体に対する van der Waals 状態方程式に基づいて実在気体の圧力を体積の関数として図示した場合に全く同じ状況が現れる。しかし，Langmuir 理論を疎水コロイドの分散凝集現象に適用した結果，Schultze-Hardy の経験則を説明できることはできなかった。

4. Onsager の排除体積理論

　Langmuir 理論では疎水コロイドの凝集を説明できなかったが，粒子分散系を統計力学的に扱い分散状態から凝集状態への変化を可逆的相転移としてとらえる考え方は Onsager に引き継がれた(第3章第2節第3項参照)。

　1942 年に Onsager[9] は棒状のタバコモザイクウイ

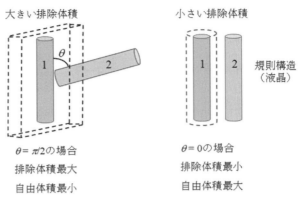

図4 排除体積効果による引力

ルス(TMV)溶液において電解質濃度に依存してウイルスを2〜3%含む等方相と3〜4.5%含む異方的な相が共存する現象に着目し，短いノートを発表した。Onsagerは1949年に詳しい論文を発表し[10]，2つの棒状粒子間の排除体積効果による引力によって，規則構造が形成されることを理論的に示した。粒子は自由に動くことができる領域の体積(自由体積)が大きいほど，あるいは，自由に動くことができない領域の体積(排除体積)が小さいほどエントロピー的に有利である。図4において，粒子1の周囲の点線で囲まれた領域内には粒子2の重心は入ることはできない，すなわち，この点線で囲まれた領域が排除体積である。排除体積は粒子の同士の配向によって変化する。図4に示すように，粒子1と2が互いに角度θで配向する場合を考える。互いに垂直に配向した場合($\theta=\pi/2$)，排除体積が最も大きくなり，その分，自由体積が最小になりエントロピー的に最も不利である。粒子1と2が互いに平行に配列した場合($\theta=0$)は排除体積が最も小さく，自由体積が最大になり，エントロピー的に最も有利である。この結果，棒状粒子は互いに平行に配列し規則的な結晶構造(液晶)をとる。これがOnsagerの異方性粒子に関する排除体積理論である。van der Waals引力を考えなくても，粒子間に引力が働くことになる。

その後，AlderとWainwright[11]は球状粒子の分散系に対する計算機実験を行い，異方性粒子ではなくても分散相から凝集相への転移(Adler転移)が起こることを示した(第3章第6項参照)。

文　献

1) B. V. Derjaguin and L. D. Landau: *Acta Physicochim. USSR*, **14**, 633 (1941).
2) E. J. W. Verwey and J. Th. G. Overbeek: Theory of the Stability of Lyophobic Colloids. Elsevier (1948).
3) I. Langmuir: *J. Chem. Phys.*, **6**, 873 (1938).
4) H. C. Hamaker: *Physica*, **4**, 1058 (1937).
5) B. V. Derjaguin: *Trans. Faraday Soc.*, **35**, 203 (1940).
6) B. V. Derjaguin: This week's citation classic, 32, August 10 (1987).
7) E. J. W. Verwey and J. Th. G. Overbeek: *General discussion. Discuss. Faraday Soc.*, **18**, 180 (1954).
8) E. J. W. Verwey and J. Th. G. Overbeek: *J. Colloid Sci.*, **10**, 224 (1955).
9) L. Onsager: *Phys. Rev.*, **62**, 558 (1942).
10) L. Onsager: *Ann. New York Acad. Sci.*, **51**, 627 (1949).
11) B. J. Alder and T. E. Wainwrigh: *J. Chem. Phys.*, **27**, 1208 (1957).

第2章 分散・凝集の歴史

第3節
Hamaker定数（凝集促進因子）の歴史

東京理科大学名誉教授　大島　広行

1. はじめに：Hamaker定数とは何か

分子間には van der Waals 引力相互作用が働く。この相互作用には2個の極性分子間の永久双極子間引力(Keesom相互作用)，極性分子と非極性分子間に働く永久双極子−誘起双極子間引力(Debye相互作用)，分子内に無秩序に生じる量子力学的なゆらぎ双極子間引力(分散力相互作用)の3種類がある。この中で一般に分散力相互作用の寄与が最も大きい。

真空中において中心間距離 r にある2個の同種分子間の分散相互作用エネルギー $V(r)$ は次式で与えられる。

$$V(r) = -\frac{C}{r^6} \qquad (1)$$

ここで，

$$C = \frac{3\alpha^2 h\nu}{4(4\pi\varepsilon_o)^2} \qquad (2)$$

は London-van der Waals 定数である。α は分子の分極率，h は Planck 定数，ν はゆらぎの振動数，ε_o は真空の誘電率である。2個の分子間に働く van der Waals 相互作用エネルギーは $1/r^6$ に比例するため極めて短距離にしか及ばない。しかし，共有結合と異なり飽和性を示さず加算性がよく成り立つ。

1932年に Kallman と Willstratter[1]は van der Waals 相互作用の加算性に着目して，多数の分子からできているコロイド粒子間には大きな van der Waals 相互作用が働くという考えを発表した(**図1**)。

次いで1936年には de Boer[2]が2枚の平行平板間に働く van der Waals 相互作用エネルギー(単位面積当たり)が表面間距離の2乗に反比例することを示

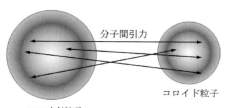

図1 コロイド粒子間の van der Waals 相互作用

した。そして，1937年に Hamaker[3]は次項で述べるように真空中において2個の同種球状コロイド粒子(半径 a，表面間距離 H)の間に働く van der Waals 相互作用エネルギー $V(H)$ が $H \ll a$ において次式で与えられることを導いた。

$$V(H) = -\frac{Aa}{12H} \qquad (3)$$

この式に登場する A が Hamaker 定数である。A が大きいほどコロイド粒子同士は強く引き合いコロイド分散系は凝集しやすくなる。Hamaker 定数 A は凝集促進因子である。

2. Hamakerの理論と Hamaker定数

2.1 コロイド粒子間の van der Waals 相互作用

2.1.1 分子と球

中心間距離 R にある1個の孤立分子と半径 r の球(分子密度 N)の間の van der Waals 相互作用エネルギー $V(R)$ は次のように計算される。**図2**において球内部に孤立分子から距離 ρ にある微小部分 $dV = r^2 \sin\theta d\theta d\phi dr$ を考え，この微小部分(NdV 個の分子を含む)と孤立分子間の van der Waals エネルギー $u(\rho)$ を球全体にわたって積分すると $V(R)$ が求めら

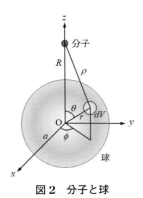

図2　分子と球

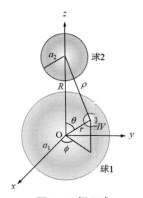

図3　2個の球

れる。

$$V(R) = \int_{r=0}^{a} \int_{\theta=0}^{\pi} \int_{\phi=0}^{2\pi} Nu(\rho) r^2 \sin\theta d\theta d\phi dr \quad (4)$$

ここで，

$$u(\rho) = -\frac{C_{12}}{\rho^6} = -\frac{C_{12}}{(r^2 + R^2 - 2rR\cos\theta)^3} \quad (5)$$

C_{12} は孤立分子と球内における1個の分子の van der Waals 相互作用に関する London-van der Waals 定数である。ここで，

$$\int_0^{\pi} \frac{\sin\theta d\theta}{(r^2 + R^2 - 2rR\cos\theta)^3} = \frac{2(R^2 + r^2)}{(R^2 - r^2)^4} \quad (6)$$

を用いると，式(4)から次式が得られる。

$$V(R) = -\frac{4\pi C_{12} N}{3} \frac{a^3}{(R^2 - a^2)^3} \quad (7)$$

2.1.2　2個の球

中心間距離 R にある2つの球（半径 a_1, a_2, 分子密度 N_1, N_2, London-van der Waals 定数 C_1, C_2）の間の相互作用エネルギー $V(R)$（図3）は式(7)を用いて次のように計算される。

$$V(R) = \int_{r=0}^{a_1} \int_{\theta=0}^{\pi} \int_{\phi=0}^{2\pi} N_1 \left[-\frac{4\pi C_{12} N_2}{3} \frac{a_2^3}{(\rho^2 - a_2^2)^3} \right] r^2 \sin\theta d\theta d\phi dr$$

$$= \int_{r=0}^{a_1} \int_{\theta=0}^{\pi} \int_{\phi=0}^{2\pi} N_1 \left[-\frac{4\pi C_{12} N_2}{3} \frac{a_2^3}{(r^2 + R^2 - 2rR\cos\theta - a_2^2)^3} \right] r^2 \sin\theta d\theta d\phi dr \quad (8)$$

ここで，次式を用いると，

$$\int_0^{\pi} \frac{\sin\theta d\theta}{(r^2 + R^2 - 2rR\cos\theta - a_2^2)^3} = \frac{1}{4rR} \left[\frac{1}{\{a_2^2 - (r-R)^2\}^2} - \frac{1}{\{a_2^2 - (r+R)^2\}^2} \right] \quad (9)$$

式(8)は次のようになる。

$$V(R) = -\frac{A_{12}}{6} \left\{ \frac{2a_1 a_2}{R^2 - (a_1 + a_2)^2} + \frac{2a_1 a_2}{R^2 - (a_1 - a_2)^2} + \ln\left[\frac{R^2 - (a_1 + a_2)^2}{R^2 - (a_1 - a_2)^2} \right] \right\} \quad (10)$$

A_{12} は，

$$A_{12} = \pi^2 C_{12} N_1 N_2 \quad (11)$$

で定義され，粒子1と粒子2の van der Waals 相互作用に対する Hamaker 定数である。とくに，同種の2球（$a_1 = a_2 = a$, $C_1 = C_2 = C$, $N_1 = N_2 = N$）では，式(10)は以下のようになる。

$$V(R) = -\frac{A}{6} \left\{ \frac{2a^2}{R^2 - 4a^2} + \frac{2a^2}{R^2} + \ln\left(1 - \frac{4a^2}{R^2}\right) \right\} \quad (12)$$

ここで，

$$A = \pi^2 C N^2 \quad (13)$$

は同種粒子間の van der Waals 相互作用に対する Hamaker 定数である。さらに，2つの球の表面間距離 H を導入する。

$$H = R - (a_1 + a_2) \quad (14)$$

表面間距離 H が小さい場合（$H \ll a_1, a_2$），式(12)は次のようになる。

$$V(H) = -\frac{A_{12} a_1 a_2}{6(a_1 + a_2) H} \quad (15)$$

特に，同種の2球の場合は，式(15)は次式になる．

$$V(H) = -\frac{Aa}{12H} \tag{16}$$

このようにして式(3)が導かれた．

2.2 Hamaker定数に関する関係式

式(11)および式(13)で定義されるHamaker定数は任意の形状の粒子（平板，球，円柱等）に適用できる．近似的に次式が成り立つ．

$$A_{12} = \sqrt{A_1}\sqrt{A_{22}} \tag{17}$$

ただし，

$$A_{11} = \pi^2 C_1 N_1^2 \tag{18}$$

$$A_{22} = \pi^2 C_2 N_2^2 \tag{19}$$

A_{ii} は物質 i ($i=1, 2$) でできた同種粒子に対するHamaker定数である．式(17)は以下のように導かれる．異種の分子1と2の間のvan der Waals引力エネルギーに対するLondon-van der Waals定数 C_{12} は次式で与えられる．

$$C_{12} = \frac{3\alpha_1\alpha_2 h}{4(4\pi\varepsilon_o)^2}\left(\frac{2\nu_1\nu_2}{\nu_1+\nu_2}\right) \tag{20}$$

ここで，α_i と ν_i は分子 i ($i=1, 2$) の分極率とゆらぎの振動数である．ν_1 と ν_2 の差が小さい場合，調和平均 ($2\nu_1\nu_2/(\nu_1+\nu_2)$) は相乗平均 $\sqrt{\nu_1\nu_2}$ で近似的に置き換えられ次式が得られる．

$$C_{12} \approx \frac{3\alpha_1\alpha_2\sqrt{\nu_1\nu_2}h}{4(4\pi\varepsilon_o)^2} = \sqrt{\frac{3\alpha_1^2\nu_1 h}{4(4\pi\varepsilon_o)^2}}\sqrt{\frac{3\alpha_2^2\nu_2 h}{4(4\pi\varepsilon_o)^2}} \tag{21}$$

すなわち，

$$C_{12} \approx \sqrt{C_1 C_2} \tag{22}$$

ここで，

$$C_i = \frac{3\alpha_i^2 h\nu_i}{4(4\pi\varepsilon_o)^2} \tag{23}$$

は分子 i ($i=1, 2$) 同士のvan der Waals相互作用に対するLondon-van der Waals定数である．式(22)を用いると，直ちに式(17)が導かれる．

2.3 媒質の効果

ここまで導いてきた2粒子間のvan der Waals相互作用エネルギーの諸式はいずれも，真空中における2粒子間の相互作用であった．実際には，多くの場合，粒子は水等の媒質中にある．van der Waals相互作用の加算性から媒質3における物質1と2からなる2つの粒子1，2に対するHamaker定数は次のようになる．

$$A_{132} = (\sqrt{A_{11}} - \sqrt{A_{33}})(\sqrt{A_{22}} - \sqrt{A_{33}}) \tag{24}$$

ここで，A_{11} と A_{22} はそれぞれ真空中における物質1同士および物質2同士の間のvan der Waals相互作用に対するHamaker定数である．

式(24)は以下のように導かれる．図4に示したように，A_{132} は粒子1が媒質3と相互作用し，粒子2が媒質3と相互作用する状態から粒子1と2が直接相互作用する状態へ変化したときのHamaker定数の差とみなすことができる．したがって，A_{132} を次のように計算することができる．

$$\begin{aligned}A_{132} &= (A_{12} + A_{33}) - (A_{13} + A_{23}) \\ &= \sqrt{A_{11}A_{22}} + A_{33} - \sqrt{A_{11}A_{33}} - \sqrt{A_{22}A_{33}} \\ &= (\sqrt{A_{11}} - \sqrt{A_{33}})(\sqrt{A_{22}} - \sqrt{A_{33}})\end{aligned} \tag{25}$$

ここで，式(17)を用いた．特に，媒質3における2つの同種粒子1に対するHamaker定数は次式で与えられる．

$$A_{131} = (\sqrt{A_{11}} - \sqrt{A_{33}})^2 \tag{26}$$

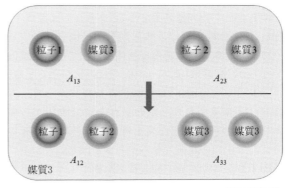

※口絵参照

図4 粒子1と2のHamaker定数に対する媒質3の効果

A_{131} は常に正であるが，A_{132} は A_{11}, A_{22}, A_{33} の相対的な大きさによって正にも負にもなる。

凝集促進因子である Hamaker 定数 A はエネルギーの次元を持ち，van der Waals 相互作用の大きさを表す量である。典型的なコロイド粒子では $A\sim 10^{-19}$ J で，熱エネルギー $kT\sim 10^{-21}$ J の 100 倍程度であり，細胞やリポソーム，ラテックスでは $A\sim 10^{-21}$ J で熱エネルギー程度である[4]。ただし，いずれの場合も，A は水中における同種粒子間の van der Waals 相互作用の Hamaker 定数を表す。

3. Hamaker 定数の巨視的な表現

3.1 Casimir の理論

Hamaker[3] は分子間の van der Waals 相互作用エネルギーの総和からコロイド粒子間の van der Waals 相互作用エネルギーを計算した。しかし，この計算法には 2 つの問題点がある。まず，この方法では遅延効果は考慮されていない。中性分子であっても，瞬間的には分子内のプラス電荷とマイナス電荷の重心がゆらぎ（不規則で無秩序な平均値からのずれ）によって互いにずれて電気双極子を持つ。ゆらぎ双極子間の引力によって 2 つの分子は互いに引きあう。これが van der Waals 引力の中の分散力である。熱的ゆらぎと量子力学的ゆらぎがあるが，van der Waals 力は主に量子力学的ゆらぎによる。ゆらぎ双極子のつくる電場は双極子の近くでは静電場であるが，遠方では電磁波になる。このため，分子間距離が大きいときは，一方の分子のゆらぎ電場による電磁波が他方の分子に到達するまでに，最初の双極子の状態が変わってしまい，相互作用がその分弱くなる。これが 1948 年に Casimir と Polder[5] が明らかにした遅延効果である。2 番目の問題点は，Hamaker の総和法では多体効果が無視されている点である。総和法は希薄な物体に対しては良い近似であるが，凝縮系（液体，固体）では近似が悪くなる。

1948 年に Casimir[6] は巨視的な視点にたって，真空中で距離 h 離れた 2 枚の平行な完全導体から成る平板（鏡）間の相互作用を計算した。Hamaker の考えた分子内の電荷分布のゆらぎと同じことが，平板内でも起こり，局所的な電気双極子モーメントや磁気双極子モーメントが絶えず発生・消滅を繰り返している。平板内に生じたゆらぎ電磁場が電磁波として平板外へ放出される。Casimir は，この電磁波が平板に及ぼす圧力を計算し，平板間に引力が働くことを示した。引力が働く理由は以下のように説明できる。1 枚の平板の両側または 2 枚の平板が無限に離れているとき，それぞれの平板の両面には等しい大きさの圧力が加わっている。平板間距離 h が小さくなるにつれ，平板間の領域では境界条件を満たす特定の波だけが存在を許され，他の波は干渉で消える。このような特定の波の数は 2 枚の平板の接近とともにますます減少する。一方，平板の外側（背面の領域）では，あらゆる電磁波が存在できる。この結果，平板の内側の面に働く圧力は背面に働く圧力より小さくなり，平板間に引力が働く（図 5）。この力は Casimir 力と呼ばれる。

3.2 Lifshitz 理論

Casimir の巨視的理論は，Lifshitz[7,8] によって一般の物体間の van der Waals 相互作用の計算へと発展した。こうして，多体効果を考慮した凝縮系に対する Hamaker 定数の理論的評価が可能になった。Lifshitz 理論には，Hamaker の総和法で登場した分子密度 N と London-van der Waals 定数 C の代わりに，振動数に依存する比誘電率 $\varepsilon(\omega)$ が登場する。Hamaker 理論はコロイド粒子を多数の分子の集合体と考えるミクロな理論であったが，Lifshitz 理論では，コロイド粒子をマクロな物体（連続体）とみなし，個々の分子のゆらぎ双極子静電場を考えるかわりに，粒子内に絶えず発生するゆらぎ電磁場を考える。

以下の式は平板間距離が波長より短く遅延効果が

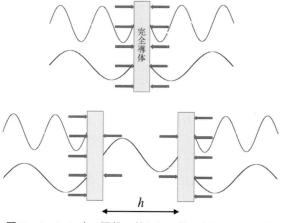

図 5　Casimir 力。距離 h 離れた 2 枚の金属平板に働く van der Waals 引力

無視できる場合の Lifshitz 理論による Hamaker 定数 A の表現である。

$$A = \frac{3\hbar}{8\pi} \int_0^\infty d\omega \int_0^\infty \frac{x^2}{\left[\frac{\{\varepsilon_{r1}(i\omega) + \varepsilon_{r3}(i\omega)\}\{\varepsilon_{r2}(i\omega) + \varepsilon_{r3}(i\omega)\}}{\{\varepsilon_{r1}(i\omega) - \varepsilon_{r3}(i\omega)\}\{\varepsilon_{r2}(i\omega) - \varepsilon_{r3}(i\omega)\}}e^x - 1\right]} dx \tag{27}$$

$\omega = \nu/2\pi$ は角振動数である)。比誘電率 ε_{r3} の媒質を挟む粒子 1(比誘電率 ε_{r1})と粒子 2(比誘電率 ε_{r2})の系に適用される。比誘電率はいずれも角振動数 ω の関数である。この式は分子密度 N が小さい場合,Hamaker による表現 $A = \pi^2 C N^2$ に帰着し,金属の場合は $A \approx (3/16\sqrt{2})\hbar\omega_p$ が得られる。ここで,$\hbar$ は Planck 定数 h を 2π で割った量($\hbar = h/2\pi$)また ω_p はプラズマ角振動数と呼ばれる量である。

3.3 van Kampen-Nijboer-Schram による簡単な計算法

Lifshitz は Landau との共著『ランダウ-リフシッツの理論物理学教程』[8]で知られるロシアの物理学者であるが,Lifshitz 理論の論文は 11 頁に及び,あまりにも難解であったため,長くコロイド界面化学の分野に受け入れられなかった。しかし,1968 年に van Kampen ら[9]がたった 2 頁の Note で同じ結果を得ることができた。彼らは,Lifshitz のように平板間の力を直接計算するのではなく,ゆらぎ電磁場に伴う零点振動のエネルギーの総和から求めるという画期的な方法をとった。これ以降,Lifshitz 理論は多くの系に適用されるようになった[4]。

文 献

1) K. E. Kallman and M. Willstratter: *Naturwiss.*, **20**, 952 (1932).
2) J. H. de Boer: *Trans. Faraday Soc.*, **32**, 10 (1936).
3) H. C. Hamaker: *Physica*, **4**, 1058 (1937).
4) J. N. イスラエルアチヴィリ著(大島広行訳):分子間力と表面力第 3 版,朝倉書店 (2013).
5) H. R. C. Casimir and D. Polder: *Phys. Rev.*, **73**, 360 (1948).
6) H. B. G. Casimir: *Proc. Koninkl. Ned. Akad. Watenchap. B*, **51**, 793 (1948).
7) E. M. Lifshitz: *Sov. Phys. JETP*, **2**, 73 (1956).
8) D. L. ランダウ,E. M. リフシッツ著(井上健男,安河内昂,佐々木健訳):理論物理学教程 電磁気学 2,§92,東京図書 (1965).
9) N. G. van Kampen, B. R. A. Nijboer and K. Schram: *Phys. Lett.*, **26A**, 307 (1968).

第2章　分散・凝集の歴史

第4節
ゼータ電位（分散促進因子）の歴史

東京理科大学名誉教授　大島　広行

1. はじめに：ゼータ電位とは何か

　電解質水溶液等の液体媒質中に帯電したコロイド粒子を分散させ，電場等の外場をかけると粒子が動く。このとき，粒子表面の少し外側に存在するすべり面の電位をゼータ電位とよび，記号ζで表す。粒子表面に媒質から分子やイオンが吸着し粒子とともに動くとき，粒子の相対的な液体の運動が開始する面がすべり面である。液体媒質中を動く粒子に乗って周囲の液体の流れを眺めると，すべり面で液体の流れの速度（粒子に対する液体の相対速度）がゼロになる。すべり面から離れるにつれ流速が増大し，沖の方では粒子の速度にマイナスをつけた量になる（図1）。

　ゼータ電位と表面電位は異なるが，近似的に両者は等しいとみなす場合が多い。

　外場のもとで起こるコロイド粒子の移動現象は界面動電現象と呼ばれ，ドイツ生まれのロシアの化学者 Reuss が 1808 年に発見した[1]。また，ゼータ電位の名付け親は Freundlich である(1926)[2]。代表的な界面動電現象は電場をかけたときの粒子の運動すなわち電気泳動である（図2）。

　電場以外に重力場や圧力勾配，電解質の濃度勾配等によっても粒子または液体の移動が起こる。これらも界面動電現象であり，いずれもゼータ電位が支配する現象である。

　界面動電現象に関連する種々の測定量はゼータ電位に依存する。界面動電現象の測定からコロイド粒子のゼータ電位を評価することができる。電気泳動の場合，外部電場 E があまり大きくなければ，粒子の電気泳動速度 U は E に比例するので，粒子の電気泳動移動度 μ は $U = \mu E$ で定義される。ゼータ電位は物体の重量やサイズのように直接測定される量ではなく，電気泳動移動度等から適切な理論式を用いて計算される量である。理論式が異なれば，同じ測定量から異なるゼータ電位の値が見積もられる。測定条件に合致した最も適切な理論式を選択する必要がある。

　帯電コロイド粒子の分散系が示すさまざまな現象

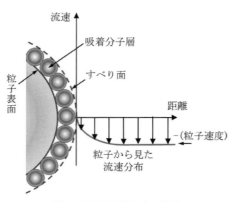

図1　粒子表面とすべり面

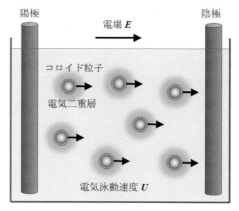

図2　電気泳動

はゼータ電位によって決定される。とくに，コロイド分散系の安定性を評価する際に，ゼータ電位は粒子間の静電斥力を決定する重要な量である。ゼータ電位が大きいほど分散系の安定性が増加するので，分散促進因子の役をする[3,4]。

2. Gouy-Chapman モデル：帯電粒子周囲の電気二重層

電解質溶液から成る液体媒質中を泳動するコロイド粒子の電気泳動移動度 μ とゼータ電位 ζ を結びつける式は粒子周囲に形成される電気二重層の厚さ $1/\kappa$ に大きく依存する。1853 年に最初の電気二重層モデルが Helmholtz[5] によって発表された。このモデルによれば，電解質溶液中に分散した帯電コロイド粒子周囲には粒子表面の電荷と対イオンがつくるコンデンサーが形成される。1910 年代になってイオンの熱運動を考慮した Gouy[6] と Chapman[7] のモデルが発表され，電気二重層は粒子を取りまくイオン雲の拡散構造を持つことが明らかになった。このため，粒子周囲の電気二重層は特に拡散電気二重層と呼ばれる（図3）。

電気二重層の厚さは Debye 長 $1/\kappa$ で与えられる。κ は Debye-Hückel のパラメタで z-z 型対称電解質の場合（価数 z，濃度 $n(\mathrm{m}^{-3})$），次式で与えられる。

$$\kappa = \sqrt{\frac{2z^2e^2n}{\varepsilon_r\varepsilon_o kT}} \tag{1}$$

ここで，e は素電荷，ε_r は電解質溶液の比誘電率，ε_o は真空の誘電率，k は Boltzmann 定数，T は絶対温度である。帯電球状粒子（半径 a，表面電位 ψ_o）周囲の場所 r（r は球の中心からの距離）における電位 $\psi(r)$ と電荷密度 $\rho_{el}(r)$ の間には以下の Poisson の式が成り立つ。

$$\Delta\psi = -\frac{\rho_{el}(r)}{\varepsilon_r\varepsilon_o} \tag{2}$$

ここで，Δ はラプラシアンで 3 次元球座標では $\Delta = d^2/dr^2 + (2/r)d/dr$ である。カチオンとアニオンのそれぞれの濃度 $n_+(r)$ と $n_-(r)$ が Boltzmann 分布に従うと仮定すると，$\rho_{el}(r)$ は次式で与えられる。

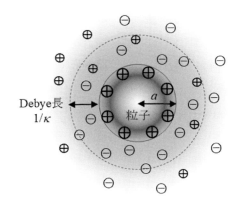

図3 帯電粒子周囲の電気二重層とその厚さ Debye 長 $1/\kappa$

$$\rho_{el}(r) = zen\left\{\exp\left(-\frac{ze\psi}{kT}\right) - \exp\left(\frac{ze\psi}{kT}\right)\right\} \tag{3}$$

式(2)と式(3)を連立させて，

$$\Delta\psi = \frac{zen}{\varepsilon_r\varepsilon_o}\left\{\exp\left(\frac{ze\psi}{kT}\right) - \exp\left(-\frac{ze\psi}{kT}\right)\right\} \tag{4}$$

を得る。これが Poisson-Boltzmann の方程式で，その解が電位分布 $\psi(r)$ を与える。特に，電位が低い場合は式(4)は線形化され次の Debye-Hückel 方程式が得られる。

$$\Delta\psi = \kappa^2\psi \tag{5}$$

κ は式(1)で定義された Debye-Hückel パラメタである。式(5)を境界条件 $\psi(a) = \psi_o$ および $\psi(\infty) = 0$ の下で解くと次式が得られる。

$$\psi(r) = \psi_o \frac{a}{r} e^{-\kappa(r-a)} \tag{6}$$

粒子の表面電位 $\psi_o = \psi(a)$ と表面電荷密度 σ と次式で結ばれる。

$$\psi_o = \frac{\sigma}{\varepsilon_r\varepsilon_o\kappa(1 + 1/\kappa a)} \tag{7}$$

式(7)は粒子表面における境界条件

$$\left.\frac{d\psi}{dr}\right|_{r=a} = -\frac{\sigma}{\varepsilon_r\varepsilon_o} \tag{8}$$

から得られる。球状粒子の全表面電荷量 $Q = 4\pi a^2\sigma$ を導入すると式(7)は次のように書き直すこともできる。

$$\psi_\text{o} = \frac{Q}{4\pi\varepsilon_\text{r}\varepsilon_\text{o}a(1+\kappa a)} \tag{9}$$

また，電荷密度 $\rho_\text{el}(r)$ は式(2)と式(6)から次のように得られる。

$$\begin{aligned}\rho_\text{el}(r) &= -\varepsilon_\text{r}\varepsilon_\text{o}\Delta\psi \\ &= -\varepsilon_\text{r}\varepsilon_\text{o}\kappa^2\psi_\text{o}\frac{a}{r}e^{-\kappa(r-a)}\end{aligned} \tag{10}$$

3. Smoluchowski の式：Debye 長より大きい粒子

最初の電気泳動移動度の式は 1908 年に Smoluchowski[8] の導いた次式である。

$$\mu = \frac{\varepsilon_\text{r}\varepsilon_\text{o}}{\eta}\zeta \tag{11}$$

η はコロイド粒子が泳動する液体媒質の粘度である。Smoluchowski の式(11)は粒子サイズ(球の場合，半径 a)が電気二重層の厚さ Debye 長 $1/\kappa$ に比べて十分大きく粒子表面を事実上平面とみなせる場合($a \gg 1/\kappa$，すなわち $\kappa a \gg 1$ の場合)に適用できる。このような場合，式(11)は粒子の形状に依存せず，円柱状粒子や楕円体粒子であっても適用できる。

式(11)は次のように導かれる。電場 E の中で，速度 U で泳動する粒子を考える。図4のように粒子表面は平面とみなせ，電場は粒子表面に平行に加えられるものとする。このとき，液体の速度も粒子表面に平行になる。粒子の速度，電場および液体媒質の流速は粒子表面に平行な成分のみを持ち，それぞれ，U, E および $u(x)$ とする。$u(x)$ は電位分布 $\psi(x)$ と同じように指数関数的に変化し，表面からデバイ長 $1/\kappa$ 程度離れるとほぼ $-U$ に等しくなる。ここで，x は平板表面からの距離を表す。したがって，粒子表面における速度勾配 du/dx は $U/(1/\kappa) = \kappa U$ にほぼ等しく，粒子表面に働く粘性力＝(液体の粘度)×(速度勾配)＝$\eta du/dx$ (単位面積当たり)は $\eta \kappa U$ になる。一方，粒子表面の電荷密度を σ とすると，表面に働く電気力は単位面積当たり σE になる。粒子が一定速度 U で電気泳動する定常状態では粘性力と電気力が以下のようにつり合う。

$$\eta\kappa U = \sigma E \tag{12}$$

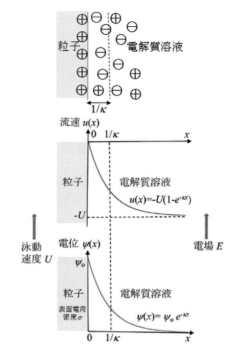

図4 帯電平板周囲の流速分布 $u(x)$ と電位分布 $\psi(x)$

このつり合いの式から，電気泳動移動度 $\mu = U/E$ は

$$\mu = \frac{\sigma}{\eta\kappa} \tag{13}$$

のように得られる。この式に σ と ψ_o を結びつける式(式(7)で $\kappa a \gg 1$ の場合)

$$\psi_\text{o} = \frac{\sigma}{\varepsilon_\text{r}\varepsilon_\text{o}\kappa} \tag{14}$$

を代入し，かつ $\psi_\text{o} = \zeta$ と近似すると式(11)が得られる。なお，1879 年に式(11)に類似した式を Helmholtz[9] が導いているため，式(11)を Helmholtz-Smoluchowski の式と呼ぶことがある。しかし，Helmholtz[9] の式では液体媒質の比誘電率 ε_r の寄与が無視されている。

以下では，Smoluchowski の式を Navier-Stokes の式からより厳密に導く。平板表面に垂直に x 軸をとり，原点を平板表面に定める(図4)。位置 x における薄い液体の層に働く力のつり合いを考えよう。この液相には電場からの力と粘性力が働く。Navier-Stokes の式すなわち液層に働く粘性力と電気力のつり合いの式は，

$$\eta \frac{d^2 u(x)}{dx^2} + \rho_{\text{el}}(x)E = 0 \quad (15)$$

になる。式(15)の右辺の第1項は粘性力、第2項は電場からの力である。$\rho_{\text{el}}(x)$ はさらに位置 x における電位 $\psi(x)$ の2階の導関数と1次元の Poisson の式(式(2)参照、$\Delta = d^2/dx^2$)

$$\frac{d^2 \psi(x)}{dx^2} = -\frac{\rho_{\text{el}}(x)}{\varepsilon_r \varepsilon_o} \quad (16)$$

で結ばれる。この式を式(15)に代入すると次式が得られる。

$$\eta \frac{d^2 u(x)}{dx^2} - \varepsilon_r \varepsilon_o \frac{d^2 \psi(x)}{dx^2} E = 0 \quad (17)$$

流速 $u(x)$ に対する境界条件は、

$$u(0) = 0 \quad (18)$$

$$u(x) \to -U, \quad x \to \infty \quad (19)$$

で与えられ、電位 $\psi(x)$ に対する境界条件は、

$$\psi(0) = \zeta \quad (20)$$

$$\psi(x) \to 0, \quad x \to \infty \quad (21)$$

である。これらの境界条件のもとで、式(17)を積分すると、

$$\eta \frac{du(x)}{dx} - \varepsilon_r \varepsilon_o \frac{d\psi(x)}{dx} E = 0 \quad (22)$$

さらに積分すると次式が得られる。

$$\eta \{u(x) + U\} - \varepsilon_r \varepsilon_o \psi(x) E = 0 \quad (23)$$

ここで、$x=0$ と置くと、Smoluchowski の式(11)が得られる。

4. Hückel の式：Debye 長より小さい粒子

Smoluchowski の式(11)は電気二重層の厚さ(Debye 長 $1/\kappa$)に比べて十分大きなサイズを持つ粒子に適用される。この条件は半径 a の球の場合、$a \gg 1/\kappa$ つまり $\kappa a \gg 1$ である。以下では、逆に球状粒子のサイズが Debye 長がはるかに小さい場合($a \ll 1/\kappa$ つまり $\kappa a \ll 1$)の電気泳動を考える。1924年に Hückel[10] は電場 E のもとで電解質溶液からなる液体媒質(粘度 η)中を速度 U で泳動する総表面電荷 Q の球状粒子(半径 a)を考えた。まず、電解質イオンの存在しない $\kappa a \to 0$ の極限を考える。この球に働く電場 E からの力 QE と液体からの粘性抵抗(ストークス抵抗)$6\pi \eta a U$ がつり合う(図5)。

$$QE = 6\pi \eta a U \quad (24)$$

$\kappa a \to 0$ の極限の式(9)は以下のクーロン電位になる。

$$\psi_o = \frac{Q}{4\pi \varepsilon_r \varepsilon_o a} \quad (25)$$

式(25)を式(24)に代入すると、

$$U = \frac{2\varepsilon_r \varepsilon_o \zeta}{3\eta} E \quad (26)$$

が得られ、$\kappa a \to 0$ の極限における電気泳動移動度が次式で与えられることが示された。

$$\mu = \frac{2\varepsilon_r \varepsilon_o \zeta}{3\eta} \quad (27)$$

この式は Hückel の式と呼ばれる。

式(27)には電気二重層の寄与が考慮されていない。対イオンからなる電気二重層には粒子と逆向きに電場からの力が働き、電気二重層は電場と反対方向へ動こうとする。Hückel はこの効果を取り入れて有限の κa を持つ球状粒子の電気泳動移動度を計算した。この計算は非常に面倒であるが、1926年に Onsager[11] は Hückel と同じ結果を以下のようなエレガントな方法で得た。図6のように電気二重層を多数の球殻に分割する。粒子に接する最も内側の球殻から順に 0, 1, 2, … と番号を付ける。最も内側の球殻の速度を v_o とする。v_o に相対的な球状粒

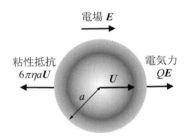

図5　電気力と粘性抵抗のつり合い

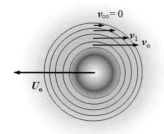

図6 電気二重層の速度

子の泳動速度を U_o とすると粒子の泳動速度 U は次式で与えられる。

$$U = U_o + v_o \quad (28)$$

クーロン電位(式(25))をつり合いの式(24)に代入せずに元の式(9)を代入して,次の U_o の表現が得られる。

$$U_o = \frac{2\varepsilon_r\varepsilon_o\zeta}{3\eta}(1+\kappa a)E \quad (29)$$

n 番目の球殻の位置を r_n,速度を v_n,電荷密度を $\rho_{el}(r_n)$ とする。位置 r における電解質イオンによる電荷密度を $\rho_{el}(r_n)$ とすると,球殻の電荷量は球殻の体積 $4\pi r_n^2 dr$ をかけて $4\pi r_n^2 \rho_{el}(r_n) dr$ になる。この量に電場 E をかけた $4\pi r_n^2 \rho_{el}(r_n) dr E$ が n 番目の球殻に働く電気力である。さらに,n 番目の球殻は隣接する $(n+1)$ 番目の球殻(速度 v_{n+1})に対する相対速度 $(v_{n+1}-v_n)$ に比例した Stokes 抵抗 $6\pi\eta r_n(v_n-v_{n+1})$ を受け電気力とつり合う。したがって,以下の式が得られる。

$$\begin{aligned}6\pi\eta r_0(v_0-v_1) &= 4\pi r_0^2 \rho_{el}(r_0)drE \\ 6\pi\eta r_1(v_1-v_2) &= 4\pi r_1^2 \rho_{el}(r_1)drE \\ &\cdots \\ 6\pi\eta r_n(v_n-v_{n+1}) &= 4\pi r_n^2 \rho_{el}(r_n)drE \\ &\cdots\end{aligned} \quad (30)$$

以上の式を $n=0$ から $n=\infty$ まで合計し,$r_0=a$ に注意して総和を積分に変換すると次式が得られる。

$$6\pi\eta(v_0-v_\infty) = 4\pi \int_a^\infty r\rho_{el}(r)drE \quad (31)$$

$v_\infty=0$ に注意し,式(10)を代入して積分を実行すると次式が得られる。

$$v_0 = -\frac{2\varepsilon_r\varepsilon_o\zeta}{3\eta}\kappa aE \quad (32)$$

式(29)と式(32)から粒子の泳動速度が求められる。

$$U = U_0 + v_0 = \frac{2\varepsilon_r\varepsilon_o\zeta}{3\eta}E \quad (33)$$

したがって,電気泳動移動度 μ は次式で与えられる。

$$\mu = \frac{2\varepsilon_r\varepsilon_o\zeta}{3\eta} \quad (34)$$

この式は電気二重層の存在を全く無視している式(27)に完全に一致する。つまり,U_o に対する電気二重層による補正(式(29)右辺の κa に比例する項)と v_o(式(32))が打ち消しあった結果である。κa が 0 でなくても十分小さければ($\kappa a \ll 1$),Hückel の式(27)が成り立つことを示している。

5. Henry の式:任意のサイズの粒子

Smoluchowski の式(11)と Hückel の式(27)は係数が 2/3 異なる。この違いは長い間未解決であったが,1931 年に Henry がこの問題を解決した[12]。Henry は粒子の表面近傍では電場が表面に平行になるように歪められることに気がついた。Hückel の理論ではこのひずみが全く考慮されていない。Smoluchowski の理論では,電場が面に平行に加えられている平板状の粒子を扱っているため,はじめから電場のひずみが考慮されている。

Smoluchowski の式(11)と Hückel の式(27)をつなぐ式を求めよう。電場 E の中に半径 a の球状粒子がある。球の中心に原点 O を置く球座標 (r, θ, ϕ) を定める。粒子外部の任意の場所にける電位 Ψ は対称性から r と θ のみに依存し,次のように表される。

$$\Psi(r,\theta) = \psi^{(0)}(r) + \Psi_1(r,\theta) + \Psi_2(r,\theta) \quad (35)$$

右辺第1項の $\psi^{(0)}(r)$ は電場のないときの平衡状態における電気二重層電位,第2項の $\Psi_1(r,\theta)$ は外部電場および粒子の存在による電場のひずみ(電気泳動遅延効果と呼ぶ)に対応する電位,第3項の $\Psi_2(r,\theta)$ は電気二重層の変形(緩和効果)に対応する電

位で粒子のゼータ電位が低いときは無視できる。式(35)では外部電場Eは電気二重層の電場より弱いと仮定してEに比例する項のみが考慮される。$\Psi_1(r,\theta)$は以下のように表される。

$$\Psi_1(r,\theta) = -E\left(r + \frac{a^3}{2r^2}\right)\cos\theta \qquad (36)$$

式(36)の右辺かっこ内の第1項rは外部電場,第2項$a^3/2r^2$は粒子の存在による外部電場のひずみに対応する。電解質イオンが粒子内部に侵入できないため,粒子表面で表面に垂直な電場成分がゼロになるように電場の歪みが生じ,電場は粒子表面に平行になる。**図7**は$\Psi_1(r,\theta)$に対応する電場の様子である。図の曲線は電気力線である。力線の向きと密度は電場の向きと強さを表す。電場が粒子表面に平行になるようにひずめられ,かつ粒子表面近傍で電気力線が押し付けられて互いの間隔が狭くなり,電場が強くなっていることがわかる。元の外部電場とひずみ電場は表面近傍でそれぞれ$r \approx a, r + a^3/2r^2 \approx (3/2)a$であるから,電場は表面近傍で$3/2$倍強くなる。図7では粒子周囲のイオンの密度分布を電気力線の分布に重ねた結果である。電気二重層が厚い場合(図7A),ほとんどのイオンは元のひずめられていない電場を感じている。これはHückelの式に対応する。電気二重層が薄い場合(図7B),イオンは粒子表面の$3/2$倍強められた電場を感じている。これはSmoluchowskiの式に対応する。

Smoluchowskiの式(11)とHückelの式(27)をつなぐ式がHenryの式である。球状粒子(半径a, ゼータ電位ζ)の電気泳動移動度μに対するHenryの式は次式で与えられる。

$$\mu = \frac{\varepsilon_r\varepsilon_0\zeta}{\eta}f(\kappa a) \qquad (37)$$

$f(\kappa a)$はHenry関数と呼ばれ,$\kappa a \to 0$で$f(\kappa a) \to 2/3$であり,式(37)はHückelの式(式(27))になる。また,$\kappa a \to \infty$で$f(\kappa a) \to 1$であり,式(37)はSmoluchowskiの式(式(11))になる。Henryの導いた$f(\kappa a)$の表現は指数積分を用いた複雑な式であるが,以下の近似式が導かれている[13]。

$$f(\kappa a) = \frac{2}{3}\left[1 + \frac{1}{2\left\{1 + \frac{2.5}{\kappa a(1 + 2e^{-\kappa a})}\right\}^3}\right] \qquad (38)$$

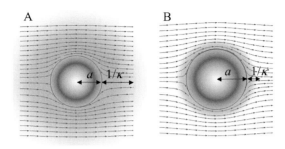

図7 粒子周囲の電気力線分布と電気二重層(厚い場合(A)と薄い場合(B))

この式は次のように簡単に導くことができる。粒子の存在による外部電場のひずみ$\Psi_1(r,\theta)$(式(36))に対応して,位置(r,θ)の電位が$-Er\cos\theta$から$-Er(1+a^3/2r^3)\cos\theta$まで$1+a^3/2r^3$倍に増加する。Debye長$1/\kappa$の厚さを持つ電気二重層中のイオン分布の重心の$r$座標を$r \approx a + \delta/\kappa$と表し($\delta$は1〜2程度の大きさの数),$r$を重心の座標$a+\delta/\kappa$で置き換えると,電場のひずみによる電位の増加量は,

$$\frac{r + \frac{a^3}{2r^2}}{r} = 1 + \frac{a^3}{2r^3} = 1 + \frac{1}{2\left\{1 + \frac{\delta}{\kappa a}\right\}^3} \qquad (39)$$

になる。さらに,Henryの厳密解[12]とよく一致するようにδを

$$\delta = \frac{2.5}{1 + 2e^{-\kappa a}} \qquad (40)$$

のように選んだ結果得られた式が式(38)である。

図8にHenry関数$f(\kappa a)$をκaの関数として与えた。すべてのκaの値に対して,Henryの式が適用できるが,特に,$\kappa a < 0.3$ではHenryの式を使わずに,Hückelの式(27)を適用でき,$\kappa a > 200$ではSmoluchowskiの式(11)が適用できることがわかる。Henryの式(37)は1:1型対称電荷質溶液中の電気泳動の場合,ゼータ電位の大きさが50 mV以下の場合に良い近似式である。

6. Overbeekの緩和効果の理論: ゼータ電位が高い場合

ゼータ電位が高くなると**図9**のように緩和効果(電気二重層の変形)が無視できなくなる(式(35)の$\Psi_2(r,\theta)$)。

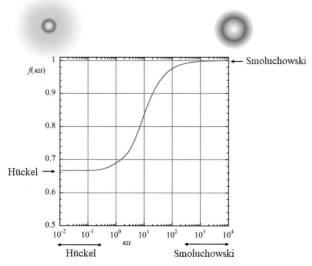

図8 Henry関数 f(κa)

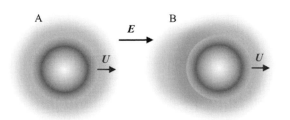

図9 ゼータ電位が低い場合(A)は球対称の電気二重層が高い場合(B)は緩和効果により変形する

緩和効果を考慮したμを求めることは容易ではない。1943年に発表されたOverbeekの学位論文[14]の中ではμを$ze|\zeta|/kT$の3次の項まで求めるのに100ページ近く費やされている。また，Booth[15]も同様の式を導いている。ただし，Overbeekの導いた式には最大20%に達する計算ミスがあり，後に訂正された[16]。以下はOverbeekの式に対する簡単な近似式である[16]。

$$\mu = \frac{2\varepsilon_r\varepsilon_o\zeta}{3\eta}\left[1 + \frac{1}{2\left\{1 + \frac{2.5}{\kappa a(1 + 2e^{-\kappa a})}\right\}^3}\right]$$
$$- \frac{2\varepsilon_r\varepsilon_o\zeta}{3\eta}\left(\frac{ze\zeta}{kT}\right)^2\left[\frac{\kappa a\{\kappa a + 1.3\exp(-0.18\kappa a) + 2.5\}}{2\{\kappa a + 1.2\exp(-7.4\kappa a) + 4.8\}^3}\right.$$
$$\left.+ \left(\frac{m_+ + m_-}{2}\right)\frac{9\kappa a\{\kappa a + 5.2\exp(-3.9\kappa a) + 5.6\}}{8\{\kappa a - 1.55\exp(-0.32\kappa a) + 6.02\}^3}\right]$$

(41)

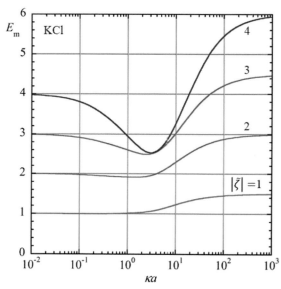

図10 KCl水溶液中における球状粒子の電気泳動移動度とκa依存。無次元化したゼータ電位の大きさ=1, 2, 3, 4

ここで，$m_\pm$は陽イオンと陰イオンの無次元化した抵抗係数である[16]。室温のKCl水溶液では$m_\pm$ = 0.184が良い近似地である。式(41)による計算結果を図10に示した。図の$E_m = (3\eta e/2\varepsilon_r\varepsilon_o kT)\mu$および$\tilde{\zeta} = ze\zeta/kT$はそれぞれ無次元化した電気泳動移動度とゼータ電位である。

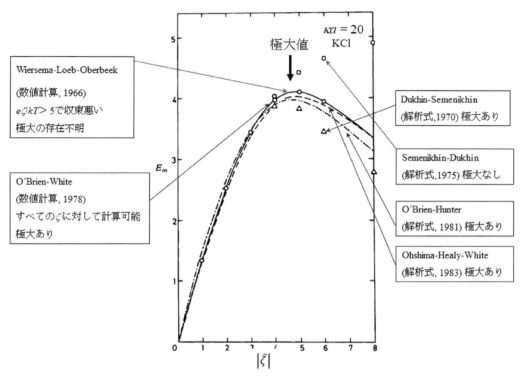

図 11　KCl 水溶液中における球状粒子の電気泳動移動度の極大をめぐる理論と数値計算。KCl 水溶液（室温，$\kappa a=10$）

7. 電気泳動の標準理論： O'Brien-White の理論

　Overbeek の理論から，ζ の低いときは Henry の式のように μ は ζ に比例して増大することがわかる。ところが，ζ が高くなると式(41)右辺に ζ^3 の項があるので，μ の増加が抑えられる。さらに ζ が高くすると，極大を過ぎて μ は ζ の増加とともに減少する。この極大が近似を進めて ζ の高次の項が得られたときにも相変わらず存在するのか，それとも極大が消失し μ は ζ とともに単調に増大し続けるのかは，長い間の大問題であった。この間の論争の様子を図 11 に示した。

　1966 年には，Overbeek ら[17]が渡米し新設の IBM のコンピュータで計算したが，計算の収束が悪く極大の存在の確認までには至らなかった。極大の存在を解析的に予測した論文[18]が発表された後に同じ著者らによってそれを否定する論文[19]が発表されたこともあった。極大の存在が明確になったのは，1978 年の O'Brien と White によって最終的な標準理論が発表されたときである[20]。その後，極大の存在が解析的にも確認された[21,22]。

文　献

1) F. F. Reuss: Comment. *Soc. Phys.-Med. Univ. Lit. Caesaream Mosquensem*, **1**, 141 (1808).
2) H. M. F. Freundlich: Colloid and Capillary Chemistry, Methuen and Co. Ltd. (1926).
3) 大島広行：基礎から学ぶゼータ電位とその応用，日本化学会コロイドおよび界面化学部会 (2017).
4) H. Ohshima: Theory of Colloid and Interfacial Electric Phenomena, Elsevier (2006).
5) H. von Helmholtz: *Annal. Physik Chemie*, **165**, 211 (1853).
6) G. Gouy: *J. Physique.*, (4) **9**, 457 (1910), *Ann. Phys.*, (9) **7**, 129 (1917).
7) D. L. Chapman: *Phil. Mag.*, (6) **25**, 475 (1913)
8) M. von Smoluchowski: *Bull. Int. Acad. Sci. Cracovie.*, **184** (1903).
9) H. von Helmholtz: *Wied. Ann.*, **7**, 337 (1879).
10) E. Hückel: *Phys. Z.*, **25**, 204 (1924).

11) L. Onsager: *Phys. Z.*, **27**, 388 (1926).
12) D.C. Henry: *Proc Roy Soc London Ser A*, **133**, 106 (1931).
13) H. Ohshima: *J. Colloid Interface Sci.*, **168**, 269 (1994).
14) J. Th. G. Overbeek: *Kolloid-Beihefte*, **54**, 287 (1943). 英訳 E. Klaseboer, A. S. Jayaraman and D. Y. C. Chan: arXiv:1907.05542 [physics.hist-ph] (2019).
15) F. Booth: *Proc. Roy. Soc. London Ser. A*, **203**, 514 (1950).
16) H. Ohshima: *J. Colloid Interface Sci.*, **239**, 587 (2001).
17) P. H. Wiersema et al.: *J. Colloid Interface Sci.*, **22**, 78 (1966).
18) S. S. Dukhin and N.M. Semenikhin: *Kolloid Zh.*, **32**, 360 (1970).
19) N. M. Semenikhin and S.S. Dukhin: *Kolloid Zh.*, **37**, 1127 (1975).
20) R. W. O'Brien and L. R. White: *J. Chem. Soc. Faraday Trans.*, **2**, 74, 1607 (1978).
21) R. W. O'Brien and R. J. Hunter: *Can. J. Chem.*, **59**, 1878 (1981).
22) H. Ohshima et al.: *J. Chem. Soc., Faraday Trans.*, **2**, 79, 1613 (1983).

第2章 分散・凝集の歴史

第5節
凝集速度と安定度比

東京理科大学名誉教授　大島　広行

1. はじめに：コロイド分散系の凝集速度

コロイド粒子の分散系の挙動は粒子間のvan der Waals引力と静電斥力のバランスに支配される。DLVO理論（第3章第2節第1項参照）に従って、粒子間相互作用のポテンシャル曲線を描いたとき、ポテンシャルの山（ポテンシャル障壁）が存在する場合と存在しない場合がある（図1）。ポテンシャル障壁が存在する場合、分散系の凝集は遅く（緩慢凝集）、ポテンシャルの山が熱エネルギーkT（k = Boltzmann定数，T = 絶対温度）より十分高い場合、分散系は安定に存在することができる。この系に塩を加えて塩濃度を増やしていくとき、ある濃度（臨界凝集濃度）に達すると、ポテンシャル障壁が消失し、分散系は急速に凝集するようになる（急速凝集）。このとき、まず2個の1次粒子が拡散しながら互いに接近し不可逆的に結合（凝集）して2次粒子ができる。2次粒子はさらに他の1次粒子と結合して3次粒子になる。または、2次粒子は他の2次粒子と結合して4次粒子になる。このように分散系の凝集が進行する。

1917年，Zigmondy[1]は金ゾルにおける急速凝集の速度を測定した。この結果を説明する目的で、1917年にSmoluchowski[2]は以下に述べる急速凝集の速度論を発表した。

2. Smoluchowskiの急速凝集の理論

安定なコロイド粒子の分散系を考える。粒子間には十分な静電斥力が働き、1次粒子のみが一様に分散している。この系に臨界凝集濃度を超える塩を加えると、急速凝集が始まる。このとき、2つの過程が進行する。①粒子の周囲に他粒子の濃度勾配が形成される。拡散運動する1次粒子同士が互いに衝突して不可逆的に結合すると1次粒子としての存在が止み、その場所における1次粒子の濃度がゼロになるからである。この結果、一様でない濃度分布ができる。この過程は極めて速く（10^{-2}～10^{-4}秒）、粒子濃度の勾配は瞬間的に形成される。②次にこの粒子濃度の勾配に従って、それぞれの粒子に向かう他粒子の流れが生じ系内の1次粒子の数が減少していく。この過程が分散系における凝集である。そこでは、2個の1次粒子が結合して2次粒子ができる過

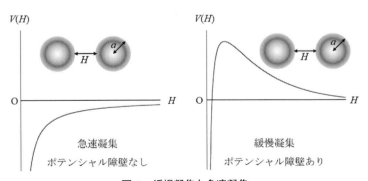

図1　緩慢凝集と急速凝集

程に加えて，2次粒子と1次粒子から3次粒子ができる等の高次の凝集過程が関与する．以下ではこの①と②の過程を順に考察する．

2.1　第1段階：各粒子周囲における他粒子の瞬間的な濃度勾配形成

半径 a の球状コロイド粒子の分散系を考える．系には1次粒子のみが平均濃度（数密度）$n_1(\mathrm{m}^{-3})$ で一様に分散している．時刻 $t=0$ に臨界凝集濃度を超える塩をこの系に加えると，急速凝集が始まる．図2のように1個の粒子Aに着目し他の粒子との中心間距離を R とする．粒子Aの中心に原点を置く球座標を定めると，他の粒子の動径座標は R であり，時刻 t における濃度は $n(R,t)$ と表される．粒子Aの周囲には半径の $2a$ の作用球が形成されていると考える．他粒子がAに接近して，その中心がAの作用球に到達するとAに不可逆的に結合して1次粒子としての存在を止める．すなわち，Aの作用球上（$R=2a$）で粒子濃度はゼロである．

作用球に向かう粒子の流れの密度 $\boldsymbol{j}(R,t)$ は粒子の濃度勾配によって生じるので，次式で与えられる．

$$\boldsymbol{j} = -D\nabla n(R,t) \quad (1)$$

ここで D は1次粒子の拡散係数である．$n(R,t)$ に対する境界条件は次式で与えられる．

$$n(2a) = 0, \quad n(\infty) = n_1 \quad (2)$$

粒子に対する保存則（連続の式）は，

$$\frac{\partial n(R,t)}{\partial t} = -\mathrm{div}\boldsymbol{j}(R,t) \quad (3)$$

である．この式に式(1)を代入すると $n(R,t)$ に対する次の拡散方程式が得られる．

$$\frac{\partial n(R,t)}{\partial t} = D\Delta n(R,t)$$
$$= D\left(\frac{\partial^2 n(R,t)}{\partial R^2} + \frac{2}{R}\frac{\partial n(R,t)}{\partial R}\right) \quad (4)$$

Aの作用球上（$R=2a$）で粒子濃度はゼロであり，Aから十分離れた場所の粒子濃度は1次粒子の平均バルク濃度 n_1 になるから，式(4)に対する初期条件および境界条件は次式で与えられる．

$$n(R,t) = n_1, \quad t=0, \quad R>2a \quad (5)$$

$$n(R,t) = 0, \quad t>0, \quad R=2a \quad (6)$$

この過程は瞬間的に起こるので n_1 の時間依存は無視してある．上記の境界条件の下で式(4)を解くと，以下の解が得られる．

$$n(R,t) = n_1\left[1 - \frac{2a}{R}\left\{1 - \mathrm{erf}\left(\frac{R-2a}{\sqrt{4Dt}}\right)\right\}\right] \quad (7)$$

で与えられる．ここで，

$$\mathrm{erf}(z) = \frac{2}{\sqrt{\pi}}\int_0^z e^{-t^2}\,dt \quad (8)$$

は誤差関数である．$t \gg (2a)^2/D$ では，$n(R,t)$ は

$$n(R) = n_1\left(1 - \frac{2a}{R}\right) \quad (9)$$

になり，濃度分布が時間に依存しない定常状態が実現されることがわかる．この定常状態は瞬間的（$10^{-2} \sim 10^{-4}$ 秒）に実現される．なお，式(9)は式(4)の左辺をゼロとおいて得られる式の解である．このように，$n(R,t)$ の時間依存性は無視でき，$n(R,t)=n(R)$ と表すことができる．

2.2　第2段階：粒子の濃度勾配による1次粒子の消失と2次粒子の生成

第1段階で無視した1次粒子の平均バルク濃度 n_1 の時間依存をこの段階で考慮する．分散系における凝集が進行するにつれ1次粒子のバルク濃度 n_1 が時間とともに減少していくので，n_1 は時間の関数 $n_1(t)$ になる．1個の粒子の相対的な他粒子の濃度分布はバルク濃度 $n_1(t)$ の変化に応じて変化するが，それぞれの時刻において瞬間的に式(9)で与えられる定常状態の濃度分布が実現される．1秒間

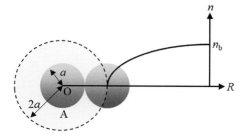

図2　コロイド粒子A（半径 a）の周囲における作用球（半径 $2a$）1次粒子の場合，バルク濃度 $n_\mathrm{b}=n_1$

に半径 $2a$ の作用球の表面（図2の点線）を通過する粒子数は式(1)をもとに次式で与えられる。

$$J = 4\pi(2a)^2 D \left(\frac{dn}{dR}\right)_{R=2a} \quad (10)$$

式(9)を式(10)に代入して次式を得る。

$$J = 8\pi a D n_1 \quad (11)$$

式(11)は以下の2点において修正する必要がある。(i) ある特定の粒子Aに着目してこの粒子を固定したが，実際に粒子Aも拡散運動している。拡散定数 D_i および D_j を持つ2個の粒子 i と j の相対的な拡散運動に対する拡散定数は $D_{ij} = D_i + D_j$ で与えられる。したがって，式(11)の D は $2D$ に置き換える必要がある。(ii) さらに，式(11)は1個の粒子に対する流速であるから，単位体積当たりに存在する n_1 個全体に対しては式(11)を n_1 倍する必要がある。こうして，次式が得られる。

$$J = 16\pi a D n_1^2 \quad (12)$$

この流れの存在によって，次式に従ってバルク濃度 n_1 が時間とともに減少する。

$$\frac{dn_1}{dt} = -J = -16\pi a D n_1^2 \quad (13)$$

となる。式(13)を解くと，

$$n_1(t) = \frac{n_0}{1 + t/T} \quad (14)$$

が得られる。ここで，$n_0 = n_1(0)$ は時刻 $t = 0$ における1次粒子の初期バルク濃度である。また，T は，

$$T = \frac{1}{16\pi a D n_0} \quad (15)$$

で与えられる量で，1次粒子の濃度 $n_1(t)$ が初期濃度 n_0 の半分になる時間（半減期）である（$n_1(T) = n_0/2$）。

2.3 高次粒子の生成と消滅

Smoluchowski の急速凝集理論では，2次粒子の生成に加えてさらに3次粒子等の高次粒子の生成と消滅を考慮している[2]。i 次粒子（半径 a_i，拡散定数 D_i）の濃度を $n_i(t)$ とする。i 次粒子に対する j 次粒子の流れを J_{ij} とすると J_{ij} は式(12)を一般化した次式で与えらる。

$$J_{ij} = 4\pi(a_i + a_j)(D_i + D_j)n_i n_j \quad (16)$$

式(16)を用いると，式(13)は以下のように一般化される。

$$\frac{dn_1}{dt} = -4\pi(2a_1)(2D_1)n_1^2 - 4\pi(a_1+a_2)(D_1+D_2)n_1 n_2$$
$$- 4\pi(a_1+a_3)(D_1+D_3)n_1 n_3 - \cdots$$

$$\frac{dn_2}{dt} = \frac{1}{2} \cdot 4\pi(2a_1)(2D_1)n_1^2 - 4\pi(a_1+a_2)(D_1+D_2)n_1 n_2 - 4\pi(2a_2)(2D_2)n_2^2 - \cdots$$

$$\frac{dn_3}{dt} = 4\pi(a_1+a_2)(D_1+D_2)n_1 n_2 - 4\pi(a_1+a_3)(D_1+D_3)n_1 n_3$$
$$- 4\pi(a_2+a_3)(D_2+D_3)n_2 n_3 - \cdots$$
$$\cdots \quad (17)$$

a_1 と D_1 はそれぞれ1次粒子の半径と拡散定数である。式(17)の第2式右辺における $1/2$ は重複数えを避けるための因子である。Smoluchowski はさらに次の近似を行った。Einstein の拡散定数の式によれば，i 次粒子の拡散定数 D_i は半径 a_i に反比例するので，

$$a_i D_i = a_1 D_1 = 一定 \quad (18)$$

である。したがって，

$$(a_i + a_j)(D_i + D_j) = (a_i + a_j)\left(\frac{1}{a_i} + \frac{1}{a_j}\right)a_1 D_1 \quad (19)$$

になるが，a_i と a_j があまり違わなければ，

$$(a_i + a_j)\left(\frac{1}{a_i} + \frac{1}{a_j}\right) \approx 4 \quad (20)$$

であり，以下の近似式が成り立つ。

$$(a_i + a_j)(D_i + D_j) = 4a_1 D_1 \quad (21)$$

式(21)を用いると，式(17)は以下のように簡単化される。

$$\frac{dn_1}{dt} = -16\pi a_1 D_1 n_1^2 - 16\pi a_1 D_1 n_1 n_2 - 16\pi a_1 D_1 n_1 n_3 - \cdots$$

$$\frac{dn_2}{dt} = 8\pi a_1 D_1 n_1^2 - 16\pi a_1 D_1 n_1 n_2 - 16\pi a_1 D_1 n_2^2 - \cdots$$

$$\frac{dn_3}{dt} = 16\pi a_1 D_1 n_1 n_2 - 16\pi a_1 D_1 n_1 n_3 - 16\pi a_1 D_1 n_2 n_3 - \cdots$$

$$\frac{dn_4}{dt} = 16\pi a_1 D_1 n_1 n_3 + 8\pi a_1 D_1 n_2^2 - 16\pi a_1 D_1 n_1 n_4 - 16\pi a_1 D_1 n_2 n_4 - \cdots$$
$$\cdots \quad (22)$$

さらに，全粒子濃度 $n_{\text{total}}(t)$ を

$$n_{\text{total}}(t) = \sum_{i=1}^{\infty} n_i(t) \tag{23}$$

で定義すると，式(22)は以下のようになる。

$$\frac{dn_1}{dt} = -16\pi D_1 a_1 n_1 n_{\text{total}}$$

$$\frac{dn_2}{dt} = 8\pi a_1 D_1 n_1^2 - 16\pi a_1 D_1 n_2 n_{\text{total}}$$

$$\frac{dn_3}{dt} = 16\pi a_1 D_1 n_1 n_2 - 16\pi a_1 D_1 n_3 n_{\text{total}}$$

$$\frac{dn_4}{dt} = 16\pi a_1 D_1 n_1 n_3 + 8\pi a_1 D_1 n_2^2 - 16\pi a_1 D_1 n_4 n_{\text{total}}$$

$$\cdots \tag{24}$$

式(24)の両辺でそれぞれ和をとると次式が得られる。

$$\frac{dn_{\text{total}}}{dt} = 8\pi a_1 D_1 n_{\text{total}}^2 - 16\pi a_1 D_1 n_{\text{total}}^2$$

$$= -8\pi a_1 D_1 n_{\text{total}}^2 \tag{25}$$

$n_{\text{total}}(0) = n_0$ を用いて，式(25)を解くと，次式が得らえる。

$$n_{\text{total}}(t) = \frac{n_0}{1 + t/T} \tag{26}$$

ここで，

$$T = \frac{1}{8\pi a_1 D_1 n_0} \tag{27}$$

は全粒子濃度 $n_{\text{total}}(t)$ が初期値 n_0 の半分になる時間すなわち半減期である。式(26)を式(24)の各式に代入し，微分方程式を解くと以下のように解が得られる。

$$n_1(t) = \frac{n_0}{(1 + t/T)^2} \tag{28}$$

$$n_2(t) = \frac{n_0 t/T}{(1 + t/T)^3} \tag{29}$$

一般に i 次粒子の濃度は，

$$n_i(t) = \frac{n_0 (t/T)^{i-1}}{(1 + t/T)^{i+1}} \quad (i = 1, 2, \cdots) \tag{30}$$

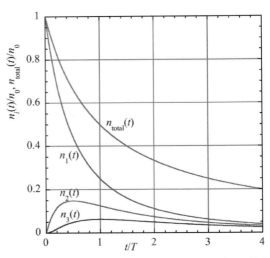

図3 1次粒子，2次粒子，3次粒子のそれぞれの濃度 $n_1(t)$，$n_2(t)$，$n_3(t)$ および全粒子濃度 $n_{\text{total}}(t)$ の時間変化

で与えられる。図3は，1次粒子，2次粒子，3次粒子のそれぞれの濃度 $n_1(t)$，$n_2(t)$，$n_3(t)$ および全粒子濃度 $n_{\text{total}}(t)$ の時間変化を表す。

Smoluchowski の理論[2]の導いた凝集の半減期 T は Zigmondy[1] による金ゾルにおける急速凝集の半減期の測定値[1]とよい一致を見た。

3. Fuchs の緩慢凝集の理論：相互作用場における凝集速度と安定度比

Smoluchowski の凝集速度の理論は急速凝集を対象にしているため，コロイド粒子間相互作用を考慮していない。緩慢凝集ではこの粒子間相互作用を考慮しなければならない。緩慢凝集は粒子間の相互作用エネルギー $V(R)$ の場の中における凝集である。この問題は Fuchs[3] が1934年に解いている。急速凝集の場合と同様に図2を用いて，緩慢凝集の凝集速度を求めよう。着目する粒子Aに向かう他粒子の化学ポテンシャル $\mu(R,t)$ は以下のように表せる。

$$\mu(R,t) = \mu^{\circ} + kT \ln[n(R,t)] + V(R) \tag{31}$$

μ の勾配によって生じる粒子の流速密度 j は次式で与えられる。

$$\boldsymbol{j} = -\frac{D}{kT} n(R,t) \nabla \mu(R,t)$$

$$= -D\left[\nabla n(R,t) + \frac{n(R,t)}{kT} \nabla V(R)\right] \tag{32}$$

式(32)を連続の式(3)に代入すると，次式が得られる。

$$\frac{\partial n(R,t)}{\partial t} = D\mathrm{div}\left[\nabla n(R,t) + \frac{n(R,t)}{kT}\nabla V(R)\right]$$
$$= D\frac{1}{R^2}\frac{d}{dR}R^2\left[\frac{dn(R,t)}{dR} + \frac{n(R,t)}{kT}\frac{dV(R)}{dR}\right] \quad (33)$$

急速凝集の場合と同様，瞬間的に定常状態に達するので，式(33)の左辺をゼロとおいてよく，かつ，$n(R,t)$のt依存性を無視できるので，次式が得られる。

$$R^2\left[\frac{dn(R,t)}{dR} + \frac{n(R,t)}{kT}\frac{dV(R)}{dR}\right] = R\text{に依存しない定数} \quad (34)$$

が得られる。1秒間に固定した粒子Aの作用球（半径$2a$）の表面（図2の点線）を通過する粒子数Jは式(10)をもとに次式が導かれる。

$$J = 4\pi(2a)^2\frac{D}{kT}n(R)\nabla\mu(R)|_{R=2a}$$
$$= 4\pi(2a)^2 D\left[\frac{dn(R)}{dR} + \frac{n(R)}{kT}\frac{dV(R)}{dR}\right]_{R=2a} \quad (35)$$

式(33)と式(34)から次式が導かれる。

$$\frac{dn(R)}{dR} + \frac{n(R)}{kT}\frac{dV(R)}{dR} = \frac{J}{4\pi D} \quad (36)$$

さらに，左辺を変形すると次式が得られる。

$$\exp\left(-\frac{V(R)}{kT}\right)\frac{d}{dR}\left[n(R)\exp\left(\frac{V(R)}{kT}\right)\right] = \frac{J}{4\pi D} \quad (37)$$

$V(\infty)=0$および$n(\infty)=n_0$の下で，式(37)を解くと，

$$n(R) = n_0 e^{-V(R)/kT} - \frac{J}{4\pi D}e^{-V(R)/kT}\int_R^\infty \frac{e^{V(R)/kT}}{R^2}dR \quad (38)$$

が得られる。さらに，$n(2a)=0$を満たすために，Jは次式で与えられなければならない。

$$J = \frac{4\pi D n_0}{\int_{2a}^\infty \frac{e^{V(R)/kT}}{R^2}dR} \quad (39)$$

急速凝集（$V(R)=0$）の場合のJの値J_0は，

$$J_0 = 8\pi a D n_0 \quad (40)$$

JとJ_0の比$W=J_0/J$をつくると，

$$W = \frac{J_0}{J} = \frac{\text{半減期（緩慢）}}{\text{半減期（急速）}}$$
$$= 2a\int_{2a}^\infty \frac{e^{V(R)/kT}}{R^2}dR \quad (41)$$

が得られる。なお，上式でJとJ_0それぞれ対応する緩慢凝集と急速凝集の半減期に反比例することを用いている。式(33)で定義されるWは安定度比と呼ばれ，緩慢凝集の速度が急速凝集の速度に比べどのくらい遅いか，あるいは半減期がどのくらい伸びるかを示す量になる。Wが大きいほどコロイド分散系は安定である。

VerweyとOverbeek[4]は以下の$V(R)$の表式（第3章第2節第1項参照）を用いて，Wの計算を行った。コロイド粒子（半径a，表面電位ψ_0，Hamaker定数A）が価数z，バルク濃度nの対称電解質溶液中にある場合，2個のコロイド粒子間に働く相互作用のポテンシャルエネルギー$V(R)$は次式のように粒子間の静電斥力エネルギー$V_R(R)$とvan der Waals引力エネルギー$V_A(R)$の和で与えられる。

$$V(R) = V_R(R) + V_A(R) \quad (42)$$

ここで，

$$V_R(R) = \frac{64\pi a n kT \gamma^2}{\kappa^2}e^{-\kappa(R-2a)},$$
$$V_A(R) = -\frac{Aa}{12(R-2a)} \quad (43)$$

である。γは$\gamma=\tanh(ze\psi_0/4kT)$で定義され，$\kappa$はDebye-Hückelのパラメタ，$\varepsilon_r$は電解質溶液の比誘電率，$\varepsilon_0$は真空の誘電率，$e$は素電荷である。

4. 安定度比の式の改良

式(41)は自由拡散における速度定数に対する粒子間相互作用の影響を表すが，基準になる急速凝集として自由拡散でなく，van der Waals引力相互作用$V_A(R)$のみ働いている場合をとるべきである。この改良がMcGownとParfitt(1967)[5]によってなされた。その結果，式(41)は次式に変更される。

$$W = \frac{q}{q_0} \quad (44)$$

ただし，

$$q = 2a \int_{2a}^{\infty} \frac{e^{V/kT}}{R^2} dR,$$
$$q_o = 2a \int_{2a}^{\infty} \frac{e^{V_A/kT}}{R^2} dR \qquad (45)$$

さらに，接近する2粒子間の粘性相互作用を表す因子 $\beta(R)$ を考慮した安定度比 W が Spielman (1970)[6] および Honig ら (1971)[7] によって導かれた。この結果，式(45)は次式のように修正される。

$$q = 2a \int_{2a}^{\infty} \beta(R) \frac{e^{V/kT}}{R^2} dR,$$
$$q_o = 2a \int_{2a}^{\infty} \beta(R) \frac{e^{V_A/kT}}{R^2} dR \qquad (46)$$

ここで，$\beta(u)$ は次式で定義され，

$$\beta(u) = \frac{6u^2 + 13u + 2}{6u^2 + 4u} = \frac{(6u+1)(u+2)}{2u(3u+2)} \qquad (47)$$

$u = (R-2a)/a$ である。また q_o に対する以下の表現が導かれている[7]。

$$q_o = \frac{11}{8} \exp\left(\frac{A}{24kT}\right) E_1\left(\frac{A}{24kT}\right) - \frac{9}{8} \exp\left(\frac{A}{8kT}\right) E_1\left(\frac{A}{8kT}\right) \qquad (48)$$

$E_1(z)$ は指数積分である。

さらに，W に対して以下の高精度の近似式が導かれている[8]。

$$W = 1 + \frac{1}{2q_o} \sum_{m=1}^{\infty} \frac{1}{m!} \left(\frac{\kappa a G}{12}\right)^m K_0\left(\sqrt{\frac{A\kappa a m}{3kT}}\right) \qquad (49)$$

ここで，q_o は式(48)で与えられ，G は次式で定義される。

$$G = \frac{12 \times 64\pi\gamma^2 n}{\kappa^3} = \frac{384\pi\gamma^2 \varepsilon_r \varepsilon_o kT}{(ze)^2 \kappa} \qquad (50)$$

$K_0(z)$ は0次の第2種変形ベッセル関数である。

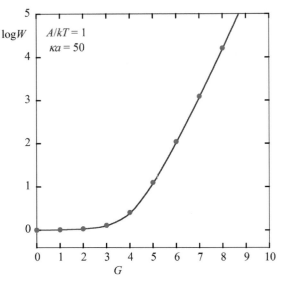

図4 安定度比 W 厳密解(●)と近似解(実線)の比較

図4に $\log W$ を G の関数として計算した例を与えた。$A/kT=1$, $\kappa a = 50$ の場合に対して，式(44)と式(46)を用いた厳密解と近似表現式(49)による結果を比較してある。式(49)の精度は極めてよいことがわかる。

文　献

1) R. Zigmondy: *Z. Physik. Chemie.*, **92**, 600 (1917).
2) M. von Smoluchowski: *Z. Physik.*, **17**, 557, 585 (1916); *Z. Physik. Chem.* (*Leipzig*), **92**, 129 (1917).
3) N. Fuchs: *Z. Physik.*, **89**, 736 (1934).
4) E. J. W. Verwey and J. Th. G. Overbeek: Theory of the Stability of Lyophobic Colloids, Elsevier / Academic Press (1938).
5) D. N. L. McGown and G. D. Parfitt: *J. Phys. Chem.*, **71**, 449 (1967).
6) L. A. Spielman: *J. Colloid Interface Sci.*, **33**, 562 (1970).
7) E. P. Honig et al.: *J. Colloid Interface Sci.*, **36**, 97 (1971).
8) H. Ohshima: *Colloid Polym. Sci.*, **292**, 2269 (2014).

第3章 分散・凝集が関係する特性と現象

第1節 分散・凝集状態とその定義
第1項 凝集状態とその定義

武田コロイドテクノ・コンサルティング株式会社　**武田　真一**

1．1次粒子と凝集粒子

　分散体を調製する際，微粒子・ナノ粒子は，一般に1次粒子が凝集した状態で供給されることが多い。これ以上識別できない明確な境界を持った固体を1次粒子と呼ぶが，これは必ずしも単結晶（結晶子ともいう）とは限らない。多くの場合，いくつかの結晶子が集まって1次粒子を形成している。1次粒子が単結晶体か多結晶体かということは，電子顕微鏡による観察だけでは分からないことが多い。図1に示すように，1次粒子が多結晶体の場合には，結晶子の大きさや配向，集合状態によってさまざまな状態が考えられる。大別すると，結晶が緊密に集合しているものと，緩く集合しているものに分けられる。前者はいわゆる「おむすび型」で隙間が少なく，結晶子が固く結合している。後者は，「粟おこし型」で結晶子はほとんど点接触で隙間が多い。また，1次粒子が完全にバラバラではなく，いくつか集まって大きい粒子の単位を形成していることがある。これが凝集粒子で，1次粒子が小さい粒子になればなるほど粒子間の凝集力が増してできやすくなる。凝集粒子もその集合状態により分類でき，図1右側に示すように，強凝集体（aggregate）と弱凝集体（agglomerate）に大別できる。前者は，微粒子・ナノ粒子の1次粒子同士が主に結晶面でお互いに接した集合体で，強く結合した構造を持ち分散しにくいといわれている（非可逆的凝集）。一方，後者は，1次粒子の粒子同士が主に結晶のエッジ部分で接したもので緩く集合した構造を持ち，前者に比べれば比較的分散させやすい（可逆的凝集）。高機能製品を作るには，原料粒子の諸物性を最大限に引き出す必要があるが，特にナノ粒子では1次粒子に近い状態にまで解砕し，分散安定化させることが難しい。し

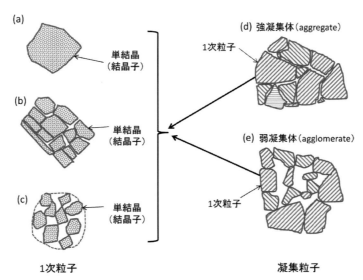

図1　粉体粒子の構造　(a)氷砂糖型 (b)おむすび型 (c)粟おこし型

たがって，いかにこの凝集状態を解きほぐし1次粒子に戻し，できた分散系を安定化させたりあるいは適切に制御して所望の粘性を持たせたりすることが製造プロセスにおいて非常に重要な鍵を握っていると言っても過言ではない。そのため，分散体中の微粒子・ナノ粒子を解砕・分散安定化するための手法や方法論の確立に大きな興味と期待が寄せられている。

2. 凝集現象の科学と歴史

粒子が微細になると，表面処理を施していない自然のままの粒子同士でも互いに付着しあって凝集体を作りやすくなる。粉体工学の分野では，このような一般的な粉体粒子の付着や凝集現象に対して，H. E. Rumpfが1958年に総説としてまとめている[1]。その論文では，これまでバラバラに説明されていた機構をvan der Waals力，静電気力，液膜による粒子間相互作用などに分類し巧みにまとめ，個々の粒子の凝集状態の破断強度と関連づけた式がわかりやすく説明されたために一般に広く引用された。しかし，この時点では，流動性などの凝集した粒子の集合構造との関係については考察されていなかった。その一例として，二酸化チタンや炭酸カルシウムのような微粒子に見られる塊状凝集体（図2(a)）と，より微細な粒子であるカーボンブラックやコロイダルシリカの数珠状凝集体（図2(b)）の示す粒子集合体としての挙動が説明できないことが挙げられていた。

一方，コロイド科学の分野では第二次世界大戦期に水中での凝集現象に関する重要な理論であるDLVO理論が発表された[3]。コロイド分散液に電解質を加えて濃度を上げていくと，ある濃度C_{cr}（臨界凝集濃度）で急激に凝集が起きる。種々の系についてC_{cr}を実測した結果，C_{cr}は電解質の対イオンの価数zの6乗に反比例することがわかった（Schulze-Hardyの経験則）。当初，この経験則を理論的に予測することは困難と考えられていたが，DLVO理論は見事にその説明に成功した。

DLVO理論では，粒子間相互作用のポテンシャル曲線の山が濃度C_{cr}で消える，つまり，極大値V_{max}がゼロになると考えたのである（図3）。この理論はその後，現在に至るまで，液中粒子の分散安定性の指標である安定度比Wや緩慢凝集速度を求める際の定法となっている。この理論以外にも，高分子電解質によるコロイド粒子の凝集過程を説明する機構として，架橋作用[3]と荷電中和作用[4]などが挙げられる。

3. 凝集形態とJISによる分類

凝集状態は粒子間に働く力の大きさや形態で分類されており，その凝集力は分子間力や水分の吸着（親水性）が鍵を握っている。一般に，(a)強凝集体＝aggregate，(b)弱凝集体＝agglomerate，(c)軟粒子集合体＝flocculateのように分類されるが，すべての応用分野で成立する統一的な凝集状態の定義はないので，各状態のおおよその違いについてJIS Z 8890[5]に従って説明すると，(a)，(b)は1次粒子同士が直接結合して塊になっており，結合の仕方や強さの違いで分類されている。(a)は共有結合もしくは焼結のような強い力で保持されるため不可逆性であり，(b)はvan der Waals力のように弱いか中位の力で保持されるため可逆性である。また，これらの凝集体は分散媒がなくても存在し得る。一方，(c)は高分子電解質等の凝集剤の添加により弱凝集を促進することを示す用語として使用されることが多い。

4. 分散過程における分散・凝集状態とそれを支配する力

微粒子・ナノ粒子が大気中で1次粒子あるいは凝集状態のいずれの状態にあっても，一旦，溶媒と接すると，粒子表面はそれまで気体分子と接していた状態から溶媒分子と接する状態に変化する。ただし，必ずそのような置換反応が生じるのではなく，粒子表面の特性に依存して反応の進行の程度が決ま

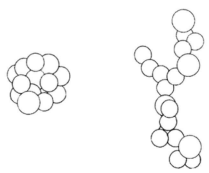

図2　粒子集団の形態例　(a)塊状凝集体(b)数珠状凝集体

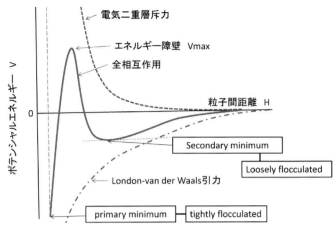

図3　DLVO理論による液中粒子間ポテンシャル曲線の一例

る。気体分子との接触状態を維持するような表面特性を「疎液性が高い」「濡れ性が悪い」と呼ばれる。一方，気体分子から容易に溶媒分子に置換するような表面特性の場合には，「濡れ性が良い」「液体への親和性が高い」といわれる。特に水に対して親和性が高い場合には「親水性」，油に対して親和性が高い場合には「親油性」の表面であると表現される。

凝集粒子を1次粒子に微粒子化する場合，その微粒子化の程度やそのしやすさの程度を「分散性（Dispersibility）」と呼ぶが[6]，この「分散性」を支配する主な因子が，上記の粒子表面の「濡れ性」である。濡れ性は，粒子－溶媒間の界面エネルギーと密接に関係し，粒子同士の「凝集力」と表裏一体の関係にある。この界面エネルギーや濡れ性の本質は，分子間力である。分子間力は，分子同士，高分子内の離れた部分や粒子表面の官能基間に働く電磁気学的な力で，力の強い順に並べると，イオン間相互作用＞水素結合＞双極子相互作用＞ファンデルワールス力，とされている。この4つの力はいずれも静電気的相互作用に基づく引力で，イオン間相互作用，水素結合，双極子相互作用は永続的な＋と－との電気双極子により生じる。一方，ファンデルワールス力は電荷の誘導や量子力学的な揺らぎによって生じた一時的な電気双極子により生じる。永続的な電荷により引き起こされる引力や斥力は古典的なクーロンの法則で示されるように距離の逆二乗と電荷の量により決定づけられる。前3者の相互作用の違いは主に関与する電荷量の違いであり，イオン間相互作用は，整数量の電荷が関与するため最も強い。水素結合は電荷の一部だけが関与するため，1桁弱い。双極子相互作用はさらに小さな電荷によるため，さらに1桁弱くなる。したがって，分散過程での分散・凝集状態を決めるのは，上記分子間力ということになる。凝集を避け，微粒子化を進めるためには，凝集粒子を構成する1次粒子間に働く分子間力を把握し，凝集時の分子間力に打ち勝つような，すなわち粒子表面に吸着している分子を置換できるような他の種類の分子を反応させることがポイントとなる。

例えば，有機溶媒に粒子を分散させるときに，水分子が表面に吸着していると，この水分子は吸着したままで溶媒の有機分子と置き換われないことがある。その場合，粒子表面は水分子で覆われているので，有機溶媒への親和性は低い。その結果，粒子表面にある水分子同士が集まって，つまり水分子を介して粒子が凝集することになる。有機溶媒の極性の程度を考慮して適切な溶媒を分散媒として選んだつもりでも，うまく微粒子化できない場合，実際には有機溶媒分子と直接，接しているのではなく，界面に水分子が存在して，界面状態を大きく変えてしまっていることがあるので注意が必要である。したがって，有機溶媒に対して親和性が高くなるように粒子表面に界面活性剤分子などイオン間相互作用の力で吸着する分子で，なおかつ溶媒側に疎水基が現れるようなコンフォメーションを有する分子を選択することで分子間力の制御が可能となる。

文　献

1) H. E. Rumpf: *Chem. Ing. Tech.*, **30**, 144 (1958); H. E. Rumpf: 化学工業, **26**, 905 (1962).
2) B. Derjaguin and L. Landau: *Acta Physico Chemica*

URSS, **14**, 633 (1941); E. J. W. Verwey and J. Th. G. Overbeek: Theory of the stability of lyophobic colloids, Amsterdam, Elsevier (1948).

3) R. A. Ruehrwein and W. D. Ward: *Soil Sci.*, **73**, 485 (1952).

4) J. Gregory: *J. Colloid. Interface Sci.*, **42**, 448 (1973).

5) JIS Z 8890:2017. 粉体の粒子特性評価―用語.

6) ISO TR13097: Guidelines for the characterization of dispersion stability (2013).

第3章 分散・凝集が関係する特性と現象

第1節 分散・凝集状態とその定義
第2項
分散性と分散安定性の定義

武田コロイドテクノ・コンサルティング株式会社 **武田 真一**

1. はじめに

「分散安定性・分散性」という言葉には、それぞれ①分散性(Dispersibility)＝連続相中に分散される粒子の微粒子化の程度やその均一性、②分散安定性(Dispersion Stability)＝製品の特性が維持されるべき時間スケール内で分散の初期状態からの変化に対する抵抗の大きさの程度、すなわち初期分散状態からの変化の起こりにくさの程度、の2つの意味が含まれているため、評価を行う際にも誤解を生じる場合が少なくない。例えば、凝集粒子を1次粒子に微粒子化する場合、「分散性」は1次粒子の粒子径分布、凝集粒子の大きさやその割合、粒子径の均一性などで表現される。したがって、「分散性」評価というと一般にゼータ電位を測定されることが多いが、この場合ゼータ電位測定は意味をなさない。つまり、分散させた粒子が凝集することに対してどの程度抵抗があるのか、その斥力の大きさを表す指標がゼータ電位なので、「分散安定性」評価に使用すべきである。

この例のような誤解や混乱を避けるため、ISOではこれら用語の定義を明確にし、評価法のガイドラインを作成する作業が進められている[1,2]。本項で扱う「分散安定性」に関しては、ISO/TR13097: Guidelines for the characterization of dispersion stability[1]にまとめられて公開されているので、このガイドラインから推定される安定化プロセスのポイントとその具体的な評価法を紹介する。

2. ISOの分散安定性と実用系の安定性

分散安定性については、前述のISO/TR13097でまとめられており[1]、①沈降に対する安定性と②凝集に対する安定性に分けられているので、ここでも同様に区別して解説する。

2.1 沈降に対する安定性

一般に粒子が1次粒子に均質に分散していても凝集していても、溶媒の密度よりも粒子密度が大きい場合には沈降し、逆に小さい場合には浮上する。その際、1次粒子が凝集した後に浮上あるいは沈降する場合と、浮上・沈降した後に凝集する場合が考えられる。沈降層では、粒子が1次粒子に分散している場合、最密充填することが多く、凝集している場合にはランダム充填することが多い。そのため凝集粒子がスラリーに含まれる場合には沈降高さがより高くなる。

ここで懸濁液中の1個の粒子についてさらに詳細に考えてみると、分散液中の粒子は、ブラウン運動によってランダムに動きまわっている。そして、沈降している途中の粒子は、その濃度勾配に逆らって拡散していき、最終的には均一な濃度になろうとする。したがって、粒子には、重力による沈降とブラウン運動の影響を受けた粒子間相互作用による拡散という2つの力が働くことになる。この2つの種類の力が平衡している状態は沈降平衡と呼ばれ、次式により表される。

$$\rho_S \frac{\pi}{6} d^3 \frac{du}{dt} = \frac{\pi}{6} d^3 \rho_S g - \frac{\pi}{6} d^3 \rho g - C_D \frac{\pi}{4} d^2 \frac{\rho u^2}{2} \quad (1)$$

ここで、ρ_Sは粒子密度、ρは流体密度、dは粒子直径、uは粒子速度、C_Dは流体抵抗、gは重力加速度である。式(1)の左辺は粒子に働く慣性力、右辺の第一項は粒子に働く重力、第二項は浮力、第三項は流体抵抗(代表面積×流体の運動エネルギー)を表す。また、沈降速度の遅い微粒子の場合には、抵抗係数

C_D は次式で表される。

$$C_D = 24/R_e \quad (2)$$

式(2)中の R_e はレイノルズ数である。レイノルズ数は流体の流れの状態を表す係数であり，粒子を対象とした場合は次式で表される。

$$R_e = du\rho/\mu \quad (3)$$

ここで，μ は流体の粘度である。

ナノ粒子や微粒子が流体中を沈降するとき，最初は加速運動するがすぐに等速運動になる。このときの粒子の沈降速度を終末速度 u_t と呼ぶが，等速運動になると慣性力がゼロなので，式(1)の左辺をゼロとおくと式(4)が得られる。

$$u_t = \frac{(\rho_S - \rho)gd^2}{18\mu} \quad または \quad d = \sqrt{\frac{18\mu u_t}{(\rho_S - \rho)g}} \quad (4)$$

次に，分散液中の粒子濃度が高くなった濃厚系での沈降について考えてみよう。まず，粒子の濃度が高くなってくると，その分散液の見かけ密度・見かけ粘度が大きくなってくる。その結果，粒子群の沈降速度は，単一の粒子が沈降する時の速度よりも遅くなることが知られている。その理由は，分散液の密度や粘度の抵抗を受けるからで，このような状態になった時の粒子群の沈降の状態は干渉沈降と呼ばれている。粒子群が容器の底に沈降する場合にも粒子と分散液が置き換わることになるので，分散液に上昇置換流が発生する。この上昇置換流の影響を受けて，粒子群の沈降速度が遅くなる。さらに濃厚系では，粒子衝突の頻度が高くなるので粒子の合一も起こるので，沈降に対する安定性を支配する因子を考える場合には，粒子の粒度分布，密度，溶媒の粘度，密度だけでなく，干渉を及ぼし合う程度に関与する粒子濃度あるいは粒子間距離も考慮する必要がある。

2.2 凝集に対する安定性

粒子同士が衝突すると凝集するが，一般に分散液中の粒子表面は帯電し互いに反発し合い，衝突しないで安定な状態になっている。同種の粒子間には主に粒子表面の電荷に由来する静電的反発力とファンデルワールス引力が働く。大まかに近似すると，反発力は粒子間距離のべき乗に逆比例，一方，引力は指数関数的に粒子間距離に逆比例するので，反発力は比較的距離の長い領域から作用し始め，粒子が近づいてくるとより強い力が働く。溶媒中のイオン強度が高くなると粒子表面の電気二重層が圧縮され電位が小さくなるが，そのため粒子は静電的反発力を超えて凝結することがある。塩濃度が高くなると容易に沈降するのは粒子の合一(凝集)によるためである。したがって，凝集に対する安定性を向上させるには，分散粒子に荷電をもたせ粒子間に静電反発力を与えればよい。その一手法として，等電点から離れた pH に調整したり，アニオン性やカチオン性の界面活性剤を分散剤として使用することが多い。後者の場合，例えばアニオン性分散剤が分散粒子に吸着すると，粒子が負の帯電し，負電荷間の反発力により分散は安定する。

上記は，溶媒の極性が高いプロトン性溶媒の時に適用可能な考え方であるが，例えば，金属ペーストの場合，①樹脂の溶解性が高い，②適切な流動特性を付与する，③印刷時には揮発しない，④乾燥工程で揮発する蒸気圧特性を有する，などの理由から溶媒として極性の低いものを用いられることが多い。その場合，静電的斥力からの寄与はあまり期待できないので立体障害的効果を活用することが多い。

文　献

1) ISO TR13097: Guidelines for the characterization of dispersion stability (2013).
2) ISO TS22107: Dispersibility of solid particles into a liquid (2021).

第3章 分散・凝集が関係する特性と現象

第2節 分散・凝集を支配する因子──コロイド粒子間相互作用
第1項
凝集の速度論：DLVO理論

東京理科大学名誉教授　**大島　広行**

1. DLVO理論とは何か

DLVO理論はロシアのDerjaguinとLandau[1]およびオランダのVerweyとOverbeek[2]によって構築されたコロイド分散系の安定性に関する理論である。電解質溶液中において互いに接近した2個のコロイド粒子間に働く主要な相互作用として，van der Waals引力相互作用および粒子周囲の電気二重層の重なりに起因する静電斥力相互作用を考える。これらの2種類の相互作用のバランスでコロイド分散系の安定性を評価する。これがDLVO理論の立場である。

この理論の対象とする系では，分散しているコロイド粒子は時間が経てば必ず凝集する。したがって，コロイド粒子間のvan der Waals引力相互作用を特徴づけるHamaker定数の大きな疎液コロイド（水中の金属粒子の分散系等）が対象になる。系の安定な状態とは熱力学的な安定ではなく，系の凝集速度が極めて遅い準安定状態を意味する。系の安定性を評価するためには，微粒子の分散状態から凝集状態への不可逆過程を速度論的に考察する。

2. 2個の球状粒子間の全相互作用エネルギー

対称型電解質溶液（価数 z，バルク濃度 $n(\mathrm{m}^{-3})$）中において2個の同種球状粒子間に働く全相互作用エネルギー $V(H)$ は静電相互作用エネルギー $V_R(H)$ とvan der Waals相互作用エネルギー $V_A(H)$ の和で与えられる。粒子の半径を a，表面電位を ψ_0，2個の粒子の表面間距離を H とする（**図1**）。

電解質溶液中で帯電コロイド粒子の周囲には対イオンが集まり，粒子の表面電荷との間に電気二重層が形成される。イオンは熱運動を行うため，電気二重層の溶液側は拡散構造をとるため拡散電気二重層とも呼ばれる。電気二重層の厚さはDebye長 $1/\kappa$ で与えられる。ここで，κ は次式で定義されるDebye-Hückelパラメタである。

$$\kappa = \sqrt{\frac{2z^2 e^2 n}{\varepsilon_r \varepsilon_0 kT}} \tag{1}$$

ε_r は電解質溶液の比誘電率，ε_0 は真空の誘電率，e は素電荷，k はBoltzmann定数，T は絶対温度である。

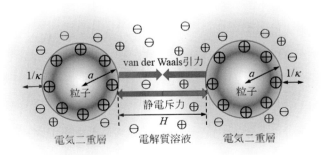

図1 2個の球状粒子間に働く静電斥力とvan der Waals引力。粒子の半径を a，粒子の表面間距離を H とする

2個の粒子が接近すると互いの電気二重層が重なり，2個の粒子の中間の領域におけるイオンの浸透圧が増大する。これが，2個の粒子間の静電斥力である。平板間距離 h にある2枚の同種平行平板の場合，平板間の中点 $x=h/2$ における電位を ψ_m とする（バルク相の電位をゼロとする）。カチオンとアニオンの濃度はそれぞれ $n\exp(-ze\psi_\mathrm{m}/kT)$ および $n\exp(ze\psi_\mathrm{m}/kT)$ であるから，平板間に働く単位面積当たりの静電斥力は，

$$P(h) = n\exp\left(-\frac{ze\psi_\mathrm{m}}{kT}\right)kT + n\exp\left(\frac{ze\psi_\mathrm{m}}{kT}\right)kT$$
$$- 2nkT = n\left(\frac{ze\psi_\mathrm{m}}{kT}\right)^2 kT + \cdots \quad (2)$$

で与えられる。右辺第1項と第2項はそれぞれカチオンとアニオンの浸透圧，第3項はバルク相のカチオンとアニオンの浸透圧の和である。ψ_m を相互作用をしていない単独の平板表面から $h/2$ の距離における電位 $\psi_\mathrm{s}(h/2)$ の2倍で近似する（線形重畳近似と呼ばれる）（図2）。

$\psi_\mathrm{s}(x)$（x は平板表面からの距離）は Poisson-Boltzmann 方程式，

$$\frac{d^2\psi_\mathrm{s}}{dx^2} = \frac{2zen}{\varepsilon_\mathrm{r}\varepsilon_\mathrm{o}}\left\{\exp\left(\frac{ze\psi_\mathrm{s}}{kT}\right) - \exp\left(-\frac{ze\psi_\mathrm{s}}{kT}\right)\right\} \quad (3)$$

を境界条件 $\psi_\mathrm{s}(x) = \psi_\mathrm{o}$（表面電位）および $\psi_\mathrm{s}(\infty) = 0$ のもとで解いて次のように得られる。

$$\psi_\mathrm{s}(x) = \frac{2kT}{ze}\ln\left(\frac{1+\gamma e^{-\kappa x}}{1-\gamma e^{-\kappa x}}\right)$$
$$= \frac{4kT}{ze}\left(\gamma e^{-\kappa x} + \frac{1}{3}\gamma^3 e^{-3\kappa x}\right) + \cdots \quad (4)$$

ただし，

$$\gamma = \tanh\left(\frac{ze\psi_\mathrm{o}}{4kT}\right) = \frac{\exp(ze\psi_\mathrm{o}/2kT)-1}{\exp(ze\psi_\mathrm{o}/2kT)+1} \quad (5)$$

式(4)の右辺の第1項のみで $\psi_\mathrm{s}(h/2)$ を近似すると，

$$\psi_\mathrm{s}(h/2) = \frac{4\gamma kT}{ze}e^{-\kappa h/2} \quad (6)$$

さらに，式(2)の右辺の第1項のみで $P(h)$ を近似すると次式が得られる。

$$P(h) = n\left(\frac{ze\psi_m}{kT}\right)^2 kT = 64\gamma^2 nkT e^{-\kappa h} \quad (7)$$

式(7)より，2枚の同種平板間の静電相互作用エネルギー（単位面積当たり）が次式のように求められる。

$$V_\mathrm{R}^\mathrm{pl} = \int_h^\infty P(h) = \frac{64\gamma^2 nkT}{\kappa}e^{-\kappa h} \quad (8)$$

2個の球状粒子間の静電相互作用エネルギー $V_\mathrm{R}(H)$ は2枚の平行平板間（平板表面間距離 h）の相互作用エネルギー $V_\mathrm{R}^\mathrm{pl}(h)$ から Derjaguin 近似を用いて容易に求められる。

$$V_\mathrm{R}(H) = \pi a \int_H^\infty V_\mathrm{R}^\mathrm{pl}(h)dh \quad (9)$$

式(8)式を式(9)に代入して次式が得られる。

$$V_\mathrm{R}(H) = \frac{64\pi a nkT\gamma^2}{\kappa^2}e^{-\kappa H} \quad (10)$$

次に，van der Waals 相互作用エネルギー $V_\mathrm{A}(H)$ については，次式を用いる（第2章第3節参考）。

$$V_\mathrm{A}(H) = -\frac{Aa}{12H} \quad (11)$$

ここで，A は Hamaker 定数である。したがって，全相互作用のポテンシャルエネルギー $V(H) = V_\mathrm{R}(H) + V_\mathrm{A}(H)$ は次式のように与えられる。

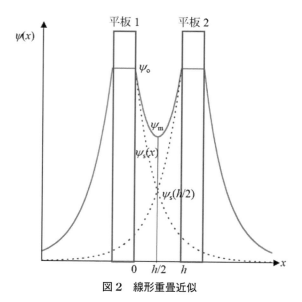

図2　線形重畳近似

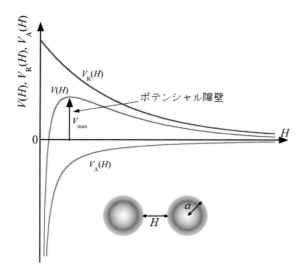

図3 2球間の全相互作用のポテンシャル曲線。静電相互作用，van der Waals 引力相互作用，全相互作用の各ポテンシャルエネルギーはそれぞれ $V_R(H)$，$V_A(H)$，$V(H) = V_R(H) + V_A(H)$ である

$$V(H) = \frac{64\pi ankT\gamma^2}{\kappa^2}e^{-\kappa H} - \frac{Aa}{12H} \quad (12)$$

図3に $V_R(H)$，$V_A(H)$，$V(H) = V_R(H) + V_A(H)$ の模式図を与えた。

$V_R(H)$ は H の指数関数であり，$V_A(H)$ は H のべき関数である。したがって，H の大きいところでは $V_A(H)$ が優勢であり，中程度の $H \approx 1/\kappa$ では，$V_R(H)$ がもし十分大きければ図3のように $V(H)$ に極大値が現れ，コロイド粒子分散系の凝集に対するポテンシャル障壁になる。

3. 臨界凝集濃度と Schultze-Hardy の経験則

DLVO 理論が登場する以前から以下の Schultze-Hardy の経験則が知られていた。コロイド粒子分散系に電解質を加えて電解質濃度を増やしていくと，ある濃度で凝集が起き，この濃度が電解質の対イオンの価数 z の6乗に反比例するという法則である。この濃度が臨界凝集濃度 n_{cr} であり，次のように表される。

$$n_{cr} \propto \frac{1}{z^6} \quad (13)$$

この現象は DLVO 理論に従えば以下のように説明できる。ポテンシャル曲線に極大（ポテンシャル障壁）がない状態は分散系が急速に凝集する状態である。極大がある状態がゆっくり凝集する分散状態に対応する。ポテンシャルの山が高いほど凝集速度は遅く安定な系と見なせる。ポテンシャルの山の高さは，電解質濃度に強く依存する。電解質濃度を上げていくと，静電相互作用エネルギー（式(12)右辺第1項）が遮蔽効果のため減少して，ポテンシャルの山がだんだん低くなり，ついに山が消え凝集する。この濃度が臨界凝集濃度である。臨界凝集塩濃度の値は，ポテンシャル曲線の極大値＝0 という条件から求められる。すなわち，式(12)より，

$$V(H) = \frac{64\pi ankT\gamma^2}{\kappa^2}e^{-\kappa H} - \frac{Aa}{12H} = 0 \quad (14)$$

かつ，

$$\frac{dV(H)}{dH} = -\kappa\frac{64\pi ankT\gamma^2}{\kappa^2}e^{-\kappa H} + \frac{Aa}{12H^2} = 0 \quad (15)$$

式(14)と式(15)を連立させる。式(14)を $-\kappa$ で割ると，両式が同時に成り立つためには $\kappa H = 1$ でなければならないことがわかる。$\kappa H = 1$（すなわち，$H = 1/\kappa$）を，両式のいずれか一方の式に代入すると，

$$\frac{64\pi ankT\gamma^2}{\kappa^2}e^{-1} - \frac{Aa}{12(1/\kappa)} = 0 \quad (16)$$

が得られる。この式に，対称型電解質の場合の κ の表現（式(1)）を代入すると，臨界凝集濃度 n_{cr} の表現として次式が得られる。

$$n_{cr} = \frac{(384)^2\pi^2\gamma^4(kT)^5(\varepsilon_r\varepsilon_o)^3}{2A^2e^6\exp(2)z^6} \quad (m^{-3}) \quad (17)$$

または，

$$n_{cr} = \frac{(384)^2\pi^2\gamma^4(kT)^5(\varepsilon_r\varepsilon_o)^3}{2000A^2e^6\exp(2)z^6N_A} \quad (M) \quad (18)$$

ここで，N_A はアボガドロ数である。式(18)では，n の単位を m^{-3} からモル濃度（M）に置き換えてある（$n \rightarrow 1000N_An$）。式(17)または式(18)において，表面電位 ψ_0 が十分高いときは，$\gamma = 1$ とおけるので，

$$n_{cr} = \frac{(384)^2 \pi^2 (kT)^5 (\varepsilon_r \varepsilon_o)^3}{2000 A^2 e^6 \exp(2) z^6 N_A} \text{ (M)} \quad (19)$$

すなわち，臨界凝集塩濃度は電解質イオンの価数 z の6乗に反比例する式(13)が示された。こうして，DLVO 理論は Schultze-Hardy の経験則を理論的に導くことに成功した。

4. 安定性の基準

ポテンシャル曲線に極大 V_{MAX} がある場合，この山を越えて1次極小に至る確率は $\exp(-V_{MAX}/kT)$ に比例する。例えば，V_{MAX} が熱エネルギー kT(室温で $kT = 4 \times 10^{-21}$ J)の10倍あると，$\exp(-10\,kT/kT) = \exp(-10) \approx 5 \times 10^{-5}$ となり，ほとんど凝集しない。通常，V_{MAX} が kT の15倍あるとき，安定な系とみなす。

文　献

1) B. V. Derjaguin and D. L. Landau: *Acta Physicochim. USSR*, **14**, 633 (1941).
2) E. J. W. Verwey and J. Th. G. Overbeek: Theory of the Stability of Lyophobic Colloids, Elsevier (1948).

第3章 分散・凝集が関係する特性と現象

第2節 分散・凝集を支配する因子―コロイド粒子間相互作用
第2項
凝縮相と分散相の平衡：Langmuir の相平衡理論

東京理科大学名誉教授　大島　広行

Langmuir[1]はDLVO理論以前に，DLVO理論と全く異なるコロイド粒子の分散凝集理論を発表した。この理論ではコロイド粒子の分散状態と凝集状態をそれぞれ安定に存在できる相（分散相と凝縮相）とみなし，凝集を分散状態から凝集状態への相転移と捉える。粒子間の van der Waals 引力および静電斥力を考慮せずに，そのかわりに対イオンを介して粒子間に静電引力が働くと考える。同時に，コロイド粒子と対イオンを統計力学的に扱う結果，粒子は熱運動を行い互いに衝突しながら拡がろうとする。この気体的な圧力がコロイド粒子間斥力の役割をする。

Langmuir 理論は以下のように Debye-Hückel の強電解質理論[2]に基づいて，コロイド分散系の圧力 P を粒子濃度の関数として求める。電荷 Q を持つ N 個のコロイド粒子と $-q$ の電荷を持つ N_c 個の対イオンが体積 V，絶対温度 T の電解質溶液中にある系を考える。ここで，電気的中性条件から，

$$NQ - N_c q = 0 \tag{1}$$

でなければならない。コロイド粒子の濃度 n と対イオンの濃度 n_c はそれぞれ次式で与えられる。

$$n = \frac{N}{V}, \quad n_c = \frac{N_c}{V} = \frac{NQ}{qV} = \frac{Q}{q}n \tag{2}$$

Debye-Hückel 理論において，あるイオン種のみ大きな電荷とサイズをもつコロイド粒子にまで拡大したことに対応する（図1）。

1個の粒子に着目すると，その周囲に他の電荷（粒子とイオン）による電気二重層が存在する。電気二重層を横切る平均の電位 $\psi(r)$（r は着目した粒子の中心からの距離）は以下の Poisson-Boltzmann 方程式に従うと仮定する。

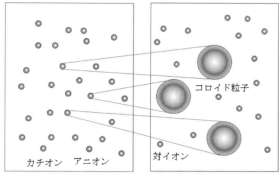

図1　Debye-Hückel 理論と Langmuir 理論の対応

$$\frac{d^2\psi}{dr^2} + \frac{2}{r}\frac{d\psi}{dr} = \kappa^2 \psi \tag{3}$$

ここで，電位は低いとみなして線形化近似を用いた。κ は，

$$\kappa = \sqrt{\frac{nQ^2 + n_c q^2}{\varepsilon_r \varepsilon_o kT}} = \sqrt{\frac{N(1+q/Q)Q^2}{\varepsilon_r \varepsilon_o VkT}} \tag{4}$$

で定義される Debye-Hückel パラメタであり，$1/\kappa$ は Debye 長である。また ε_r は電解質溶液の比誘電率，ε_o は真空の誘電率，k は Boltzmann 定数である。コロイド粒子の半径 a が Debye 長 $1/\kappa$ より十分小さい場合，式(3)の解は次式になる。

$$\psi(r) = \frac{Q}{4\pi\varepsilon_r\varepsilon_o}\frac{e^{-\kappa r}}{r} \tag{5}$$

κr の小さいところでは，式(5)を展開して次式が得られる。

$$\psi(r) = \frac{Q}{4\pi\varepsilon_r\varepsilon_o r} - \frac{\kappa Q}{4\pi\varepsilon_r\varepsilon_o} \tag{6}$$

右辺の第1項は着目している粒子自身のつくるクーロン場であり，第2項は着目している粒子以外の電荷がつくる場 ψ_p で次式で与えられる。

$$\psi_p = -\frac{\kappa Q}{4\pi\varepsilon_r\varepsilon_o} \quad (7)$$

同様に，ある対イオンに着目した場合，このイオンの場所に他の電荷の作る電位 ψ_c は

$$\psi_c = -\frac{\kappa(-q)}{4\pi\varepsilon_r\varepsilon_o} \quad (8)$$

この系の内部エネルギー E に対する電荷間静電相互作用の寄与 E_e はすべての電荷に対して，電荷 Q または $-q$ と電位 ψ_p または ψ_c の積の総和の $1/2$ で与えられる（$1/2$ は重複を除くためである）。

$$E_e = \frac{1}{2}\{NQ\psi_p + N_c(-q)\psi_c\} \quad (9)$$

式(7)式と式(8)を式(9)に代入し，さらに式(4)を用いると，次式が得られる。

$$E_e = -\frac{N^{3/2}Q^3}{8\pi(\varepsilon_r\varepsilon_o)^{3/2}(kVT)^{1/2}}\left(1+\frac{q}{Q}\right)^{3/2} \quad (10)$$

次に式(10)で与えられる内部エネルギー E_e から系のヘルムホルツ自由エネルギー F に対する静電相互作用の寄与 F_e を求める。F_e の定義式 $F_e = E_e - TS_e$ および熱力学の関係式

$$S_e = -\frac{\partial F_e}{\partial T} \quad (11)$$

よりエントロピー S_e を消去して，

$$F_e = E_e - T\frac{\partial F_e}{\partial T} \quad (12)$$

を得る。式(12)を積分すると，

$$F_e = -T\int_\infty^T \frac{E_e}{T^2}dT \quad (13)$$

式(10)を代入して積分を実行すると次式が得られる。

$$F_e = -\frac{N^{3/2}Q^3}{12\pi(\varepsilon_r\varepsilon_o)^{3/2}(kVT)^{1/2}}\left(1+\frac{q}{Q}\right)^{3/2} \quad (14)$$

系の圧力 P に対する静電相互作用の寄与 P_e は次

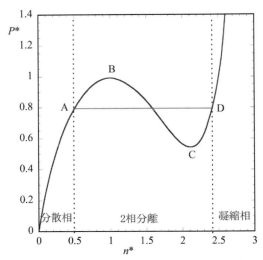

図2 コロイド分散系の圧力 P^* と粒子濃度 n^*

式で与えられる。

$$P_e = -\frac{\partial F_e}{\partial V} = -\frac{Q^3}{24\pi(\varepsilon_r\varepsilon_o)^{3/2}(kT)^{1/2}}\left(\frac{N}{V}\right)^{3/2}\left(1+\frac{q}{Q}\right)^{3/2} \quad (15)$$

この P_e に電荷間の静電相互作用のないときの圧力すなわち浸透圧 $(N+N_c)kT/V = N(1+Q/q)kT/V$ を加えた量が系の全圧力 P になる。

$$P = \frac{N(1+Q/q)}{V}kT - \frac{Q^3}{24\pi(\varepsilon_r\varepsilon_o)^{3/2}(kT)^{1/2}}\left(\frac{N}{V}\right)^{3/2}\left(1+\frac{q}{Q}\right)^{3/2} \quad (16)$$

さらに，コロイド粒子の濃度 $n = N/V$ を用いて式(16)を書き直すと次式が得られる。

$$P = n\left(1+\frac{Q}{q}\right)kT - \frac{Q^3 n^{3/2}}{24\pi(\varepsilon_r\varepsilon_o)^{3/2}(kT)^{1/2}}\left(1+\frac{q}{Q}\right)^{3/2} \quad (17)$$

無次元化した圧力 P^* と粒子濃度 n^* を次式のように定義すると，

$$P^* = \frac{3\pi Q^3 q^3}{4(4\pi\varepsilon_r\varepsilon_o)^3(kT)^4}P \quad (18)$$

$$n^* = \frac{\pi Q^3 q^2(Q+q)}{4(4\pi\varepsilon_r\varepsilon_o)^3(kT)^3}n \quad (19)$$

式(17)は次式のように簡単化される。

$$P^* = 3n^* - 2n^{*3/2} \quad (20)$$

Langmuir[1] は粒子の高濃度側で再び圧力が上昇するように式(20)にさらに修正を加え，最終的に**図2**のような結果を得た。

図2からわかるように，この曲線には極大Bと極小Cが現れるが，BとC間の領域ではコロイド粒子濃度を上昇させると系の圧力が下がる。これは物理的に不可能であり，AとDの間の領域では系は分散相と凝縮層に相分離していると結論される。van der Waals気体のPV曲線に関する議論と同様である。このように，Langmuir理論ではコロイドの凝集は分散相から凝縮層への相転移と考える。この理論ではShultze-Hardyの法則を説明することはできず，DLVO理論の正当性が示された結果になったが，コロイド分散系に対する相平衡・相転移の考え方はOnsagerやAlderへと受け継がれた。

文　献

1) I. Langmuir: *J. Chem. Phys.*, **6**, 873 (1938).
2) P. Debye and E. Hückel: *Physik. Z.*, **24**, 185 (1923).

第3章 分散・凝集が関係する特性と現象

第2節 分散・凝集を支配する因子――コロイド粒子間相互作用
第3項
排除体積効果：Onsagerの理論

東京理科大学名誉教授　大島　広行

Langmuir理論[1]では疎水コロイドの凝集を説明できなかったが，コロイド粒子分散系を統計力学的に扱い分散状態から凝集状態への変化を相転移としてとらえる考え方はOnsagerに引き継がれた。

1925年にZocher[2]は円柱状の無機コロイド粒子（五酸化バナジウム）の分散系において粒子濃度が臨界値を超えると液晶相が出現し，等方相と平衡に存在することを発見した。さらに，1935年には棒状（長さ300 nm，直径18 nm）のタバコモザイクウイルス（TMV）溶液において電解質濃度に依存してウイルスを2〜3％含む等方相と3〜4.5％含む異方的な相（ネマチック液晶相）が共存する現象を発見した（図1）。

Onsagerはこの現象に着目し，1942年に円柱状粒子のような異方性粒子が等方相からネマチック液晶相へ排除体積効果によって相転移を起こすことを理論的に示し，短い報告にまとめた[4]。次いで，1949年にOnsagerは詳しい論文を発表した[5]。この論文の中で，それぞれの軸が互いに角度θをなす2つの棒状粒子（長さL，直径D）を考えて，両粒子の軸の間の角がθのときの排除体積を計算した。その結果，図2のように排除体積の値$2L^2D\sin\theta$を得た（円柱の端の効果は無視する）。この排除体積による引力効果によって，規則構造が形成されることを理論的に明らかにした。

排除体積効果による引力の発生は，以下のように説明できる。円柱状粒子は自由に動くことができる領域の体積（自由体積）が大きいほど，あるいは，自由に動くことができない領域の体積（排除体積）が小さいほどエントロピー的に有利である。図3にお

図1　タバコモザイクウイルス（TMV）溶液における等方相とネマチック液晶相

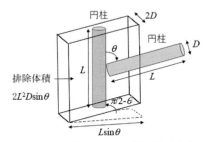

図2　2個の棒状粒子に対する排除体積（$L^2D\sin\theta$）

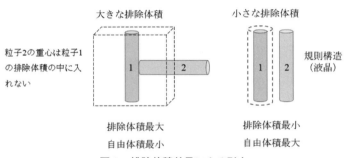

図3　排除体積効果による引力

いて，粒子1の周囲の点線で囲まれた領域内には粒子2の重心は入ることはできない．すなわち，この点線で囲まれた領域が図2の排除体積である．排除体積は粒子同士の配向によって変化する．図3に示すように，粒子は互いに垂直に配向する場合と平行に配列する場合を比べると，互いに平行に配列した方が排除体積は小さく，その分，自由体積が大きくなる．

この結果，棒状粒子は互いに平行に配列し規則的な結晶構造（ネマチック液晶）をとる．これがOnsagerの異方性粒子に関する排除体積理論である．van der Waals引力を考えなくても，粒子間に引力が働くことになる．

その後，AlderとWainwright[6]は球状粒子の分散系に対する計算機実験を行い，異方性粒子ではなくても分散相から凝集相への転移（Adler転移）が起こることを示した．

文　献

1) I. Langmuir: *J. Chem. Phys.*, **6**, 873 (1938).
2) H. Zocher: *Z. Anorg. Chem.*, **147**, 91 (1925).
3) J. P. Stanly: *Science*, **81**, 644 (1935).
4) L. Onsager: *Phys. Rev.*, **62**, 558 (1942).
5) L. Onsager: *Ann. New York Acad. Sci.*, **51**, 627 (1949).
6) B. J. Alder and T. E. Wainwright: *J. Chem. Phys.*, **27**, 1208 (1957).

第3章 分散・凝集が関係する特性と現象

第2節　分散・凝集を支配する因子―コロイド粒子間相互作用
第4項
枯渇相互作用：朝倉・大澤理論

東京理科大学名誉教授　　大島　広行

　朝倉と大澤はコロイド粒子の分散系に粒子に吸着しない高分子を添加すると粒子間に枯渇力と呼ばれる引力が働くことを理論的に示した。枯渇力を引き起こす高分子を枯渇剤と呼ぶ。他の粒子と相互作用をしていない単独の粒子に対して，枯渇剤は粒子周囲に一様に分布し粒子の全表面に均一な浸透圧を及ぼす。しかし，2個の粒子が接近して粒子表面間距離が枯渇剤のサイズ以下になると粒子間の間隙に枯渇剤が入りにくくなり，この部分の浸透圧が減少する。このため，粒子に働く圧力は等方的でなくなり，粒子間に引力が働く（図1）。

　浸透圧から枯渇力を求めるよりも，系の自由エネルギーを計算する方が容易である。粒子表面に接近した枯渇剤の中心は粒子表面から距離 R 以内の領域には入れない。粒子表面は枯渇剤の入れない層（厚さ R）で覆われていると考えられる。この層は枯渇層と呼ばれる。2個の粒子が接近して互いの枯渇層が重なると，枯渇層が接近できない排除体積が減少して枯渇剤が自由に動くことができる体積（自由体積）が増加する。この体積増加に伴うエントロピー増加によって粒子間に引力が発生する（図2）。

　2個の球状コロイド粒子（半径 a，表面間距離 H）と N 個の枯渇剤（半径 R の球）からなる系（全体積 V）を考え，枯渇相互作用のポテンシャルエネルギーを計算しよう。枯渇剤が高分子の場合，R は高分子の回転半径である。1個の枯渇剤の自由体積 V_f^o は次式で与えられる。

$$V_f^o = V - (粒子体積 + 枯渇層の体積) \tag{1}$$

　2個の粒子が接近してそれぞれの周囲の枯渇層が互いに重なると，枯渇層の重なり体積だけ排除体積が減少し，その分，自由体積が増加する。この増加体積はコロイド粒子間距離 H の関数なので $\Delta V(H)$ と表す（図3）。

　したがって，枯渇層が重なる場合，1個の枯渇剤の自由体積 V_f^o は次式で表される。

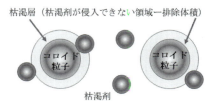

2つの枯渇層が重なって枯渇剤の排除体積が減り、自由体積が増える

図1　枯渇引力発生の仕組み　　　　図2　枯渇層の重なりによる枯渇剤の自由体積の増加

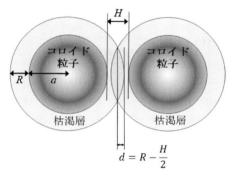

図3 枯渇層の重なり

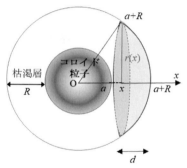

図4 影の部分の体積の計算

$$V_f = V_f^o + \Delta V(H) \quad (2)$$

N 個の枯渇剤の自由体積の増加によるエントロピー増加 $\Delta S(H)$ は，

$$\Delta S(H) = Nk\ln V_f - Nk\ln V_f^o$$
$$\approx Nk\frac{\Delta V(H)}{V_f^o} \approx Nk\frac{\Delta V(H)}{V} \quad (3)$$

ここで，k は Boltzmann 定数であり，V_f^o を近似的に V で置き換えてある。系のヘルムホルツ自由エネルギー変化 $\Delta F(H)$ は次式で与えられる。

$$\Delta F(H) = -T\Delta S(H) = -\frac{N}{V}kT\Delta V(H) \quad (4)$$

この $\Delta F(H)$ が2個のコロイド粒子間の枯渇相互作用エネルギー $V_D(H)$ である。さらに高分子濃度 $n = N/V$ を用いると，$V_D(H)$ は次式で表される。

$$V_D(H) = -nkT\Delta V(H) \quad (5)$$

このように $V_D(H)$ は（高分子の浸透圧 nkT）×（枯渇層の重なり体積）に負号を付けた量である。この負号は枯渇相互作用が引力であることを示している。

$\Delta V(H)$ は図4における球冠（高さ d）の体積の2倍である。

図4の影の部分の体積の2倍は，

$$\Delta V(H) = 2\int_{a+R-d}^{a+R} \pi r^2(x)dx \quad (6)$$

で与えられる。この式に，

$$r(x) = \sqrt{(a+R)^2 - x^2} \quad (7)$$

を代入し，さらに $d = R - H/2$（図2.2）にすると，次式が得られる。

$$\Delta V = \frac{4\pi(a+R)^3}{3}\left\{1 - \frac{3(H+2a)}{4(a+R)} + \frac{1}{16}\left(\frac{H+2a}{a+R}\right)^3\right\} \quad (8)$$

式(8)を式(5)に代入すると，以下の枯渇相互作用エネルギー $V_D(H)$ の表現が得られる。

$$V_D(H) = -\left(\frac{N_D}{V}\right)kT\frac{4\pi(a+R)^3}{3}\left\{1 - \frac{3(H+2a)}{4(a+R)} + \frac{1}{16}\left(\frac{H+2a}{a+R}\right)^3\right\},$$
$$0 \leq H \leq 2R \quad (9)$$

$$V_D(H) = 0, \quad H > 2R \quad (10)$$

式(9)は枯渇剤の体積分率

$$\phi_d = \left(\frac{N}{V}\right)\frac{4\pi R^3}{3} \quad (11)$$

を用いると，以下のように書き換えられる。

$$V_D(H) = -\phi_D kT\left(1 + \frac{a}{R}\right)^3\left\{1 - \frac{3(H+2a)}{4(a+R)} + \frac{1}{16}\left(\frac{H+2a}{a+R}\right)^3\right\},$$
$$0 \leq H \leq 2R \quad (12)$$

図5に $R/a = 0.2$ の場合について，$V_D(H)$ をいくつかの ϕ_D に対して計算した結果を示した。比較のために，Hamaker 定数が $A = kT$ の場合について計算した van der Waals 相互作用エネルギー $V_A(H) = -Aa/12H$ も示した。

図5より枯渇相互作用 $V_D(H)$ は van der Waals 相互作用 $V_A(H)$ に比べて長距離まで及ぶ引力相互作用であることがわかる。枯渇相互作用はコロイド粒子と高分子の混合系における結晶構造の形成に関して広く研究が行われている[3]。

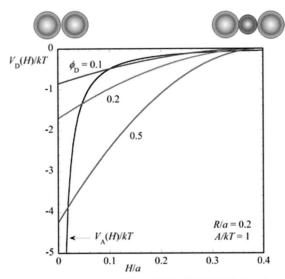

図5 2個の球状粒子(半径 a)間の枯渇相互作用エネルギー $V_D(H)$ の枯渇剤(半径 R)の体積分率 ϕ_D 依存 ($R/a=0.2$)。比較のために van der Waals 相互作用エネルギー $V_A(H)$ も示した ($a/kT=1$)

文　献

1) S. Asakura and F. Oosawa: *J. Chem. Phys.*, **22**, 1255 (1954).
2) S. Asakura and F. Oosawa: *J. Polymer Sci.*, **33**, 183, (1958).
3) H. N. W. Lekkerkerker and R. Tuinier: Colloids and the depeltion interaction, Springer (2011).

第3章 分散・凝集が関係する特性と現象

第2節 分散・凝集を支配する因子──コロイド粒子間相互作用
第5項
吸着高分子間の立体相互作用

東京理科大学名誉教授　大島　広行

　吸着高分子層で覆われた2個のコロイド粒子が接近すると，それぞれの吸着高分子層が重なり高分子セグメントの相互侵入が起こる。この結果，高分子層の重なり部分の高分子セグメント濃度が上昇するために高分子セグメントによる浸透圧が上昇し，コロイド粒子間に斥力が生じる(**図1**)。

　この問題はFischer[1]およびOttewillとWalker[2]によって解かれた。なお，高分子濃度は低く，高分子層の接触による高分子層の圧縮は起こらないものとする。Flory-Huggins理論[3-5]によれば，n_0個の溶媒分子とn_1個の高分子の混合エントロピー(高分子と溶媒の混合によるエントロピー増加量)は次式で与えられる。

$$\Delta S = -k(n_0 \ln\phi_0 + n_1 \ln\phi_1)$$
$$= -k\{n_0 \ln(1-\phi_1) + n_1 \ln\phi_1\} \quad (1)$$

ここで，kはBoltzmann定数，ϕ_0は溶媒分子の体積分率，ϕ_1は高分子の体積分率である。さらに，高分子の末端が粒子表面に固定されているので，式(1)における高分子の寄与を無視すると，次式が得られる。

$$\Delta S = -kn_0 \ln(1-\phi_1) \quad (2)$$

　図2のように2個の粒子が接近してそれぞれの吸着高分子層が重なるときの重なり部分の体積をΔVとする。

　吸着高分子層が重なる前における2つの高分子層のΔVの部分の混合エントロピーは式(2)で与えられるので，合計すると$-kn_0\ln(1-\phi_1)$の2倍になる。重なり後は高分子の体積分率ϕ_1が$2\phi_1$になるので混合エントロピーは$-kn_0\ln(1-2\phi_1)$になる。したがって，2つの高分子層の重なりによるエントロピー変化ΔSは次式で与えられる。

$$\Delta S = -kn_0[\ln(1-2\phi_1) - 2\ln(1-\phi_1)] \quad (3)$$

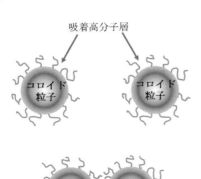

図1　吸着高分子層で覆われた2個のコロイド粒子間の立体斥力相互作用

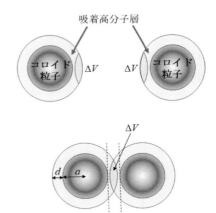

図2　吸着高分子層(厚さd)で覆われた2個のコロイド粒子(半径a)の接近による高分子層の重なり(体積ΔV)

さらに，溶媒分子1個の体積をv_0とすると，重なり体積中の溶媒分子数n_0は次式で与えられる。

$$n_0 = \frac{\Delta V}{v_0} \tag{4}$$

式(4)を用いると，式(3)は次のようになる。

$$\Delta S = -k\frac{\Delta V}{v_0}[\ln(1-2\phi_1) - 2\ln(1-\phi_1)] \tag{5}$$

高分子濃度が希薄な場合($\phi_1 \ll 1$)，式(5)は次式で近似される。

$$\Delta S = -k\frac{\Delta V}{v_0}\phi_1^2 \tag{6}$$

次に，Flory-Huggins理論[3-5]に従って，2つの高分子層の重なりによるエネルギー変化ΔUを求める。高分子の末端が粒子表面に固定されている場合，混合エネルギーΔU（高分子と溶媒の混合によるエネルギー増加量）は次式で与えられる[6]。

$$\Delta U = n_0\phi_1\phi_2\chi kT = n_0\phi_1(1-\phi_1)\chi kT \tag{7}$$

ここで，χは次式で定義されるχパラメタである。

$$\chi = \frac{z}{kT}\left\{u_{01} - \frac{1}{2}(u_{00} + u_{11})\right\} \tag{8}$$

u_{01}, u_{00}, u_{11}はそれぞれ高分子セグメントと溶媒分子間，溶媒分子間，高分子セグメント間の相互作用エネルギーである。Tは絶対温度，zは高分子溶液に対する格子モデルにおいて各格子点の最近接格子点の数である。χの値が低いほど良溶媒である。高分子層が重なる前における2つの高分子層のΔVの部分の混合エネルギーは式(7)で与えられるので，合計すると$n_0\phi_1(1-\phi_1)\chi kT$の2倍になる。重なり後は高分子の体積分率$\phi_1$が$2\phi_1$になるので混合エネルギーは$n_0(2\phi_1)(1-2\phi_1)\chi kT$になる。したがって，2つの高分子層の重なりによるエネルギー変化ΔUは次式で与えらる。

$$\Delta U = n_0(2\phi_1)(1-2\phi_1)\chi kT$$
$$- 2n_0\phi_1(1-\phi_1)\chi kT = -2n_0\phi_1^2\chi kT \tag{9}$$

さらに，式(4)を用いると式(9)は次式になる。

$$\Delta U = -2\frac{\Delta V}{v_0}\phi_1^2\chi kT \tag{10}$$

式(6)と式(9)を用いると，吸着高分子層の重なりによる自由エネルギー変化$\Delta F = \Delta U - T\Delta S$が次式のように求められる。

$$\Delta F = \Delta U - T\Delta U = kT\frac{\Delta V}{v_0}\phi_1^2 - 2\frac{\Delta V}{v_0}\phi_1^2\chi kT$$
$$= \frac{2\phi_1^2}{v_0}kT\left(\frac{1}{2} - \chi\right)\Delta V \tag{11}$$

重なり体積ΔVは本節第2項4(式(8))ですでに求めてある。本節第2項4式(8)でRをdで置き換えれば次式が得られる。

$$\Delta V = \frac{4\pi(a+d)^3}{3}\left\{1 - \frac{3(H+2a)}{4(a+d)} + \frac{1}{16}\left(\frac{H+2a}{a+d}\right)^3\right\} \tag{12}$$

dは高分子吸着層の厚さ，Hは高分子層のない場合における2個のコロイド粒子の表面間距離である（**図3**）。(12)式は下記のように変形できる。

$$\Delta V = \frac{2\pi}{3}\left(d - \frac{H}{2}\right)^2\left(3a + 2d + \frac{H}{2}\right) \tag{13}$$

式(13)を式(11)に代入すると，高分子層の重なり

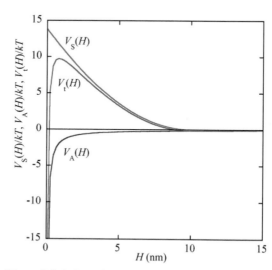

図3 吸着高分子で覆われたコロイド粒子間相互作用エネルギー。$V_R(H)$＝立体斥力相互作用エネルギー，$V_A(H)$＝van der Waals引力相互作用エネルギー，$V_t(H) = V_R(H) + V_A(H)$＝全相互作用エネルギー

による 2 個のコロイド粒子間の立体斥力相互作用エネルギー $V_S(H) = \Delta F$ の表現が以下のように得られる。

$$V_S(H) = \frac{4\pi kT \phi_1^2}{3v_0}\left(\frac{1}{2}-\chi\right)\left(d-\frac{H}{2}\right)^2\left(3a+2d+\frac{H}{2}\right),$$
$$0 \leq H \leq 2d \tag{14}$$

$$V_s(H) = 0, \quad H > 2d \tag{15}$$

図 3 には Ottewill と Walker[2] による式(14)と式(15)を用いた VS(H)の計算例を示す。Ottewill と Walker[2] は非イオン性界面活性剤(ヘキサオキシエチレンドレシルエーテル)を吸着させたポリスチレンラテックス粒子間の立体斥力相互作用エネルギーを計算した。図 3 には，本節第 2 項 1 で考察したコロイド粒子間の van der Waals 引力相互作用エネルギー $V_A(H)$ および全エネルギー $V_t(H) = V_R(H) + V_A(H)$ も表示してある。ここで，$V_A(H)$ は次式で与えられる(本節第 2 項 1 の式(10)参照)。

$$V_A(H) = -\frac{Aa}{12H} \tag{16}$$

A は Hamaker 定数である

ただし，$a = 16.2$ nm, $d = 5$ nm, $\phi_1 = 0.26$, $\chi = 0.499$, $A = 5 \times 10^{-21}$ J の値を用いた。図 3 が示すように，電気的な斥力が働かない系でも吸着高分子層間の立体斥力エネルギーで十分なエネルギー障壁(熱エネルギーの 10 倍程度)が得られることがわかる。

文　献

1) E. W. Fischer: *Kolloid-Z.*, **160**, 120 (1958).
2) R. H. Ottewill and T. Walker: *Kolloid. Z. Z. Polymere*, **227**, 108 (1968).
3) P. J. Flory: *J. Chem. Phys.*, **10**, 51 (1942).
4) M. L. Huggins: *J. Phys. Chem.*, **46**, 151 (1942).
5) P. J. Flory: Principles of Polymer Chemistry, Cornell University Press (1953).
6) P. J. Flory and W. R. Krigbaum: *J. Chem. Phys.*, **18**, 1086 (1950).

第3章 分散・凝集が関係する特性と現象

第2節 分散・凝集を支配する因子──コロイド粒子間相互作用
第6項
コロイド分散系における結晶構造：Alder転移

東京理科大学名誉教授　大島　広行

気体に対する理想気体モデルでは，気体は温度を下げても圧力を上げても液化しない。このように理想気体が液体への相転移を起こさない理由は，①理想気体では分子の占める体積をゼロとみなしていること，②分子間に働くvan der Waals引力を無視しているからである。分子の占める体積と分子間引力を考慮したvan der Waalsの状態方程式によって，実在気体の液体への相転移を説明することができた。

液体から固体への相転移機構の解明は気体から液体への相転移に比べて格段に難しく，計算機によるシミュレーション実験の研究に負うところが多い。1950年代にAlderら[1]は有限のサイズを持つ剛体粒子の系に対して計算機によるシミュレーション実験を行った。この結果，粒子間に引力が働くことを仮定しなくても剛体球の系が結晶構造をつくることを示した。これが，剛体球系における液体から結晶へのAlder転移である（図1）。AlderとWainwrightが考えた剛体球モデルは理想気体モデルと異なり粒子のサイズを考慮しているが，van der Waalsの状態方程式に登場する粒子間の引力は考慮していない。HooverとRee[2]の計算機シミュレーションによれば，以下のように，ϕが0.494未満では液体相，ϕが0.545から0.74（細密充てんにおけるϕの値ϕ_c式

(5)参照）の間では固体相，ϕが0.494と0.545の間では液体相と固体相の2相に分離することが示されている。

$$0 < \phi < 0.494 \quad 液体相 \qquad (1)$$

$$0.494 \leq \phi \leq 0.545 \quad 2相分離 \qquad (2)$$

$$0.545 < \phi < \phi_c = 0.74 \quad 固体相 \qquad (3)$$

分子集団とコロイド分散系の対応から，コロイド分散系における結晶構造の形成はAlder転移によるものと考えられている。ただし，剛体球モデルは粒子間のvan der Waals引力を無視しているので，このモデルはHamaker定数の小さいコロイド粒子分散系に適用できる。

以下に剛体球系の圧力を表す式を求めよう。剛体球モデルによる粒子間の相互作用ポテンシャルは以下の式で与えられる剛体球ポテンシャル$V(H)$である（図2）。

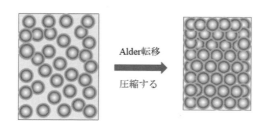

液体相（ランダムな分布）　　固体相（結晶構造）

図1　剛体球系の液相・固相転移

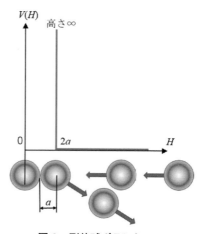

図2　剛体球ポテンシャル

第3章　分散・凝集が関係する特性と現象

$$V(H) = \begin{cases} \infty, & H < 0 \\ 0, & H \geq 0 \end{cases} \quad (4)$$

ここで，a は剛体球の半径であり，H は2個の剛体球の中心間距離である。したがって，剛体球間には壁の位置でデルタ関数的な無限大の斥力が働く。

液体状態にある N 個の剛体球（半径 a）の系（体積 V）の圧力 P を与える状態方程式に対する最もよい近似式は以下の Carnahan-Stirling の式[3]である。

$$\frac{Pv}{kT} = \frac{\phi + \phi^2 + \phi^3 - \phi^4}{(1-\phi)^3} \quad （液体相） \quad (5)$$

ここで，$v = 4\pi a^3/3$ は1個の剛体球の体積，$\phi = Nv/V$ は剛体球の体積分率，V は系の体積，k は Boltzmann 定数，T は絶対温度である。$\phi \to 0$ の希薄状態の極限では，式(5)は次の理想気体の状態方程式に帰着する。

$$\frac{P_G}{kT} = \frac{N}{V} \quad (6)$$

次に，固体の結晶状態にある剛体球の系に対して導かれている状態方程式は一般に複雑であるが，以下の簡単な近似式が導かれている。

$$\frac{Pv}{kT} = \frac{3\phi}{1-\phi/\phi_c} \quad （固体相） \quad (7)$$

ここで，

$$\phi_c = \frac{\pi}{3\sqrt{2}} \approx 0.74 \quad (8)$$

は細密充てんにおける粒子の体積分率である。

液体相および固体相における剛体球の化学ポテンシャル μ は Gibbs-Duhem の関係

$$SdT - VdP + Nd\mu = 0 \quad (9)$$

から求められる。ここで，S は系のエントロピーである。等温条件（$dT = 0$）のもとで，式(9)から次式が得られる。

$$d\mu = \frac{V}{N}dP = \frac{v}{\phi}dP = \frac{v}{\phi}\frac{dP}{d\phi}d\phi \quad (10)$$

式(10)を積分すると，剛体球の化学ポテンシャル μ に対する次式が得られる。

$$\mu = \mu_o + v\int_0^\phi \frac{1}{\phi}\frac{dP}{d\phi}d\phi \quad (11)$$

ここで，μ_o は系が気相（$\phi \to 0$）にあるときの剛体球の化学ポテンシャルである。式(5)と式(7)を式(11)に代入して積分を実行すると，液体相および固体相における剛体球の化学ポテンシャル μ の表現として次式が得られる。

$$\mu = \mu_o + kT\ln\phi + \frac{\phi(8 - 9\phi + 3\phi^2)}{(1-\phi)^3}$$

$$（液体相） \quad (12)$$

$$\mu = \mu_o + \ln\left(\frac{27}{8\phi_c^3}\right) + 3\ln\left(\frac{3\phi}{1-\phi/\phi_c}\right) + \frac{3}{1-\phi/\phi_c}$$

$$（固体相） \quad (13)$$

液体相と固体相が共存する剛体球の体積分率をそれぞれ ϕ_f および ϕ_s とすると，これらの値は以下の連立方程式の解として与えられる。

$$\mu(液体相)|_{\phi=\phi_f} = \mu(固体相)|_{\phi=\phi_s} \quad (14)$$

$$P(液体相)|_{\phi=\phi_f} = P(固体相)|_{\phi=\phi_s} \quad (15)$$

式(5),(7),(12),(13)を式(14),(15)を代入して $\phi_c = 0.74$（式(8)）を用いると，$\phi_f = 0.491$ および $\phi_s = 0.541$ が得られ，計算機シミュレーションの結果 $\phi_f = 0.494$ および $\phi_s = 0.545$（式(1)-(3)）[2]とよい一致を示す。

図3 は剛体球系の圧力を剛体球の体積分率 ϕ の関数として表した図である。Fortini ら[4]による計算

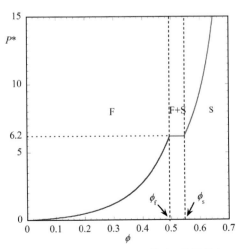

図3　剛体球系の圧力 P と剛体球の体積分率 ϕ

機シミュレーションの結果と図の理論曲線は極めてよい一致を示す。

文献

1) B. J. Alder and T. E. Wainwright: *J. Chem. Phys.*, **27**, 1208(1957).
2) W. G. Hoover and F. H. Ree: *J. Chem. Phys.*, **49**, 1981 (1968).
3) N. F. Carnahan and K. E. Stirling: *J. Chem. Phys.*, **51**, 635(1969).
4) A. Fortini et al.: J. Phys.: *Condens. Matter*, **17**, 7783 (2005).

第3章 分散・凝集が関係する特性と現象

第3節 凝集の制御科学
第1項
凝集速度論

筑波大学名誉教授　足立　泰久

1. はじめに

　液体中に浮遊するコロイド粒子は，ブラウン運動や流体の運動，さらには重力など外力の作用によって運動する。これらの運動は粒子間に相対的な速度差を生じさせ，粒子同士の衝突を誘発する。衝突の結果，出会った粒子はその点でファン・デル・ワールス引力などの作用によって固定され，粒子は凝集し次第に大きなフロックへと成長する。このとき，分散系に存在する粒子の数濃度は次第に減少していく。この過程を粒子径分布やその数濃度の時間発展として把え，記述する理論が凝集速度論である。凝集速度論の導入によって分散系に存在する粒子の数濃度とフロックの大きさの時間変化を予測することが可能になる。凝集速度論は水処理などの凝集操作の設計や自然界における水質浄化過程の予測などの応用として有効であるが，コロイド分散系の扱いにおいては輸送現象の最も基本となる理論の1つに位置づけられる。

　本稿では，まず，均一な球粒子からなるモデルコロイドの分散系に十分量の塩を加えた急速凝集を対象に凝集の速度論を整理する。ここで「急速」とは粒子同士の衝突が全てフロックの形成に結びつくことを意味する。一方，帯電するコロイド粒子の周囲にはコロイド粒子の荷電と反対符号を有するイオンの雰囲気（拡散層）が形成されており，粒子同士が接近した場合，粒子の周囲のイオンの拡散層同士が相互作用し合うことによって反発力が生じ，その結果，凝集速度が遅くなる[※1]。

　なお，コロイド粒子の凝集速度は高分子（電解質）の共存によって大きく変化する。その問題に対する最近の研究成果を次節に紹介する。

2. ポピュレーション（母集団）方程式（スモルコフスキー方程式）

　凝集過程の数学的な枠組みはスモルコフスキーによって与えられた[1]。彼は凝集過程を図1に示すようなクラスター次数の時間変化として捉え，いわゆるポピュレーション方程式で凝集過程を表した。すなわち，k 個の1次粒子から構成される k 次フロック[※2]の数濃度は，i 次と j 次のフロックの合体（$k = i+j$）によって増加し，k 次フロックと他のフロック

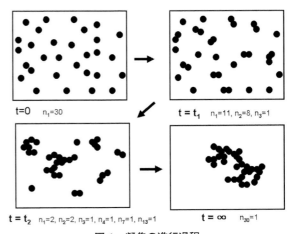

図1　凝集の進行過程

※1　静電的斥力など粒子同士の接近に障害があり，凝集速度が遅くなる場合を緩速凝集という。
※2　k 次フロックを k 次クラスターあるいは k 次粒子と呼ぶこともあるが，本稿では便宜的に用語として"フロック"を採用する。

の合体によって減少すると考え，その単位時間当たりの濃度変化を，

$$\frac{dn_k}{dt} = \frac{1}{2}\sum_{i+j=k}\beta(i,j)n_i n_j - \sum_{j=1}^{\infty}\beta(j,k)n_j n_k \quad (1)$$

と表した。$\beta(i,j)$ は，衝突頻度関数と呼ばれ，コロイド粒子間の衝突のメカニズムのよって決定される。この方程式はコロイド粒子の凝集速度だけでなく，高分子重合，ゲル化，雨滴，雪，エアロゾルの形成の分析など幅広く使われている。凝集機構の解析は $\beta(i,j)$ を，具体的な粒子間の衝突のメカニズムに対応させて導出することから始まる。

3. ブラウン凝集

コロイド懸濁液のイオン強度が十分高い場合やコロイド粒子の荷電が実質的にゼロとなる等電点においては，懸濁液をそのまま放置するだけで，粒子同士は凝集しフロックを形成する。これは巨視的には液が静止していても，微視的には粒子がブラウン運動によって激しく運動して別の粒子と衝突することができ，さらに衝突した粒子はファン・デル・ワールス引力によってくっつき合うためである。ブラウン運動による衝突頻度関数 $\beta(i,j)$ は，衝突過程を i 次フロックの j 次フロックへの拡散過程として捉えることによって導かれる。すなわち，図2に示すようにある1つの j 次フロックの中心を座標の原点とし，中心から r 離れた距離にある i 次フロックが j 次フロック（原点）に向かって単位時間に拡散してくる個数を J_B で表せば，フィックの拡散法則を用いて，

$$J_B = 4\pi r^2 D_{ij}\frac{\partial n_i}{\partial r} \quad (2)$$

と求められる。ここで，D_{ij} は j 次フロックから見た i 次フロックの相対的拡散係数である。さらに，式(2)の境界条件として，

$$n_i(r) = 0, \qquad r = R_{ij} \quad (3)$$

$$n_i(r) \to n_{ib}, \qquad r \to \infty \quad (4)$$

図2を適用すれば[※3]，

$$J_B = 4\pi R_{ij}D_{ij}n_{ib} \quad (5)$$

が得られる。単位体積中には n_j 個の j 次フロックがあるので単位単位体積中での i 次フロックと j 次フロックの総衝突について，

$$\beta_B(i,j)n_i n_j = 4\pi R_{ij}D_{ij}n_i n_j \quad (6)$$

が得られる（ただし，バルク濃度のサフィックス b は省いた）。一方，i 次粒子から見た j 次粒子の相対的拡散については，

$$\begin{aligned}2D_{ij}t &= \overline{\Delta(X_i-X_j)^2} \\ &= \overline{\Delta X_i^2} - \overline{2\Delta X_i X_j} + \overline{\Delta X_j^2} \\ &= \overline{\Delta X_i^2} + \overline{\Delta X_j^2} \\ &= 2(D_i + 2D_j)t\end{aligned} \quad (7)$$

が成り立つ[2]。したがって，

$$D_{ij} = D_i + D_j \quad (8)$$

となり，$\beta(i,j)$ は以下のように導かれる。

$$\begin{aligned}\beta(i,j) &= 4\pi D_{ij}R_{ij} \\ &= \frac{2kT}{3\mu}(r_i+r_j)\left(\frac{1}{r_i}+\frac{1}{r_j}\right)\end{aligned} \quad (9)$$

となる。

さらに，$r_i \approx r_j$ と仮定できる凝集が初期段階にあ

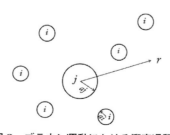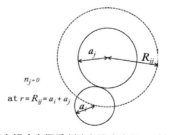

図2　ブラウン運動における衝突過程を解く座標系（左）と衝突半径 R_{ij}（右）

※3　サフィックスの b はバルクの意味。すなわち n_{ib} は i 次フロックのバルク濃度を表す。

る場合は，式(9)は，

$$\beta = \frac{8kT}{3\mu} \quad (10)$$

と近似することができる（スモルコフスキー近似）。この結果をポピュレーション方程式(1)に代入すれば，

$$\frac{dn_k}{dt} = \frac{1}{2} \cdot \frac{8kT}{3\mu} \sum_{j+1=k} n_i n_j - \frac{8kT}{3\mu} \sum_{j=1}^{\infty} n_i n_j \quad (11)$$

となる。さらに k を1から∞まで辺々足し合わせれば，

$$\frac{d}{dt}\sum_{k=1}^{\infty} n_k = \frac{1}{2} \times \frac{8kT}{3\mu} \sum_{k=1}^{\infty} \sum_{i+j=a} n_i n_j - \frac{8kT}{3\mu} \sum_{j=1}^{\infty} n_i \sum_{i=1}^{\infty} n_k \quad (12)$$

となるが，その結果を整理すれば，

$$\frac{dN(t)}{dt} = -\frac{4kT}{3\mu} N(t)^2 \quad (13)$$

が得られる。ここで，

$$N(t) = \sum_{i=1}^{\infty} n_k(t) \quad (14)$$

である。

式(13)を初期条件 $t=0$，$N(t)=N(0)$ で解けば，

$$\frac{1}{N(t)} - \frac{1}{N(0)} = \frac{4kT}{3\mu} t \quad (15)$$

が得られる。したがって，総粒子濃度 $N(t)$ の逆数を t に対しプロットすれば，その傾きより，凝集速度が求められる。**図3**は球状のラテックス球粒子を用いて $N(t)$ を測定したものであるが，図に示されるように $1/N(t)$ と t の比例関係が確認される。しかし，その傾きは実線で示した式(15)に対し，40〜70%小さい値となる。この効果は捕捉効率（凝集係数）α_B で記述される。α_B の値は数多くの研究者によって報告されているが，急速ブラウン凝集についてその結果を整理すると**図4**のようになり，$N(0)$ に対する依存性が確認できる[※4]。

α_B を導入すれば，急速ブラウン凝集の総粒子数濃度の変化は，

$$\frac{1}{N(t)} - \frac{1}{N(0)} = \alpha_B \frac{4kT}{3\mu} t \quad (16)$$

と記述される。式(16)の結果を式(1)に代入し，$k=1$ より順番に求めていくとフロックの次数分布は，

$$n_k(t)/N(t) = (1-p)p^{k-1} \quad (17)$$

と求められる。

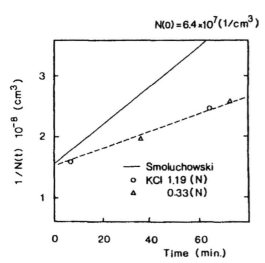

図3　急速凝集におけるフロックの数濃度の時間変化

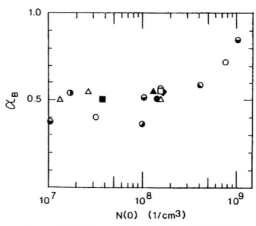

図4　凝集係数の初期粒子濃度（$N(0)$）依存性
データは文献3)から引用した。一次粒子径 345(●)，480(▲)，555(○)，605(□)，804(◆)，1356(△)，2020 nm(■)である。その他のデータは，804(◐)については文献4)から，0.871(◓)は文献5)，0.974(◎)は文献6)，1.83(◑)は文献7)から引用した。

[※4] Smoluchouski の理論が発表されてから100年近くになるが，この現象の理由は現在なお十分明らかではない。

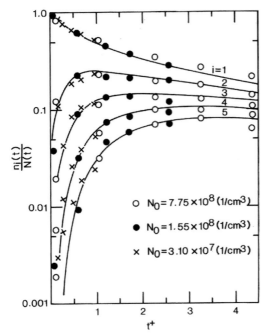

図5 ブラウン凝集におけるコロイド粒子の粒径分布の経時変化 $t^+ = t/\tau$

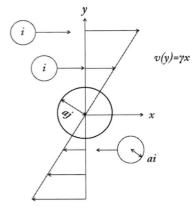

図6 層流せん断流れ場における粒子の運動

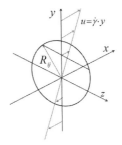

図7 Smoluchowskiの理論を説明する座標

ここで，$p = (t/\tau)/(1+t/\tau)$，$\tau = 3\mu/\alpha_B 4kTN(0)$ である。図5[8]は球状単分散のラテックス粒子を用いた測定結果であるが，式(17)の予測とほぼ一致しており，十分な量の塩を加えた急速凝集領域においてはブラウン運動による粒子の凝集過程はほぼ予測できると判断できる。

4. せん断流れ場における凝集

コロイド粒子が流れ場にあると，粒子は流体の運動によって移動する。流体の運動に速度差があるような流れの場合，粒子の衝突頻度はその速度差によって増加する。スモルコフスキーは，この問題を図6に示すような，

$$v(y) = \gamma y \tag{18}$$

速度勾配(γ)を持つ単純な層流せん断流れ（クェット流れ）について検討し，粒子間の衝突頻度を定式化した。計算においては，粒子は流体に乗って直線状の軌道を移動し，粒子同士が接近しても互いに相互作用を及ぼすことはなく，あたかも他の粒子が存在しないかのように直進し，衝突することが仮定された。すなわち，衝突頻度は衝突半径 $R_{ij} = a_i + a_j$ を単位時間によぎる流量に粒子数濃度をかけることによって計算される。簡単な積分により，衝突頻度関数は，

$$\beta(i,j) = \frac{4}{3}\gamma R_{ij}^3 \tag{19}$$

と導かれる（図7）。

5. 流体力学的相互作用

式(19)の導出において用いられている仮定（粒子は流体に乗って直線状の軌道を移動し，粒子同士が接近しても互いに相互作用を及ぼすことはなく，あたかも他の粒子が存在しないかのように衝突するまで直進する）は，粘性流体中のコロイド粒子の運動に対し厳密には正しくない。すなわち，粘性流体中ではコロイド粒子が互いに近づき合うと，図8に示すように粒子同士はお互いに避けあうような軌道をとって運動する。このようなコロイド粒子間の流体を介した相互作用を流体力学的相互作用という。もし，粒子間に引力がなければ，粒子同士は流

第3章　分散・凝集が関係する特性と現象

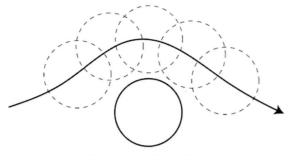

図8　流体力学的相互作用

体力学的相互作用により互いに衝突することはない。

BatchelorとGreen[9]は，粘性が卓越する線形流れ場内の2つの剛体球粒子の運動を解析し，軌道理論として提出している。この結果に対し，Van de VenとMason[10]，およびZeichnerとSchowalter[11]はそれぞれ独立にDLVO理論に基づくコロイド粒子間相互作用を組み込み，流れ場におけるコロイド粒子の安定性の解析を発表した。

ファン・デル・ワールスのみが作用する急速凝集領域においては，単一球粒子同志の衝突が支配的である初期段階に限った場合，Van de VenとMasonによって得られた解は，式(19)に対する補正係数 α_s として以下のように近似的に表現できる。

$$\alpha_s = C_A^{0.18} \qquad 10^{-5} < C_A < 10^{-1} \qquad (20)$$

$$C_A = \frac{A}{36\pi\mu\gamma a_0^3} \qquad (21)$$

凝集の初期段階において，分散相の体積分率は $\phi = (4\pi/3)a_0^3 N(t)$ と近似できるので，総粒子数濃度の変化を表す微分布方程式は，

$$\begin{aligned}\frac{dN(t)}{dt} &= -\frac{16}{3}a_0^3\gamma N(t)^2 \\ &= -\frac{4}{\pi}\left(\frac{A}{36\pi\mu\gamma a_0^3}\right)^{0.18}\phi\gamma N(t)\end{aligned} \qquad (22)$$

と1次の微分方程式に近似できる。

6. ブラウン運動と流れ場の共存域での凝集速度

ブラウン運動による衝突頻度は，球対称の拡散方程式の解として求められた。もし，このとき，せん断流が共存すると球対称の濃度分布が保たれなくな

る。一方，せん断流れ場の解析を行った軌道にブラウン運動が重ね合わせられると，ブラウン運動の揺らぎによって別の軌道に粒子が乗り換えることができるようになるため粒子間の衝突に影響する。

これらの状況について摂動解と呼ばれる近似的数値解が，ブラウン運動が支配的な場合($Pe<1$)[12]と，せん断の効果が大きい場合($Pe>100$)[13]について報告されている。

$$J = \frac{8kT}{3\mu}(1+0.5136\alpha_B Pe^{0.5}) \qquad Pe<1 \qquad (23)$$

$$J = (j_0 + j_1/Pe)2 \qquad Pe>100 \qquad (24)$$

ここで，Pe はブラウン運動による衝突フラックスに対するせん断運動による衝突フラックスの比を表し，

$$Pe = \frac{\gamma a_0^2}{2D} \qquad (25)$$

で計算される無次元数である。しかし，これらの2つの予測を外挿してもグラフはなめらかには一致せず，ブラウン運動とせん断流の影響の拮抗する領域の予測は定かでない。一方，東谷[14]やSwift and Friedlander[15]は，Pe の中間領域($0.2<Pe<100$)における凝集速度の解析に，単純な加算性の仮定を導入し，

$$J = \alpha_B \frac{8kT}{3\mu} + \alpha_S \frac{4}{3}R_{ij}^3 \qquad (26)$$

として解析をしている。**図9**はこれら3つの予測と，ラテックス粒子で測定された急速凝集系におけるせん断凝集速度の文献値を比較したものだが，発表されている実測データの大半は単純な加算性を指示する結果となっている。

7. 乱流場における凝集

ほとんどの実用的な場面において，凝集は乱流によって促進される。これまで，乱流中での凝集速度の決定は，工学的に重要であるだけではなく乱流構造の解析や評価の視点からも興味深いものを含んでいる。

乱流は，さまざまなスケールの微小渦の重ね合わせとみなすことができる。主流で流れの不安定性によって生じる速度変動の運動エネルギーは，サイズの大きなエネルギー保有渦から，たくさんの中程度

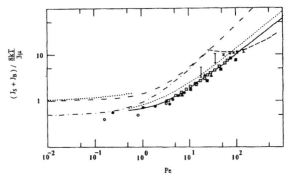

図9 *Pe* 数の関数として示した二粒子間の衝突速度と PSL のせん断凝集実験結果ブラウン凝集とせん断凝集のカップリング $Pe=\gamma a^2/2D$

式(23)による予測(……), 式(24)による予測(—), $\alpha_B=1.0$, $\alpha_S=1.0$ の場合の式(26)による予想(——), $\alpha_B=0.5$, $\alpha_s=1.0$ の場合の式(26)による予想(-・-), α_s が $A=6.0\times10^{-14}$ erg として式(20)と式(21)から計算される予測(----), $A=1.0\times10^{-14}$ erg として式(20)と式(21)から計算される予測(——). $d_0=0.871$ μm (○)[5], $d_0=0.93$ μm (●), $d_0=1.47$ μm (▲), $d_0=2.07$ μm (■)[16], $d_0=0.496$ μm (□)[17], $d_0=0.676$ μm (I) のせん断凝固の実験結果[18]。

の大きさの渦に変化し,おびただしい数の小さなエネルギー消散渦へと連続的に変化し,最後は熱に消散する。Kolmogoroff[19]は,このような段階的なエネルギー変化過程における洞察から,微小渦に対する局所等方性乱流の仮説を提唱した。すなわち,十分に発達した乱流において,方向性を持ったエネルギーの情報,段階的に失われ,小さな渦の統計的な性質は,主流の持つ方向性とは無関係に決まる。この主張に基づき,Kolmogoroff は,エネルギー消散渦の大きさを表す代表的長さスケールとして,乱流のマイクロスケールと呼ばれる λ を,

$$\lambda = \nu^{3/4}\varepsilon^{-1/4} \quad (27)$$

と表した。

乱流凝集の分析には Camp and Stein[20]によって層流中でのコロイド粒子の衝突機構との類似性から以下の実用的な仮定が最初に用いられた。すなわち,せん断凝集速度式の核心部であるずり勾配を有効 Saffman と Turner は積乱雲中における雨滴の急速な成長を説明するために局所等方性乱流の仮設に基づく乱流凝集の速度論を提出した。すなわち,乱流中における粒子間の衝突は速度の変動成分によって生じる速度差によって与えられ,衝突をもたらす突発的な速度勾配は,Taylor[21]が行った等方的な乱流の統計的解析の結果と Tounsend の実験結果に基づ

いて,

$$\left|\frac{\overline{\partial u}}{\partial x}\right| = \sqrt{\frac{2\varepsilon}{15\nu}} \quad (28)$$

と表された。

この結果は流体の変動に従って移動する粒子への総フラックスが積分され,衝突頻度関数が,

$$\beta(i,j) = \sqrt{\frac{8\pi}{15}} \times R_{ij}^3 \sqrt{\frac{\varepsilon}{\nu}} \quad (29)$$

と求められた。

定数 $\sqrt{8\pi/15}$ は $4/3$ に近い。この結果は Camp and Stein の提案を支持するものである。乱流を発生させる最も簡単な方法の1つにコロイド溶液を転倒撹拌させる方法があるが,その手法を用いて,急速凝集系におけるポリスチレンラテックスの乱流凝集動力学の精密な研究をした(**図10**)。このシステムでは凝集開始,つまり,一次粒子の二粒子間衝突が支配的な初期段階から1秒の時間分解能で,凝集過程を解析できる。ほとんどが一次粒子間同士の衝突である初期段階に議論の的を絞り,ブラウン分散と乱流せん断流の単純可算を前提とするならば,クラスターの総数濃度の経時変化を表す以下の式を仮定できる。

$$\frac{dN(t)}{dt} = -\left\{\alpha_B\frac{4kT}{3\mu} + \alpha_T a_0^3\left(\frac{128\pi\varepsilon}{15\nu}\right)^{0.5}\right\}N(t)^2 \quad (30)$$

α_T は,流体力学的相互作用による捕捉効率であり,単にせん断速度勾配を凝集速度勾配の平均値の絶対値に置き換えた層流せん断凝集の結果を用いて算出される。すなわち,

$$\alpha_T = \left(\frac{A}{36\pi\mu\sqrt{\frac{2\varepsilon}{15\nu}}a_0^3}\right)^{0.18} \quad (31)$$

式(19)からブラウン凝集の寄与を差し引くと,初期段階における乱流凝集の近似解が以下のように導かれる。

$$\ln\left(\frac{N(t)}{N(0)}\right) = -\alpha_T\sqrt{\frac{24\varepsilon}{5\pi\nu}}\psi t \quad (32)$$

ε が曖昧な数値であったとしても,この結果の妥

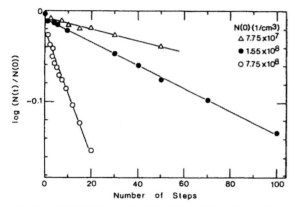

図10 転倒撹拌によるPSLの乱流凝集の動力学の例[3]。粒径555 nmのPSL分散溶液を等量のKCL2.34Mにて混合。1回の撹拌は1.36秒

当性は図11に示されるように経時変化の実測結果により実証されうる。実験は異なる大きさのポリスチレンラテックスを用いて行われ，データは式(19)を元に解析された。一次粒子の大きさによる凝集速度の依存性は，図11に示されるように理論的予測によって確かめられた。この結果は次節に紹介されるように，高分子凝集剤を含む系に対して同じ手順を適用する際に重要である。

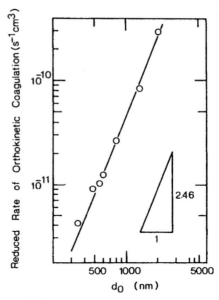

図11 一次粒子の粒径関数としての乱流凝集の減少率

文　献

1) M. von Smoluchowski: *Z. Phys. Chem.*, **92**, 129 (1917).
2) S. K. Friedlander: Smoke, Dust, and Haze Fundamentals of Aerosol Dynamics 2nd Ed. Oxford (2000).
3) Y. Adachi et al.: *J. Colloid Interface Sci.*, **165**, 310 (1994).
4) Y. Adachi: Thesis, Tokyo University (1988).
5) D. L. Swift and S. K. Friedlander: *J. Colloid Sci.*, **19**, 621 (1964).
6) K. Higashitani and Y. Matsuno: *J. Chem. Eng. Jpn.*, **12**, 460 (1979).
7) W. I. Higuchi et al.: *J. Pharm. Sci.*, **52**, 49 (1963).
8) Y. Adachi et al.: *J. Colloid Interface Sci.*, **310** (1994).
9) G. K. Batchelor and Green: *J. Fluid Mech.*, **43**, 1381 (1970).
10) T. G. M. Van de Ven and S. G. Mason: *Colloid Polym. Sci.*, **255**, 794 (1977).
11) G. R. Zeichner and W. R. Schowalter: *AIChEJ.*, **23**, 243 (1977).
12) T. G. M. Van de Ven and S. G. Mason: *Colloid Polym. Sci.*, **255**, 794 (1977).
13) D. L. Feke and W. R. Schowalter: *J. Fluid Mech.*, **133**, 17 (1983).
14) 日本粉体工業技術協会編：凝集工学, **53**, 日刊工業新聞社 (1982).
15) D. L. Swift and S. K. Friedlander: *J. Colloid Sci.*, **19**, 621 (1964).
16) K. Higashitani: in Nihon Funtai Kougyou Gijutsu Kyoukai(Ed.), Gyoushyukougaku, 53 (1982).
17) G. R. Zeichner and W.R. Schowalter: *J. Colloid Interface Sci.*, **71**, 237 (1979).
18) D. L. Feke and W. R. Schowalter: *J. Colloid Interface Sci.*, **106**, 203 (1985).
19) A. M. Kolmogoroff, Dokl. Akad.Nauk, SSSR, 30, 301 (1941); 32, 16 (1941).
20) T. R. Camp and P.C. Stein: *J. Boston Soc. Civil Eng. Sec. Am. Soc. Civil Eng.*, **30**, 219 (1943).
21) G. I.Taylor: *Proc.Roy.Soc.A*, **151**, 429 (1935).

第3章 分散・凝集が関係する特性と現象

第3節 凝集の制御科学
第2項
基準撹拌を適用した吸着性高分子による凝集の初期過程

筑波大学名誉教授　足立　泰久

1. はじめに

熱力学に従えば，温度，圧力，濃度などの状態変数が決まれば，平衡状態にある物質の性質が完全に記述される。ところが，高分子を用いた凝集では，高分子とコロイドの濃度，あるいは塩濃度やpHなどの物理化学的条件を同じにしても，最終的な凝集状態が唯一決定されてしまうわけではない。**図1**はコロイド分散系に高分子を添加したときに想定される様子を模式化したものであるが，添加した瞬間に高分子が希釈され，同時に高分子とコロイド粒子の衝突，コロイド粒子表面における高分子の形態変化(高分子鎖が溶存しているランダムコイルの形態から粒子表面での平な形態への変化)，さらには衝突によりできたばかりのフロックがより安定な構造を求めて行う構造の再配列など，高分子凝集の一連の過程が，機械的条件に左右される乱流条件下で，非平衡かつ不可逆的に進行していること表している

る。このうち溶存している高分子がコロイド粒子に吸着する際のダイナミクスは，形成されるフロックの形態に関連し特に重要であるが，モデルコロイド粒子の塩のみによる凝集速度と高分子添加による凝集速度を比較することによって，速度論的に実質的な吸着層の厚さを評価することができる。特に注目すべき点は，前節で述べたように，流れ場における凝集速度が粒子径の3乗，流体力学的相互作用を考慮したより高精度の予測では粒子径の2.46乗に比例することである。すなわち，わずかな粒径の違いであっても凝集速度は大きく変化する。したがって，粒子径既知のコロイド粒子を用いて急速凝集状態において基準となる撹拌を行い，コロイド粒子の数濃度の経時変化を測定し，粒子の凝集速度でその撹拌を評価した後に同じ方法で高分子を添加したときの凝集速度を測定し，両者の速度を比較すれば，凝集速度の比からコロイド粒子表面に存在する高分子吸着層の値を求めることができる。

実際の操作は**図2**に示した転倒撹拌装置を用い

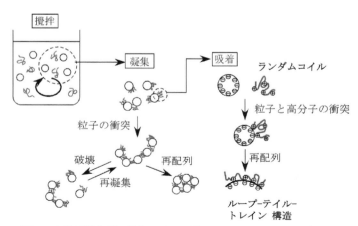

図1 高分子凝集剤の添加によって誘発されるコロイドの凝集過程

第3章　分散・凝集が関係する特性と現象

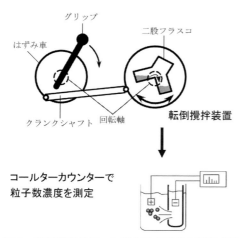

図2　転倒撹拌を用いた凝集速度測定の実験手順
凝集実験は二股フラスコの一方にコロイド粒子分散系，もう片方に凝集剤を投入し，$t=0$において混合を開始し，所定の回数撹拌した後，フロックの数濃度を粒子数カウンターで計測する。

て行うことができる。操作は装置に装着した二股フラスコの一方にコロイド分散液（5 mL）を入れ，もう一方に等量の塩溶液や高分子凝集剤を投入し，時刻 $t=0$ においてコロイド分散液を反対側の塩溶液側に流し込むことによって凝集を開始し，以降は一定の割合（1秒に1回）で転倒撹拌を続け，所定の回数を終了した直後の粒子数の数濃度をコールターカウンターなどの粒子カウンターでモニターすることによって行われる。この方法を採用することによって，凝集開始直後の凝集過程をほぼ1秒刻みで追跡することができる[4]。

2. 中性高分子による初期の凝集過程[5]

コロイド粒子の表面に対し親和性の高い水溶性の高分子をコロイド分散系へ添加すると，高分子はコロイド粒子の表面へ吸着する。高分子の形態は溶液中のランダムコイルの状態から変化し，コロイド粒子表面ではいわゆるループ-テイル-トレイン構造と呼ばれる平衡吸着形態へ変化する[3]。その際，遷移過程にある高分子の吸着形態がコロイド粒子の凝集速度に影響する。その様子は，高分子の添加量を飽和吸着量より多めに設定した凝集速度の測定より明瞭な形で示すことができる。このとき，凝集は図3に示したように初期に急激に進行し，ある経過時間後に表面吸着が飽和することによって止まる。すなわち，高分子を添加すると撹拌による希釈と同時に凝集ならびに高分子吸着が進行し出すが，

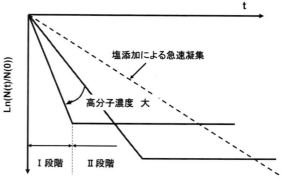

図3　高分子を過剰に添加した場合の凝集の初期過程
点線は塩による急速凝集の結果

高分子の吸着が未飽和な状態にあれば，高分子の存在はコロイド粒子同士が接近したときに凝集を阻外する因子とはならない。この段階を第Ⅰ段階と定義する。一方，吸着量が飽和量近くまで達している場合には，高分子吸着層の存在が凝集の進行を阻害（ブロック）するので，凝集速度はほぼゼロとなるかもしくは非常に小さな値となる。以下この段階を第Ⅱ段階と呼ぶ。

第Ⅰ段階における凝集速度は（前節の式(2)）式の衝突半径 a_0 が吸着した高分子の厚さ分だけ大きくなるため増加する（図4）。いま，仮にこの値を δ_H とし，さらに吸着層の透水性のためコロイド粒子の衝突時の流体力学的相互作用による補正を無視小と仮定すれば，高分子を添加した場合のⅠ段階の速度に対する塩のみの添加による乱流中の凝集速度の比 η は（前節の式(21)）式より，

$$\eta = \frac{(a_0 + \delta_H)^3}{\alpha_T a_0^3} \tag{1}$$

と表される。一方，コロイド粒子間の衝突に関する考え方は，高分子とコロイド粒子間の衝突についても適用することができる。その頻度は1つのコロイド粒子に衝突する単位時間当たりの高分子の個数として表わすと，

$$J_p = 4\pi D_{op} R_{op} N_p + \sqrt{\frac{8\pi\varepsilon}{15\nu}}(a_0 + a_p)^3 N_p \tag{2}$$

となる。第1項はブラウン運動による衝突，第2項は流体の運動によってもたらされる衝突である。D_{op}, R_{op}, a_p はそれぞれコロイド粒子とポリマー分子の相対拡散係数，衝突半径，ポリマーの半径であ

第1編　基礎原理

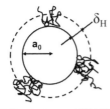

図4　高分子の吸着によるコロイド粒子の衝突半径の増加

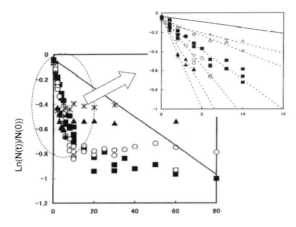

図5　分子量500万（公称）のポリエチレンオキサイド（PEO）をPSL分散系（$a_0=678nm$, $N(0)=7.7\times10^7 [1/cm^3]$）に加えたときの凝集過程[15]

PEOの添加濃度は，それぞれ，+：0.25ppm，◇：0.5ppm，■：1.0ppm，○：2ppm，▲：4ppm，＊：8ppm。支持塩濃度 KCl=1.0$\times10^{-4}$M。

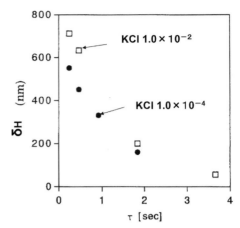

図6　高分子衝突時間間隔と衝突半径の増加から見積もられる高分子吸着層の緩和過程[10]

中性高分子の場合はほとんどイオン強度に影響されない。

る。図5は中性高分子の公称分子量500万のPEO（ポリエチレンオキサイド）をPSL粒子分散系に添加した直後の測定結果であるが，第Ⅰ段階から第Ⅱ段階への明瞭な遷移が読み取れる。第Ⅱ段階に達するのに要する時間τ_1はほぼPEO濃度の逆数に比例すること，また，式(2)に基づいて解析すると$J_P\tau_1$は高分子濃度によらずほぼ一定であること，およびその値はコロイド粒子1個当たりの飽和吸着量にほぼ等しいことなどより第Ⅰ段階では高分子の吸着過程は輸送律速であること，さらに飽和吸着量近くに達するとコロイド粒子の立体安定化効果が出現すること，などが読み取れる。一方，式(1)に基づいてδ_Hを算定し，コロイド粒子表面の同じ場所で待ち構えることを想定し，粘度測定から求められた大きさから算出した高分子の断面積$210\times210\ nm^2$に対する高分子衝突の時間間隔，τの関数としてプロットしたものが図6である。この図では見かけ上の

δ_Hの最大値が溶液中の高分子の大きさと同じオーダーであること，高分子衝突の時間間隔が長くなるにつれδ_Hは逓減し，そのタイムスケールは秒のオーダーであることが示されている。

3. 高分子電解質の凝集に関わるイオン強度の効果

　高分子凝集剤は，その大半がイオン性の解離基を持った高分子電解質である。高分子電解質では，自らが保持する同符号の電荷やその周辺に発達する電気二重層によって，分子内部で静電的な反発力が生じて各モノマーどうしが互い退け合って，分子鎖がほぐれ膨潤する[7]。その度合いはイオン強度の関数であり，イオン強度が低いほど高分子電解質はかさばった形態をとる（図7）。溶液中での膨潤挙動は高分子電解質の凝集剤としての機能にも大きく影響する。

　筆者らは前節で紹介した中性高分子に対し行った基準撹拌を用いた実験を水処理の凝集剤として用いられている高分子電解質に対し，高分子の分子量，添加濃度，イオン強度など種々の条件を変えて実験を行った。図8は筆者らによって得られた結果の一部であるが，この結果からは，凝集速度の初期の傾きの比較より，中性高分子のⅠ段階に対応する凝集速度は，中性高分子の場合と同じく溶存しているときの大きさを反映し，分子量が大きいほど，またイオン強度が低いほど早い[9]。一方，添加する高分

子の濃度を低下させて行った実験結果(図9)を見ると，凝集速度の初期の勾配は緩くなり，中盤以降，急激に速度が増加する。このときの凝集速度は塩による凝集速度と等しいか幾分大きくなることが示されている。初期の勾配が緩い原因は，高分子の吸着が不十分であることに対応し，中盤以降の凝集の進行は，コロイド粒子の荷電が反対符号の高分子の吸着で中和されたことによるものと考えられる[10]。

高分子電解質は荷電を有しているため，その吸着に伴いコロイド粒子の電気泳動移動度が大きき変化する。したがって，上記の凝集過程に対応させて電気泳動移動度の測定を行えば，得られるデータよりコロイド粒子表面に対する高分子電解質の吸着状態に関する情報を得ることができる。図10はその様子を示す一例であるが，負に帯電するコロイド粒子に正に帯電している高分子電解質を加えると吸着により荷電状態が反転すること，および分子量が大きくイオン強度が低い場合，最終的に達する電気泳動移動度に対し，高分子電解質の初期添加濃度依存性が明瞭に現れる。すなわち，この場合には吸着が吸着時の動力学的にコントロールされており，コロイド粒子表面に対するフラックスが高いと電気泳動移

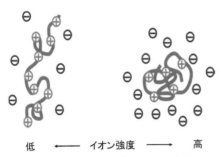

図7　高分子電解質の溶存形態のイオン強度による変化

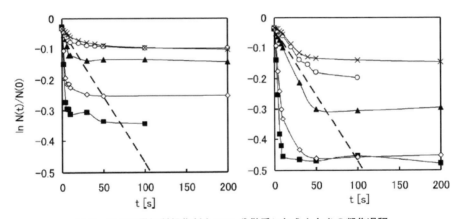

図8　高分子電解質凝集剤をPSL分散系に加えたときの凝集過程

実験は，ポリ(2メタクリルオキシエチルトリメチルアンモニウムクロリド)を直径1.52μmのPSL粒子分散系に添加して行われた。(左)イオン強度 1.0×10^{-4} (KCl, M)，(右) 1.02×10^{-2} (KCl, M)。高分子電解質分子量(公称)(×160K, ○490K, ▲1200K, ◇3500K, ■4900K)添加濃度はいずれも0.5ppm。点線は塩のみによる急速凝集の結果[13]。

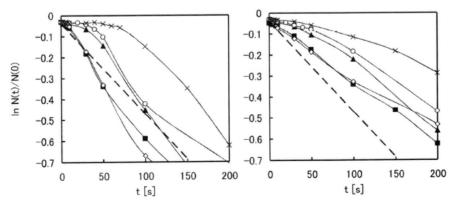

図9　高分子電解質凝集剤をPSL分散系に加えたときの凝集過程

(左)イオン強度 1.0×10^{-4} (KCl, M)，(右) 1.0×10^{-2} (KCl, M)。添加濃度はいずれも0.05ppm(図8の条件の10分の1，記号は図8と同じ)。

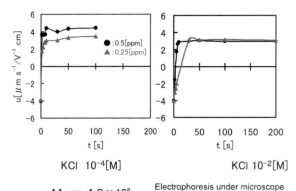

Mw = 4.9×10⁶ Electrophoresis under microscope (Effect of ionic strength)

図10 高分子電解質凝集剤（ポリ（2 メタクリルオキシエチルトリメチルアンモニウムクロリド，分子量4900K）をPSL分散系に加えたときの電気泳動移動度の変化

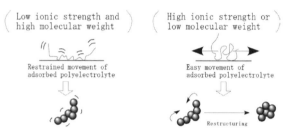

図11 高分子電解質のコロイド粒子表面での移動しやすさと形成されるフロックの形を関係付けた模式図

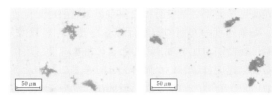

Polyelectrolyte Mw : 4.9 ×10⁶
Concentration : 0.60 [mg/l]

図12 実際に観察されたフロックの形態

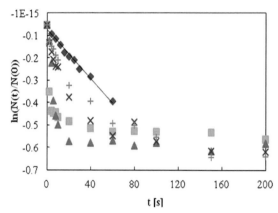

図13 イオン強度が高い場合（KCl 1.0M）における高分子電解質による凝集過程

Cp = (+) 0.2 (×) 0.5 (▲) 1.0 (■) 3.0 (ppm) (■) Salt, $N(0) = 5.0 \times 10^7$ (1/cm³)

表1 種々の方法で決定される高分子電解質の大きさの比較

分子量	動的光散乱法*	粘度	衝突半径(nm)
200万	60.5	51.3	380
490万	82.8	79.4	702

動度が大きくなるような吸着形態が形成されることが示されている。イオン強度が著しく低いとき高分子電解質鎖内で荷電を有するセグメン同士が反発しあい高分子鎖が剛直になっていることと，分子量が大きくコロイド粒子表面での移動性が低くなり再配列がスムーズに行われないこと原因と考えられる。図11はその様子を模式的に表したものであるが，このような高分子電解質の粒子表面での移動性（再配列のしやすさ）は，最終的に形成されるフロックの構造にも影響すると考えられる。実際，形成されるフロックの顕微鏡写真を比較してみると，イオン強度が低いときには，形成されるフロックがかさばったバルギーな構造であるのに対し，イオン強度が高い場合にはフロックがコンパクトな構造をとっている（図12）。イオン強度が高く粒子表面での高分子電解質の移動がスムーズな場合にはフロックの再配列もスムーズに進みコンパクトな構造が形成されるのに対し，イオン強度が低く粒子表面での高分子電解質の移動が阻害されている場合にはフロックの再配列も阻害され，フロック同士が最初に接触した点で固定される場合が増え，バルキーな構造が形成されたと解釈することができる[11]。

海水のような高いイオン強度下では高分子電解質の荷電は静電的に遮閉され，高分子電解質は実質的に中性高分子として挙動すると考えられる[12]。図13はそのときの凝集実験の結果であるが，その結果に基づいて式(1)のηより求められる吸着層の厚さと動的光散乱法や粘度の測定より得られる溶存状態の高分子電解質の大きさを比較したところ，前者は後者をはるかに上まわる結果が得られる

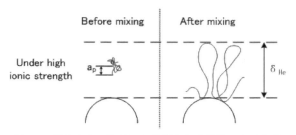

図14 凝集速度の解析から予想される撹拌による高分子電解質の形態変化

（**表1**）。この結果は，高分子電解質は流体力学的撹拌に伴う流体力学的作用の影響によって，大きく引き伸ばされ，そのときの形態が凝集に実質的に作用すると解釈できる（**図14**）。

文　献

1) J. Gregory: *Colloids Surfaces*, **31**, 231 (1988).
2) Y. Adachi: *Adv. Colloid Interface Sci.*, **56**, 1 (1995).
3) Y. Adachi et al.: *J. Colloid Interface Sci.*, **165**, 310 (1994).
4) Y. Adachi and T. Matsumoto: *Colloids and Surfaces A.*, **113**, 229-236 (1996).
5) Y. Adachi and T. Wada: *J. Colloid Interface Sci.*, **229**, 148 (2000).
6) G. J. Fleer et al: Polymers at Interfaces, Chapman & Hall (1993).
7) F. Oosawa: Polyelectrolytes, Dekker (1971).
8) T. Matsumoto and Y. Adachi: *J.Colloid Interface Sci.*, **204**, 328 (1998).
9) K. Aoki and Y. Adachi: *J. Colloid and Interface Sci.*, **300**, 69 (2006).
10) 青木謙治，足立泰久：農業土木学会論文集，**245**, 65 (2006).
11) Y. Adachi and K. Aoki: *Colloids and Surfaces A.*, **342** (1-3), 24-29 (2009).
12) Y. Adachi and J. Xiao: *Colloids and Surfaces A*, **435**, 127 (2013).
13) 青木謙治：筑波大学博士論文，高分子電解質によるコロイド粒子の凝集改定に関する研究 (2007).

第3章 分散・凝集が関係する特性と現象

第4節 分散系のレオロジーの基礎

株式会社豊田中央研究所　中村　浩

1. 概　況

　分散系の特性を評価する方法としては，分散している粒子そのものを評価する粒子径測定や粒度分布測定，粒子の表面電荷特性を調べるゼータ電位測定や電導度滴定，粒子と分散媒との親和性を調べるパルスNMRさらにそれを用いた溶解性パラメータによる評価，沈降法や遠心沈降法などを用いた分散性，分散安定性の評価などが知られており，それぞれ本書内で説明されている。ここでは分散系全体，すなわち分散液としての物性からその特性や内部構造を明らかにするレオロジー測定について説明する。

　分散系は多くの場合，スラリーやサスペンション，エマルションといった分散液で用いられることが多い。それは食品や化粧品，洗剤や塗料など分散液そのものを製品として用いる場合だけでなく，セラミックス部品や電池電極，電子デバイスなど最終的な部品として必要な材料（分散質）を液（分散媒）に分散させて，それを塗布あるいは成型する際に用いる場合などもあり，非常に多くの製品やその製造プロセスで用いられている。そのいずれの場合でも重要になるのがその流れやすさ，流動性の評価である。例えば食品では食感やおいしさにも影響する口腔内の咀嚼性はその材料が舌や口腔の動きに伴ってどう流動するかの特性に依存する。また，化粧品などでも肌触りや肌へのなじみ，塗りやすさは材料の流動性に依存する。一方で，塗料も塗装のしやすさや仕上がりの良否は塗料の流動性に依存すると言っても過言ではない。また，リチウム電池や燃料電池の電極やセラミックス部品の品質や性能はもちろん生産性にも流動性が大きく影響することはすでによく知られていることである[1-8]。

　このように材料の流動性を表すものがレオロジーである。本節ではこのレオロジーの基礎，さらに分散系のレオロジーの基礎について説明する。

　レオロジーとは，1929年にE. C. Binghamが"物質の変形と流動に関する学問（Rheology is the study of the deformation and flow of matter）"と定義したもので，Rheologyという言葉はギリシャ語に由来する流れるという意味のrheoと学問を意味するlogosが合成されてできた言葉である。

　物体の変形や流動に関する物理学は古くから弾性論や流体力学として存在し，弾性論はフックの法則を基本とする弾性固体の特性を表し，流体力学はニュートンの法則を基本とする粘性流体の特性を表すもので，それぞれ基本的な法則に従って，ある意味"理想的な物体"の変形や流動をできるだけ厳密にその挙動を追求しようとするものである。それに対してレオロジーでは弾性固体とか粘性流体など"理想的な物体"に限ることなく，一般的に存在する"物質または材料"のすべてを含んでいる。したがって，対象とする物質，材料を問わず，その変形と流動を取り扱うという意味で，レオロジーは，物理学，化学，工学だけでなく医学，生物学，農学，薬学，時には心理学までをも含む多くの学問分野に横断的に関係する極めて学際的な学問である。物質でも材料でも工業製品でも，何かが変形するまたは流動する場合にはそこにレオロジーが存在するのである。具体的には工業材料のレオロジー挙動が実際の製造工程および製品の性能評価において本質的かつ重要な役割を担う場合は多く，プラスチック，繊維，ゴム，パルプ，油脂，接着剤，塗料，インキ，セラミックス，セメント，金属，電池電極，電子デバイス，化粧品，食品，医薬品などレオロジーが関与する工業

分野は広い。最近では自動車，電機，航空機などの材料ユーザーや，石油，石炭の採掘などでもレオロジーの役割が重要になりつつある。

これらのレオロジーにおける分野の広がりはまさに前述のように分散系で扱う学問分野や工業製品にも当てはまることから，分散系の特徴を示す特性としてレオロジーが重要であることを示している。

以下にレオロジーの基礎とともに分散系のレオロジーの特徴について説明する。

2. レオロジーの基礎

物質の持つレオロジー的性質というのは，ニュートンの粘性式およびそこに現れる粘性係数に代表されることになる。しかし，多くの分散系においてはニュートン流体(Newtonian fluid)とは異なるいわゆる非ニュートン流体(non-Newtonian fluid)の挙動を示す。前述のように，いろいろな材料そのものの特性や製造プロセスで品質や性能を確保するための工程管理にはレオロジーは重要であり，その中で粘度はベースとなる重要な物性値である。

わずかでも材料に応力 σ が作用すると連続的に変形が生じ，応力を取り去ってもその変形が維持されているような物体を粘性流体(viscous fluid)と呼ぶが，そのレオロジー的挙動は通常は図1で示されるような単純なずり流動(以下，せん断流動 shear)の場を想定すると，上板を引っ張る力 F を板の面積 A で割った単位面積当たりの力，いわゆるずり応力(以下，せん断応力 shear stress) σ とずり速度(以下，せん断速度 shear rate) $\dot{\gamma}$ との関係で与えられる。ここでせん断応力 σ をせん断速度 $\dot{\gamma}$ で割ったものが粘度(viscosity) η として表される。

ここで，ニュートン流体の場合，η は一定値を取り，水，油など低分子流体は一般にニュートン流体的挙動を示す。これに対して，η が一定値を取らない流体を非ニュートン流体と呼ぶが，η が単純に $\dot{\gamma}$ だけの関数で，$\dot{\gamma}$ が増加するのに伴って η の値が小さくなるような流体を擬塑性流体(pseudoplastic fluid)，またはせん断流動化流体(shear-thinning fluid，以下，シアシニング流体)といい，逆に $\dot{\gamma}$ が増加するにつれ，η が大きくなるような流体をダイラタント流体(dilatant fluid)と呼ぶ。ここで，ダイラタンシー(dilatancy)は，比較的径がそろった粒子が最密充填しているような系に急に大きな変形や流動を与えた場合に粒子の充填状態が粗となり，その結果粒子間に存在した水が余分の空隙に吸い込まれた乾いた状態になり，力の作用に対して抵抗の急激な増大を招く現象として理解されてきた。このような体積膨張を伴うような挙動を体積ダイラタンシー(volumetric dilatancy)と呼び，前述のせん断速度の増加に伴い見かけ粘度が増加する場合を流動学的ダイラタンシー(rheological dilatancy)またはせん断粘稠化流体(shear-thickening fluid，以下，シアシックニング流体)と呼んで区別する場合もあるが，シアシックニング流体をダイラタント流体と呼ぶことも多い。

また，前述の擬塑性流体の中であるせん断応力がないと流動をはじめない流体を塑性流体(plastic fluid)という。この流動が始まるのに必要なせん断応力値を降伏応力(yield stress) σ_y と呼び，$(\sigma - \sigma_y) \cdot \dot{\gamma} = \eta B$ としたとき，ηB が一定値をとる流体をビンガム流体(Bingham fluid)，ηB がさらに $\dot{\gamma}$ の関数になる流体を非ビンガム流体(non-Bingham fluid)と呼ぶ。

以上の流体を横軸にせん断速度を縦軸にせん断応力あるいは粘度を与えて示すと図2のような流動曲線(flow curve)になる。

多くの分散系で見られる非ニュートン性は流体中の内部構造が影響していると考えられている。すなわち，D. Ostwald は流体の内部に形成されて変形を

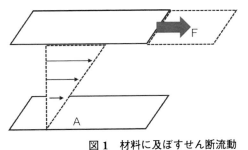

$$\sigma = F/A$$

$$\eta = \sigma/\dot{\gamma}$$

図1 材料に及ぼすせん断流動

第1編　基礎原理

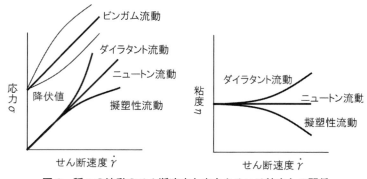

図2　種々の流動のせん断速度と応力あるいは粘度との関係

妨げている構造が流動(せん断)に応じて破壊されている過程であると考えて，このような粘性を構造粘性(structural viscosity)と呼んだ。この構造の破壊または構造の再形成が瞬間的かあるいはある程度の時間を必要とするかによって流動現象が時間に依存するように観測される。このような現象を示す流体を総称して時間依存性流体と呼ぶ。

　ある種の分散系は力の作用の仕方によって，固体状のゲル(gel)状態になったり，液体状のゾル(sol)状態になったりする。このようなゾル-ゲルの等温可逆的変化を H. Freundlich はチクソトロピー(thixotropy)と呼び，揺変性と訳されている。しかし，現在ではチクソトロピック流体(thixotropic fluid)とは内部構造が時間とともに破壊されて，見かけの粘度が時間とともに減少する流体として捉えられている(図3)。しかし，ここで注意しないといけないのは，時間に伴ってせん断速度が上昇する場合，前述の擬塑性流体，シアシニング流体も時間に依存して見かけの粘度が減少する。実際にはこれらは区別すべきものであり，時間に依存するチクソトロピック流体とせん断速度に依存する擬塑性流体とは別のものとして使うべきであるが，広義に擬塑性流体もチクソトロピック流体と呼んでしまっている場合があり，その解釈には注意を要する。

　このようなせん断によって時間に依存して構造が破壊されるチクソトロピーに対して，せん断によって構造の再生が促進される挙動をレオペクシー(rheopexy)と呼び，そのような挙動を示す流体をレオペクチック流体(rheopexic fluid)という(図3)。このレオペクシーは時間経過に伴って構造の再生が促進され，見かけの粘度が徐々に上昇する流体を示しているが，こちらも時間に伴ってせん断速度が上

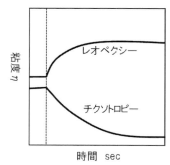

図3　チクソトロピーとレオペクシー

昇する場合，前述のダイラタント流体，シアシックニング流体も時間に依存して見かけの粘度が上昇する。ダイラタント流体とレオペクチック流体は別のものとして扱うべきである。

　このような時間依存性，あるいはせん断速度依存性流体について，せん断速度の増加-減少をサイクル的に変化させて描くと行きと帰りで異なる経路を示す図4のような履歴曲線(hysteresis curve)となる。この曲線はせん断速度の変化の程度や繰り返し回数によって異なる。

　さらに，濃厚分散系や高分子の濃厚溶液では粘性的な性質に加えて弾性的な性質を併せ持つような挙動を示すものが多い。つまり，力が加わると弾性体のように伸びが見られ，その後粘性体のような流動に移るが，力が取り除かれると伸びの回復に相当する現象が見られる。このような流体を粘弾性流体(viscoelastic fluid)と呼ぶ。このような挙動はフックの弾性法則に従うバネとニュートンの粘性法則に従うダッシュポットを組み合わせたマックスウエル模型やフォークト模型で説明される(図5)。

　粘性体および弾性体のレオロジー的性質は，それ

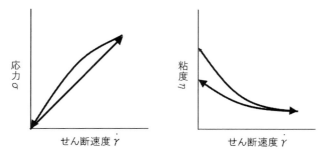

図4　せん断速度に対する応力あるいは粘度のヒステリシスカーブ

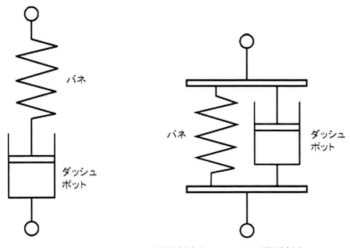

図5　マックスウエル模型(左)とフォークト模型(右)

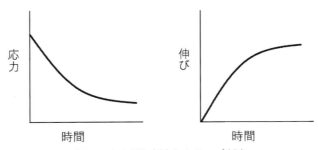

図6　応力緩和(左)とクリープ(右)

それぞれ1つの物性定数，すなわち粘度および弾性率によって表すことができる。ここでは実際に測定することができて，粘弾性挙動の全貌を現わすことのできる関数について説明する。

ひずみを与えて応力を測定するか，応力を与えてひずみを測定するかの2つの測定法がある。また変化の形によって静的測定法，動的測定法などの分類ができる。

静的粘弾性測定法には一定のひずみ γ_0 を与えて応力 $\sigma(t)$ を測定する応力緩和法と，一定の応力 σ_0 を与えてひずみ $\gamma(t)$ を測定するクリープ法がある（図6）。

これらの測定量から，次のような粘弾性関数が定められる。

$$G(t) = \sigma(t)/\gamma_0 \qquad J(t) = \gamma(t)/\sigma_0$$

$G(t)$ は緩和弾性率(relaxation modulus)，$J(t)$ はクリープコンプライアンス(creep compliance)と呼ばれる。いずれも γ_0 や σ_0 によらない，時間 t だけの関数で，$G(t)$ は減少関数，J は増加関数であり，単

第1編 基礎原理

位はそれぞれ Pa, Pa^{-1} である。

動的粘弾性測定法は振動数 ν で振動するひずみ（応力）を与える測定法である。ひずみは各振動数 $\omega = 2\pi\nu$ を用いて次の式のように表す。これは，**図7** で時間の原点 $t=0$ とすることに相当する。

$$\gamma(t) = \gamma_0 \cos\omega t$$

応力も同じ周波数で振動するが位相が δ だけ進んだものになる。

$$\sigma(t) = \sigma_0 \cos(\omega t + \delta) = \sigma_1\cos\omega t - \sigma_2\sin\omega t$$
$$\sigma_1 = \sigma_0\cos\delta \qquad \sigma_2 = \sigma_0\sin\delta$$

これより次のような関数が定義される。

$$G'(\omega) = \sigma_1(\omega)/\gamma_0 \quad G''(\omega) = \sigma_2(\omega)/\gamma_0$$
$$\tan\delta = G''/G'$$

G' は貯蔵弾性率(storage modulus)，G'' は損失弾性率(loss modulus)，$\tan\delta$ は損失正接(loss tangent)と呼ばれ，いずれも各振動数の関数である

同じ測定の見方を変えて，応力を変えてひずみを測定すると考えることもできる。図7で原点 $t=0$ を選ぶと，応力とひずみは次のように表すことができる

$$\sigma(t) = \sigma_0\cos\omega t$$
$$\gamma(t) = \gamma_0\cos(\omega t - \delta) = \gamma_1\sin\omega t + \gamma_2\cos\omega t$$

これにより次の関数が定義される

$$J'(\omega) = \gamma_1(\omega)/\sigma_0 \qquad J''(\omega) = \gamma_2(\omega)/\sigma_0$$

それぞれ貯蔵コンプライアンス(storage compliance)，損失コンプライアンス(loss compliance)と呼ばれる。

3. 分散系のレオロジーの基礎

分散系のレオロジーについて，まずはニュートン流体を分散媒とし，粒子間の相互作用が無視できるほど希薄な剛体球粒子分散液に外からせん断を与えた場合を考える。粒子は流動場に摂動を与えるので，系には分散媒のみよりも大きなせん断応力が生じることになる。結果として，粒子分散液の粘度は分散媒のそれよりも増大する。分散液と分散媒の粘度比は相対粘度と呼ばれ，粒子を添加したことによる粘度増加率を表しており，比較的粒子濃度が低ければ，粒子の体積分率 ϕ のみの関数となる。ここで，粒子の含有量は重量分率ではなく，体積分率であることに留意する必要がある。Einstein は粒子間の相互作用が無視できれば，相対粘度が次式で表されることを示した。

$$\eta_r = 1 + 2.5\phi$$

ここで η_r は分散液の相対粘度($=\eta/\eta_s$, η は分散液粘度, η_s は分散媒粘度)，ϕ は分散粒子の体積分率である。この式によれば系の粘度は粒子の大きさには依存しない。

しかしながら，同式は粒子同士が十分に離れている，粒子体積分率が 1 vol% 程度までの系にしか適応できない。そこで体積分率の高次項を追加することで相対粘度を表現する方法が Thomas をはじめとする多くの研究者から提案されている。

$$\eta_r = 1 + 2.5\phi + 3.74\phi^2 \quad \text{[Simha]}$$
$$\eta_r = 1 + 2.5\phi + 7.349\phi^2 \quad \text{[Vand]}$$

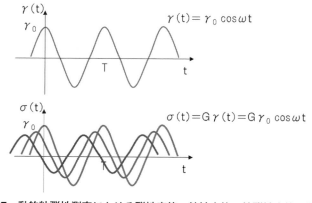

図7 動的粘弾性測定における弾性応答，粘性応答，粘弾性応答の関係

$$\eta_r = (1-\phi)^{-2.5} \quad \text{[Brickman]}$$
$$\eta_r = (1-2.5\phi)^{-1} \quad \text{[Ford]}$$
$$\eta_r = 1 + 2.5\phi + A\phi^2 + B\exp(\phi) \quad \text{[Thomas]}$$

一方で,分散媒中で粒子が最密充填した場合に対して,どれだけ粒子が動きうるかを指標として,相対粘度を表現する方法が検討された。すなわち,分散媒中での粒子の最密充填状態(体積分率 ϕ_m)に対する実際の充填状態(粒子体積分率である ϕ/ϕ_m を指標として,相対粘度を表現する方法が Krieger-Dougherty をはじめとする研究者から提案されている。

$$\eta_r = (1-\phi/\phi_m)^{-2.5\phi_m} \quad \text{[Krieger-Dougherty]}$$
$$\eta_r = (1-\phi/\phi_m)^{-2} \quad \text{[Quemada]}$$
$$\eta_r = \exp(2.5\phi/(1-\phi/\phi_m)) \quad \text{[Mooney]}$$

これらの式から算出される粘度は一定値であるが,特に粒子濃度が高くなると擬塑性流動(シアシニング)を示すことが多い,ここで計算された値は,高せん断速度下で粒子が完全に孤立した状態にある分散液の粘度(high-shear viscosity)と考えられる。これに対して,十分に低いせん断速度においては粒子が緩やかに凝集することでかさ高い構造を形成する。かさ高い凝集体は ϕ_m が減少するので ϕ/ϕ_m が相対的に増大し,その結果相対粘度が増大する。

せん断が付与されると,この構造が破壊,分断されて粘度は低下する。このような凝集構造は粒子濃度がおおよそ25～30 vol%を超えると粒子間引力が作用しなくても,空間的な制約から粒子のパーコレーションによって形成されると考えられている。粒子間引力が無視できない場合にはさらに低い濃度でも粒子が凝集してネットワーク構造を形成するがこれについては後述する。

このように粒子が他の粒子に対して近づけないと粒子は凝集しないが,粒子が近づけられる要因として,対流,撹拌,沈降などの流動と粒子自体のブラウン運動がある。ミクロンオーダーの粒子は流動が支配的であり強いせん断付与により粒子は分散可能だが,ナノ粒子はブラウン運動が支配的になるので機械的操作による分散は難しく,粘度は高くなりやすい。

4. 分散系のレオロジー(非ニュートン流体)

濃厚な分散系で見られる非ニュートン流体は,前述のようにせん断速度と粘度の関係(フローカーブ,図2)によって分類される。フローカーブが両対数グラフで直線になれば,せん断応力 σ とせん断速度 $\dot{\gamma}$ の関係は $\sigma = K\dot{\gamma}^n$ で示され,指数法則流体(Power law fluid)と呼ばれる。ここで,指数 n が1より小さければ擬塑性流体,n が1のときがニュートン流体,n が1より大きい場合がダイラタント流体である。ただし,このような幅広いせん断速度領域で単純に指数法則のみに従う挙動を示すことはほとんどなく,指数法則流体モデルはある程度限定されたせん断速度域の粘度特性を表したり,粘度測定値を補間したりする上で用いられる。

ここで,せん断応力とせん断速度の関係において指数法則に従う流体は極めて小さな力を作用させても流動することを示している。ところが,実際に濃厚な分散系ではある一定以上の力を加えないと流動しないことも多く,それ以下の力が加えられた場合には弾性が試料の変形を支配しており,弾性変形するだけで定常流動を生じない。すなわち,このような流体についてせん断速度を下げながらせん断応力を測定すると,あるところまではせん断応力が低下するが,ある一定値以下にはならないことになる。このような低せん断速度でのせん断応力を降伏応力と呼ぶ。

このような降伏応力を持つ濃厚分散系では,降伏応力以上の応力とせん断速度の関係から,せん断速度と粘度の関係は以下のような Bingham モデルや Hershel-Bulkley モデルで表される。

$$\sigma = \sigma_y + K\dot{\gamma} \quad \text{[Bingham model]}$$
$$\sigma = \sigma_y + K\dot{\gamma}^n \quad \text{[Hershel-Bulkley model]}$$

降伏応力は物質が静置下で示す弾性的な特徴を示す1つの指標と考えられ,上式により測定結果をフィッティングすることで求められる。

このような低せん断速度で一定応力を示す流体が存在する一方,低せん断速度では一定の粘度を示し,せん断速度が増大するほど粘度が低下する挙動を示す流体もよく見られる。加えて高せん断速度域

では再びニュートン流動を示す場合もある。このような粘度の減少領域を指数法則流体で表現しつつ，第一および第二ニュートン挙動を表すことができるモデルも以下に示すようにいくつか提案されている。

$$\eta = \eta_0 (1+(\lambda \gamma)^2)^{(n-1)/2} \quad \text{[Carreau model]}$$

$$\eta = \eta_\infty + (\eta_0 - \eta_\infty)(1+\lambda \gamma)^{a})^{(n-1/a)}$$
[Carreau-Yasuda model]

$$\eta = \eta_0 / (1+(\gamma/\lambda)^{(1-n)} \quad \text{[Cross model]}$$

なお，ここでの n はシアシニング領域の挙動を指数法則流体で表したときの指数であり，λ はその逆数がシアシニングを示し始めるせん断速度に対応する。

5. 分散系のレオロジーを支配する液構造

さて，そのような非ニュートン流動を示す高濃度分散系において，レオロジー挙動を支配する液構造は粒子間の相互作用によって大きく異なる。したがって，レオロジー挙動を理解し，制御するためには，この粒子間の相互作用による液構造の違いを十分理解，認識しておくことが重要である。

粒子間の相互作用の詳細については本書内で説明されているので，ここでは詳細には説明しないが，まずは粒子同士が引き合っている引力系であるのか反発し合っている斥力系であるのかが重要である。すなわち単一の粒子のみからなる分散系の場合，粒子間の相互作用は DLVO（Derjaguin-Landau-Verwey-Overbeek）理論によって説明することができ，粒子同士の表面電荷に由来する静電斥力とファンデルワールス引力との合わさった形の粒子間ポテンシャルによって決まることが知られている（**図8**）。

すなわち，粒子の表面電荷が大きいか，分散液中に共存するイオン濃度が低いために粒子の電気二重層の厚みが大きく，その結果静電斥力が大きい場合には粒子同士は分散し，静電斥力が小さい場合には粒子同士は凝集することになる（**図9**(a)）。

さらに粒子に加えてポリマーなど別の成分が共存する場合，そのポリマーの状態によって分散液中の粒子同士は斥力によって分散する場合と引力によって凝集する場合がある。すなわち，共存するポリマーが粒子表面に吸着する場合，斥力が静電斥力だ

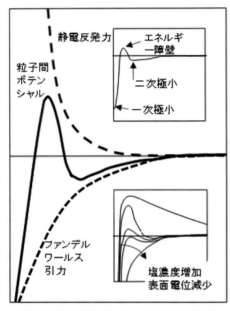

図8 粒子間ポテンシャル（DLVO 理論）

けでなく，吸着ポリマーによる立体障害の効果も含まれるようになると，分散性が向上して，凝集構造を形成しなくなる。ただし，それは分散媒がそのポリマーの良溶媒である場合であって，貧溶媒を用いた場合はポリマー同士が凝集しやすくなって，結果的に粒子同士も凝集する恐れがある（図9(b)）。一方，共存するポリマーが粒子表面には吸着しない（非吸着性の）ポリマーの場合，二粒子間にポリマーが共存することで発生する浸透圧に由来する枯渇引力（Depletion attraction）によって凝集することが知られている（図9(c)）。さらにポリマーが吸着した粒子同士に非吸着のポリマーによって枯渇引力が発生して凝集する場合もある（図9(d)）。

以上のように粒子間の相互作用によって粒子同士が分散した場合，分散液はニュートン流動を示すが，粒子同士が凝集した場合，その凝集構造の形成によって，低せん断速度下の粘度が高くなるとともに，せん断速度の上昇に伴って粘度が低下する擬塑性流動を示すようになる。この場合，その凝集構造が分散液全体に連続した3次元ネットワーク構造を形成すると，降伏応力を持つとともに動的粘弾性測定でひずみの小さい線形領域で貯蔵弾性率が損失弾性率よりも大きい値を示す，いわゆる弾性応答が粘性応答よりも大きい状態になる。このように粒子間の引力が強くなると粒子同士が凝集しそれに伴って

第3章　分散・凝集が関係する特性と現象

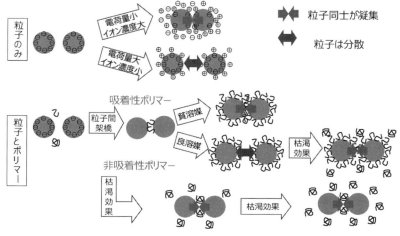

図9　粒子間相互作用による粒子の分散，凝集

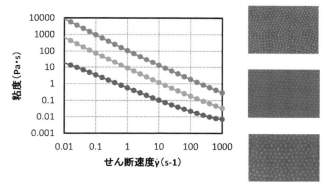

図10　コロイド結晶の形成に伴う擬塑性流動の発現

低せん断速度の粘度が上昇し，擬塑性流動が発現する。

一方，それだけでは説明できない挙動として斥力系で粒子同士が分散している場合でも低せん断速度の粘度が上昇し，擬塑性流動が発現することが知られている。それは粒子の表面電荷が大きく，分散液中のイオン濃度が小さい場合に電気二重層の厚みが厚くなり，その結果，電気二重層を含めた粒子同士による静電斥力が強くなり，分散液中で最密充填するいわゆる"コロイド結晶"を形成する場合で，このような分散系でも粒子がある種の3次元構造を形成するために低せん断粘度が上昇し，擬塑性流動を示すことが知られている（**図10**）。さらに，分散媒組成の変化や添加塩などで静電斥力を制御することによって擬塑性流動だけでなく，ダイラタント流動も発現することが明らかになっており，擬塑性流動，ダイラタント流動のレオロジー挙動を粒子間の静電斥力によって制御できることが明らかにされている[9-13]。

このように，分散系のレオロジーを制御するためには粒子間の相互作用を理解し，それを制御することが重要である。

文　献

1) 山口由紀夫監修：分散・塗布・乾燥の基礎と応用，プロセスの理解からモノづくりの革新へ，第1編第1章，テクノシステム（2014）．
2) 梶内俊夫，薄井洋基：分散系レオロジーと分散化技術，第1編，信山社サイテック（1991）．
3) 北原文雄監修：分散・凝集の解明と応用技術，第1編，テクノシステム（1992）．
4) 日本レオロジー学会編：講座レオロジー，高分子刊行会（1992）．
5) J. Mewis and N. J. Wagner: Colloidal Suspension

Rheology, Cambridge University Press (2012).
6) T. G. Mezger: Applied Rheology, Anton Paar GmbH (2018).
7) 菰田悦之：最近の化学工学 68 塗布・乾燥技術の基礎とものづくり，化学工学会関東支部編, 26-39 (2020).
8) 中村浩，石井昌彦，熊野尚美：最近の化学工学 68 塗布・乾燥技術の基礎とものづくり，化学工学会関東支部編, 74-186 (2020).
9) H. Nakamura and M. Ishii: *J Soc. Rheol. Jpn.*, **47**, 1-7 (2019).
10) H. Nakamura et al.: *J Soc. Rheol. Jpn.*, **47**, 9-15 (2019).
11) H. Nakamura et al.: *J. Soc. Powder Tech. Jpn.*, **56**, 438 (2019).
12) H. Nakamura et al.: *Advanced Powder Technology*, **31**, 1659-1664 (2020).
13) H. Nakamura et al.: *Colloids and Surf. A*, **623**, 126576 (2021).

第4章 分散・凝集のシミュレーション

第1節 プロセスにおける分散系のシミュレーション

一般社団法人プロダクト・イノベーション協会　辰巳　怜

1. はじめに

粉体原料からセラミックスや二次電池電極などの機能材料が作製されるが，そのプロセスにおいて微粒子分散液が取り扱われる（図1）。一連のプロセスの中で，原料の凝集体を液体中で解砕・分散して微粒子分散液の状態にし，塗布などの操作により形状を与え，最終的に乾燥によって液体を除去する。すなわち，プロセスを通じて分散・凝集状態を遷移させる。プロセスの本質は，流動や自由表面（気液界面）という外場の印加と考えることができる。粒子の存在が外場を擾乱すると同時に，流体力や毛管力（粒子と自由表面の接触線に作用する表面張力の合力）という多体かつ長距離の粒子間相互作用が引き起こされて，非平衡の粒子系構造が形成される。粒子の分散・凝集については，従来はDLVO理論を初めとした二体相互作用に基づく議論がなされてきた。一方で，プロセスにおける微粒子分散液の振る舞いを理解するためには，粒子多体系の構造形成に加えて，外場に対する構造の応答を考慮する必要がある。そのための方法として数値シミュレーションが有効である。本節では，微粒子分散液を扱う数値シミュレータ SNAP（Structure of NAno Particles）による知見を記す[1]。

2. 流動シミュレーション

2.1 数理モデル

微粒子分散液を取り扱うには，周囲の流体の効果を考慮しながら粒子の運動を解析する必要がある。そのためにはさまざまな数値シミュレーション方法が提案されているが，プロセスにおける多様な単位操作は固体壁の境界形状で特徴付けられるため，その取り扱いが容易な直接数値シミュレーションを選択する。

まず，粒子と流体の連成運動を記述する方程式系を与える。粒子は球として扱い，並進・回転の運動方程式を解く[2,3]。

$$M_i \frac{d\bm{V}_i}{dt} = \bm{F}_i^{\mathrm{H}} + \bm{F}_i^{\mathrm{P}} \tag{1}$$

$$I_i \frac{d\bm{\Omega}_i}{dt} = \bm{N}_i^{\mathrm{H}} + \bm{N}_i^{\mathrm{P}} \tag{2}$$

i は粒子を区別する番号を表し，$\bm{V}_i$，$\bm{\Omega}_i$ は粒子の並進速度，角速度である。また，M_i は質量，I_i は慣性モーメントである。右辺の力・トルクは，流体から受ける作用 $\bm{F}_i^{\mathrm{H}}$，$\bm{N}_i^{\mathrm{H}}$ と粒子間相互作用 $\bm{F}_i^{\mathrm{P}}$，$\bm{N}_i^{\mathrm{P}}$ に分けて記述している。粒子間力 $\bm{F}_i^{\mathrm{P}}$ には粒子衝突を記述する接触力やDLVO力（van der Waals引力と電気二重層の重なりによる斥力）が含まれる。それ以外にも，分散剤吸着層での浸透圧・立体反発に基

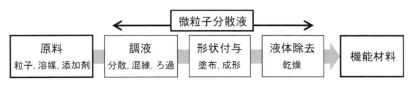

図1　機能材料の製造プロセスと微粒子分散液

づく力など，必要に応じて他の機構に由来する力も考慮する[4]。粒子間トルク N_i^P は摩擦力（接線方向の接触力）により生じる。流体から受ける作用 F_i^H, N_i^H は粒子周囲の流れ場から求める。流れの時間発展は Navier–Stokes 方程式で記述し，以下の質量と運動量の保存則から構成される。

$$\nabla \cdot \bm{v} = 0 \tag{3}$$

$$\rho\left(\frac{\partial \bm{v}}{\partial t} + \bm{v}\cdot\nabla\bm{v}\right) = \nabla\cdot\bm{\sigma} + \bm{f}_P \tag{4}$$

ここで，$\bm{v}(\bm{r},t)$ は流速場，ρ は流体密度である。Newton 流体の仮定の下で応力の構成方程式を与える。

$$\bm{\sigma} = -p\bm{I} + \eta[\nabla\bm{v} + (\nabla\bm{v})^\top] \tag{5}$$

ここで，$p(\bm{r},t)$ は圧力場，η は粘性係数である。応力に熱揺動項を付加すれば，流体力を介して粒子の Brown 運動を再現することもできる。粒子に作用する流体力・トルクを求める式は以下で与えられる。

$$\bm{F}_i^H = \int_{\partial P_i} \bm{\sigma}\cdot\mathrm{d}\bm{S} \tag{6}$$

$$\bm{N}_i^H = \int_{\partial P_i} \bm{r}\times(\bm{\sigma}\cdot\mathrm{d}\bm{S}) \tag{7}$$

積分は粒子表面上で実行する。通常，粒子の存在は，流速場に対して粒子表面での粘着境界条件として考慮されるが，ここでは，体積力 $\bm{f}_P$ を式(4)に加えることで境界条件を満足させる埋め込み境界法を用いる[2,3]。すなわち，粒子が存在する領域内部の速度場を，粒子の並進・回転運動と一致させる。この手法は任意形状の物体に適用可能なため，粒子だけでなく，複雑形状の壁面にも容易に拡張できる。

2.2 凝集体の解砕

微粒子分散液の調製における凝集体の解砕・分散では，流体力を利用する。例えば，ビーズミルではビーズ近傍に高せん断率の流動領域が形成され，そこで粒子凝集体の解砕が進行する。それゆえ，効率的な解砕の実現には，装置内で発生するせん断率の把握に加えて，せん断率に対する解砕挙動の把握が必要である。この状況は複合材料の作製における溶融樹脂中でのフィラー分散にも当てはまる。

単純せん断流れにおける凝集体の解砕過程を解析する[5]。計算領域の上下に壁面を設け，その間に凝

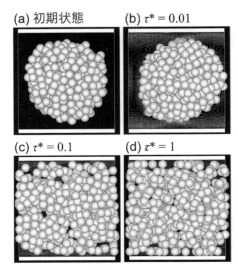

図2 凝集体の(a)初期構造と(b–d)$\dot{\gamma}t=100$ における構造

集体を配置する（図2(a)）。壁面以外の境界には周期境界条件を課している。なお，本節以降の計算例では，特に断りがなければ周期境界条件を用いている。1次粒子直径 $d=100\,\mathrm{nm}$ に対して，凝集体直径はおよそ $10\,d$ とする。上下壁面を同じ速さで反対方向に移動させることにより，単純せん断流れを発生させる。せん断率 $\dot{\gamma}$ を壁面の移動速度と壁面間隔から評価し，無次元量 $\tau^* = \eta\dot{\gamma}d^2/F$（$F$：粒子間接触時の van der Waals 力）を導入する。この無次元量はせん断力と粒子間付着力の比を意味する。解砕挙動の定量的評価のため，粒子の分散度を $(1-\bar{n}/n_{\max})$ と定義する（$\bar{n}$：粒子の平均接触数，$n_{\max}=12$：最大接触数）。この値は完全分散で1，最密充填構造で0となる。せん断流れを印加すると凝集体の回転が誘起され，せん断率が十分に大きければ解砕が進行する（図2）。解砕する場合は分散度が時間とともに増加し，印加ひずみ（時間とせん断率の積）が $\dot{\gamma}t=100$ のときにはほぼ収束して定常状態に至る（図3）。無次元量 τ^* の対数に対して分散度の定常値はS字状に増加し，やがて頭打ちになる（図4）。したがって，投入エネルギーを増加させ続けると分散に使われない余剰分だけが増加し，熱に転換されて温度上昇による材料劣化に繋がる可能性がある。図4は粒径が $1\,\mathrm{\mu m}$ の場合にも同じ曲線が得られることを示しており，分散度の定常値と無次元量 τ^* の関係は粒径に依存しない。

第4章　分散・凝集のシミュレーション

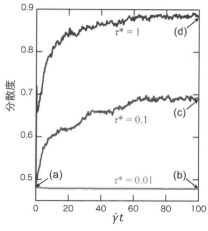

図3　分散度の時間変化

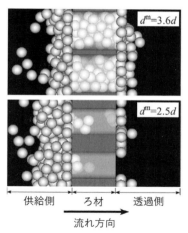

図5　粒子の堆積構造
文献3)より引用

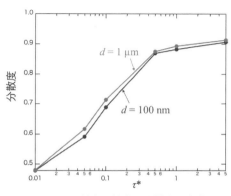

図4　せん断率に対する分散度の変化

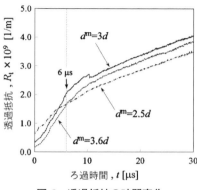

図6　透過抵抗の時間変化
文献3)より引用

2.3　精密ろ過

定圧のデッドエンドろ過では，粒子のろ材への堆積に伴って透過抵抗が増加し，透過流量が減少していく。このとき，粒子の堆積構造がろ過速度に影響する。粒子の堆積構造には粒子間力と印加圧力の影響が考えられるが，ろ材の形状や粒子との相互作用も重要な因子である。ここではその1つとして，ろ材の細孔径の影響に注目してみる[3]。

ろ材の端的な表現として，4つの細孔を設けた隔壁を計算領域の中央に設置する。隔壁に平行な計算領域の境界では，一方から粒子・流体が流入し，他方から流出する境界条件を設ける。ろ材と粒子の間にも接触力とDLVO力を考慮する。細孔前後で縮小・拡大流れが発生し，輸送される粒子はろ材にvan der Waals引力により付着して堆積して(図5)，流体の透過抵抗が増加していく(図6)。粒子が堆積する前は，Hagen-Poiseuille流れで知られているように，細孔径が大きいほど透過抵抗は小さくなる。

しかし，粒子堆積が進行すると，細孔径が小さい $d^m = 2.5d$ で最も透過抵抗が小さくなる逆転が起きている。図5の粒子の堆積構造を比較すると，$d^m = 2.5d$ では細孔への粒子の進入は少なく，その結果として透過抵抗の増加が抑制されている。図6では，細孔径が大きい場合に透過抵抗がS字曲線で増加しており，この挙動は実験でも確認されている[6]。粒子の堆積構造との対応関係を踏まえると，S字曲線の変曲点は，細孔内閉塞からケーク層形成(ろ材上への堆積)への粒子堆積挙動の遷移を示している。

2.4　流動特性

微粒子分散液の流動では，せん断率に対して見掛け粘度の低下(shear thinning)や上昇(shear thickening)が起こる非線形性が出現することがある。非線形な流動特性は，塗布・輸送速度の効率化において

意識する必要がある。流動特性は流動下での構造変化の反映である一方，塗布後の乾燥における初期構造という側面もあり，その意味でも構造と流動特性の関係把握が必要となる。

微粒子分散液の円管内圧力駆動流れから流動特性を評価する[7]。粒子直径 d = 100 nm，ゼータ電位 −50 mV，粒子濃度 30 vol%とする。流れのせん断率 $\dot{\gamma}$ は，粒子がない場合の Hagen−Poiseuille 流れの最大流速 u_0 と管径から評価し，流動 Péclet 数 Pe = $\dot{\gamma}d^2/D$ (D：粒子の自己拡散係数) として無次元化する。Hagen−Poiseuille 流れにおける流速分布は放物線となるが，粒子を含むと平坦化してプラグ流に類似してくる(図7)。Pe = 5×10^3 で流速が急減するが，流れに垂直方向への構造形成との関係を確認している。Hagen−Poiseuille 流れに対する流量比の逆数から相対粘度(流体粘度に対する見掛け粘度の比)を評価すると，shear thickening と，それに続く shear thinning が確認される(図8)。shear thinning 領域における構造と流速場に注目すると(図9)，Pe = 2×10^4 では，管断面で一様な流速場と，流れ方向に粗密のある構造が形成されており，流速場の様子からは粘度の極大値を取る Pe = 5×10^3 での状態が持続している。その一方で Pe = 5×10^4 では，強い流体力で構造が破壊され，粒子が管の中心軸方向に濃縮されて速く流動している。

せん断流れにおける粒子の分散・凝集状態について，[2.2]と同様に，せん断エネルギーと粒子間ポテンシャルの大小関係で整理できることも数値シミュレーションで示されている[4]。その観点で流動特性も理解できれば，粒子間力に基づく流動特性の制御が可能となる。

2.5 大小粒子混合系の見掛け粘度

混合系の物性値は配合率に対して一般的に非線形に変化する。異なる粒径の粒子の混合分散液の見掛け粘度も非線形変化を呈し，極小値が現れることもある[8]。微粒子分散液の塗布後の乾燥負荷低減のためには粒子の高濃度化が望まれるが，同時に見掛け粘度が増加して塗布時の障壁となる。粒径が異なる粒子の配合率に対する粘度極小値の存在から，高濃度かつ低粘度を実現する方策として，粒径分布を持たせることが考案される。

粒径 1 μm，0.5 μm の大小粒子を含む混合系で，粒子配合率による見掛け粘度の変化を調べる[9]。大小粒子の総濃度は 50 vol%で固定し，両者の体積配合率を変化させる。平行壁面で挟まれた領域で圧力駆動流れを発生させ，[2.4]と同様に流量から相対粘度を評価する。小粒子配合率の増加は大粒子の小粒子への置換を意味し，配合率 0.25 付近で粘度の最小値が現れる(図10)。粘度の最小値の存在は，配合率に対する粒子の最密充填率の最大値の存在と関係すると考えられる。すなわち，最密充填率が大きいほど各粒子の移動可能な自由体積が増加する。また，流動 Péclet 数を大きくすると粘度変化が小さくなるが，流動の影響が大きくなることで充填性の差異の効果が不明瞭化することを示している。異

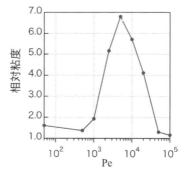

図8 せん断率に対する見掛け粘度の変化

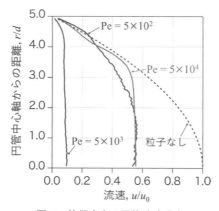

図7 管径方向の平均流速分布

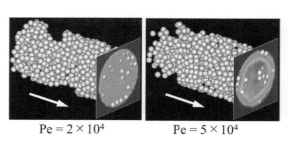

図9 粒子系構造と断面流速分布

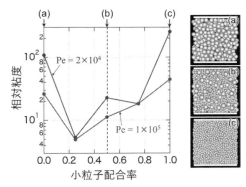

図10 小粒子配合率に対する見掛け粘度の変化

なる粒径の粒子の配合による粘度低下を狙う場合，得られる効果に流動の強さが影響する点には注意する必要がある。

3. 乾燥シミュレーション

3.1 数理モデル

　乾燥では，後退する自由表面が粒子の構造形成を駆動する。自由表面の移動・変形を場の方程式として直接数値シミュレーションに追加することも可能であり，自由表面を介した多体の粒子間の毛管相互作用を正確に扱える[10]。一方，場の方程式を解かずに外場作用を近似的に考慮することにより数値シミュレーションの計算時間短縮を図ることも一案である。ここでは，微粒子分散液の乾燥を記述する簡易的な数理モデルとして，以下のLangevin方程式を用いる[11]。

$$M_i \frac{dV_i}{dt} = -\zeta_i V_i + F_i^R + F_i^{cpl} + F_i^P \quad (8)$$

$$I_i \frac{d\Omega_i}{dt} = -\xi_i \Omega_i + N_i^R + N_i^P \quad (9)$$

これらは式(1)，(2)の流体力・トルクを，Stokes抵抗 $-\zeta_i V_i$，$-\xi_i \Omega_i$，熱揺動項 F_i^R，N_i^R，毛管力 F_i^{cpl} で記述し直したものである。流体力・トルクを流れ場・自由表面の情報から計算するのではなく，近似的な理論式で与えることを意味する。熱揺動項は以下の関係を満たす確率変数として与える。

$$\langle F_i^R(t) \rangle = 0, \quad \langle F_i^R(t) F_i^R(0) \rangle = 2k_B T \zeta_i \delta(t) I \quad (10)$$

$$\langle N_i^R(t) \rangle = 0, \quad \langle N_i^R(t) N_i^R(0) \rangle = 2k_B T \xi_i \delta(t) I \quad (11)$$

ここで，T は温度，k_B はBoltzmann定数である。Stokes抵抗と熱揺動項により，粒子のBrown運動が記述される。ただし，粒子間の流体力学的相互作用は無視している。以下の数値シミュレーションでは，粒子と自由表面の接触角が0°の完全濡れを仮定しており，毛管力 F_i^{cpl} は自由表面に接触した粒子に対して鉛直下向きの力として与えている。

3.2 乾燥特性

　自由表面が後退すると，毛管力の作用により粒子が掃き寄せられ，自由表面の下に濃縮層が形成される。粒子濃縮層の成長に伴い，乾燥速度(含有液量の減少速度)が次第に低下し，恒率乾燥から減率乾燥に移行する。乾燥速度を決定する律速過程が，自由表面からの蒸気拡散から濃縮層内部での液移動へと変わるためである。減率乾燥期間においても乾燥のための加熱条件を変えなければ，蒸発潜熱に対して流入熱量が過剰となる。その結果，表面が昇温・乾燥し，粒子・添加剤から成る緻密膜の形成(皮張り)に至ることがある。皮張りは表面荒れや密度不均一化などの構造欠陥の原因となる。乾燥特性(乾燥速度の時間変化)から減率乾燥期間を把握できれば，乾燥温度を下げる制御により皮張り防止が可能となる。また，乾燥時間の低減のためには，減率乾燥期間の短縮が望まれる。ここでは，粒子の分散・凝集による乾燥特性の制御の可能性を検討する[12]。

　乾燥特性の計算のために，粒子濃縮層の構造を乾燥速度に反映させるモデルを導入する。自由表面下で濃縮されて凝集した粒子群を濃縮層と見なして液の透過抵抗を評価し，圧力損失による蒸気圧降下を考慮して自由表面の後退速度 U を減少させる。粒子直径 $d = 20$ nm，ゼータ電位 -50 mV，初期粒子濃度 10 vol%，初期液膜厚さ $H = 50 d$ とする。イオン濃度を 0.01, 1 mol/L として，それぞれ分散/凝集系を再現する。

　図11 の濃縮層成長過程では，濃縮層構成粒子を黒色で示し，横軸に無次元化時刻(U_0：初期乾燥速度)を記載している。凝集系の初期状態では粒子が粗密のある構造を形成している。濃縮層成長に伴う透過抵抗の増加により，粒子がない場合と比べて乾燥が遅くなる(**図12**)。分散系の方が凝集系よりも

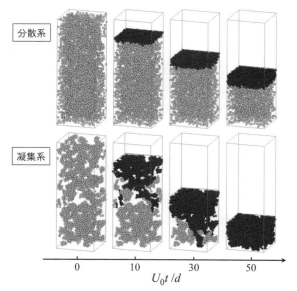

図11 乾燥における粒子濃縮層の形成

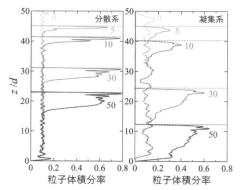

図13 粒子体積分率の高さ方向分布

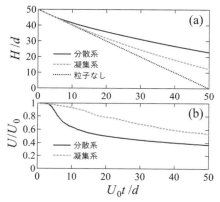

図12 (a)液膜厚さと(b)乾燥速度の時間変化

乾燥速度が低下するが，この差異は濃縮層の構造を反映している。分散系の方が充填性の高い密な構造となり（**図13**），透過抵抗が高い。濃縮層の形成過程において分散系では粒子間斥力により粒子が再配置できるのに対し，凝集系では粒子間に引力のみ作用するため再配置が阻害され，隙間が多くなる。以上のことから，乾燥時間低減には粒子の凝集は有効だが，構造の充填性は低下してしまう。緻密構造を望む場合には時間コストとのトレードオフを生み出すが，両者の希望水準から凝集の程度の最適条件を決めることとなる。

3.3 偏 析

材料機能の付与・調節を目的として，複数種類の粒子の配合や，バインダなどの高分子の添加が行われることがある。このような混合系の乾燥では，塗膜表面または底面に特定成分が集まる偏析現象が起こることがある。偏析は均一な材料を望む場合には構造欠陥となる一方，多層構造を形成させる有用な手段ともなり得るが，いずれにしても偏析の発生を制御する必要がある。なお，偏析現象はBrown運動に対する重力の影響が僅少なナノ～サブマイクロ粒子系でも起こり[13]，マイクロ粒子系での沈降による成分分離とは起源が異なる。

乾燥過程では，粒子は後退する自由表面に掃き寄せられる一方で，Brown運動により拡散する。両者の進行速度の大小がこの段階での構造形成を支配する。粒子の拡散・混合が相対的に十分に速い，いわば準静的な遅い乾燥では，全体が均一に濃縮されて平衡構造が実現されるが，乾燥が速ければ自由表面付近での濃縮による非平衡構造となる。偏析は後者の濃縮過程での非平衡相分離現象と考えられる。乾燥速度と粒子拡散速度の比として乾燥Péclet数を $Pe = Ud/D$ と定義し，それを変数として偏析への乾燥速度の影響を考察する[14]。

図14は大小粒子混合分散液の乾燥後の構造で，粒径比2，各粒子の初期濃度5 vol%の場合の結果である。$Pe = 5$ で明確な小粒子の偏析が見られる。大小粒子の平均高さの差を構造厚みで規格化した量を偏析度とすると，乾燥Péclet数に対して最大値が存在する（**図15**）。乾燥Péclet数が小さいほど大小粒子がランダムに拡散・混合した平衡構造に漸近し，大きいほど大小粒子の拡散の差異が無視され，いずれも偏析が起きにくい状況になると考えられる。また，粒径比が大きいほど偏析の程度が大きくなる。そもそも大粒子の方が拡散係数は小さく偏析

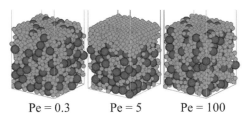

図 14　大小粒子混合系の乾燥構造

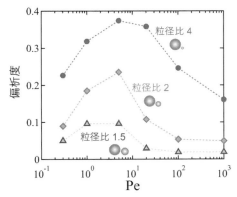

図 15　乾燥速度に対する偏析度の変化

しやすいと想像されるが，大小粒子間の交差拡散（異種成分の濃度勾配による拡散）の結果として小粒子が偏析する．交差拡散を含めた一般化拡散方程式により，偏析をマクロな移動現象として記述することも可能である[15,16]．この解析からは，粒径比の効果には小粒子の数密度増加が寄与している可能性が導かれている[16]．

文　献

1) SNAP 研究会．
   https://www.product-innovation.or.jp/snap/index_snap2019.html
2) M. Fujita and Y. Yamaguchi: *Phys. Rev. E*, **77**, 026706 (2008).
3) T. Ando et al.: *J. Membr. Sci.*, **392–393**, 48 (2012).
4) S. Usune et al.: *Powder Tech.*, **343**, 113 (2019).
5) 小池修ほか：化学工学会第 51 回秋季大会講演要旨集, D109 (2020).
6) E. M. Tracy and R. H. Davis: *J. Colloid Interf. Sci.*, **167**, 104 (1994).
7) 小池修ほか：化学工学会第 44 回秋季大会講演要旨集, F115 (2012).
8) A. A. Zaman and C. S. Dutcher: *J. Am. Ceram. Soc.*, **89**, 422 (2006).
9) 小池修ほか：化学工学会第 47 回秋季大会講演要旨集, Q308 (2015).
10) M. Fujita et al.: *J. Comput. Phys.*, **281**, 421 (2015).
11) M. Fujita and Y. Yamaguchi: *J. Chem. Eng. Jpn.*, **39**, 83 (2006).
12) R. Tatsumi et al.: *Chem. Eng. Sci.*, **280**, 118993 (2023).
13) M. Schulz and J. L. Keddie: *Soft Matter*, **14**, 6181 (2018).
14) R. Tatsumi et al.: *Appl. Phys. Lett.*, **112**, 053702 (2018).
15) J. Zhou et al.: *Phys. Rev. Lett.*, **118**, 108002 (2017).
16) R. Tatsumi et al.: *J. Chem. Phys.*, **153**, 164902 (2020).

第4章 分散・凝集のシミュレーション

第2節 ソフトマター系のミクロ・マクロ・メソスケールシミュレーション

鳥取大学　高江　恭平

1. 数値シミュレーションの役割とは

　数値シミュレーションは，強力である。実験では可視化できないような，分子単位の運動をつぶさに観察することができるし，容易に実験できないような条件設定も，数値シミュレーションでは（場合によっては）容易である。また，たとえモデルや現象が複雑になり，理論計算では扱えない場合であっても，数値シミュレーションの実行に原理的な制限は少ない。そのため，数値シミュレーション研究は，理論と実験に対して，相互に補完し合う優れた手法であると考えられる。

　この考えは，大筋において正しい。ただし，数値シミュレーションがどのような仮定をおき，どのような弱点を持っているかを，把握しているならば，である[1]。特に数値シミュレーションでは，モデルや条件を少し変えただけでも，全く異なった現象が得られることが少なくない。仮想的な原子分子あるいは方程式系を用いたモデルシミュレーションであれば，モデルによらない普遍的な物理メカニズムを明らかにするという目的は明確であるが，実験や理論との一致を目指す場合であっても，ただ一致すればよいというのではなく，なぜその一致が得られているのか，メカニズムを明らかにすることこそが，数値シミュレーションの役割であると言える。

　注目する現象の物理メカニズムを明らかにするためには，着目する現象の時空間スケールに応じて，異なったシミュレーション技法を用いる必要が生ずる。その中で，ソフトマターの研究においては，量子論的効果が重要になるケースは，ないことはないが，時間空間的に大きなスケールでのダイナミクスを扱う必要がある。そのため，原子分子の多体ダイナミクスを問題にするならば古典分子動力学シミュレーションを，巨視的な流動現象を問題にするならば，自由エネルギーあるいは構成則に基づいた流体力学的シミュレーションを，中間領域に注目するならば，それらをうまく組み合わせたシミュレーションを，採用する。紙面も限られているため，本稿ではシミュレーションのモデル構築について解説し，実際の数値シミュレーション技法やシミュレーション結果については省略する。これらについてはまとめで短く言及した。

2. 分子動力学シミュレーション

　コロイド粒子同士は，接触していない限り，基本的に溶媒を介して相互作用している。それゆえ，コロイド同士が接近したときにどのような相互作用が働くか，という問題に取り組むには，コロイド粒子表面付近での溶媒分子の構造・運動をあらわに解く必要がある。その際には分子動力学（MD）シミュレーションが有効である。第一原理的には，Schrödinger方程式を解くことで分子間相互作用を計算する必要があるが，現在のところ，量子力学の計算では，ソフトマターで注目するような大きなスケールの構造形成・ダイナミクスには到底及ばない。そこで本稿では，分子を古典論的に扱い，有効的な分子間相互作用を仮定するという，いわゆる有効ポテンシャル（経験ポテンシャルとも言う）を用いた古典分子動力学法について述べる。分子動力学シミュレーションについてはLAMMPS, GROMACSといった優れたパッケージが提供されているほか，優れた成書があるので，ここではそれらに記載の乏しい部分を含め，必要最小限の記述にとどめる。詳しくは文献を参照されたし[2-5]。

古典分子動力学シミュレーションでは，運動方程式として Newton の運動方程式を用いる．簡単のため原子の並進運動にのみ着目し，回転運動は除外すると，

$$m_i \frac{d}{dt} \bm{r}_i = \bm{p}_i \tag{1}$$

$$\frac{d}{dt} \bm{p}_i = -\frac{\partial}{\partial \bm{r}_i} U \tag{2}$$

である．水分子やアルカン分子など，原子間距離や角度に拘束条件が働く場合の取扱いも可能である[2]．そこで，問題は次の3つに帰着される．①どのような相互作用ポテンシャル U を用いるか，そして②どのようなアンサンブルおよび境界条件を用いるか，③どのように解くか，である．

①まずは1成分系を考える．モデルとしては，原子・分子を忠実にモデル化する全原子分子動力学と，分子を粗視化して実効的な原子として扱う粗視化分子動力学法に大別される．水分子を例に取ってみよう．水分子(H_2O)は単純な形状をしているため，主に前者が用いられる（中には後者を用いる流儀もある）．また分子内の自由度についても，OH収縮などの分子内運動を取り入れるか，それとも水分子を剛体回転子として扱うかで，用いるモデルが異なる．酸素原子間には Lennard-Jones（LJ）相互作用が働くほか，各原子は電荷を持っているため Coulomb 相互作用が働く：

$$U = \sum_{i<j} 4\epsilon \left[\left(\frac{\sigma}{r_{ij}} \right)^{12} - \left(\frac{\sigma}{r_{ij}} \right)^6 \right] + \sum_{k<\ell} \frac{q_k q_\ell}{r_{k\ell}} \tag{3}$$

第1項の LJ 相互作用は酸素原子について，第2項の Coulomb 相互作用は各電荷について取る．Coulomb 相互作用は長距離力であり，通常は Ewald 法と呼ばれる方法で解く[2]．ここで ϵ および σ は LJ 相互作用のエネルギーおよび長さを与えている．この両者をどのように取るか，また電荷をどこに置くかによってモデルが異なり，再現可能な物性が異なる．言い換えれば，欲しい物性値（例えば誘電率，表面張力，融点）が得られるように，モデルおよびパラメーターを決定する．よく使われるモデルは，各原子上に電荷を与える SPC/E モデル，仮想的な原子位置に電荷を与える TIP4P モデルや TIP5P モデル（およびその亜種）である．モデルの比較については文献に詳しく解説されている（例えば文献2,6)）．気をつけたいのは，すべての物性を精度良く再現する効率的なポテンシャルは，現在のところ得られていないことである．したがって，用途によってモデルを使い分け，また観測している現象がどのようにモデルに依存しているのか，都度確認することが望ましい．

水分子以外，例えばアルカン分子や液晶分子，さらには高分子は，全原子分子動力学だけでなく，粗視化分子動力学もよく用いられる．原子間相互作用のうち，化学的に結合していない原子間の相互作用は基本的に式(3)と同類であり（3体相互作用を導入することもある），相互作用のパラメーターは経験的に決める．ここでは紹介に留めるが，アルカン分子については水素原子をあらわに解かず，CH_n 基を1つの原子とみなし，有効的な相互作用を仮定する TraPPE モデル[7]，液晶分子については分子を楕円体で近似する Gay-Berne モデル[8]，高分子については粒子が非線形バネでつながった Kremer-Grest モデル[9]が代表的である．

2成分以上の混合系では，例えば各成分について式(3)を仮定するが，異なる成分同士の相互作用も規定する必要がある．つまり，A，B2成分を考えると，ϵ_{AA}, ϵ_{BB}, ϵ_{AB}, σ_{AA}, σ_{BB}, σ_{AB} の6つのパラメーターが必要になる（3成分の場合はもっと増える）．しばしば用いられるのは，$\epsilon_{AB} = \sqrt{\epsilon_{AA}\epsilon_{BB}}$, $\sigma_{AB} = (\sigma_{AA} + \sigma_{BB})/2$ とおく仮定であり，Lorentz-Berthelot 則と呼ばれる．これにより3成分以上でもパラメーターの数が対処可能な数に収まるが，あくまで仮定であることに注意する必要がある．例えば電解質水溶液において，このルールを修正するほうが精度が良いという報告もある[10]．これらの事情は，コロイドと溶媒との相互作用をパラメーター化する際にも，同様に問題になる．

②については，式(1)(2)をそのまま（きちんと）解くと系の粒子数，体積，そして全エネルギーが保存される．アンサンブルを変更し，温度や圧力（あるいは結晶であれば圧力テンソル）を一定にするシミュレーション技法については文献に詳しい[2]．境界条件としては通常周期境界条件が用いられるが，外部流動がある場合や，静電相互作用がある場合には注意が必要になる．外からシア流が与えられたときの数値シミュレーション技法としては，SLLOD 法[11]が有名である．この方法については文献5)に，注意点も含めて詳しい解説がなされている．静電相

互作用は長距離で働き，系に分極秩序が生ずると，分極に由来する反電場[12]が働く。そのため，例えば周期境界条件を用いる際に，反電場をどのように扱うかを決める必要がある。よく用いられるのは，分域構造のないバルクの性質をみるために，周囲が金属壁に囲まれていると仮定し，反電場の寄与を打ち消してしまう境界条件である。これは metallic boundary condition, conducting boundary condition, あるいは tin-foil boundary condition と呼ばれている[3,4]。周期境界でなく，壁で挟まれている場合についても，壁が絶縁壁であるか，金属壁であるかで扱いが異なる。絶縁的な壁の場合，自然な2次元 Ewald 法[4]の他に，計算時間低減のために文献13)で提案された3次元 Ewald 法が用いられることが多い。金属壁の場合，胸像電荷による相互作用を取り入れる[14-16]か，あるいは壁を構成する粒子の電位を一定にする[17]。このように，電荷を持つ原子・分子の分子動力学シミュレーションを行う際には，境界条件の設定に注意を払う必要がある。

③についてはシンプレクティック積分や相互作用カットオフのようにシミュレーション精度の根幹に関わる問題もあれば，Verletリスト法やSmooth Particle Mesh Ewald 法（SPME法）のようにシミュレーションの高速化に関わる問題もある[2]。詳細は成書に譲り，ここでは割愛する。

3. マクロな流体力学シミュレーション

3.1 応力テンソルの構成則を用いる方法

前項とは異なり，コロイド溶液の巨視的な（流体力学的な）運動に興味がある場合，分子動力学シミュレーションではとても計算不可能な時空間スケールになる。流体力学を基礎方程式系とした，コロイドや溶媒の化学的な性質によらない普遍的な振る舞いを調べる際には，応力テンソルの構成則を現象論的に与える，あるいは分子論的に導くモデルがよく用いられる。ここでは紹介に留めるが，代表的には Oldroyd-B モデルと呼ばれるものであり，Navier-Stokes 方程式に現れる応力テンソル $\overleftrightarrow{\sigma}$ が

$$\overleftrightarrow{\sigma} = \overleftrightarrow{\sigma}^{\mathrm{p}} + \overleftrightarrow{\sigma}^{\mathrm{s}} \quad (4)$$

$$\frac{D}{Dt}\sigma^{\mathrm{p}}_{ij} = \sigma^{\mathrm{p}}_{kj}\nabla_k v_j + \sigma^{\mathrm{p}}_{ik}\nabla_k v_j - \frac{1}{\tau}(\sigma^{\mathrm{p}}_{ij} - G\delta_{ij}) \quad (5)$$

$$\sigma^{\mathrm{s}}_{ij} = \eta_0(\nabla_i v_j + \nabla_j v_i) \quad (6)$$

のように時間発展することで粘弾性挙動を示す。ここで，$D/Dt = \partial/\partial t + (\boldsymbol{v}\cdot\nabla)$ は Lagrange 微分である。分子論的な導出やモデルの解析，および他のモデルについては文献 18,19) に詳しい。

3.2 相転移ダイナミクスの時間依存 Ginzburg-Landau モデル

しかし，構成則にもとづく流体力学的取り扱いでは，熱力学との整合性が必ずしも担保されない，また分子論に由来するパラメーターを決定することが必ずしも容易ではないという問題点がある。そこで，熱力学と整合するように内部変数を導入して，方程式系を拡張することで粘弾性などの記憶効果を導入する流儀もある。以下で紹介する時間依存 Ginzburg-Landau（TDGL）モデルは，熱力学変数に加え，相転移を記述する変数（秩序変数と呼ばれる）を導入し，拡張された空間での自由エネルギーをモデル化する。この自由エネルギーは熱力学的な自由エネルギーとは異なるため，Landau 自由エネルギーなどと呼ばれる。この秩序変数が熱平衡に向かって緩和する，あるいは外場により駆動される際に流体力学方程式と結びつき，流動を伴う相分離過程を記述できる。

ここでは最も単純なケースとして，まず水と油の相分離を，次いで高分子溶液の相分離過程を記述するモデルを紹介する。モデル構築はおおまかに以下の3ステップに分かれる。①秩序変数の選択，②モデル自由エネルギーの構築，③時間発展方程式の構築，である。詳細は成書を参照されたし[20,21]。

3.2.1 液体−液体相分離を記述するモデル

まずは最も単純なケースとして，2成分液体の相分離を考える。まずは何を基本変数として選ぶのかを明確にする必要がある。単純な2成分溶液であれば，密度，運動量，エネルギーに加え，濃度が変数である。ここで秩序変数は濃度であるが，これは同時に熱力学的な変数でもある。簡単のため，相分離過程で熱輸送は非常に速く起こり，等温環境とみなせるとしよう。以下では Bragg-Williams 近似と呼ばれる近似法を用いており，相分離を記述する際の出発点となる[20]。A，Bという2つの異なる液体が混合した溶液の自由エネルギーは，

$$\mathcal{F} = \frac{k_\mathrm{B}T}{a^3}\int d\bm{r}[\phi_\mathrm{A}\ln\phi_\mathrm{A} + \phi_\mathrm{B}\ln\phi_\mathrm{B} + \chi\phi_\mathrm{A}\phi_\mathrm{B}] \quad (7)$$

と,各成分の濃度(ϕ_A, $\phi_\mathrm{B}=1-\phi_\mathrm{A}$)を用いて与えられる。ここで$k_\mathrm{B}$はBoltzmann定数,$T$は温度,$a$は分子サイズで,A,B共通であるとする。最初の2項は分子を配置するエントロピーを表しており,最後の項は相互作用エネルギーを表す。今後は$\mathcal{F}$を規格化し,$k_\mathrm{B}T/a^3$は省略する。特に等量混合系を仮定し,臨界点付近の振る舞いを見てみよう。$\psi=\phi_\mathrm{A}-1/2=1/2-\phi_\mathrm{B}$とおくと,$\psi$が小さいとき,

$$\mathcal{F} \cong \int d\bm{r}\left[(2-\chi)\psi^2 + \frac{4}{3}\psi^4\right] \quad (8)$$

と近似できる。これの意味するところは,$\chi<2$であれば,$\psi=0$が自由エネルギー最小であり,相分離のない一様状態が実現するが,$\chi>2$だと,自由エネルギー最小を実現するために,$\psi=\pm\sqrt{3(\chi-2)/8}$に向けて相分離が進むということである。

しかし,相分離が起こる際,各成分の総量は変化しないので,系全体での濃度は一定である:$\int d\bm{r}\phi_\mathrm{A}=\int d\bm{r}\phi_\mathrm{B}$。つまりどこかに界面を作る必要がある。上記の自由エネルギーには空間的な不均一性が考慮されておらず,界面張力を表現できない。これを最低次で取り入れるために,グラジエント項を取り入れると,

$$\mathcal{F} = \int d\bm{r}\left[\frac{\tau}{2}\psi^2 + \frac{u}{4}\psi^4 + \frac{C}{2}|\nabla\psi|^2\right] \quad (9)$$

を得る。係数は適当に定義し直している。このモデルは2成分溶液の相分離に限らず,相転移・臨界現象を解析する基本的なモデルになっている。詳細は補足および成書を参照されたし[20,22,23]。

このようにして自由エネルギーを構築したので,次に時間発展の方程式を導出する。水と油の相分離を記述する際には,流体の圧縮性は多くの場合無視してよい。いま等温環境を仮定しているので,

$$\frac{\partial}{\partial t}\psi = -\nabla\cdot(\psi\bm{v}) + L_0\nabla^2\mu - \nabla\cdot\bm{J}^\mathrm{R} \quad (10)$$

$$\rho\frac{\partial}{\partial t}\bm{v} = \left[-\rho(\bm{v}\cdot\nabla)\bm{v} - \nabla\cdot\overset{\leftrightarrow}{\Pi} + \nabla\cdot\overset{\leftrightarrow}{\sigma} + \nabla\cdot\overset{\leftrightarrow}{\sigma}{}^\mathrm{R}\right]_\perp \quad (11)$$

ここで,μは汎函数微分を用いて$\mu=\delta F/\delta\psi=\tau\psi+u\psi^3-C\nabla^2\psi$と与えられる。式(10)は$\partial\psi/\partial t=-\nabla\cdot\bm{J}$の形をしている。これは濃度が保存場になっていることに由来する。右辺第2項は秩序変数(濃度場)の拡散を表す。このような表式になっている理由は後述する。$\overset{\leftrightarrow}{\Pi}$は圧力に対応するテンソルで,熱力学に整合するようにあとで決定する。$\sigma_{ij}=\eta_0(\nabla_i v_j+\nabla_j v_i)$は粘性応力,$\bm{J}^\mathrm{R}$および$\overset{\leftrightarrow}{\sigma}{}^\mathrm{R}$は熱ノイズに起因する項で,揺動散逸関係式[24,25]より,

$$\langle J_i^\mathrm{R}(\bm{r},t)J_j^\mathrm{R}(\bm{r}',t')\rangle = 2L_0\delta_{ij}\delta(\bm{r}-\bm{r}')\delta(t-t') \quad (12)$$

$$\langle \sigma_{ij}^\mathrm{R}(\bm{r},t)\sigma_{k\ell}^\mathrm{R}(\bm{r}',t')\rangle = 2k_\mathrm{B}T\eta_0(\delta_{ik}\delta_{j\ell} + \delta_{i\ell}\delta_{jk}$$
$$-(2/3)\delta_{ij}\delta_{k\ell})\delta(\bm{r}-\bm{r}')\delta(t-t') \quad (13)$$

また非圧縮条件により,式(11)の右辺に横成分への射影$\perp$が働く。つまり右辺には$(1-\nabla\nabla/\nabla^2)$が作用する。以下では簡単のためノイズ項は無視する。非平衡熱力学の枠組みでは,運動エネルギーを含む全自由エネルギー $\mathcal{F}_\mathrm{tot}=\mathcal{F}+\int d\bm{r}\rho v^2/2$ は時間の単調減少函数となることを要請する:

$$\frac{d}{dt}\mathcal{F}_\mathrm{tot} = \int d\bm{r}\left[\frac{\delta\mathcal{F}}{\delta\psi}\frac{\partial}{\partial t}\psi + \rho\bm{v}\cdot\frac{\partial}{\partial t}\bm{v}\right] \leq 0 \quad (14)$$

運動方程式を代入し,部分積分を用いると,

$$0 \geq \int d\bm{r}\left[\bm{v}\cdot(\psi\nabla\mu - \nabla\cdot\overset{\leftrightarrow}{\Pi}) - L_0|\nabla\mu|^2 - \eta_0(\nabla\bm{v}):(\nabla\bm{v})\right] \quad (15)$$

この条件を満たすために,

$$\nabla\cdot\overset{\leftrightarrow}{\Pi} = \psi\nabla\mu \quad (16)$$

を得る(実際には非圧縮条件を満たすように∇_pが付け加わる)。$\overset{\leftrightarrow}{\Pi}$のあらわな表式を求めることも可能である([6.]を参照)。第2項は秩序変数(濃度)の拡散に由来する散逸を表している。つまり,非平衡熱力学に整合するように,式(10)の時間発展を定めたといえる。第3項は流体の粘性散逸を表している。

あるいは,速度場は秩序変数よりも速く緩和するので,Stokes近似を用いて速度場を計算してもよい。式(11)より,

$$-\eta_0\nabla^2\bm{v} \cong \left[-\psi\nabla\mu + \nabla\cdot\overset{\leftrightarrow}{\sigma}{}^\mathrm{R}\right]_\perp \quad (17)$$

右辺を$\bm{F}:=-\psi\nabla\mu+\nabla\cdot\overset{\leftrightarrow}{\sigma}{}^\mathrm{R}$と置き直す。これはFourier変換により解くことができ,

$$\bm{v}(\bm{k}) = \overset{\leftrightarrow}{\mathcal{T}}(\bm{k})\cdot\bm{F}(\bm{k}) \quad (18)$$

ここで,
$$\mathcal{T}_{ij}(\boldsymbol{k}) = \frac{1}{\eta_0}\left(\frac{\delta_{ij}}{k^2} - \frac{k_i k_j}{k^4}\right) \quad (19)$$

は Oseen テンソル(の波数表現)である。

あとは初期条件を定めて式(10), (11)あるいは式(10), (18)を数値的に解けば, 相分離過程を見ることができる。数値計算の方法については数値流体力学の成書26)に詳しい。

3.2.2 高分子溶液の相分離過程

ここまで, 基本変数はすべて熱力学変数を用いてきた。高分子や液晶などでは, 分子の持つ内部自由度のために, これだけでは閉じた方程式系を構成できない。ここでは文献20)に従い, 高分子溶液の相分離過程を記述するモデルを概説する。

高分子溶液の相分離を記述する最も単純なモデルは Flory-Huggins モデルである(詳細は文献20, 21)を参照)。$\phi \ll 1$ を高分子の濃度として,

$$\begin{aligned}\mathcal{F}_{\text{FH}} &= \int d\boldsymbol{r}\left[\frac{1}{N}\phi\ln\phi + (1-\phi)\ln(1-\phi) + \chi\phi(1-\phi)\right]\\ &\cong \int d\boldsymbol{r}\left[\frac{1}{N}\phi\ln\phi + \left(\frac{1}{2}-\chi\right)\phi^2 + \frac{1}{6}\phi^3\right]\end{aligned} \quad (20)$$

$$\mathcal{F}_{\text{gra}} = \int d\boldsymbol{r}\,\frac{C(\phi)}{2}|\nabla\phi|^2 \quad (21)$$

ここで N は高分子の重合度を表す。しかし, このモデルについて, 前項と同様に時間発展を構築しても, 粘弾性は取り入れられていない。そこで, ネットワークの変形を記述するテンソル $\overleftrightarrow{W}$ をさらに基本変数として付け加える。$\overleftrightarrow{W}$ は高分子の絡み合いにより形成されるネットワーク構造が平衡状態($W_{ij}=\delta_{ij}$)からどのように変形されるかを記述し, Finger テンソルと同様の役割を果たしている。ネットワークの変形に伴う弾性を取り入れる自由エネルギーとして最も単純なものは,

$$\mathcal{F}_{\text{net}} = \int d\boldsymbol{r}\,\frac{1}{2}G(\phi)Q(\overleftrightarrow{W}) \quad (22)$$

ここで G はネットワークの変形に対する剛性を表し, 高分子濃度 ϕ に依存する。Q はネットワークの変形を表し,

$$Q = \frac{1}{2}\sum_{ij}(W_{ij} - \delta_{ij})^2 \quad (23)$$

で与えられる。

高分子溶液の場合, 素早い溶媒分子とのろまな高分子という, 動的に非対称なダイナミクスを扱う必要がある。そのような非対称性をうまく取り入れる方法が以下に示す2流体モデルである[27,28]。2流体モデルにおいては, 高分子および溶媒はそれぞれ異なる速度で運動し, 速度差に起因する摩擦が働くと考える。高分子の速度を $\boldsymbol{v}_\text{p}$, 溶媒の速度を $\boldsymbol{v}_\text{s}$ とおく。つまり全運動量密度は $\rho\boldsymbol{v} = \rho\phi\boldsymbol{v}_\text{p} + \rho(1-\phi)\boldsymbol{v}_\text{s}$ である。すると ϕ の時間発展は,

$$\frac{\partial}{\partial t}\phi = -\nabla\cdot(\phi\boldsymbol{v}_\text{p}) = -\boldsymbol{v}\cdot\nabla\phi - \nabla\cdot[\phi(1-\phi)\boldsymbol{w}] \quad (24)$$

として与えられる。ここで $\boldsymbol{w} = \boldsymbol{v}_\text{p} - \boldsymbol{v}_\text{s}$ は相対速度を表す。また式変形において, 流体の非圧縮条件

$$\nabla\cdot\boldsymbol{v} = 0 \quad (25)$$

を用いた。これは高分子溶液の相分離のように遅い運動に着目する際によく仮定される。$\overleftrightarrow{W}$ は高分子ネットワークの変形を表しているので, その運動は高分子速度 $\boldsymbol{v}_\text{p}$ により決まる。ゆえに, その時間発展は,

$$\frac{\partial}{\partial t}W_{ij} + \boldsymbol{v}_\text{p}\cdot\nabla W_{ij} - (W_{kj}\nabla_k v_{\text{p}i} + W_{ik}\nabla_k v_{\text{p}j})\\ = -\frac{1}{\tau(\phi)}(W_{ij} - \delta_{ij}) \quad (26)$$

で与えられる。左辺は upper convected time derivative と呼ばれるもので, テンソルの座標変換不変性を満たす微分の一種となっている[18]。右辺はネットワークの緩和を表す。τ は緩和の時定数であり, ϕ に依存する。

以下では遅い相分離過程に注目し, 運動方程式の移流項は無視する。全運動量の時間発展方程式は,

$$\rho\frac{\partial}{\partial t}\boldsymbol{v} = -(\nabla\cdot\overleftrightarrow{\Pi})_\perp + \nabla\cdot\overleftrightarrow{\sigma} \quad (27)$$

$\overleftrightarrow{\Pi}$ は圧力テンソルで,

$$\Pi_{ij} = \left(p - \frac{C}{2}|\nabla\phi|^2\right)\delta_{ij} + C(\nabla_i\phi)(\nabla_j\phi) - \sigma_{\text{p}ij} \quad (28)$$

ここで p は熱力学的圧力, また,

$$\sigma_{\mathrm{p}ij} = \frac{G}{2}Q\delta_{ij} + GW_{ik}(W_{kj} - \delta_{kj}) \quad (29)$$

はネットワークの変形に由来する応力である（導出は[6.]を参照）。$\bar{\sigma}$は流体における Newton 的粘性散逸を表しており，

$$\sigma_{ij} = \eta_0(\nabla_i v_j + \nabla_j v_i) \quad (30)$$

と表される。

これらの時間発展方程式を用いて，前節と同様に自由エネルギーの時間変化を計算する。煩雑だが単純な計算により，

$$\begin{aligned}\frac{d}{dt}\mathcal{F}_{\mathrm{tot}} &= \int d\boldsymbol{r}\left[\frac{\delta\mathcal{F}}{\delta\phi}\frac{\partial\phi}{\partial t} + \frac{\delta\mathcal{F}}{\delta W_{ij}}\frac{\partial W_{ij}}{\partial t} + \rho v_i\frac{\partial v_i}{\partial t}\right] \\ &= \int d\boldsymbol{r}\Bigg[-\frac{G}{2\tau}\sum_{ij}(W_{ij}-\delta_{ij})^2 - \eta_0(\nabla_i v_j)(\nabla_i v_j) \\ &\quad + (1-\phi)w_i\left(\phi\nabla_i\mu - \nabla_j\sigma_{\mathrm{p}ij} + \frac{1}{2}Q\nabla_i G\right) \\ &\quad - v_i\left(\nabla_j(\Pi_{ij}+\sigma_{\mathrm{p}ij}) - \phi\nabla_i\mu - \frac{1}{2}Q\nabla_i G\right)\Bigg]\end{aligned} \quad (31)$$

ここで $\mu=\delta F/\delta\phi$ とおいた。第1項は高分子ネットワークの緩和を，第2項は流体の粘性散逸を表す。第3項は高分子と溶媒の摩擦に起因する散逸を与える。この項が負になるという要請から，摩擦係数 ζ を導入して，

$$w_i = -\frac{1-\phi}{\zeta}\left[\phi\nabla_i\mu - \nabla_j\sigma_{\mathrm{p}ij} + \frac{1}{2}Q\nabla_i G\right] \quad (32)$$

が得られる。あるいは文献27）のように Rayleigh の散逸関数を導入しても，同様の式を導くことができる。最終行は前節と同様にエントロピー増大に関与しない項で，

$$\nabla_j(\Pi_{ij} + \sigma_{\mathrm{p}ij}) = \phi\nabla_i\mu + \frac{1}{2}Q\nabla_i G \quad (33)$$

となる。

このようにして，高分子溶液の相分離過程は，式(24)，(26)，(27)を解くことで得られる。あるいは前節と同様に，速度場については Stokes 近似により Oseen テンソルを用いて計算してもよい。

ここで1つ注意をしておくと，高分子溶液で仮定される「応力の非対称分配」は，式(26)において，ネットワークテンソル $\vec{\vec{W}}$ が高分子の速度のみによって変形を受けると仮定したことにより取り入れられている。言い換えれば，新たにモデルを組み上げる際には，考える変数が何によって移流を受けるのか，という点に気をつける必要がある。

これが時間依存 Ginzburg-Landau（TDGL）法の概要である。分野によってはフェイズフィールド法とも呼ばれるが，フェイズフィールド法で導入する変数には必ずしも物理的意味が存在しなくてもよいこととは対照的に，TDGL法で導入する秩序変数には，必ず物理的な意味が存在するという点が，より厳格である。この手続きは，構成方程式を用いる方法に比べ煩雑に思われるかもしれないが，熱力学に整合するようにモデルを組み上げるという，基礎的に最も重要な要請を満たしている。高分子溶液について，このモデルを用いた数値シミュレーションについては文献29）を参照。さらに外部流動（シア流）下での相分離についても計算可能である。シア下での計算方法の詳細については文献30-33）を（正確には，文献33）はコロイド分散系の流動下シミュレーションについて論じているが，方法論としては同種である），計算結果については文献20, 32, 34, 35）を参照されたし。

3.2.3　気液転移の動的 Van der Waals モデル

これまで，流体の圧縮性，および熱的な不均一性はないものと仮定した。気体，液体，固体間の相転移では，これらが重要になるので，これまでとは異なった扱いが必要である。ここでは気体－液体相転移を例に取る[36]。すると密度が秩序変数となる。温度が一定ではないので，自由エネルギーよりも，エネルギーあるいはエントロピーを汎函数として与えるほうが，モデルを構築しやすい。

$$\mathcal{S} = \int d\boldsymbol{r}\left[s(e,\rho) - \frac{C(\rho)}{2}|\nabla\rho|^2\right] \quad (34)$$

特に単位体積あたりのエントロピー $s(e,\rho)$ を与える状態方程式としては，Van der Waals モデルがよく用いられる。すると温度は $1/T=\partial s/\partial e$ として与えられる。流体力学方程式は，

$$\frac{\partial}{\partial t}\rho = -\nabla\cdot(\rho\boldsymbol{v}) \quad (35)$$

$$\frac{\partial}{\partial t}\rho\boldsymbol{v} = -\nabla\cdot[\rho\boldsymbol{v}\boldsymbol{v} + \overleftrightarrow{\Pi} - \overleftrightarrow{\sigma}] - \rho g\boldsymbol{e}_z \quad (36)$$

$$\frac{\partial}{\partial t} e_T = -\nabla \cdot [e_T v + \overset{\leftrightarrow}{\Pi} \cdot v - \overset{\leftrightarrow}{\sigma} \cdot v] + \nabla \cdot \lambda(\rho) \nabla T - \rho g v_z \quad (37)$$

ここで $e_T = e + \rho v^2/2$ は運動エネルギーを含めた全エネルギー密度，g は重力加速度，λ は熱伝導度である．このとき圧力テンソルおよび粘性応力は，

$$\Pi_{ij} = (p + p_1)\delta_{ij} + CT(\nabla_i \rho)(\nabla_j \rho) \quad (38)$$

$$p_1 = \frac{T}{2}(\rho(\partial C/\partial \rho) - C)|\nabla \rho|^2 - \rho T \nabla C \nabla \rho \quad (39)$$

$$\sigma_{ij} = \eta(\rho)(\nabla_i v_j + \nabla_j v_i - (2/d)(\nabla \cdot v)\delta_{ij}) + \zeta(\rho)(\nabla \cdot v)\delta_{ij} \quad (40)$$

特に圧力テンソルは，グラジエント項が ρ に依存しているため，2成分液体とは表式が異なることに注意する(導出は[**6.**]を参照)．この数値シミュレーションについてはさまざまな技法が提案されており，混相流を扱っている数値流体力学の書籍に詳しく記述がなされている(格子ボルツマン法の場合については例えば文献37)を参照)．

4. コロイド溶液のメソスケールダイナミクス

[**2.**]で述べた分子動力学シミュレーションは，溶媒分子の運動をあらわに解くため，適用可能なスケールは現在のコンピュータ性能では数10 nm以下である．一方，[**3.**]で述べた流体シミュレーションは，コロイドの粒子的な性質を扱うことはできないので，巨視的なスケールでなければ原理的に適用できない．ではその中間の，コロイドの大きさくらいのスケール(数10 nmからμm)のダイナミクスはどのようにして扱えばよいだろうか？

このスケールにおいては，十分な数の溶媒分子が各流体素片に存在している．1つのコロイド粒子の周りには非常に多数の溶媒分子が存在し，熱運動する水分子は頻繁にコロイド粒子と衝突している．そのような衝突はコロイドの運動から見れば極めて短い時間スケールで起こるため，衝突による運動量交換に起因したコロイドの運動を確率的なゆらぎとして扱い，溶媒は連続的な流体として扱ってよい．つまり，コロイド分散系は，固体的なコロイド粒子が連続体である液体中でブラウン運動していると考えればよい．このように溶媒を流体として扱うとき，コロイド粒子がブラウン運動したり流動下で運動し

たりすることで，溶媒の流動が誘起され，その流動を介してコロイド粒子間，コロイド-壁面間に多体的な相互作用が働く．つまり，溶媒を介した長距離相互作用になっている．それゆえ，コロイド表面を境界条件とするNavier-Stokes方程式を解くことで，溶媒におけるイオン分布や流動場を求める必要がある．しかし，数値シミュレーションによりこれらの方程式を解こうとするとき，コロイドが運動しているため，各時刻に数値格子を定義し直すという，移動境界値問題を解く必要が生じ，計算コストが非常に大きくなってしまう．特に，溶媒はしばしば，単純な1成分液体ではなく，多成分液体であったり，電解質溶液であったりする．このような場合には，流体中に不均一が生じうるので，適用可能なモデルは限られる．このような問題について数多くのシミュレーション技術が開発されている[38]．ここでは，[**3.2**]で述べた時間依存 Ginzburg-Landau 法を基礎に，コロイド粒子の相互作用および運動を流体力学的に取り扱う方法について述べる．

手順は基本的に[**3.2**]と同様であるが，秩序変数に加え，コロイドの形状を与える函数として，連続微分可能な函数 $\phi_i(r, t)$ を，重心位置 $R_i(t)$ からの距離の函数として定義する(図1)．例えば $\phi_i(r, t) = [1 + \tanh((a_i - |r - R_i(t)|)/\xi)]/2$ としよう．ここで a_i はコロイド粒子の半径を，ξ は界面の厚みを表す．するとこの函数はコロイドの内部では $\phi = 1$，外部では $\phi = 0$ を取り，コロイドの形状を表現しているといえる(実際には，この函数では tanh がコンパクトサポートになっていないため，適当に函数を変形して，空間的に局在した函数にする必要がある)．また ξ はコロイド表面の厚みを表す．現実のコロイドにおいては多くの場合 $\xi/a_i \to 0$ の極限を取る必要

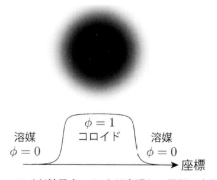

図1 コロイド粒子を ϕ_i により表現し，界面は有限の厚みを持つとみなす

があるが，数値シミュレーションではこの比を有限に残し，界面は有限の厚みを持つと仮定しなければシミュレーションが事実上実行不可能になることが多い。数値格子の大きさを ξ 程度に取ることでデカルト座標系で取り扱うことが可能になる（実際には多くの問題が生ずるが省略する）。

さて，溶媒における秩序変数を ψ とする。すると Landau 自由エネルギーは，

$$\mathcal{F} = \sum_i U_i^d + \int d\mathbf{r}[f_0(\psi) + \sum_i f_1(\psi, \phi_i)] \quad (41)$$

として与えられる。ここで，U_i^d は i 番目のコロイド粒子に働く直接相互作用を表す。例えば，コロイド間の立体斥力である。$f_0(\psi)$ は溶媒の自由エネルギーであり，例えば2成分溶液の場合には式(9)が用いられる[39]。$f_1(\psi, \phi_i)$ はコロイドと溶媒との相互作用を表す。いま，コロイドの位置・形状を含め場の変数 ϕ で表しているので，コロイドの内部には溶媒は侵入しないという条件を新たに付け加える必要がある。さらに，もしコロイド表面に選択的に溶媒が吸着される場合にはその効果もここで取り入れる。2成分溶液の場合の取り扱いは文献39)を，イオンが液体中に存在するときの取り扱いは文献40)を参照。

コロイドが形成する平衡構造のみに興味があるならば，この自由エネルギーを最小化すればよい。しかしながら，コロイドが形成する構造は，その多くが非平衡条件下で過渡的に形成したり，凍結したりしている。本節の冒頭で述べたように，過渡的な構造形成は流体力学的相互作用の影響を強く受けている[41]。さらに，結晶化や分子会合体形成のように，生じた構造が安定に存在する場合でも同様に，流動による選択性が顕著に現れる[42,43]。そのような状況の流体力学シミュレーションを行うために提案されたのが，流体粒子動力学法—Fluid Particle Dynamics（FPD）法である[44]。本稿ではこの方法について解説するが，類似の方法として，Smooth Profile Method（SPM）がある[45,46]。特に後者は KAPSEL という名でパッケージが提供されている。

ここでも，コロイドの遅い運動に注目し，流体は非圧縮条件が成り立つとする。また簡単のためノイズ項は無視する。すると，時間発展の方程式は，

$$\nabla \cdot \mathbf{v} = 0 \quad (42)$$

$$\rho \frac{\partial}{\partial t}\mathbf{v} = -\rho(\mathbf{v} \cdot \nabla)\mathbf{v} - \nabla \cdot \overleftrightarrow{\Pi} + \nabla \cdot \overleftrightarrow{\sigma} \quad (43)$$

$$\frac{\partial}{\partial t}\psi = -\nabla \cdot (\psi \mathbf{v}) + \nabla L(\phi) \cdot \nabla \mu \quad (44)$$

ここで $\sigma_{ij} = \eta(\phi)(\nabla_i v_j + \nabla_j v_i)$ と，粘度は ϕ に依存する。これだけではコロイドの運動が取り入れられていない。しかし，TDGL 法のように，ϕ の移流方程式を解こうとすると，数値拡散の影響が強く現れてしまう。ここではレベルセット法における函数の再初期化と類似の手順を採用する。上記の方程式により得られた速度場（これはコロイド内部と外部を含めた全空間で計算する）を $\mathbf{v}$ とするとき，コロイドの運動を，

$$\frac{d}{dt}\mathbf{R}_i = \mathbf{V}_i \quad (45)$$

$$\mathbf{V}_i = \frac{1}{\Omega_i} \int d\mathbf{r}\phi_i \mathbf{v} \quad (46)$$

として定義する。ここで $\Omega_i = \int d\mathbf{r}\phi_i(\mathbf{r}, t)$ はコロイド粒子の体積を表す。これが精度良く成り立つためには，コロイド内部で流動がほとんど一様になっている必要がある。そのため FPD 法では，コロイド粒子を粘度の大きい液滴として仮定する。ただし，コロイド内部の粘度を無限に大きくしてしまうと，数値シミュレーションが行えなくなってしまうので，現実的にシミュレーション可能な値として，溶媒の50倍程度に取る[44]。このように粒子の位置と運動量を時間発展させ，コロイドの形状函数 ϕ_i を毎ステップ与えることで，変形のない液滴としてコロイドの運動を表現する。このプロセスを**図2**に示した。

圧力テンソルはこれらの方程式系から導出される。[**3.2**] と同様に，

$$\frac{d}{dt}\mathcal{F} = -\sum_i \mathbf{F}_i \cdot \mathbf{V}_i + \int d\mathbf{r}\left[\mu \frac{\partial}{\partial t}\psi + \mathbf{v} \cdot (-\nabla \cdot \overleftrightarrow{\Pi} + \nabla \cdot \overleftrightarrow{\sigma})\right] \leq 0 \quad (47)$$

この不等式を常に満たすための条件として，

$$-\nabla \cdot \overleftrightarrow{\Pi} = -\nabla p_0 + \sum_i \frac{\phi_i}{\Omega_i}\mathbf{F}_i - \psi \nabla \mu \quad (48)$$

を得る[39]。p_0 は非圧縮条件を満たすように決める。

第1編 基礎原理

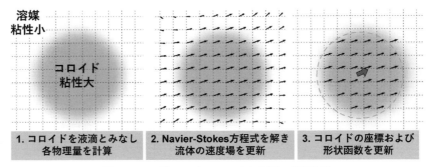

図2　FPD法におけるコロイド座標の時間発展

あとはこれらの方程式系を通常の流体力学と同様に解けばよい。界面を滑らかにしており、またコロイドを液滴で表現しているため、計算精度には気をつけなければならないが、ともかくコロイド溶液のダイナミクスを計算することが可能である。本モデルを適用した例として、1成分液体中のコロイドゲル形成については文献41)を、臨界点近くの2成分液体におけるコロイドのダイナミクスついては文献39)を、荷電コロイドにおいて表面電荷が自己組織化する場合については文献40)を、荷電コロイドの電場下における構造形成については文献47)を参照されたし。

5. まとめ

本稿ではシミュレーションを行うためのモデル構築に焦点を当て、実際の数値解法については割愛した。しかしながら、得られた方程式系をいかに解くか、という問題は等しく重要である。ここで具体的な解法と計算精度について短く言及しておく。

分子動力学法については[2.]でも言及したが、確立した手法が成書で紹介されているので割愛する[2-5)]。[3.]および[4.]は本質的に流体力学方程式の解法であるので、遅い流れについては確立した手法が数値流体力学の教科書に説明されている[26)]。ただし、界面が存在するときや、速い流れを扱うときには注意が必要になる。気液2相流のシミュレーションでは、界面が曲率を持つ際に、素直にデカルト格子でシミュレーションを行うと、spurious current (parasitic current)と呼ばれる非物理的な流れが生ずることが知られている（例えば文献37)を参照）。この問題を解消するためにAdaptive Mesh Refinement (AMR)法[48)]を用いる方法もあるが、計算時間が増大してしまうので、計算精度と実行速度との兼ね合いを考える必要がある。ソフトマターで速い流れを扱う場合には、Reynolds数は低いままでも、Weissenberg数が高くなるときに、数値シミュレーションが不安定化してしまい計算が実行できなくなるという問題がある。これは高Weissenberg数問題と呼ばれており、高速流れのシミュレーションを困難にしている[49-51)]。

このように、ソフトマターの数値シミュレーションを行う際には、計算精度は至るところで問題になる。精度を完全にしようとすると、シミュレーションが事実上実行できなくなってしまうし、そもそも用いるモデルは多分に近似を含むため精度が不完全であることも多い。もしシミュレーションを用いて新たな現象を見出し、理解したいという立場を取るのであれば、用いるモデル・手法の弱点を認識した上で、適当なところで妥協し、とにかく計算してみせる、という度胸も大切になる。

最後に、当然ながら本稿で紹介したシミュレーション技法がすべてではなく、割愛せざるを得なかった手法も多い。Langevin動力学法や散逸粒子動力学については文献52,53)に詳しい。また本稿のように、時空間スケールごとに異なるモデルを扱うのではなく、各スケールのダイナミクスを結合させて解く、マルチスケールシミュレーション[54)]も盛んである。また、近年流行している機械学習を用いたデータ駆動型研究についても、筆者の力量不足のため解説できなかった。この分野は現在すさまじい速度で進展しており、力場探索や、構造形成のダイナミクスが研究されている。ここではソフトマター研究への応用についてのいくつかの総説[55,56)]、また日本語による解説記事として高分子流の構成則についての研究[57)]を挙げるに留める。

6. 補足

6.1 グラジエント項について補足

式(9)で導入したグラジエント項が持つ物理的意味を明確にするために，平面界面の界面張力を導出してみよう。そのため1次元的なプロファイルに限定し，$x \to -\infty$ で $\psi = -\psi_0 = -\sqrt{|\tau|/u}$，$x \to \infty$ で $\psi = \psi_0 = \sqrt{|\tau|/u}$ が実現するとする。平衡状態は汎函数微分がゼロになる状態として得られる：

$$0 = \frac{\delta \mathcal{F}}{\delta \psi} = \tau \psi + u\psi^3 - C \frac{d^2}{dx^2}\psi \quad (49)$$

ここで簡単のため C は定数であるとした。$d\psi/dx$ をかけて積分すると，

$$\frac{\tau}{2}\psi^2 + \frac{u}{4}\psi^4 - \frac{C}{2}\left(\frac{d\psi}{dx}\right)^2 = \frac{\tau}{2}\psi_0^2 + \frac{u}{4}\psi_0^4 = -\frac{|\tau|^2}{4u} \quad (50)$$

$\psi_0 = \sqrt{|\tau|/u}$ を用いて書き直すと，

$$4\xi^2 \left(\frac{d\psi}{dx}\right)^2 = \left(1 - \frac{\psi^2}{\psi_0^2}\right)^2 \quad (51)$$

ここで $\xi = \sqrt{C/2|\tau|}$ を導入した。この微分方程式は容易に解くことができ，

$$\psi = \psi_0 \tanh(x/2\xi) \quad (52)$$

を得る。つまり ξ は界面の厚みを表す。界面張力 γ は，界面が存在することによる自由エネルギー増分である。よって，

$$\begin{aligned}
\gamma &= \int_{-\infty}^{\infty} dx \left[\frac{\tau}{2}\psi^2 + \frac{u}{4}\psi^4 + \frac{C}{2}\left(\frac{d\psi}{dx}\right)^2 + \frac{|\tau|^2}{4u}\right] \\
&= \int_{-\infty}^{\infty} dx\, C \left(\frac{d\psi}{dx}\right)^2 \\
&= \int_{-\infty}^{\infty} dx\, C \frac{\psi_0^2}{4\xi^2 \cosh^4(x/2\xi)} \\
&= \frac{2C\psi_0^2}{3\xi}
\end{aligned} \quad (53)$$

を得る。つまり実験的にグラジエント項の係数 C を求めたいならば，界面厚み ξ と界面張力 γ を測定すればよい。

6.2 圧力テンソルの導出

[**3.2**]で導入した圧力テンソルは，注目するシステムにひずみを与えた際の自由エネルギー変化である。これを数学的に表現する。そのため散逸項は無視する。位置 r にある微小な流体素片を考える。この流体素片が u の微小変位を受けるとき，この流体素片の質量密度および体積は，

$$\delta \rho = -\rho \nabla \cdot \boldsymbol{u}, \quad \delta V = V \nabla \cdot \boldsymbol{u} \quad (54)$$

の変更を受ける。このような微小変位に対する自由エネルギーの変化が

$$\delta \mathcal{F} = -\int d\boldsymbol{r}\, \Pi_{ij}(\nabla_j u_i) \quad (55)$$

として定義される。簡単な場合として一様な流体に対する一様な膨張・圧縮を考えると，$\nabla_j u_i \propto \delta_{ij}$ であり，$\delta F = -P\delta V$ と見慣れた熱力学の関係式になる。

6.2.1 2成分溶液の場合

秩序変数である濃度は，$\psi'(r') = \psi(r)$ と不変である。注意が必要なのはグラジエント項である。空間微分は，

$$\frac{\partial}{\partial r_i'} = \frac{\partial}{\partial r_i} - \frac{\partial u_j}{\partial r_i}\frac{\partial}{\partial r_j} \quad (56)$$

と変化を受けるので，

$$\frac{C}{2}|\nabla \psi'(r')|^2 = \frac{C}{2}|\nabla \psi(r)|^2 - C(\nabla_i \psi)(\nabla_j \psi)(\nabla_j u_i) \quad (57)$$

となる。これにより，

$$\begin{aligned}
\mathcal{F}' &= \int d\boldsymbol{r}' \left[f(\rho'(r'), \psi'(r')) + \frac{C}{2}|\nabla \psi'(r')|^2\right] \\
&= \int d\boldsymbol{r}(1 + \nabla \cdot \boldsymbol{u})\Big[f(\rho(r), \psi(r)) + (\partial f/\partial \rho)\delta\rho \\
&\quad + \frac{C}{2}|\nabla \psi(r)|^2 - C(\nabla_i \psi)(\nabla_j \psi)(\nabla_j u_i)\Big]
\end{aligned} \quad (58)$$

ゆえに，

$$\Pi_{ij} = \left(p - \frac{C}{2}|\nabla \phi|^2\right)\delta_{ij} + C(\nabla_i \phi)(\nabla_j \phi) \quad (59)$$

を得る。ここで熱力学的圧力 $p = \rho(\partial f/\partial \rho) - f$ を導入した。この表式により，界面が曲率を持つ際のラプラス圧を表現可能である。

6.2.2 高分子溶液の場合

流体素片の仮想変位においては高分子と溶媒は摩擦なく変形するので，$\boldsymbol{w}=0$とおいてよい。すると，微小変位に対してネットワークテンソル$\vec{W}$は，

$$W'_{ij}(\boldsymbol{r}') = W_{ij}(\boldsymbol{r}) + (\nabla_k u_i)W_{kj} + W_{ik}(\nabla_k u_j) \quad (60)$$

と変形される。自由エネルギーのネットワーク部分は，

$$\delta \mathcal{F}_\mathrm{net} = \int d\boldsymbol{r} \left[\frac{G}{2} Q \delta_{ij} + G(\phi)W_{ik}(W_{kj} - \delta_{kj}) \right] \nabla_j u_i \quad (61)$$

となるのでネットワーク応力

$$\sigma_{\mathrm{p}ij} = \frac{G}{2} Q \delta_{ij} + G(\phi) W_{ik}(W_{kj} - \delta_{kj}) \quad (62)$$

圧力テンソルは先と同様に計算すると，

$$\Pi_{ij} = \left(p - \frac{C}{2} |\nabla \phi|^2 \right) \delta_{ij} + C (\nabla_i \phi)(\nabla_j \phi) - \sigma_{\mathrm{p}ij} \quad (63)$$

を得る。

6.2.3 気体-液体相転移の場合

平衡状態を記述する汎函数としてエントロピーを選んでいるので，エントロピーの変化を考える。先と同様に仮想変位を考えると，エネルギー密度は，

$$\delta e = -e(\nabla \cdot \boldsymbol{u}) - \Pi_{ij} \nabla_j u_i \quad (64)$$

仮想変位においてエントロピーは変化しないので，エントロピー密度の微分形式 $ds = (1/T)de - (\mu/mT)d\rho$（$m$は分子質量）を用いると，

$$\begin{aligned} 0 = \delta \mathcal{S} = &\int d\boldsymbol{r}(\nabla \cdot u)(s - \frac{C}{2}|\nabla \rho|^2) \\ &+ \int d\boldsymbol{r}\left[\frac{1}{T}\delta e - \frac{\mu}{mT}\delta \rho - \delta(\frac{C}{2}|\nabla \rho|^2)\right] \end{aligned} \quad (65)$$

途中経過は省略するが，熱力学的圧力の関係式 $p = \mu\rho/m - e + Ts$ を用いると，

$$\Pi_{ij} = (p + p_1)\delta_{ij} + CT(\nabla_i \rho)(\nabla_j \rho) \quad (66)$$

$$p_1 = \frac{T}{2}(\rho(\partial C/\partial \rho) - C)|\nabla \rho|^2 - \rho T \nabla C \nabla \rho \quad (67)$$

を得る。

6.3 時間依存 Ginzburg-Landau モデルの数値シミュレーションについての補足

数値シミュレーションにおいては，ノイズ項をあらわに計算すると計算時間が増大してしまうので，無視してしまうことが多いが，きちんと取り入れたい場合もある。そのような際の計算方法には注意が必要である。数値流体力学では通常ノイズを扱わないので，ここで簡単に解説しておく。

簡単のため，時間発展方程式が，

$$\frac{d}{dt}\psi = \theta \quad (68)$$

$$\langle \theta(t) \rangle = 0 \quad (69)$$

$$\langle \theta(t)\theta(t') \rangle = \delta(t - t') \quad (70)$$

で与えられる系を考える。これを数値積分により解く。$[t, t+\Delta t]$で積分すると，

$$\psi(t + \Delta t) = \psi(t) + \int_t^{t+\Delta t} dt' \theta(t') \quad (71)$$

$W(t, t+\Delta t) = \int_t^{t+\Delta t} dt' \theta(t')$ の平均を取ると，

$$\langle W(t, t+\Delta t) \rangle = \int_t^{t+\Delta t} dt' \langle \theta(t') \rangle = 0 \quad (72)$$

$$\begin{aligned} \langle W^2(t, t+\Delta t) \rangle &= \int_t^{t+\Delta t} dt' \int_t^{t-\Delta t} dt'' \langle \theta(t')\theta(t'') \rangle \\ &= \Delta t \end{aligned} \quad (73)$$

つまり時間発展におけるノイズ項は標準偏差が$\sqrt{\Delta t}$となるガウシアンノイズであることに注意する必要がある。

文　　献

1) D. Frenkel: *Eur. Phys. J. Plus*, **128**, 10 (2013).
2) 岡崎進，吉井範行：コンピュータ・シミュレーションの基礎，化学同人 (2011).
3) M. P. Allen and D. J. Tildesley: Computer Simulation of Liquids, Oxford University Press (2017).
4) D. Frenkel and B. Smit: Understanding Molecular Simulation, Academic Press (2001).
5) D. J. Evans and G. Morriss: Statistical Mechanics of Nonequilibrium Liquids, Cambridge University Press (2008).
6) C. Vega and J. L. F. Abascal: *Phys. Chem. Chem. Phys.*, **13**, 19663 (2011).

7) M. G. Martin and J. I. Siepmann: *J. Phys. Chem. B*, **102**, 2569 (1998).
8) J. G. Gay and B. J. Berne: *J. Chem. Phys.*, **74**, 3316 (1981).
9) K. Kremer and G. S. Grest: *J. Chem. Phys.*, **92**, 5057 (1990).
10) J. L. Aragones, M. Rovere, C. Vega, and P. Gallo: *J. Phys. Chem. B*, **118**, 7680 (2014).
11) 初出は D. J. Evans and G. P. Morriss: *Phys. Rev. A*, **30**, 1528 (1984) のようであるが，命名の由来が興味深い。W. G. Hoover（礒部雅晴訳）：分子シミュレーション研究会会誌"アンサンブル", **12**, 17 (2010); 森下徹也：分子シミュレーション研究会会誌"アンサンブル", **18**, 102 (2016) も参照。
12) L. D. ランダウ，E. M. リフシッツ：電磁気学1，東京図書 (1962)．
13) I.-C. Yeh and M. L. Berkowitz: *J. Chem. Phys.*, **111**, 3155 (1999).
14) K. Takae and A. Onuki: *J. Chem. Phys.*, **139**, 124108 (2013).
15) K. Takae and A. Onuki: *J. Phys. Chem. B*, **119**, 9377 (2015).
16) K. Takae and A. Onuki: *J. Chem. Phys.*, **143**, 154503 (2015).
17) J. I. Siepmann and M. Sprik: *J. Chem. Phys.*, **102**, 511 (1995).
18) R. G. Larson: Constitutive Equations for Polymer Melts and Solutions, Butterworth (1988).
19) M. A. Alves, P. J. Oliveira, and F. T. Pinho: *Annu. Rev. Fluid Mech.*, **53**, 509 (2021).
20) A. Onuki: Phase Transition Dynamics, Cambridge University Press (2002).
21) 土井正男，小貫明：高分子物理・相転移ダイナミクス，岩波書店 (2000)．
22) 川崎恭治：非平衡と相転移，朝倉書店 (2000)．
23) 江沢洋ほか：くりこみ群の方法，岩波書店 (2000)．
24) 久保亮五ほか：岩波講座現代物理学の基礎5，統計物理学，岩波書店 (1978)．
25) L. D. ランダウ，E. M. リフシッツ：流体力学2，第17章，東京図書 (1971)．
26) J. H. ファーツィガー，M. ペリッチ：コンピュータによる流体力学，シュプリンガー・ジャパン (2003)．
27) M. Doi and A. Onuki: *J. Phys. II France*, **2**, 1631 (1992).
28) 2流体モデルはもともと超流動の流体力学において用いられた：L. D. ランダウ，E. M. リフシッツ：流体力学2，第16章，東京図書 (1971)．
29) T. Taniguchi and A. Onuki: *Phys. Rev. Lett.*, **77**, 4910 (1996).
30) R. S. Rogallo: NASA Technical Memorandum, 81315 (1981).
31) A. Onuki: *J. Phys. Soc. Jpn.*, **66**, 1836 (1997).
32) 小貫明：高分子，**53**, 254 (2004)．
33) H. Kobayashi and R. Yamamoto: *J. Chem. Phys.*, **134**, 064110 (2011).
34) A. Onuki et al.: *J. Phys. II France*, **7**, 295 (1997).
35) T. Imaeda et al.: *Phys. Rev. E*, **70**, 051503 (2004).
36) A. Onuki: *Phys. Rev. E*, **75**, 036304 (2007).
37) 瀬田剛：格子ボルツマン法，森北出版 (2021)．
38) B. E. Griffith and N. A. Patankar: *Annu. Rev. Fluid Mech.*, **52**, 421 (2020).
39) A. Furukawa et al.: *Phys. Rev. Lett.*, **111**, 055701 (2013).
40) K. Takae and H. Tanaka: *Soft Matter*, **14**, 4711 (2018).
41) A. Furukawa and H. Tanaka: *Phys. Rev. Lett.*, **104**, 245702 (2010).
42) M. Kato et al.: *Chem. Eur. J.*, **25**, 5105 (2019).
43) M. Kuroha et al.: *Angew. Chem., Int. Ed.*, **58**, 18454 (2019).
44) H. Tanaka and T. Araki: *Phys. Rev. Lett.*, **85**, 1338 (2000).
45) Y. Nakayama and R. Yamamoto: *Phys. Rev. E*, **71**, 036707 (2005).
46) Y. Nakayama et al.: *Eur. Phys. J. E*, **26**, 361 (2008).
47) J. Yuan et al.: *Phys. Rev. Lett.*, **129**, 248001 (2022).
48) M. J. Berger and J. Oliger: *J. Comput. Phys.*, **53**, 484 (1984).
49) 田上秀一ほか：成形加工，**9**, 817 (1997)．
50) R. G. Owens and T. N. Phillips: Computational Rheology, Imperial College Press (2002).
51) H. A. C. Sánchez et al.: *J. Non-Newtonian Fluid Mech.*, **302**, 104742 (2022).
52) 増渕雄一：オレオサイエンス，**19**, 461 (2019)．
53) 荒井規允：可視化情報学会誌，**39**, 19 (2019)．
54) 谷口貴志，山本量一：日本物理学会誌，**67**, 317 (2012)．
55) A. L. Ferguson: *J. Phys.: Condens. Matter*, **30**, 043002 (2018).
56) N. E. Jackson et al.: *Curr. Opin. Chem. Eng.*, **23**, 106 (2019).
57) 谷口貴志，モリーナジョン：混相流，**35**, 426 (2021)．

第2編 計測・評価

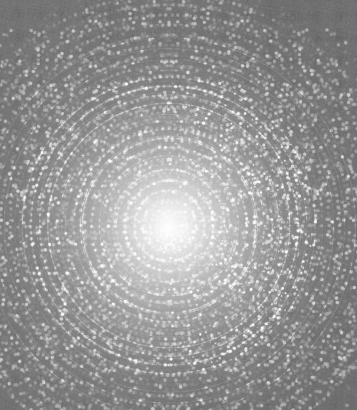

第1章 分散性（粒子径分布）評価事例

第1節
レーザ回折・散乱法の原理と応用例

株式会社堀場製作所　山口　哲司

1. はじめに

レーザ回折・散乱法[1]による粒子径分布測定装置は，セラミックスや顔料，電池材料，触媒，化粧品，食品，製薬などの幅広い分野で，粉体の研究開発や品質管理を目的に使われている。本測定法は，JIS Z 8825で規定されており，適用可能な粒子径範囲は，0.1～3,000 μm程度とされ，特別な機器や条件の場合には，3,000 μm以上および0.1 μm以下に拡張可能であると謳われている。球形および非球形粒子の測定において，あらかじめ計算で求められる球形粒子群（体積基準）の散乱パターンの重ね合わせと，測定された散乱パターンとが最も一致するように比較演算して粒子径分布を求める方法である。光学モデルには常に球形粒子を仮定する。このため，非球形粒子の測定結果は，沈降法，ふるいなどの他の物理的な原理に基づく測定法による粒子径分布測定結果とは異なる。しかし，本測定法は，粒子1つひとつの情報ではなく，粒子全体の統計的な情報を取り扱い，粒子群からの散乱光の角度分布から，散乱光強度のアンサンブル平均を用いて粒子径分布の算出を行うもので，統計的管理が必要な粉体業界では欠かすことができない測定法となっている。また，生産ラインに直結する検査設備として使用されるため，短時間に再現性よく，かつ，正確に測定することが要求される。このような中にあって，粒子の形状，屈折率などの物性値，粒子径分布の広さ，装置構成，解析法など多くの要因により，算出される平均粒子径や粒子径分布が大きく変化してしまうことが知られている。このため，測定条件や演算条件などのパラメータや演算定数を測定対象物ごとに決定し，さらに，測定対象の粒子性状に合致した計測アクセサリーを用いて測定結果を得ることが重要である。このように最適条件下で使用することにより，工業材料の品質管理法としては，他の原理の計測法とは一線を画する粉体計測のスタンダード的測定法として定着している。

2. 測定原理

レーザ回折・散乱法は，粒子径に応じて変化する散乱光強度の角度パターン（散乱パターン）を利用し，粒子径を求める測定法である。一定波長の入射光が，単一球形粒子に照射されると，散乱光強度は入射波長に対する粒子径の相対的な大きさによって変化し，散乱パターンは次のような特徴を示す。①粒子が10 μm程度以上の大きさでは，回折現象が支配的となり，フラウンホーファー回折理論に従う。散乱光は入射光の透過方向である前方方向に集中し，散乱パターンは粒子径のみの関数となる。逆にいえば，散乱パターンがわかると，粒子径を特定することができる。②粒子径が10 μm程度以下の粒子径になると，散乱光強度は粒子相対屈折率により敏感に変化するミー散乱理論に従う。散乱パターンは，前方から側方までの広い角度範囲で検出される。散乱パターンは粒子径と相対屈折率に依存し，複雑な形状となり，粒子径分布の算出は非常に複雑になる。③粒子径がさらに小さくなり，照射光波長の1/10程度以下になると，粒子径の変化に対して，散乱光強度の変化は激しいものの，散乱パターンの差は僅かになる。レイリー散乱理論に従い，散乱角度依存性はなく全方向に散乱する。このため散乱パターンからの粒子径の識別は困難となり，原理上の測定下限となる。ただし，照射光波長を短くすることで，粒子径の変化に対する散乱パターンの変化を

作り出すことが可能になり，測定下限を引き下げることが可能となる。ここで，フラウンホーファー回折は，ミー散乱の近似として取り扱うことができ，レイリー散乱も同じくミー散乱理論で近似が可能になる。したがって，本測定法が取り扱う回折・散乱現象を取り扱う領域においては，ミー散乱理論を用いて回折・散乱現象を取り扱うことが可能になり，粒子径分布算出時にもミー散乱理論を使用する。

3. 粒子径分布演算

現実のサンプルは単一粒子ではなく，粒子径・数・形状の異なる多数の粒子が混在している。そのため，粒子群から生じる散乱パターンは，それぞれの粒子からの散乱光の重ね合わせとなっている。この散乱粒子群のまわりに配置した多数(n個)の光検出器で，実際に発生した散乱光強度を測定し，実測散乱パターンを作成する。一方，配置されている光検出器の角度，粒子と溶媒の相対屈折率，光源波長などからミー散乱理論を使って，測定範囲の各粒子径に対するN番目の検出器の感度(応答関数)をあらかじめ計算しておく。これらの応答関数群と実測散乱パターンの関係は，式(1)に示す第1種フレドホルム型積分方程式となり，実測散乱パターンを粒子径分布に戻すには逆問題で解くことになる。

$$g(N) = \sum_{i=1}^{n} K(N, D_i) f(D_i) \Delta D \qquad (1)$$

ここで，$g(N)$はN番目の検出器の出力，$K(N,D_i)$はN番目の検出器の応答関数，$f(D_i)$は粒子径分布(体積基準)，D_iはi番目の代表粒子径，ΔDは粒子径間隔を示す。

逆問題を解く方法として数種類の方法があり，代表的なものは，線形行列方程式や統計による解法，最小自乗法，反復法などがある。行列式から求める方法は，解が発散する，実際にはありえない負の解が計算されてしまうため，多くの拘束条件が必要になるなどの欠点があり，近年の装置では使われない。一方，現在の多くの装置に搭載されている反復法は，式(1)の右辺の粒子径分布$f(D_i)$を変化させながら理論散乱パターンを算出し，実測散乱パターンと比較して，その差がゼロになるように修正を加えながら正しい分布に近づける方法である。この方法はノイズに強い上に，解が発散せず，分布の形態によらず正確に求められ，さらに，複数のピークを持つ分布に対しても忠実に求めることが可能である[2-4]。

4. 装置概要

4.1 光学系

市販されているレーザ回折・散乱法の装置の構造を，㈱堀場製作所製Partica® シリーズLA-960V2(図1)を例に構造を説明する[5]。光学系の構成図を図2に示す。本装置は，広い測定レンジを実現するために，赤色と青色の2波長の光源を組み合わせている。赤色光学系は，赤色(波長650 nm)半導体レーザを光源とし，長焦点距離の逆フーリエレンズにて，64チャネル持つリングデテクタと呼ばれるアレイ検出器の基準点(0°)の位置に焦点を結ぶ光学系を持ち，レーザ光軸は可動ミラーにより，基準点から外れないように調整される。セルはレンズと可動ミラーの間に設置されている。セル中の粒子群からの回折光は，アレイ検出器で基準点(0°)からの微小な角度を精度良く測定することが可能で，つまり，大粒子径を正確に測定することを可能にしている。側方には20チャネルの検出器が設置されており，側方散乱光を検出している。赤色光学系だけでは，レイリー散乱領域の粒子における散乱パターンの差が乏しく解析が困難になるため，青色光学系により補完を行うことで測定精度を向上させている。青色光学系は，青色(波長405 nm)発光ダイオード(LED)を光源とし，青色専用レンズ光学系にて，赤色レーザ光軸と45°クロスさせて，青色用基準点0°検出器に集光させている。側方の20チャネルの検出器と後方の3チャネルの検出器で，微小粒子からの高角度の散乱光を正確に測ることにより，レイリー領域の粒子の測定精度を向上させている。図3

図1　Partica® シリーズ LA-960V2 ㈱堀場製作所製

第1章　分散性（粒子径分布）評価事例

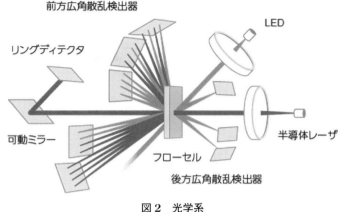

図2　光学系

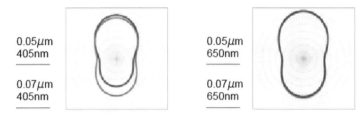

■微小粒子径による散乱パターンの変化
図3　波長による散乱パターンの変化

に，直径 0.05 μm 粒子と直径 0.07 μm 粒子の散乱光強度の角度分布を示した。レーザの波長が 650 nm の場合と 405 nm の場合を比較すると，明らかに 405 nm の場合の散乱パターンで，両粒子径間で差が現れている。このように，短波長の光源を使用することで，小粒子径計測を可能にしていることがわかる。

4.2　循環系

循環系の構成図を図4に示す。前処理部からセル部にサンプルを偏析なく送り込み，停滞や付着を起こさない循環ポンプ，粒子を完全に排出させる排水弁，サンプルに応じた最適な分散処理を行う超音波プローブ，液量を最適化する液面センサーを搭載している。分散媒容量は最少 180 mL，最大 280 mL の範囲で調整が可能である。さらに，サンプルを溶媒に分散・測定・洗浄までのすべての処理を 60 秒で完結させる高速処理を実現している。また，多種多様な粉粒体を，特に，凝集力が強い粒子を1次粒子にまで分散させるために，強力な超音波分散力が必要で，プローブタイプの超音波発振器を搭載している。本循環ユニットの遠心ポンプは，循環速度を 15 段階で強度を変えることができ，循環能力としては，例えば，粒子 3 mm，比重 6.0 kg/m³ のジルコニアセラミックス球が循環できるだけの能力を持っている。また，エマルジョンなど泡立ちのあるサンプルの場合は，循環強度を落とすことも可能である。このように粗大粒子や比重の大きな粒子から壊れやすい粒子まで，均一に分散させることが可能になる。さらに，比重が軽く，液面に浮遊しやすい粒子などは，液面をかき混ぜる撹拌翼で撹拌することができる構造である。

4.3　ソフトウエア

図5（下）は，測定画面であり，左側に赤色レーザと青色 LED でのサンプルの濃度を確認するための透過率バーの表示で，通常，赤色透過率 85％ を目安にサンプルを投入して測定を開始する。この透過率が低い，つまり濃度が高いと，多重散乱の影響を受けるため注意が必要である。また，微粒子を測定する場合，赤色透過率 90％ 程度を目安にサンプルを投入するが，サンプルにより最適透過率は差が大

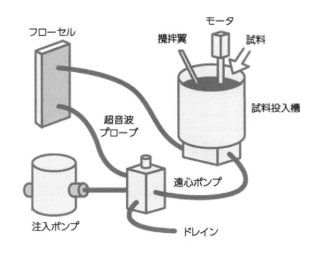

図4　循環系

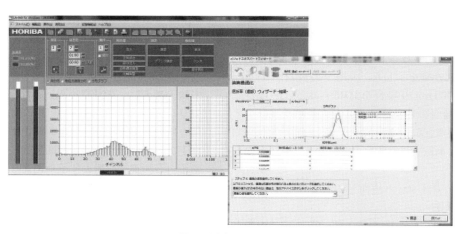

図5　測定画面

きい。左下側グラフに各検出器の散乱光強度，右下側グラフに簡易的に算出された粒子径分布がリアルタイムで表示される。このリアルタイム表示を確認すれば，測定を最適な分散状態で開始できるとともに，粒子凝集や気泡混入の有無などが本画面上で確認することが可能になる。もし，凝集，気泡混入が確認されれば，超音波分散処理や空気抜き処理のシーケンスを実行して分散状態を最適化することになる。図5(上)は，メソッド・エキスパート機能により粒子径分布最適測定条件の選定や考察が行える画面である。粒子径分布結果表示画面では，グラフ形態，積算分布表示など，オペレータ任意の表示が可能で，拡張機能として測定結果をさまざまな方法で解析するためのツール，例えば，散乱光解析・検出器出力確認・分布ピーク分離ツールなどが準備されている。これらの機能を有効活用することで多様な解析が可能である。

第1章 分散性（粒子径分布）評価事例

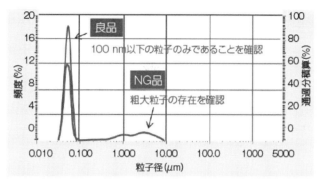
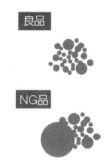

図6 湿式測定事例

5. 測定精度

Partica®シリーズ LA-960V2 の測定粒子径範囲は，0.01～5,000 µm を謳っている。サンプルの分散処理が好条件の場合に，粒子径分布のテールがこの範囲で表示できる。本原理は，既知の標準物質を用いてシステムの校正を行う必要はなく，光散乱パターンは絶対値の直接測定法である。しかし，粒子径が 0.01 µm という微小な粒子から 5,000 µm までのレンジを正確に検出するため，NIST トレーサブル標準粒子を使って装置の校正と適格性検査を行い，8種類のサイズ（0.02, 0.03, 0.1, 0.5, 1, 12, 100, 1,000 µm）について ±0.6％の精度保証をしている。また，分布幅のある標準サンプルを用いて，JIS Z 8825 に準じた規格管理を行い，信頼の高精度と再現性を実現している。

6. 測定事例

6.1 湿式測定事例（スラリーの粒子分散性分析）

化学機械研磨（Chemical Mechanical Polishing：CMP）技術は，大規模半導体集積回路の製造過程において，なくてはならない基盤技術として用いられている。CMP とは，スラリー中の化学成分により粒子表面に研磨されやすい変質層を形成し，スラリー中の砥粒との摩擦により研磨・平坦化する技術である。コロイダルシリカ砥粒は，ゾル-ゲル法によって作成され綺麗な球形をしており，研磨速度は遅いがダメージが少ないという特徴があるため，Si ウェハ用の CMP 材料として広く使われている。CMP スラリーの粒子径管理は，研磨特性向上に非常に重要とされている。また，研磨剤を製造する側だけではなく，購入して使用するメーカーでもレーザ回折・散乱法を使って粒子径管理が行われている。CMP スラリーの品質管理の工程検査での測定例を図6に示す。100 nm 以下の OK 品および数 µm 前後の粗大粒子を含む NG 品が迅速に判別できている。

6.2 乾式測定事例（胃薬の粒子分散性分析）

医薬品分野における粒子径は，「薬の効果」と「安全性の確保」という点で非常に重要になっている。薬は毒性のあるものが多いので，副作用がでないよう厳密に摂取量をコントロールする必要があり，優れた治療効果をあげるためには，薬分子を必要な部位に必要な量だけ届けるという技術が求められる。これはドラッグデリバリーシステムと呼ばれる手法で，造粒技術やコーティング技術，カプセル化によって体内で効果を出す部位（胃や腸など）を狙って，薬の溶け出す時間や到達する時間をコントロールしている。薬は，水をはじめ，種々の溶媒に溶けてしまうため，湿式測定法で測定するのは困難で，胃薬などの顆粒化された粉は大きさにも意味があるため，有姿のまま測定する必要がある。こんなとき分散媒を使わない乾式測定法にて胃薬の粒子径分布測定を行うことができる。結果を見ると，広い分布を持ち，大粒子と小粒子を同時に検出されているのがわかる。図7に，市販胃薬の乾式測定結果を示した。

7. 各種アクセサリーを使った応用例

セラミックス・顔料・電池材料・触媒・化粧品・

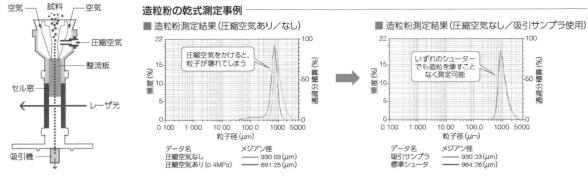

図7 乾式測定事例

食品・製薬などの幅広い分野の素材の違う粒子を取り扱い，さらに，希釈したくない，粉のままで測定したい，自動で多検体を測定したい，有機溶剤中で測定したい，サンプルが少量である，偏析がないように大容量を測定したいなどのさまざまな測定ニーズに対応するため各種アクセサリー（**図8**）が用意されている。その一部の機能を紹介し，測定ニーズに合ったアクセサリーの選択の重要性を示す。

7.1 高濃度セル

インク・塗料・顔料・エマルション，二次電池の正極材・負極材など，原液が高濃度に調整された分散液の場合，測定のために透過率を調整するために，通常，溶媒で希釈するため，測定対象物の中に存在する微量な凝集物の存在を見逃すことがある。見逃した凝集物が，次工程や商品に大きな影響を及ぼすこともあり注意が必要である。このような高濃度の分散液であり，比較的低粘度の分散液であれば，高濃度低粘度セルユニットを使っての測定が可能である。セル板間に挟み込む粒子分散層の光路長を変化させることが可能で，原液で，あるいは，より原液に近い濃度での測定が可能になる。**図9**は，電池電極材料を高濃度スラリーのまま測定することで，凝集評価ができた例である。

7.2 ペーストセル

半導体チップ・ディスプレイ・各種電子部品の接着にAgペーストを使用しているが，部品の微細化によりAgペースト中のAg粒子サイズもナノメートルサイズのものが昨今求められている。ナノ粒子は凝集しやすいため分散状態を確認する必要があるが，従来法では希釈を余儀なくされるため，サンプルそのものの状態での凝集の有無を確認できなかった。そこでペーストセル用いることで，高濃度高粘度のサンプルをそのまま希釈せずに挟み込むだけで測定でき，実際の凝集状態の有無を確認することが

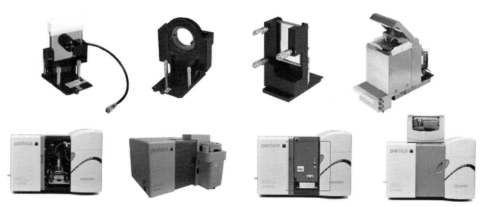

図8 アクセサリー（上段左から；バッチ式セル，高濃度セル，ペーストセル，ミニフロー，下段左から；画像解析ユニット，オートサンプラー，温調ユニット，乾式ユニット）

第1章　分散性（粒子径分布）評価事例

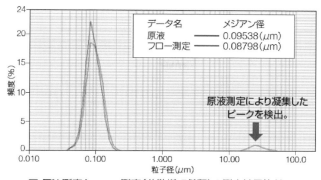

■ 原液測定とフロー測定（分散媒で希釈）の測定結果比較

図9　高濃度セルを使った測定事例

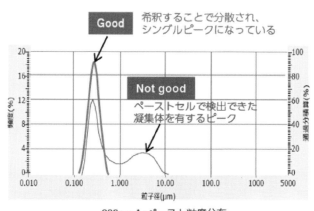

200nm Agペースト粒度分布

図10　ペーストセルを使った測定事例

できた例を図10に示す。

7.3　バッチ式セル

ミニフローよりもさらに微量なサンプルや全量回収が必要なサンプル，密閉状態が必要なサンプルなどに使用するセルで，最少容量は5 mLから測定可能で，有機溶剤にも対応可能である。図11は，SEM像からわかる通りの分散性の良い着色インクを，バッチ式セルと高濃度セルで測定した。バッチ式セルでは2,000倍希釈し，高濃度セルでは原液を使用した。両セル共に，同等の結果を示していることがわかる。

7.4　ミニフロー（小容量循環システム）

カーボンブラックは優れたゴム補強材として主にタイヤに使用されているが，黒色顔料や導電性付与剤としてフィルムや樹脂にも使用されている。ま た，カーボンブラックの一種であるアセチレンブラックは二次電池の電池導電剤としてなど多岐に使用されている。カーボンブラックは一次粒子が衝突・合着して連鎖状または凝集粒子として存在し，表面官能基（-OH，-COOH）が存在していることから，一次粒子径・ストラクチャ・表面特性の三大要素が重要な特性因子となる。一般的に，粒子径が小さいほどカーボンブラックの黒度は高く，また凝集力が強くなることで分散が難しくなり，一次粒子径を測定するには有機溶媒中で超音波をかけ，一次粒子にまで分散させてから測定する必要がある。ミニフローユニットを用いて，超音波処理によって凝集を解きながら，分散状態の変化を粒子径分布で確認した例を図12に示す。1回の測定時の溶媒量は約35 mLで，ランニングコスト・廃棄コストを低減することが可能である。

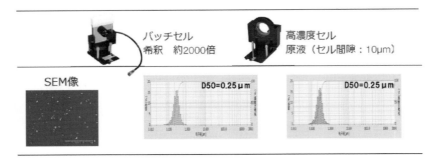

図11　バッチ式セルと高濃度セルを使った測定事例

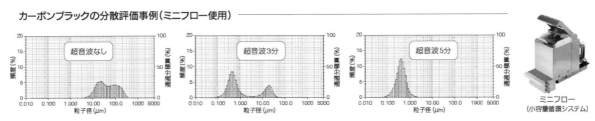

図12　ミニフローを使った測定事例

図13　乾式ユニット装着例と各種フィーダユニット

7.5　乾式ユニット

図13に示す乾式ユニットを使用すると，乾燥した粉の状態で測定することが可能である。装置上部に置いた乾式ユニットから，振動フィーダで粒子を均一に測定部へ落下させるため，再現性高く乾燥粉体を測定することが可能である。振動フィーダを用いずに，吸引ノズルや薬さじで直接投入することもできる。通常の一次粒子測定の場合は，測定部へ落下中の粉体に圧縮空気を当てて，凝集粉を崩してから測定部に投入する。サンプルに合わせて圧縮空気圧・振動フィーダスピード・測定自動トリガなどの設定が可能である。また，圧縮空気を印加させずに測定した場合，余計な力を加えられることなく上部から落下させる形で測定部に投入されるため，凝集した粉体や，造粒粉を壊さずにそのまま測定することも可能となる。サンプルを分散媒に分散させる湿式測定では，一次粒子の情報だけになってしまうが，凝集した粉体や造粒粉を壊さずにそのまま測定する乾式非分散測定や乾式分散測定では，凝集粉や造粒粉などさまざまな状態での粒子径分布の測定が可能となる。

7.6　画像解析ユニット

レーザ回折・散乱法の湿式測定法では，多くの粒

子からの情報で粒子径分布を作成する。しかし，残念ながら微量しか含まれていない粒子の情報については，粒子径分布に現れず，その存在を見落とすことがある。例えば，研磨剤などでは少量であっても，粗大粒子があると品質に大きく影響することが知られている。そこで，湿式測定中に，同時に同サンプルの画像観察により粗大粒子を確認することにより，粗大粒子の有無や，粗大粒子が混入している未粉砕の粗大粒子なのか，凝集によって大きくなっている粒子なのかが確認できるようになる。**図14**にこの画像システムの測定画面と観察例を示す。

7.7 オートサンプラー

図15は，取り外し可能なサンプルカップを24個搭載した回転テーブル式の自動サンプル投入システムの一例である。サンプルカップ内を洗浄し，全量を分散バスへ投入する仕組みである。最適なアプリケーションとしては，セラミックス・電子材料・コンデンサ材料・触媒などの生産品質管理部門による多検体測定である。この他にスラリー状サンプル用オートサンプラーやロボットアームを搭載したオートサンプラーユニットなど生産現場の省力化・効率化に貢献するユニットである。

7.8 温調ユニット

温度ユニットは，実際に必要な温度環境下で測定するためアクセサリーで，バイオサンプルのような熱や温度によって変化する粒子径分布の確認を行う

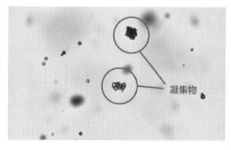
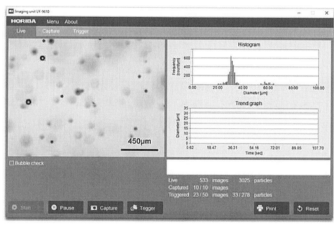

図14 画像解析ユニットの観測画面

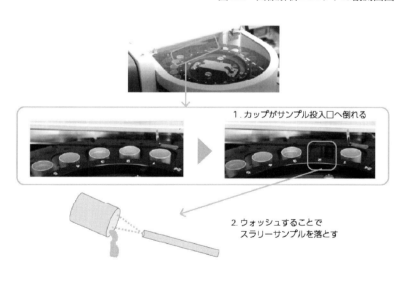

図15 オートサンプラー事例

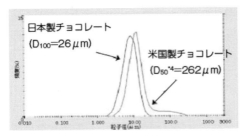

図16　温調ユニットでの測定事例

ために使用する。例えば，チョコレートの原材料は，カカオ豆を粉砕してペースト状にしたカカオマスとカカオ豆の脂肪分であるカカオバター，それに砂糖とミルク，香料などが加えられている。チョコレートを食べたときの舌触りはカカオマスの粉砕度合いで異なり，粒が大きいほど口どけが早くなる。大きすぎるとザラツキを感じるようになり，小さいほど滑らかな食感となるが口どけが悪くなる。口に入れたときの温度で測定することも重要である。日本製のチョコレートと米国製のチョコレートの粒子径分布測定結果を比較すると両者の食感には違いがありそうであることがわかる。なお，分散媒はパラフィン系溶剤を用いて測定した結果を図16に示す。

8. おわりに

レーザ回折・散乱法の原理・装置・特徴などを概説した上で，幅広い粉体計測市場のニーズに対応した研究開発における評価ツール，あるいは，生産現場での検査設備として使用されている本測定法のアプリケーション例の一部を紹介した。本測定法は，これまでも先端材料開発や粉体製品の品質管理に活用されてきたが，今後はさらに，先端材料の開発効率改善のためのカスタマイズや，生産効率改善のための検査全自動化などの活躍の場が広がるものと期待している。

文　献

1) JIS Z 8825:2022 粒子径解析―レーザ回折・散乱法.
2) S. Tomey: On the numerical solution of Fredfolm integral equations of the first kind by the invension of the linear system produced by quadrature, *J. Assoc. Comput., Mach*, **10**, 97-101 (1963).
3) T. Igushi and H. Yoshida: Investigation of low-angle laser light scattering patterns using the modified Twomey iterative method for particle sizing, *Rev. Sci. Inst.*, **82**, 015111 (2011).
4) 菅澤央昌：*Readout*(HORIBA technical report), **41**, 92 (2013).
5) 山口哲司：*Readout*(HORIBA technical report), **45**, 35 (2015).

第1章 分散性（粒子径分布）評価事例

第2節
DLS（動的光散乱法）

国立研究開発法人産業技術総合研究所　髙橋　かより

1. はじめに

分散や凝集の状態を調べる手法として動的光散乱（dynamic light scattering：DLS）法は，半世紀以上まえから確立されている測定法であり，装置も比較的安価で操作も簡便なうえに，サイズ分布も算出できるため，産業界・学術界を問わず広く普及している。本項では，DLS法の基本原理から解説し，媒体中における相互作用の評価や，形状の推定方法などについて述べる。

2. 動的光散乱法と静的光散乱法

動的光散乱（DLS）法は，媒体に分散している粒子や凝集体，会合体，分子などに光を照射し，その散乱光の時間相関を測定する手法である。「動的」の対となる語である「静的」な光散乱を測定する手法は，静的光散乱（static light scattering：SLS）法と呼ばれ，散乱光の時間平均値を測定する手法である。通常，SLS法においては，入射光に対して散乱光を受ける角度θ（scattering angle：散乱角度）を変化させて，各散乱角度において散乱光強度の時間平均値を測定していく。散乱角度による散乱光強度の変化，つまり，散乱パターンを測定し，解析することで，粒子や会合体のサイズや形状，サイズ分布などを求めることができる。対象のサイズや光の波長，散乱角度などの条件によって光が対象に照射されたときに起きる現象が異なり，回折や散乱，例えば，散乱の中でもMie散乱やRayleigh散乱といった理論的によって記述される。

DLS法ではSLS法とは対照的に，通常は散乱角度を固定させ，特定の角度で散乱光の時間相関を測定する（図1）。市販のDLS装置では，散乱角度は固定されている場合が多いが，DLS法においても多数の散乱角度で時間相関を測定することによって，粒子間の相互作用に関する情報を得ることができる。粒子間の相互作用については[4.]で，形状に関しては[5.]で述べる。

3. 動的光散乱の原理[1-7]

媒体中に分散した粒子に電磁波を照射すると，媒体と粒子の間の誘電率の差による「ゆらぎ」が観測できる。光散乱の場合では，屈折率の差によるゆらぎとして測定される。屈折率ゆらぎは一般に，密度，濃度，分子配向などのゆらぎを反映する。DLS法では，このゆらぎの時間相関を測定する。表1に示すように，DLS法には光学的な設定に，ホモダイン法とヘテロダイン法がある。ホモダイン法は散

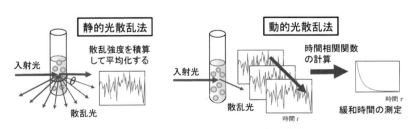

図1　静的光散乱と動的光散乱測定の模式図

表1 動的光散乱の測定方式のまとめ

	測定原理	光学的設定	解析法
光散乱法	動的光散乱法	ホモダイン法	光子相関法
		ヘテロダイン法	周波数解析法
	静的光散乱法		

乱光のみを使用してゆらぎの時間相関を計算するのに対して，ヘテロダイン法では入射光の一部を散乱光に混合し，光の位相情報を失わずに測定する方法である。通常，ホモダイン法の解析には光子相関法が，ヘテロダイン法の解析には周波数解析法が用いられる。粒子サイズを求めることを主な目的とするDLS法では，市販装置としては装置が小型化でき，データの安定性も良いホモダイン法の光学的セットアップと光子相関による解析手法を採用している装置が最も多い。一方で，ホモダイン法では光の位相情報が失われてしまっているために，粒子がランダムな運動をしているなど，いくつかの理論的な仮定をしなければならない。そのため，ゼータ電位測定のように，電場を掛けて一方向に粒子が運動しているような系には適さない。光学的手法によるゼータ電位測定においてヘテロダイン法が採用されているのは，このためである。以下では，DLS法のうち，光子相関法によって解析されるホモダイン法に関して詳しく述べる。

DLS法における散乱電場のゆらぎは，密度ゆらぎが無視できるとすると濃度ゆらぎに比例し，散乱ベクトル$\boldsymbol{q}$の大きさを$q=(4\pi n/\lambda)\sin(\theta/2)$，$\tau$を観測時間として，

$$\langle \delta E^*(q,0)\delta E(q,\tau)\rangle \propto \langle \delta C^*(q,0)\delta C(q,\tau)\rangle \exp(-\Gamma\tau) \quad (1)$$

と表すことができる。ここでτは，$\tau = m \times \Delta\tau$（$m$：装置のチャンネル数，$\Delta\tau$：サンプリング間隔）によって与えられる。散乱電場の相関は指数関数的に減衰し，その減衰速度Γから粒子の運動の緩和速度を求めることができる。しかし，電場の相関は，ホモダイン法の場合，先に述べたように直接観測することはできず，実際の測定において観測可能なのは，散乱光強度の相関である。散乱電場の相関関数$g^{(1)}(\tau)$を求めるためには，散乱光強度の自己相関関数を$g^{(2)}(\tau)$として，次の式(2)で表される関係を仮定する必要がある。

$$g^{(2)}(\tau) = A\left(1 + B\left|g^{(1)}(\tau)\right|^2\right) \quad (2)$$

ここで，A，Bはデータフィッティング上の変数である。式(2)は，一般にSiegertの関係式と呼ばれており，この方法により，散乱光強度から電場の時間相関を推定することができる。ただし，Siegertの関係式は，電場のゆらぎにガウス分布を仮定しているので，例えば，ゼータ電位測定のように，粒子がランダムな運動ではなく一方向に運動している場合や，大きな粒子が非常に少数だけ存在している場合，相分離過程での臨界点近傍のようにゆらぎが極端に大きな場合などでは，ガウス分布仮定からの逸脱が予測されるため，ヘテロダイン法を用いる必要がある。

式(2)で，粒子の運動モードが一つの場合は，散乱電場の時間相関関数$g^{(1)}(\tau)$は単一指数関数減衰となるので，

$$\left|g^{(1)}(\tau)\right| = \exp(-\Gamma\tau) \quad (3)$$

とおくことができる。例えば，粒子が単純なブラウン運動をしている場合，減衰速度Γから拡散係数を求めることができる。粒子の運動モードが複数ある場合や，粒子にサイズ分布がある場合などは，Γは単一の数値ではなくなり，分布を持つことになる。

粒子の運動モードが複数ではなく，粒子サイズが単峰分布であるならば，減衰速度Γの平均値を求めるには，以下のようなCumulant展開法が最も簡便である。

$$\ln\left|g^{(1)}(\tau)\right| = -\overline{\Gamma}\tau + \frac{1}{2!}\mu_2\tau^2 - \cdots \quad (4)$$

通常，式(4)の1次または2次の展開により$\overline{\Gamma}$を決定する。$\overline{\Gamma}$は平均の減衰速度であり，$\mu_2/\overline{\Gamma}^2$は粒子のサイズ分布を反映した値となる。しかし，粒子サイズに複雑な分布がある場合や，数種類の緩和過程が検出される場合は，単一指数関数減衰を仮定しているCumulant法は適切ではなく，ヒストグラム法やCONTIN法などに代表される各種の逆ラプラス変換の計算アルゴリズムを使用する[2-10]。

上記のような解析により，減衰速度$\overline{\Gamma}$が決定できた場合，$\overline{\Gamma}$は拡散係数Dならびに散乱ベクトルの大きさqと，

$$\overline{\Gamma} = Dq^2 \quad (5)$$

の関係にあり，下記の式(6)で示されるStokes-

Einstein式により，流体力学的半径 R_h を決定することができる[11,12]。

$$R_h = \frac{k_B T}{6\pi\eta D} \quad (6)$$

ここで k_B はボルツマン定数，T は絶対温度，η は媒体の粘度である。粒子間の相互作用や，粒子のまわりに吸着して粒子と一緒に運動している媒体分子などがない場合には，流体力学的半径 R_h は粒子サイズに相当する値となる。ただし，粒子サイズは粒子の直径を指す場合が多いので，流体力学的半径 R_h は粒子サイズの半分となる。流体力学的半径 R_h および粒子サイズと拡散係数 D は，逆数の関係にあり，小さな粒子は速く拡散し，大きな粒子ほどゆっくりと拡散して行くことがわかる（図2）。散乱角度を変えるなどして散乱光の時間平均値から粒子径や粒子形状を測定するSLS法やレーザ回折法，小角X線散乱法とは異なり，DLS法においては直接的に粒子の幾何学的な形状が観測されているのではなく，ブラウン運動に代表されるような粒子の熱力学的な運動が観測されている点は注意を要する。

4. DLS法による相互作用評価

DLS法により求められる拡散係数 D は，濃度ゆらぎを主体とする屈折率のゆらぎから算出された値であり，通常，粒子濃度 C および濃度に対する係数 k_D に関して，下記の式(7)のような濃度依存性がある[13]。

$$D = D_0(1 + k_D C + \cdots) \quad (7)$$

式(6)で示されるStokes-Einsteinの関係式は，粒子サイズを求めるならば，無限希釈状態における拡散係数 D_0 によって計算する必要があり，濃度をいくつか変えた測定を行い，濃度0へ外挿する必要がある。

DLS法の使用目的は粒子サイズの測定であることが多く，濃度依存性や角度依存性を持つことは重要視されていないが，これらを詳細に測定することによって非常に有用な物性評価を行うことができる[14,15]。例えば，図3(a)はポリスチレンラテックスの水分散液に対して，散乱角度 θ と粒子濃度 C をいくつか変えて測定を行い，それを1つのグラフ上にプロットしたものである。このような現象が起きる原因は，粒子の持つ静電気的な長距離相互作用によると考えられ，観測される拡散係数を D_{app}，無限希釈状態の拡散係数を D_0，静的な構造因子を $S(q)$，さらに流体力学的な因子を $H(q)$ として，下記の式(8)のように表すことができる[1,3]。

$$D_0 = \frac{D_{app}}{H(q)} S(q) \quad (8)$$

$S(q)$ と $H(q)$ は実験的に明確に区別することは難しく，$S'(q) (= S(q)/H(q))$ として記述することが多い。$S'(q)$ の計算方法は，どのようなモデルを想定するかでさまざまあるが，最も単純な剛体球モデルを仮定したとすると，以下のように記述できる[16]。

$$S'(q) = \frac{1}{1 + \frac{24\varphi G(A,\varphi)}{A}} \quad (9)$$

ここで，$G(A,\varphi)$ は式(10)である。

$$G(A,\varphi) = \frac{\alpha}{A^2}[\sin A - A\cos A] + \frac{\beta}{A^3}[2A\sin A + (2-A^2)\cos A - 2] \\ + \frac{\gamma}{A^5}[-A^4\cos A + 4\{(3A^2-6)\cos A + (A^3-6A)\sin A + 6\}] \quad (10)$$

さらに，α，β，γ は下記の式(11)で与えられる。

$$\alpha = \frac{(1+2\varphi)^2}{(1-\varphi)^4},\ \beta = \frac{-6\varphi\left(1+\frac{\varphi}{2}\right)^2}{(1-\varphi)^4},\ \gamma = \frac{(\varphi/2)(1+2\varphi)^2}{(1-\varphi)^4} \quad (11)$$

また，以下の式(12)により，DLS法で求められる R_h と粒子濃度 C から，粒子の長距離的な相互作用 R を評価することができる。

$$\varphi = C\rho_S R^2/(\rho R_h^3) \quad (12)$$

ここで，ρ_s は分散媒の密度，ρ は粒子の密度である。図3(a)に関する計算結果を図3(b)(c)に示す。粒子半径の10倍弱程度の長距離的な相互作用が働いていることがわかる[17]。

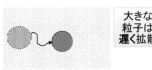
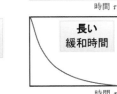

図2　粒子サイズと相関関数の関係の模式図

第2編　計測・評価

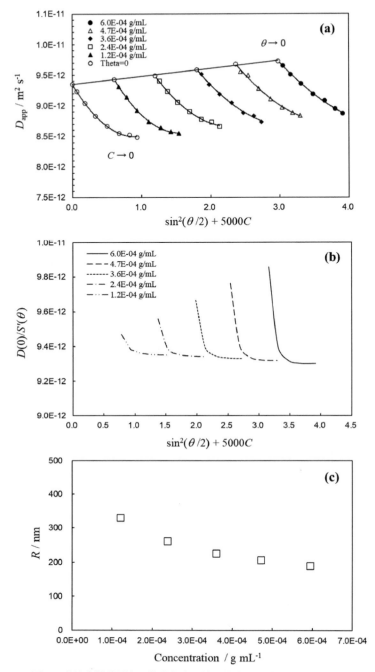

図3　動的光散乱測定の散乱角度・粒子濃度依存性からわかる情報
(a)粒子径50 nm のポリスチレンラテックス粒子に対する測定結果。(b)式(8)～(12)による計算結果。
(c)長距離的な相互作用の計算結果[Reprinted with permission from *Anal. Sci.*, **27**(2011)751–756]

5. 粒子の形状評価

式(6)で示される Stokes-Einstein 式は，半径 R_h の球体が連続媒体中を拡散係数 D でブラウン運動するモデルから計算された関係式であり，R_h は球相当拡散粒子径と呼ばれることもある。一方で，形状が球ではないさまざまな形状のモデル粒子に対して R_h がどのような値になるかはすでに計算されており，実測された DLS の結果をうまく再現するよ

うなモデルを仮定することによって，粒子の形状を推定することができる。いくつかの基本的な形状のモデル粒子に関して計算された R_h の値を**表2**にまとめる[1-3,5,18]。

非球形粒子に対するDLS測定において，有用な方法の1つに偏光解消動的光散乱(depolarized DLS：DDLS)法がある[1-3,18]。レーザ光は通常，水平か垂直か一方向に偏光しており，粒子に光学的異方性がなければ，入射光の偏光状態は散乱光においても維持されている。しかし，粒子が球体ではなく，楕円体や円柱のように光学的異方性がある場合は，入射光が垂直偏光のみであったとしても，散乱光には垂直偏光と水平偏光が混ざって観測される。このような現象を偏光解消といい，偏光解消成分に関するDLSを測定することによって，粒子の異方性に関する情報を得ることができる。偏光解消DLS法では，式(13)に示すように，緩和速度 Γ から，ブラウン運動による拡散係数 D の他に，粒子の回転に由来する回転拡散係数 Θ を求めることができる。

$$\Gamma = Dq^2 + 6\Theta \tag{13}$$

例えば，長さ L，直径 d である円柱状粒子の場合，ブラウン運動による拡散係数 D と，粒子の回転に由来する回転拡散係数 Θ は，以下の式(14)，(15)で与えられる[3,18]。

$$D = \frac{k_B T}{3\pi\eta L}\ln(L/d) \tag{14}$$

$$\Theta = \frac{3k_B T}{\pi\eta L^3}\ln(L/d) \tag{15}$$

ブラウン運動が散乱光強度に及ぼす寄与に比べると，回転拡散が散乱光強度に及ぼす寄与は，通常，非常に小さいため，グラントムソン・プリズムを使用するなどして，効率良く偏光解消成分を検出することが必要である。

また，回転拡散は一般的に，ブラウン運動に代表されるような並進拡散よりも速く，図1や図2で示した時間相関関数の短時間側に現れる。**図4**に運動モードが1つの場合と2つの場合の相関関数の模式図を示した。相関関数は，縦軸・横軸ともに線形で表示されていれば，図1や図2, 図4(上段左端)のような見慣れた単一指数関数減衰となる。横軸は線形のまま，縦軸のみ対数表示にすると，指数関数減衰が直線状に表記されるので，減衰が単一であるかどうかを直感的に目視しやすい。例えば，粒子サイズに広い分布があると，減衰が直線上に乗らずに湾曲したり，折れ曲がりが生じたりする。また，横軸つまり時間軸は，運動モードの時間範囲が広い場合には対数で表示しないと短時間側の測定点がつぶれてしまうので，対数軸で表示されている装置が多い。横軸を対数で表示した場合は，複数の運動モードが混在するとき，相関関数が階段状に見える。運

表2　基本的なモデル粒子に対して計算された流体力学的半径 R_h のまとめ

粒子形状		モデル図	流体力学的半径 R_h
球 中空球	外径：a		a
円盤	厚さ：H 半径：R		$\dfrac{2}{\pi}R \quad (H \ll R)$
円柱	長さ：L 半径：R		$\dfrac{L}{2\ln(L/2R)} \quad (L \gg 2R)$
偏平楕円体($a>b$)	赤道半径：a 極半径：b		$\dfrac{b\sqrt{a^2/b^2-1}}{\tan^{-1}\sqrt{a^2/b^2-1}}$
偏長楕円体($a<b$)	赤道半径：a 極半径：b		$\dfrac{b\sqrt{1-a^2/b^2}}{\ln\left[\dfrac{1+\sqrt{1-a^2/b^2}}{a/b}\right]}$

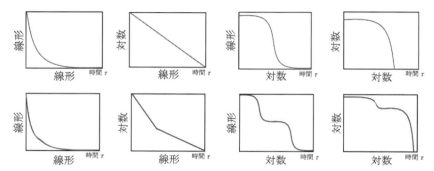

図4　運動モードが1つのときの時間相関関数の模式図（上段）と2つの時の模式区（下段）
縦軸（相関）と横軸（時間）をそれぞれ，線形でプロットした場合と，対数でプロットした場合の違い。

動モードが複数観測される例としては，もともと複数のサイズの粒子が混在している場合の他，上記のような非球形粒子の回転拡散や，サイズが比較的大きくて柔らかい凝集粒子などでは粒子内部の伸縮運動が観測されることもある。

文　献

1) B. J. Berne and R. Pecora: Dynamic light scattering with applications to chemistry, biology, and physics, Wiley, New York (1976) [Reprinted by Dover, Mineola, NY, (2000)].
2) B. Chu: Laser light scattering: Basic principles and practice, 2nd edition, Academic Press, Boston (1991) [Reprinted by Dover, Mineola, NY (2007)].
3) W. Brown: Dynamic light scattering, the method and some applications, Monographs on the physics and chemistry of materials, No. 49, Clarendon, Oxford (1993).
4) 高分子学会編：レーザー応用技術，共立出版，11-24 (1993).
5) 柴山充弘ほか：光散乱法の基礎と応用，講談社 (2014).
6) ISO 22412:2017, Particle size analysis — Dynamic light scattering (DLS). JIS Z 8828:2019 粒子径解析―動的光散乱法.
7) ISO/TR 22814:2019 Good practice for dynamic light scattering (DLS).
8) S. W. Provencher: *Makromol. Chem.*, **180**, 201-209 (1979).
9) S. W. Provencher: *Phys. Commun.*, **27**, 213-227 (1982).
10) S. W. Provencher: *Phys. Commun.*, **27**, 229-242 (1982).
11) A. Einstein: Investigations on the theory of the Brownian movement, Edited by Fürth R, Methuen, London (1926) [Reprinted by Dover, Mineola, New York (1956)].
12) H. Lamb: Hydrodynamics, Cambridge University Press (1932).
13) W. Brown and P. Zhou: *Maclomolecules*, **24**, 5151-5157 (1991).
14) S. Bantle et al.: *Macromolecules*, **15**, 1604 (1982).
15) M. Wenzel et al.: *Polymer*, **27**, 195 (1986).
16) J. K. Percus and G. J. Yevick: *Phys. Rev.*, **110**, 1 (1958).
17) K. Takahashi et al.: *Anal. Sci.*, **27**, 751-756 (2011).
18) T. Nose and B. Chu: Light Scattering, Polymer Science: A Comprehensive Reference, Vol 2, Amsterdam: Elsevier BV, 301-329 (2012).

第1章 分散性（粒子径分布）評価事例

第3節 凝集粒子数カウント法

日本インテグリス合同会社　佐々木　健吉

1. はじめに

半導体をはじめとする各種産業用の材料の微細化に伴い，ナノ/マイクロメートルの粒子径を持つ材料を合成する技術に加え，合成した材料を分析/モニタリングする技術についても重要性が高まっている。

これらのナノ/マイクロメートルサイズの粒子においては，粒子サイズの特定は製品の特性にも影響する重要なパラメーターとなる。

手軽に粒子サイズを測定する手法として平均粒子径を測定する方法がある。これらは，レーザー回折法など粒子全体から出る信号を検出しアルゴリズムで処理して粒子径を計算する手法である。しかしながら，平均粒子径の測定のみでは，製品の性能を完全に把握することは難しく，分布のテイルの部分に存在する微量な凝集・粗大粒子の測定も重要である。

例えば，半導体用のCMPスラリーに凝集粒子が存在すれば，半導体ウェハーにスクラッチを発生させる要因となり，印刷用のインクや医薬品の注射剤に凝集粒子が混入すると，それぞれインクジェットのノズルや毛細血管の詰まりの原因となる。

このような凝集粒子が製品中に含まれている割合は多くの場合，非常に微量で，平均粒子径の測定にはほとんど影響しない。また，凝集粒子やコンタミを除去/コントロールするための技術として，フィルタリングや分散処理を行う場合もあるが，これらの処理も平均粒子径にはあまり影響しない。

微量な粗大粒子をコントロールする目的で，凝集粒子を測定するための技術として，本稿では，AccuSizer®（以下アキュサイザー）を用いた粒子計測技術について紹介する。

2. アキュサイザー

アキュサイザーは，光学的粒子検出技術（Single Particle Optical Sizing：SPOS）を用いた粒子径分布測定装置である。この装置は，最大 0.15～400 μm の範囲に存在する粒子を最少1個から測定し，溶液中に存在する粒子の数と分布の情報を取得することができる。モデルによって異なるが，共通してSPOSセンサー，パルスハイトアナライザー，およびサンプラーユニットを備えていて，自動希釈機構のついたサンプラーユニットを使うことで，正確にサンプルの粒子数濃度を知ることができる。

このSPOSの技術は，物理特性の複雑な数学的処理のアルゴリズムを必要とする技術ではない。また粒子サイズと粒子数を一度に計測することから，平均粒子径を求めるための測定技術と比較して，高い分解能を持つ粒子径分布を得ることが可能である。

以下にSPOSの原理と特徴を説明する。**図1**の模式図はセンサーの機構と粒子検出を示したものである。粒子が1個1個流れているフローセルにレーザー光線を照射すると，レーザー光の当たった粒子から遮蔽の信号と散乱の信号が発生する。アキュサイザーは，遮蔽と散乱の信号を合成して使用する。合成した信号の電圧を，粒子径標準粒子を用いて作成したキャリブレーションカーブと比較することでフローセルを通過した粒子1個1個の粒子径を判別する。SPOSを用いることで，幅広い領域に分布する粒子を迅速に，かつ正確に測定することが可能になる。

上記の特徴を活用して，現在アキュサイザーが最も使用されているのは半導体産業のシリコンウェハー研磨用スラリーのモニター用途である。この

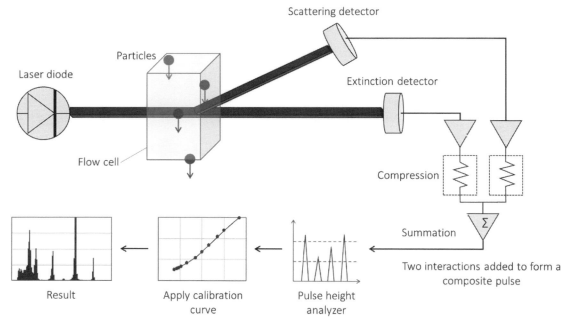

図1　センサーの機構と粒子検出

用途では，ラインを流れているCMP(Chemical Mechanical Polishing)スラリーという材料をモニターする。

CMPスラリーは，さまざまな薬液や砥粒を混合して，シリコンウェハー表面を物理的，化学的に研磨していくための材料である。複雑な組成を持つことから，スラリーにせん断力が働いた場合や，液相に変化があった場合のショックにより凝集粒子が発生しやすいという特徴がある。CMPスラリー中に規格よりも大きい凝集粒子が混入すると，研磨時にシリコンウェハーを傷つけてしまい，大きな損失が発生する場合がある。そこで，半導体産業では，研磨装置に流れる前のCMPスラリーをアキュサイザーでモニターして，凝集粒子が研磨装置に流れ込まないように工程管理を行っている。

図2はアキュサイザーの検出限界を調査した実験の結果である。サイズ1 μmの濃度既知のSiO$_2$粒子をシリカCMPスラリーに添加して，数種類の装置で測定し，検出する能力比較したものである。この実験での検出限界は0.07 mg/mLで，ppmオーダーの粒子を検出できることがわかる。

また図3は，アキュサイザーの検出能力を調べ

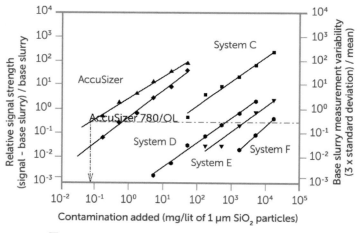

図2　アキュサイザーの検出限界を調査した実験結果[1]

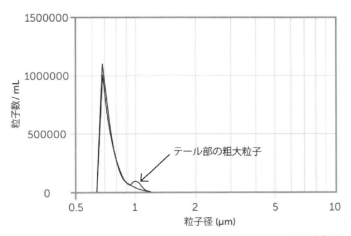

※口絵参照

図3 CMPスラリーに凝集粒子のモデルとして微量のポリスチレンラテックスを添加し、測定したときの結果[2]

るため、CMPスラリーに凝集粒子のモデルとして微量のポリスチレンラテックスを添加し、測定したときの結果である。青いラインが、元のCMPスラリーを測定した結果、赤いラインがCMPスラリーに1 μmのラテックス標準粒子を添加したものである。この実験では250 mLのCMPスラリーに対して、ラテックスを3.4 μL添加していて、この程度の極少量の凝集粒子の増加でもアキュサイザーは判別できるということを示している。

実際のモニター用途では、製造ラインを流れているスラリーを数分から数時間に1回ずつ測定して凝集粗大粒子の量が一定値を超えると、アラームを発出するという用途になる。この用途で必要とされる、測定の正確性と迅速さ、ハンドリングの容易さはラボ装置の場合でも同じように分析に役立つ。

3. おわりに

まとめると、アキュサイザーは、液中に存在する粒子の数と大きさを測定することができる装置である。その特徴は、分解能の高さと検出感度の高さにある。液中の粒子を1個1個測定できるため、バックグラウンドとなる溶液に対する微量の粒子の変化を精度良く捉えることも可能である。アキュサイザーの能力は、特にセンシティブな溶液からの凝集粒子の測定や、フィルターによる粒子の除去を確認するための試験に適した測定技術といえる。

文　献

1) K. Nichols et al.: Perturbation Detection Analysis: A Method for Comparing Instruments That Can Measure the Presence of Large Particles in CMP Slurry, report published by BOC Edwards, Chaska, MN.
2) Detecting Tails in CMP Slurries, Entegris, August (2019).
https://www.entegris.com/content/dam/product-assets/accusizerspossystems/appnote-detecting-tails-cmp-slurries-10527.pdf

第1章 分散性(粒子径分布)評価事例

第4節
SAXS(小角X線散乱法)

株式会社アントンパール・ジャパン 高崎 祐一

1. 小角X線散乱法とは

小角X線散乱(Small Angle X-ray Scattering:SAXS)は,X線散乱を利用して固体または液体中に分散した直径1〜100 nm 程のナノ粒子(金属ナノ粒子,巨大分子,分子集合体など)のサイズのみならず,形状,内部構造,配向などを非破壊で調べられる手法である。SAXS法では,分散液の濃度が高いスラリーやペーストであったり,分散液が暗色であったりしても測定できるという特徴がある。また,X線照射範囲に存在するすべてのナノ粒子の平均構造を一度の測定によって調べることができるため,電子顕微鏡による局所的な観察結果を裏付ける用途でも用いられる。本項では,SAXS法により溶液中に分散したナノ粒子の粒子径分布を調べる方法を中心に解説する。

1.1 SAXSの原理―粒子径と散乱角の関係

ナノ粒子が分散した試料にX線ビームを照射すると,そこでX線の散乱現象が生じる。このとき,散乱X線はさまざまな方向に進む(球面波)が,散乱角 2θ が10°よりも小さい領域(小角領域)に検出器をおいて散乱X線の強度と散乱角の関係,すなわち散乱強度分布を調べる方法を小角X線散乱(SAXS)と呼ぶ(図1)。一方,散乱角が10°以上の領域(広角領域)に検出器をおいて散乱X線を調べる方法を広角X線散乱(WAXS)と呼ぶ。

ナノ粒子のサイズとその散乱が現れる角度領域には逆数のような関係があり,評価したいナノ粒子のサイズが大きくなるほど,より小さい角度領域の測定が必要になる。例えば,直径100 nm のナノ粒子を Cu-Kα 線(波長:0.154 nm)を用いて評価するには,散乱角 $2\theta=0.04 \sim 0.05°$ という極めて小さい角度領域まで高精度に測定する必要がある。一方,観測対象が1 nm 以下である場合,その構造由来の散乱は広角領域に現れるため,WAXS測定が必要となる。

このように,SAXSおよびWAXSでは,ナノ粒子のサイズと散乱角度に密接な関係がある。実際の議論では,散乱角 2θ の代わりに次の式で表される散乱ベクトル q を用いることが多い。

$$q = \frac{4\pi}{\lambda}\sin\left(\frac{2\theta}{2}\right) \tag{1}$$

λ は使用したX線の波長,2θ は散乱角である。ある SAXS 装置が測定できる散乱ベクトルの下限値 q_{min} は小角分解能と呼ばれており,その装置が評価可能な最大粒子径 D_{max} との関係[1]は次の関係式で表される。

$$D_{max} \approx \frac{\pi}{q_{min}} \tag{2}$$

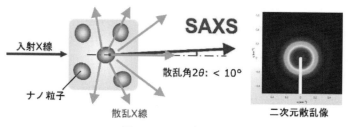

図1 SAXSの概念図

例えば，小角分解能 $q_{min} = 0.03 \text{ nm}^{-1}$ の場合には D_{max} は約 100 nm であり，$q_{min} = 0.01 \text{ nm}^{-1}$ の場合には D_{max} は約 300 nm と計算できる。どのくらいの q 範囲を観測すべきか，この式から見積もっておくとよい。

散乱 X 線を記録するための検出器は一定の検出面積を持ち，試料と検出器の位置を固定すると，特定の q 範囲の散乱 X 線のみが記録されることになる。ラボ用の SAXS 装置としては，q 範囲が固定のタイプと可変式のタイプの 2 種類が存在する。q 範囲を変更できる SAXS 装置では，例えば図 2 のように，試料と検出器の間の距離（カメラ長）を変えることで q 範囲が変更される。試料と検出器が離れているほど，q の小さい範囲（SAXS 領域）を高精度に測定でき，試料と検出器が接近すると WAXS 領域まで測定できるようになる。カメラ長の変更方式として，検出器が可動式の場合と試料ホルダが可動式の場合の 2 通りがある。

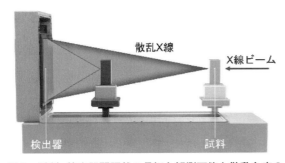

図 2 試料-検出器間距離の長短と観測可能な散乱角度の関係
X 線ビーム軸に沿って試料を動かす方法の場合

1.2 X 線散乱強度と粒子径の関係

SAXS 測定で記録される散乱強度分布は，横軸が散乱ベクトル q，縦軸が散乱強度 $I(q)$ の散乱データ（散乱曲線とも呼ぶ）として出力される。散乱曲線は，ナノ粒子のサイズや形状，電子密度分布を反映しており，ナノ粒子のサイズが変われば，散乱曲線も変化する。例えば，電子密度が均一な直径 10 nm と 100 nm の球状粒子の散乱曲線は図 3 のような形になる。

いずれの散乱曲線も小角側は平坦であるが，粒子径が大きいほうが，より小角側で強度が減衰し始める特徴がある。また，粒子径 100 nm の散乱曲線のほうが，小角側の散乱強度が相対的に高いという特徴がある。ある単一の大きさを持つナノ粒子からの散乱を考えるとき，$q=0$ に外挿した散乱 X 線強度 $I(0)$ の大きさは，そのナノ粒子の半径 R の 6 乗に比例する（体積 V の 2 乗に比例する）。そのため，粒子形状と電子密度分布は変わらずに，粒子径だけが大きくなると，散乱曲線は両対数グラフの左上側にシフトする。例えば，試料中の粒子が凝集すると，巨大な凝集体由来の散乱が小角側に出現することとなり，凝集体の形成を SAXS データから瞬時に判別できる。

一部の粒子が凝集して，一次粒子と凝集粒子が混在しているような場合は，各粒子からの散乱曲線が重なったような形になる。例えば，均一な電子密度を持つ直径 10 nm と直径 100 nm の 2 種類の球状粒子が等量だけ混在する場合の散乱曲線は，式から得られる 2 つの散乱曲線を重ねて図 4 のようになる。

定性的に粒子径の大小をサンプル間で比較したり，凝集粒子の有無を調べたりするだけであれば，後述のデータ解析をしなくても SAXS データにより

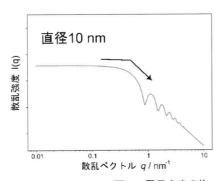
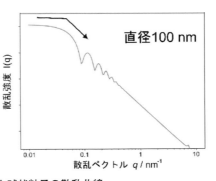

図 3 電子密度の均一な球状粒子の散乱曲線
縦軸の散乱強度 $I(q)$ は任意単位 [a.u.]。散乱曲線の描画には SasView 5.0 を使用

第2編　計測・評価

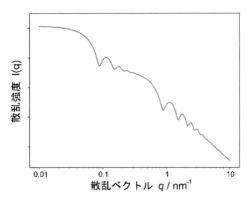

図4　直径 10 nm と 100 nm の球状粒子（電子密度は均一）が等量存在する場合の散乱曲線

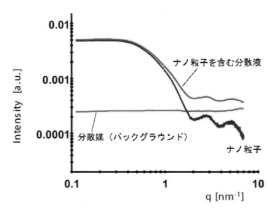

図5　ナノ粒子を含む分散液の散乱曲線から分散媒（バックグラウンド）の散乱曲線を差し引くことで得られるナノ粒子由来の散乱曲線[1]

ある程度の洞察が得られる。ただし実際の測定試料には粒子径の大小や形状の異なるさまざまな粒子が混在していることも多く，その場合には次に説明するようなデータ解析が必要となる。

2. 小角X線散乱法の活用例

2.1　球状粒子の粒子径決定

ナノ粒子を分散させた試料のSAXS測定データを解析するとき，ナノ粒子が孤立していると見なせる希薄系では，粒子同士の干渉効果を無視できるため，比較的簡単に粒子径を求めることができる。以下の説明では，粒子同士の干渉効果を無視できるような希薄系を前提に説明を進める。

ある分散媒中に存在する電子密度の均一な球状粒子の散乱強度分布※（または散乱曲線）I_{sphere} は，次式で与えられる[2]。

$$I_{sphere} = \Delta\rho^2 V^2 \left[\frac{3(sinqR-(qR)cosqR)}{(qR)^3}\right]^2 \quad (3)$$

この式の通り，分散媒とナノ粒子の電子密度の差 $\Delta\rho$ の二乗も散乱強度に影響するため，分散媒選びも SAXS 測定において重要だとわかる。

ある1種類の球状粒子が系中に N 個存在し，かつ各粒子が孤立している場合は，その散乱強度は個々の散乱の総和となる。したがって，粒子間干渉が無視できる濃度範囲では，散乱強度は粒子濃度に比例する。

$$I_{total}(q) = NI(q)_{sphere} \quad (4)$$

ナノ粒子の分散液にX線ビームを照射して SAXS 測定を行うと，X線照射範囲に存在する溶媒分子からの散乱も同時に観測される。そのため，観測される散乱強度分布には，上述のようなナノ粒子からの散乱のほかに，分散媒からの散乱も含まれる。分散媒の分子はナノ粒子と比べて非常に小さいため，小角領域に強い散乱を与えないが，図5のように，広角側ではナノ粒子を含む分散液の散乱強度と近い値を示す。このため，ナノ粒子を含む分散液の散乱強度から分散媒からの散乱強度をバックグラウンドとして差し引く必要がある。また，SAXS装置の光学素子や試料を封入するための試料セルからも散乱（寄生散乱）が生じるため，ナノ粒子のサイズを決定するためには，これらの余計な散乱を除去する必要がある。そこで，ナノ粒子分散液の測定データのほかに分散媒のみ同一の試料セルに封入して同条件で測定する。この2つのデータ（強度補正済み）を用いて減算処理を行うことで，ナノ粒子の散乱曲線が得られる。

ナノ粒子の散乱曲線から粒子径を求める簡便な方法として Guinier（ギニエ）プロットが知られている。これは，小角領域の平坦部から強度が減衰し始める位置を参照して近似式により粒子径を求める方法である。

※　実際に観測される散乱強度 I は入射X線強度 I_0 とカメラ長の二乗の逆数 R_D^{-2} に比例するが，ここでは I_0 と R_D^{-2} で規格化した物理量（厳密には微分散乱断面積）を便宜上，散乱強度分布 I と表記する。

図3や図5のように小角側の平坦部まで測定されたSAXSデータでは，その平坦部から散乱強度が減衰し始める領域（厳密には$qR_g<1$となる領域）において散乱曲線をガウス関数によって次式のように近似（フィッティング）できる。これをGuinierの法則[3]と呼ぶ。

$$I(q) \cong I(0) \cdot \exp\left(-\frac{R_g^2 \cdot q^2}{3}\right) \quad (5)$$

R_gは慣性半径（回転半径ともいう）と呼ばれ，粒子形状によらない大きさの指標である。この式の両辺の自然対数をとると，次式のように変形できる。

$$lnI(q) = lnI(0) - \frac{R_g^2}{3}q^2 \quad (6)$$

この式から，横軸にq^2，縦軸に散乱強度$I(q)$の自然対数をとったグラフ（Guinierプロット）を作成すれば，図6のようにGuinierの法則が成り立つ範囲では直線となり，その傾き（$-R_g^2/3$）から慣性半径R_gが求まる。

球状粒子の半径Rと慣性半径R_gの間には次式のような関係があるため，ここから半径Rが求まる。

$$R = \sqrt{\frac{5}{3}}R_g \cong 1.29 R_g \quad (7)$$

Guinierの法則は，特別なソフトウェアを用いずにSAXSデータから粒子径を求められる簡便な方法だが，この方法が有効なのは一部の小角領域（Guinier領域）に対してのみであることに注意する。得られた慣性半径が妥当であるか判断する場合は，Guinierプロットを作成したq範囲の最大値q_{max}と求めたR_gの積が1より小さい（文献によっては1.3以下でも可とする場合もある）ことを確認するとよい。

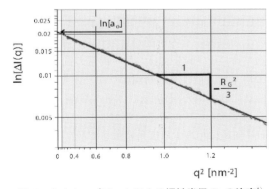

図6 Guinierプロットによる慣性半径R_gの決定[1]

Guinierプロットの他に，分散液中のナノ粒子のサイズを求める方法としてモデルフィッティング法と逆フーリエ変換法[4-6]が知られている。

モデルフィッティング法は，ナノ粒子をモデル化し，そのモデルの構造と散乱の関係式（散乱振幅）から計算された散乱強度分布を実測の散乱曲線と比較することで粒子径を調べる方法である。電子密度が均一な球や棒，球状ミセルに代表されるコアシェル球のような単純な構造であれば，解析ソフトウェアに散乱振幅が予め設定されていることが多く，モデルフィッティング法によるデータ解析を簡単に行うことができる。ソフトウェアに含まれていないような特殊な構造の場合には，散乱振幅を自ら立式する必要がある。

ナノ粒子のサイズだけでなく形状も未知の場合には，モデルフィッティング法による解析が難しい。この場合，モデルフリーの解析手法である逆フーリエ変換法が有効である。散乱曲線の逆フーリエ変換によって得られる二体距離分布関数（Pair Distance Distribution function：PDDF）から，粒子径，粒子形状，電子密度分布に関する情報が得られる。また，粒子形状が球対称な場合には，PDDFの逆重畳[7]によって電子密度分布を求めることもできる場合がある（これは，ある程度，単分散な試料に限る）。

2.2 SAXSデータからの粒子径分布の計算

図4のように分散液中に存在するナノ粒子径が2種類のみで，かつ2つの粒子径が大きく異なる場合は，Guinierプロットにより各粒子のサイズを求めることができる。一方，粒子径に連続的な分布があるような多分散な試料の場合は，各粒子からの散乱曲線の重なりを分離することができず，Guinierプロットだけですべての粒子径を求めることはできない。そこで，多分散な試料の粒子径分布を調べる場合には，以下の方法を用いる。

まず，図4に示したようにサイズのみが異なる2種類の球状粒子が等量存在する場合の散乱曲線は，各粒子からの散乱曲線の単純な和で表すことができる。粒子径が3種類，4種類と増えていった場合も基本的に同様であり，N種類のサイズの球状粒子が混在している場合の散乱強度は次式で表される。

$$I_{total}(q) = \sum_{i=1}^{N}(\Delta\rho)_i^2 V_i^2 \left[\frac{3(sinqR_i-(qR_i)cosqR_i)}{(qR_i)^3}\right]^2 \quad (8)$$

次に，これを拡張して，サイズの異なる球状粒子の各個数が粒子径分布 $D_N(R)$ で表される場合，散乱強度は次式で与えられる。

$$I_{total}(q) = N\Delta\rho^2 \int_0^{R_{max}} D_N(R) V^2 \left[\frac{3(sinqR-(qR)cosqR)}{(qR)^3}\right]^2 dR \quad (9)$$

$D_N(R)$ は個数基準の粒子径分布である。測定で得られた散乱曲線に上式をあてはめてフィッティングを行えば，粒子径分布 $D_N(R)$ が求まることになる。実際には，このような粒子径分布を含む散乱の式が予め設定されたソフトウェア[8]を使用することが多い。体積基準の粒子径分布 $D_V(R)$ および散乱強度基準の粒子径分布 $D_I(R)$ は，それぞれ以下のように変換できるため，同様に散乱曲線に対するフィッティングから求めることができる。

$$V^2 D_N(R) = V D_V(R) = D_I(R) \quad (10)$$

なお，上式にもとづく粒子径分布の決定方法は粒子形状に依存するため，実際の試料中のナノ粒子が球状ではない場合は，上式の括弧の中の形が変わることに注意する。つまり，粒子形状の決定と粒子径分布の決定を同時に行うことはできない。

2.3　SAXSデータからの粒子形状の推定

本項の冒頭で述べたように，SAXS法は分散媒中のナノ粒子の粒子径だけでなく，形状や電子密度分布も明らかにできる場合がある。そのため，分散性の指標として着目している粒子径に顕著な変化がなくても，一次粒子が球状から棒状に変化したり，粒子内部の電子密度分布が変化したりするなど，分散性に影響を与えうる何らかの兆候をSAXS法で明らかにできる場合がある。そこで，まずはSAXS法において粒子形状を推定する方法を概説する。

図7では，散乱曲線を両対数グラフで示した場合に小角～中角～広角の各領域から得られるナノ粒子の構造情報について示した。小角側は Guinier 領域とも呼ばれており，前述の通り，Guinier プロットにより慣性半径 R_g を求めることができる。Guinier 領域の範囲は粒子サイズや粒子形状によって変わる。その右隣の central part と区分された中角領域では，粒子形状の差異が明確となる。球状粒子の場合には，Guinier 領域の平坦部 (q^0) から滑らかに q^{-4} の傾きで減衰する特徴が見られる。棒状粒子の場合には，平坦部から q^{-1} の傾きに変わり，次いで q^{-4}

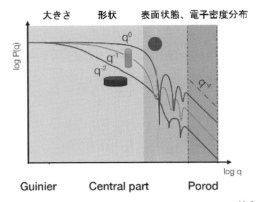

図7　SAXSデータの小角～中角～広角領域とナノ粒子の構造情報の対応関係

※口絵参照

の傾きで減衰するような特徴が見られる。板状粒子の場合には，棒における q^{-1} の傾きが q^{-2} に置き換わったような形となる。これらは q^{-1} ないし q^{-2} のべき乗則とも表現される。したがって，central part の散乱曲線の傾きから，粒子形状を推定することができる。ただし，これは試料中のナノ粒子の単分散性が良い場合に限る。球状粒子のみからなる試料であっても，多分散な場合には異なる散乱曲線が重なり，central part の傾きが，見かけ上，q^{-1} に近くなることもある。

Central part の右隣は Porod 領域とも呼ばれており，粒子内部の電子密度の疎密や粒子表面の平滑性の差異が明確となる領域である。例えば，粒子内部の電子密度分布が均一で，なおかつ粒子表面に凹凸がないような鋭い界面を持つ場合，Porod 領域の散乱曲線の傾きは粒子形状によらず q^{-4} の傾きで減衰する。この特徴は Porod の法則[9]とも呼ばれている。粒子表面に凹凸がある場合には，q^{-4} よりもやや緩やかに減衰するような散乱曲線となる。

粒子内部の電子密度分布が不均一な，例えばコア-シェルのような構造を持つ球状粒子である場合にもこの広角領域にその特徴が見られる。コア-シェル構造を持つナノ粒子では，粒子内部の電子密度の疎密に由来する散乱が広角側にブロードピーク（厳密には上に凸の極大）が現れる。そのため，SAXSデータからコア-シェル構造の解析を行いたい場合は，Porod 領域に相当する広角領域まで散乱曲線を精度良く測定しておく必要がある。このとき，広角領域の散乱強度は小角側よりも数桁小さくなっているため，十分な時間のX線露光をしておかないとナノ

粒子からの散乱がバックグラウンドノイズに埋もれてしまうことになる。

上記のような観点でSAXSデータを見ておくと，予想通りのサイズや形状を持ったナノ粒子が試料中に存在するのか，凝集や変性によって変化しているのかを，次に述べるデータ解析の前に判断できるようになる。

2.4 逆フーリエ変換法によるSAXSデータの解析

小角～中角～広角領域まで精度良く測定できているSAXSデータがあると，モデルフィッティング法や逆フーリエ変換法により，粒子径のみならず，粒子形状や電子密度分布を明らかにすることができる。

モデルフィッティング法は，実空間の構造を解析者が任意に設定して実測の散乱曲線と比較しながら構造最適化していく方法であり，専用ソフトウェア（無償または有償）を用いることで，上記のSAXSの基礎をベースにして直感的に実行できる。一方で，SAXSデータに対する逆フーリエ変換法では，二体距離分布関数（PDDF）と呼ばれる実空間の構造情報が得られる。SAXSを知らない，または初めて学ぶ読者にとってPDDFは馴染みのないものだと思われる。そこで，逆フーリエ変換法により得られるPDDFから粒子形状や電子密度分布を知るための基本事項を概説する。

図8のように，粒子の構造は電子密度分布（左下）によって記述でき，その構造に対応する散乱振幅（右下）はフーリエ変換の形で記述される。散乱振幅を逆フーリエ変換すれば電子密度分布を得ることができると思われるが，実際にSAXS測定で記録されるものは散乱振幅の絶対値の二乗に相当する散乱強度（右上）※である。そのため，散乱強度分布（散乱曲線）を逆フーリエ変換すると，電子密度分布ではなく，二体距離分布関数PDDF（左上）が得られる。

PDDFは実空間の構造情報であり，粒子径，形状，電子密度分布を反映したものである。そのため，PDDFの形をよくみることで，ナノ粒子の構造情報を引き出すことができる。

例えば図9のように，電子密度が均一な球状粒子の散乱曲線の逆フーリエ変換を行うと，左右対称な釣り鐘型のPDDFが得られる。棒状粒子の場合にはPDDFのピークトップ右側が長く伸びたような形となり，板状の場合にはピークトップ左側が歪んだような形となる。また，球状粒子であっても，粒子内部の電子密度分布がコア-シェル構造のように不均一になると，球のPDDFのピークトップが凹んでダブルピークのように，1つ目の山が2つ目

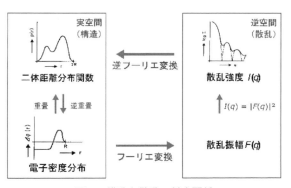

図8 構造と散乱の対応関係

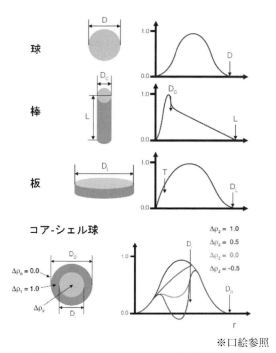

※口絵参照

図9 電子密度が均一な球状，棒状，板状粒子のPDDF，およびコア-シェル構造を持つ球状粒子のPDDF

※ 実際に観測される散乱強度Iは入射X線強度I_0とカメラ長の二乗の逆数R_D^{-2}に比例するが，ここではI_0とR_D^{-2}で規格化した物理量（厳密には微分散乱断面積）を便宜上，散乱強度分布Iと表記する。

より低い形になる。コアの電子密度が分散媒の電子密度より小さいほど，PDDF 中央の凹み具合が顕著になる。

次に，PDDF のピークトップの右側において，縦軸の値 $p(r)$ が 0 になる r の値に着目する。PDDF は，空間自己相関関数 $\Gamma(r)$ に r^2 を乗じたものと等しく，r が 0 または粒子の最大直径である場合に $p(r)=0$ となる。そのため，図 9 のように，$p(r)=0$ となる r の値を調べることで，ナノ粒子の最大直径を知ることができる。散乱曲線の横軸の単位が nm^{-1} である場合には，PDDF の r の単位は nm となる。棒状粒子の場合は $p(r)=0$ の r の値が棒の長さ L に相当し，ピークトップの少し右側の変曲点近傍が棒の太さに相当する。板状粒子の場合には，$p(r)=0$ の r の値が板の平面方向の長さ D_L に相当する。コア-シェル球の場合には，2 つ目のピークトップの少し左側がコアの直径に相当し，一番右側の $p(r)=0$ となる r の値がシェルの厚さも含めたコア-シェル球の直径に相当する。

2.5 濃厚系における SAXS データ解析

粒子同士の干渉効果を無視できるような希薄系では，粒子個々の散乱の総和が観測される散乱強度分布として観測されるが，濃厚系では粒子同士の干渉効果が散乱強度分布に影響するため，希薄系と同じようにデータ解析を行うことができない。そこで，最後に，希薄系と濃厚系におけるデータ解析の違いを述べる。

SAXS 測定で観測される散乱強度分布 $I(q)$ は，各粒子のサイズ・形状・電子密度分布に関係する形状因子 $P(q)$ と，粒子間の干渉効果に関係する構造因子 $S(q)$ の積によって表される。希薄系では $S(q)=1$ と近似できるために，観測された強度分布 $I(q)$ には $P(q)$ の情報のみが含まれていると見なせる。しかし濃厚系では，$S(q) \neq 1$ であるため，実測の散乱曲線 $I(q)$ から $S(q)$ を分離しないと，粒子径や形状を決定することができない。$P(q)$ と $S(q)$ を分離する方法の一例として，粒子間干渉効果を特定のモデルで記述し，実測の $I(q)$ から $S(q)$ の寄与を除することで $P(q)$ を解析可能にする方法がある。これを先述の逆フーリエ変換法と組み合わせた解析手法は GIFT（一般化間接逆フーリエ変換法）[5]として知られている（GIFT による解析例は第 4 編第 3 章第 3 節を参照）。

3. まとめ

小角 X 線散乱法は，粒子径だけでなく粒子形状，電子密度分布，ナノ粒子の配向といったさまざまな構造情報を明らかにでき，希薄溶液から濃厚溶液，ゲル，ペースト，フィルムや粉末など多種多様な試料を非破壊で測定できる。また，近年，観測できる粒子径の範囲は，X 線源，光学系，検出器などハードウェア面の進歩に伴って拡大してきており，直径 100 nm を超える粒子でも観測可能になってきている。さらに，超小角 X 線散乱法（USAXS）が可能な装置や放射光ビームラインでは，サブミクロン～ミクロンサイズの粒子でも観測可能である。

本項では，可能な限り数式を用いずに SAXS の原理から粒子径の決定に関する基礎事項を解説した。X 線散乱を物理現象として基礎から学習したい場合は，下記の文献 2) を参照されたい。一方，ナノ粒子の構造と散乱の関係性をより早く直感的に理解するには，実際に SAXS 測定をしたり，モデルフィッティングのソフトウェアで任意のサイズ・形状のナノ粒子の散乱曲線を試算したりする方法を推奨する。

文　献

1) H. Schnablegger and Y. Singh: The SAXS Guide Getting acquainted with the principles, 4th Ed., Austria, Anton Paar GmbH (2017).
2) 橋本竹治：X 線・光・中性子散乱の原理と応用，講談社 (2017).
3) A. Guinier and F. Fournet: Small Angle Scattering of X-rays, New York, Wiley Interscience (1955).
4) O. Glatter: *J. Appl. Crystallogr.*, **10**, 415 (1977).
5) G. Fritz and O. Glatter: *J. Phys.: Condens. Matter*, **18**, S2403 (2006).
6) A. V. Semenyuk and D. I. Svergun: J. *Appl. Crystallogr.*, **24**, 537 (1991).
7) O. Glatter: *J. Appl. Cryst.*, **14**, 101 (1981).
8) O. Glatter: *J. Appl. Cryst.*, **13**, 7 (1980).
9) G. Porod: *Kolloid Z.*, **124**, 83 (1951), *ibid*, **125**, 51 (1952).

第1章 分散性(粒子径分布)評価事例

第5節
パルスNMR法の原理と分散性評価への応用

マジェリカ・ジャパン株式会社／東北大学　池田　純子

1. はじめに

　分散凝集状態の評価法としては粒子径分布計測が最も広く知られているが，多くの粒子径分布測定装置は光を用いているため，希釈を要する。しかし，希釈するとソルベントショックの影響により分散凝集状態が変化し希釈する前の状態を反映していない可能性がある[1]。また，画像解析法以外の粒子径分布測定装置は球を仮定している[2]場合が多く，アスペクト比の大きな物質の評価は難しい。しかし，パルスNMRによる評価は高濃度分散体をそのままの状態(1 vol%～上限なし)，つまり希釈せずに分散凝集状態を簡便に比較可能あり，球形を仮定していないことからアスペクト比の大きな物質の評価にも適している。本稿ではパルスNMR法の原理と分散性評価での応用例について紹介する。

2. 測定原理

　NMR(Nuclear Magnetic Resonance：核磁気共鳴)は一般的には超電導磁石を用いており強磁場により化学シフトを計測し，有機化合物の構造解析を行う装置として広く知られている。しかし，NMRスペクトルからは化学シフトだけではない多くの情報が得られる。その1つに緩和時間がある。緩和時間は常伝動磁石や永久磁石を用いた低磁場核磁気共鳴法(Low-field NMR)にて得ることが多い。低磁場核磁気共鳴法は磁場の遮蔽が容易で高価な冷媒を必要とせず，機器および維持費も安価であることが特徴である。低磁場核磁気共鳴法を用い緩和時間などを測定する装置はパルスNMRやTD-NMRと呼ばれる。

　緩和とは簡単に言うと一旦吸収されたエネルギーが減衰していく過程のことである[3]。ラジオ波により励起した核スピンは周りの環境や核スピンのエネルギー交換により緩和する。その時間をT_1(縦緩和時間，スピン-格子緩和時間)，T_2(横緩和時間，スピン-スピン緩和時間)として計測する。緩和時間は分子の運動性を反映しており，ゲル状物質やエラストマーなどの固い・柔らかい等の物性評価に適している。粉体評価においては，粉体を液体に分散させた際に粉体に接触または吸着している液体(束縛された液体)とバルク液(粒子表面と接触していない自由な状態の液体)とでは，パルスを照射した際の応答が異なることを利用し粉体の濡れ性や分散性の評価を行うことが可能である。粉体界面に束縛された水はエネルギー交換が起こりやすく^{1}Hの緩和時間は短く，自由な状態にある水の^{1}H緩和時間は長く得られる[4,5]。溶媒は水だけでなく，構造上に^{1}Hが含まれれば評価に用いることが可能である。

　粒子分散液を測定して得られた緩和時間($T_{nd(av)}$)の逆数を緩和速度($R_{nd(av)}$)とした場合(i.e. $R_n = 1/T_n$)，得られる緩和速度は粒子界面に束縛された液体体積による緩和速度と自由な状態の液体体積による緩和速度の和となり以下の式が成り立つ[5]。

$$R_{nd(av)} = p_s R_{ns} + p_b R_{nb} \qquad (1)$$

ここで，$n=1$の場合は縦緩和時間，スピン-格子緩和時間，$n=2$の場合は横緩和時間，スピン-スピン緩和時間，p_sは粒子界面に束縛された液体体積，p_bは自由な状態(バルク状態)にある液体体積，R_{ns}は粒子界面に束縛された液体の緩和速度，R_{nb}は自由な状態(バルク状態)にある液体の緩和速度を示す。

　レーザー回折法や動的光散乱法などの粒子径分布は得られた散乱・回折強度を複雑なフィッティングアルゴリズムにより解析し粒子径として算出する。

それらに比べて緩和時間は式(2)に示すように直接的な計算で比表面積に換算可能である[5]。

$$R_{av} = \psi_p SL\rho_p[R_s - R_b] + R_b \qquad (2)$$

ここで，R_{av}は平均緩和速度，ψ_pは溶媒体積に対する粒子体積比，Sは単位質量あたりの総表面積，Lは粒子界面に拘束された液体の厚み，ρ_pは粒子密度，R_sは粒子界面に拘束された液体の緩和速度，R_bは自由な状態（バルク状態）にある液体の緩和速度を示す。

ここで，$Ka = L\rho_p[R_s - R_b]$と定義する。Kaは粒子の性質や分散媒に依存して変化する。この値を用いることで式(2)は以下のように表現できる。

$$R_{av} = KaS\psi_p + R_b \qquad (3)$$

つまり，比表面積は以下の式で示される。

$$S_{tot} = R_{sp} R_b / Ka\psi_p \qquad (4)$$

R_{sp}は緩和速度比として表記する。本値はR_{no}値（Relaxation Number）と表現することもある[5,6]。

$$R_{sp} = R_{no} = (R_{av} - R_b) / R_b \qquad (5)$$

式(5)は下記のように示すことも可能である[5,6]。

$$R_{sp} = R_{no} = (R_{av} / R_b) - 1 \qquad (6)$$

比表面積は絶対値の測定が可能なガス吸着法では，吸着したガス相を一層吸着と仮定[7]しているが，パルスNMRにより比表面積を得る場合，粒子界面の化学的特性の違いや分散媒の種類により拘束される液相の厚みや拘束された液体の緩和速度は異なる。同一の粒子と分散媒の組み合わせ，かつ，粒子濃度にも変化がない場合（例：解砕工程など）の比表面積変化を評価する際は，パラメーターがわからなくとも緩和時間のみでも比較可能である[5]が，Ka値が決定できない場合の方が多いと考える。その場合緩和時間から算出した比表面積はあくまでも相対値となる。そのような場合は最も分散性が高いと算出された試料を式(4)のS_{tot}が100 m²/gとなるように，言い換えると分散度100%としてKaを仮定し比較することも提案する。

3. 評価事例―単層カーボンナノチューブの分散条件を検討

粉体を溶媒に分散させる際，最適な分散条件の把握は重要である。分散時間や分散強度が不十分である場合，凝集に起因する製品の不良が生じることもある。しかし，分散すればするほど均一に分散し製品の特性も良好になるわけではない。分散体の粘性が大きく変化し，製品の特性が急激に低下することがある。比表面積増加による分散剤の不足による凝集体の形成も考えられるが，一次粒子破壊による活性表面の増加により凝集体が生じる現象もある。これを過分散という[8]。

単層カーボンナノチューブ粉体を0.4 wt%になるように分散剤を添加したNMP，カルボキシメチルセルロース（CMC）を添加した蒸留水にそれぞれに分散した。分散にはカクハンターSK-400TR㈱写真化学製を用いた。本分散機は公転自転を任意に設定することで分散体にかかるせん断力をコントロール可能である。せん断力を4条件にて分散させた後，それぞれの継時変化の確認を行うため，分散直後，1日後，3日後，7日後に測定を行った。緩和時間はMagnoMeter SED VT（Mageleka Inc社製，**図1**）を用いてT2はCPMG法，T1は飽和回復法にて測定した。また，電界放出形走査電子顕微鏡（FE-SEM）にて画像を撮影し比較を行った。SEM画像は加速電圧1.5 kV，20,000倍にて撮影した。また蒸留水に分散した単層カーボンナノチューブは粒子径分布測定装置（遠心式ナノ粒子解析装置 Partica CENTRIFUGE，㈱堀場製作所製）にて粒子径を得た。8～24%のショ糖による密度勾配液を使用しラインスタート法による測定を行った。結果は緩和時間から算出した分散度との比較に用いた。

3.1 NMPに分散したカーボンナノチューブの分散性

NMPに分散したカーボンナノチューブ分散体の緩和時間測定結果を**図2**に示す。

T2よりT1のほうが緩和時間は長く得られることがわかる。このように多くの場合，緩和時間はT2よりT1のほうが長く得られる。T1の測定はT2の緩和時間が短く試料間差が得られにくい場合に有用だと言えるだろう。T1，T2ともに分散条件3で

第1章 分散性（粒子径分布）評価事例

の分散直後の試料が最も緩和時間が短く得られた。本試料の緩和時間を用いて式(4)の S_{tot} が $100 \text{ m}^2/\text{g}$ となるように，つまり分散条件3にて得られた試料の分散度を100％と仮定して分散性の比較を行った。図3に緩和時間から算出した分散度の結果を示す。T1，T2ともに同様の傾向が見られ，試料間差はT2のほうが大きく得られた。分散直後では分散条件3にて最も分散度が大きく，分散条件4，2，1の順で低いことがわかった。

SEMによる撮影画像を図4に示す。分散条件1，2では分散していないのが明確であり，分散条件3，4にて分散している様子が観察されたが，1と2および3と4の違いは明確ではなかった。しかし，画像からもおおむね緩和時間から算出した分散性との相関性があることはわかった。

さらに，それぞれの条件にて分散度の継時変化を比較すると，分散条件1，2，4では継時により分散度が低くなった。しかし，分散条件3に関しては7日目に分散度が高く得られた。これは分散条件3の試料は分散直後から，3日目まで緩和時間が徐々に長く得られ，7日目に短くなったことに起因する。このような傾向が見られた場合には分散条件3は7日目に内部に溶媒を抱え込むような凝集体の形成が考えられる[9]。

例えば微粒子分散体の緩和時間を測定した際に，多くは1成分で得られるが短い成分と長い成分の2成分で得られる場合がある。表面張力が低い溶媒に細孔を有する粒子を分散させた際，短い成分は細孔に入り込んだ溶媒であることが考えられるが[10]細孔がない粒子であっても2成分で得られることがある。または，2成分に分かれなくとも緩和時間が継時により短く得られることがある。継時により分散性が良好になったことを示すことも考えられるが，細孔内部の溶媒と同様に狭い範囲でのプロトン交換が非常に速い現象に起因することも考えられる。得られた緩和時間だけでは判断ができないが，分散体背景を考慮することで予測することが可能である。しかし，緩和時間はさまざまな理由により変化するため，このような凝集体の形成が予測される場合は沈降速度やレオメーターでのshear-thinning性の確認を提案する。

本結果より，分散直後では分散条件3が最も分散

図1　MagnoMeter 外観

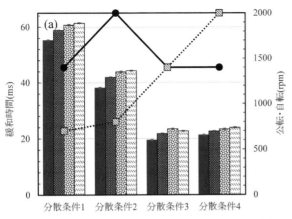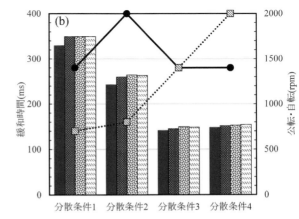

図2　NMPに分散したカーボンナノチューブの緩和時間と分散条件
(a)緩和時間T2，(b)緩和時間T1

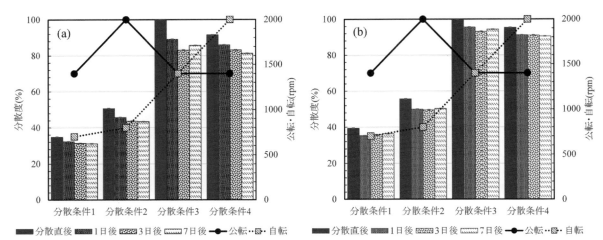

図3　NMPに分散したカーボンナノチューブの緩和時間から算出した分散度と分散条件
(a)緩和時間T2から計算した結果，(b)緩和時間T1から計算した結果

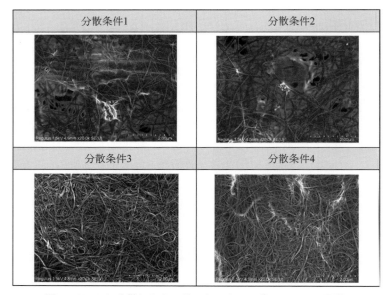

図4　NMPに分散したカーボンナノチューブのFT-SEM画像

性が高かったが，3日目には分散条件3，4はほぼ同一の分散性を有し，7日目には分散条件4が最も分散性が高い可能性が示唆された。このように分散性は継時により変化する場合が多い。評価の目的にもよるが分散性を評価する場合は分散直後での評価を勧める。

3.2　水に分散したカーボンナノチューブの分散性の比較

CMCを添加した蒸留水に分散したカーボンナノチューブの緩和時間から算出した分散度を図5に示す。最も緩和時間が短く得られた分散条件4の緩和時間を分散度100％と仮定した解析結果である。

その結果，T1，T2ともに分散条件1では分散度は40％程度であったが，せん断力が大きくなるほど徐々に分散度も大きくなることがわかった。また，継時での変化も7日間では有意差はなかった。NMP分散体と異なり水分散体は分散安定性が高いと言えるだろう。

粒子径分布測定結果を図6，表1に示す。
いずれの粒子径分布も，0.035 μm付近と0.1〜10 μmに及ぶブロードなピークの2ピークを示し

第1章 分散性（粒子径分布）評価事例

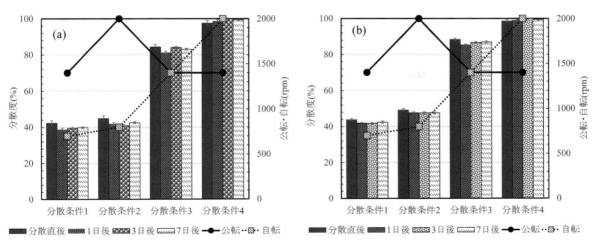

図5 水，CMCに分散したカーボンナノチューブの緩和時間から算出した分散度と分散条件
(a)緩和時間T2から計算した結果，(b)緩和時間T1から計算した結果

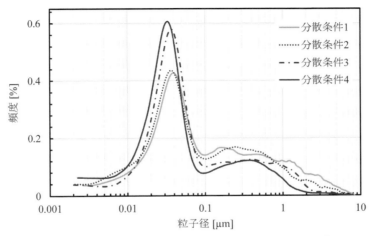

図6 水，CMCに分散したカーボンナノチューブの緩和時間から算出した分散度と分散条件
(a)緩和時間T2から計算した結果，(b)緩和時間T1から計算した結果

表1 水，CMCに分散したカーボンナノチューブの粒子径分布測定結果

試料名		分散条件1	分散条件2	分散条件3	分散条件4
D50	(μm)	0.058	0.048	0.042	0.034
平均径		0.410	0.293	0.226	0.147
モード径		0.039	0.036	0.037	0.033

た。せん断力が大きいほど，2μm以上の頻度が低くD50および平均径も小さくなった。モード径もせん断力が大きいほど小さくなる傾向が見られたが，分散条件3，4は逆転していることから，小粒子についてはせん断を変えても大きく変化しないと考えられた。

SEMによる撮影画像を図7に示す。せん断力が大きくなるにつれ分散していく様子が観察された。緩和時間から算出した分散性，粒子径分布測定結果，SEM撮影画像とは高い相関性があることがわ

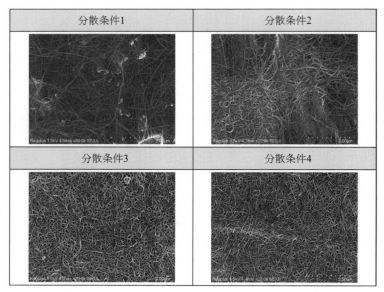

図7　水に分散したカーボンナノチューブのFT-SEM画像

かった．

4. おわりに

本稿ではパルスNMRの原理と分散性評価例を紹介した．本評価法は非常に簡便で再現性も高く人為差もない．研究分野だけでなく工程管理での活用にも適していると考える．しかし，得られる緩和時間は複数の要因により変化するため変化の原因を把握する別の手法も併せて評価することを勧める．本手法が多くの人々に認知され科学技術や産業の発展に僅かでも役に立てることを心から願っている．

謝　辞

本稿を執筆するにあたり，カーボンナノチューブの分散および測定にご協力いただいた高岡文彦氏，中村友紀氏(㈱写真化学)，粒子径分布測定にご協力頂いた櫻本啓二郎氏(㈱堀場製作所)に心より感謝申し上げる．

文　献

1) 武田真一：粒子スラリーの分散・凝集状態と分散安定性の評価，サイエンス＆テクノロジー，69(2016)．
2) 椿淳一郎，早川修：現場で役立つ粒子径計測技術，日刊工業新聞社，3(1994)．
3) 安藤喬志，宗宮創：これならわかるNMR，化学同人社，3, 45(1997)．
4) C. L. Cooper et al.: *Soft Matter.*, **9**, 7211-7228(2013).
5) D. Fairhurst et al.: *Magn. Reson. Chem.*, **54**, 521-526 (2016).
6) D. Fairhurst et al.: *Powder Technol.*, **377**, 545-552 (2021).
7) 宮原稔：粉体の表面処理・複合化技術集大成―基礎から応用まで，テクノシステム，295(2018)．
8) 針谷香，橋本和明：ビーズミルを用いた過分散させない分散技術，色材協会誌，**79**, 36-139(2006)．
9) T. Cosgrove et al.: *Colloids and Surfaces*, **65**, 1-7(1992).
10) Z. R. Hinedi et al.: *Water Resour. Res.*, **33**, 2697-2704 (1997).

第1章 分散性(粒子径分布)評価事例

第6節 フローサイトメトリー

京都大学 水田 涼介　　京都大学 秋吉 一成

1. はじめに

細胞生物学は，不均一な混合溶液中の単一細胞を特性評価する技術の開発により急速に発展した。その際に主に用いられるのがフローサイトメトリー(flow cytometry)である。フローサイトメトリーは細胞を解析する技術(サイトメトリー)の1つである。フローサイトメトリーでは，測定対象である細胞やコロイド粒子を流体中に分散させ，サンプル一つひとつの蛍光や散乱光を測定し，その値を利用して迅速かつ高感度に特性評価を行う。さらに，複雑で多種多様な分布を持った細胞集団の中から，マーカーを目印に特定の細胞を分取することが可能である。本項では，フローサイトメトリーに用いられる装置の原理，およびコロイドへの応用を見据えた解析について概説する。

2. フローサイトメーターの原理[1]

フローサイトメトリーの最大の特徴は，1秒間に数千個以上の粒子に対して同時に多数パラメーター分析できることである。これは，フローサイトメーター内を流れるサンプルの流体力学的な絞り込みにより粒子を一つひとつ整列させることにより可能となる。フローサイトメーターはセルアナライザーとセルソーターに大別される。両者の違いは特性評価を行った細胞を分取できるか否かである。ここでは細胞を分取する機能を持つセルソーターを例に，フローサイトメーターの装置構成や測定原理について説明する。セルソーターは，主に5つの構成要素からなり，それぞれ，流路系，光学検出系，パルス処理系，データ処理系，ソーティング系に分けられる。セルアナライザーでは，分取は行われないため，ソーティング系を除く4つの要素から装置が構成される(図1)。

2.1 流路系

フローサイトメーターの基本的な機能として，サンプルを一つひとつ解析できることが挙げられる。液中で3次元的にランダムに分布するサンプル粒子集団を，単一検出可能なよう整列させる必要がある。流路系がこの役割を担う。

流路系の中心となるフローセルでは，サンプル分散液の流れとその外側を流れるシース液の流れが層流を形成している。ここで，シース液を押し出す圧力をサンプル流の圧よりも大きくすることで，流体力学的な絞り込みが生じる。その結果，サンプル流が細くなり，サンプルが一列に並ぶ。多くの，フローサイトメーターでは，シース圧は固定されている。実際には，サンプルの供給量が変化することでシース液との圧力差が変化する。それにより，サンプル流の絞り込みが変化し，分解能が変化する。アプリケーションやサンプルの希少性などを考慮して，適切なサンプル供給量を設定する必要がある。

2.2 光学検出系

フローサイトメーターでは，レーザー光をサンプルが通過することで生じる散乱光を，前方散乱光と側方散乱光に区別して検出している。レーザー光がサンプルに当たると，レーザーの光軸から前方に10°前後角度で散乱する。これを前方散乱(Forward scatter：FSC)チャネルと呼ぶ。サイズの大きな粒子ほど多くの光を散乱するため，FSCはサンプル粒子の大きさに対応する。また，励起光に対して直角に散乱する光を側方散乱(Side scatter：SSC)と呼

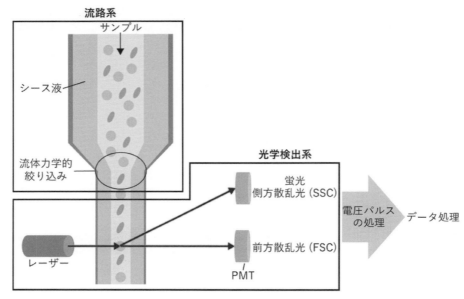

図1　一般的なフローサイトメーターの構成

ぶ。SSCの値は，サンプルの相対的な複雑さ（内部構造などの複雑さ）に対応する。FSC，SSCの値によってサンプル分散液の中の不均一な集団の中から，特定の粒子を区別することが可能となる。

FSC，SSCに加えて，より詳細なサンプルの情報を取得するために，通常フローサイトメトリーでは，サンプルを蛍光物質により標識する。レーザー光により励起され蛍光色素から生じる蛍光は，光学フィルターにより各波長に分離され，それぞれに対応する検出器により検出される。検出器は，高感度のPMT（Photo multiplier tube，光電子増倍管）を一般的に使用する。こうした検出器を用いた蛍光の検出の特異性は，光学フィルターに大きく依存する。光学フィルターとして，短波長側の光をカットするロングパスフィルター，長波長側の光を除去するショートパスフィルター，特定の波長の光のみを通すバンドパスフィルターの3種類が用いられる。実験に使用する蛍光色素に応じて適切に光学フィルターを選択することで，複数の蛍光を同時に検出することが可能となる。

2.3　パルス処理系

光学検出系でサンプルがレーザー光を横切る際に生じた，散乱光や蛍光は検出器に送られる。検出器では受け取った光の強度に応じた電圧パルスが発生する。パルス処理系では，検出された電圧パルスを処理することで数値データへと変換する。

電圧パルスの波形は，時間の関数としてプロットでき，そのピークの高さ，面積，ピーク幅に分類して処理，定量される。パルスの高さは最も強く光を発した際の瞬間的な明るさを，パルスの面積はレーザー光を通過する間に発した光の合計量を，パルス幅はサンプルがレーザー光を通過するのにかかった時間を表す。通常は，信号強度としてピークの面積を使用する。ただし，このように検出されたシグナルすべてがサンプルに対応するとは限らない。検出器は非常に高感度であるため，埃などのサンプル液中のアーティファクトや，細胞片などさまざまなものの信号をノイズとして検出する。これらのノイズが解析対象に含まれることで，取得したデータの中で実際に解析したい集団の割合が低下し，必要なデータが得られない可能性がある。そのため，通常はFSCに対して閾値を設定し，閾値以下のシグナルは検出されないようにカットする。このような処理をして検出されたサンプル由来の電圧パルスは，アナログデジタルコンバータによってデジタル化し，パラメーターの種類ごとに整理し，数値データとして保存される。

2.4　データ処理系

変換された各検出器からの測定値をパラメーターと呼ぶ。データ処理系では，各パラメーターを用い

て各種ヒストグラムやドットプロットを作成し，統計解析を行う。これらのグラフを用いることで，サンプル分散液中の粒子の蛍光強度の評価，集団の比較が可能となる。多数のパラメーターを用いる解析ではゲーティング駆使して，効果的な解析を行う。

フローサイトメトリーでは主に2種類のグラフを用いて解析を行う。個々の測定パラメーターをx軸に，サンプル数をy軸にとったグラフをヒストグラムと呼ぶ。また，x軸とy軸に各パラメーターに取り，左下を(0,0)チャンネルとしたグラフをドットプロットと呼ぶ。ドットプロットでは，各チャンネルが交わる粒子集団をドット密度によって表す。パラメーター軸にはログスケール(Log)とリニアスケール(Linear)を使用する。蛍光のような強度差の大きな情報を取得する場合はログスケールを使用し，強度差が小さく直線性のある蛍光や，散乱光を表示する場合はリニアスケールを使用する。フローサイトメトリーで解析するサンプルの多くは，混合物であることが多い。そのため実際の解析では，ヒストグラムやドットプロットに複数のサブポピュレーションが現れる。各パラメーターで適切な閾値を設定し，ある集団を選び出し解析することをゲーティングと呼ぶ。

2.5 ソーティング系

セルソーターにはセルアナライザーにはない，特定の細胞群を分取する機能が搭載されている。そのシステムをソーティング系と呼ぶ。ソーティング系にはさまざまな方式のものがあるが，ここでは一般的に用いられる液滴荷電ソーティングについて概説する(**図2**)。

セルソーターが搭載されたフローサイトメーターでは，シース流，サンプル流は層流のままフローセルを，上から下に通過する。サンプルを分取する際には，フローセルを通過したシース，サンプル流が液滴となるように，ノズルをトランスデューサーにより振動させる。液滴を形成する際に，サンプルにレーザーを照射することで得られた情報から，ゲーティングにより設定した条件を満たしているかを判断し，目的のサンプルを含む箇所の液滴を＋または－に荷電する。そして，それらの液滴は荷電した2枚の偏向板により形成される電場を通過することで，下部のチューブに区別して回収される。

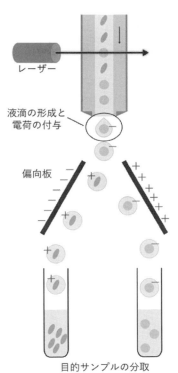

図2 フローサイトメーターによるサンプル分取の概略図

3. フローサイトメトリーによるサンプルの解析

ここまで，フローサイトメトリーに用いるフローサイトメーターの構成や測定原理について概説した。ここでは，実際にコロイドを測定，解析する際のおおまかな流れや注意すべき点について説明する。コロイド粒子の測定では，調製したサンプルの質が結果に影響する。そのためサンプル調製時には，サンプル溶液の不要物の割合を下げると質の高い結果が得られる。サンプルを蛍光物質により標識する場合には，未反応の蛍光物質を取り除くことにより，バックグラウンドや蛍光物質の凝集体の蛍光が抑えられ，より目的のサンプルが検出しやすくなる。抗体等を用いてサンプルの特定部分を標識しそのほかの集団と区別して検出したい際には，蛍光物質の非特異吸着に注意する。非特異吸着は偽陽性の検出につながり，サンプルの解析に影響する。そのため，アイソタイプコントロールなどの適切なコントロールサンプルを用意し，検出された蛍光が特異的な相互作用を反映しているかを確認する必要がある。このように，フローサイトメトリーのためのサ

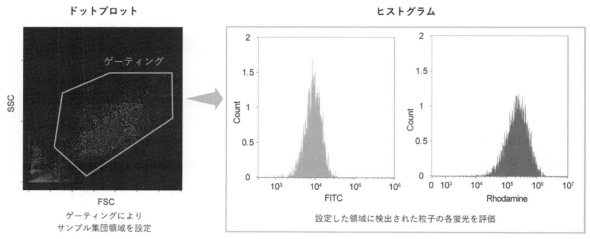

図3　フローサイトメトリーによるコロイド粒子解析の流れ

ンプル調製では，正確な測定，解析を行うためにさまざまなコントロールサンプルを用意する必要がある。

測定に際して，未染色のコントロールサンプルの測定を行い，自家蛍光の度合いを確認する必要がある。特にFITCのような488 nm付近のレーザーで励起する蛍光物質を用いる場合には自家蛍光の影響が大きくなり，偽陽性が検出されやすくなる。実際の測定時には，特定の粒子集団を同定するためにゲーティングを行う（図3）。一般的には，はじめに前方散乱と側方散乱のドットプロットに基づき，サンプル粒子の集団を区別する。複数のサイズのサンプルを含む混合液では，散乱光のパターンから解析対象の粒子を示す領域を設定する。そうして設定した領域に検出される数千，数万個の粒子についてデータを取得する。その後，取得した粒子の蛍光についての解析を行い，粒子の特性評価を行う。

2種類以上の蛍光色素について解析することで，粒子の構成要素の違いについて評価することも可能である。ここで注意する必要があるのが蛍光の漏れ込みである。蛍光色素は，ある波長の光で励起したときに，蛍光スペクトルに応じてさまざまな波長の蛍光を生じる。そのため，それぞれの波長の検出器で意図しない蛍光色素からのシグナルが検出される。この場合は，各検出器で取得されたシグナルについて，それぞれの蛍光色素の寄与を考慮する必要がある。そのため，複数の蛍光標識サンプルの測定を行うときは蛍光補正（コンペンセーション）を実施する。適切なコンペンセーションを行うためには，コントロールの測定を行う必要がある。コンペンセーションコントロールとは，実験に用いた蛍光標識についての単一染色サンプルで，測定したいサンプルと全く同じ蛍光色素でサンプルと同等レベル標識されたサンプルでなければならない。このようなコントロールサンプルを十分なイベント数測定することで，解析ソフトウェア上で漏れ込みの数値計算を行い，取得データの蛍光補正が可能となる。

4. 次世代のフローサイトメトリー[2]

フローサイトメーターは現在進行形で進化を続けており，20種類を超えるレーザーユニットが搭載され，多数のパラメーターでの測定を可能とする装置が登場している。マルチパラメーターのフローサイトメトリーでは，蛍光の漏れ込みが従来以上に問題となる。その解決策としてスペクトルアナライザーという新しい検出系のフローサイトメーターが開発された。スペクトルアナライザーではサンプルに標識された複数の蛍光色素についての蛍光スペクトル全体を測定し，フィンガープリントを作成することで，各蛍光シグナルの正確な測定ができる。これらの装置で得られるデータは膨大であり，複雑性が高い。そのため，フローサイトメーターの進化とともに解析ツールも進化してきた。高次元化するデータを解釈するために次元圧縮やクラスタリングなど機械学習のアルゴリズムが開発されている。

さらに，異なる分析系を組み合わせた全く新しい

タイプのフローサイトメーターが開発されている。イメージングフローサイトメーターは，従来のフローサイトメトリーと蛍光顕微鏡を組み合わせたもので，流路内のサンプルの画像を取得することが可能である。これによりサンプルにおける蛍光標識した物質の空間的な局在について，単一粒子レベルで評価可能である。また，マスサイトメーターは飛行時間型質量分析（TOF MS）をフローサイトメーターと組み合わせた装置である。サンプルを重金属イオンで標識して測定することで，自家蛍光や蛍光の漏れ込みの影響なく複数でのパラメーターの測定が可能である。

また，フローサイトメトリーの高感度化も検討されており，光学検出系の進歩によって，従来の細胞などと比べて非常に小さなナノメートルオーダーのサンプルの蛍光，散乱光の検出が可能となりつつある。今後フローサイトメトリーはさまざまなコロイドの単一粒子レベルでの解析手法として，ますます多くの研究に用いられることが期待される。

文　献

1) T. Rowley: *Mater. Methods.*, **2**, 125 (2012).
2) K. M. McKinnon: *Curr. Protoc. Immunol.*, **120**, 5.1.1-5.1.11 (2019).

第1章 分散性(粒子径分布)評価事例

第7節 超音波法

武田コロイドテクノ・コンサルティング株式会社　武田　真一

1. 超音波法の原理[1]

　水系，非水系を問わず粒子分散系に 10 mW の微弱な超音波を照射すると，粒子と溶媒の物質特性，例えば粒子や溶媒の密度，溶媒の粘性等に依存して超音波と粒子間に相互作用が生じ，その結果として印加した音響エネルギーが減衰することが知られている[1]。この特性を利用して，粒子濃度範囲が 1～90 wt% 程度あるような濃厚分散系，つまりインクやペースト中での粒子径分布の評価が可能である。この手法は，超音波の吸収と散乱を測定するので超音波減衰分光法とも呼ばれ，希釈操作を必要とせず，濃厚系であってもそのままの濃度での評価が可能である。市販装置としては現在 3～4 機種程度存在するが，ここでは米国 Dispersion Technology 社製の装置を例にとり説明する。

　図1 は，装置の外観である。測定用分散液をチャンバーに装填し，測定チャンバーの左右に設置された超音波振動子間での音響エネルギーの減衰率を測定する。具体的な音響エネルギーの減衰率の測定についてであるが，チャンバー内のインクやペーストに 3～100 MHz の周波数域にある超音波を 18 段階変化させて片方の発信子から照射し，反対側の受信子で受信する。そして，超音波が分散液を通過する間に減衰した割合を単位長さ当たりの音響エネルギーの減衰率に換算して評価される。この装置の場合，減衰率の測定の精度と信頼性を高めるため，両振動子間の距離 L を 21 段階変化させて測定し，単位長さ当たりの減衰率 α の測定精度を高めている。また，振動子間の距離を複数種変えて測定し，各距離での単位長さ当たりの減衰値を比較することにより測定中に分散・凝集状態が変化したかどうかを調べることもできる。

$$\alpha = \frac{20\log_{10}\frac{I_{ini}}{I_{end}}}{L} \frac{dB}{cm} \qquad (1)$$

ここで，I_{ini} は超音波照射時のエネルギー強度，I_{end} は超音波受信時のエネルギー強度，L は両振動子間距離を示す。

　測定されたそれぞれの周波数 f に対する減衰率 $\alpha(f)$ は次式で表される。

$$\alpha(f) = \alpha_{medium}(f) + \int \alpha_{mono}(f, D)g(D)dD \qquad (2)$$

ここで，$\alpha_{medium}(f)$ は周波数 f のときの媒体に対する減衰率，$\alpha_{mono}(f, D)$ は周波数 f，粒子径 D の単分散粒子に対する減衰率，$g(D)$ は粒子径が D～$D+dD$ の間にある粒子の重量分率を示す。

　$\alpha(f)$ の例を図2 に示した(横軸は対数表示である)。サブミクロンの微粒子では上に凸のベル型のスペクトルが得られ(図2(a))，ナノ粒子になる

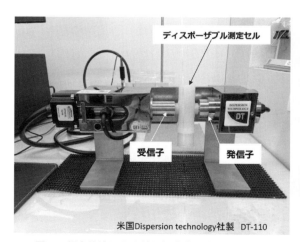

図1　超音波法による粒子径分布測定装置の外観

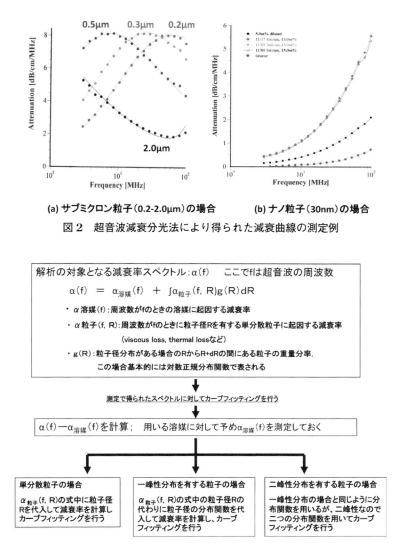

(a) サブミクロン粒子(0.2-2.0μm)の場合　(b) ナノ粒子(30nm)の場合
図2　超音波減衰分光法により得られた減衰曲線の測定例

図3　超音波減衰分光法の一般的な解析手順

(図2(b))と共振する周波数が高くなるので，ピークトップの位置が20～30 MHz以上の高周波数域にシフトし，右上がりの曲線となる。次に，図3に測定された減衰スペクトルを解析する際の一般的な手順の概要を示した。$g(D)$の部分に単分散粒子の場合には粒子径を代入し，粒子径に分布がある場合には対数正規分布関数や粒子径をある長さのところでカットした非対称な分布関数，あるいは二峰性の対数正規分布関数を代入して$α(f)-α_{medium}(f)$を計算し，実際に得られた減衰スペクトルとの誤差を算出して，最も誤差が小さくなるときの粒子径やその分布関数を測定結果として採用する。$α_{medium}(f)$は，水やエタノール等の純溶媒についてはデータベースにあらかじめ減衰スペクトルが保存されてあるので測定する必要はないが，独自に開発した分散媒や混合溶媒の場合には，溶媒のみで一旦，減衰スペクトルを測定し，$α_{medium}(f)$をバックグラウンド・スペクトルとしてデータベースに保存しておく必要がある。

2. 超音波減衰機構

超音波は粒子と相互作用を生じ，その結果として減衰が起こる。その際，次の6つの相互作用があり，そのエネルギー減衰機構の違いによってそれぞれ名称が付けられている。すなわち，①粘性損失(viscous loss)，②熱的損失(thermal loss)，③散乱損失(scattering loss)，④構造損失(structural loss)，⑤材料固有損失(intrinsic loss)，⑥動電損失(electrokinetic loss)である[1]。

①の粘性損失から順に説明していこう。超音波を懸濁液に照射することによって粒子が振動するが，粘性損失は，振動時に粒子と溶媒間で相互作用することで減衰する音響エネルギーのことを指し，粒子と溶媒との間に密度差がある場合に生じる。すなわち，溶媒と粒子間に密度差があると超音波照射により粒子が溶媒に対して相対運動を起こし，その結果として固液界面で摩擦が起こり，それによって失われるエネルギーを粘性損失と呼ぶ。次に②の熱的損失についてであるが，これは粒子表面近傍で生じる温度勾配によるものである。この温度勾配は圧力と温度の熱力学的なカップリングにより生じる。一般にポリマー粒子やエマルション中の粒子（液滴・油滴のように熱膨張係数が大きい場合，超音波を照射すると断熱圧縮・膨張を繰り返すが，その際，粒子と溶媒間で生じた温度勾配により熱移動が起こる。この熱移動に伴って失われるエネルギー損失のことを指す。したがって，このエネルギーの損失は超音波照射に伴って断熱圧縮・膨張を起こすようなポリマー粒子等に主に関係し，無機粒子や金属粒子の場合のように熱膨張係数が小さい場合にはその寄与を考慮する必要はない。③の散乱損失は，粘性損失や熱的損失とは全く異なったもので，光散乱に類似している。超音波散乱は音響エネルギーそのものの散逸はなく，ただ粒子が一部の音響エネルギーの流れの方向を変えるために音波の一部が受信子に到達しなくなるために生じる。振動数が3～100 MHzの範囲にある超音波を用いている場合，3 μm以上の粒子が溶媒中に懸濁しているときにこの現象が生じる。④の構造損失は，粒子同士が凝集してある微構造を持った系において生じる損失で，粒子間を繋ぐネットワークの振動が損失の原因と考えられている。具体的には粒子間をポリマー等が架橋している場合や粒子が非常に小さくなり粒子表面の溶媒分子が粒子表面に束縛されたような状態にあるときにこの損失の寄与が現れる。⑤の材料固有損失は，均一相として見た粒子や溶媒の物質そのものが音波と相互作用することにより物質特有の音響エネルギー損失を生じる場合に考慮する必要がある。最後に⑥の動電損失であるが，これは電荷を持った粒子に超音波を照射すると粒子は振動するが，この振動により交流電場が誘起される。その結果，音響エネルギーのごく一部が電気エネルギーに変換され，非可逆的な熱として散逸されるときに生じる。

通常は①～③までの損失機構を考慮することでおおかたの系の解析は可能であるが，粒子濃度が20 vol%を超えると④の構造損失の寄与を考慮する必要がある。また，これら損失機構を自動的に考慮した解析ソフトが市販の超音波方式粒子径分布計に付属しているが，メーカーごとに解析の特徴や手順も異なるので，測定の目的や必要とする測定精度を考慮して解析を行うよう気をつける必要がある。

3. 超音波法によるモデル系の評価例

超音波法による粒子径分布測定では，濃厚系での測定が可能であることから，実用系への適用が実施されている。なかでも，他の粒子径分析機器による結果との比較に多くの関心が集まっている。そこで，超音波減衰分光法を用いて高濃度系のアルミナおよびシリカから成るスラリーをモデルサンプルとして粒子径分布測定を行い，ミクロンから数十ナノメートルの領域の粒子に対してレーザ回折法および動的光散乱法と比較して測定値の再現性や精度の良いデータが得られるかを検証することとした[2,3]。測定用サンプルは，コロイダルシリカとα-アルミナで，コロイダルシリカはすでにコロイドとして調製されているDu Pont社製LUDOX TM-50（粒子径カタログ値：30 nm，原液粒子濃度：50 mass%），触媒化成工業㈱製Cataloid SI-45P（粒子径カタログ値：35～55 nm，原液粒子濃度：41 mass%），SI-80P（粒子径カタログ値：70～90 nm，原液粒子濃度：41 mass%）を用いた。一方，α-アルミナは，粉末状サンプルの住友化学㈱製高純度アルミナAKP-20（粒子径カタログ値：0.51 μm），AA-2（粒子径カタログ値：1.8 μm）を用いた。測定試料の種類と各粒子濃度は表1にまとめたが，どのスラリーも1次粒子にまで分散するように適宜，分散剤を選択し，超音波分散機で解砕させてから実験に供した。

粒子径の異なる数種のサンプルを用いた評価結果を図4および表2にまとめた。表からわかるように，従来法と同等の精度で粒子径データが得られることが確認できた。また，従来法のメジアン径の結果と超音波法のメジアン径の結果をグラフ化して相関を検討し，その結果を図5に示した。その結果，超音波法とレーザ回折法で得られたメジアン径の相

第1章 分散性（粒子径分布）評価事例

表1 レーザ回折法および動的光散乱法と比較する検証実験のためのサンプル一覧

Sample		Concentration			Dispersing medium	Density / g/ml	Reflective index / —
		Ultrasonic attenuation spectroscopy	Laser diffraction	Photon correlation			
Colloidal silica	TM-50	10 mass%	—	0.8 mass%	Distilled water	2.20	—
	SI-45P	10 mass%	—	0.06 mass%	Distilled water	2.20	—
	SI-80P	10 mass%	0.1 mass%	0.01 mass%	Distilled water	2.20	1.55
alpha alumina	AKP-20	10 vol%(30.7 mass%)	0.002 mass%	0.002 mass%	SHP solution	3.97	1.70
	AA-2	10 vol%(30.7 mass%)	0.008 mass%	—	SHP solution	3.97	1.90

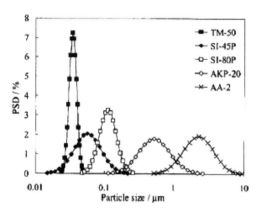

図4 粒子径の異なる数種のサンプルを用いたときの超音波減衰分光法による粒子径分布の結果

表2 粒子径の異なる数種のサンプルを用いたときの超音波減衰分光法と従来法による粒子径分布の結果

Sample	Ultrasonic attenuation spectroscopy	Laser diffraction	Photon correlation
	Median size / μm		
TM-50	0.035	—	0.021
SI-45P	0.057	—	0.055
SI-80P	0.113	0.115	0.115
AKP-20	0.535	0.585	0.539
AA-2	2.231	2.445	—

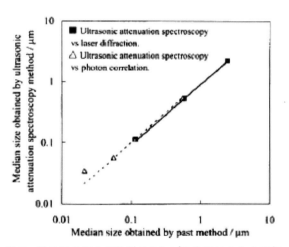

図5 粒子径の異なる数種のサンプルを用いたときの超音波減衰分光法と従来法によるメジアン径の相関

関係数は 0.9999 であり，両手法において非常に良い相関が得られることがわかる。また，100 nm よりも小さいナノ粒子に対しては，レーザ回折法よりもこの粒子サイズの評価に適した動的光散乱法を用いて実験を行ったが，超音波法と動的光散乱法で得られたメジアン径の相関係数は 0.9997 であり，この場合でも両手法において非常に良い相関が得られることがわかった。これらの結果から，超音波法は，従来法で測定可能な領域で幅広く同等の測定が可能であることがわかった[2]。

4. おわりに

本項では，超音波法の原理，減衰機構，測定例を紹介した。実用系が粒子濃度の高い系からなることを考えると，今回紹介した手法は希釈操作を必要としないので，製品開発やプロセス評価に容易に応用できるものと期待される。超音波法は，まだまだ知名度の低い手法であるが，検出感度も高く，有機溶媒にも適用できるなど汎用性の高い手法であるので，凝集性や分散性に興味がおありの技術者，研究者の方に活用していただければ幸いである。

文 献

1) 超音波減衰法全般に関する参考図書として，A. S. Dukhin and P. J. Goetz: Ultrasound for Characterizing Colloids – Particle Sizing, Zeta Potential, Rheology, in Studies in Interface Science, 15 Elsevier (2002) がある。
2) 矢田絹恵ほか：*J. Jpn. Soc. Colour Mater.*, **81**(8), 280-285 (2008).
3) 矢田絹恵ほか：*J. Jpn. Soc. Colour Mater.*, **82**(10), 437-442 (2009).

第2章 分散安定性の計測・評価法

第1節
濁度を用いた分散凝集の評価方法

筑波大学　小林　幹佳

1. はじめに

　凝集が進行すると粒子の大きさの分布が変化し，懸濁液の濁度が変化する。粒子の密度が分散媒の密度よりも大きく，凝集がさらに進んだ場合，成長した大きな凝集体は重力により沈降する（図1）。結果として，ほぼ透明な上澄みと沈殿とが形成される。このような透明な上澄みと沈殿の出現は目視でも確認できるものの，透明か濁っているかを定量化する濁度や光透過率を測定すれば，数値として分散凝集の定量的な議論ができる。この方法は比較的簡便に実施できる上，実際の懸濁液の安定性に直結しているので有用でもある。ただし，凝集沈降と上澄み測定による分散凝集の議論では，実験の条件や観察時間によって結果が変化する曖昧さが残る。そのため，より科学的に分散凝集を評価する場合，濁度の時間変化を測定し，安定度比や凝集速度係数を求める方法が採用される。本節では，濁度について整理した後，上澄み濁度の測定による方法と濁度の時間変化を測定する方法の有効性を紹介する。

2. 透過率・吸光度・濁度[1-3]

　汎用的に使用できる分析装置の1つである分光光度計による，透過率，吸光度，濁度の測定の概念図を図2に示す。光路長Lのサンプル懸濁液に入射する光の強度をI_0，サンプルを透過した光の強度をIとすると，懸濁液の透過率Tは，

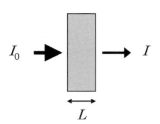

図2　光路長Lを持つサンプル液の模式図
入射光の強度I_0に比べて透過光の強度Iが減少する。

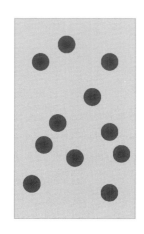 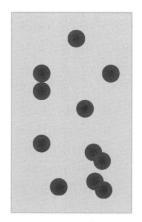 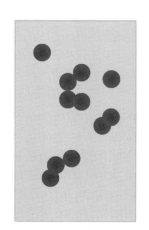 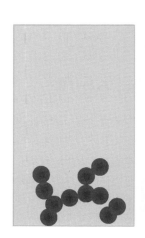

図1　凝集系にある微粒子懸濁液の模式図
左から右に時間が進行している。

$$T = \frac{I}{I_0} \quad (1)$$

となる。透過率から吸光度 E が,

$$E = \log_{10} \frac{I_0}{I} \quad (2)$$

と得られる。濁度 τ は Lambert–Beer の法則より,

$$\frac{I}{I_0} = \exp(-\tau L) \quad (3)$$

で与えられるので,

$$\tau = -\frac{1}{L}\ln\frac{I}{I_0} = \frac{1}{L}\ln\frac{I_0}{I} = \frac{1}{L} 2.3 \log\frac{I_0}{I} = \frac{2.3}{L}E \quad (4)$$

になる。濁度,吸光度,光透過率は以上の通り関連していることがわかる。

粒子が懸濁した液の濁度 τ は,i 種粒子の吸光断面積(extinction cross section)C_i と i 種粒子の数濃度 n_i を用いて次のように表される。

$$\tau = \sum_i C_i n_i \quad (5)$$

実際にすべての粒子について,C_i を理論的に求めることは困難であるものの,濁度が粒子濃度に比例することがわかる。図3にポリスチレンラテックス粒子懸濁液の吸光度と粒子濃度の関係を示す。測定の範囲では両者に比例関係があることが確認できる。

3. 上澄みの透過率と分散凝集の判定

コロイド懸濁液の分散凝集を上澄み液の透過率から判断する方法は概略で次のようになる。まず,分散処理したコロイド懸濁液の pH や電解質濃度を調整し静置する。その後しばらくしてから液の上部をサンプリングし,その透過率あるいは吸光度(濁度)を測定する。測定の結果,上澄み液の透過率が増す,あるいは吸光度(濁度)が下がっていれば,凝集沈降によって粒子濃度が低下したと判断できる。

この方法により,酸やアルカリの添加による pH の変化が,土壌懸濁液の分散凝集に与える影響を調べた結果を図4に示す。分散凝集のメカニズムを議論するために,対象粒子の帯電挙動の1つとして測定したゼータ電位の pH 依存性をあわせて示す。まず,図4(a)の写真を見ると,左の酸性側の懸濁液では,透明な上澄みと沈殿が確認できる。対して右側の中性からアルカリ性の懸濁液では全体が濁っている様子が確認される。これらの懸濁液の上部をセルに取り,分光度計で測定した透過率を pH に対してプロットした結果が図4(b)である。脱イオン水の透過率を100%としているので,pH が3〜5の範囲では,凝集沈降により上澄みが透明近くになっていることがわかる。一方,アルカリ側では,濁った見た目に対応して,透過率も小さくなっている。図4(c)のゼータ電位のデータを見ると,酸性側でゼータ電位の絶対値が小さい。このことから,電荷中和によって凝集が引き起こされたことがわかる。

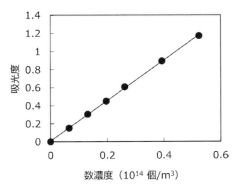

図3 ポリスチレン粒子懸濁液の吸光度と数濃度の関係

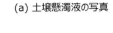

(a) 土壌懸濁液の写真　　(b) (a)のサンプル上部の透過率　　(c) (a)のサンプル内の粒子のゼータ電位

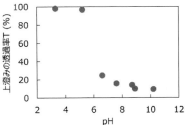
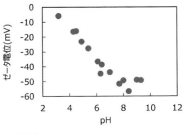

図4 土壌懸濁液の分散凝集と懸濁粒子のゼータ電位

同様の実験を細かくpHや電解質濃度を変えたりイオンの価数を系統的に変えたりして実施することで，分散と凝集の境界に相当する臨界凝集pHや臨界凝集濃度が得られる。さらには，臨界凝集濃度とイオン価数の関係を表すSchulze-Hardy則[1-3]を確認することもできる。ただし，懸濁液を静置する時間によって，分散と凝集の境界がずれてしまうこともあるので，臨界凝集pHや臨界凝集濃度の決定が曖昧になることがある。また，粒子濃度が希薄であったり，ナノ粒子懸濁液のように分散状態でも濁度が低かったりする場合には，この方法は使いづらい。さらに，粒子濃度が高すぎて，凝集の結果として懸濁液全体がゲル状になり，分離が生じづらい場合にも，この方法は適用し難い。

4. 濁度の時間変化方法

4.1 原理と注意点

コロイド懸濁液の凝集沈殿に基づく分散凝集の判定方法に潜む曖昧さは，濁度(吸光度)の時間変化を測定する方法で低減される。コロイド懸濁液内の粒子が球形で大きさが揃っている場合，凝集による濁度の初期変化速度から，凝集速度係数を評価することも可能になっている。

凝集の初期段階では，懸濁液中には1次粒子と2つの1次粒子からなる凝集体である2次粒子のみが存在すると仮定できる。そうすると，式(5)より，濁度τは，

$$\tau = C_1 n_1 + C_2 n_2 \quad (6)$$

と書ける。ここで，C_1，C_2は1次粒子，2次粒子の吸光断面積，n_1，n_2は1次粒子，2次粒子の数濃度である。これを時間tで微分した濁度の変化速度$d\tau/dt$は，

$$\frac{d\tau}{dt} = C_1 \frac{dn_1}{dt} + C_2 \frac{dn_2}{dt} \quad (7)$$

となる。凝集の初期段階では，1次粒子，2次粒子の数濃度の変化速度は，

$$\frac{dn_1}{dt} = -k_{11} n_0^2 \quad (8)$$

$$\frac{dn_2}{dt} = \frac{1}{2} k_{11} n_0^2 \quad (9)$$

と書ける。ここで，n_0は初期粒子数濃度，k_{11}は1次粒子同士の凝集速度係数であり，粒子間の衝突の仕方と粒子間相互作用によって決まる。式(8),(9)を式(7)に代入すると，

$$\frac{d\tau}{dt} = -k_{11} n_0^2 C_1 + \frac{1}{2} k_{11} n_0^2 C_2 \quad (10)$$

となる。これを初期濁度$\tau_0 = C_1 n_0$で除すと，濁度変化の測定から凝集速度係数が，

$$k_{11} = \frac{(d\tau/dt)/\tau_0}{F n_0} \quad (11)$$

$$F = \frac{C_2}{2C_1} - 1 \quad (12)$$

と求められることがわかる[4-8]。ここで，1次粒子と2次粒子の吸光断面積であるC_1とC_2で決まるFを光学因子という。

凝集の進行により濁度が時間的に増加するか減少するかは，光学因子Fの符号に依存する。粒子径が光の波長よりも十分小さい場合，Rayleigh散乱の領域にあるので，C_iは粒子の体積の2乗に比例する[3]。1次粒子の大きさが揃っていれば，2次粒子の体積は単純に1次粒子の2倍なので，C_2/C_1は4になる。したがって，光学因子Fは1になり，凝集の結果として濁度は増加する。

粒径が大きくなると，Mie散乱の領域になり，光学因子の計算は複雑になる[7]。Van DiemanとStein[6]は，数μmの大きさの粒子を使用した彼らの実験では，吸光断面積が粒子の断面積に比例することと2次粒子の形を球形に近似することで，凝集速度係数を求めた。Van DiemanとSteinの考え方に基づくと，2次粒子の半径a_2と1次粒子の半径a_1は次のようになる。

$$a_2 = 2^{1/3} a_1 \quad \left(\because \frac{4}{3}\pi a_2^3 = 2 \times \frac{4}{3}\pi a_1^3\right) \quad (13)$$

吸光断面積が粒子の断面積に比例すると仮定したので，C_1とC_2は，

$$C_i \sim \pi a_i^2 \quad (14)$$

とおける。よって光学因子は，

$$F = \frac{C_2}{2C_1} - 1 = 2^{-\frac{1}{3}} - 1 = -0.2063 \quad (15)$$

になる。Rayleigh散乱の場合と異なり，凝集により濁度は減少することになる。

近年では，T-matrix法と呼ばれる手法により，2つの球からなる2次粒子の吸光断面積を任意の粒径，波長，屈折率において計算できるソースコード

がMischenkoにより公開されている[9]。大きさの等しい球粒子からなる懸濁液では，T-matrix法を用いて光学因子を計算することで，濁度測定によって凝集速度係数k_{11}の絶対値が求められる。Sunら[5]とXuら[4]は，T-matrix法と濁度法を用いて，ポリスチレン球粒子の凝集速度係数の測定と解析をさまざまな条件で検討している。そこでは，測定時の光の波長を変えることで，光学因子が正になったり負になったりすることが示されている。特に注意すべき点として，光学因子がゼロになるブラインドゾーンの存在が挙げられる。ある波長では，粒子と分散媒の組み合わせにより，凝集しても濁度が変化しなかったり，濁度変化が小さく凝集速度係数の計算において誤差が大きくなったりする可能性がある。

光学因子の計算が困難な場合でも，濁度の変化速度を測定しておくことで，凝集速度の相対的な変化を評価することができる。実際のところ，濁度変化法を採用した過去の多くの研究例では，凝集速度の相対値である安定度比Wを求めていることが多い。粒子が電気二重層に起因する静電的な斥力により安定化された懸濁液では，電解質を添加することで斥力が弱まり，濁度の変化速度が増大する。さらに電解質濃度を高くして，濁度の変化速度が電解質濃度に依存しなくなる領域は，急速凝集領域と呼ばれる。濁度変化速度が電解質濃度に依存する電解質濃度の領域は緩速凝集領域と呼ばれる。緩速凝集領域と急速凝集領域をわける点として臨界凝集濃度が求められる。安定度比Wは，

$$W = \frac{\left(\frac{d\tau}{dt}\right)^f}{\left(\frac{d\tau}{dt}\right)} \quad (16)$$

と定義される[1-3]。ここで，$(d\tau/dt)^f$と$(d\tau/dt)$は，それぞれ急速凝集領域での濁度変化速度，緩速凝集領域での濁度変化速度である。

濁度の時間変化によるコロイド懸濁液の分散凝集においても，測定装置や原理上の仮定から制約がある。式(11)では，安定状態において，濁度と粒子濃度に比例関係が想定されている。よく知られているように，溶質や粒子の濃度が高くなると濁度は濃度に比例しなくなるので，粒子濃度に上限がかかる。一方，粒子濃度が低すぎたり粒径が小さすぎたりすると，懸濁液は透明に近くなり，濁度を検出することが難しくなる。

式(11)は初期段階における凝集過程を想定して得られている。凝集がどの程度の時間で進行するかは，凝集半減期によっておおよそ見積もられる。凝集半減期t_Bは，凝集によって初期の粒子数濃度が半減する時間として定義され，Smoluchowskiによって導かれたBrown運動による凝集速度係数$k^{SM}_{B,11}$を用いると，

$$t_B = \frac{2}{k^{SM}_{B,11} n_0} \quad (17)$$

$$k^{SM}_{B,11} = \frac{8 k_B T}{3\mu} \quad (18)$$

で与えられる[1-3,10]。ここでk_BはBoltzmann定数，Tは絶対温度，μは分散媒の粘度である。常温で，$k^{SM}_{B,11}$は1.2×10^{-17} m³/s程度である。初期段階の$d\tau/dt$を得るには，濁度変化の測定時間がt_Bよりも十分に短い必要がある。ナノ粒子の懸濁液において，十分濁度を確保しつつ長い半減期を保つことは難しく，電解質などの凝集剤を懸濁液に素早く混合して測定を開始する必要がある。これを実現するために，分光光度計にセットしたセル内をプランジャーで撹拌・混合する方法や，ストップドフローセルなどが採用される[2,3]。

4.2 濁度の時間変化による測定例

図5(a)に，分光光度計を使用して測定されたヘマタイト懸濁液の吸光度の時間変化を示す[11]。NaCl濃度が低いときには吸光度は大きく変化していないのに対し，NaCl濃度を高くすると吸光度が時間とともに低下する様子が明瞭になってくる。図5(b)には，凝集速度の目安として吸光度Eと時間tの関係の初期勾配dE/dtを求め，それを初期吸光度E_0と初期粒子数濃度n_0で除した値がNaCl濃度に対してプロットされている。凝集速度に相当する$(dE/dt)/(E_0 n_0)$が，NaCl濃度の増加につれて増加し，ある濃度を境に一定値に落ち着く様子が見て取れる。すなわち，緩速凝集領域，臨界凝集濃度，急速凝集領域の存在を確認できる。このことから実験に用いたヘマタイト粒子の分散凝集挙動が定性的にはDLVO理論に従うことがわかる。急速凝集領域での$(dE/dt)/(E_0 n_0)$の値を基準として計算された安定度比Wが図5(c)にプロットされている。安定度比は定義の通り凝集速度の逆数の相対値に相当しており，安定度比が大きいほど凝集速度が遅く懸濁液が安定であることが表現されている。

図6には，分光光度計とT-matrix法で得られた

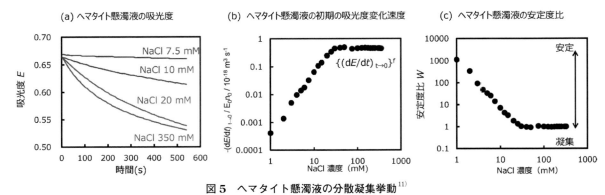

図5 ヘマタイト懸濁液の分散凝集挙動[11]
(a)吸光度の時間変化，(b)初期の吸光度の変化速度，(c)安定度比

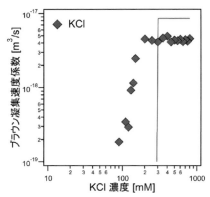

図6 ポリスチレン球粒子の凝集速度係数
記号は実験値，実線では計算値[12]

ポリスチレン球粒子の凝集速度係数がKCl濃度に対して記号でプロットされている[12]。図中の実線は，DLVO理論による相互作用ポテンシャルエネルギー Φ_{DLVO} と流体力学的な相互作用関数 B_{11} を考慮したBrown運動による凝集速度係数の計算値であり，次式で計算されている。

$$k_{B,11} = \alpha_{B,11} \frac{8k_BT}{3\mu} \quad (19)$$

$$\alpha_{B,11} = \left[2a_1 \int_0^\infty \frac{B_{11}(h)}{(2a_1+h)^2} \exp\left(\frac{\Phi_{DLVO}(h)}{k_BT}\right) dh\right]^{-1} \quad (20)$$

実験値とDLVO理論に基づく計算値はよく似た傾向を示すものの，緩速凝集領域での傾きや急速凝集速度係数における実験値と理論値との差異などが確認される。この理論と実験の不一致は以前より知られており，現在においても明確な説明は確立されていない。

5. おわりに

本節では汎用的な分光光度計を用いて分散凝集を判定する方法や注意点について述べた。この方法は古典的であるものの，近年でも筆者らは，ポリスチレン球粒子，ヘマタイト，シリカの懸濁液の凝集速度を求めるために利用してきている[8,10–14]。そこでは，タンパク質や界面活性剤の分散凝集に与える効果，異符号に帯電した粒子間のヘテロ凝集，撹拌による流れの効果が議論されている。本節で紹介された方法による測定結果と他の節で説明された分散凝集の基礎理論を組み合わせることで，さまざまな懸濁液の安定性や粒子間相互作用の理解，さらには分散凝集の制御技術が進歩することを期待したい。

謝　辞

本節で示された図には，筆者の研究室に所属した学生諸氏の多大な尽力によるものが含まれている。ここに記して謝意を表する。

文　献

1) 粉体工学会：液相中の粒子分散・凝集と分離操作，日刊工業新聞社 (2010).
2) 北原文雄，古澤邦夫：分散・乳化系の化学，工学図書 (1979).
3) H. Ohshima and K. Furusawa (Eds.): Electrical phenomena at interfaces: fundamentals: measurements, and applications, CRC Press (1998).
4) S. Xu et al.: *J. Colloid Interface Sci.*, **304**, 107 (2006).
5) Z. Sun et al.: *Langmuir*, **22**, 4946 (2006).
6) J. G. van Diemen and H. N. Stein: *J. Colloid Interface*

Sci., **96**, 150 (1983).
7) J. T. Lichtenbelt et al.: *J. Colloid Interface Sci.*, **46**, 522 (1974).
8) M. Kobayashi and D. Ishibashi: *Colloid Polymer Sci.*, **289**, 831 (2011).
9) https://www.giss.nasa.gov/staff/mmishchenko/t_matrix.html
10) H. Ohshima: Electrical phenomena at interfaces and biointerfaces: fundamentals and applications in nano-, bio-, and environmental sciences, John Wiley & Sons (2012).
11) M. Kobayashi et al.: *Colloids Surfaces A*, **510**, 190 (2016).
12) J. Gao et al.: *J. Colloid Interface Sci.*, **638**, 733 (2023).
13) T. Sugimoto et al.: *Colloids Surfaces A*, **632**, 127795 (2022).
14) Y. Huang et al.: *Colloid Polymer Sci.*, **296**, 145 (2018).

第2章 分散安定性の計測・評価法

第2節
動的光散乱法を用いた分散凝集の評価方法

筑波大学　小林　幹佳

1. はじめに

　コロイド粒子の懸濁液に電解質や高分子凝集剤を加えると，粒子同士の凝集が誘発されて大きな凝集体が形成される。その結果，懸濁液の濁りの強さの変化や沈降による固液分離が生じる。濁度の変化を利用した分散凝集の判定方法は前節で紹介されている。より直接的に，粒子同士が凝集することで一体となって液中を浮遊する凝集体の大きさや数濃度，それらの時間変化を測定することでも分散凝集を議論できる。コロイド粒子の凝集体の大きさを測定する方法として，顕微鏡による直接観察法，コールターカウンターに代表される電気的検知方法，静的光散乱法，動的光散乱法が挙げられる。本節では動的光散乱法を用いた分散凝集の判定方法について紹介する。歴史的には前節で述べられた濁度法の方が古いものの，近年の分散凝集の研究は動的光散乱法を用いてなされたものが多く，主流の方法になっているといえよう。

2. 動的光散乱法と流体力学的径

　ここでは簡単に動的光散乱法のおさらいをする。まず，コロイド粒子の懸濁液にレーザー光を入射すると，粒子の存在により光散乱が生じる。この散乱光強度の散乱角度依存性を解析し，粒子の大きさ，形，配置の情報を得る方法が静的光散乱法である[1)]。動的光散乱法では，ある散乱角度において検出される散乱光強度の時間変化を解析対象とする[1)]。散乱光強度の時間変化は懸濁液内のコロイド粒子のBrown運動（熱運動）に由来しており，散乱光強度の自己相関関数から粒子の拡散係数Dが求められ

る。粒子が半径aの球である場合，拡散係数と粒子半径はStokes-Einsteinの式

$$D = \frac{k_B T}{6\pi a \mu} \quad (1)$$

により関係づけられる。ここで，k_BはBoltzmann定数，Tは絶対温度，μは媒体の粘度である。粒子や凝集体は必ずしも球とは限らない。そのような場合でも，動的光散乱法の解析から求まる拡散係数Dから，式(1)をもとに，

$$R_h = \frac{k_B T}{6\pi D \mu} \quad (2)$$

として代表的な半径R_hを求める。R_hは流体力学的半径と呼ばれる。これは式(1)の分母が流体力学的な抵抗則であるStokes則に起因するためである。図1に凝集体の形成による拡散の様子の変化を模式的に示す。

3. 動的光散乱法による分散凝集の判定

　懸濁液中のコロイド粒子の分散凝集を動的光散乱法による流体力学的径の測定から判断する方法を説明する。基本的な手順は前節の懸濁液の上澄み液の透過率から判断する方法と類似している。まず，対

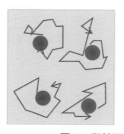

図1　微粒子懸濁液の粒子の模式図
左では分散しており粒子のBrown運動が激しい。右では凝集しておりBrown運動は穏やかになる。

象とする粒子の懸濁液を可能な限りの分散処理で分散し，分散状態での流体力学的径を決定しておく。例えば，粒子のゼータ電位の絶対値が大きい条件に溶液条件を調整したり，分散効果のある界面活性剤や高分子を加えたりした上で，超音波やホモジナイザーによる力学的な分散処理を加える。分散状態で測定された流体力学的径を電子顕微鏡写真で得られた径などと比較しておき，両者に大きな差異がないことも確認しておきたい。フュームドシリカやアロフェンのように，粒子によっては不可逆的な凝集体を形成した状態で分散している状況もありうるからである。分散状態での流体力学的径を決定した後，コロイド懸濁液のpHやイオン強度を変えたり，高分子凝集剤を添加したりして溶液条件を設定してから，流体力学的径を測定する。分散状態の流体力学径よりも大きな径となった場合，設定した条件では粒子は凝集したと判断できる。

図2に，酸・アルカリやKClの添加により，pHや電解質濃度を変化させたTEMPO酸化型のセルロースナノファイバー懸濁液において，動的光散乱法により懸濁粒子の流体力学的径を測定した結果を示す[2]。測定は懸濁液を調製してから数分以内に行われている。図3には分散凝集の機構を考察するために，対象としたセルロースナノファイバー粒子の帯電状態を反映する電気泳動移動度の結果が示されている。KCl濃度が10 mMと低いときには，pHによらず流体力学的直径は200 nmで分散状態にある。KCl濃度を50 mMに上げると，酸性側では流体力学的直径が1,000 nm以上にまで増加し，凝集していることがわかる。一方，pHが4以上になると，流体力学的直径は200 nmにとどまっており，分散状態にあることがわかる。このようなpHに依存するセルロースナノファイバーの分散凝集挙動は，図3に示されている帯電挙動によって理解でき

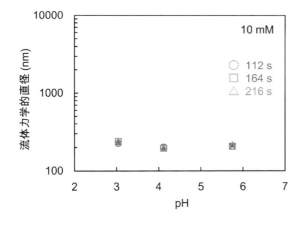
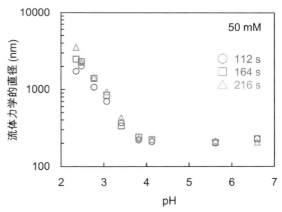

※口絵参照

図2 KCl水溶液のセルロースナノファイバーの流体力学的直径[2]

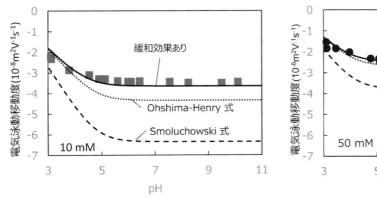
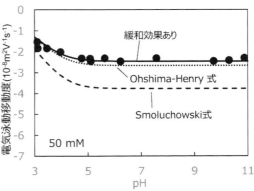

図3 KCl水溶液中のセルロースナノファイバーの電気泳動移動度
記号は実験値，線は理論による計算値[2]。

る[2]。すなわち，低 pH 側では電気泳動移動度の絶対値が小さいことから，表面の負電荷が中和され，セルロースナノファイバー間の電気二重層斥力が弱まり，van der Waals 力により凝集したと考えられる。pH を高くしていくと，電気泳動移動度の絶対値も大きくなっており，表面の負電荷が増したといえる。結果としてセルロースナノファイバー間の電気二重層斥力が凝集を防げ，分散状態になったと捉えることができる。

光透過率を用いた実験と同様に，pH や電解質濃度，凝集剤の添加量を細かく変えることで，分散状態と凝集状態をわける臨界凝集 pH や臨界凝集濃度を決定することができる。凝集状態にある懸濁液では凝集が継続的に進行し，時間とともに流体力学的径も増加する。したがって，pH や電解質濃度が凝集に与える影響を考察するためには，溶液条件を調整してから測定をするまでの時間を揃えておく必要がある。また，粒子濃度が高くなり，粒子間相互作用が粒子の拡散係数に影響したり，多重散乱が起きたりする場合には，粒径の測定に誤差が生じる。粒子濃度が希薄すぎても散乱光強度が弱くなり，ノイズの影響が無視できなくなる。散乱光強度の大きな粒子の存在に測定値は引っ張られるので，溶液をろ過するなどして，ダストの影響を低減させる必要がある。

4. 光散乱の時間変化から議論する分散凝集

4.1 原理

大きさの揃った粒子からなる懸濁液の凝集初期段階では，懸濁粒子は 1 次粒子と 2 次粒子が支配的である。そのようなとき，ある時刻 t で懸濁液に照射されたレーザー光の散乱強度 $I(q,t)$ や流体力学的平均半径 $R_h(t)$ は以下のようになる[3]。

$$I(q,t) = I_1(q)n_1 + I_2(q)n_2 \quad (3)$$

$$\frac{1}{R_h(t)} = \frac{I_1(q)n_1(t)/R_{h,1} + I_2(q)n_2(t)/R_{h,2}}{I_1(q)n_1(t) + I_2(q)n_2(t)} \quad (4)$$

ここで，n_1，n_2 は 1 次粒子，2 次粒子の数濃度，$q = (4\pi/\lambda)\sin(\theta/2)$ は散乱ベクトルの大きさ，λ はレーザー光の波長，θ は散乱角度，$I_1(q)$ と $I_2(q)$ はそれぞれ 1 次粒子と 2 次粒子の散乱強度，$R_{h,1}$ と $R_{h,2}$ はそれぞれ 1 次粒子と 2 次粒子の流体力学的半径である。

凝集のごく初期の段階であれば，ある時間 t での 1 次粒子，2 次粒子の数濃度は，

$$\frac{n_1(t)}{n_0} = 1 - k_{11}n_0 t \quad (5)$$

$$\frac{n_2(t)}{n_0} = \frac{1}{2}k_{11}n_0 t \quad (6)$$

のように近似できる。ここで，n_0 は初期粒子数濃度，k_{11} は 1 次粒子間の凝集速度係数である。式(5)，(6)を式(3)，(4)に代入すると，

$$\frac{I(q,t)}{I(q,0)} = 1 + \left[\frac{I_2(q)}{2I_1(q)} - 1\right]k_{11}n_0 t \quad (7)$$

$$\frac{R_h(t)}{R_h(0)} = 1 + \frac{I_2(q)}{2I_1(q)}\left(1 - \frac{R_{h,1}}{R_{h,2}}\right)k_{11}n_0 t \quad (8)$$

が得られる。$R_h(0)$ は初期の流体力学的半径で $R_{h,1}$ に等しい。式(7)，(8)を時間 t で微分すると，

$$\frac{1}{I(q,0)}\left(\frac{dI(q,t)}{dt}\right) = \left[\frac{I_2(q)}{2I_1(q)} - 1\right]k_{11}n_0 \quad (9)$$

$$\frac{1}{R_h(0)}\frac{dR_h(t)}{dt} = \frac{I_2}{2I_1}\left(1 - \frac{R_{h,1}}{R_{h,2}}\right)k_{11}n_0 \quad (10)$$

が得られる。前節で紹介されたように，異方的な 2 次粒子の散乱強度 I_2 の評価は，1 次粒子が球であれば，T-matrix 法を使った計算コード[4]を利用することで可能になっている。また，2 次粒子と 1 次粒子の流体力学的半径の比 $\alpha_h = R_{h,2}/R_{h,1}$ については，大きさの等しい球からなる場合には，$\alpha_h = 1.38$ となることが知られている[3]。このような大きさの揃った球粒子からなるコロイド懸濁液において，粒子数濃度 n_0 が既知であれば，凝集に伴う初期の散乱光強度の時間変化あるいは流体力学的半径の時間的な増加を測定することで，式(9)あるいは式(10)を通して，凝集速度係数 k_{11} を求めることができる。

2 次粒子の光学的な性質を理論的に評価することを避けるため，$I_2(q)$ を消去するように式変形することで，

$$\frac{1}{I(q,0)}\frac{dI(q,t)}{dt} =$$

$$\left(\frac{R_{h,2}}{R_{h,2} - R_{h,1}}\right)\frac{1}{R_h(0)}\frac{dR_h(t)}{dt} - k_{11}n_0 \quad (11)$$

の関係式が得られる。式(11)をもとに，散乱光を測定するディテクターを複数持つ装置を用いて，さまざまな散乱角度，すなわち異なる q において，dI

$(q,t)/dt$ と $dR_h(t)/dt$ を測定する．実験で得られた $dI(q,t)/dt$ と $dR_h(t)/dt$ の関係を直線で近似し，近似直線の傾きと切片から k_{11} と α_h を求めることができる．この方法は静的動的同時光散乱法（Simultaneous Static and Dynamic Light Scattering：SSDLS）法と呼ばれている[3]．SSDLS法では，2次粒子の光学および流体力学的な特性を事前に理論的に知っておく必要なく，凝集速度係数を求めることができる．

市販されている動的光散乱法に基づく多くの装置では，使用しているディテクターは1つのことが多い．また，懸濁液中の粒子の形は完全には球形ではなく，大きさにも大なり小なりの分布を持つことが多い．そういった一般的な懸濁液中の粒子について，式(9)，(10)を用いて凝集速度係数を求めることは容易ではない．そのような場合でも，電気二重層斥力によって安定化された懸濁液に対して電解質を添加し，凝集系に移行させると，動的光散乱法により流体力学的半径 $R_h(t)$ の時間的な増加を検出することができる．さらに凝集初期の流体力学的半径の時間変化 $(dR_h(t)/dt)_{t\to 0}$ を電解質濃度に対してプロットすると，電解質濃度とともに電気二重層斥力が弱まるために $(dR_h(t)/dt)_{t\to 0}$ が増加する緩速凝集領域，電気二重層斥力が消失して $(dR_h(t)/dt)_{t\to 0}$ が電解質濃度によらず一定になる急速凝集領域，両者の境界における電解質濃度である臨界凝集濃度を確認することができる．そこで，濁度の時間変化法と同様に，急速凝集領域における $(dR_h(t)/dt)_{t\to 0}$ を $(dR_h(t)/dt)^f_{t\to 0}$ と書いて基準値とし，相対的な凝集速度である安定度比 W を次式により求める[5,6]．

$$W = \frac{\left(\frac{dR_h(t)}{dt}\frac{1}{C}\right)^f_{t\to 0}}{\left(\frac{dR_h(t)}{dt}\frac{1}{C}\right)_{t\to 0}} \quad (12)$$

ここで C は粒子濃度である．懸濁液の濁度変化を用いた安定度比の測定による分散凝集の研究は以前より存在している．動的光散乱による粒径測定の装置が普及するようになってきた近年では，式(12)による安定度比 W の測定例が多くなっている．また，安定度比 W と電解質濃度 C_s の関係を次の経験式[5]

$$\frac{1}{W} = \frac{1}{1+\left(\frac{CCC}{C_s}\right)^\beta} \quad (13)$$

でフィッティングすることにより，緩速凝集領域での安定度比の電解質濃度依存性を特徴づける β と臨界凝集濃度 CCC を決定することができる．動的光散乱法による安定度比から，対象とする系の分散凝集を特徴付ける臨界凝集濃度が精度良く求められる．

動的光散乱法ではレーザー光を利用しており，見た目には透明に近いようなサンプルでも測定が可能である．原理として Brown 運動による散乱光の揺らぎを解析しているので，拡散の激しいサブミクロン粒子の測定に適しており，ミクロンオーダーの粒子の測定は困難になる．また，散乱強度が弱すぎても解析できなくなるので，粒子径がナノオーダーになると粒子濃度を高くする必要が出てくる．ナノ粒子懸濁液の場合，数濃度も高くなるので，分散状態の懸濁液に凝集剤を混ぜた瞬間に凝集が進んでしまう．そうなると，粒径の初期増加速度を得ることは難しくなる．

4.2 測定例

図4は，動的光散乱法により測定された凝集状態にあるシリカの流体力学的半径の増加過程を示している．このような測定を pH や電解質濃度，高分子濃度など分散凝集に影響するパラメーターを変えて行う．球形で大きさの揃った粒子の懸濁液であれば，得られた初期の粒径増加速度 $(dR_h(t)/dt)_{t\to 0}$ から，式(12)を用いて，凝集速度係数 k_{11} を決定できる．図5に，一例として，球状シリカの凝集速度係数の KCl 濃度依存性が示されている．図中の記号は実験値であり，実線は DLVO 理論による相互作用ポテンシャルと流体力学的相互作用を考慮した Smoluchowski の Brown 凝集速度係数

$$k_{B,11} = \alpha_{B,11}\frac{8k_B T}{3\mu} \quad (14)$$

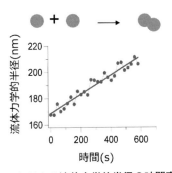

図4 シリカの流体力学的半径の時間変化

$$\alpha_{B,11} = \left[2a\int_0^\infty \frac{B_{11}(h)}{(2a+h)^2}\exp\left(\frac{\Phi_{DLVO}(h)}{k_BT}\right)dh\right]^{-1} \quad (15)$$

による計算値である。式中の k_B, T, μ, a は,それぞれ Boltzmann 定数,絶対温度,粘性係数,粒子半径,$\Phi_{DLVO}(h)$ は DLVO 理論による粒子間の相互作用ポテンシャルエネルギー,$B_{11}(h)$ は流体力学的相互作用関数,h は粒子表面間の距離である。記号で示された実験値から,緩速凝集領域,臨界凝集濃度,急速凝集領域の存在を確認できる。計算値においても同様に,緩速凝集領域,臨界凝集濃度,急速凝集領域を確認できる。このことから,図に示されたシリカ粒子の分散凝集は定性的に DLVO 理論に従うことがわかる。また,臨界凝集濃度の実験値と理論値は比較的よく一致しているものの,急速凝集速度係数の値と緩速凝集領域の傾きに関しては理論と実験に隔たりがある。また,ナノシリカは,サブミクロンサイズのシリカと異なり,定性的にすら DLVO 理論とは大きく異なる分散凝集挙動を示す場合がある[7,8]。

図6は,非球形粒子であるカーボンナノホーンの水溶液中での分散凝集挙動を示している[6]。図6(a)から,電解質の添加が凝集を誘発して流体力学的直径が時間とともに増加すること,粒径増加の程度は電解質濃度の増加とともに大きくなることがわかる。図6(b)には,対イオンである陽イオンの価数が異なる電解質を用い,さまざまな電解質濃度で得られた初期の粒径増加速度から求めた安定度比の逆数が示されている。この図から,緩速凝集領域,臨界凝集濃度,急速凝集領域が明確に確認できる。このことから非球形の粒子であるカーボンナノホーンの分散凝集挙動においても DLVO 理論が有効であることがわかる。また,対イオンの価数が大きいほど臨界凝集濃度が低いことから,カーボンナノホーンの分散凝集がいわゆる Schulze-Hardy 則[9,10] に従うこともわかる。

図6(c)には,異なる電解質とpHで得られた臨界凝集濃度を臨界凝集イオン強度に換算した値が,表面電荷密度に対して記号でプロットされている。ここでの表面電荷密度 σ は,同じ条件で測定された電気泳動移動度から Smoluchowski の式により求めたゼータ電位が表面電位 ψ_0 と等しいとした上で,拡散電気二重層理論に基づいた次式

$$\sigma = \varepsilon_r\varepsilon_0\kappa\psi_0 \quad (16)$$

から求めている。なお,式(16)の導出では電位が低いことが想定されている。ここで,$\varepsilon_r\varepsilon_0$ は媒体の誘電率であり,κ は Debye パラメーターで,I をイオ

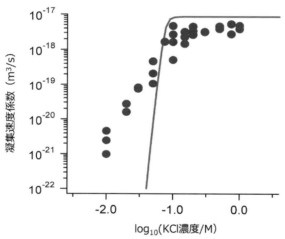

図5 動的光散乱法により得られたシリカの凝集速度係数
記号が実験結果,実線が DLVO 理論による計算結果。

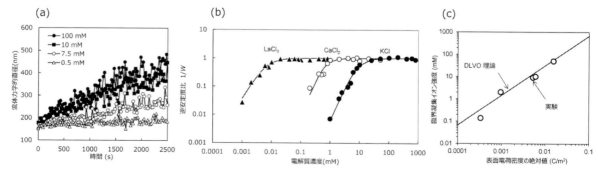

図6 水溶液中におけるカーボンナノホーンの分散凝集[6]
(a)流体力学的直径,(b)逆安定度比,(c)臨界凝集イオン強度。

ン強度,e を電気素量,N_A を Avogadro 数として,

$$\kappa = \left(\frac{2e^2 I N_A}{\varepsilon_r \varepsilon_0 k_B T}\right)^{\frac{1}{2}} \quad (17)$$

で定義される.図6(c)中の実線は,DLVO 理論に基づいて得られる理論的な臨界凝集イオン強度 I_c [10]

$$I_c = \left(\frac{\varepsilon_r \varepsilon_0 k_B T}{2e^2 N_A}\right)\left(\frac{24\pi\sigma^2}{A\exp(1)\varepsilon_r\varepsilon_0}\right)^{2/3} \quad (18)$$

により計算された値である.式(18)中の A は粒子間の van der Waals 相互作用の尺度であり,ここでは $A=2\times10^{-20}$ J としている.この値は水中のカーボン粒子に対して合理的な範囲と考えられる.理論値と実験値は良好に一致しており,カーボンナノホーンのようにウニ状で多孔質な構造を持つ粒子に対しても,DLVO 理論による計算が有効であることを示唆している.ただし,DLVO 理論や Smoluchowski の理論では,理論式の導出にあたってイオンや液体を透過させない剛体粒子が想定されており,この一致は偶然の可能性も否定できない.DLVO 理論や Smoluchowski の理論がカーボンナノホーンのような多孔質な粒子に対しても本当に有効であるかどうかの根拠を今後も追及していく必要があろう.

5. おわりに

本節では動的光散乱法を用いて分散凝集を評価する方法について説明した.この方法は現在ではほぼ標準的なものとなっている.筆者らは,動的光散乱法により,シリカ,カーボンナノホーン,アロフェン,セルロースナノファイバー,腐植物質といった,球形および非球形さらには合成粒子,天然粒子からなる懸濁液中の分散凝集を議論してきた[2,6,11-14].さらには,古典的な DLVO 理論の妥当性やさまざまなイオンや添加物が分散凝集に与える影響を明らかにしてきた.今後も本節および前節で紹介された方法を相補的に活用してデータを蓄積し,理論的な解析を組み合わせることで,さまざまなコロイド粒子や粒子間相互作用に関する理解が進むことが期待される.

謝　辞

本節で示された図には,筆者の研究室に所属した学生諸氏の多大な尽力によるものが含まれている.ここに記して謝意を表する.

文　献

1) 柴山充弘ほか:光散乱法の基礎と応用,講談社 (2014).
2) Y. Sato et al.: *Langmuir*, **33**, 12660 (2017).
3) H. Holthoff et al.: *Langmuir*, **12**, 5541 (1996).
4) https://www.giss.nasa.gov/staff/mmishchenko/t_matrix.html
5) D. Grolimund et al.: *Colloids Surfaces A*, **191**, 179 (2001).
6) K. Omija et al.: *Colloids Surfaces A*, **619**, 126552 (2021).
7) M. Kobayashi et al.: *J. Colloid Interface Sci.*, **292**, 139 (2005).
8) M. Kobayashi et al.: *Langmuir*, **21**, 5761 (2005).
9) H. Ohshima and K. Furusawa (Eds.): Electrical phenomena at interfaces: fundamentals: measurements, and applications, CRC Press (1998).
10) G. Trefalt et al.: *Langmuir*, **33**, 1695 (2017).
11) C. Takeshita et al.: *Colloids Surfaces A*, **577**, 103 (2019).
12) M. Li et al.: *Colloids Surfaces A*, **649**, 129413 (2022).
13) M. Li and M. Kobayashi: *Colloids Surfaces A*, **626**, 127021 (2021).
14) A. Hakim and M. Kobayashi: *Colloids Surfaces A*, **540**, 1 (2018).

第2章 分散安定性の計測・評価法

第3節
沈降速度測定法――自然沈降法・遠心沈降法

武田コロイドテクノ・コンサルティング株式会社　武田　真一

1. 沈降分析法による分散安定性評価

　液中粒子の分散安定性は，ISO/TR（技術報告書）13097によって，その定義や評価手法が整理され，①沈降に対する安定性と②凝集に対する安定性の2つの観点に大別されている[1]。沈降法は，前者の特性を直接評価できる重要な方法である。本節では自然沈降法ならびに遠心沈降法の両方法について解説する。

2. 沈降に対する安定性と凝集に対する安定性の関係

　凝集に対する安定性は，DLVO理論等により議論されるが，微粒子およびナノ粒子からなるスラリーを製品として扱う際には，凝集粒子の有無とともにスラリーの二相分離も品質管理上重要な評価項目となる。一般に，粒子がスラリー中で分散，あるいは凝集のいずれの状態であっても，粒子が非常に小さいとか溶媒粘度が非常に高い場合を除いて，溶媒の密度よりも粒子密度が高い場合には粒子の沈降が起こる。一般に粒子の沈降挙動は，下記のストークスの式で表される。

$$u = \frac{(\rho_s - \rho)gx^2}{18\mu} \quad \text{または} \quad x = \sqrt{\frac{18\mu u}{(\rho_s - \rho)g}} \quad (1)$$

ここでρ_sは粒子密度，ρは流体密度，xは粒子直径，uは粒子沈降速度，μは流体粘度，gは重力加速度である。この式(1)から明らかなように，粒子径や粒子と溶媒の密度差が大きいほど，また溶媒の粘度が小さいほど沈降速度uは大きくなる。すなわち，二相分離しやすく，沈降に対して不安定なスラリーとなる。この意味から，粒子径が大きくならないように凝集を静電的に，あるいは立体障害により防ぐことが，沈降安定性を向上させるための定法として採用されてきた。凝集を静電的に防ぐ機構が支配的であればゼータ電位の値が大きい系すなわち凝集に対する安定性が高い系ほど，沈降速度は遅く，沈降に対しても安定である系となる。

3. 自然沈降分析法および遠心沈降分析法の原理と測定装置

　本手法の原理は，自然沈降の場合でも，遠心機によって強制的にスラリー中の分散粒子を沈降させる遠心沈降の場合でも基本的には同じで，沈降過程によって生じるスラリーの透過光量の変化を受光検出器で測定し，その単位時間当たりの変化量から，ソフトウェアを用いて沈降速度やその速度分布に変換するものである[2]。次に測定方法ならびに装置について説明するが，その前に沈降安定性評価装置と沈降法による粒子径分布測定装置の違いについて，留意すべき点を述べる。日本では，1980年代から遠心沈降式の粒子径分布測定装置が市販され長年用いられてきたが[3]，粒子径を測定する際には干渉沈降が起こらないように粒子濃度を0.2 vol%以下に調整することが国際規格やJISで述べられている[4]。一方，沈降安定性試験の評価対象は実際の製品やプロセス中の中間品なので，当然のことながらそのままの濃度，すなわち干渉沈降が起こる粒子濃度である濃厚分散系で評価される。粒子径分布評価の際には，この他にも，溶媒がニュートニアン液体であること，粒子レイノルズ数が0.25以下であることなど，いくつもの制約があるので**表1**の比較表を参照されたい。

第2章 分散安定性の計測・評価法

表1 沈降法による粒子径分布測定と分散安定性評価の比較

測定目的		粒子径分布評価	分散安定性： 分離(沈降/浮上)速度評価
粒子濃度		0.2 vol%以下	実用系のまま (希釈なし)
遠心加速度(G) の印加方法	キュベット法の場合	低Gから高Gに段階的	一定G下で測定
	ディスク法の場合	密度勾配液使用	—
溶媒粘度		粒子 $Re<0.25$	溶媒粘度：制限なし (非ニュートニアン液体も可)
干渉沈降係数：$f(\alpha)$		$f(\alpha)=1.0$	$f(\alpha)$：制限なし

　次に，沈降安定性評価装置の具体例について述べる。沈降安定性評価は，自然沈降場(1 G下)や遠心場で沈降している粒子の移動距離や透過光量を測定することによって沈降速度分布に変換し，数値化が行われる。ここではいずれの手法も有している独国LUM社製の市販機を例にとって説明する。

　紙面の都合上ここでは遠心沈降法の装置について説明する。この装置はローターに矩形セルを8～12個一度に装填し，多数の試料を一度に測定できる。また，6～2,300 Gの遠心力を印加させて粒子を沈降させるので，沈降に対する安定性を加速して試験が可能である。また，非常に小さい粒子径を有する試料のように沈降による上澄み液ができるまでに長時間かかっていた試料を短時間で試験することもできる。このような利点を活用すれば，迅速な研究開発や品質管理に応用可能である。

　図1は，市販機LUMiSizerの外観写真と遠心機内部の構造を示した模式図である。装置は卓上型で，遠心機内部の温度を4～60℃の間の任意の温度に一定に保ちつつ測定が行われる。測定の手順は，まず，測定セルにスラリー試料を充填し，遠心機にセットする。付属のコンピューターから遠心力の大きさ，測定間隔(最短5秒)，測定時間(最長99時間)，測定中の回転数の増減などを入力する。次に，ローターを回転させて分散粒子に遠心力をかけ粒子の移動が加速される。測定セルの上下には光源および受光検出器が配置され，試料中に分散している粒子群の位置的変化が透過光量の変化として測定される。分散の良好な部分は光を散乱または吸収するため透過光量は少なくなるが，粒子沈降により形成された上澄み部分の透過光量は，次第に増加する。測定セル内の粒子群の位置分布は，14 μmおきに設置

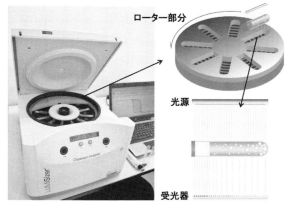

図1　市販機 LUMiSizer の外観と遠心機内部の構造を示した模式図

されたCCDセンサーにより検出され，測定セル深さ方向に対する透過光量プロファイルとして出力される。センサー間距離を短くして空間分解能を向上させ，最短5秒ごとに測定して時間分解能を上げれば，非常に高分解能の透過光量プロファイルが測定できる。しかも，経時変化が識別しやすいように表示されるプロファイルの色が時間とともに赤色から暗赤色，暗緑色，黄緑と徐々に変わるように工夫されているので，微小な差の検出や沈降特性の可視化に適している。

　図2は，透過光量プロファイルの一例であるが，縦軸は相対透過光量で高い値を取るほど透過率が高い，すなわちスラリーが澄んでいることを示す。一方，横軸はセルの位置に対応し，図の左側がセル上部，右側がセル底部に対応する。したがって，遠心力によって粒子が移動するに従って上澄み部分と懸濁部分の境界面(以後，沈降界面と呼ぶ)が移動するが，透過光量プロファイルではその境界面に対応す

第2編　計測・評価

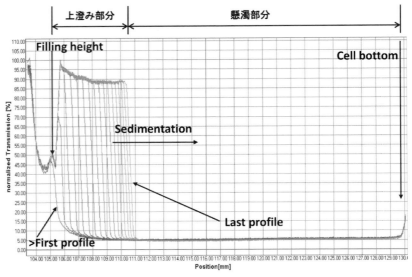

図2　透過光量プロファイルの一例

る曲線が左から右に移動することになる。図中赤い線と緑の線で示しているのは，セルの各位置に対する透過率プロファイルの時間変化であるが，赤い線が遠心開始の初期に対応し，緑の線が遠心の終期に対応する。図2より沈降界面が時間とともに下降し（右側に移動し），セルの透過率が徐々に上昇してきていることを示している。また，種々の相対重力加速度条件で沈降実験を行い，得られた沈降速度から1Gに外挿することにより自然沈降条件での上澄み液形成速度を推測することも可能である。さらに，1G下で測定するLUMiReader PSAを用いると加速試験のときの結果と対比することも可能である。上澄み液の形成速度は品質の優劣を決める評価項目に採用されている商品もあるので，実際の製品の品質評価にも適用されている。

4. 自然沈降分析法によるスラリー評価の測定例

自然沈降分析法も原理は遠心沈降分析法と同じであるが，重力加速度が1G下で実験を行うので，対象とする粒子サイズは自ずと遠心沈降のときよりも大きくなる。むしろ，粒子密度が高く，粒子サイズがサブミクロンよりも大きくなると，もはや遠心沈降法では瞬時に沈降が終了してしまい評価できなくなるので，このような系では自然沈降法を適用することをお勧めする。ここでは，3つの波長の光源を

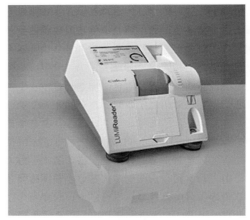
(a) 外観写真

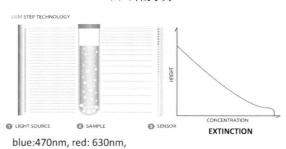
blue:470nm, red: 630nm,
near infrared:870nm
(b) 模式図

図3　自然沈降分析法を行うLUMiReader PSAの外観と測定原理の模式図

利用した新しい凝集粒子の検出評価例を紹介する。
図3は自然沈降分析法を行う装置である

第2章　分散安定性の計測・評価法

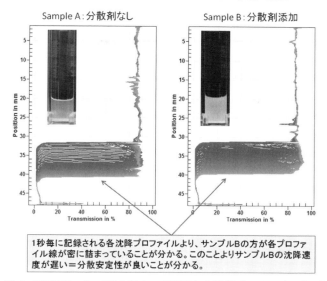

図4　LUMiReader PSAによって測定した沈降プロファイルの一例
（870 nmの光によるプロファイル）

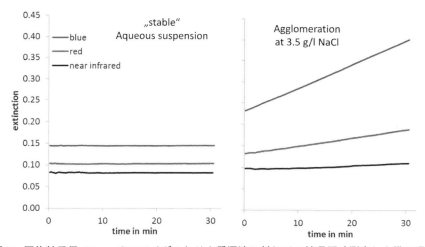

図5　平均粒子径45 nmのコロイダルシリカ懸濁液に対して3波長同時測定した際の吸光
度の時間変化。左グラフ：良分散系。右グラフ：NaCl添加により凝集粒子を含んだ系

LUMiReader PSAの外観写真(a)と測定原理の模式図(b)である。この装置では沈降セルを装置内に垂直に設置し，470 nm，630 nm，870 nmの3つの波長の光を同時にサンプルに照射し，その透過率(吸収率)を約2,000個のセンサーによって各セル位置で最短1秒ごとに測定する。また，**図4**は沈降プロファイルの一例であるが，アルミナ粒子懸濁液に対して分散剤添加の効果を調べている。サンプルAは分散剤なし，Bは分散剤ありの系で，1秒ごとに測定したプロファイルを書かせているが，分散剤なしの方がプロファイルの間隔は右のサンプルBよりも広くなっており，沈降速度が速いことを示唆している。次に，このようなプロファイルを平均粒子径45 nmのコロイダルシリカ懸濁液に対して上記3波長同時に用いて測定し，その吸光度の時間変化を評価した結果を**図5**に示す。図5左は，塩を添加していない元のままのコロイダルシリカで分散安定性の高い系である。一方，図5右のグラフはNaCl

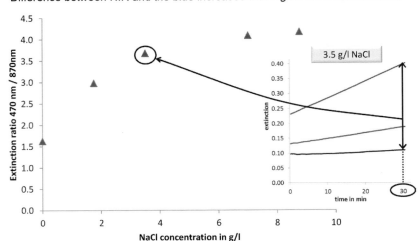

図6 波長 470 nm と 870 nm の時の吸光度の比(Ext470 nm/Ext870 nm)に及ぼす NaCl 濃度の影響。塩添加 30 分後の吸光度を測定

を添加して電気二重層を意図的に圧縮してゼータ電位を小さくすることで凝集が起こりやすい状況にしたコロイドダルシリカである。グラフからも明らかなように，右の塩添加系では吸光度が測定直後から高くなっており，粒子サイズが大きくなったことを示しており，すぐに凝集粒子が生成していることを示唆している。さらに時間の経過とともに吸光度が増大していることから凝集過程が引き続き生じていることを示している。特に波長の短い 470 nm の波長のときには検出感度が高い。この塩添加による凝集状態の違いを調べたのが図6 である。NaCl を添加し，添加後 30 分後の 470 nm と 870 nm の波長の吸光度の比を計算した結果である。塩の添加量が多くなるほど静電気的斥力が減少して凝集粒子が増えていることを示唆している。これらのことから，波長の異なる光の吸光度の比をとることで凝集過程のモニタリングが可能であることがわかる。

5. 遠心沈降分析法のスラリーへの応用例

Degussa 社製 TiO_2(P25) と Wacker 社製 SiO_2(HDK V15)を 99：1 の比で混合した粒子を 5 mass％ 含む濃厚混合分散系スラリーを調製した。溶媒は水系で支持電解質として 0.01 mol/L KBr を含み，種々の pH に調整した条件でゼータ電位とそれぞれのスラリーの沈降特性を調べた。図7，図8 に種々の pH に対するゼータ電位と沈降挙動を示すが，こ

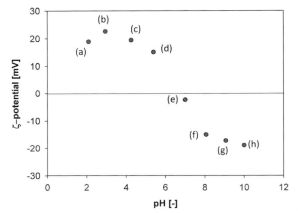

図7 Degussa 社製 TiO_2(P25) と Wacker 社製 SiO_2(HDK V15)を 99：1 の比で混合したスラリーに対するゼータ電位-pH 関係

の系では両者の間に明らかな相関が認められる。まず，ゼータ電位-pH 関係の結果（図8）よりこの TiO_2(P25)の等電点は pH 6.8 付近に見られ，通常報告されている値とほぼ近い値であることから SiO_2 添加の顕著な影響は認められない。次に，それぞれの pH での沈降特性の結果（図8）について見てみよう。図中複数の緑色と赤色のプロファイルが見られるが，これは沈降セルの各位置に対する透過率を示しており，図8 の左側がセル上部，右側がセル底部に対応する。そして，縦軸の値が高いほど透過率が良い，すなわち粒子がなくなり液が澄んでいることを示している。また，赤色と緑色の色の変化は遠心

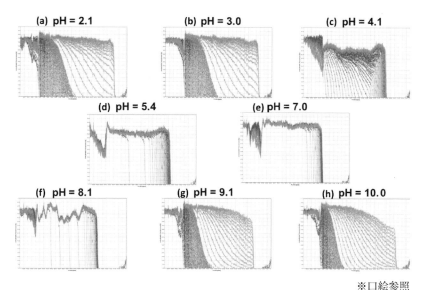

※口絵参照
図8 Degussa社製TiO$_2$(P25)-Wacker社製SiO$_2$(HDK V15)混合スラリーに対する各pHの沈降特性プロファイル

沈降開始からの時間変化で，赤色は遠心沈降直後，鮮やかな緑色は遠心沈降の最終段階に対応する。図8(a)を例にとってプロファイルの見方を説明すると，遠心沈降開始直後は垂直方向に伸びた赤色プロファイルがセル上部から底部(図中右側)に向かって進行している。これは徐々に上澄みが形成されていることを示しており，赤色で示される各プロファイルの間隔が狭いように見えるのは，緩やかに沈降が進んでいることを示唆している。その後，ある程度時間が経過してから斜め方向に伸びた緑色のプロファイルがセル底部方向に進行して最終的に鮮やかな緑色のプロファイルが縦軸の高い位置で一定になっているが，遠心沈降の最終段階でようやく底部まで粒子が沈降して透過率が上がったことを示している。pHが等電点付近になると図8(d)のpH5.4に示すように，遠心沈降開始直後に対応する赤色プロファイルが既に図中右側のセル底部の位置まで進行していることが見て取れる。これは遠心沈降を開始してすぐに粒子は沈降して透過率が上がったことを示している。その結果，遠心沈降最終段階に対応する緑色プロファイルで示される時点ではすでに粒子沈降挙動に変化がなくなりプロファイルが重なって見えている。緑色のプロファイル曲線が重なって細く見える傾向は，より等電点に近い図8(e)のpH7.0や図8(f)のpH8.1でより強く表れている。このような見方で図8(a)～(h)すべてのプロファイルを比べてみると，等電点に近いpHでは赤色のプロファイルで示される遠心沈降開始初期段階で粒子の沈降が進行しており，逆に等電点から遠いpHでは徐々にしか粒子の沈降が進行せず，緑色プロファイルに対応する遠心沈降終了段階でようやく粒子が沈降していることがわかる。この例では，粒子の沈降挙動(沈降速度)がゼータ電位の大小と対応していることから，等電点近くでは粒子が凝集し大きな沈降速度で沈降していると解釈できる。一方，等電点から遠いpH域では粒子が凝集せず分散しているので，粒子サイズも小さく沈降も比較的低い速度で進行していると解釈できる。

次に，スラリー中の粒子濃度が高くなった濃厚系での沈降について考えてみよう。まず，固体粒子濃度が高くなってくると，そのスラリーの見かけ密度・見かけ粘度が大きくなってくる。その結果，固体粒子群の沈降速度は，単一の固体粒子が沈降するときの速度よりも小さくなることが知られている。その理由は，スラリーの密度や粘度の抵抗を受けるからで，このような状態になったときの固体粒子群の沈降の状態は干渉沈降と呼ばれている。固体粒子群が容器の底に沈降する場合にも固体粒子と溶媒が置き換わることになるので，スラリーに上昇置換流が発生する。この上昇置換流の影響を受けて，固体粒子群の沈降速度が遅くなる。この場合の固体粒子群の沈降状態も干渉沈降と呼ばれている。さらに濃

厚系では粒子衝突の頻度が高くなるので粒子の凝集も起こりやすくなるので，沈降に対する安定性を支配する因子を考える場合には，図8で示した例のように粒子サイズだけでなく，干渉を及ぼし合う程度も考慮する必要がある。すなわち，ゼータ電位は小さい値を示しているにもかかわらず，粒子間の流体力学的相互作用（干渉沈降）のために沈降速度が遅くなり，沈降に対する安定性が比較的良好に見えても凝集粒子を多数含んでいる場合も起こりうるので，濃厚系での沈降に対する安定性を評価する場合には，ゼータ電位だけでなく粒度分布の評価結果も併用して系の特性を把握されることをお勧めする。

6. まとめ

沈降分析法による分散安定性評価法と分散性評価法の2つの評価法について解説した。沈降分析法には遠心沈降分析法と自然沈降分析法があるが，粒子の特性や評価目的に従って使い分けていただきたい。いずれの装置も原理は比較的単純であるが，機能や用途が多岐にわたるので，測定項目，目的，対象を明確化してその選択を行っていただきたい。原理が単純な分だけ，結果は理解しやすく，また検出感度も高いので，古い手法であるが一度，この手法で試してみられることをお勧めする。本手法の紹介が分散安定性評価の一助となれば幸いである。

文　献

1) ISO TR13097: Guidelines for the characterization of dispersion stability (2013).
2) D. Lerche: *KONA Powder and Particle Journal*, **36**, 156–186 (2019).
3) 東川喜昭: *Readout HORIBA Technical Report*, **4**, 23–29 (1992).
4) ISO13317-1: Determination of particle size distribution by gravitational liquid sedimentation methods (2001).

第2章 分散安定性の計測・評価法

第4節
沈降静水圧測定法

法政大学　森　隆昌

1. はじめに

スラリーの評価法の1つとして沈降法がある。その中で重力沈降試験はスラリーを沈降管に入れ静置し、スラリー層と清澄層の界面位置の経時変化を測定するという極めてシンプルな方法でありながら、沈降の様子から読み取れる情報が多く、幅広いスラリーに対して有効な評価方法である。すでに多くの研究がなされており、また、実際の産業現場でも広く利用されている。一方で、スラリーの種類が多様化し、スラリー層と清澄層の界面位置が特定しづらい場合も増えている。例えば、電池系のスラリーでよく見られるカーボン系の粒子を含むスラリーは黒色で、界面が観察できない場合が多い。あるいは、粒子径分布の広い原料のスラリーの場合は、明瞭な界面が形成されず、どこを界面とするか判断に困る場合もある。沈降静水圧測定法は、このような界面位置の特定が難しいスラリーにおいても粒子の沈降・堆積挙動を測定できる方法である。以下では、沈降静水圧測定法の原理および実際の測定例、プロセス制御への応用例を紹介する。

2. 沈降静水圧測定法の原理[1]

沈降静水圧測定法はスラリーの重力沈降時に任意の位置で静水圧の経時変化を測定し、粒子の沈降挙動を解析する方法である。沈降静水圧測定の原理を図1に示す。この図は重力場で沈降管内に静置したスラリーの沈降管底部での静水圧の経時変化を測定した結果を模式的に示している。沈降初期にはスラリー中の全粒子が懸濁しており、その重量は溶媒が支えるため、底部で観測される静水圧は下記の式(1)で示される最大値 P_{max} をとる。

$$P_{max} = \rho_s gh = \{\rho_p \phi + \rho_f(1-\phi)\}gh \quad (1)$$

ここで、ρ_s(kg·m^{-3})、ρ_p(kg·m^{-3})、ρ_f(kg·m^{-3})はそれぞれスラリー、粒子、溶媒の密度、g(m·s^{-2})は重力加速度、h(m)はスラリー投入高さ(静水圧測定位置から測ったスラリー高さ)、ϕ(-)はスラリー中の粒子体積分率を表している。その後、沈降して沈降管底部に堆積した粒子は、それ以上は沈降しないため、堆積した粒子の分だけ静水圧は減少し、最終的にすべての粒子が堆積を終えると、静水圧はいわゆる溶媒の静水圧 P_{min}(式(2))になる。

$$P_{min} = \rho_f gh \quad (2)$$

よって、すべてのスラリーにおいて図1に示したような沈降に伴う静水圧の経時変化を測定することが

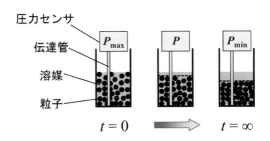

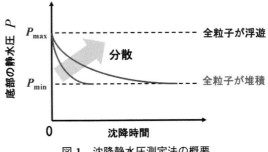

図1　沈降静水圧測定法の概要

でき，沈降静水圧の減少速度(図1の曲線の勾配)から粒子の分散・凝集状態が定量評価できる。すなわち，粒子が分散している場合は粒子の堆積速度が遅く，静水圧の減少速度も小さくなるが，粒子が凝集している場合は堆積速度が速く，静水圧の減少速度も大きくなる。

3. 沈降静水圧測定例

3.1 沈降静水圧と堆積層充填率の関係

それでは，以降は具体的な実験データを用いて，沈降静水圧測定法で得られるデータとその解釈について述べる。**図2**は水系アルミナスラリーの沈降静水圧を沈降静水圧測定装置(HYSTAP, JHGS㈱)で測定した結果である[2]。ここではアルミナ粒子(平均粒子径3.0 μm)を水中に粒子濃度35 vol%で分散させ，スラリーのpHを調整して粒子の分散・凝集状態を変化させている。このアルミナ粒子の等電点はpH 6.5くらいであるため，粒子の分散状態はpH 6.9が最も凝集しており，そこからpH 5.1，4.3の順

にアルミナ粒子表面が強く正に帯電するようになるため粒子は分散する。ここで静水圧がP_{min}に到達するまでの時間t_eに着目する。これは粒子がよく分散して堆積する場合の方が，沈降終了までにかかる時間が長いため，P_{min}までに達する時間t_eを比較すれば，粒子の分散状態や充填性が評価できるからである。**表1**に示したように，静水圧がP_{min}に達する時間t_eはpH 6.5，5.1，4.3の順に長くなり，このとき沈降堆積層の充填率もpH 6.5，5.1，4.3の順に大きくなっている。すなわち，粒子が分散し充填性がよくなっていることを示している。このように，沈降静水圧の経時変化から粒子の分散・凝集状態を定量的に比較することができる。次項で示すように沈降堆積層の充填率はシート成形(およびそれに準ずる塗布・乾燥プロセス)で得られるシート成形体(粒子膜)の充填率(密度)とよい相関がある重要な指標であり，沈降静水圧測定はこのスラリーの充填性について詳細な解析ができる。

一方で，先述の沈降静水圧減少速度(図2の直線・曲線の勾配)についても比較すると**表2**のようになる。まず，区間全体，すなわち沈降開始時と終了時の点を結んだ直線の勾配は，t_eとも堆積層充填率ともよい関係があるのは自然である。ここで，静水圧減少勾配が全区間を通して大きく変化しないケースでは，初期の沈降静水圧の勾配を求めればよく，短時間の沈降静水圧の測定からスラリーの充填性を評価できる。それに対して，静水圧減少勾配が沈降途中で変化する場合には注意を要する。例えば，図2の例では，pH 5.1のスラリーの静水圧減少勾配が沈降途中(沈降開始からおよそ5.5 h)で変化し，勾配がきつくなっているのがわかる。沈降開始から5.5 hまでのデータで静水圧減少勾配を求めた結果を表2に示すが，pH 4.3とpH 5.1の差が小さくなっており，静水圧減少勾配と堆積層充填率との関係がやや悪くなる。静水圧減少勾配の変化は，堆

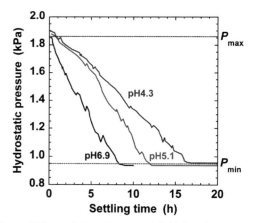

図2 水系アルミナスラリーの沈降静水圧(一次粒子径 3.0 μm)[2]

表1 水系アルミナスラリーの沈降終了時間と堆積層充填率(一次粒子径 3.0 μm)

スラリーpH (-)	ゼータ電位 (mV)	沈降終了時間 (h)	堆積層充填率 (-)
4.3	44	19.5	0.574
5.1	31	12.0	0.475
6.9	−13	8.23	0.388

表2 水系アルミナスラリーの沈降静水圧減少勾配（一次粒子径 3.0 µm）

スラリー pH (-)	全区間の傾き (kPa/s)	5.5 h までの傾 (kPa/s)
4.3	0.047	0.042
5.1	0.076	0.049
6.9	0.111	0.124

積速度の変化を示しており，この場合は，粒子の凝集が進むことで堆積速度が速くなったと考えられる。このように，静水圧減少勾配が沈降途中で変化するケースはしばしば見られるため，まず沈降終了までのデータを取得することが重要であり，静水圧減少勾配が沈降途中で変化するケースは，沈降中に粒子の分散・凝集状態がどのように変化するのかを知ることができる。

3.2 沈降静水圧とシート成形体充填率（密度）の関係

同様に，図3には水系チタン酸バリウムスラリーの沈降静水圧測定から求めた t_e^* とシート成形体の充填率の関係を示す[3]。ここでは，チタン酸バリウム（平均粒子径 0.7 µm）を水中で 45 vol% の粒子濃度で分散させ，分散剤（ポリカルボン酸アンモニウム）およびバインダー（ポリビニルアルコール）の添加量を変化させている。沈降静水圧測定に関しては先述の通りで，同時に，スラリーをドクターブレード法で成形し，乾燥した成形体の充填率をアルキメデス法で求めている。注意すべき点は，図2に示したアルミナスラリーではpHを変化させただけなので，溶媒（スラリーから粒子を除いたものすべて）の粘度はほぼ水の粘度に等しいが，ここで紹介するチタン酸バリウムスラリーでは，分散剤，バインダーという高分子を加えており，未吸着の高分子がスラリー中には存在するため，スラリーごとに溶媒の粘度が異なるということである。つまり，粒子が同じ分散・凝集状態であっても（粒子もしくは凝集体サイズが同じであっても），溶媒の粘度が2倍になれば沈降終了までの時間も2倍になるため，溶媒粘度の違いを考慮せずに沈降静水圧データを見ると，誤ったデータ解釈をしてしまうということである。そこで図3では，スラリーを遠心分離して得た上澄み（これがスラリーの溶媒に相当する）の粘度を別途測

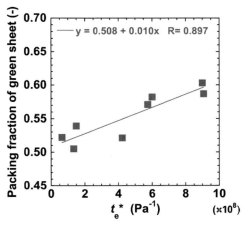

図3 水系チタン酸バリウムスラリーの沈降終了時間とシート成形体充填率の関係[3]

定し，沈降静水圧測定から求めた t_e を上澄みの粘度で除して求めた t_e^* で比較している。図からわかるように，両者の間には非常によい相関があることがわかる。このように，スラリーの充填性を定量評価し，成形体の密度制御に応用することができる。

3.3 沈降静水圧とスラリーの経時変化との関係

図2のpH 5.1のスラリーと同様に，沈降静水圧測定をさまざまなスラリーで行うと図4に示すように，沈降途中で静水圧減少勾配が明らかに大きくなる場合がある[4]。これは沈降途中で粒子の分散状態が比較的分散している状態から凝集している状態に変化するためであると考えられる[4,5]。図4ではサブミクロンのアルミナ（平均粒子径 0.48 µm）で粒子濃度 20 vol% の水系スラリーを調製し沈降静水圧を測定している。pH 5.5 のスラリーの静水圧減少勾配が沈降途中で大きくなっている。これは，pH 5.5 のスラリーの方が，粒子のゼータ電位が低く，時間の経過とともにpHはやや高くなるため，さらに

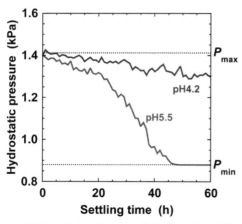

図4 水系アルミナスラリーの沈降静水圧(一次粒子径 0.48 μm)[4]

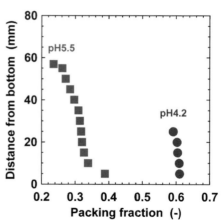

図5 アルミナスラリーから形成された沈降堆積層内の と充填率分布(一次粒子径 0.48 μm)[4]

ゼータ電位が低くなることで沈降途中で粒子が凝集したと考えられるが,沈降に伴ってスラリー層の粒子濃度が増加すると,粒子の衝突頻度が増すため,凝集が引き起こされた可能性も考えられる。いずれにしても,沈降途中で粒子が凝集したために,静水圧減少勾配が沈降途中で大きくなったといえる。ここで図4のスラリーについて,沈降終了後の堆積層内の充填率分布を測定した結果を図5に示す[4]。この図は横軸に堆積層内の任意の位置の充填率を,縦軸に堆積層内の位置(堆積層底部からの距離で表示)をとったものである。静水圧減少勾配が小さくほぼ一定であったpH 4.2のスラリーから形成された堆積層は,充填率が高く(堆積層高さは低く),堆積層の底から上部まで充填率がほとんど変化しないのに対して,静水圧減少勾配が沈降途中で大きくなるpH 5.5のスラリーから形成された堆積層は,pH 4.2の場合と比べて全体的に充填率が低い(堆積層高さが高い)だけでなく,堆積層の底から上部に向かうにつれて充填率がかなり低下する,すなわち内部の充填率分布が広いことがわかる。堆積層底部の粒子は沈降初期段階に堆積することから,pH 5.5の場合に見られた堆積層内の充填率分布と,静水圧減少勾配の変化からわかったスラリー中の粒子の分散・凝集状態の変化はよく対応しているといえる。このことから,これらのスラリーでシート成形(塗布・乾燥)を行うと,pH 4.2の場合は緻密な成形体が安定して得られ,pH 5.5の場合は,成形体の高さ(厚さ)方向に充填率分布がある,もしくは,時間とともに得られる成形体の充填率が低下していく,といった

ことが予想される。しかしながら,静水圧減少勾配が沈降途中で大きくなるスラリーについては,充填率分布の形成や充填率の低下といった現象が見られない場合があることがわかっているため,シート成形体の充填率と静水圧減少勾配が沈降途中で変化することの関係については,今後も検討していく必要がある。そのほかにも,温度応答性ポリマーを含む水系アルミナスラリー中の粒子分散・凝集状態が,スラリーの温度変化によって可逆的に変化する様子を捉えた結果[6]などもあり,沈降静水圧測定によってさまざまなパターンの粒子分散・凝集状態変化を知ることができる。

3.4 二成分スラリーの沈降静水圧―リチウムイオン電池正極スラリーの場合

ここまで紹介してきたスラリーはいずれも単一成分粒子の水系スラリーであった。そこで非水系スラリーで,かつ,異なる粒子を含む二成分スラリーとして,リチウムイオン電池正極スラリーを取り上げ,非水系スラリーでも,また,粒子が複数種類含まれているスラリーでも沈降静水圧測定が有効であることを紹介する[7,8]。

まず図6[7]を見ていただきたい。これはリチウムイオン電池正極スラリーの沈降静水圧である。ここでは,コバルト酸リチウム(LCO,平均粒子径10 μm)とアセチレンブラック(AcB,公称粒子径50 nm)をn-メチル-2-ピロリドン(NMP)中に分散させている。2つの粉を合わせた粒子濃度は50 vol%で添加剤をNo.1〜No.5まで変化させてい

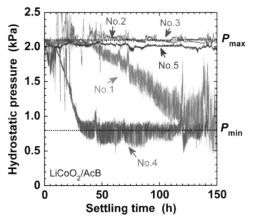
図6 リチウムイオン電池正極スラリーの沈降静水圧[7]

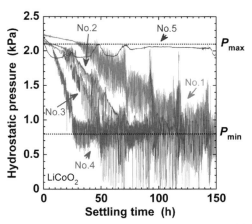
図7 コバルト酸リチウムスラリーの沈降静水圧[7]

る。粒子の重量で見るとLCOはAcBの50倍入っており、沈降静水圧の変化はほぼLCO粒子の沈降・堆積で起こると考えてよい。静水圧の上下動（ブレ）が激しいが、これは粒子濃度が極めて高く、高分子添加剤を含むスラリーでしばしば見られる現象である。沈降静水圧測定装置の伝達管先端の穴が粒子および高分子で塞がれることによるものだと考えられ、こうした上下動がない状況で測定することは難しいが、沈降静水圧の減少傾向を捉えることは十分可能である。あらためて図6を見ると、No.2, 3, 5の3つのスラリーが沈降静水圧の減少勾配が小さいことがわかる。単一成分のスラリーの場合と同様に、スラリー中の粒子重量の大部分を占めるLCOの分散がNo.2, 3, 5の添加剤でよくなっていると考えてしまいがちだが、これは正しくない。図7[7]には図6のスラリーからAcBだけを除いて調製したLCO単一成分のスラリーの沈降静水圧を示す。図7からLCO粒子の分散がよいのは添加剤No.5の場合で、添加剤No.2, 3については決してLCOの分散がよいとはいえない（沈降静水圧の減少が速い）ことがわかる。また図6, 7を見比べると、No.1, 4, 5の添加剤の場合はLCO/AcBの二成分スラリーでも、LCO単一成分のスラリーでも沈降静水圧の減少傾向がほぼ重なることがわかる。これらはAcB粒子がLCO粒子の沈降挙動にほとんど影響を及ぼさなかったことを示している。ここまでの結果および考察から、まず、図6において沈降静水圧の減少勾配が小さかったNo.2, 3, 5の3つのスラリーのうち、No.5のスラリーだけがLCOの分散がよいといえる。それではNo.2, 3のスラリーでは

なぜLCO単一成分だと沈降静水圧の減少が速い（LCOの沈降が速い）のに、LCO/AcBの二成分になると沈降静水圧の減少が遅くなる（LCOの沈降が遅くなる）のか、それはAcBの集合状態に関係がある。詳細は文献7,8)を参照されたいが、No.2, 3の添加剤ではAcB粒子がスラリー中でネットワーク構造を形成し、かつ、そのネットワーク構造が壊れたときの復元速度が速いことがわかっている[7]。よって、No.2, 3のLCO/AcBスラリーにおいては、AcBのネットワーク構造を壊しながらLCO粒子が沈降するため、ちょうど高粘性流体中を沈降するように沈降速度が遅くなり、その結果、沈降静水圧の減少速度が遅くなっていたということがわかる。以上をまとめると、まずNMP中の粒子の分散・凝集状態も水中の粒子分散・凝集状態と同様に評価でき、沈降静水圧測定が水系・非水系を問わず有効であることがわかる。さらに単一成分ではなく二成分の粒子を含むスラリーにおいては、それぞれの成分のスラリーの沈降静水圧（今回はAcBの総重量が少ないため、LCOのみを測定した）と二成分スラリーの沈降静水圧を比較することで、二成分スラリー中で起こる沈降・堆積現象を正しく考察できるといえる。

4. おわりに

以上のように、沈降静水圧測定法は、従来の重力沈降試験において、静水圧の変化を測定することで、沈降界面が観察できないスラリーでも粒子の沈降・堆積挙動が評価できるようになっている。粒子

濃度が極端に低い場合を除き，水系・非水系幅広いスラリーで測定が可能で，特に濃厚系スラリーと呼ばれるような粒子濃度が高いスラリー（今回紹介したスラリーもほとんどが濃厚系で，特にリチウムイオン電池正極スラリーは50 vol%の高濃度である）でも測定できる。今後より多様なスラリーで沈降静水圧が測定されることで，沈降静水圧から粒子集合状態を解析する方法がさらに進展すると期待される。

文　献

1) 森隆昌，椿淳一郎：微粒子分散系制御の新展開，粉体工学会誌, **45**, 835-843 (2008).
2) T. Mori et al.: Slurry Characterization by Hydrostatic Pressure Measurement —Analysis Based on Apparent Weight Flux Ratio—, *Adv. Powder Technol.*, **17**(3), 319-332 (2006).
3) N. Iwata and T. Mori: Determination of optimum slurry evaluation method for the prediction of BaTiO$_3$ green sheet density, *Journal of Asian Ceramic Societies*, **8**(1), 183-192 (2020).
4) 森隆昌ほか：液圧測定によるスラリー評価—沈降挙動に及ぼす初期高さの影響，粉体工学会誌, **41**(7), 522-528 (2004).
5) T. Mori and R. Kitagawa: Experimental Study on the Time Change in Fluidity and Particle Dispersion State of Alumina Slurries with and without Sintering Aid, *Ceram. Inter.*, **43**, 13422-13429 (2017).
6) T. Mori et al.: Hydrostatic pressure measurement for evaluation of particle dispersion and flocculation in slurries containing temperature responsive polymers, *Chem. Eng. Sci.*, **85**(14), 38-45 (2013).
7) 田中達也ほか：リチウムイオン電池正極材料スラリー中の粒子集合状態評価，粉体工学会誌, **48**(11), 761-767 (2011).
8) T. Mori et al.: Characterization of slurries for lithium-ion battery cathodes by measuring their flow and change in hydrostatic pressure over time and clarification of the relationship between slurry and cathode properties, *J. Colloid Interface Sci.*, **629**, 36-45 (2023).

第2章 分散安定性の計測・評価法

第5節 レオロジー測定法[1-8]

株式会社豊田中央研究所　中村　浩

1. 種々の粘度，レオロジー測定装置

　分散系の粘度を測定する方法としては工程管理的な利用には，カップ式の粘度計がよく知られている。これは図1のようにカップの底にオリフィスを有した形状をしており，カップを液体容器内に浸して最上部まで満タンにし，引き上げた瞬間からカップの底面のオリフィスから液体がなくなるまでの秒数で粘度を表すもので，一般にカップ粘度計でのせん断速度は高い場合が多く，流出口付近の流れに乱れが生じないように注意する必要があり，粘度算出は標準試料を用いた粘度対流出時間の検定曲線より求める場合が多い。カップ式粘度計は測定値が簡便，迅速に得られ，装置の洗浄も簡単であることから塗料，インキなど多くの工業分野で用いられている。

　また，液体が毛管の中を通過する時間で粘度を求める毛管粘度計，いわゆるオストワルド粘度計も知られている。この基本的な構造は，図2のようなガラス製のU字管で，一方の管には時間を計るためのふくらみAと毛管Bがあり，他方には試料を入れるふくらみCがある。Cに入れた試料を他方の口から吸い上げ，Aを満たしたところで止めて，

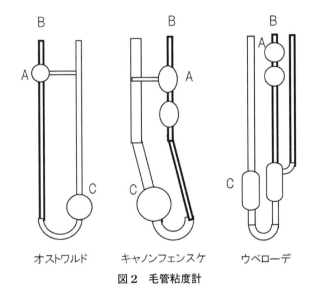

オストワルド　　キャノンフェンスケ　　ウベローデ

図2　毛管粘度計

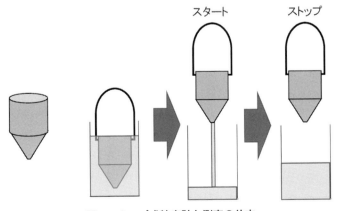

図1　カップ式粘度計と測定の仕方

自然流下させる。液面がAの上下にある標線m_1とm_2の間を通過するのに要する時間tを測定すると，試料の粘性率ηは$\eta = c_1\rho/t - c_2\rho/t$で与えられる。ここで，$\rho$は試料の密度，$c_1$，$c_2$は装置定数である。ただし，粘性率の大きい液体を測定する場合は，流下時間が非常に大きくなって不便であり，また液体が管壁に付着するため，正確な値が得られない。この毛管式粘度計にはオストワルト粘度計(図2左)，キャノン-フェンスケ粘度計(図2中)，ウベローデ粘度計(図2右)がある。

それ以外にも円管内に入れられた液体中に球を落下させ，その終末落下速度を測定することによりストークスの法則に基づいて粘度を調べる落球式粘度計や，容器の中のパドルがゆっくりとした一定速度で回転する錘の重さから粘度を評価する回転翼式粘度計のストーマー粘度計などが知られている(**図3**)。ストーマー粘度計とは，試料を水槽内に置かれた試料容器に入れ，その容器の中心で規定の寸法のグレーブス翼を自由落下する分銅の力で回転させ，100回転するのに要した時間と荷重の関係から粘度(単位：KU値)を求める粘度計で，特に単位をKU値として表示する塗料やインキなどの場合に多く用いられている。

しかし，これらのカップ式粘度計，毛管式粘度計，落球式粘度計，回転翼式粘度計はいずれもせん断速度が変化しても粘度が一定のニュートン流体の測定は可能であるが，分散系のようなせん断速度が変化した際に粘度が変化する非ニュートン流体のものには適さない。

これに対してせん断速度の違いによる粘度の違いを測定できる粘度計として回転型粘度計が知られている。これはモーターに繋がったスピンドルという回転子を流体に浸し，スピンドル回転時の流動抵抗を測定する粘度計で，スピンドルの形状により「単一円筒型回転式粘度計(B型)」「コーンプレート型粘度計(E型)」といった種類があり(**図4**)，回転数を変更することでせん断力を，スピンドルを変更することで抵抗値を調整できるため，幅広い粘度に対応でき，非ニュートン流体の測定にも用いられる。

単一円筒型回転式粘度計(B型粘度計，図4左)は，スピンドル・ローターと呼ばれる回転子を液体に浸し，モーターで回転させて流動抵抗を計測する回転粘度計で，アメリカBrookfield社(現：AMETEK Brookfield社)が世界で初めて可転粘度計を開発・上市し，このタイプの粘度計をBrookfield型粘度計，略してB型粘度計と呼ばれるようになった。

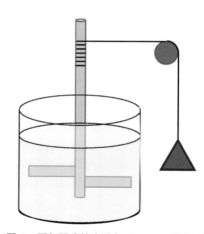

図3　回転翼式粘度計(ストーマー粘度計)

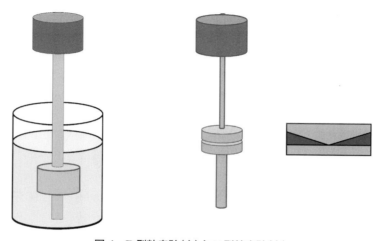

図4　B型粘度計(右)とE型粘度計(左)

このタイプの粘度計はモーターの回転数を変更することができるので、非ニュートン性の特徴を有する測定試料の粘度測定に有効である。また、せん断応力は回転させる円筒ローター側面に主に作用し、ローター周りに速度ゼロとなるガードを取り付ければせん断速度が規定できるので、比較的精度の高い粘度測定が行える。このため、異なる回転数（一般的には6回転/分と60回転/分）での粘度測定値の比であるTI値（チクソトロピーインデックス）を用いて非ニュートン性を評価することも多いが、前述のようにせん断速度の違いによる粘度の違いはチクソトロピーではなくシアシニングであるので、本来はシアシニングインデックスと呼ぶべきかもしれない。

そして、コーンプレート型粘度計（E型粘度計、図4右）は、円すい平板型粘度計とも呼ばれ、同一回転軸を持つ平円板と円すい板の間に流体を挟み、どちらかを回転させたときに流体によってもう一方に伝わる力と速度を測定する回転式粘度計で、熱変動による粘度への影響が大きい流体、せん断力によって粘度が大きく変わる流体、高粘度流体の測定や粘弾性率を測定したいときに向いているとともに、試料量が少なくても測定できることも特徴である。

一方、より高濃度や多成分で複雑な粘性挙動を示す分散系について、その挙動を厳密に議論するためには、精密にせん断速度やせん断応力の測定が可能なレオメーターでの測定が望ましい。B型粘度計でも回転数を変えることでせん断速度やせん断応力を変えることは可能だが、6, 12, 30, 60回転/分といった特定の回転数にしか設定できない。これに対してレオメーターでは、せん断速度やせん断応力を高精度で自在に変化させながら、そのときの粘度を測定することができる。つまり変化のさせ方によって、あるせん断速度、せん断応力での定常的な粘度だけでなく、せん断速度やせん断応力を急激に変化させた場合の粘度変化なども測定可能である。ニュートン流体なのか、非ニュートン流体なのか、さらに、非ニュートン流体の場合、ビンガム流体なのか、擬塑性流体なのか、チクソトロピー性があるのか、レオペクシー性があるのか、といったことまでも正確に知ることができるのがレオメーターである。さらに、レオメーターではクリープ、応力緩和、さらに周期的なせん断変形を与えてその応答から貯蔵弾性率や損失弾性率などの動的粘弾性測定も可能である。治具としても同心円筒型、円すい平板型、平行

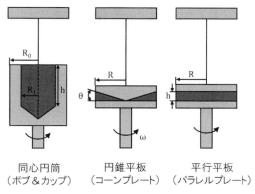

図5　レオメーター測定用の治具

円板型があり（図5）、比較的低い粘度の試料を測定する場合はB型粘度計と同様だが、ギャップを1 mmで精密に制御した円筒容器の同心円筒（ボブ＆カップあるいはクエット）型もしくは二重円筒（ダブルクエット）型の治具を用いる。一方、比較的高い粘度の場合は、円錐と平板（コーンプレート）型、もしくは2枚の平板（パラレルプレート）型の治具に試料を挟み込む形で用いる。いずれも内部もしくは上部の治具を回転させ、回転速度とトルクとの関係を計測して、せん断速度とせん断応力から粘度を求めることができる。試料は数～数十 mLと少量であるが、治具の位置固定や回転制御が高精度であり、一定せん断速度下でのトルクの経時変化から定常流粘度やその粘性の回復挙動を測定したり、振動回転を与えたりしたときのトルク変動から動的粘弾性挙動も測定することができる。

2. レオメーターによるレオロジー測定法

ここではレオメーターでの粘度測定の方法とそこから得られる結果の見方について説明する。まず治具の選択であるが、前述のようにレオメーター用の治具の主なものとして同心円筒、コーンプレート、パラレルプレートがある。主に粘度の低いものはせん断を負荷した際のトルクをかせぐために同心円筒を用い、比較的粘度の高いものはコーンプレートやパラレルプレートを用いる。ここでコーンプレートは治具のどこをとってもせん断速度が一定になるため厳密な測定においては望ましいが、ギャップ幅が規定され、かつ小さいため、高粘度のものなどをセットするのが難しく、そのような場合はパラレルプレートを用いることになる。

レオメーターで測定する粘度測定と言えば，定常流粘度のせん断速度依存性である。これはせん断速度で定常状態での応力から粘度を求め，それをステップでせん断速度を変化させていき，せん断速度の変化に伴う粘度の変化を調べるものである。このステップの幅を小さくすると連続的に変化することがわかり，多くの場合これがレオロジーカーブとして示されている。一方，もちろんこのようなステップではなく，連続的にせん断速度を上昇，あるいは下降させて測定する粘度測定も可能であり，ヒステリシスを見るときなどには有効であるが，多くの分散系ではせん断履歴によって粘度が変化し，連続的に変化させた場合その履歴の影響を受けてしまうため，そのせん断速度での粘度かどうか疑わしくなってしまう。したがって，前述のように定常状態での粘度をステップで変化させて定常流粘度のせん断速度依存性を調べることが重要である。このようにして測定した結果は横軸をせん断速度，縦軸を応力か粘度で示すことが多く，ニュートン流動，擬塑性流動，ダイラタント流動などの違いを明確に知ることができる（図6）。

また，せん断速度を上昇させた後に連続して下降させて測定することで，ヒステリシスをより厳密に調べることができ，せん断履歴の影響についても議論することができる。一方，低せん断粘度が非常に高く，一見流れにくいような分散液の場合に，縦軸を応力でプロットした場合に低せん断速度で平坦な部分が現れたら，その応力こそが降伏応力であり，この応力以下では流れないことを示している。

先ほど多くの高濃度分散系では粘度のせん断速度依存性にヒステリシスを持つと述べたが，その影響を明確に知る方法に粘性回復測定がある。これは低せん断速度から高せん断速度に瞬間的に変化させてからまた低せん断速度に瞬間的に変化させたときの粘度の時間変化を調べるというもので，粘度がある値に戻るまでの時間が長い場合，内部構造が高せん断で壊された後にその構造の回復に時間がかかることを示している。具体的には例えば $0.1\ s^{-1}$ で 30〜60 s，$100\ s^{-1}$ で 30〜60 s 回転させた後にまた $0.1\ s^{-1}$ に戻したときの粘度の経時変化を調べたりする。そして，この粘度の時間変化が小さい分散液は粘性回復が早く，実際のプロセスにおいても扱いやすい分散液であるが，粘度の時間変化が大きく，元の粘度に戻る時間が長い分散液は，実際にプロセスにおいてもせん断変化に伴う粘度変化に対する履歴の影響が大きく扱いにくいものとなる（図7）。

レオメーターでは粘度測定だけでなく，粘弾性のパラメータも測定することができることは前述の通りである。ここで動的粘弾性測定について実際の装置での動きから説明すると，変化させることができるパラメータとしてはひずみ量と振動の周波数がある。すなわち，ある周波数であるひずみ量で右回り左回りで周期運動を行ったときの応力を検知し，そこから貯蔵弾性率 G' と損失弾性率 G'' を求めている。ここで貯蔵弾性率 G' と損失弾性率 G'' の求め方については第1編第3章第4節に述べた通りである。

ここでは，まずひずみ分散測定について説明する。これは文字の通り周波数を一定にしてひずみ量を変化させたときの G'，G'' の変化を測定する方法である。このとき，ニュートン流動を示すような希薄な，あるいは液中に凝集構造のない分散液の場合，液状であることから弾性応答を示すような G'

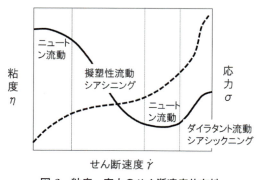

図6　粘度，応力のせん断速度依存性

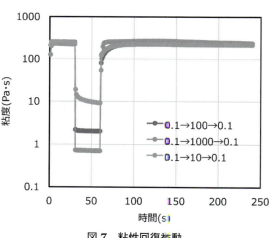

図7　粘性回復挙動

は得られず，かろうじて G'' のみを示す。これに対していわゆる擬塑性流動を示すような凝集構造を形成しているような分散液では G' も G'' も示すようになる。ここで，このひずみ分散測定からは分散系中の内部構造を知ることができる。このひずみ分散測定ではひずみ量を増大させても G'，G'' が変化しない領域（線形領域）とひずみ量の増大に伴い G'，G'' が低下する領域（非線形領域）から構成されるが，この線形領域はひずみを変化させても G'，G'' が変化しない，すなわち構造が壊れていないときの状態を示している。これに対して非線形領域はひずみの増大で構造が壊れている状態を示している。そして，この線形領域において G' が G'' よりも大きい場合（$G'>G''$，あるいは $\tan\delta<1$），弾性応答が上回っている，すなわち分散系中には弾性応答を示すような凝集構造が端から端まで連続した3次元ネットワークが形成されていることを示している。一方，この線形領域において G' が G'' よりも小さい場合（$G'<G''$，あるいは $\tan\delta>1$），粘性応答が上回っている，すなわち分散系中には弾性応答を示すような端から端まで連続した3次元ネットワークが形成されておらず，液中に凝集構造が分散した一種の海島的な構造が形成されていることを示している（図8）。

次に周波数分散測定について説明する。これはひずみ量を一定にして周波数を変化させたときの G'，G'' の変化を測定する方法である。このとき，ニュートン流動を示すような希薄な，あるいは分散液に凝集構造のない分散系の場合，液状であることから弾性応答を示すような G' は得られず，かろうじて G'' のみを示す。これに対していわゆる擬塑性流動を示すような凝集構造を形成しているような分散液では G' も G'' も示すようになる。ここで周波数分散測定からも分散液中の内部構造を知ることができる。この周波数分散測定では分散液によって周波数の増大に伴って G'，G'' が変化する場合と G'，G'' が変化しない場合が見られることが知られている。ここで G'，G'' が変化する場合，状態は粘性支配の液体状態を示しており，特に G' が周波数の -2 乗に依存し，G'' が -1 乗に依存する場合が完全な液体を示している。これに対して，G'，G'' が周波数に依存せずほとんど変化しない場合，弾性支配の3次元ネットワークが形成されていることを示している（図9）。

この粘弾性測定においても粘度測定の場合と同じように，ひずみ量の増大の後に連続して低下させるヒステリシスの測定や，ひずみ量を瞬間的に増大させてから再び減少させる弾性率の回復挙動を測定することも可能であり，定常流粘度測定や粘性回復測定と傾向は同じもののさらに構造に関する多くの情報を得ることができる。

文　献

1) 山口由紀夫監修：分散・塗布・乾燥の基礎と応用 プロセスの理解からモノづくりの革新へ，第1編第1章，テクノシステム（2014）．
2) 梶内俊夫，薄井洋基：分散系レオロジーと分散化技術，第1編，信山社サイテック（1991）．

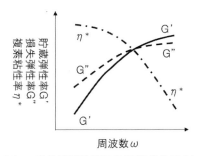

図9　動的粘弾性挙動（周波数分散測定）

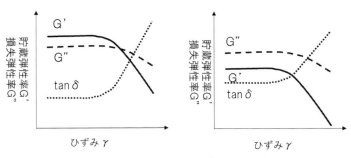

図8　動的粘弾性挙動（ひずみ分散測定）

3) 北原文雄監修:分散・凝集の解明と応用技術,第1編,テクノシステム (1992).
4) 日本レオロジー学会編:講座レオロジー,高分子刊行会 (1992).
5) J. Mewis and N. J. Wagner: Colloidal Suspension Rheology, Cambridge University Press (2012).
6) T. G. Mezger: Applied Rheology, Anton Paar GmbH (2018).
7) 菰田悦之:最近の化学工学 68 塗布・乾燥技術の基礎とものづくり,化学工学会関東支部編,26-39 (2020).
8) 中村浩,石井昌彦,熊野尚美:最近の化学工学 68 塗布・乾燥技術の基礎とものづくり,化学工学会関東支部編,174-186 (2020).

第3章 界面特性の実験的計測・評価法

第1節
表面張力・界面張力測定

協和界面科学株式会社　平野　大輔

1. はじめに

　濡れ性は，液体と固体表面に関わる特性の1つであり，あらゆる産業において濡れ性が関与する問題がある。濡れ性を議論するうえで，直感的かつ定量的な指標となる「接触角」（次節で解説）と液体の「表面張力」は不可欠である。表面張力による表面への作用は，液体の自由表面，すなわち液体/気体の境界面において認められる。しかし，液体/液体，固体/気体，固体/液体，固体/固体などの境界面でも同様な作用が働き，これを一般的に界面張力という[1]。表面張力は物質固有の物性値ではあるが，混合物の取り扱いには注意が必要である。特に構造粘性を有し，降伏値を持つ試料は慎重に測定をしなければならない。ただし，高粘性液体であっても純物質の場合は，表面張力が寄与するまでの時間はかかるが，粘性自体が表面張力値に直接影響を与えないことが測定データで示されている[2]。

　2017年にISO19403（塗料およびワニス–濡れ性）が制定され，その中で定義された用語を表1に示す。液体/気体は表面張力，固体/気体は表面自由エネルギー，液体/液体は界面張力，固体/液体と固体/固体は界面自由エネルギー，固体/液体/気体が接触する点を三相点（three-phase point）としている[3]。三相点については次節で詳しく説明するため，本節では割愛する。ISO19403は，決して塗料とワニスに限定された規格ではなく，他の分野でも十分参考になる規格である。本節と次節の接触角測定では，ISO19403で定義された内容を踏まえながら解説していく。

2. 表面張力・界面張力測定

　代表的な表面張力・界面張力の測定方法を表2に示す[4]。その中でも測定方法は大きく3つに分類される。①検出体に働く力を測定して表面張力を算出するWilhelmy法やdu Noüy法，②液滴の形状から表面張力を算出する懸滴法，スピニングドロップ法，③圧力（最大泡圧）から表面張力を算出する最大泡圧法などがある。代表的な測定方法をいくつか紹介する。

2.1 Wilhelmy法（プレート法，垂直板法）

　測定原理を図1に示す。測定子であるプレートが液体の表面に触れると，液体がプレートに対して濡れ上がる。このとき，プレートの周囲に沿って表面張力が働き，メニスカスが形成され，プレートを液中に引き込もうとする。この引き込む力を測定し，表面張力を求める方法で，次の式で表される[5]。

$$F = Mg + L\gamma \cos\theta - Sh\rho g \qquad (1)$$

　Fはプレートに働く力，Lはプレートの周囲長，θはプレートと液体試料との接触角，Mgはプレートに働く重力，Sはプレートの断面積，hはプレートが液体に浸漬している距離，ρは液体試料の密度，gは重力加速度を示す。測定時の高さは液体の最表

表1　表面/界面張力，表面/界面自由エネルギーの定義

	液体	固体
気体	表面張力 [mN/m]	表面自由エネルギー [mJ/m²]
液体	界面張力 [mN/m]	界面自由エネルギー [mJ/m²]
固体	—	

表2 表面張力・界面張力測定方法一覧

	方法	特徴
①検出体に働く力を測定	Wilhelmy法(プレート法)	・静的な手法 ・経時変化測定が可能
	du Noüy法(円環法)	・静的な手法ではない ・経時変化測定が不可能
②液滴の形状を測定	懸滴法 スピニングドロップ法	・少量の試料で測定可能 ・界面張力測定に最適 ・懸滴法は経時変化測定が可能
③圧力を測定	最大泡圧法	・静的〜動的まで幅広い時間軸での測定が可能 ・理論的には界面張力測定も可能

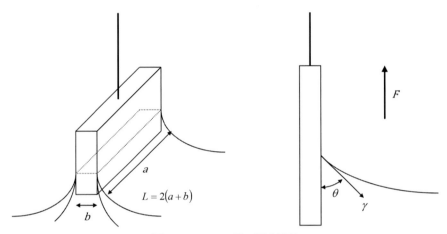

図1 Wilhelmy法の測定原理

面となるため$h=0$、電子的にプレートに働く力Fを測定するので、表面張力の測定前にMgを機械的に補正($Mg=0$)する。式(1)を$\gamma=$の形に変形した式を次に示す。

$$\gamma = \frac{F}{L\cos\theta} \qquad (2)$$

正確に表面張力を求める場合には、測定対象の液体試料に対し、プレートの接触角が0°(=完全に濡れる状態)であることが求められる。接触角が存在すると、表面張力の方向が検出方向(鉛直下向き)に対して斜めになり、プレートに働く力Fが低めに測定されることになる。また、プレート表面は非常に敏感であり、大気中に放置しているだけでも汚染は進む。プレート表面の清浄度は、測定結果に大きく影響を及ぼすため、注意が必要である。

Wilhelmy法は、プレートが液体と接した状態で測定しているため、経時変化測定が可能である。例えば、界面活性剤が含まれている液体試料では、時間の経過とともに界面活性剤が液体表面、およびプレート表面に吸着することで表面張力が低下していく。そのため、平衡状態に到達するまで測定できることは、表面張力測定において重要なポイントの1つといえる。

Wilhelmy法は、プレートに対する接触角の影響を受けるものの、測定自体は簡便で精度も高く、経時変化測定も可能である。このことから、トータルで考えると表面張力の測定方法としてWilhelmy法を推奨する。ただし、カチオン系の界面活性剤などプレートに吸着して表面を疎水化し、プレートの濡れに影響を与えるような液体には適さない。

一方で、Wilhelmy法による界面張力測定は、プレートが上層液を通過する際の濡れ性が影響し、下層液との接触角が0°にならないことが多い。その場合、界面張力値は低めに算出されるため、界面張

力測定には不向きな測定方法といえる。

2.2 du Noüy 法（円環法）

測定原理を図2に示す。du Noüy 法は，プレートの代わりに白金などの金属線で作られたリングを測定子として使用する。Wilhelmy 法がプレートを液体表面に静止させた状態で測定するのに対し，du Noüy 法はリングを液体から引き離す過程でリングと液体間に液体膜を形成する。そのときの最大張力を測定し，表面張力を求める方法で，次の式で表される[6]。

$$\gamma = \frac{F}{4\pi R} C \tag{3}$$

F はリングに働く力，R はリングの平均半径，C は補正係数を示す。液体膜は表裏2面あるため，測定による長さ成分は $4\pi R$ となる。補正係数 C は，リングに液体が付着したまま引き離すことに対する補正であり，Harkins-Jordan[7] や Zuidema-Waters[8] などによる補正が知られている。

しかし，引き離す過程の液体膜の半径は，必ずしもリングの半径 R はと等しいとは限らないこと，リングの形状のひずみによって測定誤差が増大するため，形状の維持が不可欠なことから精密な測定には適さない。また，液体から引き離してしまうため，経時変化測定はできない。一方で，Wilhelmy 法と同様に測定自体は簡便で，ラメラ長測定も可能なことは特長として挙げられる。また，リングの清浄度も測定結果に大きな影響を与えるため，十分な注意が必要である。

du Noüy 法による界面張力測定は，測定子の形状から Wilhelmy 法と比べて濡れ性の影響を受けにくいが，接触角の影響を避けることはできず，界面張力値は低めに算出されることが多い。しかし，ISO，IEC，ASTM などの各種規格では，du Noüy 法による界面張力測定が多く採用されている。

2.3 ラメラ長測定（du Noüy 法）

ラメラ長とは，液体膜がどれだけ伸びるかを示す指標で，液体の表面張力と粘性が関係しているが，学術的に詳しく研究はされていない。図2より，最大張力から液体膜が切れるまでの移動距離を測定し，液体膜や塗膜の切れにくさ，泡の安定性を評価する。なお，この移動距離は接液地点からの距離として定義される場合もある。また，簡易ロスマイルス法とラメラ長を比較した測定例もあり，その結果から泡の安定性を示す指標の1つであることがわかっている[9]。測定結果は，液体から引き離す速度に依存し，速度が速い場合，液体膜が伸びきる前に切れてしまうこともあるので注意が必要である。

2.4 懸滴法（pendant drop method）

鉛直方向に向けた細管の先端から液体を押し出すと，細管の先端に液体がぶら下がる。このぶら下がった液滴を"懸滴（pendant drop）"と呼ぶ。懸滴の形状は，表面張力で丸まろうとする作用と自重により垂れ下がろうとする作用のバランスで決まる。Young-Laplace の理論曲線の式には表面張力がパラメータとして含まれており，懸滴の輪郭形状を解析することで表面張力を算出できる。測定原理を図3に示す。細管の先端に懸滴をぶら下げ，水平方向から懸滴の最大径（赤道面直径）d_e と懸滴の最下端から最大径 d_e だけ上昇した位置における懸滴径 d_s を測定し，懸滴の形状から表面/界面張力を求める方法で，次の式で表される。

$$\gamma = \Delta\rho g d_e^2 \frac{1}{H} \tag{4}$$

$\Delta\rho$ は密度差，g は重力加速度，$1/H$ は補正係数を示す。界面張力測定では2液の密度差を用い，表面張力測定では気相の密度は考慮せず，液体の密度のみを使用する。補正係数 $1/H$ は，d_s/d_e の値から数表より求める。懸滴の形状は，表面張力が支配的で

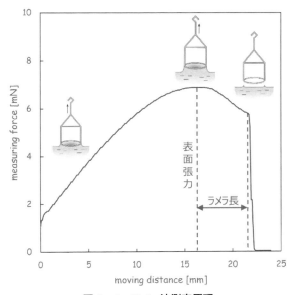

図2　du Noüy 法測定原理

あるかどうかで決まるため，塗料のように降伏値やチキソ性を持つ液体の測定には注意が必要である。懸滴法は，① d_s/d_e 法と②カーブフィッティング法の2種類の解析方法がある。両者の違いは使用する座標の点数であり，いずれも懸滴の輪郭形状がYoung-Laplaceの理論曲線の式に従うことを前提としている。図4に水を50回測定し，d_s/d_e 法とカーブフィッティング法で比較した結果を，図5にエタノールの結果を示す。カーブフィッティング法は，数百点の座標を使用し，最小二乗法により表面張力を算出するため，d_s/d_e 法に比べて測定精度が高い。

図6に水（最大液量：24.2 μL，10回測定）の懸滴の液量依存に関するデータを示す。表面張力の大きい液体の場合，最大液量を増やすために可能な限り太い細管を使用することが推奨される。また，細管にぶら下げる懸滴は，その細管で保持できる最大液量の85%～90%付近にすることが望ましい。一方，表面張力の小さい液体では，液量依存の影響は少ないが，特に制約がない限り上記の条件で測定することが望ましい。

図7に水を正向き（大気中の液懸滴）と逆向き（液中の気泡）で10回ずつ測定した結果を示す。理論的には両者に違いはなく，実際の測定結果でも，正向きと逆向きで差異は見られなかった。界面活性剤水

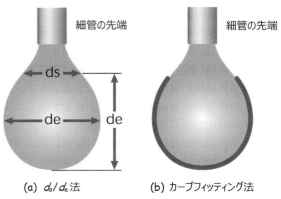

図3　懸滴法の測定原理

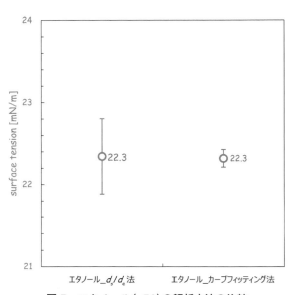

図5　エタノール（n50）の解析方法の比較

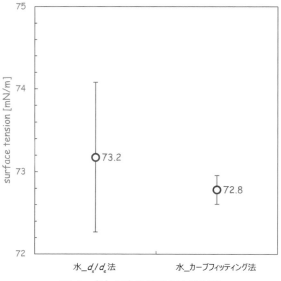

図4　水（n50）の解析方法の比較

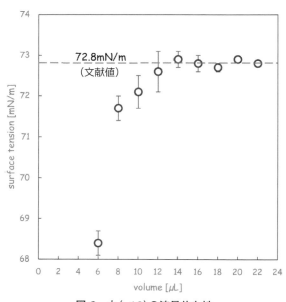

図6　水（n10）の液量依存性

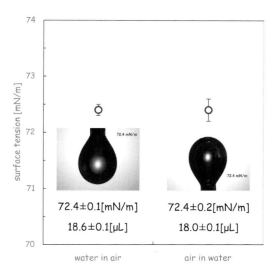

図7 正向きと逆向きの測定結果の比較

溶液など，界面吸着に伴ってバルク内の濃度変化が生じる場合は，正向きよりも逆向きの測定のほうが，界面吸着による表面/界面張力への影響は抑えられる。

前述の2つの測定法は測定子を使用することため，接触角の影響を受けていたが，懸滴法では測定子を使用しないため，接触角の影響がなく，より真値に近い界面張力が得られる。また，一旦平衡状態に達すると表面/界面張力は変化しないため，高粘性液体の測定が可能であり，さらに測定に使用する液量も少なく済むなど利点も多い。正確な測定結果を得るためには，液体試料を毎回交換するほうが望ましい。ただし，懸滴法にも欠点があり，密度差が小さい試料は式(4)から界面張力値を算出できないこと，画像解析を用いるため，懸滴の形状が明確にできない試料は測定できない。

Wilhelmy法，du Noüy法，懸滴法の界面張力測定方法のメリット・デメリットを紹介したが，この3つを比較するのであれば，上記理由から懸滴法を推奨する。

表面張力・界面張力測定の方法として，Wilhelmy法やdu Noüy法ほど普及していないが，ISO19403に記載されたことで，今後の普及が期待される[10]。

3. 動的表面張力測定

界面活性剤やポリマーに代表される界面活性物質は，さまざまな速度で新しく形成された界面に吸着し，表面/界面張力は動的に変化していく。時間の経過とともに，非平衡状態から平衡状態へと移行する中で，1秒前後を境に動的領域（非平衡状態）と静的領域（平衡状態）に区別される。通常，研究開発や品質管理の現場で測定される表面張力は，平衡状態で測定することが多い。しかし，実際の現場では常に撹拌・流動・循環が繰り返され，多くの場合，非平衡状態にある。比較的長時間の時間依存性は，前述の表面張力・界面張力測定で紹介した測定方法で十分対応できる。しかし，1秒以内の短い時間領域における測定は難易度が高くなる。その領域を測定する手法として最大泡圧法を紹介する。

■最大泡圧法
（maximum bubble pressure method）

測定原理を図8に示す。液中の細管から気泡を連続的に吐出させると，細管内の圧力は周期的に変化し，気泡の曲率半径Rと細管先端rの半径が等しくなったときに最大泡圧となる。その後，気泡は急激に膨張し，減圧する。最大泡圧法は，最大泡圧（最大圧力）を測定し，表面張力を算出する方法で，次の式で表される。

$$\Delta P(p - p_0) = \rho g h + \frac{2\gamma}{r} \tag{5}$$

pは泡の内圧，p_0は大気圧，rは細管の内半径，ρは試料密度，gは重力加速度，hは細管の浸漬深さを示す。この方法の基本原理は，Young-Laplaceの式に基づいている。①～③の時間をライフタイム（気泡の寿命）と呼び，プローブの先端内で新しい界面が発生してから最大泡圧に達するまでの時間を指す。最大泡圧法は，主に界面活性剤水溶液の測定に用いられ，ライフタイムの間に吸着した界面活性剤が表面張力を左右する。

図9にドデシル硫酸ナトリウム（Sodium Dodecyl-Sulfate：SDS，cmc：8.12 mM）の測定例を，図10に臭化ヘキサデシルトリメチルアンモニウムブロミド（Cetyltrimethylammonium Bromide：CTAB，cmc：0.94 mM）の測定例を示す[11]。界面活性剤の組成の違いで，表面張力の変化の仕方が大きく異なることがわかる。また，図11に各測定方法でCTABのcmcポイントを割り出したグラフ示す。前述の通り，プレートを使用するWilhelmy法では，カチオン系の界面活性剤の影響により，接触角が介在するため測定結果が低めに出ている。リングを使用す

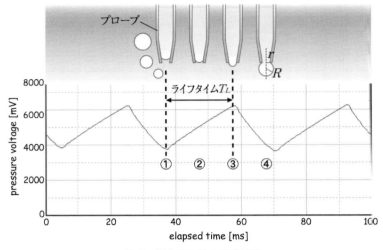

図8　最大泡圧法の測定原理

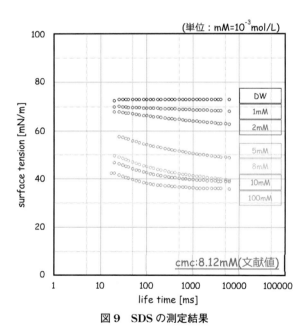

図9　SDSの測定結果

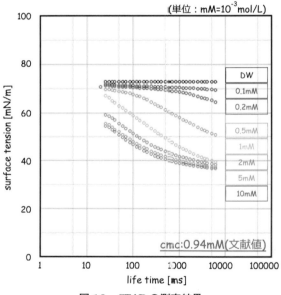

図10　CTABの測定結果

る du Noüy 法も同様の影響を受けるが，Wilhelmy 法ほど顕著ではない。一方で，逆に懸滴法は濡れに関する影響を受けないため，最大泡圧法の静的な領域(60,000 ms)で得られた表面張力と同等の値を示している。cmc 以前の測定値の信頼性には議論の余地があるものの，おおよその cmc を推定する目的であれば，どの手法を用いても問題はないと結論付けられる。

4. おわりに

本節では，液体の表面張力・界面張力測定について概説した。その中で，ISO19403 に定義された懸滴法に重点を置き，測定における注意点を実際の測定例とともに示した。特に解析方法による差異，液量，および細管の径に関する情報は，測定時の参考として活用いただきたい。ISO19403 に定義されたとはいえ，懸滴法は Wilhelmy 法や du Noüy 法と比較すると歴史が浅く，今後のさらなる発展が期待さ

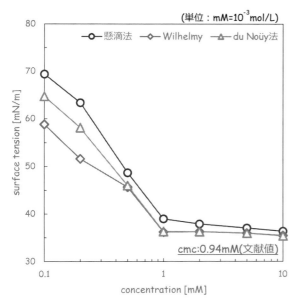

図11 各種測定方法によるcmcの推定

れる．現在，表面/界面張力の研究や測定をされている方，また，これからこの分野に関わる方にとって本稿が少しでも参考になれば幸いである．

文　献

1) 久保亮五ほか編集：岩波理化学辞典 第4版, **1062**, 岩波書店(1987).
2) 奥村剛訳：表面張力の物理学—しずく，あわ，みずたま，さざなみの世界, **22**, 吉岡書店(2003).
3) ISO 19403-1, Paints and varnishes -Wettability- Part1: Terminology and general principles.
4) 辻井薫監訳代表：応用界面コロイド化学ハンドブック, 第5編1章, 751, エヌ・ティー・エス(2006).
5) L. Wilhelmy: *Ann. Physik*, **195**, 117(1863).
6) P. L. du Noüy: *J. Gen. Physiol.*, **1**, 521(1919).
7) W. D. Harkins and H. F. Jordan: *J. Am. Chem. Soc.*, **52**, 1751(1930).
8) H. H. Zuidema and G. W. Waters: *Ind. End. Chem. Anal. Ed.*, **13**, 312(1941).
9) 青木健二：塗料の研究, **156**, 31, 関西ペイント㈱(2014).
10) ISO 19403-3, Paints and varnishes -Wettability- Part3: Determination of the surface tension of liquids using the pendant drop method.
11) 日本化学会著：改訂6版 化学便覧 基礎編, **659**, 丸善出版(2020).

第3章 界面特性の実験的計測・評価法

第2節
接触角測定

協和界面科学株式会社　平野　大輔

1. はじめに

接触角(Contact Angle)とは，静止液体の自由表面が固体壁と接する場所で，液体と固体表面とのなす角(液の内部にある角をとる)と定義されている[1]。接触角は，濡れ性を直感的かつ定量的に表す指標であり，濡れやすい(付着力が強い)場合は接触角が小さく，固体表面が濡れにくい(付着力が弱い)場合は接触角が大きくなる。図1に，接触角の測定例を示す。一般的に，水の接触角は90°を境に親水性，撥水性(疎水性)と分類される。特に接触角が5°未満の場合を超親水性，150°以上の場合を超撥水性と呼ぶ。また，平滑な表面を化学的な手法で組成を変化させた場合，水の接触角は119°付近が限界といわれている[2]。これ以上の撥水性を実現するには，表面に微細な凹凸構造を付与するなど，表面粗さの制御が重要となる。さらに接触角は10Å前後の膜厚の変化に対して，感度を有するという報告例もある[3]。測定自体が簡便で，目視による直感的な評価が可能で，表面のわずかな変化にも敏感であることから，接触角はさまざまな分野や産業で利用されている。

前節でも触れたように，2017年にISO19403(塗料およびワニス – 濡れ性)が制定された。この規格により，接触角計の適用範囲におおむね網羅されているといえる。また，新たに整理された測定条件として，転落角の判定基準や，表面自由エネルギー解析のOWRK法などが含まれている。本節ではこれらの点を中心に，各種接触角測定の方法について解説する。

2. 接触角と濡れ

図2に，接触角が決定するメカニズムを示す。液相と固相と気相が接する点を三相点(three-phase point，交点P)と呼ぶ。滴下した液滴を真横から観察し，三相点において液滴の輪郭曲線の接線と固体表面とのなす角が接触角θとなる[4]。三相点では，固体の表面自由エネルギー γ_S，液体の表面張力 γ_L，固体/液体間の界面自由エネルギー γ_{SL} の3つの力が作用している。γ_S は接触した液体を濡れ広げよ

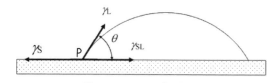

図2　Youngの式の説明

図1　接触角の測定例

うとする力，γ_Lは液体の表面を縮めようとする力，γ_{SL}は界面の面積を最小化しようとする力である。これらの力が均衡したとき，三相点の位置が決まり，接触角θが決まる。この関係は，Young の式で表される[5]。

$$\gamma_S = \gamma_L \cos\theta + \gamma_{SL} \quad (1)$$

例えば，清浄なガラスの表面とポリテトラフルオロエチレン(polytetrafluoroethylene, PTFE)の表面に水を滴下する。前者では，水とガラスの界面に作用する付着力が大きく，θで5°付近となる。一方，後者では，界面に働く付着力が小さく，θは120°付近となる。次に式(1)を，$\cos\theta$の形に変形した式を示す。

$$\cos\theta = \frac{\gamma_S - \gamma_{SL}}{\gamma_L} \quad (2)$$

式(2)より，$\cos\theta$が1に近づけば近づくほど，濡れやすくなることがわかる。親水化するには，① γ_Sを大きくする，② γ_Lを小さくする，③ γ_{SL}を小さくすることを考慮する必要がある。逆に，疎水化するには，これらの条件を反対にすればよい。界面活性剤やポリマーなどの界面活性物質は，液体の表面張力を調整する目的で使用されることが多い。これはγ_Lを小さくし，濡れやすくするためである。また，固体表面は，表面処理を施すことで，γ_Sを調整できる。γ_S，γ_Lが決まると，γ_{SL}も決まり，最終的な濡れも決まる。このことから，濡れを制御するためには，γ_Sとγ_Lの制御が不可欠である。

濡れは，θの値に基づき，拡張濡れ(spreading wetting)，浸漬濡れ(immersional wetting)，付着濡れ(adhesional wetting)の3つに分類される。液体が気相中で固体表面をどこまでも濡れ拡がろうとすることを拡張濡れという。拡張仕事は，次の式で表される。

$$W_S = \gamma_S - \gamma_{SL} - \gamma_L \quad (3)$$

$W_S<0$の場合，液体は接触角を持つ。一方，$W_S>0$の場合，液体はは無限に濡れ拡がり，超親水状態といえる。

固体試料を液中に沈めることで，固体表面全体が濡れることを浸漬濡れといい，毛細管現象はこれに該当する。固体が液体に浸かっている状態から抜け出すために必要な浸漬仕事は，次の式で表される。

$$W_L = \gamma_S - \gamma_{SL} \quad (4)$$

基本的にγ_Lは影響せず，γ_Sとγ_{SL}の関係で浸漬濡れが決定する。

気相中の固体表面に，液体の形態が変化することなく付着することを付着濡れという。固体表面から液体を取り除くために必要な付着仕事は，次の式で表される。

$$W_{SL} = \gamma_S + \gamma_L - \gamma_{SL} \quad (5)$$

この式(5)は，Dupré の式と呼ばれる。付着仕事は，単位面積当たりの付着前後のエネルギー差として考慮される。図2より，γ_S，γ_L，γ_{SL}の関係から，付着仕事W_{SL}は$\gamma_S+\gamma_L$とγ_{SL}の差分となる。

式(1)に，式(3)，式(4)，式(5)を代入すると以下の式に変形できる。

$$W_S = \gamma_L(\cos\theta - 1) \quad (6)$$

$$W_L = \gamma_L \cos\theta \quad (7)$$

$$W_{SL} = \gamma_L(1 + \cos\theta) \quad (8)$$

この式(8)は，Young-Dupré の式と呼ばれる。式(6)，式(7)，式(8)より，これらをθと結びつけると次のようになる。

① $\theta=0°$のときは，$W_S \geq 0$，$W_L>0$，$W_{SL}>0$
② $0°<\theta \leq 90°$のときは，$W_S<0$，$W_L \geq 0$，$W_{SL}>0$
③ $\theta>90°$のときは，$W_S<0$，$W_L<0$，$W_{SL} \geq 0$

上記①～③は，濡れの3つのタイプをエネルギー的に説明している。これらの力を単位長さ当たりの力として表すと，拡張力，湿潤張力，付着力(接着力)と言い換えることができる[6]。

2.1 静的接触角測定

静的接触角測定とは，接触角測定の中で最も基本的な測定を指す。固体表面上の液体がほぼ静止し，γ_S，γ_L，γ_{SL}のバランスが取れた状態(すなわち，三相点は静止している状態)における接触角θを測定する。このときの液滴の輪郭形状は，安定して保たれている状態と考えられる。しかし，実際には液滴の形状は時間の経過とともに変化する場合がある。図3に，変化の様子を示す。

a) 三相点が破線側に変化すると同時に，液滴の高さも減少していく。これは液体が蒸発していく場合に見られる現象である。

b) 液体が蒸発し，高さが変わるのはa)と同じであるが，固体と液体の付着力が比較的強いため，三

a) 左右の端点が縮みながら，高さも減少していく場合
b) 左右端点位置は一定で，高さが減少していく場合
c) 左右端点が拡がりながら，高さが減少していく場合

図3　静的接触角の変化の様子

相点は変化がほとんど見られない。

c)三相点は外側へ広がると同時に，液滴の高さも減少していく。これは粘性の影響や，液滴を滴下することで固体表面が変質した場合などに起こる現象である。

液体の種類や固体表面の状態にもよるが，液滴を滴下してから数秒後には平衡状態に達することが多く，この状態の接触角を一般的に静的接触角(static contact angle)と呼ぶ。実際の測定では，液滴の形状変化がa)～c)のいずれかのパターンを示すことが多いため，時間を追跡できる経時変化測定を推奨している。経時変化測定の結果，液滴の形状がゆっくりと変化していたとしても，基本的には液滴を滴下後，1秒後～数秒後の接触角を静的接触角と定義することが多い。

今回，ISO19403では，水の液量を2μL～6μL，ジヨードメタンの液量を1μL～3μLと定めている[7]。試液の液量が多い場合，自重による影響を考慮する必要がある。従来，接触角の解析方法として，$\theta/2$法が使用されてきた。この方法は，液滴の輪郭形状を真円と仮定し，三相点と液滴の高さの3点の座標を用いて解析する方法である。しかし，液滴が自重によって潰れている場合，かたよりが大きくなるという問題もある。試液の液量が少なく，自重による潰れの影響が比較的小さい場合は，$\theta/2$法ではなく，画像解析により輪郭全域をフィッティング区間にしている，真円フィッティング解析や楕円フィッティング解析を推奨する。また，液量が多い場合は，ある程度の潰れまでは楕円フィッティング解析で対応できるが，限界はあるため，液量は可能な限り少なくするのが望ましい。

2.2　動的接触角測定

固体表面に滴下した液滴に人工的に外力を加えることで，三相点が前進する状態と後退する状態を作り出す。これを動的接触角(dynamic contact angle)と呼ぶ。動的接触角の測定方法には，固体表面を傾

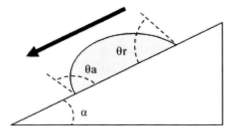

図4　転落法の測定イメージ

斜させる転落法(滑落法)，平面上で細管から連続的に液体を吐出す/吸引する拡張/収縮法，表面張力計を使用するWilhelmy法がある。

2.2.1　滑落(転落)法

滑落(転落)法とは，平面上に置かれた固体表面に液滴を滴下し，その固体表面を傾斜させることで液滴を滑らせる方法である。液滴が滑り始めた瞬間の傾斜角を滑落(転落)角 α といい，液滴除去性の指標として用いられることが多い。傾斜面に対して下側の三相点を前進接触角 θ_a (advancing contact angle)，上側の三相点を後退接触角 θ_r (receding contact angle)という。θ_a は濡れ広がりやすさを，θ_r は液滴除去性の目安となる。また，θ_a と θ_r の差を接触角ヒステリシス θ_{ar} (contact angle hysteresis)と呼ぶ。一般的に，θ_{ar} が大きいほど付着性が強く不均一な表面，小さいと付着性が弱く均一な表面といわれている。この特性から，滑落(転落)法は固体表面の平滑性や均一性，固体/液体間の付着性や液滴除去性の指標として利用されている。図4に，滑落(転落)法の測定イメージを示す。

ISO19403で"roll-off angle"と定義されているため，本稿では転落角と表記する。また，これまで明確な基準がなかった転落角の判定は，θ_a 側と θ_r 側の両方の三相点が少なくとも1 mm移動したときと定められた[8]。しかし，接触角ヒステリシス θ_{ar} と後述する付着エネルギーEについては，記載がなかった。

転落法で液除去性を評価する場合，2つの方法が

ある。1つは固体表面に同じ液量の液滴を滴下し，転落角 α の大小で，液滴の転落性を比較する方法である。固体表面の状態によっては液滴が転落しないこともあるため，各試料ごとに予備実験を行う必要がある。この方法は，転落角 α が大きいほど付着性が強く，小さいほど液滴除去性に優れていると判断できる。また，静的接触角の大きさと転落性には相関がなく，接触角が大きいほど転落しやすいわけではない点に注意が必要である。

もう1つは，転落角測定で得られる付着エネルギー E を比較する方法である。Wolfram は，水とパラフィンの転落角が，固体表面と液滴の接触面の半径 r に比例することを実験から導き出した[9]。その関係は，次の式で表される。

$$mg \cdot \sin\alpha = 2\pi r \cdot E \tag{9}$$

m は液滴の質量，g は重力加速度，α は転落角，r は接触半径，E は単位長さ当たりの付着力（単位面積当たりのエネルギー）を示す。**図5**に，転落角と液量を比較した結果を，**図6**に，図5の結果を式(9)に代入して算出した。付着エネルギー E と液量の関係を示す。

図中の○と■はガラスにコーティング処理を施した試料，△は PTFE を指す。3種類の固体表面に対して，3つの水準の液量で測定を行った。図5より，各試料の転落特性は大きな違いがあり，液量を統一することが難しいため，同一条件での測定とはいえない。一方，図6より，PTFE では液量にばらつきがあるものの，それ以外の試料では液量差もほぼなく，図5と比較すると試料間の差異がより明確に表れている。

図7に，転落後の試料と画像解析例を示す。実際の試料を確認すると，固体表面に濡れ膜が存在している。しかし，画像解析上では θ_r が 4.8° と表記されている。このような場合，概念上は転落したとみなさず，θ_r は 0° となる。側面からの画像解析では，固体表面上の濡れ膜の存在を判定できないため，転落法を用いる際は，液滴転落後の試料を目視で確認することが重要である。

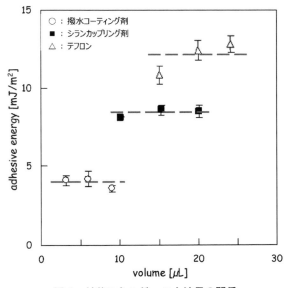

図6 付着エネルギー E と液量の関係

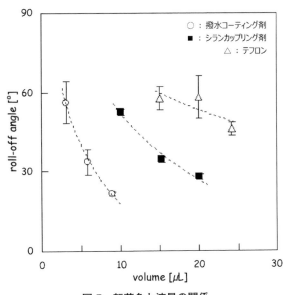

図5 転落角と液量の関係

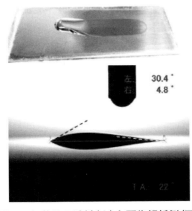

図7 転落後の試料（上）と画像解析例（下）

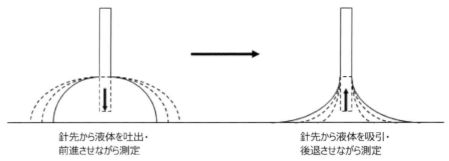

図8 拡張/収縮法の測定イメージ

2.2.2 拡張/収縮法

拡張/収縮法とは，平面上に置かれた固体表面に滴下した液滴に対し，細管から液体を連続的に吐出/吸引することで液滴を拡張/収縮させ，三相点を前進，後退するさせる測定方法である。液体を吐出したときの接触角を前進接触角 θ_a，収縮したときの接触角を後退接触角 θ_r という。図8に，拡張/収縮法のイメージを示す。測定方法が異なるだけで，θ_a，θ_r，θ_{ar} の概念は同じであるため，詳細な説明は割愛する。ただし，拡張/収縮法では，転落法では明記されていなかった接触角ヒステリシス θ_{ar} についての記載がある。

拡張/収縮法は，液体の吐出/吸引速度に依存する場合があるため，測定条件を統一する必要がある。ISO19403では吐出速度を 10 µL/min，最小量として 3 µL 吐出してから測定を開始すると定められた[10]。このため，吐出/吸引を安定させるために，自動制御タイプの装置を推奨する。また，収縮後の固体表面に濡れ膜跡がある場合，θ_r は 0° となる点も注意が必要である。

2.2.3 Wilhelmy法（プレート法，垂直板法）

この方法の最大の特長は，表面張力計を用いて動的接触角を算出できる点である。測定原理については，前節で説明しているため，ここでは割愛する。Wilhelmy法による表面張力の求め方は，次の式で表される。

$$F = Mg + L\gamma\cos\theta - Sh\rho g \qquad (10)$$

F はプレートに働く力，L はプレートの周囲長，θ はプレートと液体試料との接触角，Mg はプレートに働く重力，S はプレートの断面積，h はプレートが液体に浸漬している距離，ρ は液体試料の密度，g は重力加速度を示す。動的接触角を測定する場合，

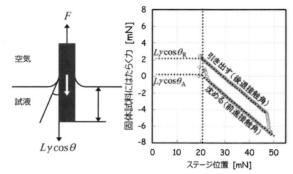

図9 測定イメージ（左）と作用する力と液面の位置（右）

表面張力測定に使用する測定子を固体試料に置き換える。固体試料に接触角が介在することで液中に引き込む力は，その液体が持つ表面張力より小さくなる。そのため，表面張力が既知の液体であれば，式(10)を用いて接触角を算出することができる。図9に，Wilhelmy法を用いた動的接触角測定のイメージと作用する力を示す。固体試料を液中に沈めることで θ_a となり，浮力が増加し，作用する力は小さくなる。逆に液中から引き出すことで θ_r となり，浮力は減少し，作用する力は大きくなる。

転落法や拡張/収縮法は，固体表面と液滴が付着した面，すなわち局所的な結果といえる。Wilhelmy法は，固体と液体が接触している面の結果となり，全体を平均化しているといえる。また，形状に依存せず，棒状の試料も測定することが可能である。しかし，同一でない表面を測定しても，平均化された結果となってしまうこと，前もって液体の表面張力や固体試料の寸法などが必要となってくることに注意が必要である。

2.3 動的接触角測定の比較

図10に，動的接触角測定法の比較を示す。本測定では液体試料として蒸留水，固体試料としてポリ

メチルメタクリレート樹脂(polymethylmethacrylate, PMMA)を使用した。図10より，各測定方法の結果はおおむね一致していることが確認できる。ただし，実際ここまで一致することは稀で，測定条件が合致した一例として，参考程度にとどめていただきたい。

各測定方法には一長一短あるが，動的接触角測定は転落法を推奨する。転落法は，固体表面に付着させた液滴を傾け，滑り落ちる様子を目視で確認できるため，直感的に理解しやすい測定方法である。また，図6に示した通り，液量を揃えることが難しい試料でも，付着エネルギーを算出することで試料間の比較ができる。

拡張/収縮法は，液体の吐出/吸引速度などの測定条件を統一する必要があるため，手動での測定は困難である。そのため，測定には自動制御タイプのディスペンサが必須となる。他にも，固体表面の特性によっては液体が均一に濡れ広がらないことがあり，判断に迷うことも多い。Wilhelmy法は，異なる表面でも同一の表面とみなし，平均化されてしまう。さらに他の測定方法と比較すると，測定に使用する液体試料の量が多くなる点にも留意が必要である。

2.4 粉体接触角測定

接触角は，固体表面と液体の濡れ性を示す指標であり，粉体に対しても同様の考えが適用できる。粉体の接触角測定には，ペレット状に圧縮成形した粉体の巨視的な表面に微小な液滴を滴下し，その液滴の輪郭形状を解析する方法[11]と毛管現象を利用して接触角を求める方法がある。前者は，これまでに説明した測定方法と同様であるため割愛し，本項では後者の毛細現象を利用した測定方法について解説する。図11に粉体接触角のメカニズムを示す。Poiseuilleの法則から導き出されるWashburnの式は，毛細管を液体が浸透する時間と浸透距離の関係を示し，次の式で表される[12]。

$$\frac{l^2}{t} = \frac{r\gamma\cos\theta}{2\eta} \tag{11}$$

lは液体の浸透距離，tは時間，rは充填粉体の毛管半径，γは液体の表面張力，θは接触角，ηは液体の粘度を示す。毛管半径とは，粉体粒子間の隙間を1本の毛細管とみなし，無数にある毛細管の平均半として定義される。毛管半径を求める際には，粉体に対して濡れ性の良い液体を用い，粉体と液体が形成するθを0°と仮定し，式(11)より算出する。

しかし，浸透距離は直接測定が困難なため，浸透

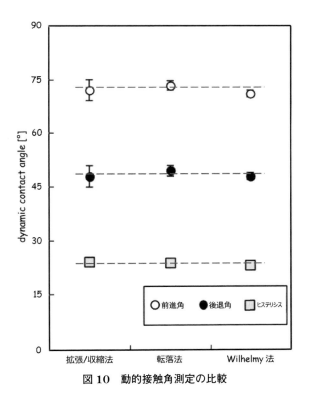

図10　動的接触角測定の比較

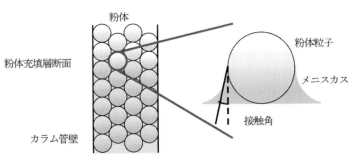

図11　粉体接触角のメカニズム

重量の変化を測定する。浸透距離と浸透重量の関係は，次の式で表される。

$$l = \frac{W}{s\varepsilon\rho} \quad (12)$$

s はカラムの断面積，W は粉体の浸透重量，ε は粉体の空隙率，ρ は液体の密度を示す。浸透重量 W の 2 乗を時間 t で除した値が一定であることから，式(11)に式(12)を代入すると，次の式が得られる。

$$\frac{W^2}{t} = \frac{r\gamma\cos\theta}{2\eta}(s\varepsilon\rho)^2 \quad (13)$$

式(13)より，測定結果には空隙率が影響するため，カラムの径，粉体の充填率(充填高さ)，および使用する液体が異なると測定値を比較することができなくなる。また，毛管現象を利用する測定方法のため，θ が 90°以上の粉体は測定が不可能のとなる。さらに，粉体や液体の特性によっては，測定がうまくいかないこともある。その場合でも，式(13)に測定値を代入すれば，接触角は算出できるが，その結界が濡れ性を正しく反映しているとは限らない。このため，浸透速度や浸透重量の測定結果に基づいて評価を行うこともある。

3. 表面自由エネルギー解析

式(1)で示した Young の式より，濡れ性は γ_S と γ_L によって決まる。しかし，γ_L はほぼ同等の値を示しても，濡れ性が異なる場面に遭遇することがある。北崎らは，高分子固体表面と飽和炭化水素液体との濡れ性について，同じような γ_{SL} を持っていても，濡れ性が異なることを報告している[13]。

バルク内の分子は，周辺の分子と相互作用することで，エネルギーが低い安定した状態になっている。一方，表面の分子は，大気側に相互作用できる分子が少ないため，エネルギーを低減できず，バルク内の分子と比較してエネルギーが高くなる。この表面の分子が持つ過剰なエネルギーを，表面自由エネルギーと呼ぶ。

表面自由エネルギーは分子間力に起因し，分散力，配向力，誘起力，水素結合力に分類される。このうち，水素結合力以外の 3 つを総称して van der Waals 力と呼ぶ。今まで，解釈の違いにより多数の成分分け理論が存在していた。ISO19403 では，表面自由エネルギーは分散成分(分散力)と極性成分(配向力)の和であると仮定され，OWRK 法を推奨している[14]。OWRK 法は Owens, Wendt, Rabel, Kaelble の 4 人の提唱者の頭文字を合わせたもので，分散成分と極性成分の 2 成分を用い，幾何平均則で算出する。

式(8)で示した Young–Dupré の式を経た，表面自由エネルギー解析の手順を以下に示す。γ_L と θ を測定し，式(8)より，W_{SL} を算出する。ここで，界面に作用する力として，分散成分のみに幾何平均則を用いて表現した Fowkes 理論に対し，OWRK 法では極性成分も考慮し，次の式で表される[14]。

$$\gamma^{\text{total}} = \gamma^d + \gamma^p \quad (14)$$

式(14)より，拡張 Fowkes の式として，次の式で表される。

$$\gamma_{SL} = \gamma_S + \gamma_L - 2\sqrt{\gamma_S^d \gamma_L^d} - 2\sqrt{\gamma_S^p \gamma_L^p} \quad (15)$$

式(5)に式(15)を代入すると，次の式が得られる。

$$W_{SL} = 2\sqrt{\gamma_S^d \gamma_L^d} + 2\sqrt{\gamma_S^p \gamma_L^p} \quad (16)$$

式(16)を式(8)に代入し変形すると，次の式が導かれる。

$$\sqrt{\gamma_S^d \gamma_L^d} + \sqrt{\gamma_S^p \gamma_L^p} = \frac{\gamma_L(1+\cos\theta)}{2} \quad (17)$$

表面自由エネルギー成分が既知の 2 種類の液体試料を用いて θ を測定し，式(17)より，連立 2 元 1 次方程式を解くことで，γ_S^d, γ_S^p, 固体と液体の付着仕事 W_{SL}，界面自由エネルギー γ_{SL} を求めることができる。

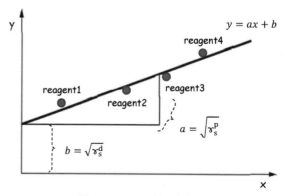

図 12　OWRK 法の解釈例

図12に，解釈例を引用する[4]。接触角測定で使用した試液の成分比をX軸，各々のθから算出される値をY軸にプロットし，直線フィッティングを行う。その傾きとy切片が求めるべき解の平方根となり，y切片と傾きの2乗がそれぞれ，γ_S^d, γ_S^pとなる。また，その和がγ_Sとなる。

また，液体の表面張力の成分分析も規格化された[7,15]。式(15)は固体/液体間の付着だけでなく，固体/固体間，液体/液体間でも成り立つ。2つの異種物質を示す添字を1，2で表記すると，次の式で表される。

$$\gamma_{12} = \gamma_1 + \gamma_2 - 2\sqrt{\gamma_1^d \gamma_2^d} - 2\sqrt{\gamma_1^p \gamma_2^p} \qquad (18)$$

hexaneなどの炭化水素を参照液体とし，試液の表面張力および界面張力を式(18)に代入することで，γ_L^dとγ_L^pを算出できる。界面張力の測定には，濡れ性の影響を受けにくい懸滴法を推奨する。

参照液体との形成できない場合は，θとγ_Lから求める方法もある[7]。例えば，成分既知の水(γ_L^d：21.8 mN/m, γ_L^p：51.0 mN/m)を用い，静滴接触角と懸滴法で測定，解析した結果を表1に示す。静的接触角測定に用いた参照固体はPTFE(γ_L^d：18.5 mN/m, γ_L^p：0m N/m)，懸滴法用に用いた参照液体はhexane(γ_L^d：18.4 mN/m, γ_L^p：0 mN/m)である。結果として，接触角から求めたtotal値は一致したが，成分値は再現できなかった。一方，懸滴法から求めた結果は，total値，成分値ともに文献値をおおむね再現できた。経験上，接触角による液体成分解析は困難である。懸滴法では測定できない場合や，どうしても液体の成分解析を行う必要がある場合のみ，接触角での実施を検討してほしい。

4. おわりに

本節では，各種接触角測定方法について解説した。冒頭でも述べたように，ISO19403は接触角測定に関する適用範囲をおおむね網羅している。特に転落法における移動判定距離の明確化，2成分解析を推奨する表面自由エネルギー解析，成分が未知な液体の成分解析など，従来曖昧だった点が明確になったことは大きな進展といえる。これから測定に携われる方にとっては参考に，すでに測定を行っている方にとっても測定条件の見直しを検討する契機

表1 懸滴法と接触角測定の比較

	γ_L^d[mN/m]	γ_L^p[mN/m]	total[mN/m]
懸滴法	22.6	50.2	72.8
接触角	39.7	33.1	72.8
文献値	21.8	51.0	72.8

になれば幸いである。

文 献

1) 久保亮五ほか編集：岩波理化学辞典 第4版, 690, 岩波書店 (1987).
2) T. Nishino, et al.: *Langmuir*, **15**, 4321 (1999).
3) R. J. Waltman: *Journal of Fluorine Chemistry*, **125**, 391 (2004).
4) ISO 19403-1, Paints and varnishes -Wettability- Part1: Terminology and general principles.
5) T. Young: An essay on the cohesion of fluids, *Philos. Trans. R. Soc. London*, **95**, 65 (1805).
6) 高薄一弘発行：ぬれ性と制御, 115, 技術情報協会 (2000).
7) ISO 19403-5, Paints and varnishes -Wettability- Part5: Determination of the polar and dispersive fractions of the surface tension of liquids from contact angles measurements on a solid with only a disperse contribution to its surface energy.
8) ISO 19403-7, Paints and varnishes -Wettability- Part7: Measurement of the contact angle on a tilt stage (roll-off angle).
9) A. Buzagh and E. Wolfram: *Kolloid-Z*, **149**, 125 (1956).
10) ISO 19403-6, Paints and varnishes -Wettability- Part6: Measurement of dynamic contact angle.
11) S. Wu: *Journal of Polymer Science. Part C*, **34**, 19 (1971).
12) E. W. Washburn: *Phys. Rev.*, **17**, 273 (1921).
13) 北崎寧昭, 畑敏雄：日本接着学会誌, **8**, 131 (1972).
14) ISO 19403-2, Paints and varnishes -Wettability- Part2: Determination of the surface free energy of solid surfaces by measuring the contact angle.
15) ISO 19403-4, Paints and varnishes -Wettability- Part4: Determination of the polar and dispersive fractions of the surface tension of liquids from an interfacial tension.

第3章 界面特性の実験的計測・評価法

第3節 ゼータ電位測定
第1項
電気泳動法

大塚電子株式会社　中村　彰一

1. 電気泳動法とは

　コロイド粒子の表面は，多くの場合，粒子表面に存在する解離基やイオンの吸着によって帯電している。電解質を含む水溶液中では，粒子表面の電荷を中和するために粒子と反対の電荷を持つイオンが表面近傍に多く集まるが，イオンの熱運動のため完全には中和できず電気二重層と呼ばれるイオン雰囲気を形成する。この厚さは，電解質の価数とモル濃度に依存するが，粒子が運動する場合，当然その周りに存在する。

　電気二重層を形成した粒子が分散している系に外部から電場をかけると，荷電粒子は，その粒子が荷電している符号と反対符号の電極に電気二重層の一部を伴って泳動する(図1)。これが電気泳動現象である。このとき，泳動する境界面をスベリ面といい，その面での電位をゼータ電位と定義している。

　電気泳動という現象は，1807年にA. Reuss[1]が粘土とガラス管により行った実験により発見されたといわれている。19世紀になるとU字管を用いた可視コロイドの電気泳動の研究は進められ，20世紀初頭頃からタンパク質の研究にチセリウスの電気泳動装置が広く使用されるようになった。そして，1971年には，B. R. Ware[2,3]らが，電気泳動速度の測定にレーザー・ドプラー流速計の原理を応用する方法を発表し，この方法が，現在の電気泳動法からゼータ電位を求める主流となっている。

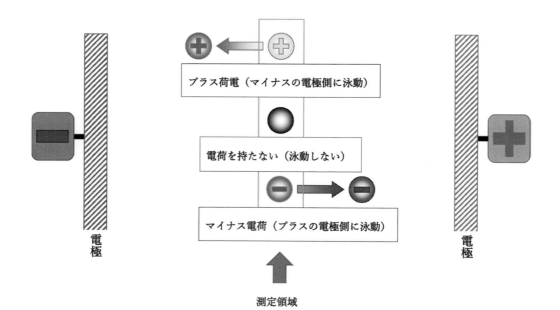

図1　電気泳動測定の概念図

2. 各種電気泳動法[4-6)]

2.1 顕微鏡法

主原理は，2世紀以上前から発展してきた方法である。電場中の粒子運動の観察を顕微鏡下で粒子像を観察する方法で，顕微鏡法またはミクロ電気泳動法と呼ばれている。直流または交流電場下で移動する粒子に光を照射すると，散乱光によって粒子挙動が観察できる。この光照射は，明視野（粒子径0.2 μm以下の粒子は検出不可）や暗視野（ナノメートル領域の泳動粒子像捕捉可能）で行うことができる。マイクロメートルサイズの泳動粒子像の測定に関しての手法は，①手動式（1個または複数の粒子の動きを目とストップウォッチで追跡），②半手動式（照射光走査装置，あるいは，矩形プリズム回転装置を用いて粒子を手動で顕微鏡追跡し，光走査速度やプリズム回転速度を制御し，顕微鏡観察像が静止状態に見える条件から電気泳動速度を求める），③全自動式（CCD（電荷結合素子）で測定した粒子像を連続的にコンピューターに送り，高度な画像処理で，時系列のビデオの各コマから電場下での粒子の移動軌跡を再現し，時間間隔及び粒子の移動距離から電気泳動移動度を求める）などがある。

2.2 電気泳動光散乱法

電気泳動光散乱法（Electrophoretic Light Scattering：ELS）は，散乱光のドプラー効果を用いて，多数の粒子の電気泳動速度を間接的に測定する方法でレーザー・ドプラー法ともいわれている。電気泳動している粒子にレーザーを照射すると粒子からの散乱光は，ドプラー効果により周波数がシフトする。このシフト量は粒子の泳動速度に比例することから，このシフト量を測定することにより粒子の泳動速度がわかる。一般に，粒子の泳動速度は遅いため，そのドプラーシフト量（～数百 Hz）は入射光の周波数（5×10^{12} Hz）に比べて著しく小さくなる。このような小さな周波数の差を検出する手段として，図2の光学系に示すように入射光（参照光）と散乱光を混合させる参照光光学配置を採用したヘテロダイン法を利用する。この手法では，泳動粒子からのドプラーシフトしている散乱光と泳動していない粒子に相当する参照光を同時に観測していることになる。つまり異なる周波数の光を混合した時に干渉により生じるビートを散乱強度の変化（ユラギ）として測定する。検出した信号は，信号処理装置に送られ，泳動粒子の速度および方向が決定され，その値から理論計算によってゼータ電位が算出される。

その他，クロスビーム光学系でダブルビームのレーザー光を交差さす，干渉フリンジ法を用いている装置もある。

2.2.1 信号処理
(1) 自己相関関数・パワースペクトル分析

検出された信号は，参照光光学系では，光子相関法により，式(1)として散乱強度の自己相関関数として表す。

$$G2(\tau) = a\,exp(-2\Gamma\tau) + b\,exp(-\Gamma\tau) \\ + cos(\Delta\omega\tau) + c\cdot\delta(\tau) + d \quad (1)$$

$$\Gamma = Dq^2$$
$$D = kT/(6\pi\eta r)$$

ここで，τ：相関時間，$\Delta\omega$：シフト周波数，Γ：減衰定数，D：粒子の並進拡散係数，q：散乱ベクトル，k：ボルツマン定数，η：溶媒の粘度，r：粒子の流体力学的半径，$\delta(\tau)$：デルタ関数，$a\sim d$：定数である。

このとき観測する粒子はブラウン運動しているために，この自己相関関数は減衰するコサイン波とな

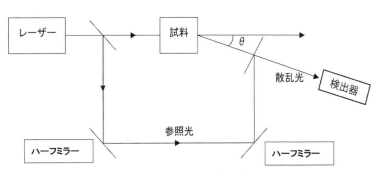

図2　電気泳動測定装置の光学系の概念図

り，その周波数がドプラーシフト量に相当する。得られた自己相関関数をFET解析することで，周波数パワースペクトル（周波数成分の分布）が求められ，さらには泳動速度の分布が求められる。周波数パワースペクトル $P(\omega)$ は式(2)から求める。

$$P(\omega) = \frac{1}{\pi}\frac{2a\Gamma}{\omega^2 + (2\Gamma)^2}$$
$$+ \frac{b}{\pi}\left[\frac{\Gamma}{(\omega + \Delta\omega)^2 + \Gamma^2} + \frac{\Gamma}{(\omega - \Delta\omega)^2 + \Gamma^2}\right] \quad (2)$$
$$+ \frac{c}{\pi} + \frac{d}{\pi}\delta(\tau)$$

式の2項目の分母にプラス，マイナスの符号があることは，2つのピークがパワースペクトルにあることを意味する。1つは，観測できないマイナスの周波数領域に，他は観測可能なプラスの周波数領域にある。参照光の周波数を光学素子によって，少しシフトさせておくと，泳動速度がゼロのときのビート周波数が光学素子によってシフトされた周波数になるので，泳動粒子からの散乱光の周波数がどれだけこの周波数からズレたかがわかれば粒子の泳動方向，すなわち粒子の電荷の符号と泳動速度を決定することができる。

図3に電気泳動光散乱法の典型的な自己相関関数とそのパワースペクトルを示す。

すべての粒子の電気泳動スペクトルは，電気泳動移動速度のパワースペクトルに加えて，粒子のブラウン運動によって生じる広がりが加算される。ブラウン運動により広がりは，粒子が小さくなるあるいは散乱角度が大きくなるほど，より顕著に表れる。全体のパワースペクトルからブラウン運動だけのパワースペクトル（電場を掛けないで測定することによって求まる）を引き算することによって電気泳動移動度分布（ゼータ電位分布）を求めることも可能である。

(2) 位相解析光散乱法

非極性溶媒中の粒子や高イオン濃度溶液中でジュール熱の影響が無視できる低電場下での

測定では，ドプラー周波数シフト量は小さくなり，1Hz未満である。このような場合，粒子の電気泳動によって生じる小さな振動要素に由来する非常に小さな周波数シフト（0.002Hz程度の周波数シフトが観測可能）を検知できる位相解析光散乱法が有用とされている。

2.2.2 電気泳動移動度の決定およびゼータ電位の計算

屈折率(n)の溶媒に分散したコロイド粒子に，波長(λ)のレーザー光を照射し，それと直角をなす印加電圧を与えた場合の散乱角度(θ)でのドプラーシフト量(ν_d)と泳動速度(ν)の関係は，式(3)で表される。

$$\nu_d = \nu \times n \times \sin(\theta) / \lambda \quad (3)$$

ここで，n：溶媒の屈折率，θ：検出角度である。

ここで得られた泳動速度(ν)と電場(E)から式(4)

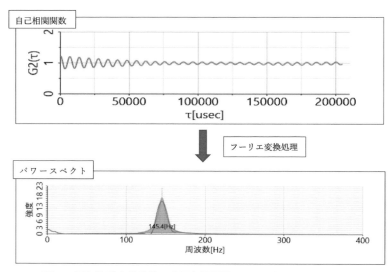

図3 電気泳動光散乱法の自己相関関数とそのパワースペクトル

の電気泳動移動度(μ)が求められる。

$$\mu = v/E \quad (4)$$

電気泳動移動(μ)からゼータ電位(ξ)を求めるには，粒子の大きさに比べ電気二重層の厚みが十分薄い水系懸濁液で適用されるスモルコフスキーの式(式(5))や，粒子の大きさに比べ電気二重層の厚みが十分厚い非水溶媒懸濁液で適応されるヒュッケルの式(式(6))から算出される。

$$\xi = \frac{\mu \eta_0}{\varepsilon} \quad (5)$$

$$\xi = \frac{3}{2}\frac{\mu \eta_0}{\varepsilon} \quad (6)$$

ここで，η_0：媒体の粘性率，ε：媒体の比誘電率である。

2.2.3 粒子の電気泳動と電気浸透流

密閉されたセル中での電気泳動においては，セル壁面の電荷による電気浸透流が生じる。

セルの材質である石英の等電点は，pH 2~3で，通常セルの表面はマイナスに荷電されている。よって，プラス荷電のイオンや粒子がセル壁面付近に集まり，電場がかけられるとこれらのイオンにより壁面付近でマイナス電極側への電気浸透流が生じ，その流れを補償するためにセル中心部で逆方向の流れが生じる。観測される粒子のセル内での見掛けの電気泳動にはこの電気浸透による放物線状の流れが加算されている。浸透流がセル中でいかに分布を持つかは，森・岡本[7]により流体力学的に解析されている。すなわち，セル断面の比(a/b：$2a$と$2b$は電気泳動セル断面の横と縦の長さ，ただし$a>b$)が5以上では，分布は二次式で近似できる。

また，セルの表面電位は，試料の吸着，粒子の沈降およびセルの洗浄法等により変化し，しばしば無機のゾル等沈降性の粒子では，浸透流の分布が非対称な形を示す場合がある。このような場合も含め，電気浸透流にのった粒子の見掛けの移動度は森と岡本による式(7)で近似される。

$$\mu_{obs}(z) = AU_0(z/b)^2 + \Delta U_0(z/b) \\ + (1-A)U_0 + \mu_P \quad (7)$$

ここで，$\mu_{obs}(Z)$：位置yにおいて測定される見掛けの移動度，Z：セル中心からの距離，$A = 1/[(2/3 - (0.420166/k)]$，$k = a/b$：セル断面の辺の長さ$a$，$b$の比($a > b$)，$\mu_p$：粒子の真の移動度，$U_0$：セル上下面での溶媒の流速の平均，$\Delta U_0$：セル上下面での溶媒の流速の差であり，$\mu_{obs} = \mu_p$となる位置を静止層(静止レベル)と呼び，観測される移動度は粒子の真の移動度となる。よって，セル深さがセル幅より小さな場合，測定位置を上下に変化させ，各セル位置での移動度を測定し，そのデータをもとに最小自乗法で近似し，係数比較して，真の移動度μ_pを求める(セルの形状と大きさから静止層を計算し，その位置のみで測定している装置もある。浸透流がセル中心に対して対称になる場合は，静止層の位置は同じになるが，非対称になる場合は異なることに注意を要する)。

また，位相解析光散乱法では，印加電圧の高速および低速反転を組み合わせた方法を併用し，セル内部の見掛けの速度分布を求めることなく，セル電極の分極化を防ぎ，電気泳動および電気浸透の影響を切り離して解析を行っている。この方法によって，電気泳動移動度の平均値および移動度分布が求められる。

3. 電気泳動法から求めたゼータ電位の利用分野

多くの材料製造プロセス(電子材料，セラミックス，食品，化粧品，顔料など)では，その原材料が溶液中の微粒子，ナノ粒子，エマルジョンとして存在することが多い。これらの粒子状物質が分散安定化するか，あるいは凝集分離するかは，その保存状態や最終製品の性能に大きく影響する。これらの物質は，液中では，正負いずれかの電荷を有し，その電荷の大小で粒子状物質の安定性が決定される。

電気泳動法では，主として希薄懸濁液での測定が行われるが，以下のような分野での測定評価が行われている。

● セラミックス・色材工業分野
・セラミックス(シリカ・アルミナ・酸化チタンなど)・無機ゾルの表面改質・分散
・凝集制御
・顔料(カーボンブラック・有機顔料)の分散・凝集制御
・浮遊選鉱物の捕集材吸着
● 半導体分野
・研磨粒子の分散・凝集制御

●高分子・化学工業分野
・エマルジョン(塗料・接着剤)の分散・凝集制御
・ラテックスの表面改質(医薬用・工業用)
・電解質高分子(ポリスチレンスルフォネート・ポリカルボン酸など)の機能性の研究
・紙・パルプの製紙工程制御およびパルプ添加剤の研究
●医薬品・食品工業分野
・エマルジョン(食品・香料・医薬・化粧品)の分散・凝集制御
・タンパク質の機能性
・リポソーム・ベシクルの分散・凝集制御
・界面活性剤(ミセル)の機能性

　ここで，電解質高分子やタンパク質など柔らかい粒子の場合，明確なスベリ面が存在せず，ゼータ電位と定義できない。このような場合，溶媒の侵入距離に関する柔らかさのパラメーターや表面電荷層内の電荷密度が算出でき表面特性が評価されている。

　図4には，分散・凝集評価の例として，種々のセラミックス(シリカ，セリア，アルミナ：濃度は僅かに白濁する程度)のゼータ電位 pH 依存を示す。このような金属酸化物は，pH によって電荷の符号やゼータ電位が変わる。ゼータ電位の絶対値が大きい場合，静電的反発力が作用し，よく分散していることを示し，逆にゼータ電位がゼロの時，等電点といい，凝集しやすいことを表している。

　このように，ゼータ電位は，材料製造プロセスでの原材料の分散・凝集を表すパラメーターとして，

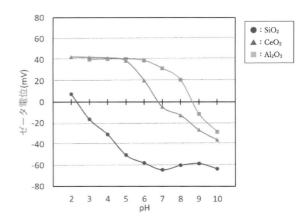

図4　種々のセラミックス(シリカ，セリア，アルミナ)分散液のゼータ電位 pH 依存

大いに活用されている。

文　献

1) A. Reuss: *Mem. Soc. Imp. D. Moscow*, t.Ⅱ, 327(1807).
2) B. R. Ware and W. H. Flygare: *Chem. Phys. Lett.*, **12**, 81 (1971).
3) B. R. Ware and W. H. Flygare: *J. Colloid and Interface. Soc.*, **39**, 670(1972).
4) 北原文雄ほか：ゼータ電位―微粒子界面の物理化学，サイエンスト社(1995).
5) ISO 13099-2: 2012.
6) JIS Z 8836: 2017.
7) 森裕行，岡本嘉夫：浮選，**27**, 117(1980).

第3章 界面特性の実験的計測・評価法

第3節 ゼータ電位測定
第2項
超音波法

武田コロイドテクノ・コンサルティング株式会社　武田　真一

1. 濃厚分散系で観測される界面動電現象

界面動電現象は広範な粒子濃度で観測されるが，現在，一般に普及しているゼータ電位測定装置の中では，電気泳動法など粒子濃度が希薄な系に適用できる手法のものが主流である。そのため，これまで多くの研究が希薄系を中心に行われ，理論も希薄系に対するものが多く提案されてきた。一方，塗料やインク，セメント，セラミックス製造用スラリーなど実用濃厚系の分散安定性に関する研究は1960年代に開始され[1]，流動電位法や沈降電位法による測定が試みられてきた。さらに1980年代に入ると，ファイン・セラミックスなどの湿式製造プロセスに関する研究が活発化し，粒子濃度が30～40 vol%を超えるようなスラリー中の分散安定性を評価したいという需要が高まり，工学的な観点から再び濃厚系ゼータ電位測定に興味が持たれ始めた。その結果として，米国で開発された超音波式濃厚系用ゼータ電位(Colloid Vibration Potential : CVP)測定装置(Pen Kem7000, 米国 Pen Kem Inc.)が1980年代中頃から日本でも上市されるようになった。装置が開発された80年代当時は，コロイド振動電位CVP(Colloid Vibration Potential)を検出していたが，92年以降は検出感度，再現性の点でより優れているコロイド振動電流CVI(Colloid Vibration Current)を検出する形式に改良されている。ここでは，当時使用されていた呼び名を用いている関係でCVPとCVIの両方の表記を用いるが，本質的には同一の機構で測定を行っているので，同義語として扱っていただきたい。

2. 沈降電位法とドルン効果(Dorn Effect)[2]

超音波法の原理を理解する上で基本の考え方になるのが，沈降電位法やドルン効果なので，超音波法の説明の前に沈降電位法の原理を説明しよう。溶媒中を沈降する荷電粒子は，電気二重層の拡散部分を後へ置き去りにする傾向がある。荷電粒子を入れた沈降管の底部と頂部の近くに各々電極を設置すると，荷電粒子が沈降する場合，この2つの電極間に電位差が発生する(図1)。この場合，沈降する方向の単位長さ当たりに発生する電位差 E_{sed} を沈降電位と呼ぶ。また，このような効果は1878年Dornにより報告され[2]，ドルン効果(Dorn Effect)と呼ばれている。電位差が発生する理由は，粒子が沈降する際，各粒子を取り囲む電気二重層は粒子表面を通過する流体流れの影響を受けて対称性を失い変形する。例えば，粒子が負に帯電しているとすると，過剰なカチオンが拡散層から剥ぎ取られ粒子上部に残

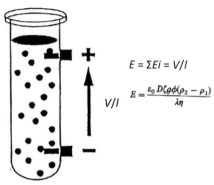

図1　沈降管の底部と頂部の電極間に発生する沈降電位 E_{sed}

第2編 計測・評価

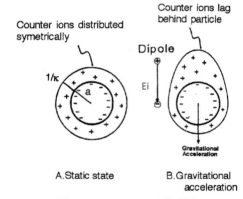

図2 Dorn Effect の模式図
A：粒子停止状態のときの二重層の状態，B：沈降時の二重層の状態

され，双極子を形成する（**図2**）。粒子濃度が高い場合には，この双極子が蓄積することにより巨視的には測定可能な電位差として検出される。スモルコフスキーは1914年にこの電位差が理論的に求まることを報告した[3]。次の5つの仮定が成り立つ際に式(1)が成り立ち，電位差が求まる。

$$E = \frac{\varepsilon_0 D \zeta g \phi (\rho_2 - \rho_1)}{\lambda \eta} \quad (1)$$

その仮定とは，①粒子は球形，非伝導性，単分散であること，②粒子は小さく，遠心力場で層流として沈降すること，③粒子間相互作用は無視できること，④表面伝導度は無視できること（粒子の荷電による沈降速度の遅れは無視すること），⑤二重層厚さ $1/\kappa$ は粒子半径 a より小さい（$\kappa a \gg 1$）こと，の5つである。ここで，式中 $\varepsilon_0 D$ は溶媒の比誘電率，ζ はゼータ電位，g は重力，ϕ は粒子の体積濃度，ρ_2 は粒子密度，ρ_1，λ，η はそれぞれ溶媒の密度，比電気伝導度，粘度である。上記の式は電気泳動速度の緩和時間効果に密接に関係しており，実際の測定では式からわかるように λ の影響を大きく受ける。したがって，沈降電位は一般に非水溶媒分散系で得られる値の方が，水分散系で得られるそれよりはるかに大きな値が得られるので，実用系に適用する際には溶媒の比伝導度を測定するなどの注意が必要である。

3. 超音波法によるゼータ電位測定

3.1 超音波法によるゼータ電位評価の歴史と測定原理

　超音波の印加によって新たに電場や電流が誘起される現象は，Electroacoustic Phenomena と呼ばれる。Debye は，この現象を1933年に予言したが[4]，彼が最初に予言した系はコロイド分散系ではなく，水溶液中のカチオンやアニオンに対するものであった。カチオンやアニオンを含む水溶液に超音波を照射するとイオンの振幅強度がイオン種の質量や水和状態によって異なり，それにより溶液中の2点間で交流電場が形成されると彼は予言した。実際，この電場は観測され，Ion Vibration Potential（IVP）と名付けられた。一方，イオンに対して誘起されるのであれば高分子やコロイドに対しても同様の現象が観測されるはずであるという推測から，1938年に Hermans & Rutgers は，Colloid Vibration Potential（CVP）が生じることを理論的に予測した[5,6]。この予測は，その後10年以上を経て Enderby & Booth によって初めて観測された[7,8]。それからさらに30年の歳月を経てようやく1980年初頭，米国の Pen Kem 社からコロイド振動電位によるゼータ電位測定装置[9]が市販されるようになった。2024年の本稿執筆時では，超音波法によるゼータ電位計の市販機は，米国 Dispersion Technology 社のみから販売されている。

　次に，超音波式によるゼータ電位測定の原理について説明する。**図3**に負に帯電した粒子が電解質水溶液中で振動しているときの模式図を示す。粒子の回りの正電荷は粒子表面の負電荷に対する対イオンで，粒子が右方向に移動したことにより正電荷が流体力学的に左方向に偏っている様子を表している。そのため，粒子左側には正電荷が多く集まり，相対的に右側には負電荷が多くなっており，結果として歪んだ電気二重層が形成されている。したがって，この粒子の振動により双極子モーメントが誘起されていることになる。超音波は粗密波であるので超音波の発信子から離れた点ではこの双極子が集合して配向し，巨大双極子すなわち電場を形成している。この電場の形成により粒子表面伝導電流（I_S）が誘起され，それを補償するための電流（I_n）が生じる。測定装置はこの2つの電流（CVI）を検出し，装

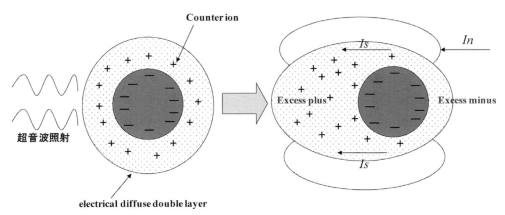

図3 超音波照射時の荷電粒子の二重層の状態
図2の沈降時と同様に外力により二重層が変形し,双極子が形成されている点に注意。

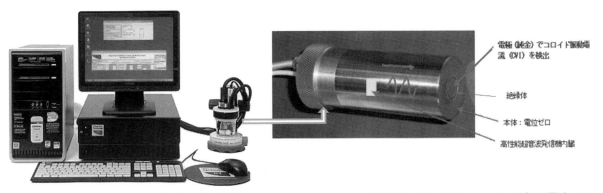

図4 超音波式によるゼータ電位測定装置(米国 Dispersion Technology 社製 DT-300)の外観とコロイド振動電流 CVI (Colloid Vibration Current)を検出するプローブ部分の写真

置に付属のソフトウェアにより,この I_s, I_n からゼータ電位が算出される。

3.2 測定装置とゼータ電位への変換理論

超音波式によるゼータ電位測定装置(米国 Dispersion Technology 社製 DT-300)の外観とコロイド振動電流 CVI(Colloid Vibration Current)を検出するプローブ部分を**図4**に示す。この装置では,図4に示したプローブを懸濁液に直接浸漬し,ゼータ電位を測定することができるので,セルの洗浄が不要であるだけでなく,数 μm 以上の沈降しやすい懸濁液中の粒子のゼータ電位測定や撹拌しながらのゼータ電位測定が可能である。したがって,pH 滴定を行うことで表面電荷密度の評価を行いながら同時にゼータ電位の測定を行うことも可能である。さらに,ここで紹介した装置に付属のソフトウェアを用いると, κa (粒子半径と電気二重層厚さとの比)

の違いによる Henry 係数の補正を自動的に行ってゼータ電位を算出することができる。このことは最近需要が増してきたナノ粒子を非水溶媒系で用いる場合には特に有効である。

次に,実際に測定した CVI シグナルからゼータ電位に換算する理論的背景について解説する。装置で測定される CVI シグナルは電気音響シグナルと呼ばれ,O'Brien の提唱したパラメータ[10]である"動的電気泳動移動度(dynamic electrophoretic mobility, μ_d)"に一旦変換されてからゼータ電位が算出される。これは電気泳動移動度とゼータ電位の関係式に類似の形式にできるので直感的に理解しやすいからである。O'Brien の式に従うと動的電気泳動移動度 μ_d は式(2)のように表される。

$$\mu_d = A_{CVI} \frac{\rho_m}{\varphi(\rho_p - \rho_m)} \frac{1}{A(\omega)F(Z)} \quad (2)$$

ここで，A_{CVI} は CVI シグナルの大きさで，$A(\omega)$ はキャリブレーションによって決められる機械定数，$F(Z)$ は音響インピーダンスの関数，ρ_m，ρ_p は溶媒と粒子の密度，ϕ は粒子の体積濃度である。

この μ_d をゼータ電位に関係づける際に条件を場合分けして考える必要がある。

①電気二重層厚さが粒子半径に比べて薄く，表面伝導度の寄与が小さい，すなわちデューヒン・ナンバー(Dukhin number, Du と略)[11,12] が小さいときに式が簡略化されること，

$$\kappa a \gg 1, \quad Du \gg 1 \tag{3}$$

②粒子間相互作用の有無により関係式が大きく異なる点である。

ここでは，実用上，よく適用される場合として，①の条件を満たし，かつ粒子間相互作用がない，すなわち比較的粒子濃度が薄い系での取り扱いと粒子間相互作用(流体力学的相互作用および電気的相互作用)がある場合について考える。

まず，粒子間相互作用がない場合には次式で関係づけられる。

$$\mu_d = \frac{2\varepsilon_0 \varepsilon \zeta}{3\eta} G(s)(1 + F(\omega')) \tag{4}$$

ここで，

$$G(s) = \frac{1 + (1+j)s}{1 + (1+j)s + j\frac{2s^2}{9}\left(3 + 2\frac{\rho_p - \rho_m}{\rho_m}\right)}$$

$$F(\omega') = \frac{1 + j\omega'\left(1 - \frac{\varepsilon_p}{\eta}\right)}{2 + j\omega'\left(2 + \frac{\varepsilon_p}{\varepsilon}\right)}$$

$$s^2 = \frac{a^2 \omega \rho_m}{2\eta}; \quad \omega' = \frac{\omega}{\omega_{MW}}$$

ここで，s^2 および ω' は動的電気泳動移動度(μ_d) の周波数依存性を決める因子，j は $\sqrt{-1}$ を表す。したがって，$G(s)$ は慣性効果の周波数依存性を反映し，$F(\omega')$ は電気二重層の Maxwell-Wagner 分極の効果を表す。

次に粒子間相互作用がある場合，

$$\mu_d = \frac{\varepsilon \varepsilon_0 \zeta}{\eta} \frac{K_s}{K_m} \frac{(\rho_p - \rho_s)\rho_m}{(\rho_p - \rho_m)\rho_s} \tag{5}$$

ここで，K_s，K_m はそれぞれ懸濁液の伝導度および溶媒の伝導度を表す。

上記の式は，

$$\omega \ll \omega_{hd} = \frac{\eta}{\rho_m a^2} \quad \text{および} \quad \omega \ll \omega_{MW} = \frac{K_m}{\varepsilon_0 \varepsilon}$$

の流体力学的緩和が生じる周波数(ω_{hd})と電気二重層が分極する臨界周波数(ω_{MW})に関する制限から両寄与が無視できるときにのみ成立する。

3.3 濃厚分散系でのゼータ電位測定例

濃厚分散系の取り扱いの中で最も基本となる酸化物コロイド粒子のゼータ電位測定結果を紹介する。一般に難溶性金属酸化物が水溶液中に分散している系では，液相の pH の変化に対して強い緩衝作用を示すことが観測されている。難溶性金属酸化物では，通常の溶解・析出が顕著に起こる訳ではないので，これは固体表面の化学反応，すなわち表面水酸基でのプロトンおよび水酸化物イオンの脱離・吸着による。これらイオンは電荷であり酸・塩基作用も有するので，pH 応答すると同時に固体表面に正および負電荷を与える。表面反応機構の詳細については，文献を参照されたい[13,14]。したがって，液相の pH をシフトさせるとその pH 変化に従って粒子が正や負に帯電するが，電荷を持たない pH を電荷零点，ゼータ電位が零の pH を等電点と呼ぶ。電荷零点と等電点は酸化物の種類に依存して大きく異なるので[13,14]，分散させる際には対象とする酸化物のそれら特性を把握しておくことが基本となる。

図5 に粒子濃厚系スラリー TiO_2(ルチル，粒子濃度25mass%)および Al_2O_3(12mass%)のゼータ電位-pH 関係を示す。この結果よりそれぞれ金属酸化物粒子の等電点は，TiO_2 が 3.7 付近，Al_2O_3 が 9.5 付近に見られる。本来，表面処理がされていない高純度の TiO_2 粒子表面であれば，表面は Ti と OH から構成されているので等電点も電荷零点も一致して pH 6 付近にあるはずである。しかし，pH 3.7 に等電点がシフトしていることからアニオン性物質，例えば硫酸イオンや塩化物イオンなどが表面にコンタミとして残存している可能性が示唆される。また，pH 6 付近で負の電荷を持つシリカ成分が表面処理として被覆されている可能性も考えられる。濃厚系では強い pH 緩衝能が示されるので徐々に pH を変化させることが可能であるので，ゼータ電位測定と

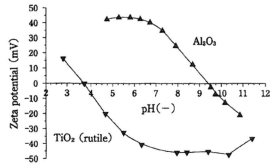

図5 粒子濃厚系スラリー TiO$_2$（ルチル，粒子濃度 25mass%）および Al$_2$O$_3$（12mass%）のゼータ電位 -pH 関係

同時に表面電荷密度の測定もできるので，等電点と電荷零点を1回の滴定で求めることができるのもこの手法の1つの利点である。電荷零点とゼータ電位測定による等電点の両方のデータを持つことで，電位決定イオンが H$^+$ イオンと OH$^-$ イオンだけなのか，それとも他のカチオンやアニオンも表面電位に影響しているか否かが判断できる。例えば，等電点が電荷零点よりも高い pH にある時には，H$^+$ イオン以外にカチオンが電位決定イオンとして表面に存在することを示唆しており，逆に等電点が電荷零点よりも低い pH にあるときには，OH$^-$ イオン以外のアニオンが電位決定イオンとして働いていることを示唆している。したがって，図5のように TiO$_2$ の等電点が通常観測される pH 6 よりも酸性側の pH 3.7 付近に現れているということより，上記のように硫酸イオンか珪酸イオンのようなアニオンが表面を被覆して電位に影響を及ぼしていること判断される。

4. おわりに

濃厚分散系での界面動電現象について，超音波式ゼータ電位測定法を中心に歴史的背景から解説を行った。理論的背景は沈降電位で観察される電気二重層の変形問題，すなわち表面伝導度の寄与の問題に深く関係している。このことは電気泳動法での Henry 係数やスモルコフスキー式の適用限界にも関係する基礎的な事柄である。本項が濃厚系での理論や測定法について読者が興味を抱いていただく機会になれば存外の幸せである。

文　献

1) 大藪権昭：色材，**43**, 208 (1970).
2) E. Dorn: *Ann. Phys. (Leipzig)*, **10** (3), 46 (1878).
3) M. Von Smoluchowski: in *Graetz Handbuch der Electriziat und des Magnetismus*, vol.II, VEB Georg Thieme, Leipzig, 385 (1914).
4) P. Debye: *J. Chem. Phys.*, **1**, 13 (1933).
5) J. Hermans: *Phil. Mag.*, **25**, 427 (1938).
6) A. Rutgars: *Physica*, **5**, 46 (1938).
7) J. A. Enderby: *Proc. Roy. Soc. (Lond.) A*, **65**, 329 (1951).
8) F. Booth and J. A. Enderby: *Proc. Phys. Soc.*, **45**, 321 (1952).
9) B. J. Marlow et al.: *Langmuir*, **4**, 611 (1988).
10) R. W. O'Brien: *J. Fluid Mech.*, **190**, 71 (1988).
11) A. V. Delgado et al.: Measurement and Interpretation of Electrokinetic Phenomena, International Union of Pure and Applied Chemistry, Technical Report, *Pure Appl. Chem.*, **77** (10), 1753 (2005) or *J. of Colloid and Interface Science*, **309**, 194 (2007).
12) J. Lyklema: in *Fundamentals of Interface and Colloid Science*, Academic Press, Vol. 2, 3 (1995).
13) 田里伊佐雄，平井竹次：化学総説，**7**, 111-122 (1975).
14) 虫明克彦，増子昇：生産研究，**29** (1), 2-7 (1977).

第3章　界面特性の実験的計測・評価法

第4節
表面間力測定法（AFM）

同志社大学　石田　尚之

1. 表面間力の直接測定

　微粒子分散系の分散・凝集の挙動を適切に評価し，制御する過程において不可欠なのが，粒子間に働く相互作用力（表面間力）への理解である。ごく単純には，粒子間に働く力が引力であれば系は凝集し，斥力（反発力）であれば分散する傾向にあるが，実際の表面間力は表面の性質や構造，あるいは溶媒の種類，条件などによって複雑に変化する。よって，粒子の挙動を正確に評価したり，予測したりするためには，このようなさまざまな条件下での表面間力を正確に見積もることが必要となる。

　表面間力は，古くは粒子を分散した液の濁度や水銀滴の合一，石鹸膜の厚さなどから間接的に推定されるのみで，相互作用を直接，距離に対する関数として測定することはできなかった。表面力の直接測定の嚆矢となったのが，1970年代初頭にTaborとIsraelachviliによって開発された表面力測定装置（Surface Force Apparatus：SFA）[1]である。その原理は，2枚の雲母板を板ばねに保持されたシリカ円筒に貼り付けて互いに直交するように配置し，そこに白色光を入射する。すると干渉縞が発生するので，その間隔と位置を読み取ることで，表面間距離が0.1 nmのオーダーの精度で測定される。表面をもう一方の表面に近づけていった際に力を受けたばねの変位量にばね定数をかけることで，表面間力が得られる。このSFAにより直接測定が可能になったことで，表面間力への詳細な理解が一気に深まった。

　しかしながら，SFAは，表面には透明で広い面積にわたって分子オーダーで平滑な材料（実際的には雲母やシリカ等に限られる）しか使うことができない，測定に時間がかかる，装置の取り扱いが難しい，といった欠点も持ち合わせていた。次に考案された原子間力顕微鏡（Atomic Force Microscope：AFM）による測定法はこれらの欠点を補うものであり，精度には劣るが適用できる材料が飛躍的に多く，さまざまに工夫された系の測定も可能となった。これにより，表面間力測定の範囲をさらに広めてきたことで，コロイド界面化学のみならず多くの分野での重要な測定方法の1つとなっている。本節では，このAFMによる表面間力の直接測定方法について解説するとともに，実際の相互作用の測定例を概観する。

2. AFMによる表面間力測定方法

　AFMは表面の微細な凹凸構造を観察するために開発された顕微鏡であり，**図1**(a)のように，曲率半径が数nm～20 nm程度の先鋭な探針をカンチレバー先端に持つプローブで試料表面水平方向に走査する。表面の凹凸によってカンチレバーが上下に変位するため，その大きさを背面に反射させたレーザーで読み取ることで，分子～原子オーダーの表面像を得ることができる。これを表面間力測定に応用するためには，探針を試料平板に対して垂直方向に接近・後退させ，力を受けたカンチレバーの変位を同じくレーザーで計測することで，相互作用力を距離の関数として求める。探針と平板の相互作用だけでなく，図1(b)のように微粒子をプローブの先端に接着することで，マクロな表面と表面の相互作用を測定することができ[2,3]，これはコロイドプローブ法と呼ばれる。

　相互作用測定の具体的な方法を以下に述べる。コロイドプローブには，半径数μm～数十μmの球形粒子が用いられ，これをエポキシ系の接着剤あるいは熱可塑性の樹脂によって探針先端に接着し，固定

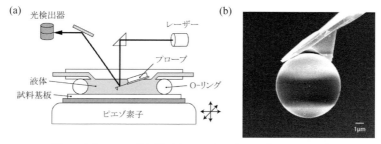

図1 (a)AFMの概要と(b)コロイドプローブのSEM写真

する。探針への接着は，顕微鏡やCCDによる観察下で，マニピュレータなどの微小位置決め装置によって行うのが一般的である。プローブは，通常の画像観察用のものが流用されることがほとんどであるが，粒子を接着済みのプローブも市販されている。さまざまなばね定数のプローブが市販されており，測定したい相互作用力の大きさに応じて選択することができるが，プローブのばね定数は相互作用の測定精度に影響するため，前もって正確に測定することが必要である。ばね定数を測定する方法はいくつか発表されているが，固有共振周波数を利用する方法や[4]，熱的振動のスペクトルを利用する方法[5]が最も広く利用されている。

AFM測定によって得られるデータの一例を図2(a)に示す。これは，同種帯電表面間の相互作用を水溶液中で測定した場合のデータを模式的に表したもので，探針－平板表面を接近させ，接触した後引き離すまでが一測定サイクルとなっている。AFMでは構造上，表面間距離を直接測定することはできないため，測定によって直接得られるデータは，ピエゾ圧電素子により移動した試料表面の変位zに対する，相互作用を受けたカンチレバーの変位である。カンチレバーの変位は，背面に反射したレーザーの光検出器の入射位置によって計測され，光検出器の出力電圧Vとして得られる。

図2(a)では表面が接近すると，長距離では電気二重層の重なりによる斥力が働き，さらに表面が接近すると，van der Waals引力が作用することが模式的に示されている。このとき，引力が強いと点Aの位置で探針が不安定となり，表面が急激に飛び込むジャンプインという現象が起こる。その後，グラフの左側には直線となる領域が現れるが，これは，両表面が見掛け上接触し，上方への試料表面の移動距離とカンチレバーの変位が等しくなることを示し

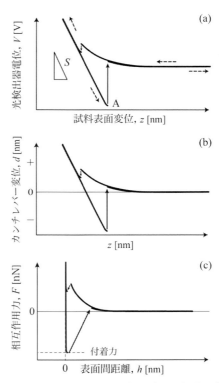

図2 AFMによる相互作用測定のデータとその変換方法の模式図

(a)AFMより得られるデータ，(b)縦軸をカンチレバー変位に換算したもの，(c)(b)より換算した相互作用曲線

ている。表面を引き離していくと，付着によりカンチレバーは下方に曲がり，その復元力によって点Bで急激に離れる（ジャンプアウト）。このときの表面間力が，表面の付着力と定義される。

このデータは，次のような手順で一般的な表面間距離－表面間力の相互作用曲線に変換される。まず，図2(a)直線領域の傾きSは，光検出器の電圧V(V)およびカンチレバーの実変位d(nm)と，

$$d = V/S \tag{1}$$

の関係にあるため，図2(b)のように縦軸をカンチレバー変位に換算できる。さらに，図2(b)の直線領域の表面間距離を0と仮定すると，データ各点の表面間距離 h(nm)は，

$$h = z + d \tag{2}$$

となる。最後にカンチレバー変位にばね定数を乗じることで，図2(c)のように相互作用曲線を得る。

この変換において注意すべきことは，得られた表面間距離0(すなわち図2(a)の直線領域)の点において，表面が本当に接触しているかどうかは保証されないことである。例えば吸着イオンや高分子が表面に存在していれば，それが表面間から排除されないことも多い。このような場合，上記の方法で求めた表面間距離0はあくまで見かけ上のものであり，求められる表面間距離は表面の最近接距離からの相対的な距離にすぎないということになる。この表面間距離を直接求められないという点が，現状でのAFM測定法の最大の欠点の1つといえるであろう。

3. AFMによる相互作用測定の実例

3.1 DLVO理論と表面の構造力

本書第1編ですでに述べられている通り，水溶液中の帯電表面間の相互作用を考える上での基本となるのがDLVO(Dejaguin-Landau-Verwey-Overbeek)理論である。DLVO理論は粒子間の全相互作用力を，帯電した表面に形成される拡散電気二重層の重なりに起因する静電相互作用とvan der Waals力の和とし，この相互作用から分散凝集を評価するものであるが，SFAによる電解質水溶液中の雲母表面間の相互作用測定では，実験値が理論と2〜3 nmの短距離に至るまでかなりの精度で一致することがわかり[6]，直接測定の正当性が示された。これは逆に，直接測定によって初めてDLVO理論が，非常に正確に現象を記述していることが示されたともいえる。その後，AFMによっても，さまざまな電解質中での金属[7]とその酸化物[8]や有機物[9]をはじめとする多くの表面を用いた測定によって，図3に示すようにおおむね5 nm程度の距離まではDLVO理論との一致は非常によいことが確認されている[10]。

しかし，これよりさらに短距離においては，相互作用はDLVO理論には従わず，表面へ吸着したイオンなどに起因する現象が観察される。DLVO理論では数nm以下のごく短い表面間距離では，van der Waals力が卓越して全相互作用は通常引力になると予想されるのに対し，直接測定では図3のように逆に強い斥力が観察される。これは表面へ形成された水和イオンの接触による構造的な斥力と考えられ，水和力と呼ばれる。この水和力は種々の電解質水溶液中の雲母表面間力のSFA測定から，カチオンの水和エネルギーの順($Li^+ \sim Na^+ > K^+ > Cs^+$)に

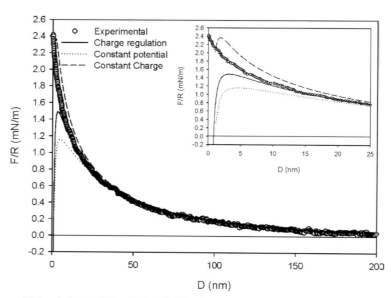

図3 水中でのガラス粒子–平板間の相互作用力とDLVO理論との比較[10]
点線：電位一定，破線：電荷一定，実線：電荷モデルに基づいたDLVO理論曲線

強くなることが見いだされており[11]，水和したカチオンを脱水するために必要なエネルギーに対応した斥力であると考えられている。AFM を用いた実験では，Higashitani らが，シリカ-雲母間の相互作用測定から，多くの電解質の種類・濃度の条件で水和力の存在を確認した[12]。また，水和力の作用範囲が，カチオンの水和エネルギーの大きさで順に並んでいることを見いだし，水和力の大きい Li^+ や Na^+ は元々吸着していた水分子の吸着層を破壊しないが，Cs^+ のような水和力の小さいイオンは水分子層を破壊して吸着するという吸着構造の違いを指摘している[13]。

また，シリカ表面は水中に長時間放置されるとシロキサンの水和によって，表面にゲルのような層を形成することがしばしば指摘される。実際に，pH 10 の水溶液中でのシリカ表面の AFM 測定では時間によって変化する斥力が確認されており[14]，これは形成した水和層によるものと考えられる。このような化学的な表面層の存在も相互作用に大きな影響を与える。

3.2 界面活性剤・高分子溶液中の相互作用

水系・非水系を問わず，溶液中の粒子の分散・凝集をコントロールする手段として，界面活性剤や高分子の添加は一般的な方法である。これらは表面に吸着することで表面の電荷や濡れ性などの物性を大きく変化させたり，吸着構造を形成するため，相互作用への影響も非常に大きい。

表面と反対の電荷を持つイオン性の界面活性剤が溶液に加えられた場合，低濃度では表面へ吸着して表面を疎水化し，表面間に後述するような疎水性引力を作用させるが，活性剤濃度が高くなっていくと，疎水基同士が会合する逆層の吸着が起こるため相互作用は再び静電反発力となる。さらに濃度が臨界ミセル濃度(Critical Micelle Concentration：CMC)以上になると，二分子層の形成による分子的な斥力も加味されて，表面同士は強く反発するようになる。立体斥力この過程は，シリカ表面とカチオン性界面活性剤である臭化ヘキサデシルトリメチルアンモニウム中でのシリカ表面間力において系統的に測定されている[15]。また同様の結果は，アルミナ-アニオン性界面活性剤の系でも得られている[16]。一方，非イオン性界面活性剤の場合，ペンタエチレングリコールモノデシルエーテル(C12E5)水溶液中でのシリカ表面間力測定において，低濃度ではシリカ表面との水素結合で表面に対し寝た状態で吸着した C12E5 が，濃度を増加させると CMC において表面上で凝集体を形成し，さらに濃度を増すと二分子層を形成していくのと同時に，立体斥力が大きく変化する様子が観測されている[17]。

また，疎水性表面に対しては，カチオン性界面活性剤であるドデシルジメチルヒドロキシアンモニウム塩酸塩(C12DMAOH・Cl)を加えたグラファイト基板-カーボン粒子間の相互作用において，表面間に水中で働く引力が，C12DMAOH・Cl の吸着により静電反発力に変化していく過程が観察されている[18]。この場合，以前から指摘されているように，C12DMAOH・Cl は表面上で半円筒形のミセル(ヘミミセル)を形成すること，またヘミミセルの形成は CMC の約 1/10 程度の濃度から始まることが示されている。

高分子が含まれる系では，粒子の表面に吸着・固定した高分子同士がどのように相互作用するかが重要である。そのため，溶媒の高分子への親和性(すなわち貧・良溶媒性)や高分子の表面への吸着密度(あるいは高分子の添加量)によって相互作用はさまざまな変化を見せる。

良溶媒中での表面吸着性高分子場合，吸着密度による分散・凝集の変化は，従来から実験的に図 4 のように考えられている。まず，表面への吸着密度が低い場合，高分子が表面間を架橋して粒子は凝集する。吸着密度が高くなると，表面を覆った高分子同士は立体的に反発するようになり，粒子間に斥力

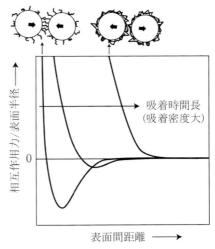

図 4 高分子の吸着密度による相互作用変化の模式図

が生じるので，粒子は分散し始め，安定化する。この現象は多くの系で測定されており，AFM ではポリエチレンオキシド（PEO）水溶液中でのシリカ表面間などで測定が行われている[19,20]。水溶液に PEO を加えてしばらくすると長距離引力が観察されるが，時間の経過とともに引力は減少し，代わりに長距離の斥力が見られる。すなわち，表面への PEO の吸着密度が低い場合におこる架橋力が，時間が経過して，表面への吸着密度が上がるにつれて立体斥力へと変化していく様子が相互作用に表されている。

これに対し，貧溶媒中では相互作用はこれとは全く異なる。例えば，ポリスチレンを貧溶媒であるトルエンに分散させ，その溶液中で雲母間の表面間力を測定した実験では，吸着はほぼ飽和であるにもかかわらず，表面間には 20～30 nm の範囲で引力が観察された[21]。これは，貧溶媒中では高分子のセグメントが凝集するため，表面間でポリスチレンのセグメント同士が引きつけ合うことにより発生するものと推定されている。また，同じ溶媒でも，温度によって貧溶媒が良溶媒に変化するケースもある。このような場合，相互作用もそれに伴って引力から斥力に変化することも見いだされている[22]。

表面への高分子の吸着性がさほど強くない場合，高分子の濃度が高くなると，枯渇効果[23]により，粒子は緩やかに凝集するようになる。枯渇引力は，粒子表面間の距離が高分子が入れないほどに狭まった際，外側の高分子濃度が高くなるために浸透圧によって粒子に引力が働くものである。AFM 測定では，ポリジメチルシロキサンのシクロヘキサン溶液中での疎水化シリカ粒子－平板間に，20 nm 程度からの弱い引力が実際に観察され[24]，この枯渇引力の存在が実証されている。

3.3 疎水性引力

DLVO 理論は，基本的に表面が水に濡れる（親水性）表面についての相互作用を記述したものであるが，グラファイトやテフロンなどそのままで水に濡れない（疎水性）表面や，炭化水素等でコーティングして疎水化した表面間の相互作用は全く様相が異なる。カーボンなどの疎水性の粒子が水中で急速に凝集したり，同じく疎水性である気泡に強く引きつけられたりすることは昔からよく知られており，水溶液中の疎水性表面間には強い引力が働くと推定されていたが，Israelachivili と Pashley[25] が，界面活性剤で疎水化した雲母表面間力の SFA 測定により，表面間に van der Waals 力よりも長距離で強い引力が働いていることを初めて見いだした。その後，非常に多くの系について研究が行われ，この力は時には 500 nm にも到達する[26] 異常な長距離引力（図 5(a)）であることがわかってきた。しかし，その起源については，多くの仮説が提出されたものの長らく詳細は不明であった。

現在は研究が進み，このような長距離性の疎水性引力には複数の起源があることが解明されてきている。まず，安定な疎水性分子層を持ち，非常に疎水性が高い表面の場合，すなわちテフロンなど元々疎水性が高い固体や，シリカをシランカップリング剤等の改質剤で疎水した場合などでは，図 5(b) に示すように疎水性表面に付着したナノサイズの気泡（ナノバブル）が表面間を架橋することが長距離引力の要因である。このナノバブルの存在は AFM による疎水性表面の観察によって実証され[27]，半径数十

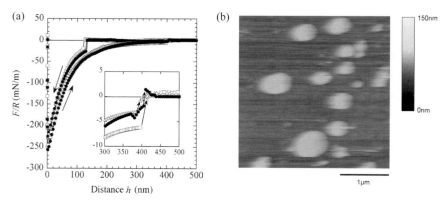

図 5 (a) オクタデシルトリクロロシラン（OTS）で疎水化したシリカ表面間の水中での相互作用力[26]，(b) AFM による OTS 疎水化表面上のナノバブルの観察像[27]

〜数百 nm で数十 nm の高さを持つことが示されており，これは引力の作用範囲ともオーダー的に一致する。一方，界面活性剤や両親媒性物質を物理的に吸着させて疎水性表面を調製した場合，界面活性剤によって安定化し，表面間に気泡となって吸着した溶存ガスの架橋が引力を発現することが示されている一方[28]，界面活性剤は表面に対し均一ではなくドメインを作って不均一に吸着するため，表面に生じた電荷の偏り（パッチ電荷）が静電引力を発生させることが，長距離の疎水性引力の起源であるということも指摘されている[29]。

さらに，表面から注意深くナノバブルを除き，化学改質によりパッチ電荷も存在しないと考えられる表面間にも，**図6**のように van der Waals 力とは異なる引力が 15 nm 付近から働いていることが見いだされ[30]，ナノバブルやパッチ電荷によらない疎水性引力が存在することも確認されている。このような作用範囲 10 nm 程度の比較的短距離の疎水力はバブルや電荷の夾雑を受けない，より「真の」疎水性引力といえるのではないかと推測されている。しかし，この力の起源に迫れるような決定的な結果はまだ出されておらず，今後の研究の進展が期待される。

3.4 非水溶媒中での相互作用

非水系の溶媒は，アルコールのような極性溶媒から炭化水素に代表される非極性溶媒まで，その性質や構造はさまざまであるため，その中での相互作用については，水系よりもはるかに理解が遅れている。

非水溶媒中でも誘電率が高ければ基本的には静電二重層斥力が作用する。例えば電解質を含んだ炭酸プロピレンなどの極性溶媒中[31]でも静電二重層斥力が存在しており，長距離で DLVO 理論とよく一致することが確認されている。しかし，溶媒の誘電率が低くなるに従い，溶液中のイオンの解離度や表面基の解離度が下がるため，静電反発力が小さくなり van der Waals 引力が支配的となる。この場合，高分子や界面活性剤などの分散剤を加えないと分散系は不安定になりやすい。

表面間距離が近くなると，[3.1]で述べた水和力と同じように，溶媒分子の表面への親和性とその構造が相互作用に顕著に現れる。例えばトルエンやシクロヘキサンなどの不活性で球状の分子の場合，分子5個分程度の距離から，あたかも振動するように変化する力（溶媒和力）が SFA で測定されており[32]，この振動の周期と分子の半径はほぼ一致する。これは**図7**に示されるように，表面が近づくことにより溶媒分子が表面間で規則的に配列する（斥力）→ 配列構造が壊れ1層分の溶媒分子が表面間から押し出される（引力），という過程が表面間で繰り返されることで現れると考えられている。同様の振動力は，AFM ではヘキサン，オクタメチルシクロテトラシロキサンなどの溶媒中で，グラファイト表面と探針間で測定されている。また，アルコールも表面に吸着することで，立体斥力を生じることが観察されている[33,34]。

近年ではイオン液体中での表面間力も測定されている。1-ブチル-3-メチルイミダゾリウムテトラフルオロボラート（BmimBF$_4$）中での探針-シリカ表面間相互作用の AFM 測定では，**図8**のように BmimBF$_4$ の表面近傍での構造化に起因するステップ状の溶媒和力が測定された[35]。この溶媒和力は水

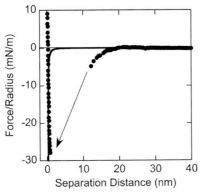

図6 ナノバブルを除去した OTS 疎水化したシリカ表面間の水中での相互作用力[30]

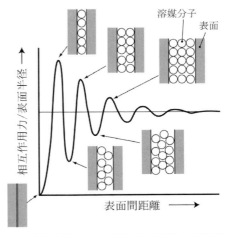

図7 非水溶媒中の表面間に働く振動力の模式図

を添加していくことで消失することが見いだされており，これは表面により親和性のある水が吸着することで，BmimBF$_4$が表面で構造を形成しなくなるということを示している。

また非水溶媒中では，そこに混入する微量の成分が相互作用に大きく影響を与える。例えば水と一晩接触させた湿潤シクロヘキサン中のシリカ表面間には，最大250 nmにも及ぶ長距離引力が測定されている[36]。この引力はシクロヘキサンの中の水分量が多いほど長距離かつ強くなることや，表面の疎水性，すなわちシクロヘキサンへの親溶媒性が増すと小さくなることなどから，表面に吸着・析出した水分が表面間を架橋したものであることが推定されている。また，シクロヘキサン－エタノール混合溶液中でのガラス表面間においても，0.1 mol%程度の低エタノール濃度で数十 nmに及ぶ長距離引力が作用することが示されているが[37]，この場合にはガラスと親和性の高いアルコールが表面上で10 nm以上に及ぶ吸着層を形成し，それが表面間を架橋することで引力を発生することが推察されている。

3.5 流体同士の相互作用

AFM測定では用いる表面に固体だけでなく，油滴や気泡のような流体をも用いることができ，流体－流体表面間の相互作用も測定できる。AFMプローブに油滴微粒子を固定する方法の一例としては，その先端一部のみに金を蒸着し，その部分をチオールの反応により疎水化させる。これにより油滴を安定に保持できるスポットができるので，平板に生成した油滴を移着する[38]。この方法で，プローブのデカンの油滴と平板上の油滴同士の相互作用の直接測定と理論曲線との比較が行われている[39]。その結果，表面接近時には表面間に斥力が作用し，表面間力，流体力学的相互作用，変形を全て含んだ理論値と非常によく一致する。また表面を引き離すときには，接近時とは異なる弱い引力が観測され，これは界面を引き離す際に，界面の変形と水の流れ込みによって起こると考えられる。

これに対し，油滴がドデカンまたはパーフルオロデカンの場合，界面活性剤を加えない 0.1 Mの硝酸ナトリウム水溶液中で測定を行うと，pHが高い場合にDLVO理論では説明ができない短距離斥力が観測され，油滴が安定化することがわかった[40]。この斥力は片一方の表面を固体の雲母に変えても観察されるため，表面へのイオンの吸着が関連していると示唆されている。

また，同様の方法で気泡を固定したプローブを用いた気泡－気泡表面間力の測定も行われている[41]。この系では油滴の場合と同様に，接近時の相互作用はほぼDLVO理論に従い，また引き離し時には流体力学的な引力が観測される。また，得られた相互作用から気泡の変形を数値計算した結果，ある程度の速度で気泡を接近させると，流体力により両方の気泡表面が変形を続け，ついにはお互いに内側に凸になるような変形が起こることがわかった。この時，変形が起こった気泡の縁の部分がお互いに最も近づくので，この距離がvan der Waals引力の作用範囲である約5 nmになった時に気泡間の水膜の破断が起こり，そこから気泡が合一するということが推測された。それまで気泡の合一には表面力が支配的であると考えられてきたが，実際には流体力が非常に大きく関わっていることをこの研究は示しており，重要な発見といえる。

4. まとめ

本節ではAFMによる表面間力の直接測定の研究動向と，そこから得られた知見を概観した。しかしながら，表面間力の研究は上述のような多くの結果が得られているものの，実は表面間力の研究のみで閉じていることも多く，実際の系の分散・凝集性との対応に関する検討は，必ずしも十分といえないのが実情である。よって今後の課題の1つとして，表面間力と粒子の分散・凝集性を，バルクの粘弾性やレオロジー特性をも含めて，いかに定量的に相関させるかということが挙げられる。また，非水系の相互作用は工業的にも重要であるにもかかわらず，上に述べたように研究が進んでおらず未解明な部分も

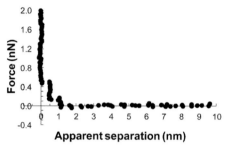

図8 BmimBF$_4$中でのAFM探針－シリカ表面間の相互作用[35]

多い。このような点については，今後のさらなる研究の発展が望まれる。

文　献

1) J. N. Israelachvili and D. Tabor: *Proc. R. Soc. London A*, **331**, 19 (1972).
2) W. A. Ducker et al.: *Nature*, **353**, 239 (1991).
3) H. -J. Butt: *Biophys. J.*, **60**, 1438 (1991).
4) J. P. Cleveland et al.: *Rev. Sci. Instrum.*, **64**, 403 (1993).
5) J. L. Hutter and J. Bechhoefer: *Rev. Sci. Instrum.*, **64**, 1868 (1993).
6) R. M. Pashley: *J. Colloid Interface Sci.*, **83**, 531 (1981).
7) S. Biggs et al.: *J. Am. Chem. Soc.*, **116**, 9150 (1994).
8) I. Larson et al.: *J. Phys. Chem.*, **99**, 2114 (1995).
9) F. J. M. Ruiz-Cabello et al.: *Microsc. Res. Tech.*, **80**, 144 (2017).
10) S. M. Acuña and P. G. Toledo: *Langmuir*, **24**, 4881 (2008).
11) R. M. Pashley: *J. Colloid Interface Sci.*, **80**, 153 (1981).
12) I. U. Vakarelski et al.: *J. Colloid Interface Sci.*, **227**, 111 (2000).
13) I. U. Vakarelski and K. Higashitani: *J. Colloid Interface Sci.*, **242**, 110 (2001).
14) C. E. McNamee and K. Higashitani: *Langmuir*, **31**, 6064 (2015).
15) M. W. Rutland and J. L. Parker: *Langmuir*, **10**, 1110 (1994).
16) Y. I. Rabinovich et al.: *J. Colloid Interface Sci.*, **270**, 29 (2004).
17) M. W. Rutland and T. J. Senden: *Langmuir*, **9**, 412 (1993).
18) H. Kawasaki et al.: *J. Phys. Chem. B*, **108**, 16746 (2004).
19) M. Giesbers et al.: *Colloids Surf., A*, **142**, 343 (1998).
20) A. R. Al-Hashmi and P. F. Luckham: *Colloids Surf., A*, **393**, 66 (2012).
21) J. Klein: *J. Chem. Soc., Faraday Trans. 1*, **79**, 99 (1983).
22) G. Hadziioannou et al.: *J. Am. Chem. Soc.*, **108**, 2869 (1986).
23) S. Asakura and F. Oosawa: *J. Chem. Phys.*, **22**, 1255 (1954).
24) A. Milling and S. Biggs: *J. Colloid Interface Sci.*, **1995**, 604 (1995).
25) J. N. Israelachvili and R. M. Pashley: *Nature*, **306**, 249 (1983).
26) N. Ishida et al.: *Langmuir*, **16**, 5681 (2000).
27) N. Ishida et al.,: *Langmuir*, **16**, 6377 (2000).
28) M. Sakamoto et al.: *Langmuir*, **18**, 5713 (2002).
29) J. Zhang et al.: *Langmuir*, **21**, 5831 (2005).
30) N. Ishida et al.: *Langmuir*, **28**, 13952 (2012).
31) H. K. Christenson and R. G. Horn: *Chem. Phys. Lett.*, **98**, 45 (1983).
32) R. G. Horn and J. N. Israelachvili: *J. Chem. Phys.*, **75**, 1400 (1981).
33) V. Franz and H. -J. Butt: *J. Phys. Chem. B*, **106**, 1703 (2002).
34) Y. Kanda et al.: *Colloids Surf., A*, **139**, 55 (1998).
35) K. Sakai et al.: *Langmuir*, **31**, 6085 (2015).
36) Y. Kanda et al.: *J. Soc. Powder Technol. Japan*, **38**, 316 (2001).
37) M. Mizukami et al.: *J. Am. Chem. Soc.*, **124**, 12889 (2002).
38) R. R. Dagastine et al.: *J. Colloid Interface Sci.*, **273**, 339 (2004).
39) R. R. Dagastine et al.: *Science*, **313**, 210 (2006).
40) L. Y. Clasohm et al.: *Langmuir*, **23**, 9335 (2007).
41) I. U. Vakarelski et al.: *Proc. Natl. Acad. Sci. U.S.A.*, **107**, 11177 (2010).

第3章 界面特性の実験的計測・評価法

第5節
パルスNMR法による濡れ性評価

武田コロイドテクノ・コンサルティング株式会社　武田　真一

1. はじめに

　微粒子やナノ粒子の分散・凝集特性，なかでも「分散性」で表される「凝集粒子の液中での微粒子化のしやすさ」を支配するのは，粒子の溶媒に対する濡れ性，すなわち界面エネルギーや界面張力である。これら特性は表面に近づく溶媒分子や吸着分子の挙動により大きく変化する。従来，界面エネルギーの評価方法は，湿潤熱や接触角の測定が主流であった。しかし，湿潤熱測定は試料の準備等が煩雑であり，また測定に要する時間も長い。後者の接触角測定法は，粒子の大きさによっては粒子間に液が浸透して測定自体が難しい場合があり，測定値の再現性への影響も懸念される。そこで本節では，最近開発された新規評価方法で，パルスNMRを利用した手法を紹介する。この手法は，短時間で容易に，しかも検出感度が高く，再現性よく測定できるといういくつかの利点を有していることから今後有望な評価手法として期待される。

2. 界面エネルギー評価としてのHDP（Hansen Dispersibility Parameter）値評価

2.1　ナノ粒子・微粒子の溶媒中への分散

　ナノ粒子・微粒子表面の特性は，「極性」と「無極性」とに分類することができ，酸化物やカルボキシル基を導入した表面の場合は極性を有しており親水性を示すことが多く，逆にアルキル基など疎水基をナノ粒子表面に導入して化学修飾した場合は無極性を示して疎水性を示す場合が多い。したがって，ナノ粒子・微粒子表面の極性の程度を評価できれば，無極性物質が無極性溶媒に溶けやすかったように粒子を均一に分散させることのできる溶媒を容易に選択したり，あるいは溶媒の極性に合わせてナノ粒子・微粒子表面の表面修飾の指針が得られることになる。

　溶媒の溶解性の定量的なパラメータとしては溶解パラメータが用いられるので，1つの提案として粒子表面のSP値を決めることが上記指針を得るための方策となり得ると考えた。基本的には，粒子の場合にも粒子と溶媒のSP値との差が小さいほど分散性が良くなるはずであるから，SP値が既知の種々の溶媒中に粒子を分散させて最も容易に分散させることができた溶媒のSP値が粒子表面のSP値と見なせる。

2.2　ナノ粒子・微粒子表面の極性評価—HDP値評価法

　パルスNMRを用いることでナノ粒子・微粒子表面のSP値（以後，HDP値と呼ぶ[1]）を評価することができる。この手法は，英国Bristol大学のCosgrove教授グループが開発した界面特性評価法[2-5]を活用したものである。HDP値評価以外の応用方法としては濃厚系のまま分散剤の吸着量[6-8]や比表面積の評価[9]が可能である。

2.2.1　測定原理

　本手法の測定原理は，粒子表面に接触または吸着している溶媒分子とバルク中の溶媒分子（粒子表面と接触していない自由な状態の溶媒分子）とでは，磁場の変化に対する応答が異なることに基づいている。粒子表面に吸着している液体の分子運動性は制限を受けるが，バルク液中のそれは自由に動くことができる。その結果，粒子表面に吸着している液体

分子のNMR緩和時間は，バルク液中分子の緩和時間よりも短時間であり，桁違いに異なる場合もある。粒子分散液で測定される緩和時間は粒子表面上の液体体積濃度と自由状態の液体体積濃度を反映した2つの緩和時間の平均値であり，次のような式から粒子の溶媒に対する親和性を計算できる。ここで，緩和速度Rは，緩和時間Tの逆数であり，次式の関係が成り立つ。

$$Rav = PsRs + PbRb \qquad (1)$$

ここで，Ravは平均緩和速度，Pbはバルク液の体積濃度，Psは粒子表面上の液体の体積濃度，Rsは粒子表面への吸着層液体分子の緩和速度，Rbはバルク液体分子の緩和速度である。

また，相対緩和速度$Rsp = [Rav/Rb] - 1$より，Rsp値が高いほど溶媒に接している表面積が大きい，あるいは溶媒に対する親和性が高いといえる。したがって，溶媒中に種々の濃度のナノ粒子を分散させてRsp値を求め，ナノ粒子濃度に対するRsp値の変化の程度(勾配)を計算するとナノ粒子の溶媒に対する親和性が評価できる。最近，Rsp値はRno値(Relaxation number)と表現する場合もある。

2.2.2 評価手順ならびに装置の特徴

約0.5 mLの試料を入れたNMR試料管を装置(図1は米国Mageleka Inc.社製Magno Meter XRS，観測核1H)に挿入する。試料は2つの永久磁石の間のコイル中に配置され，試料液中のプロトンの磁場は一定の静磁場B_0によりB_0の方向に整列する。この過程は通常数秒で完了する。測定開始時約12 MHzの電磁波(RF)パルスでコイルを励起すると大きな磁場が発生し，試料中のプロトンの磁場配向に一時的なシフトが誘導される。この誘導を停止すると，試料中のプロトンは再び静磁場B_0と整列する。この再編成によって自由誘導減衰(FID)と呼ばれるコイルの電圧低下が生じる。特定のパルスシーケンス(RFパルスの回数および間隔の組み合わせ)から，試料のT1(縦緩和時間)およびT2(横緩和時間)が測定される。T1とT2は異なるが，粒子表面に吸着した液体とバルク液間のシフトはよく似ており，両方ともHDP値評価に使用される。本手法でも遠心沈降分析法と同様に種々のHDP値の異なる溶媒を用いて緩和時間を測定し，上述のRsp値の変化の程度を算出し，ハンセン溶解度パラメータのソ

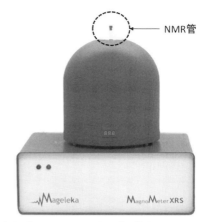

図1 卓上パルスNMRにサンプル管をセットしている様子
懸濁液試料をピペットを用いて外形φ5 mmのNMR管に0.5 mL充填し，そのNMR管を写真のように装置にセットする。その後，パソコンよりスタートをクリックすると緩和時間の測定が開始され，1～2分で測定が完了する。

フト(HSPiPやフリーソフト[10])を用いいれば，粒子のHDP値が評価できる。

2.2.3 測定例

粒子表面の親/疎水性評価を行った例を図2に示す。これは純水中でのアルミナ，シリカ，ポリスチレン粒子の緩和時間を種々の粒子濃度で測定した結果である。溶媒に対する親和性が高いほど(この場合，親水性が強いほど)単位総表面積に対する相対緩和速度Rspの値が大きくなるので(このグラフでは直線の傾きに相当する)，アルミナが最も親水性が強く，シリカ，ポリスチレンの順に親水性が弱くなっていくことがわかる。これは，親水性が強くなると粒子表面に吸着される水分子の量が増え，その結果，緩和時間が短くなるためである。この場合，水のSP値である23.4に最も近かったのはアルミナであり，最も遠かったのがポリスチレンであったといえる。従来，ナノ粒子の濡れ性評価は再現性に乏しかったり，準備が面倒であったりしてあまり品質管理には向いていなかったが，本手法は測定に数分しか要しないので，界面特性評価を品質管理項目に取り入れることも期待される。

次に種々のアルコール中での同様の実験の結果を紹介する。図3はメタノールからオクタノールまでのアルコール溶媒中にTiO$_2$粒子を3.5 wt%混ぜた懸濁液の相対緩和速度$R2sp$値(T2モードでのRsp値)を示している。メタノールのときに緩和時間が最も短かったので，相対緩和速度が最大値を示

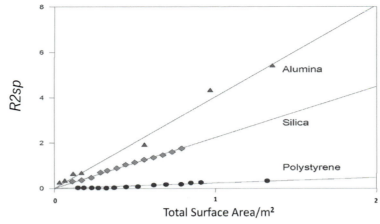

図2 粒子表面の親/疎水性評価の一例
緩和速度 $R2sp$ 値が急速に増大するほど親溶媒性(この場合,親水性)が強い。

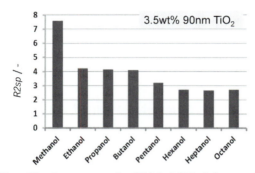

図3 種々のアルコール中で測定した緩和速度 $R2sp$ 値
各アルコールに対するTiO₂粒子表面の親和性が異なることがわかる。このような測定を発展させると,粒子表面のHDP(ハンセン分散性パラメータ)が評価できる。

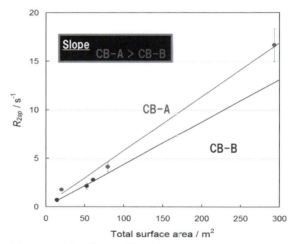

図4 カーボンブラック粒子表面のNMP溶媒に対する親和性評価の一例
グラフの勾配が急なほど,すなわちCB-Aの方がNMPに対する親和性が高いことを示している。

し,最もTiO₂粒子に対して親和性が高かったことを示唆している。また,この結果から,各アルコールに対する親和性(濡れ性)を数値化することも可能であることが確認できた。

最後に具体的な応用例として,リチウム二次電池用スラリーで導電助剤としてよく用いられるカーボンブラックのNMP溶媒に対する親和性を評価した結果を図4に示した。相対緩和速度 $R2sp$ 値はある一定量の液中に存在する粒子の総表面積と溶媒に対する親和性の両方に依存するので,異なる比表面積を持つカーボンブラックAとBの場合,$R2sp$ 値の差は総表面積の違いを反映しているのか,溶媒に対する親和性の違いを反映しているのか,その原因を断定できない。そこで,添加する粉の量を種々変えて,単位液量中の粉の総表面積を比較可能なように合わせて実験を行ってみた。その結果,ある総表面積値の点,例えば200 m²で比べても,グラフの傾きで比べてもカーボンブラックAの方が大きな値をとることから,Aの方がNMPに対する親和性が高いことがわかった。この例のようにパルスNMRを用いて,ある特定の溶媒を対象に濡れ性を評価することが可能であるが,より汎用性のある表面評価についてはHDPパラメータを利用するのがよい。

文　　献

1) D. Lerche et al.: 第68回コロイドおよび界面化学討論会講演要旨集, 1E13, 日本化学会, 175(2017).
2) C. Flood et al.: *Langmuir*, **23**, 6191-6197(2007).

3) C. L. Cooper et al.: *Soft Matter*, **9**, 7211–7228 (2013).
4) C. Flood et al.: *Langmuir*, **24**, 7875–7880 (2008).
5) A. Nelson et al.: *Langmuir*, **18**, 2750–2755 (2002).
6) G. P. van der Beer and M. A. Cohen Stuart: *Langmuir*, **7**, 327–334 (1991).
7) S. J. Mears et al.: *Langmuir*, 14, 997–1001 (1998).
8) T. Cosgrove and J. W. Fergie-Woods: *Colloids and Surfaces*, **25**, 91–99 (1987).
9) D. Fairhurst et al.: *Magn. Reson. Chem.*, **54**(6), 521–526 (2016).
10) http://www.hansen-solubility.com/downloads.php

第3編
微粒子の合成

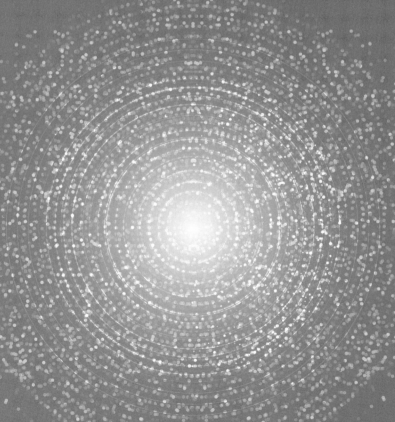

第1章
ナノ粒子・微粒子表面設計・制御

東京農工大学名誉教授 神谷 秀博

1. はじめに

ナノ粒子,微粒子の製造法として,粉砕によるBreak down法と,分子,原子レベルからの合成によるBuild up法がある。前者のBreak down法は,直径30 μm程度の微小セラミックスビーズを用いた湿式攪拌ミル,遊星ミルを用い,適切な表面修飾剤を添加すれば,粒子径100 nm以下の分散安定化したナノ粒子も製造可能である。しかし,一般に合成法と比べ,粒子製造法として低コストとされているが,連続化や量産化には,プロセス工学的検討が必要である。近年,ナノ粒子の製法としては,気相,液相,超臨界場など,さまざまな環境下での粒子合成法が,製造コスト低減のための量産化技術も発展しており,粒子径,化学組成,結晶性,形状などの制御法も発展している。特に,液相,超臨界場では,金属錯体や親水基と疎水基からなる界面活性剤存在下でナノ粒子を合成することで,生成するナノ粒子の化学組成,粒子径や形状,結晶相などの形態制御,量子効果による蛍光特性,屈折率などの機能,特性も制御可能となっている。

気相合成法では,シリカ,アルミナ等の金属酸化物系のナノ粒子は,ナノテクノロジーが脚光を浴びる以前より量産法が確立され,さまざまな素材への応用も進められていた。近年,カーボンナノチューブなど炭素系ナノ材料を中心に,流動層[1]や基板上への急速成長など化学工学的プロセスを用い量産法の開発が進んでいる。特に,単層ナノチューブの大量合成も成功しており,その優れた導電性など電気的機能によりリチウム電池などへの応用[2]による電池機能の向上も期待される。

以上のようなナノ粒子の合成法の発展に伴い,その実用化に不可欠な粒子合成過程での界面設計による付着・凝集挙動の制御は,ナノ粒子については,液相中での研究が,近年特に進んでいる。100 nm以上,ミクロンサイズの微粒子を対象にした界面設計は,気相中での付着性制御,液中での凝集制御を中心に開発が進み,電子写真のトナーやセラミックス製造プロセスなどが特に顕著であるが,実用化も進んでいる。本稿では液相でのナノ粒子の界面構造設計を中心に概説し,気相中でのナノ粒子を使った微粒子表面のナノ構造設計による付着性制御を中心に概観する。

2. ナノ粒子の液相合成過程での表面設計・制御法

2.1 無極性溶媒中でのナノ粒子の合成・分散同時設計

金属オレイン酸錯体を原料に,高沸点溶液中で,高温高圧条件下における液相合成法によりナノ粒子を製造すると,表面をオレイル基で修飾した金属酸化物のナノ粒子が合成できる。合成温度など合成条件により粒子径や化合物形態を制御できる。このオレイル基修飾ナノ粒子は,トルエンなど,無極性溶媒には一次粒子まで均一分散し,塗布,乾燥すると自己組織化して最密充填構造が形成されることが示された[3]。当初は,金属錯体を原料に用いていたが,通常の水熱合成などの液相合成過程で,オレイル鎖を有する界面活性剤を添加しても,同様に粒子の形態と無極性溶媒中での分散性の維持が可能であった。異なる修飾基を有する界面活性剤(例えば,オレイン酸とオレイルアミン)の比率を変えて添加することで,酸化チタンナノ粒子[4]や,酸化鉄ナノ粒子[5]の形態を変化させることに成功している。これ

は，吸着基により特定の結晶面への吸着性が高くなるため，特定の結晶面が成長し，形状が球に近いものから特定の結晶面が強調された多面体形状のものまで形状，粒子径の制御が可能となっている。表面修飾剤の存在下での合成は，ナノ粒子の構造・機能設計と溶媒中への分散性維持が両立でき，酸化物の他，硫化物や金属ナノ粒子の合成も可能である点が，本報の有効性を示している。

しかし，表面修飾したオレイル基は，トルエンなど無極性溶媒中でのナノ粒子の分散には有効だが，溶液の物性が，例えば，メタノールなど親水性溶媒が微量混入して変化すると分散能力が減退し，凝集が促進される。可視光線の波長(400～700 nm)より小さな粒子径数 10 nm のナノ粒子が一次粒子まで分散していると，その分散液は，可視光線を散乱しないため透明な溶液になるが，凝集を起こすと白濁する。例えば，高屈折率の材質のナノ粒子を光学用ポリマーレンズ用樹脂に分散させて，屈折率を上昇させる，という応用では，樹脂のモノマーをトルエンなど無極性溶媒に溶かした際に，溶液物性が変化しオレイル基の分散機能が低下し，分散安定性を維持できず，透明性が低下するという弊害が現れる。

粒子合成時に使用されるオレイル基修飾ナノ粒子では，分散性を維持できない溶媒，溶液を用いる場合の方策として，以下の2種類のアプローチがある。

① 表面修飾構造の交換：ナノ粒子合成時に使用した表面修飾剤構造を目的とする溶媒，溶液に高い分散安定性を有する構造の表面修飾鎖に置換

② 多様な特性の溶媒，溶液に高い分散安定性を有する万能表面修飾剤の開発

などがある。

次に，各手法による関連研究を概観する。

2.2　表面修飾鎖の交換法(Ligand exchange)

修飾鎖の交換ができる条件は，合成時に利用した修飾剤の吸着基よりも，交換する修飾剤の吸着基が，ナノ粒子表面への親和性，吸着力が高いことが必要になる。そのため，ナノ粒子の材質による，吸着基の強さを評価する方法が検討されている。無機ナノ粒子への吸着基として，代表的な構造を図1に示した。これらの吸着基の中から，最も吸着性の良いものを選んで表面修飾鎖の交換を行い，最終的にナノ粒子を分散させる溶媒や固体に対し，適切な親和性のある有機鎖を表面に修飾させる。

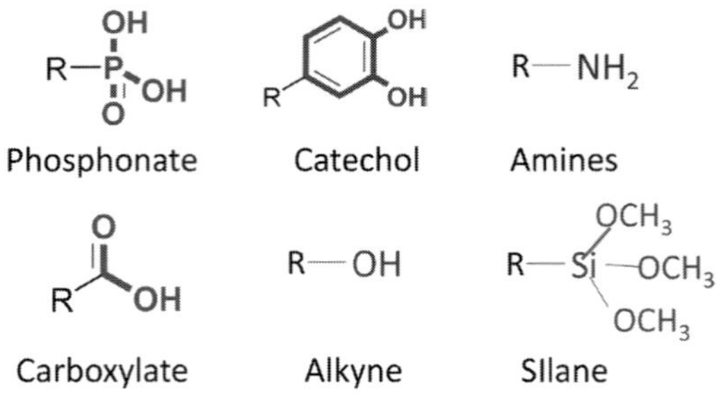

図1　主要な吸着基の例(R：有機鎖)

図2　ナノ粒子表面修飾剤の一例

(a) オレイルホスホン酸（疎水性）
(b) カテコールとPEG鎖からなる修飾剤（親水性） 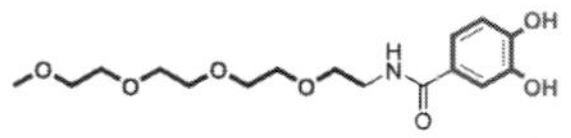

吸着性の評価法として，目視による簡易法や，NMRを用いた機器分析法などがある。目視による手法の一例として，無極性溶媒のシクロヘキサンと極性溶媒のメタノールは室温では分離するが，40℃になると均一に混ざり，室温に戻すと再び分離する性質を利用した方法がある[6]。例えば，図2に示したように，有機鎖を疎水性の高いオレイル鎖，吸着基をホスホン酸である修飾剤(図2(a))と，親水性のあるPEG鎖を含み吸着基はカテコール基(図2(b))の二種類の修飾剤を用意し，最初に，図2(b)のカテコールとPEG構造の修飾剤を付けておくと，粒子はメタノールに分散する。次に，オレイル鎖とホスホン基の修飾剤(図2(a))を添加し，40℃まで温度を上げ，均一状態にしてから冷却すると，ホスホン基がカテコール基を追い出し，図2(a)の疎水性の有機鎖が優先的に吸着する。その結果，温度を下げ，2層に分離するとシクロヘキサンにナノ粒子は移動した。この結果から，移動した方のLigandに付けた吸着基，この場合はホスホン基の吸着力が，カテコールより強いことが立証された。この手法を，複数の組合せで実施することで，目視によりどの吸着基の吸着力が強いか判断が可能になる。

機器分析法の利用も，吸着性の評価に有効である。NMRは近年，ナノ粒子の表面修飾状態などの評価に用いられるようになった[7,8]。溶媒中に溶け

ているだけのFreeの修飾剤のNMR信号は鋭いピークとなるのに対し，粒子の表面に吸着した修飾剤の信号は，ピークが広がる。異なる修飾剤をナノ粒子分散液に添加し，ピークが広がった修飾剤が，より高い吸着力のある吸着基であることが決定できる。この方法は，分子量が揃った不純物を含まない純度の高い表面修飾剤の合成が必要であるが，吸着力など修飾剤の作用を評価・解析する上で重要な手法である。

2.3 多様な溶媒に分散可能な表面修飾剤の開発

溶媒の物性が変化しても分散安定性を維持できるナノ粒子の界面分子構造として，1分子中に親水性，疎水性の構造が存在する表面修飾剤が有効でないかという仮説から，多数の修飾剤を試験し，Iijimaらは，図3(a)に示すような市販界面活性剤が，メタノールからトルエンまで幅広い溶媒に分散効果があることを発見した[9]。この修飾剤を表面に吸着したTiO_2ナノ粒子をポリマーに分散させると温度による形状記憶性を示した[9]。この修飾剤は，吸着基がホスホン酸のアニオン系であるため，TiO_2，Al_2O_3等の金属酸化物は吸着できるが，金，銀などの貴金属ナノ粒子やシリカは吸着できない。そこで，アミン系のカチオン性の高分子表面修飾剤を最初に貴金属やシリカナノ粒子に吸着させ，その上でアニオン系の界面活性剤を吸着させる手法を開発した。高分子分散剤は，一分子に複数の吸着基を有するため，表面が+に帯電させた状態を作り，図3(a)のアニオン系修飾剤の吸着が可能となり，貴金属ナノ粒子の万能分散性を発現させた[10]。

しかし，この多層吸着法は，表面修飾する有機分子量が増え，後述するように，ナノ粒子の高い比表面積のため，修飾剤の吸着量が粒子に対し10〜30 wt%程度になってしまう点が課題となる。この修飾量は，見方を変えると，有機無機複合粒子材料と呼ぶほどになり，多層吸着にするとさらに修飾量が増える。そこで，修飾剤をより単純な構造に分子設計して機能を発現させるため，岡田らは，図3(a)の市販修飾剤のどの構造が，万能分散性に寄与しているかを解明し，図3(b)のより単純なアルキル鎖とPEG鎖の直列構造が，同じ機能を発現させることを発見した[11]。また，吸着力評価法などの成果に基づき，ナノ粒子の材質に合わせた吸着基を選択し，有機鎖構造は同じで，吸着基を変えた修飾剤を合成した。例えば，貴金属ナノ粒子には，アミノ基を用いた修飾剤を合成し，一種類の修飾剤で多様な溶媒に分散安定性を発現する手法を開発した[12]。ナノ粒子の合成法の発展に加え，表面修飾剤の構造設計法も，ナノ粒子の実用化に向けた重要な基盤技術である。

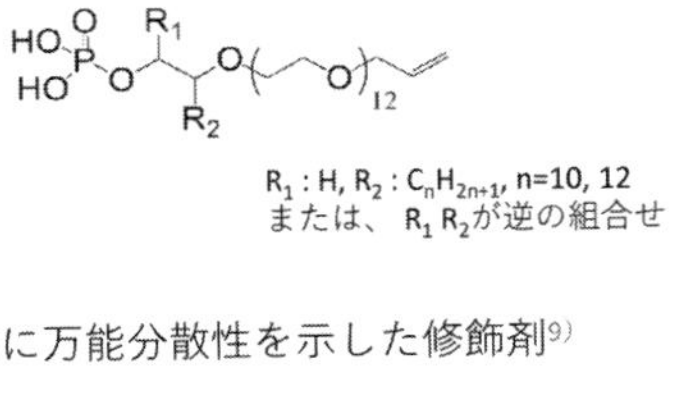

2.4 ナノ粒子表面修飾剤の分散機構の解析法の展開

先に述べたオレイル基，アルキルとPEG鎖構造が，なぜ，特定，あるいはさまざまな溶媒に対し分散安定性が発現するのか，その機構は明確にはわかっていない。異なる溶媒に適した修飾剤構造について，溶解度パラメータで定量化を試みた事例[13]，熱力学的解析法[14]や，界面での粒子表面の修飾剤と溶媒分子の作用と形態の分子動力学的解析法[15]など，さまざまなアプローチが提案されている。さまざまな解析法の発展により修飾剤の作用機構が解明され，より設計的に界面構造が制御できる学理の構築が望まれる。

また，表面修飾したナノ粒子の分散挙動の温度依存性も新たな特性として注目される[16]。溶液への溶解度と同様，高い温度ほど表面修飾したナノ粒子の分散性が向上し，低温になると分散性が低下する。この凝集と分散の境界となる温度は，表面修飾剤の分子鎖長や構造により変化することが確認されている。単純な直鎖型の飽和炭化水素の修飾剤を対象に炭素数を変化させた場合，トルエン中で最も広い温度範囲で分散が維持される鎖長の最適値があることを求めた。こうしたさまざまな表面修飾剤で界面設計したナノ粒子の液中挙動は，今後のナノ粒子の実用化において重要な要素となると考えられる。

(a) 最初に万能分散性を示した修飾剤[9]

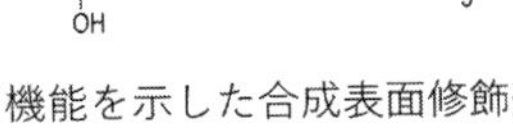

R_1 : H, R_2 : C_nH_{2n+1}, n=10, 12 または，R_1 R_2 が逆の組合せ

(b) 同じ機能を示した合成表面修飾剤[11]

図3 さまざまな溶媒に分散可能な表面修飾剤構造

2.5 ナノ粒子の実用化に向けた課題

界面構造設計法，評価解析法などに関する基礎研究は，近年，さまざまな方向で発展している。また，ナノ粒子，カーボンナノチューブなどのナノ物質は，製造プロセスの発展やスケールアップにより，高品位製品が低コストで製造が可能となってきている。しかし，こうしたナノ素材を，例えば，材料の原料として利用する場合，さまざまな制約を解決する必要がある。ナノ粒子の溶媒中での分散安定化は成功したが，例えば，素材原料の利用には，高濃度にナノ粒子，ナノ物質が分散した流動性のあるペースト，流体の製造が必要である。粒子径 100 nm 以上のサブミクロン粒子では，体積濃度で 60〜70％以上，ミクロン以上の粒子も含む適切な粒度分布を与えれば，90％以上でも流動性，変形性のある高濃度スラリー，ペーストが製造可能である。50％以下の濃度では，例えば塗布・乾燥等の操作では，分散している粒子は，乾燥過程で局所的に最密充填構造（理論濃度74％）に集まり，隙間や亀裂が発生するため，この理論濃度に近い高濃度化が求められる。

また，ナノ粒子，ナノ物質の比表面積は，数 100 m^2/g 以上の高い値となる。一般に表面修飾剤の単位表面積当たりの飽和被覆量は，粒子径，材質や修飾剤構造により多少影響されるが，0.5〜数 mg/m^2 程度であまり差はない傾向がある。サブミクロン粒子の場合，比表面積は，数 m^2/g 程度であるが，仮に 5 m^2/g の比表面積のサブミクロン粒子に修飾剤が 1 mg/m^2 吸着して飽和状態になった場合，修飾剤の粒子に対する割合は，5 m^2/g×1 mg/m^2＝5 mg/g＝0.5 mass％と，1％に満たない添加量で分散ができる。一方，ナノ粒子の場合，例えば，比表面積が 200 m^2/g で，飽和吸着量は同じ 1 mg/m^2 であると，200 m^2/g×1 mg/m^2＝200 mg/g＝20 mass％となる。つまり有機鎖からなる表面修飾剤が 20％無機粒子に複合化された状態で良好な分散性が達成できる。実際に，ナノ粒子に表面修飾剤を付けて，液体に分散した状態で透過型電子顕微鏡の試料台に塗布・乾燥すると，図3に示したように，粒子が六方最密充填構造に規則正しく配列する。粒子間に均一な距離の隙間が認められるが，この隙間は，吸着している表面修飾剤により生成しており，修飾剤の大きさと一定の関係がある。隙間の面積の粒子の投影面積に対する割合は，上記の計算値である 20％ともある程度対応しており，ナノ粒子と有機鎖との複合材料となっている。

ナノ粒子塗布・乾燥膜をデバイスとして利用する際に，この表面修飾剤は邪魔になることも多い。したがって，ナノ粒子分散液を例えば，シート状に成型し，乾燥した後，使用した界面修飾剤の除去法の開発が必要となる。ナノの隙間にある修飾剤の除去は実際には困難を伴うため，修飾剤自体を有機材料として利用して複合体を製造する手法[17]も現実的な方法と考えられる。

3. サブミクロン以上の大きさの微粒子表面の構造設計による付着・凝集性制御

3.1 ナノ粒子の表面被覆による付着性制御

粒子径 100 nm 以上のサブミクロン粒子，さらにはミクロンサイズの粒子は，セラミックス材料，電池材料，顔料，医薬品等，さまざまな分野で実用化し，普及している。こうした粒子の付着・凝集性の制御は，高分子を含む有機修飾剤，ナノ粒子の複合化など分子からナノレベルの界面設計が盛んに行われている。代表例としては，電子写真で使用されるトナー粒子の外添剤に表面を疎水化処理した酸化物ナノ粒子が使用されている[18]。この複合法によりトナーの付着性が低減し，流動性，飛散性が飛躍的に向上したため，乾式の電子写真の画質が湿式のインクジェットプリンタと遜色ないほど飛躍的に向上した。

こうしたナノ粒子を用いた微粒子状物質の付着性制御は，多方面で応用されている。例えば，高温場での微粒子の付着性低減にも効果が期待されている。石炭火力や，バイオマス，廃棄物を燃焼して発電，エネルギー循環利用プロセスでは，生成する無機系灰微粒子の高温での付着性増加現象が発生し，高温高圧蒸気を生成する過熱器の表面に付着して熱効率，発電効率を低下させ，場合によっては炉の閉塞によるプラント停止の事態に至る。この燃焼飛灰の高温付着性の低減に，アルミナなどのナノ粒子の添加が効果的であることが報告されている[19,20]。ナノ粒子が付着性増加原因となる低融点共晶成分の生成抑制や，ナノ粒子が粒子間に介在することで，灰の充填性が低下し空隙が増加する物理的な効果の両者の作用で，付着性が低減できる物理的，化学的，両方の作用が期待されている。

この他の応用例として，アラミドナノファイバー

の分散に，表面修飾した銀ナノ粒子をファイバー表面に被覆することにより凝集したナノファイバーの分散に成功している[21]。この銀ナノ粒子被覆ナノファイバーをポリマーと複合化することで，ポリマーの帯電防止効果を発現させている。

界面構造設計したナノ粒子，ナノ材料は，物質の界面設計構造，相互作用の制御に活用可能性が拓けており，今後の展開が期待される。

3.2 高分子分散剤による液中凝集性の制御

サブミクロン以上の微粒子は，セラミックス分野では原料として広範に利用されている。セラミックス製造プロセスでは，固体粒子濃度が体積基準で60％以上の高濃度スラリーを塗布，成形して焼結操作により製品を得ている。こうした高濃度スラリーは，粒子表面に高分子分散剤を修飾して，粒子間にvan der Waals力に打ち勝つ反発作用を働かせ，凝集を防ぎ，高固体濃度でも流動性を維持している。粒子を凝集させるvan der Waals引力は，粒子径が増加すると作用距離が長くなるため，高分子が一般に使用される[22]。

高濃度で流動化するスラリーを成形する過程では，バインダーの選択も重要となる。また，近年，混合時は分散剤として高濃度スラリー中の粒子を分散させて流動性を高めるが，成形後に時間の経過とともに，ゲル化剤として固化させる複合的な機能を有する高分子も発見されている[23]。こうした高分子分散剤の作用機構の解明には，表面から数nmの範囲で働く高分子分散剤の立体障害斥力や，架橋力を評価できるコロイドプローブ原子間力顕微鏡法により機構の解明も進められている[24]。

4. おわりに

ナノ粒子，微粒子の付着・凝集の制御の観点からの粒子界面の分子，ナノレベルの構造設計について概観した。凝集現象など粒子の集合状態の制御は，粒子の機能を発現するために不可欠な技術であるが，経験的な要素も多いのが実状である。近年，粒子の製造法の発展とともに界面設計，制御法も界面の構造評価法とともに発展しており，研究の蓄積により粒子材質，大きさ，界面状態といった粒子側の特性と，粒子を分散，複合化する溶媒や固体との組合せによる体系的な界面設計法の確立が期待される。高濃度化や修飾剤量の低減など，実用化に向け越えなければいけないハードルは多いが，こうした壁を超える新たな手法が開発されることが，特にナノ粒子の実用化に於いて重要である。

文　献

1) M. Li et al.: *Carbon*, **182**, 23-31 (2021).
2) K. Kaneko et al.: *Carbon Trends*, **10**, 100245 (2023).
3) J. Park et al.: *Nature Materials*, **3**, 891-895 (2004).
4) C.-T. Dink et al.: *ACS Nano*, **3**, 3737-3743 (2009).
5) C. Cara et al.: *Crys. Growth Des.*, **15**, 2364-2372 (2015).
6) Y. Okada et al.: *Chemistry Select*, **3**, 8458-8461 (2018).
7) E. Schechtel et al.: *Langmuir*, **35**, 12518-12531 (2019).
8) S. Yamashita et al.: *Chemistry Select*, **6**, 2923-2927 (2021).
9) M. Iijima et al.: *Journal of the American Chemical Society*, **131**(45), 16342-16343 (2009).
10) M. Iijima and H. Kamiya: *Langmuir*, **26**(23), 17943-17948 (2010).
11) Y. Okada et al.: *Chemistry-A European Journal*, **24**(8), 1853-1858 (2018).
12) N. Maeta et al.: *Langmuir*, **34**(19), 5495-5504 (2018).
13) B. Domenech et al.: *Langmuir*, **35**, 13893-13903 (2019).
14) S. Yamashita et al.: *Chem.Eur. J.*, **28** (2022). https://doi.org/10.1002/chem.202201560
15) O. Elimelech et al.: *ACS Nano*, **16**, 4308-4321 (2022).
16) 例えば，E. Bianchetti and C. D. Valentin: *J. Phys. Chem. Lett.*, **13**, 9348-9354 (2022).
17) M. Iijima et al.: *Advnced Powder Technology*, **24**(3), 625-631 (2013).
18) 例えば，特許 JP 5568864 B2 (2014).
19) G. Horiguchi et al.: *Energy & Fuels*, **33**(9), 9363-9366 (2019).
20) G. Horiguchi et al.: *Fuel*, **321**, 124110 (2022).
21) M. Iijima and H. Kamiya: *Colloids and Surfaces A: Physicochemical and Engineering Aspects*, **482**, 195-202 (2015).
22) H. Kamiya et al.: *J. Am. Ceram. Soc.*, **82**, 3407-12 (1999).
23) Y. Yang et al.: *J. Mater. Res.*, **28**, 1512-16 (2013).
24) M. Yamamoto et al.: *Powder Technology*, **354**, 369-376 (2019).

第2章 ハード微粒子

第1節
金属ナノ粒子

関西大学　川﨑　英也

1. はじめに

　金属ナノ粒子・微粒子は，独特の光学的，化学的，電気的，磁気的，機械的，および化学(触媒)特性を示す。これら金属ナノ粒子・微粒子の特性を有効に引き出すためには，粒径，粒子形状，結晶性・表面特性の制御，化学組成の制御が要求される。例えば，粒子の大きさを制御した単分散粒子では，サイズ分布の変動係数10％以内となる。粒子径に加えて，粒子形状や粒子表面の性状は，金属ナノ粒子の電子状態，粒子配列・集合体，分散体の作成や機能性発現に大きく影響する。そのため，これら機能物性発現に向けた金属ナノ粒子・微粒子の粒子製造について，さまざまな方法が開発されてきた。

　粒子製造を製造プロセスで大別すると3つの方法がある。①固相法，②気相法，③液相法である。液相法は溶液中に存在する金属塩を固相として金属ナノ粒子を析出させる方法であり，保護剤存在下で溶媒に対して過飽和状態を作り出し，核生成，成長，安定化により金属ナノ粒子を得る。液相法は，粒径・粒子形状，結晶性，表面特性，化学組成の制御が比較的容易である。また，簡便かつ高価な真空装置など特殊な装置が不要な粒子合成法でもある。そのため液相法は，金属ナノ粒子の代表的な合成法の1つであり，その多くは溶媒にナノ粒子が分散した状態(金属コロイド)で得られる。具体的には，高分子や界面活性剤等の保護剤の存在下，溶液中で還元剤を用いて金属塩を還元して金属ナノ粒子を得る。ここで保護剤は，比表面積が大きい金属ナノ粒子の高い表面エネルギーによる粒子凝集を抑制する役割を担う。溶液中の粒子安定化(分散安定性)には，保護剤による粒子間斥力の付与が有効である。そのような粒子間斥力としては，静電的な斥力(電気二重層斥力)，立体斥力，或いはその2つの斥力の組み合わせ(混合保護剤系)などがある(図1)。粒子合成時に保護剤を共存させることで粒子表面に保護剤が被覆される。他方，粒子が分散した溶液に置換したい保護剤を過剰に添加することで，粒子合成時で用いた保護剤を別の保護剤で置換することもできる(図1(a))。水溶媒中で分散安定性の高いナノ粒子分散液を得るには，粒子間の静電斥力/電気二重層斥力(electrostatic repulsive force)が有効である(図1(b))。一方，極性の低い有機溶剤中では粒子間の静電斥力が有効でなく，粒子表面に結合した炭化水素鎖(あるいは高分子鎖)の立体斥力(Steric repulsive force)により粒子間斥力を高め，分散安定性の高いナノ粒子分散液を得ることができる(図1(b))。

2. 液相法による金属ナノ粒子合成の留意点

　液相法による金属ナノ粒子合成は，溶液の化学反応による合成であることからプロセスが容易であり多くの文献がある。しかし速度論的に決まる反応条件は，わずかな変化に強く影響されるため，バッチ間で粒径，形状，純度などの再現性が困難となり，実験室間または研究者間で合成された金属ナノ粒子にバラツキが見られる場合がある。従って，再現性良く金属ナノ粒子を合成するには，適切で一貫した準備と実験・合成手順(溶液の撹拌速度，還元剤や保護剤を溶液に投入するタイミングや滴下速度など)が非常に重要となる。また，同じ供給元から購入した場合でも，ロット間の試薬の不純物のわずかな差が最終的に得られる金属ナノ粒子に影響を与え

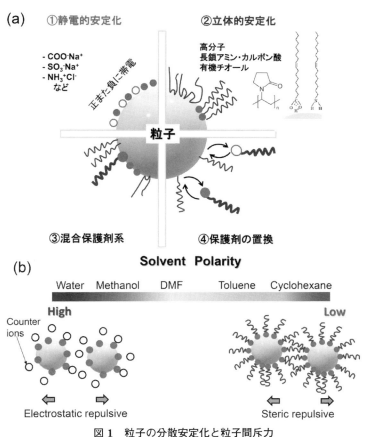

図1 粒子の分散安定化と粒子間斥力
(a)保護剤による粒子間斥力，(b)水および有機溶剤系の粒子間斥力

ることがある。特に，その不純物が金属ナノ粒子表面に吸着する場合，細心の注意を払う必要がある。試薬やそのストック溶液の経時変化や保管条件などにも注意が必要である。金属ナノ粒子合成で使用するすべてのガラス器具および撹拌子は，残留金属の除去のために硝酸や王水等で洗浄しておく必要がある。これらの器具での金属の残留は，金属ナノ粒子の生成過程において溶液中で望ましくない核生成が器具上で先に起こり，ナノ粒子合成の制御が困難となる。

金属塩の還元反応速度や保護剤の種類は，生成する金属ナノ粒子の粒子径，粒度分布，結晶構造等の物性に大きく影響する。ここでは，還元方法の違いによる分類に主眼を置いた金属ナノ粒子・微粒子の合成法について，その特徴と具体的な合成手順例を紹介する。以下に示す合成手順は上記の要因から，合成された金属ナノ粒子の再現性等は，実験室間（或いは研究者間）でバラツキが見られることがあるため，合成手順をイメージしていただく一例として認識いただきたい。

3. クエン酸塩

クエン酸塩と金属イオンを水に溶解し，加熱還元することで，水に分散した金属コロイドを得ることができる。水を溶媒とする金属コロイドを得るのに有効な合成法である[1]。クエン酸還元法を用いた金ナノ粒子の合成例を図2に示す。ここで，クエン酸は，還元剤＆保護剤の両方の役割を担う。0.8 mMのクエン酸ナトリウム 100 mL 水溶液を沸点近くで加熱還流し，そこに 24 mM 塩化金酸（テトラクロリド金(III)酸）を撹拌下で 1 mL 滴下する。10～20 分程度で塩化金酸が還元され金ナノ粒子が生成し，溶液の色は透明（淡く黄色に呈色）から赤紫色に変化する（$2HAu(III)Cl_4 + 3C_6H_8O_7 \rightarrow 2Au(0) + 3C_5H_6O_5 + 8HCl + 3CO_2$）。この金ナノ粒子分散液の赤紫色は，表面プラズモン共鳴という金属ナノ粒子内の集団電子振動に由来する吸収ピーク（500～550 nm）に起因

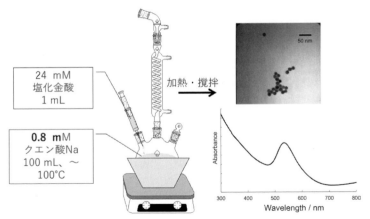

図2 クエン酸還元による金ナノ粒子の合成

しており，一般にサイズが大きくなればなるほど長波長側に吸収ピークはシフトする。クエン酸が保護剤として作用するために，1 mM 程度の希薄な塩化金酸濃度での反応であれば，高分子や界面活性剤などの保護剤を添加する必要はない。金ナノ粒子の粒径制御には，種核成長法（Seed-Mediated Growth）が有効である。クエン酸還元法により種核となる金ナノ粒子を合成し（種溶液），この種溶液を成長溶液（塩化金酸，クエン酸（保護剤），アスコルビン酸（還元剤）を含む溶液）に少量加えることで，種核を成長させ金ナノ粒子を得る。この種核成長法において成長溶液への種溶液の添加量を変えることで，15〜300nm の範囲で粒径の異なる金ナノ粒子（15±2 nm（種溶液），31±3 nm，69±3 nm，121±10 nm，15±18 nm，294±17 nm）が合成できることが報告されている[2]。

負に帯電したクエン酸保護金ナノ粒子は，粒子間斥力（電気二重層斥力）により水中で安定に分散しているが，高塩濃度水溶液では粒子間斥力が弱まり，凝集してしまう。その場合は，ポリビニルピロリドンやゼラチンなど水溶性高分子で表面修飾することで，分散安定化を図ることができる[3]。クエン酸の金ナノ粒子への結合力は比較的小さいため（6.7 kJ/mol），金ナノ粒子表面に吸着したクエン酸を別の保護剤（チオール，カルボン酸，アミンなど）で置換できる[4]。この配位子置換法を利用して，用途に応じたさまざまな機能分子を粒子表面に導入できる（図1(a)）。

4．ポリオール（多価アルコール）

ポリオール法とは，2個以上のヒドロキシ基（-OH）を持つ多価アルコールを溶媒＆還元剤として使用し，金属ナノ粒子を調製する方法である[5]。ポリオール法で用いられる溶媒としては，エチレングリコール（EG），ジエチレングリコール（DEG），トリエチレングリコール（TEG），1,2-プロパンジオール（1,2-PD）などの高沸点多価アルコールなどがある。保護剤としては，ポリビニルピロリドン（PVP）がよく用いられている。ポリオール法では，金属塩と保護剤を多価アルコール溶媒に溶解させ，沸点近くで加熱還流することで，金属ナノ粒子を得る。このとき，加熱還流を行ってナノ粒子を調製するため，フラスコ内が均一に撹拌され，再現性良く金属ナノ粒子を合成できる。合成例として，Au，Ag，Pt などの安定な貴金属ナノ粒子だけでなく，酸化されやすい Cu，Fe，Co や Ni 等の遷移金属ナノ粒子，FePt や FeCo 等の合金ナノ粒子の合成も可能である[6]。ポリオール法では，金属塩およびポリオールの種類，反応温度，および水酸化物イオン濃度などが，ナノ粒子の粒子径，粒度分布，結晶構造に影響する。ポリオール法を用いた銅ナノ粒子の合成例を**図3**に示す[7]。38 mM の塩化銅を含むエチレングリコール溶液 2 mL と 0.5 M NaOH を含むエチレングリコール溶液 2 mL をガラス管内で 10 分間，撹拌して前駆体溶液を調製する。この前駆体溶液を，窒素雰囲気下，マイクロ波加熱により 185℃で 30 分間，撹拌下で加熱還流することで，数分以

第2章 ハード微粒子

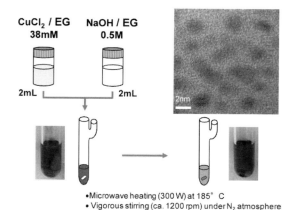

図3 ポリオール法による銅ナノ粒子の合成

内に前駆体溶液の色が銅塩由来の水色から銅ナノ粒子由来の褐色に変化し，最終的に粒径 2.3 ± 0.25 nm のシングルナノサイズの単分散銅ナノ粒子を得ることができる。本合成では単分散シングルナノ銅粒子を得るためにマイクロ波加熱を用いている。エチレングリコールはマイクロ波吸収が大きく，マイクロ波による敏速加熱が可能である。オイルバス等を用いた熱伝導とは異なり，マイクロ波加熱は内部加熱法である。そのため，マイクロ波加熱では反応溶液内での温度勾配を避けることができ，内部からの均一かつ急速加熱により，反応系全体に同時に核が生成し，続いて起こる粒子成長の制御が容易となる[8]。

5. ジメチルホルムアミド（DMF）

DMFは，有機化学分野でよく知られた有用な反応溶媒である。また，DMFは反応溶媒だけでなく，沸点近くの高温下で還元剤として作用することから，金属ナノ粒子合成のための反応溶媒としても用いられている[9]。DMFによる金属塩の還元機構としては，100℃以上の高温下でDMF分解により生じるカルバミン酸，ギ酸，水素，一酸化炭素など還元性化合物が関与していると考えられている[9]。金属塩をDMF溶媒に溶かし，高分子や界面活性剤などの保護剤を用いないで，130～140℃程度に加熱することで，粒径2～3 nmのシングルナノ粒子や金属クラスターを合成できる。DMF還元法を用いた白金クラスターの合成例を図4に示す[10]。0.1 M H_2PtCl_6 水溶液 150 μL を 140℃ に加熱した DMF 15 mL に加え，140℃のオイルバスで激しく撹拌しながら大気中で8時間，加熱還流することで，蛍光を示す白金クラスターを合成できる（図4）。DMF還元法で得られる金属ナノ粒子（クラスター）は，Ptだけでなく，Au，Pd，Cu，Fe，Ir，および CuPd 合金など種々の金属ナノ粒子（あるいはクラスター）の合成が可能である。本手法で合成される金属ナノ粒子は，保護剤添加フリーで生成する高活性触媒表面の特徴を活かして，さまざまな有機合成反応のナノ触媒としての有用性が示されている[11]。

6. 抱水ヒドラジン（ヒドラジン水和物）

抱水ヒドラジンは，金属ナノ粒子の液相合成のための中程度の還元力を有する還元剤として知られており，CuやNiなどの遷移金属の還元も可能である。有機溶媒と水の両方の溶媒系に可溶であること

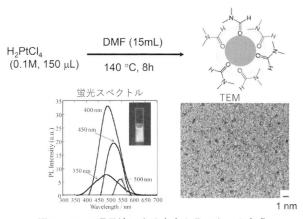

図4 DMF還元法による白金クラスターの合成

から，極性および非極性の多様な保護剤との組み合わせで，金属ナノ粒子を合成できる。抱水ヒドラジンによる金属塩の還元では，ヒドラジン由来の残留有機物が生じない（ヒドラジンが残留しても加熱除去できる）特徴がある（例：$N_2H_4 + 4OH^- \rightarrow N_2 + 4H_2O + 4e^-$，$2Cu_2^+ + 4e^- \rightarrow 2Cu$）。そのため残留有機物が少ないことが望まれる電子材料用途の銅ナノ粒子やニッケルナノ粒子の合成で抱水ヒドラジンが還元剤として用いられている[12,13]。抱水ヒドラジンを還元剤に用いた銅ナノ粒子の合成例を図5に示す[14]。

アルカノールアミン保護剤としてプロパノールアミン，還元剤として抱水ヒドラジン，金属塩として酢酸銅，反応溶媒にエチレングリコールを用いている。30 mL エチレングリコールと 11 mL プロパノールアミンの混合溶液に氷浴中で酢酸銅（2.73 g）を添加すると，アミン銅錯体の形成により青色に呈色した溶液が得られる。この青色溶液に抱水ヒドラジン（7.3 mL）を撹拌下，室温大気下で一気に添加すると，溶液の色は瞬時に青色から銅ナノ粒子由来の茶褐色に変化し，その後 24 時間，反応を継続させることで，粒径 3.5±1.0 nm の単分散銅ナノ粒子を得ることができる。この銅ナノ粒子分散液に N,N-ジメチルアセトアミド（凝集剤）を添加して銅ナノ粒子を凝集させ，その沈殿物をトルエン/ヘキサンで洗浄することで，未反応物等の不純物を除去する。このように液相法で得られる金属ナノ粒子は，コロイドとして得られるため，凝集剤添加や遠心分離により，ナノ粒子を凝集・沈殿させ，洗浄溶媒で不純物を除去する精製プロセスが必要となる。ナノ粒子の凝集・沈殿が難しい場合は，透析やクロマトによる不純物除去が行われる。

7．水素化ホウ素ナトリウム（金属水素化物）

金属水素化物は，金属ナノ粒子の液相合成において，強い還元力を有する還元剤として知られる。金属水素化物のうち代表的なものが，水素化ホウ素ナトリウム（$NaBH_4$）と水素化アルミニウムリチウム（$LiAlH_4$）である。$NaBH_4$ は反応溶媒として水を使用できるが，$LiAlH_4$ は強い還元力のために水分子から酸素を引き抜く反応が起こって水素を発生するため，水は反応溶媒として使用できない。その強い還元力から $NaBH_4$ は 2〜5 nm のシングルナノサイズの金属ナノ粒子や 1〜2 nm の金属クラスターなど，粒径の小さい金属ナノ粒子（クラスター）の合成に用いられる。$NaBH_4$ 還元による金ナノ粒子合成の例として，Brust-Siffrin 法（Brust 法）による合成例を紹介する（図6）[15,16]。水（30 mL）に溶解した塩化金酸（30 mM）を相間移動剤（テトラオクチルアンモニウムブロミド：TOAB）を用いて，50 mM TOAB を含むトルエン相（80 mL）へ移動させる。その後，170 mg ドデカンチオール（保護剤）をトルエ

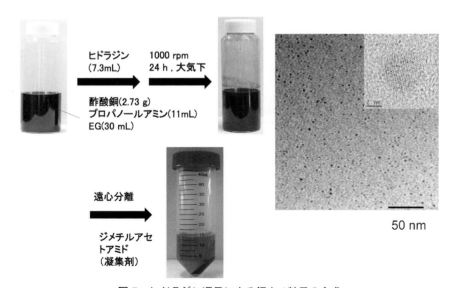

図5　ヒドラジン還元による銅ナノ粒子の合成

ン層に添加した後，混和溶液を激しく攪拌しながら，0.4 M NaBH₄水溶液(25mL)をゆっくりと滴下し，その後3時間反応させることで，トルエンに分散したドデカンチオール保護金ナノ粒子を合成できる。その粒子径は，一般的に有機チオール/金比，および有機チオールの分子構造によって制御でき，一般的にチオール/金比が大きくなるほど，得られるナノ粒子の粒子径は小さくなる[17,18]。

8. 金属錯体熱分解法

熱分解法では，脂肪酸銀のみを200〜300℃で熱分解して銀ナノ粒子を合成，あるいは還元剤，有機保護層，溶媒として作用するアルキルアミンを配位子とする金属錯体を熱分解して銀ナノ粒子や銅ナノ粒子を得ることもできる[19,20]。いずれの合成方法も溶剤を使用せずに無溶媒で金属ナノ粒子を合成できることから，金属ナノ粒子の大量合成に適している。また，種々の分子構造を持つアルキルアミンや脂肪酸をナノ粒子の金属錯体の配位子として用いることで，ナノ粒子のサイズ，溶媒への分散性などを調整できる。シュウ酸銀をオレイルアミン中の無溶媒にて熱分解して得られるオレイルアミン保護銀ナノ粒子の合成例を示す(図7)[21,22]。硝酸銀(6.36 g)とシュウ酸(1.68 g)を50 mL水に加えて，シュウ酸銀Ag(ox)を沈殿物として得る。Ag(ox)(5.31 g)とオレイルアミン(4.67 g)を混合し(1:1モル比)，60℃で10分間攪拌して銀錯体を得る。このようにして得られた銀錯体を150℃で熱分解し，15〜30分間，熱分解反応させることでオレイルアミン保護銀ナノ粒子を得る。得られたオレイルアミン保護銀ナノ粒子はメタノールで数回洗浄し，その後，乾燥させることオレイルアミン保護銀ナノ粒子の粉体を得ることができる(図7)。

文　献

1) G. Frens: *Nature Physical Science*, **241**, 20 (1973).
2) C. Ziegler and A. Eychmuller: *J. Phys. Chem. C*, **115**, 4502 (2011).
3) A. Rostek et al.: *J. Nanopart. Res.*, **13**, 4809 (2011).
4) R. Dinkel et al.: *J. Phys. Chem. C*, **120**, 1673 (2016).
5) F. Fievet et al.: *Chem. Soc. Rev.*, **47**, 5187 (2018).
6) Dong et al.: *Green Chem.*, **17**, 4107 (2015).
7) H. Kawasaki et al.: *Chem. Commun.*, **47**, 7740 (2011).
8) S. Komarneni et al.: *J. Phys.: Condens. Matter*, **16**, S1305 (2004).
9) I. Pastoriza-Santos et al.: *Adv. Funct. Mater.*, **19**, 679 (2009).
10) H. Kawasaki et al.: *Chem. Commun.*, **46**, 3759 (2010).
11) T. Nagata and Y. Obora: *ACS Omega*, 5, 98 (2020).
12) S.-H. Wu amd D.-H. Chen: *J. Colloid. Interf. Sci.*, **259**, 282 (2003).
13) H. H. Huang et al.: *Langmuir*, **13**, 172 (1997).
14) Y. Hokita et al.: *ACS Appl. Mater. Interfaces*, **7**, 19382 (2015).
15) Brust et al.: *J. Chem. Soc., Chem. Commun.*, **801** (1994).
16) L. M. Liz-Marzan: *Chem. Commun.*, **49**, 16 (2013).
17) A. I. Frenlkel et al.: *J. Chem. Phys.*, **123**, 184701 (2005).
18) E. Oh et al.: *Langmuir*, **26**, 7604 (2010).
19) M. Yamamoto and M. Nakamoto: *J. Mater. Chem.*, **13**, 2064 (2003).

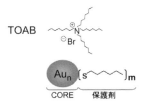
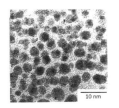

図6　NaBH₄還元による金ナノ粒子の合成(Brust法)

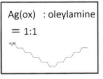

図7　熱分解法による銀ナノ粒子の合成

20) Y. Wu et al.: *J. Am. Chem. Soc.*, **128**, 4202 (2006).
21) M. Itoh et al.: *J. Nanosci. Nanotechnol.*, **9**, 6655 (2009).
22) S. Saita et al.: *Nanomaterials*, **12**, 2004 (2022).

第2章 ハード微粒子

第2節
形態制御微粒子―噴霧熱分解法，噴霧乾燥法，液相法

広島大学　平野　知之　　広島大学　荻　崇

1. はじめに

微粒子材料の物理化学的性質は，化学組成だけではなく，その形態の影響を大きく受ける。さらに，実用的な観点から微粒子をデバイスに組み込むことを考えるときにも，微粒子の形態を制御することが重要である。ここでは，形態制御微粒子の合成手法として噴霧熱分解法，噴霧乾燥法，液相法を取り上げ，各種法における微粒子の形態制御法および機能性材料としての応用事例について述べる。

2. 噴霧熱分解法，噴霧乾燥法による形態制御微粒子

2.1 噴霧熱分解法による粒子合成

噴霧熱分解法は，目的物質の原料を溶解・分散させたプリカーサを噴霧して熱源で，反応させることにより気相中で目的微粒子を得る方法である[1]。図1に噴霧熱分解法の典型的な装置概要を示す。原料溶液は，霧化装置により液滴化されたのち反応器となる熱源(多くの場合，電気加熱炉)に輸送され，反応器内で溶媒の蒸発，析出した金属塩の熱分解，固相反応などを経て，装置下流部でフィルタなどの粒子捕集装置にて目的微粒子を回収する。プリカーサの霧化手法として，これまでさまざまな装置が報告されているが，超音波と二流体ノズルを用いる手法が代表的である[2,3]。

噴霧熱分解法において，反応器内で原料液滴が加熱されて固体微粒子に変化するプロセスは，一般的に図2のように考えられている。反応器の高温領域に搬送された原料液滴は，温度の上昇に伴って液滴表面から溶媒が蒸発していく。溶媒の蒸発速度と液滴中心への溶質の拡散速度の違いによって，中実の固体粒子(図2(a))もしくは中空粒子(図2(b))が生成される。中実粒子が生成する場合の粒子のサイズ D_p は，液滴1つの物質収支を考えることにより，以下の式で推算することができる[4]。

$$D_p = D_d \left(\frac{MC_s}{\rho_p} \right)^{\frac{1}{3}} \quad (1)$$

ここで，D_d は原料液滴径，M は液滴中の溶質分子量，C_s は溶液濃度，ρ_p は合成粒子の密度である。式(1)より，粒径を制御するパラメータとして原料液滴径と溶液濃度が重要であることがわかる。ただし，こ

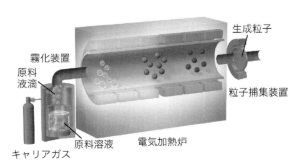

図1　噴霧熱分解装置の概略図

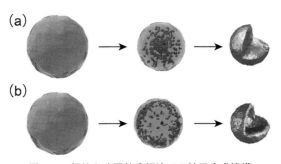

図2　一般的な噴霧熱分解法での粒子生成機構
(a)中実，(b)中空

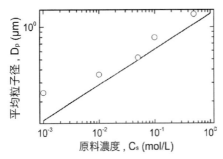

図3 粒子径 D_p の噴霧溶液濃度 C_s への依存性

の式は，溶媒の急速蒸発による外殻形成や，結晶成長や粒子破裂などは考慮されていない。**図3**にZnSの噴霧熱分解合成における粒子径の原料溶液濃度依存性を示す。原料に硝酸亜鉛とチオ尿素，溶媒に純水を用いている。合成した粒子の粒径は，式(1)での推算値と同等であることがわかる。

また，式(1)を見ると，粒子径に与える影響は，溶液濃度 C_s よりも原料液滴径 D_d が大きいことは明らかである。前述のように，原料溶液の微粒化には多くの場合，超音波や二流体ノズルが使用される。発生する液滴の径は，パラメータ（超音波出力や分散ガス流量）を制御することである程度は調整可能であるが，液滴の発生機構が最も液滴径への影響が大きい。各手法における発生液滴の平均径を**表1**にまとめる。液滴の平均径および分布を精密に制御することにより，目的とするサイズの粒子が生成できる。

2.2 噴霧乾燥法による粒子合成

噴霧乾燥法は，溶液または懸濁液を熱風中に噴霧して気相中で乾燥することで目的微粒子が得られる[1]。液滴内に分散している原料は，気相中で溶媒が乾燥する過程で凝集し，乾燥粉として捕集される。噴霧熱分解法との大きな違いは，噴霧乾燥法は化学反応を伴わない"乾燥"操作により粒子が生成される点である。噴霧乾燥プロセスは広く工業的に使用されており，実際，以下に示す企業が噴霧乾燥プロセスおよびその合成材料に関する特許を取得している。

- テイカ㈱
- 日揮触媒化成㈱
- 住友化学㈱
- 日本化学工業㈱
- 花王㈱

表1 各微粒化手法における平均液滴径

微粒化手法	平均液滴径 [μm]
超音波	4～10
二流体ノズル	1～50
静電気	0.5～10
回転ディスク	20～100
振動法	5～50

- 太平洋セメント㈱
- 太陽化学㈱
- 東レ㈱
- 積水化成品工業㈱
- ダイキン工業㈱
- 日本化薬㈱
- 東ソー㈱

また，ラボレベルでの利用も進んでおり，合成装置も市販されている[5-8]。例えば，BÜCHI Labortechnik AGや大河原化工機㈱などが有名である。**図4**に噴霧乾燥法の典型的な装置概要を示す。噴霧熱分解法と同様に，プリカーサを噴霧して，装置下流側で粒子を捕集するというプロセスである。噴霧乾燥法では，原料液滴の溶媒を蒸発させるだけでよいので，液滴加熱部は100～200℃で十分である。電気加熱炉を用いずとも，図4に示すように，加熱空気を用いてプリカーサを噴霧するだけで，気相中で溶媒は蒸発する。また，化学反応や金属塩のガス化が生じないため，多くの場合，液滴の外形を反映したミクロンサイズの球形粒子が得られる。そのため，ミクロンサイズ以上の粒子を連続的かつ高効率に捕集できるサイクロン装置が利用されることが多い。

噴霧乾燥法の典型的な粒子生成機構（単成分ナノ粒子分散液の噴霧）を**図5**に示す。工業的に使用されている噴霧乾燥法では，プリカーサ供給量の増加に伴い，大型噴霧ノズルが使用され，必然的に液滴径は増加する。液滴径の増加は，最終的に得られる粒子のサイズ増加のみならず，気相中における液滴形状の安定性に影響を与える。大きなサイズの液滴は，外場の影響を受けてその形態が変化しやすく，その結果，ドーナツ状などの非球形の粒子が得られる[9]。液滴の形状安定性は，液滴に加わる慣性力と表面張力の比で定義されるBond数で評価することができる[10]。液滴径 D_p，流体の流動における液滴の加速度 α，液滴の表面張力 σ，流体と液滴の密度

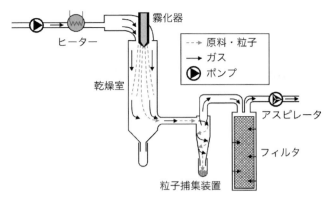

図4 噴霧乾燥装置の概略図

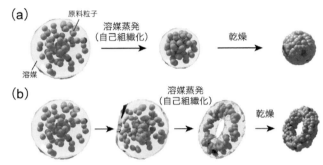

図5 噴霧乾燥法における一般的な粒子生成機構

差 $\Delta\rho$ を用いると，Bond 数 β は，以下のように表される。

$$\beta = \frac{\Delta\rho\alpha D_p^{\,2}}{\sigma} \tag{2}$$

液滴径が小さい場合 β は0に漸近し，球形の液滴が形成されるため，最終的に得られる粒子は球形となりやすい。液滴径が大きくなると β は大きくなり，形状が不安定な液滴が形成され，結果として非球形の粒子が得られる。

2.3 噴霧熱分解法，噴霧乾燥法による微粒子の形態制御法

前項までに，噴霧熱分解法と噴霧乾燥法による基本的な(単成分の溶液・粒子原料を用いた場合のような)粒子の発生とサイズ・形態制御について述べた。噴霧熱分解法，噴霧乾燥法は合成工程が単純であるため，プリカーサ中に所望の物質が分散・溶解しさえすれば，粒子合成が可能である。そのため，原料として複数種類の粒子を用いると多成分系のコンポジット粒子ができ，鋳型となるテンプレート粒子を添加して後工程で除去することで粒子に空孔構造を付与される。このような原理を駆使することで，粒子の形態を精密に制御することが可能である。

図6に噴霧乾燥法による合成可能な形態制御微粒子の一例を示す。噴霧熱分解法においても同様な考えで粒子設計ができる。図6(a)～(c)は出発液の粒子分散液中に，細孔のテンプレートとしてポリマー粒子を添加した場合の粒子生成過程である。噴霧された液滴内には原料粒子とポリマー粒子が含まれるため，溶媒蒸発後は原料粒子とポリマー粒子の凝集体が形成される。後工程で熱処理をすることで，ポリマー粒子のみが除去されて空孔構造を持つ粒子が合成される。ポリマー粒子の除去に関しては，噴霧乾燥粉末に対して後処理として焼成や化学的処理を行う方法だけでなく，噴霧乾燥プロセスの加熱部の温度をポリマー燃焼温度に設定することにより，気相中においてワンステップでポリマーを除去することができる。噴霧乾燥法による粒子内空孔設計では，原料粒子とポリマー粒子のゼータ電位が重要なパラメータとなる。原料粒子とポリマー粒子のゼータ電位の符号が同じ場合では，液滴内で粒子

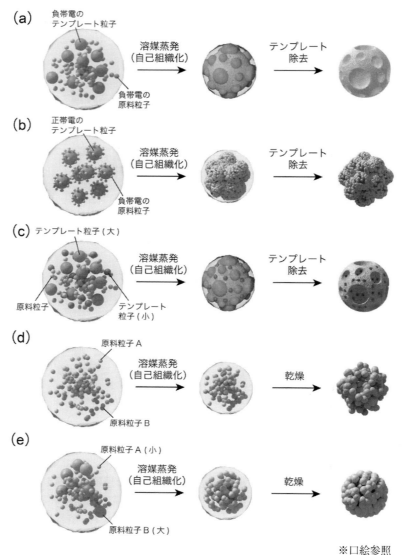

図6 噴霧乾燥法による微粒子の形態制御

同士が反発をするため，凝集体表面においてポリマー粒子が外にむき出しになり，その結果，ポーラス構造体が生成される。一方で，粒子同士のゼータ電位が異なる符号の場合では，原料粒子がポリマーの粒子の周りを覆うため，合成される粒子は中空構造を持つ。また，このようなポーラス粒子のポア径は，テンプレート粒子のサイズにより制御することができる。さらに，複数種類のテンプレート粒子を用いることでマルチサイズの細孔を有するポーラス粒子を合成することができる（図6(c)）。**図7**(a)は，シリカナノ粒子（原料）とポリスチレン粒子（テンプレート）から構成される分散液を用いて噴霧乾燥法により合成した粒子である。この粒子は，超音波霧化により発生した原料液滴を，多段電気加熱炉に輸送することで合成されている。加熱炉の上流部を溶媒が蒸発する程度の低温（約200℃）に設定して，この領域においてナノ粒子（5 nm）とポリスチレン粒子（79 nm）の凝集体を形成させる。そして，加熱炉の下流部をポリマーが燃焼する程度の高温（600℃）に設定することによりポリスチレン粒子を除去して，ワンステップでポーラスシリカ微粒子が得られる。図7(b)に，中空構造を持つシリカ粒子のSEM写真を示す。上述したように，プリカーサ内で負帯電したシリカ粒子（5 nm）と正帯電したポリスチレン粒子（180 nm）を原料に用いることで，中空シリカ粒子を合成することができる。

図6(d)(e)は，2種類の原料粒子から構成される分散液を噴霧させた場合である。通常，同じ程度の大きさの原料粒子を用いた場合は，図6(d)に示すように，均一に複合化した粒子が生成される。しかし，粒子のサイズが異なる場合，図6(e)に示すように溶媒蒸発時に大きい粒子の間に生じる毛管力により，小さい粒子が優先的に界面(外側)へ輸送され，小さい粒子が大きい粒子を被覆したコアシェル構造となる。

以上のように，噴霧熱分解法，噴霧乾燥法では，粒子サイズ，電位，テンプレート材などを精密に調整することでさまざまな形態を持つ微粒子を合成することができる。さらに，最近では，各種の企業で優れた機能を有するナノ粒子材料が市販されている。このような材料を噴霧熱分解法，噴霧乾燥法を用いて構造化することで新たな機能を付与することができるため，各アプリケーションに合わせた微粒子形態設計が期待されている。

2.4 噴霧熱分解法，噴霧乾燥法による形態制御微粒子の応用例

噴霧熱分解法および噴霧乾燥法によって合成された形態制御微粒子の実際の応用事例を以下に紹介する。

2.4.1 光触媒

光触媒反応の反応性向上のために触媒のナノ粒子化による比表面積増加が取り組まれているが，ナノ粒子はハンドリング性が低く，分離回収が容易ではない。そこで，サブミクロンサイズでハンドリング性を維持しながら，ポーラス構造化により比表面積を増加させる方法が有用である[11]。図8(a)～(c)は，噴霧熱分解法により合成された可視光応答型光触媒である酸化タングステンのポーラス構造体である。水溶媒中にタングステン酸アンモニウムを溶解させ，テンプレートとしてポリスチレン粒子(230 nm)を分散させたものをプリカーサに用いている。得られた粒子は，粒子径が1 μm以下であり，ポア径が150 nmの球形ポーラス構造を有している。ローダミンBの分解試験により光触媒性能を評価したところ，ポーラス粒子は中実粒子の約2.5倍の性能を発現することが報告されている。粒子に穴をあけるという単純な形態制御ではあるが，触媒としての有効表面積を増加させるため，その使用量

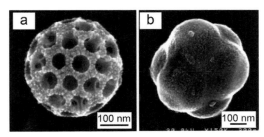

図7 噴霧乾燥法による(a)ポーラス微粒子と(b)中空微粒子

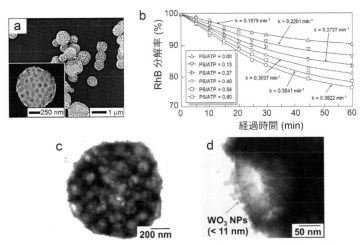

図8 電気炉噴霧熱分解法により合成したポーラスWO_3粒子の(a)SEM画像，(b)光触媒性能と(c, d)火炎噴霧熱分解法により合成したポーラスWO_3粒子

自体を減らすことができる。タングステンはレアメタルであるため，省資源化の観点からもこのようなポーラス構造化の手法は重要となる。また，熱源に火炎を用いた火炎噴霧熱分解法によるポーラス酸化タングステン粒子の合成についても報告されている。火炎を用いた合成法は，ナノ粒子の工業的な生産方法としても利用されており，形態制御微粒子の合成もできることが示された[12]。火炎噴霧熱分解法では，粒子滞留時間は $10^{-3}\sim10^{0}$ 秒程度であり，冷却速度が非常に速い。その結果，図8(c)(d)に示すように，ポーラス構造を構成する粒子がナノ粒子の凝集体となり，比表面積が向上することが確認されている。最近では，管状火炎燃焼という特殊な燃焼形態を利用することで燃焼場の精密な制御が可能になっており，燃焼ガス組成や温度分布を調整して合成粒子のサイズ・組成などを厳密に制御できるようになっている[13,14]。また同様に，酸化チタンのポーラス構造化と光触媒性能の向上についても報告されている[15]。

2.4.2 紫外線遮へい材料

近年のオゾン層の破壊に伴い，人体や各種材料に悪影響を与える紫外線の照射量が増加している。酸化亜鉛（ZnO）は，優れた紫外線遮へい特性を有することが知られており，日焼け止めなどの紫外線ケア化粧品に一般的に配合されている。しかし，ZnOは酸性環境下で容易に溶解するため，性能や物性を維持するために耐候性を向上させる必要がある。よって，肌に直接塗布する紫外線遮へい材料を開発する上で，機能性の持続や人体への安全性の確保のために，その耐酸特性を向上させることが重要である。そこで，耐酸性の高い材料によってZnOを被覆したコアシェル構造が有効である[16]。**図9**(a)(b)に，火炎噴霧熱分解法により合成された ZnO@TiO$_2$ マルチコアシェル粒子を示す。粒子表面が耐酸性の高い TiO$_2$ であり，芯物質は ZnO であるため，高い耐酸特性を示している（図9(c)）。また，複数のコアを含むマルチコア構造であるため，粒子内部にも TiO$_2$ を含有しており，それが高耐酸性に寄与している。

2.4.3 発光材料

白色 LED などに用いられる蛍光体材料である YAG：Ce（Y$_3$Al$_5$O$_{12}$：Ce^{3+}）粒子は一般的に固相法を用いて合成されるため，合成粒子は不定形であり，充填率・透過光量の低下や低ハンドリング性という問題を抱えている。そこで，これらの問題を解決するための形態を持つ粒子として，サブミクロンサイズの球形粒子が考えられる[17]。サブミクロンサイズの球形の粒子は，ナノ粒子と比べてハンドリングが容易で，光散乱の制御や，高密度な積層膜を形成するのに有効であることから，省資源かつ高効率なデ

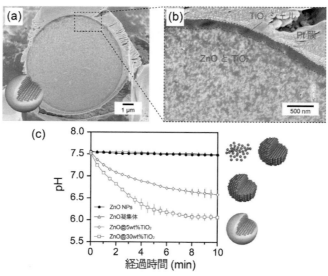

図9 火炎噴霧熱分解法により合成された ZnO@TiO$_2$ マルチコアシェル粒子(a, b)とその耐酸性評価結果(c)

第2章 ハード微粒子

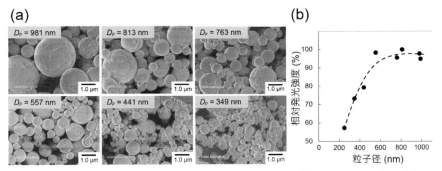

図10 火炎噴霧熱分解法により合成された $Y_3Al_5O_{12}$：Ce^{3+} (a) とその発光特性 (b)

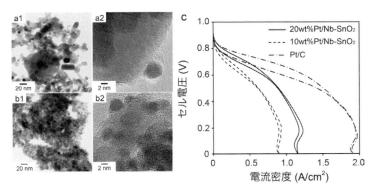

図11 火炎噴霧熱分解法により合成されたPt担持Nb–SnO_2ナノ粒子のSEM画像((a)火炎によるPt担持，(b)液相法によるPt担持)および発電性能評価(c)

バイスへの応用が期待される。図10(a)は噴霧合成後に焼成して得られたYA：Ce粒子のSEM画像である。0.01～1.2 mol/Lの濃度条件において，液滴の外形に起因した球形粒子が得られることが確認できる。原料濃度を減少させると粒子径も減少し，幾何平均径が349～981 nmのサブミクロンオーダーで粒子径を制御できることが確認された。また，1,200℃・2時間の焼成処理による粒子間の焼結は見られず，球形を維持できていることが確認できる。図10(b)は，YAG：Ceの発光強度と結晶子径に及ぼす粒子サイズの影響である。粒子径の増加に伴って，発光強度も増加し，粒子径が500 nm付近に達すると，比較的一定の発光強度を示すことが確認できる。粒子径が500 nmとなるまでは，結晶子径も同様に増加することで発光強度の増加に寄与している。粒子径500 nm以上となると結晶子サイズが一定値を示しているため，発光強度も変化を示さなかった。実際に使用されるデバイス性能に合わせて，粒子径・発光特性を制御しながら使用することが想定できる。

2.4.4 燃料電池用触媒

燃料電池自動車のさらなる普及のために，固体高分子形燃料電池(PEFC)の性能および耐久性の向上が求められている。特に，耐久性向上のためにカーボンの代替材料として，金属酸化物担体の開発が検討されている[18,19]。図11(a)(b)は，火炎噴霧熱分解法によってPEFC触媒担体用に開発されたNbドープSnO_2(Nb–SnO_2)ナノ粒子の形態である((a)は火炎法によるPt担持，(b)は液相法によるPt担持)。火炎噴霧熱分解法により合成されたNb–SnO_2ナノ粒子は，Nbドーピングにより導電性を付与し，ナノ粒子化によって触媒を高分散に担持できるように設計されている。さらに特筆すべきは，火炎噴霧熱分解法により合成されたナノ粒子特有の凝集ネットワーク構造である。火炎の高温帯中で一次粒子のナノ粒子同士が融着して数珠状に連結しており，その結果，粒子間の接触抵抗が低減する。Nb–SnO_2

ナノ粒子状に液相法もしくは火炎噴霧熱分解法で直接Ptナノ粒子を担持させることでPEFC用触媒としての特性を発現し，担体粒径，凝集度，ドーパント割合，担持量などを調整することで電池性能を制御できる。図11(c)に示す出力特性では，Nb-SnO$_2$上のPt担持量を増加させて20 wt%とすることで，触媒層の厚みが減少してプロトン抵抗・ガス拡散抵抗が低下し，出力が向上している。

2.4.5 磁性材料

磁性材料は各種の電子部品中に使用され，その高性能化・高機能化が進んでいる。エネルギー損失を低減させて電気機械の効率を向上させるための粒子設計の1つに，磁性材料の絶縁コーティングがある。FeNiなどの導電性を有する磁性材料の表面をSiO$_2$などの絶縁体でコーティングすることで，渦電流損失による電力の損失を低下させることができる[20]。図12に噴霧熱分解法によりワンステップで合成されたSiO$_2$コートFeNi粒子とその特性評価結果である。この合成法では，装置上流部の初期段階で粒子のコアとなるFeNi前駆体を析出させ，下流部でSiO$_2$前駆体ガスを別流路から供給する。SiO$_2$前駆体ガスはFeNi前駆体粒子と接触すると，不均一核生成によってSiO$_2$がFeNi前駆体粒子表面上に析出する。SiO$_2$前駆体ガスの濃度・供給量・供給部の幾何形状などを制御することにより，均一なシェルを持つFeNi@SiO$_2$コアシェル粒子をワンステップで得ることができる。SiO$_2$前駆体ガス供給器の形状がT字型と旋回型の場合において合成されたFeNi@SiO$_2$コアシェル粒子のTEM像である。T字型供給器を用いた場合，FeNi前駆体粒子とSiO$_2$前駆体ガスの混合が不均一となり，均一核生成によって単独で析出したSiO$_2$ナノ粒子が確認できる。旋回型供給器を使用するとエアロゾルの混合が促進され，高いコーティング割合を有するコアシェル粒子が得られる。SiO$_2$によりコーティングされたFeNi粒子は，コーティングしていない粒子と比較して，高い直流重畳特性と低渦電流損失を示すことが明らかとなっている[20]。

2.4.6 吸着剤

タンパク質の高分子表面への吸着強度を理解することは化粧品，食品，洗浄，医学などの分野で重要であり，吸着速度・吸着精度の向上や，吸着剤のハンドリング性・再利用性を高めることが求められている。図13はタンパク質吸着のために開発されたTEMPO酸化セルロースナノファイバ(TOCN)を担持したマクロポーラスSiO$_2$粒子である[21]。TOCNは，光学透明性，低線熱膨張率，形状安定性，高強度高弾性率，生分解性，生物代謝性といった優れた特徴を有し，タンパク質吸着材としての利用価値が高い。一方でハンドリング性向上させるためにTOCNを乾燥させると，凝集が進んで比表面積が低下するため，吸着剤としての特性が著しく低下する。そこで，熱的・化学的安定性が高くマクロ孔を効率的に利用可能なマクロポーラスSiO$_2$粒子に対してTOCNを担持(固定化)することにより，乾燥状態でもその特性を維持できることが示された。また，TOCNの担持量を変化させた結果，モデルタンパク質のリゾチーム吸着において，SiO$_2$：TOCN＝2：8の条件で最も優れた吸着性能を示すことが明らかとなっている。TOCN@マクロポーラスSiO$_2$粒子は，TOCNと同等のゼータ電位(-62 mV)を持ち，マクロポーラス微粒子とセルロースナノファイバのネットワーク構造に起因する高い比表面積を有している。

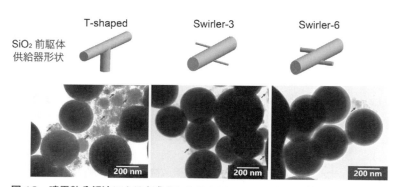

図12 噴霧熱分解法により合成されたFeNi@SiO$_2$コアシェル粒子のTEM画像

3. 液相法による形態制御微粒子

3.1 液相法による粒子合成と形態制御

最近では，液相法により合成された各種のナノ粒子材料や形態制御微粒子が企業で市販されるようになり，その合成方法も多岐にわたっている。ここでは，液相法，特にテンプレート法を用いた形態制御微粒子の合成技術について述べる。

図14は，テンプレート法による中空微粒子の生成機構である。この手法において重要なパラメータが，テンプレート粒子と原料物質との電気的な相互作用である。テンプレート粒子と原料物質との間に電気的引力が働くと，合成の初期段階においてテンプレート粒子が原料物質に覆われたコアシェル粒子が形成される。高温環境下もしくは原料高濃度条件下で反応が進行する場合，シェル部の形成は均一核生成が支配的となり，ナノ粒子で構成されるシェルを有するコアシェル粒子が形成される。コアのテンプレートを化学的もしくは熱的に除去することにより，ナノ粒子で構成される中空微粒子が形成される。低温環境下もしくは原料低濃度条件下で反応が進行する場合は，シェル部の形成は不均一核生成が支配的となり，均一，均質なシェルを有するコア

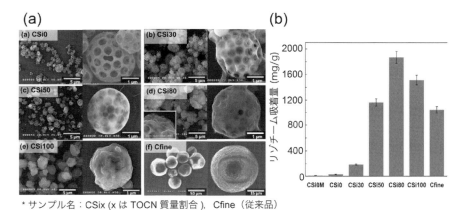

図13 噴霧乾燥法により合成されたTOCN担持マクロポーラスSiO_2粒子とその吸着特性

＊サンプル名：CSix（xはTOCN質量割合），Cfine（従来品）

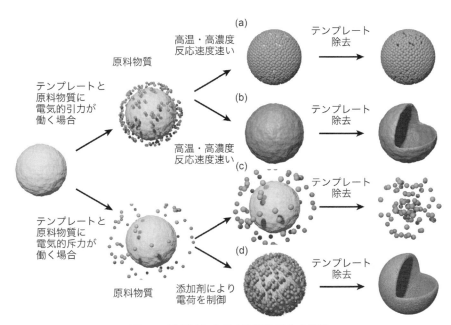

図14 液相法による中空微粒子生成機構

シェル粒子が形成される。同様にコアのテンプレート粒子を除去することで，均一，均質な中空微粒子が形成される[22]。

テンプレート粒子と原料物質との間に大きな電気的斥力が働くと，テンプレート粒子が原料物質に覆われずにコアシェル粒子を形成できないため，中空微粒子を得ることは難しい。しかし，電荷調整剤などを添加することにより，テンプレート粒子の表面電位を制御することで電気的引力が作用するように調整すれば，上述のようなプロセスによって中空微粒子を得ることが可能である。このような添加剤はテンプレート除去の際に同時に除去できる上に造孔剤としての役割を果たし，その結果，シェル内に微細な細孔を有する中空微粒子が得られる[23]。

図15は，図14に示した生成機構により形成された微粒子のSEM画像である。内部に空隙を有する中空微粒子1つとっても，そのシェルの形態はさまざまである。実用面を考えると，粒子の見た目だけではなく，比表面積，機械的強度，純度，均一性などにも着目して，アプリケーションにマッチした粒子設計が重要である。

図16(a)は，O/Wマイクロエマルジョンを用いたポーラス微粒子の生成機構である。界面活性剤を用いて混合溶媒中にミセルを形成して反応を進行させると，目的材料とテンプレート粒子から構成されるコンポジット粒子が得られる。その後，テンプレート粒子を除去することでポーラス微粒子が形成される。この手法では，噴霧熱分解法，噴霧乾燥法と比較して，より小さな粒径・ポア径範囲の制御が可能である。図16(b)は，O/Wマイクロエマルジョンを用いて合成されたポーラスSiO_2微粒子である。粒子径は20〜80 nmの範囲で，ポア径は4〜15 nmの範囲で制御されている[24]。

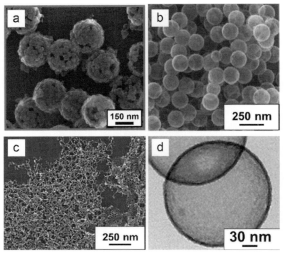

図15 液相法による中空微粒子の電子顕微鏡像（a〜d：それぞれ図14におけるプロセスa〜dによって合成された粒子）

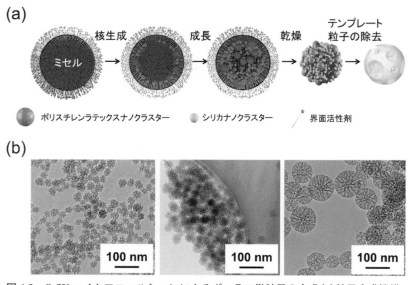

図16 O/Wマイクロエマルションによるポーラス微粒子の合成（a）粒子生成機構，（b）合成された粒子の顕微鏡写真

3.2 液相法による形態制御微粒子の応用例

液相法によって合成された形態制御微粒子の実際の応用事例を以下に紹介する。

3.2.1 低屈折率材料

中空SiO_2微粒子は，断熱性・低屈折率といった特性を有するため，断熱材や反射防止フィルムなどに応用されている。図17(a)は，液相法により合成された六角板状中空SiO_2微粒子のTEM画像，およびそれらを用いて作製された低屈折率フィルムの外観写真である[25]。SiO_2原料にはテトラエチルオルトシリケート(TEOS)を用い，テンプレート粒子には酸化亜鉛(ZnO)を用いている。TEOS/ZnOのモル比率を調整することにより，中空粒子の膜厚を12.2～43.2 nmで制御できることが報告されている。さらに低屈折率フィルムとしても優れた特性(紫外・可視光域で95％以上の透過率)を発現している。また，屈折率は1.28となり，中実SiO_2($n=1.46$)と比較して著しく低い値を示している(図17(b)(c))。

3.2.2 キャパシタ

キャパシタの帯電量は電極材料の構造・比表面積の影響を大きく受けるため，一般には高比表面積を有する炭素材料が電極に使用される。図18は，電極材料に向けて液相法を用いて開発された球状中空窒素ドープカーボン微粒子である[26]。炭素および窒素原料には3-アミノフェノールを用い，テンプレート粒子にはポリスチレンラテックス(PSL)を用いている。3-アミノフェノール/PSLの質量比を調整することにより，中空粒子の膜厚を14.2～66.6 nmの範囲(図18(a))で，粒子径を58.2～320 nmの範囲(図18(b))で制御できることが報告されている。また，加熱方法としてマイクロ波を使用しており，従来の水熱合成法と比較して合成時間が50％短縮されている。合成された中空窒素ドープカーボンは多くの窒素を含有しており，高い体積比容量(16.3 F/cm^3)を示すことが明らかとなっている。また，1,600サイクルの充放電後においても，全容量の93.1％を維持しており，従来のカーボンよりエネルギー密度・電力密度ともに優れた特性を示している。

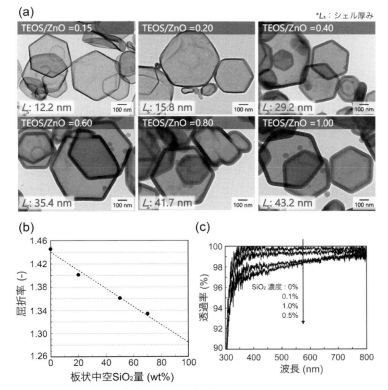

図17 液相法により合成された六角板状中空SiO_2のSEM像(a)と特性評価結果(b, c)

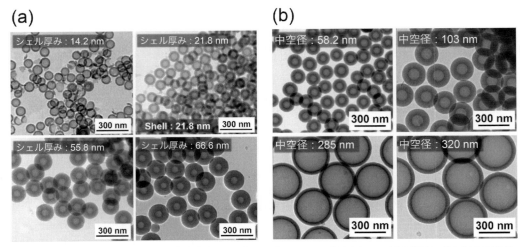

図18 液相法により合成された中空窒素ドープカーボンのSEM像 (a)シェル厚み制御, (b)中空径制御

4. おわりに

　形態を制御した微粒子材料を合成する方法として，噴霧熱分解法，噴霧乾燥法，液相法について述べた。これらの手法で微粒子の形態を精密に制御するには，プロセスパラメータ（反応温度，滞留時間，反応時間など）を厳密に管理することに加えて，均一，均質なプリカーサを作製することが重要となる。プリカーサ中は，原料だけでなくテンプレート粒子や分散剤，界面活性剤などを含み，それらのサイズ，濃度，電位の制御が必要である。特に，ナノ粒子原料を用いて微粒子の形態制御を行う場合は，液中での粒子の分散状態が重要となるため，ビーズミルプロセスなどのナノ粒子分散技術の併用が有効である[27]。微粒子材料はさまざまな用途に使用されるため，それらに必要となる機能に応じて微粒子の形態を設計することで貴重な資源の有効利用にも繋がり，持続可能な社会に向けた取り組みの一端を担うことになる。

文　献

1) K. Okuyama and I. W. Lenggoro: *Chem. Eng. Sci.*, **58**(3-6), 537 (2003).
2) A. Purwanto et al.: *J. Chem. Eng. Jpn.*, **39**(1), 68 (2006).
3) T. Hirano et al.: *Adv. Powder Technol.*, **29**(10), 2512 (2018).
4) K. Okuyama et al.: *Journal of Materials Science*, **32**(5), 1229 (1997).
5) T. T. Nguyen et al.: *J. Colloid Interface Sci.*, **630**(Pt B) (2023).
6) A. M. Rahmatika et al.: *ACS Applied Polymer Materials*, **4**(9), 6700 (2022).
7) T. T. Nguyen et al.: *ACS Appl. Mater. Interfaces*, **14**(12) (2022).
8) K. L. A. Cao et al.: *J. Colloid Interface Sci.*, **589** (2021).
9) A. B. D. Nandiyanto and K. Okuyama: *Adv. Powder Technol.*, **22**(1), 1 (2011).
10) A. B. D. Nandiyanto et al.: *Adv. Powder Technol.*, **30**(12), 2908 (2019).
11) A. B. D. Nandiyanto et al.: *Chem. Eng. Sci.*, **101** (2013).
12) O. Arutanti et al.: *AlChE J.*, **62**(11) (2016).
13) T. Hirano et al.: *J. Chem. Eng. Jpn.*, **54**(10), 557 (2021).
14) T. Hirano et al.: *Industrial & Engineering Chemistry Research*, **58**(17), 7193 (2019).
15) F. Iskandar et al.: *Adv. Mater.*, **19**(10), 1408 (2007).
16) T. Hirano et al.: *ACS Applied Nano Materials*, **5**(10), 15449 (2022).
17) A. B. Dani Nandiyanto et al.: *RSC Advances*, **11**(48), 30305 (2021).
18) T. Hirano et al.: *J. Nanopart. Res.*, (2023).
19) T. Hirano et al.: *Industrial & Engineering Chemistry Research*, **61**(49), 17885 (2022).
21) A. M. Rahmatika et al.: *Mater. Sci. Eng. C, Mater. Biol. Appl.*, **105** (2019).
22) A. B. Nandiyanto et al.: *ACS Appl. Mater. Interfaces*, **6**(6) (2014).
23) A. B. Nandiyanto et al.: *Langmuir*, **28**(23) (2012).

24) A. B. D. Nandiyanto et al.: *Microporous Mesoporous Mater.*, **120**(3), 447 (2009).
25) K. L. A. Cao et al.: *J. Colloid Interface Sci.*, **571** (2020).
26) A. F. Arif et al.: *Carbon*, **107**, 11 (2016).
27) T. Og et al.: *KONA Powder and Particle Journal*, **34**(0), 3 (2017).

第3章 ソフト微粒子

第1節 高分子微粒子

神戸大学　鈴木　登代子　　神戸大学　南　秀人

1. はじめに

　高分子微粒子は高分子鎖が何百～何千本も絡み合って糸まり状の球状になったものであり，大きさはナノメートルからミリメートルオーダーとその用途によって作り分けられている。従来，塗料やインク，塗工剤，接着剤といった水などの媒体に分散している状態（エマルション，サスペンション，ラテックスなどと呼称される）での利用が代表的である。この利用法では媒体が蒸発した後，高分子微粒子が融着して被膜形態となる。さらに近年ではそのサイズや形状などを生かした微粒子材料として化粧品，医薬，食品，電子材料へとその応用の場を広げている。高分子微粒子は一般的に，界面張力を最小にするために真球状となるが，機能を付与するため中空（カプセル），凹凸，扁平，半球とさまざまな形状制御についても多くの研究がなされている。

　高分子微粒子の作製は大別して，合成した高分子を微粒子化する方法とモノマーを重合して微粒子化する重合法に分類することができる。前者の代表的方法である粉砕法は，その名の通り，高分子塊を機械的せん断により粉砕して微粒子にするものであり，コピー機などのトナーは，この方法で合成されているものがある。さらに，予め作製した高分子を有機溶剤に溶解させた高分子溶液を分散剤に用いて，水などの媒体中で滴を作製し，その後，滴から有機溶剤を放出させ析出した高分子から粒子を作製する析出法（液中乾燥法）がある。簡易な手法であり，学術・工業的に広く用いられている。また，液滴径と溶液の高分子濃度から，作製される微粒子サイズを任意に調整できる利点もある他，マイクロ流路やシラス多孔質ガラス（SPG）膜乳化法を用いて大きさの揃った滴（＝粒子）を作成することが可能である。もう1つの方法は，媒体中でモノマーを重合しながら微粒子状に作製する手法であり不均一重合法と呼称される。工業的に最も広く利用されている方法であり，本節ではこの重合法を中心に概説する。

2. 不均一重合法による高分子微粒子の合成

　高分子微粒子を合成する不均一重合としては，マイクロエマルション重合，ミニエマルション重合，乳化重合，分散重合，懸濁重合，（マイクロサスペンション重合）などが挙げられる。いずれの場合も重合後，媒体に高分子微粒子が分散したコロイド状態で得られる。それぞれ，生成機構に違いがあり，マイクロエマルション重合では数十nm，ミニエマルション重合，乳化重合，無乳化剤乳化重合では数十～数百nm，分散重合では数μm，懸濁重合では，数十μm～数mmサイズの高分子粒子の合成に適している（図1）。均一重合である塊状重合や溶液重合

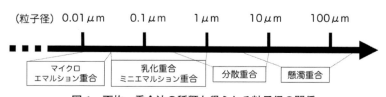

図1　不均一重合法の種類と得られる粒子径の関係

と比較して，重合初期または重合途中でコロイド系になるため，得られる高分子の重合度にかかわらず重合系全体の粘度が低く抑えることができる。そのため，撹拌や熱の除去が容易となり，工業的にも広く使用される重合法である。得られる高分子の分子量や粒子径を制御するためには，不均一系の重合機構を理解することが必要である。以下にこれら不均一重合の特徴について簡単に述べる。

3. 乳化重合

高分子微粒子を合成するにあたり，工業的にも学術的にも最も多用されている重合法である。そのため，重合機構だけでなく重合プロセスや応用に関する研究が多くなされてきた[1,2]。古くから研究されているが，ラジカル発生相と重合場所が違うなど，重合機構が複雑なため，いまだなお，議論されている[3]。

乳化重合は，媒体である水に乳化剤を溶かし，水に難溶のビニル系モノマーを加え，撹拌しながら水溶性の開始剤を用いて重合する。生成物は，数十〜数百 nm サイズの高分子微粒子が分散したエマルションとして得られる。図2に乳化重合機構の概略図に示した。水溶性の開始剤を用いるためラジカルの発生は水相であり，開始剤ラジカルがモノマーを可溶化した乳化剤ミセルに飛び込み，重合が始まる。重合が開始したミセルはポリマー粒子となり，重合が進行すると粒子内のモノマーは消費されるが，モノマー滴からポリマー粒子内に常にモノマーが供給される。総表面積の関係からモノマー滴では重合は起こらず，モノマー滴はモノマーの補給庫として働く。主な重合の場は（モノマーが膨潤した）ポリマー粒子であり，粒子内において，連鎖移動反応やラジカルの水相への脱出が起こらない限り，次のラジカルが入ってくるまで重合が続き，他の重合法に比べて，ラジカル寿命が極端に大きくなる。そのため得られる分子量が大きく，高濃度低粘性でポリマーが得られることを特徴とする。

通常，乳化重合で形成する高分子微粒子は，他の不均一重合と同様に水と高分子間の界面張力を最小にしようと真球状になる。しかしながら，架橋構造を導入した場合や2種類以上の高分子からなる複合粒子の合成において，熱力学的に非平衡な状態で形成された，真球状でない，いわゆる異形形態で得られることがある。その多くは，橋かけ構造の導入による粒子成長や変形の制限や，重合収縮，また重合粒子内におけるモノマーで膨潤した高粘度状態でのポリマー成分の親疎水性の違いに由来する相分離による異形化である。大久保らは世界に先駆け，さまざまな異形粒子の生成を見出しており，金平糖状[4]，イイダコ状[5]，ラズベリー状[6]など乳化重合を利用した異形粒子生成を報告している。異形粒子は真球状に比較して比表面積が大きく，形状によっては光散乱性が向上すること，また，それら粒子の分散体が真球状粒子とは違ったレオロジー挙動が観察されることなど，機能性微粒子として応用される。

さらに，得られるポリマーの性質，例えば，官能基の導入，機械的強度，耐水性，ガラス転移温度（硬さやフィルム形成温度に関係する）を制御するために，複数のモノマーを用いた乳化共重合も広く利用されている。乳化重合では，モノマーが媒体を介してミセルや重合粒子に供給されるため，モノマーが全く水に溶けなければ，重合は進行しない。逆に，より媒体への溶解性が高い（親水性が高い）モノマーほど，重合速度が速くなるため，親水性が大きく異なるモノマーを共重合すると，生成ポリマーの中で組成に不均一が生じる。例えば，大久保らは乳化共重合により作製したスチレンとカルボキシ基を有するメタクリル酸の共重合体をアルカリで膨潤させた

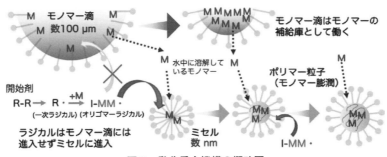

図2　乳化重合機構の概略図

後，酸もしくは冷却することにより多中空粒子を作製した。重合の際に，系の撹拌条件を変えることにより重合場へのメタクリル酸モノマーの拡散挙動を制御することによってメタクリル酸成分（カルボキシ基）の組成分布が粒子内で大きく異なることを利用した[7,8]。このようなモノマー成分の不均一性を生じさせないためには，モノマー枯渇系でのフィード重合法が用いられ，さらに粒子内の成分組成を任意に制御する場合には，フィードするモノマーの組成を経時的に変化させるパワーフィード重合法[9]などが用いられる。

乳化重合では，重合の場を提供し，生成粒子を安定化させるために乳化剤（界面活性剤）が必要である。しかし，乾燥後も被膜中に残存して耐水性などの諸物性を低下させる主原因になる。そのため，モノマーや開始剤に界面活性基を導入し，分子鎖内に界面活性基を組み込む工夫や，乳化剤を使用せず，開始剤もしくはモノマーにイオン基を有するものを使用し，静電的反発より安定化させる無乳化剤乳化重合が用いられる。無乳化剤乳化重合系では水溶性が低いモノマーでは重合の場として働く（初期）粒子ができるのに時間がかかりすぎて重合が進みにくいため，重合の場となる高分子微粒子（シード（種）粒子）を重合場に加えることも行われる。また，近年では，制御/リビングラジカル重合法の乳化重合への適用も行われている。例えば水溶性マクロイニシエーター（水溶性ポリマーの末端部分に重合制御基有り）を用いて疎水性ポリマーを重合していく過程で臨界ミセル濃度を迎え，ミセルが形成される自己組織化重合法が開発されている[10]。界面活性成分（親水性成分）が共有結合で繋がった，非常に安定性に優れたエマルションが作製される。

4. 懸濁重合

懸濁重合は，ラジカル重合開始剤を溶解したモノマーを，分散安定剤を加えた水中で，機械的に撹拌して懸濁滴を作製し，加熱重合する方法である。機械的撹拌では数 μm～数 mm の懸濁滴となるため，分散安定剤は低分子よりもポリビニルアルコールなど高分子系が適当である。粒径とその分布は撹拌，および分散相/連続相の液性に依存し，モノマー滴をそのまま重合するため，作製したモノマー滴の大きさがそのままポリマー粒子の大きさとなり，粒径分布は非常に広くなる。単分散な粒子を得るためには，生成した粒子を分級するか，モノマー滴の段階でサイズを揃える必要がある。単分散なモノマー滴を作製する方法としては，SPG法やマイクロ流路などが挙げられ，重合中の滴の安定化が十分であれば，懸濁重合による単分散な高分子粒子の合成が可能となる。なお，懸濁滴の中が重合の反応場であり，開始剤も存在するため，重合動力学は均一系（塊状重合，溶液重合）に等しい。しかしながら，媒体との親和性が高いモノマーを用いると，重合中に懸濁滴から媒体へモノマーやオリゴマーラジカルが脱出してしまい，媒体で副生的に乳化重合が生じてしまう。最近，筆者らは制御/リビングラジカル重合の1つであるヨウ素移動重合を用いて，親水性の高い酢酸ビニルやメタクリル酸メチルの懸濁重合において副生微粒子を発生させないことに成功している[11,12]。

また，モノマーに加えて有機溶剤を添加すると，その相溶性や仕込み比によって，コアシェル型のカプセル粒子や多孔質粒子など作製することができる。さらに，+α成分を内包することにより，カプセル粒子の作製が容易である。例えば，筆者らは，架橋性モノマーと有機溶剤，油溶性開始剤からなる懸濁重合系において，重合後有機溶剤を蒸発させることによる中空構造を有した高分子微粒子や，有機溶剤として香料オイル[13]やパラフィン（ヘキサデカン）[14,15]を用いることにより，芳香剤や蓄熱材へ応用できるマイクロカプセル材料を作製してきた。その他にも，中空部に磁性体やシリカ粒子，金ナノ粒子などを内包したカプセル剤料だけでなく，複数の粒子を1段階でカプセル化したラトル（がらがら）状の粒子の合成[16]も行っている（図3）。

5. ミニエマルション重合

ミニエマルション重合は，懸濁重合よりもさらに小さなサブミクロンサイズ（50～500 nm 程度）の油滴を，水媒体で界面活性剤を用いて超音波ホモジナイザーにて撹拌することにより作製する[17-20]。開始剤は水溶性，油溶性のどちらもが利用されている。サブミクロンサイズのモノマー滴がそのまま高分子微粒子になることから懸濁重合と同様に，さまざまな物質を内包することが可能であり，顔料のほかグラフェンなどの機能性物質を内包した検討がなされ

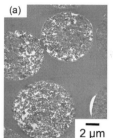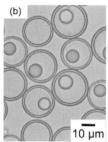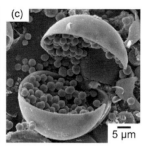

図3　懸濁重合により作製した多孔質粒子の断面の透過型電子顕微鏡写真(a), ポリジビニルベンゼン/ヘキサデカン(PDVB/HD)カプセルの光学顕微鏡写真(b), ラトル状粒子の走査型電子顕微鏡写真(c)

ている。しかしながら, ホモジナイザーで作製したミニエマルションが時間が経つにつれて滴径が大きくなることがある。これは, 懸濁重合と比較して滴サイズが小さいため, ラプラス圧の影響により, 小さいモノマー滴は消失して, 大きなモノマー滴はさらに大きくなるオストワルド熟成が起こっているためである。そこで, ミニエマルション重合では, オストワルド熟成を抑制するために媒体に不溶の高級アルコールや高級炭化水素をモノマー滴内にハイドロホーブとして加える必要がある。得られる粒子サイズは乳化重合と同様であるが, 乳化重合では不可能であった水に全く溶解しないモノマーについても粒子の合成が可能である。また, 滴内で重合が進行するため, モノマーや制御剤などの相間移動を考慮する必要がなく, 制御/リビングラジカル重合の不均一系の適用としてこの方法が多く利用されている[21]。さらに, 水溶性物質の内包化を主目的に, オイルを媒体に水溶性モノマー水溶液のミニエマルション滴を用いた逆相系での報告例も多い[22-24]。蛍光分子や薬剤等を内包化した造影剤やドラックデリバリーシステムへの応用が見据えられている[25]。

6. マイクロエマルション重合

マイクロエマルションとは, 非常に微細な数十nm程度の滴からなるエマルションである。その分散相の大きさが可視光の散乱サイズ以下のため見た目が透明または半透明なエマルションとなる。機械的に懸濁滴を作製する懸濁重合やミニエマルション重合とは異なり, 多量の乳化剤(およびコサーファクタントと呼ばれる中鎖アルコール等を共存させることが多い)を用いて自然乳化で液滴を作製する熱力学的に安定な系を利用する。マイクロエマルション重合は, このマイクロエマルション系においてモノマーを可溶化したミセル内で重合を行い, 数十nmサイズの粒子を作製する重合法である。乳化重合と同様に水相で発生する開始剤ラジカルは, モノマーが可溶化したミセルに飛び込むものの, 乳化重合系と比較して格段に多いミセル数であるため, 確率的に一度進入した重合中のミセルに2つめのラジカルは侵入することはほとんどなく(停止反応が起こらない), ラジカル寿命はさらに長くなり, 結果的により高分子量のポリマーが生成することでも知られる(分子量数百万, 1粒子が1分子から形成されるという報告もある)。なお, ミニエマルション重合と同様, 逆相系での検討例も非常に多く, 特に金属ナノ粒子の作製が行われているが[26,27], 多量の乳化剤(モノマーの等量以上)が必要なため, 応用は限定的である。

7. 分散重合(沈殿重合)とシード分散重合法

分散重合は, 数μmサイズの単分散な高分子微粒子が重合生成することで知られる重合法である[28-30]。これまで紹介した不均一重合法とは異なり, 重合前は, モノマー, 開始剤などが溶解している均一系から始まり, 重合により生成するポリマーが析出して不均一になる重合系である。沈殿重合の一種と考えることもできるが, 沈殿重合と違い, 分散安定剤が存在することにより, 析出してきた核が安定化されコロイド安定性の高い球状粒子が合成できる。また他の不均一重合とは違い, 均一系から不均一系に重合中に変遷していくことから粒子生成機構は複雑と

なる。以下にその機構を簡単に説明する(図4)。モノマーは溶解して、ポリマーは溶解しない溶剤を媒体として用いることにより、重合が進行すると、溶液中で生長反応が進行し、分散安定剤とのグラフトポリマーも生成する。生長オリゴマーラジカル(ポリマー)が臨界鎖長になると、析出し、不安定な一次核粒子が生成する。この核粒子は不安定であり、一次核同士が凝集する。この凝集が進行することにより、グラフト化した分散安定剤が凝集核を覆い、十分な立体安定化が得られるまで凝集が進み、安定核粒子となる。理想的にはこれ以降に析出したポリマー(不安定核)は安定核粒子に捕獲され、おおよそ重合率数%のところで粒子数は増えず一定となる。さらに重合が進行しても媒体から析出した不安定粒子の捕捉と媒体との分配によりモノマーが安定粒子に吸収され粒子内部で進行する重合で、粒子数が一定のまま粒子径が増大していく。この安定核粒子の数が重合初期に限定されるため、ミクロンサイズで、かつ粒子径が揃うようになる(図5)。制御因子は色々あるが、媒体の種類やモノマーおよび分散安定剤濃度により、粒子径の単分散性を維持したまま制御することが可能である。

分散重合を用いた機能性微粒子としては、単分散性を生かした複合粒子などが挙げられる。分散重合で作製された単分散な高分子微粒子を種粒子として、シード分散重合を行うことにより、単分散な複合高分子微粒子が作製される。このシード分散重合が、上述したシード(乳化)重合と大きく異なる点は、重合過程を通して、大部分のモノマーおよび開始剤がシード粒子中にではなく媒体中に溶解していることである。媒体中での重合により生成した生長ポリマーラジカルは、シード粒子の表面に吸着するが、粒子内粘度が高いために、内部に浸入できず、粒子表面付近で重合が進行する。粒子の表面に媒体で生成したポリマーが次々と堆積するように粒子が形成される。例えば、ポリスチレン(PS)とポリメタクリル酸メチル(PMMA)からなるコアシェル粒子を作製する場合、シード乳化重合系では、PMMA粒子をシードとしてスチレンを重合するが、熱力学的により親水性の高い成分であるPMMAが粒子の外側(媒体側)を覆う。しかし、分散重合法においては、PMMA粒子をシードとしスチレンを重合しても、PMMAがコア、PSがシェルを形成したPMMA/PS粒子が熱力学的には不安定ながらも作製される。これらを利用して、多段階のシード分散重合により、多層構造を持つ粒子の合成も報告されている。さらに上記PMMA/PSコアシェルを両ポリマーの良溶媒で膨潤させ、その後溶媒を放出させる溶媒吸収放出法(SARM)により、玉ねぎのような内部構造を持つ多層粒子の合成も報告されている(図6)[31,32]。これは、メタクリル酸メチル(MMA)のラジカル重合において優先的に不均化停止が起こり、末端に二重結合を有するPMMAが粒子内に多数存在しているため、スチレンのシード分散重合を行うとPMMA-PSのグラフトポリマーが形成される。SARMプロセスによるモルフォロジー再構築の際にこのグラフトポリマーが相溶化剤となり、粒子中のラメラ構造を誘発するため多層構造となる。逆にPSをシード粒子としてMMAの重合を行った

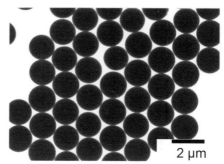

D_n: 1.71 μm
D_w/D_n: 1.001
C_v: 2.2%

図5 分散重合により作製したポリスチレン粒子

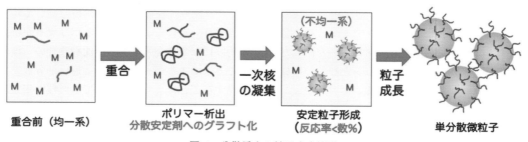

図4 分散重合の粒子生成機構

ときは，このような構造ができないことも明らかにしている。

また，シード分散重合中の重合粒子の粘度の高さを利用することにより異形粒子の合成も可能となる。例えば，シード粒子には難溶で，かつ2段階目に重合するポリマーには可溶な炭化水素を存在させて重合を行うと，上記シード分散重合と同様に，2段階目に重合したポリマー成分がシード粒子表面にドメインを形成するが，それと同時に炭化水素がシードにはほとんど吸収されず，2段階目のポリマーに優先的に吸収される。重合後，溶剤を取り除けば，ゴルフボール状粒子を得ることができる[33]。この際，シード粒子に対して親和性の異なる炭化水素を用いることにより，シード粒子の粘度が低下し，ドメインが互いに合一しやすくなり，最終的なドメイン数を制御することによって，ドメインが多数のゴルフボール状粒子から，ドメインが3つ，2つからなる，テトラポット型，円盤形の異形粒子を合成することができる(**図7**)[34-37]。本シード分散重合系は，2種類のポリマーの溶解性，ガラス転移温度をはじめ，溶剤，媒体組成，重合温度といくつものファクターが存在するために複雑な処方となる。また，最近では，これら異形粒子を鋳型として，さらに新しい異形粒子が作製されている。

8. おわりに

本節では，高分子微粒子の合成として重合法に話題を絞り，基礎的な解説を行った。これら不均一重合においてより詳細な理論的扱いについても多く研究されており，速度論および制御因子については別の書籍を参考にいただきたい。さらに高分子微粒子

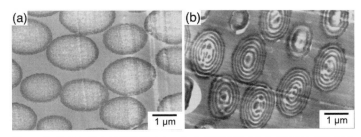

図6 溶媒吸収放出法処理前(a)，および処理後(b)のPMMA/PS複合粒子の超薄切片の透過型電子顕微鏡写真

PS相は四酸化ルテニウムにより染色

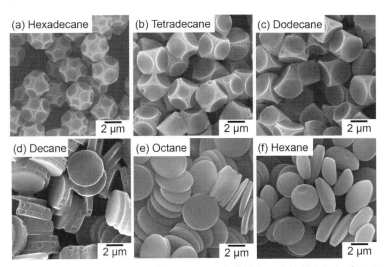

図7 さまざまな炭化水素存在下のシード分散重合により得られたゴルフボール状，テトラポット状，円盤状などの異形化ポリスチレン粒子の走査型電子顕微鏡写真

に機能を付与する場合，媒体に分散していることから界面の存在を意識することが重要であり，本文にも記載したように共重合では均一系と違い，モノマー反応性比だけでなく，媒体への溶解度やポリマー相との分配なども考慮することなど不均一系特有の複雑さを認識する必要がある．また，最近では，不均一系に制御/リビングラジカル重合を適用することにより，汎用ラジカル重合では得られない粒子についても多くの研究が増加しており，高分子微粒子の機能性材料としてのさらなる発展を期待している．

文　献

1) J. M. Asua: *J. Polym. Sci., Part A: Polym. Chem.*, **42**, 1025 (2004).
2) P. A. Lovell and F. J. Schork: *Biomacromolecules*, **21**, 4396 (2020).
3) S. C. Thickett and R. G. Gilbert: *Polymer*, **48**, 6965 (2007).
4) 松本恒隆ほか：高分子論文集, **33**, 575 (1976).
5) M. Okubo et al.: *Colloid Polym. Sci.*, **265**, 879 (1987).
6) 大久保政芳ほか：高分子論文集, **36**, 459 (1979).
7) M. Okubo et al.: *Colloid Polym. Sci.*, **280**, 822 (2002).
8) M. Okubo et al.: *Macromol. Symp.*, **195**, 115 (2003).
9) G. H. Li et al.: *J. Adhes. Sci. Technol.*, **31**, 1441 (2017).
10) B. Charleux et al.: *Macromolecules*, **45**, 6753 (2012).
11) C. Huang et al.: *Polym. Chem.*, **13**, 640 (2022).
12) C. Huang et al.: *Langmuir*, **37**, 3158 (2021).
13) M. Okubo et al.: *J. Appl. Polym. Sci.*, **89**, 706 (2003).
14) 荻野由美子ほか：高分子論文集, **64**, 171 (2007).
15) P. Chaiyasat et al.: *Colloid Polym. Sci.*, **286**, 217 (2008).
16) T. Suzuki et al.: *Chem. Comm.*, **50**, 9921 (2014).
17) K. Landfester: *Angew. Chem. Int. Ed.*, **48**, 4488 (2009).
18) K. Landfester: Colloid Chemistry II, 75-123 (M. Antonietti, M., Ed.) Springer (2003).
19) G. F. Pan et al.: *Macromolecules*, **34**, 481 (2001).
20) F. Tiarks et al.: *Langmuir*, **17**, 908 (2001).
21) H. Minami et al.: *Macromolecules*, **47**, 130 (2014).
22) F. Ishizuka et al.: *Eur. Polym. J.*, **73**, 324 (2015).
23) R. H. Utama et al.: *Macromolecules*, **46**, 2118 (2013).
24) M. Sasaoka et al.: *Polym. Chem.*, **13**, 3489 (2022).
25) B. Erdem et al.: *J. Polym. Sci. Part A: Polym. Chem.*, **38**, 4419 (2000).
26) M. J. Lawrence and G. D. Rees: *Adv. Drug Deliv. Rev.*, **45**, 89 (2000).
27) I. Capek: *Adv. Colloid Interface Sci.*, **110**, 49 (2004).
28) K. D. Hermanson and E. W. Kaler: *J. Polym. Sci., Part A: Polym. Chem.*, **42**, 5253 (2004).
29) C. M. Tseng et al.: *J. Polym. Sci., Part A: Polym. Chem.*, **24**, 2995 (1986).
30) A. J. Paine et al.: *Macromolecules*, **23**, 3104 (1990).
31) Y. Almog et al.: *Br. Polym. J.*, **14**, 131 (1982).
32) M. Okubo et al.: *Colloid Polym. Sci.*, **279**, 513 (2001).
33) M. Okubo et al.: *Colloid Polym. Sci.*, **282**, 1192 (2004).
34) T. Fujibayashi et al.: *Ind. Eng. Chem. Res.*, **47**, 6445 (2008).
35) M. Okubo et al.: *Colloid Polym. Sci.*, **283**, 1041 (2005).
36) M. Okubo et al.: *Colloid Polym. Sci.*, **283**, 793 (2005).
37) T. Tanaka et al.: *Langmuir*, **26**, 3848 (2010).

第3章 ソフト微粒子

第2節 ハイドロゲル微粒子の合成

信州大学　渡邊　拓巳　　信州大学　鈴木　大介

1. はじめに

ハイドロゲルは親水性,あるいは両親媒性高分子の3次元架橋体である。高分子ネットワークが多量の水で溶媒和していることから,やわらかく,刺激に応じた体積変化や優れた生体適合性等,魅力的な特性を有する。中でもハイドロゲルをサブミクロンサイズスケールまで微小化した材料はゲル微粒子と呼称され,ゲルの特徴に加え,水中で安定に分散する高分子コロイドとしての機能を発現する(図1)[1]。

例えば,気水界面等に吸着し変形可能なゲル微粒子は,ポリスチレン微粒子などの固体微粒子と比較し,固液界面に素早く吸着する[2]。さらに,その吸着速度はゲル微粒子内部の架橋密度に依存し,微粒子がやわらかいほど,気水界面への吸着速度は増加する[3]。このように,ハイドロゲル微粒子の機能は,微粒子の形状やサイズ,表面の化学特性などの一般的なコロイドの特徴に加え,やわらかさの観点からも設計可能であることから,高機能ナノマテリアルとして大きな関心を集めている[1,4-6]。本節では,これらハイドロゲル微粒子の合成およびその機能について概説する。

2. 沈殿重合法によるハイドロゲル微粒子の合成

Hawkins, Smith-Ewart らの乳化重合研究を皮切りに[7],多くの微粒子合成研究が行われてきた。乳化重合により合成可能なポリスチレンやポリメチルメタクリレート等の疎水性高分子の合成では,高分子鎖が重合溶媒(=水)に不溶であるため,高分子鎖は熱力学的に安定な球形状を形成する。一方で,ハイドロゲル微粒子の合成の場合,高分子鎖が水中に可溶であるため,溶媒から高分子鎖を一時的に析出させ物理結合や化学結合を導入する等,水中での粒子形状の安定化に工夫を要する。ゲル成分の貧溶媒(=有機溶媒)を用いた分散重合法や,液滴をそのまま微粒子化する逆相ミニエマルション重合法,高分子鎖の自己組織化の活用等,多様なゲル微粒子の合成法が提案されている。中でも,水系の沈殿重合法は,収率,単分散性,物理化学特性の設計の観点から,優れたゲル微粒子合成法として注目を集める[1,4,5,8]。

図1　ゲル微粒子分散液の外観と乾燥時の電子顕微鏡像

典型的な合成例に，ポリ(N-イソプロピルアクリルアミド)(poly(N-isopropyl acrylamide)：pNIPAm)から成るゲル微粒子が挙げられる[6,8]。pNIPAm は下限臨界共溶温度(LCST)を有する感温性高分子である。モノマーは水に易溶であるが，32℃以上の高温においては不溶であり，水中で析出する。そのため，重合がポリマーの LCST 以上で行われると，重合中のポリマーの相転移を介して高分子鎖が疎水性相互作用により凝集または自己集合し，粒子核を形成する。この時，例えば N, N'-メチレンビス(アクリルアミド)(略 BIS)等の化学架橋剤を共重合することで，溶媒を冷却し，微粒子が水和状態となっても球形状を保つことができる。本重合法は，幅広い LCST 型の高分子へ適用可能である上に，多くのコモノマーを共重合可能であることから，発見から 40 年が経とうとする現在，さまざまな両親媒性高分子鎖に適用され，単分散なゲル微粒子が合成可能となっている(図2(a))。また近年，評価法の発展によりこのような沈殿重合で形成されたゲル微粒子は決して均一な構造ではなく，不均一なドメイン構造を有することが明らかとなっている(図2(b))。例えば，pNIPAm ゲル微粒子内部に存在する数十 nm サイズの不均一なドメインは，感温性高分子鎖から構成されているにもかかわらず，温度変化に対して体積変化等の刺激応答性を示さず，予想外の物理化学的特性を示す[9]。このようなドメイン構造の数は，ゲル微粒子の合成方法に依存することがわかっており，今後このようなナノドメイン構造と機能との相関に注目が集まる。

3. ゲル微粒子形成メカニズムの理解と粒子内官能基分布の制御

ゲル微粒子内部における多様な官能基の空間分布や，微粒子ナノ構造の制御において，微粒子形成メカニズムの理解は欠かせない。一般に，沈殿重合における重合核の安定性には静電斥力が大きく影響しており，さまざまな添加剤を加えることで重合核の安定性を変化させ，粒子サイズを設計できることが知られている[1]。その他，重合時の温度制御や開始剤量の調整等，重合条件を変化させ重合核の安定性を調整することで粒子径を制御することができる。このように，ゲル微粒子の構造やサイズ等を制御するためには，沈殿重合のメカニズムの理解が求められる。しかし，これらの核形成は重合初期に終了するため，その形成過程の直接的な評価は難しく，形

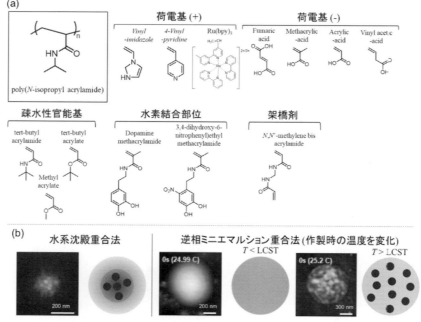

図2 ゲル微粒子に導入可能な官能基の一例(a)と各重合法で作製したゲル微粒子の代表的な原子間力顕微鏡像(b)

Reprinted with permission from ref. 9. Copyright 2019 John Wiley and Sons.

成機構はあくまで予測であり，実験的な実証は難しいと考えられてきた。クロマトグラフィー，光散乱，小角中性子散乱を用いた手法の発展により，微粒子の核形成機構等が評価されつつあるが，いずれも間接的な評価にとどまり，重合機構を決定付けられていない[8]。

そのような中，ごく近年，ミクロゲルの形成ダイナミクスの高速原子間力顕微鏡法(High-Speed Atomic Force Microscopy：HS-AFM)による直接可視化の検討が実施された[8]。HS-AFMの高い空間時間分解能(～1 nm，～50 ms/フレーム)は，高分子鎖およびその会合体が集積する動的挙動の評価を可能とする(図3(a))。モノマー溶液に開始剤を添加し重合を開始すると，マイカ基板上に高分子鎖の形成が確認される。重合開始5分で溶液中において形成した高分子鎖の数は，急激に増大し，その後重合の進行に伴い減少する様子が確認されている[8]。このような微粒子形成過程の直接的な動的評価は，分子スケールからのゲル微粒子内部のナノ構造制御(図2(b))に重要な知見を提供することが期待される。

加えて，自己組織化により形成，成長する沈殿重合のメカニズムを考慮すると，各モノマーの反応性比を変化させることで，ゲル微粒子内部における官能基分布を設計可能である[4,10,11]。例えば，NIPAmとの反応性比が高いメタクリル酸(Methacrylic acid：MAc)を共重合した場合，MAcは沈殿重合初期に優先的に高分子鎖内に組み込まれる。このとき，沈殿重合中にゲル微粒子は同心円状に成長するため，MAcはゲル微粒子の中心部に局在する[10]。一方で，NIPAmとの反応性比が小さいフマル酸(Fumaric acid：FAc)を共重合した場合，FAcは重合の後期に高分子鎖に組み込まれるため，ゲル微粒子表面近傍に局在する[11]。このように，モノマーの反応性比さえ既知であれば，ゲル微粒子内部における官能基の3次元空間分布が制御可能である(図3(b))。

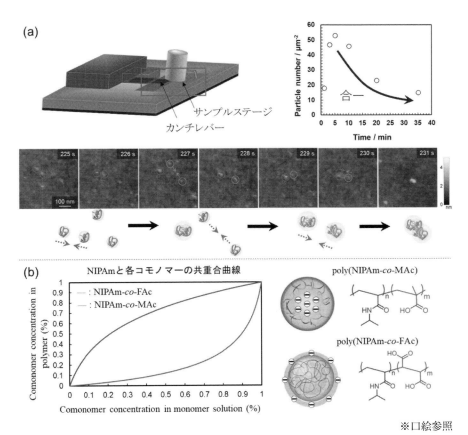

図3 (a) HS-AFMを用いた沈殿重合の直接可視化，(b) コモノマーの反応性比を活用したゲル微粒子内部の官能基分布制御

Reprinted with permission from ref. 8 and ref. 11. Copyright 2016 and 2021, American Chemical Society.

4. 乳化重合を駆使したゲル微粒子内部へのナノドメイン構造の構築

上述したように，ゲル微粒子は決して均一な高分子ネットワーク構造を有しておらず，その機能はナノ構造と相関する可能性が高い。そのため，ゲル微粒子の高機能化に向けて，ゲル微粒子内部に任意に，望んだ量やサイズのドメイン構造を，狙った位置へ固定化する構造制御技術の開発は重要である。そのような中，乳化重合法を駆使することで，ゲル微粒子内部にナノドメイン構造を導入できることが明らかとなってきた（図4）[4,10-13]。水膨潤したゲル微粒子存在下でスチレンの乳化重合を実施すると，

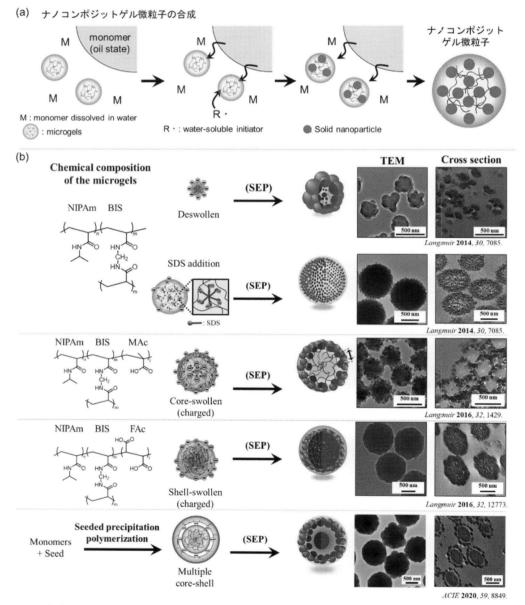

図4 乳化重合法を駆使した疎水性ナノドメイン構造を有するゲル微粒子の創製。重合スキーム（**a**）と構造制御の実施例（**b**）

Reprinted with permission from ref. 11 and 14. Copyright 2016 and 2020, American Chemical Society and John Wiley and Sons.

ポリスチレンは水中ではなく，ゲル微粒子内部で選択的に重合する[12]。その結果，数百 nm サイズのゲル微粒子内部に大きさ数十 nm サイズのポリスチレンから成るナノドメイン構造を構築することができる（図4(a),(b)）。この疎水性微粒子から成るナノドメイン構造は，添加するスチレンモノマーの量を変えることで任意に調整できる[10-12]。さらに，種となるゲル微粒子内部にカルボキシ基などの極性官能基を導入した場合，ポリスチレンナノドメインの固定化位置を設計可能であることが明らかとなった[11]。

例えば，pNIPAm ゲル微粒子内部に MAc を共重合した場合，MAc はゲル微粒子の中心部に局在するが（図3(b)），このゲル微粒子を乳化重合の種粒子として選択すると，ポリスチレンナノドメインは粒子表面に局在する（図4(b)）[10]。一方で，FAc を共重合するとカルボキシ基はゲル微粒子表面近傍に局在するが，その場合，ポリスチレンナノドメインは粒子中心部を占有するように形成する[11]。このようにゲル微粒子内部において，スチレンの乳化重合は極性部位を避けるように位置選択的に形成し，ゲル微粒子内部の極性官能基分布を設計することで，疎水性ナノ微粒子から成るドメイン構造の3次元空間分布は任意に制御できる。本知見により，ゲル微粒子内部に階層的に疎水性ナノドメインが形成した多層性ゲル微粒子等がすでに実現しており[14]，微粒子の構造多様化が広がっている（図4(b)）。

加えて，このような疎水性ナノ粒子を固定化したナノコンポジットゲル微粒子は，ゲル微粒子に魅力的な特性を付与できる。例えば，ナノコンポジットゲル微粒子は，適度に親油的な微粒子表面を実現可能であり，従来型のゲル微粒子では困難であるとされていた非極性油を用いた W/O エマルションを提供できる[15]。さらに，表面近傍にポリスチレンナノドメインを有する圧縮可能な複合ゲル微粒子は，従来のゲル微粒子では実現できなかった水性泡の長期安定化を実現した[16]。この場合，ゲル微粒子の変形性が泡界面の長期安定化を実現する鍵因子であった。このように，ゲル微粒子内部のナノドメイン構造の設計により，ゲル微粒子の高機能化がすでに実現しつつあり，今後ゲル微粒子の設計はより分子スケールへと移行していくことが期待される。

5. ハイドロゲル微粒子の分散・凝集

さまざまな溶液条件下におけるゲル微粒子の分散と凝集の制御は，ゲル微粒子の応用を考える上で重要である。シリカやポリスチレンからなる固体微粒子は明確な粒子界面を有するため，その分散安定性は DLVO 理論などより議論され，特定の塩濃度条件下などにおける分散と凝集の予測が可能となる。一方で粒子界面の高分子鎖が水和し，基質なども拡散可能なゲル微粒子の場合，優れた塩耐性などの分散安定能については注目される一方で，その定量理解には曖昧な部分が残されていた。例えば，一般的に，硬質微粒子の表面特性は，実験的に得られる電気泳動移動度(μ)から決定される滑り面における電位（ゼータ電位）により特徴付けられる。ゼータ電位は界面が不明瞭なゲル微粒子の場合には意味を失うとされているものの，多くの文献において，固体微粒子同様，ゲル微粒子の表面特性はゼータ電位より議論されているのが現状であった。

そのような中，ソフトコロイド粒子の表面特性を理解するための理論が，Ohshima らによって提案されている[17]。この理論は，ポリスチレンなどの硬質微粒子表面に，ゲルなどのやわらかい高分子鎖層を有する微粒子を想定しており，電気泳動中の溶媒の侵入距離であるやわらかさパラメータ($1/\lambda$)と，表面電荷密度(N)により特徴付けられている（図5(a)）。この場合のやわらかさは，電気泳動時に溶媒が侵入する特性を意味しており，界面動電現象におけるやわらかさを表現している。血球等の細胞への適用可能性も認められる中，pNIPAm ゲル微粒子は，サイズや構造が規定でき，温度や pH 等の外部刺激に応じて表面特性を任意に変化できることから，界面動電現象に関するより基礎的な研究に用いられてきた。

一例をここに紹介する[20]。ゲル微粒子分散液の μ は電気泳動光散乱法により実験的に得る事ができる。さまざまな塩濃度における μ を測定し，Ohshima の式による解析を通じ，ゲル微粒子表面の電荷密度とやわらかさパラメータを特徴付けることができる。例えばカルボキシ基が表面に局在する p(NIPAm-co-FAc) ゲル微粒子において，$1/\lambda$ は FAc の共重合量の増加に伴い増大する。また，昇温によりゲル微粒子が収縮すると，ゲル微粒子が表面の高

第3編　微粒子の合成

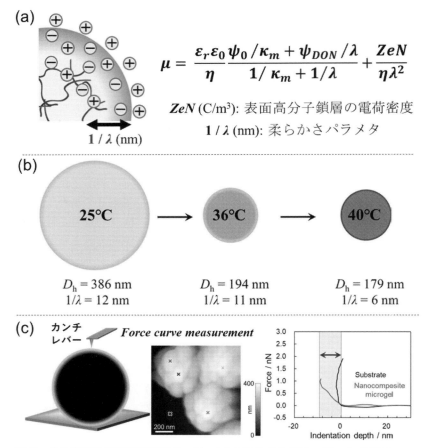

図5　ゲル微粒子表面特性評価の一例。(a) 大島の式の概要，(b) poly(NIPAm-*co*-Fumaric acid)ゲル微粒子の収縮挙動の概要図，(c) HS-AFMによる表面軟質層の評価結果

Reprinted with permission from ref. 18. Copyright 2022, American Chemical Society.

分子鎖の密度上昇により，$1/\lambda$ は減少する。しかしながら，FAcの共重合量がある程度高い（>5 mol%）場合，流体力学的直径が減少するものの，$1/\lambda$ は変化しない温度領域が存在することが明らかとなった（図5(b)）。この結果は，本手法がゲル微粒子表面と全体の温度応答性挙動を分けて捉えられることができることを示している[18]。

また，先に述べたように，表面に電荷が局在したpoly(NIPAm-*co*-FAc)ゲル微粒子存在下でスチレンの乳化重合を実施すると，ポリスチレンとのナノコンポジットゲル微粒子が得られる（図4）。このとき，ゲル微粒子内部の高分子電解質層をポリスチレンが避けて複合化するという事実を考慮すると，複合ゲル微粒子表面には高分子電解質層が存在する。実際に，本複合ゲル微粒子は，通常のポリスチレン微粒子が凝集するほどの高塩濃度溶媒に分散させても凝集せず，比較的 $1/\lambda$ は大きく，N は小さいことが明らかとなった[18]。さらに，高い空間時間分解能を有するHS-AFMを用い，任意の箇所の力-押込み距離曲線を取得すると，確かにカンチレバーを押し込み可能な軟質層が複合ゲル微粒子表面に存在した（図5(c)）。これらの結果は，複合ゲル微粒子の分散安定性が，溶媒の電気浸透が可能な高分子鎖の厚さに依存していることを示唆している。

6. まとめ

ポリスチレンやシリカなどの硬質微粒子に続き，やわらかい特性を有するハイドロゲル微粒子の機能に注目が集まっている。ゲル微粒子の機能は優れた生体適合性や物質の担持能力といったハイドロゲルの特性に留まらず，その内部および表面のナノ構造

に由来した魅力的なソフト微粒子としての特性が見いだされつつある。そのような機能創製において，ゲル微粒子のナノ構造制御は必須であり，今後，分子スケールからの材料設計への移行が期待される。

文　献

1) M. Karg et al.: *Langmuir*, **35**, 6255 (2019).
2) S. Matsui et al.: *Angew. Chem. Int. Ed.*, **56**, 12149 (2017).
3) M. Takizawa et al.: *Langmuir*, **34**, 4525 (2018).
4) D. Suzuki et al.: *Polym. J.*, **49**, 702 (2017).
5) R. Pelton: *Adv. Colloid Interface Sci.*, **85**, 33 (2000).
6) R. Pelton and P. Chibante: *Colloids surf.*, **20**, 256 (1986).
7) W. V. Smith and R. H. Ewart: *J. Chem. Phys.*, **16**, 599 (1948).
8) Y. Nishizawa et al.: *Langmuir*, **37**, 159 (2021).
9) Y. Nishizawa et al.: *Angew. Chem. Int. Ed.*, **58**, 8813 (2019).
10) C. Kobayashi et al.: *Langmuir*, **32**, 1439 (2016).
11) T. Watanabe et al.: *Langmuir*, **32**, 12773 (2016).
12) T. Watanabe et al.: *Langmuir*, **34**, 8580 (2018).
13) D. Suzuki and C. Kobayashi: *Langmuir*, **30**, 7092 (2014).
14) T. Watanabe et al.: *Angew. Chem. Int. Ed.*, **59**, 8853 (2020).
15) T. Watanabe et al.: *Chem. Commun.*, **55**, 5990 (2019).
16) Y. Nishizawa et al.: *Chem. Commun.*, **58**, 12930 (2022).
17) H. Ohshima et al.: *Coll. Polym. Sci.*, **270**, 877 (1992).
18) Y. Nishizawa et al.: *Langmuir*, **38**, 16093 (2022).

第3章 ソフト微粒子

第3節 自己組織化微粒子

奈良先端科学技術大学院大学　安原　主馬

1. はじめに

分子の自己組織化に基づくボトムアップアプローチによる微粒子合成は、バルク材料を加工して微粒子を形成するトップダウンアプローチと比較して、微小かつ均一な微粒子が得られること、省エネルギーな形成プロセスであることをはじめ、多くの利点を有する。自然界もこの仕組みを巧みに利用しており、生体内における分子輸送機構においては、自己組織化微粒子が多くの重要な役割を担っている。人工的な自己組織化微粒子の応用として、生体機能性材料はその代表例であり、ドラッグデリバリーシステムに用いるナノキャリア等、高い生体親和性を要求される場面にも適用可能な微粒子がこれまで多く開発されてきた。本稿では、両親媒性分子の自己組織化によって水中で自発形成されるソフト微粒子の代表例をいくつか取り上げ、分子設計の指針、微粒子の合成およびその特徴を紹介する。

2. 両親媒性分子の自己組織化と分子設計

界面活性剤に代表される両親媒性分子は、同一分子上に親水基と疎水基を有しており、臨界濃度以上の条件で、水中において疎水鎖をお互いに集積するように会合体を形成する。両親媒性分子の集合形態は、その分子構造に大きく依存することが知られており、Israelachiviliは、両親媒性分子の幾何学的な構造と、形成される分子集合体の形態の相関に関して、臨界充填パラメータ(Critical Packing Parameter：CPP)の概念を提唱した(図1)[1]。両親媒性分子の断面積をa_0、炭化水素鎖の体積をv、疎水鎖の最大有効長をl_cとしたときに、臨界充填パラメータPは、$P=v/(a_0 \cdot l_c)$と表すことができる。臨界充填パラメータが大きくなるのに従って、球状ミセルから棒状ミセル、ベシクル、平面二分子膜、逆ミセルと自発曲率が小さくなる方向へと分子集合体の形状が変化する。具体的な例として、ドデシル硫酸ナトリウム(SDS)に代表される単鎖のイオン性界面活性剤は、円錐型の分子パッキングを有するため、水中で球状ミセルを形成する。一方で、生体膜の構成成分であるリン脂質はかさ高い親水基(ホスホコリン基等)と2本の疎水鎖に由来する円筒型の分子パッキングを反映した二分子膜構造を形成することが知られている。

3. 両親媒性分子のミセル形成

ミセルは、両親媒性分子が水中で自発的に形成する最も単純な分子集合体である。一般的なイオン性界面活性剤が形成する球状ミセルは、数十から百数十の分子によって構成される、直径数nm程度の会合体である。また、一部の非イオン系界面活性剤のように、CPPが1/3～1/2となる分子では、球状ミセルよりも会合数の大きな棒状あるいは紐状ミセルを形成することが知られている。ミセル形成においては、両親媒性分子の水溶液中における濃度が重要であり、臨界ミセル濃度(Critical Micelle Concentration：CMC)以上に達したときにはじめてミセルが形成される。したがって、CMC以下の濃度では、両親媒性分子の単量体としての性質が支配的であるのに対して、CMC以上の濃度においては、ミセルの微粒子性を反映した物性(例えば濁度の顕著な上昇や脂溶性分子の可溶化)が顕著となる。水溶液中においてミセルは、バルク相に分子分散した単量体との間で分子の交換が絶えず生じる動的な分

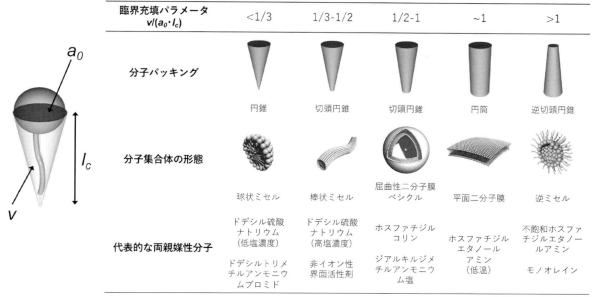

図1 臨界充填パラメータと分子パッキング，分子集合体の形態，対応する代表的な両親媒性分子の例

子集合体である．そのため，希釈によって両親媒性分子の濃度が低下すると，平衡が単量体側へと偏り，ミセルは系中から消失する．一般的な界面活性剤ミセルの場合，単量体との交換におけるタイムスケールはマイクロ秒オーダー，ミセル自体が消失する寿命はミリ秒から数分のオーダーであることが知られている．したがって，低分子の界面活性剤で形成されるミセルそのものを安定な微粒子として用いることはしばしば困難であり，その動的性質に影響されない対象に応用範囲は限定される．

低分子の界面活性剤のみならず，両親媒性ブロックコポリマーも水中でミセルを形成することが知られている．ポリマーによるミセル形成の特徴は，分子設計によって幅広いサイズのミセル（数十〜百nm程度）を得ることができる点，CMCが低分子の界面活性剤と比較して低い点，高分子鎖の絡み合いや多点の相互作用によって安定なミセルコアを形成する点である．ミセルを形成するポリマーの合成にあたっては，RAFT重合やATRPなどのリビング重合法を用いて親水性および疎水性セグメントの重合度を制御することで，ポリマー分子のCPPを精密にチューニング可能である．この特徴を生かして，同一の分子骨格であっても，親水・疎水の各セグメント長を変化させることで球状ミセル，紐状ミセル，ベシクルといった多様な集合体を形成できることが報告されている[2]．また，疎水性側鎖をコアに，

1本の高分子鎖が折りたたまれることで形成されるユニマーミセル[3]や，両端に疎水性ドメインを持つポリマーがループ構造をとることで形成される，花びら状の分子集合体であるフラワーミセル[4]といった分子鎖長が長い高分子ならではの特徴が反映されたミセルも知られている．ポリマーによって形成されるミセルは，その構造安定性から低分子の界面活性剤で形成されるものと比較して，より微粒子としての応用展開が容易であるため，薬物輸送キャリア等，生体機能性材料を中心に広く適用されている[5]．

4. 両親媒性分子が水中で形成する ナノカプセル（ベシクル・リポソーム）

ベシクルは，両親媒性分子が形成する膜によって形成される閉鎖小胞の総称であり，特にリン脂質によって形成されるものをリポソームと呼ぶ（図2）．ベシクルはその内部に有する水相に親水性分子を，膜の疎水性コアに脂溶性分子をそれぞれ保持することができる．この特徴を生かして，薬物輸送担体や遺伝子ベクターとしてすでに実用化されている例もある．ベシクルに関する研究の歴史は，Banghamらによる卵黄レシチンによって形成されたリポソームの電子顕微鏡観察に関する報告に端を発する[6]．以来，脂質二分子膜構造を有する最も一般的な分子集合体として，広く研究がなされてきた．ベシクル

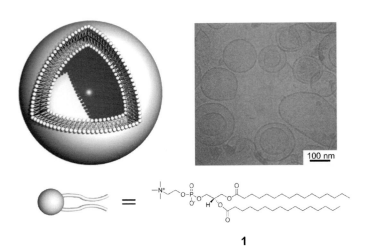

図2 ベシクルの模式図およびcryo-TEM像とベシクルを形成するリン脂質の構造式

は，その大きさや形態の違いによって分類することができる。具体的には，タマネギのような多層膜構造を有するベシクルをMultilamellar vesicle(MLV)と呼び，単一膜のものは，その大きさに応じて直径数十nmのものはSmall unilamellar vesicle(SUV)，それよりも大きな数百nmスケールのものはLarge unilamellar vesicle(LUV)とそれぞれ呼ばれる。また近年では，光学顕微鏡で直接観察が可能な細胞サイズ(〜μm)のGiant vesicle(GV)に関しても調製法が確立しており，これを用いた研究が盛んになされている。

リン脂質をはじめ，ベシクルを形成する両親媒性分子は水に対する溶解度が低いものが多く，効率的に水中へ分散することのできる手法によって調製する必要がある。最も一般的な方法は，脂質薄膜の水和による方法である[7]。はじめに，脂質分子の有機溶媒溶液をフラスコなど容器の底面で乾燥させることで脂質薄膜を形成する。そこへ水溶液を添加し，ボルテクスミキサーを用いて機械的に撹拌することによってMLVが形成される。目的とする用途によっては，MLVは膜の多重度および広い粒径分布がしばし問題となる。その場合は，得られたMLVに対して複数サイクルの凍結融解の操作を行うことで膜融合によって粒径の大きなベシクルを形成した後に，均一な大きさの穴が空いたポリカーボネートフィルターを用いたエクストルージョンを行うことで，均一サイズのLUVを形成することができる。プローブ型ソニケーターを用いてMLVに超音波照射をすることによっても粒径の小さなSUV(直径30〜50nm程度)を得ることができる。他にも，O/Wエマルションを形成した後に溶媒を留去する逆相蒸発法[8]や，エタノール等の極性溶媒に脂質分子を溶解し，水中へと分散させるインジェクション法[9]もある。ベシクルの内水相に分子を封入する際は，脂質薄膜を水和する段階で目的とする分子の水溶液を用い，ベシクル形成後に外水相に存在する未封入の分子をゲルろ過等によって除去する必要がある。GVは，MLVやLUVと比較してその構造が脆いために，特別な調製方法が必要となる。最も簡便な方法は，脂質薄膜に水溶液を添加した後に機械的な刺激を与えず，長時間(一晩程度)かけて穏やかに水和する方法である。この方法では，多重膜のジャイアントベシクルが得られる[10]。より均一なGVを形成する手法として，エレクトロフォーメーション法[11]がある。これは，ITO電極もしくは白金線上に脂質の乾燥薄膜を形成し，水中で交流電場を印加することによって脂質膜の膨潤を行う手法であり，比較的単分散かつ単一層のGiant unilamellar vesicleが得られることや，担体に対して固定した状態でGVが形成できる特徴がある。他にも，W/Oエマルションを用いた遠心沈降法によるGVの形成が知られている[12]。この手法では，ベシクル内部へ高い効率で分子を封入することができるだけでなく，実際の生物で見られるような膜の表裏で脂質組成の異なる非対称膜を形成できる利点がある。また，生きた細胞に外部刺激を与えることによって直接形成されるGV

であるGiant Plasma Membrane Vesicle(GPMV)は，より実際の生体膜に近いGVとして，近年注目を集めている[13]。

ベシクルを自発形成する分子として，ホスファチジルコリン(**1**)をはじめとする天然のリン脂質のみならず，人工的に設計された合成脂質分子がこれまでに多く開発されてきた(**図3**)。国武・岡畑らは，単純な構造を有するジドデシルジメチルアンモニウムブロミド(DDAB, **2**)を水中で分散させることでベシクルが形成されることを初めて見いだした[14]。以降，長い2本の疎水鎖を持つ数多くの両親媒性分子が二分子膜ベシクルを自発的に形成することが報告されてきた[15]。親水基として導入できる官能基は多岐にわたっており，カチオン性のアンモニウム基やピリジニウム基(**3**)，アニオン性のリン酸基(**4**)やスルホン酸基(**5**)，双性イオンのホスホベタイン基，スルホベタイン基(**6**)，非イオン性のポリオキシエチレン基(**7**)が導入された脂質分子が合成され，二分子膜ベシクルの形成が確認されている。また，2本の疎水鎖を持たない両親媒性分子であっても，二分子膜構造を形成する例がある。一本鎖のカチオン性界面活性剤とアニオン性の長鎖脂肪酸の混合物(**8**)は，水中でイオン対を形成し，二本鎖の脂質と類似の構造をとることで膜を形成することが知られている[16]。このような両親媒性分子の二量化による二分子膜の形成はイオン対の形成に限定されず，単純な長鎖脂肪酸(石けん)の水溶液であっても限られた条件下でベシクル構造を形成する[17]。脂肪酸は特定のpH範囲において，解離した脂肪酸と解離していない分子が共存(**9**)し，二量体を形成する。この脂肪酸の二量体から形成される二分子膜は，原始的な膜構造の1つであると考えられている。二量体を形成しなくても，ベシクルを形成する単一鎖の両親媒性分子も存在する。疎水性部位の両端に親水性頭部を有するボラ型界面活性剤(**10**)は水中に分散することによって，膜構造を形成する。ボラ型界面活性剤によって形成されるベシクルは，二分子膜を形成する他の合成脂質分子とは対照的に，単分子膜によって形成されており，より薄い膜が得られることが特徴である[18]。

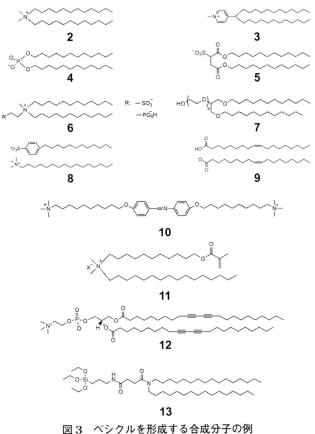

図3　ベシクルを形成する合成分子の例

合成脂質の親水性頭部もしくは疎水鎖に対して架橋性官能基を導入することによって，ベシクル構造を安定化することができる。Regenらは，メタクリロイル基を疎水鎖の末端に導入したリン脂質の誘導体（**11**）を合成し，分子間架橋されたベシクルの形成を報告した[19]。このベシクルは極めて構造安定性が高く，有機溶媒の共存下でもその構造を維持することができる。他にも，ジアセチレン部位を疎水鎖に有する脂質分子（**12**）は，紫外光照射によって重合をトリガーすることが可能であり，吸収スペクトル変化から重合反応の進行を確認することができる[20]。ベシクル膜内における分子間架橋の形成は有機分子骨格に限定されず，無機骨格も利用することができる。菊池らは，脂質頭部にトリエトキシシリル基を導入した脂質分子（**13**）を用いて，ベシクル表面にセラミック層を導入した有機–無機ハイブリッドベシクル"セラソーム"を開発した[21,22]。セラソームは，従来のリン脂質ベシクルと比較して極めて高い形態安定性を有し，ベシクルを積層した人工多細胞モデルの構築も可能である。また，得られたベシクルは半透膜機能を有しており，チャネルタンパク質等を修飾することなく，高分子を内部にトラップしたまま選択的に低分子を膜透過させることができる[23]。

5. 両親媒性分子によって形成されるユニークな自己組織化微粒子

これまでに紹介したミセルやベシクルは，代表的な自己組織化微粒子であり，その長い研究の歴史を通じて広く応用展開がなされるまでになっている。ここでは，両親媒性分子によって形成される新しいユニークな分子集合体として，円盤状の二分子膜である脂質ナノディスクと非二分子膜構造を内部に有する脂質微粒子であるキュボソームを紹介する。

脂質ナノディスクは，二分子膜構造を有する最小の分子集合体であり，その均一性，水溶液中における分散安定性の高さを特徴とする（図4）。代表的な脂質ナノディスクとして，疎水鎖長の大きく異なる2種類の脂質混合系によって形成されるバイセルがある。バイセルを形成する脂質組成として最も一般的なのが，1,2-dimyristoyl-*sn*-glycero-3-phosphorylcholine（DMPC）と1,2-dihexaoyl-*sn*-glycero-3-phosphorylcholine（DHPC，**14**）の混合系である[24]。長鎖リン脂質であるDMPCは，バイセルの平面部分を構成し，短鎖リン脂質のDHPCは縁取り部分を形成すると考えられており，両者の組成比を変化させることでさまざまな大きさのバイセルを形成することが可能である。バイセルはその大きさに依存して，外部磁場に応答することが知られている。具体的には，直径の大きなバイセルは磁場に対して配向する一方で，小さなバイセルは高速に回転することで，磁場に対して等方的に存在することが知られている。この特徴を生かして，NMRを利用した膜タンパク質や生理活性分子の解析が行われている。また，リン脂質系のみならず，合成脂質によるバイセル形成のアプローチもいくつか報告されている。Duforcらはビフェニルホスファチジルコリンによ

ナノディスク形成分子

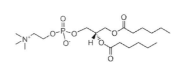

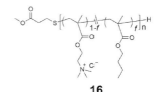

14　　　　　**15**　　　　　**16**

図4　脂質ナノディスクの模式図およびネガティブ染色TEM像とナノディスク形成分子の構造

るバイセルの形成[25]を，Zembらはアニオン性のミリスチン酸とカチオン性のセチルトリメチルアンモニウムブロミドの混合系でバイセルが形成できることを報告している[26]。また，短い疎水鎖を有するDHPCの代わりに，PEG修飾リン脂質[27]やコール酸の誘導体であるCHAPSO[28]を用いてもバイセルの形成が可能であることが明らかになっている。合成脂質を用いたバイセルの機能化についてもいくつかの試みがなされている。筆者らは，トリエトキシシリル基を導入した脂質分子(図3，13)を用いることで，セラミック架橋された表面を有する有機-無機ハイブリッドバイセルが形成できることを報告している[29]。有機-無機ハイブリッドバイセルは，従来のリン脂質バイセルでは形態の維持が困難であった乾燥状態や，界面活性剤の共存下でも安定にディスク構造を維持することができる。また，架橋構造を導入することによって，脂質分子の相転移に伴う分子集合体の構造転移を抑制することができるため，リン脂質バイセルよりも熱安定性の高いナノディスクを形成可能である[30]。分子間架橋したバイセルに関しては，相田らがメタクリレート基を導入したコール酸誘導体を報告しており，分子間架橋の導入によって，熱安定性の向上が見られることを確認している[31]。

生体内にもナノディスクは存在する。体内でコレステロール輸送を担う高密度リポタンパク質(HDL)は，脂質分子とアポリポタンパク質A-Iから形成される複合体であり，初期過程において，ディスク状の微粒子を形成することが知られている。Sligarらは，アポリポタンパク質A-Iの変異体を設計することで，脂質ナノディスク形成に特化した膜骨格タンパク質(Membrane Scaffold Proteins：MSP)を開発した[32]。MSPは複数の両親媒性αヘリックスによって構成されるタンパク質であり，脂質二分子膜の疎水的な断面をタンパク質が覆うことでディスク構造を安定化する。また，MSPに含まれる両親媒性αヘリックスの数を変えることで，9.8〜12.9 nmの範囲においてナノディスクのサイズを制御することが可能である[33]。また，全長のMSPのみならず，短いApo A-Iの断片ペプチドおよびその多量体を用いてもナノディスクが形成されることも知られている[34]。タンパク質のみならず，合成高分子と脂質分子の複合化によるナノディスク形成もいくつか報告されている。Wattsらは，スチレン-マレイン酸共重合体(SMA，15)を用いるナノディスクの形成を報告した[35]。SMAナノディスクは，生きた細胞の膜を含む多様な脂質組成においてナノディスクを形成することが可能である。疎水基としてジイソブチレン基を導入した類似のポリマー(DIBMA)もSMAと同様にナノディスクが形成できることが知られており，SMAに存在するスチレン由来の紫外域吸収(280 nm)を低減できる特徴がある。Ramamoorthyらは，さまざまな親水基を導入したスチレン-マレイン酸共重合体の誘導体をこれまでに開発しており，目的に応じて異なる表面電荷を有するナノディスクが形成可能である[36]。筆者らは，両親媒性のメタクリレートランダムコポリマーを分子骨格としたナノディスク形成技術を開発した[37]。親水性側鎖末端としてアンモニウム基を，疎水性側鎖としてブチル基を有するポリメタクリレートランダムコポリマー(16)は，脂質二分子膜を断片化し，直径10〜20 nmの均一な脂質ナノディスクを自発的に形成する。このコポリマーは，紫外可視域に大きな吸収を示すことがないため，分光学的バックグラウンドを低減することができること，高分子中におけるモノマー組成を自由に変化できること，またポリマー鎖末端に機能性官能基を自在に修飾できることが特徴である。

CPPが1よりも大きくなる両親媒性分子であるモノオレイン(MO，17)やフィタントリオール(18)は，水和されることで非二分子膜構造であるキュービック相を形成する。このキュービック相は通常，過剰な水相と相分離するが，分散剤を共存させることによって微粒子化したものがキュボソームである(図5)[38]。内部に水相を有するベシクル(リポソーム)とは対照的に，キュービック相を内包するキュボソームは極めて広い膜面積を有しており，水チャネルに親水性分子を，膜の疎水性コアに親油性分子を効率良く保持することができる。また，混合脂質系を用いることによって，微粒子のサイズを変えることなく，膜の局所曲率(キュービック相における水チャネルの大きさ)を制御できることも特徴である。キュボソームの形成には，キュービック相と相溶性の低い両親媒性ポリマーが分散剤として用いられる。工業用乳化剤としても知られるPluoronic F127(19)はポリエチレングリコール(PEG)-ポリプロピレンオキシド(PPO)-PEGのトリブロック構造を持つ平均分子量12.6 kDaの両親媒性コポリマー

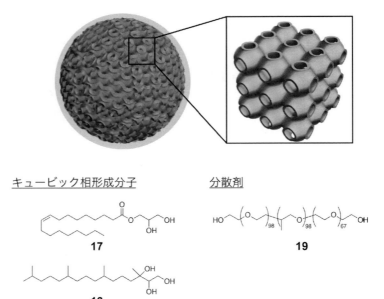

図5 キュボソームの模式図と構成分子の構造

であり，キュボソーム形成において最も一般的に用いられる分散剤である[39]。Pluoronic F127 と MO によって形成されたキュボソームは，数ヵ月の間安定にその構造を保持することができる。他にも，頭部に PEG 鎖を導入した脂質分子[40]や，両親媒性のポリマーブラシである poly(octadecylacrylate)-block-poly(polyethyle glycol methyl ether acrylate)[41]，ノニオン性界面活性剤である Tween 80[42]を用いたキュボソームも報告されている。キュボソームの調製にあたっては，リポソーム形成と類似の手法が適用できるが，なかでも超音波照射による調製が最も一般的かつ簡便である。はじめに，キュービック相を形成する両親媒性分子(MO 等)を有機溶媒に溶解し，容器内でその溶媒を留去することで薄膜を形成する。そこへ，分散剤(Pluoronic F127 等)の水溶液を添加し，溶液が均一になるまで超音波を照射することで直径 100 nm 程度のキュボソームを得ることができる。他にも，有機溶媒に溶解したキュービック相形成分子と分散剤を水中へインジェクションすることによってもキュボソームを形成できる。キュボソームの内部に形成されたキュービック相は，小角X線散乱(SAXS)から評価することが可能であり，クライオ透過型電子顕微鏡を用いてもその構造が可視化できる。キュボソームの応用展開として，脂溶性・水溶性分子の高い保持効率を生かした薬物輸送担体としての可能性に注目が集まっている[43]。

特に，がん組織に対しては EPR 効果によってキュボソームは効率良く集積される[44]。また，特定の部位へキュボソームをターゲティングするために，分散剤に対して種々の官能基を修飾したキュボソームも開発が進んでいる。他にも，遺伝子ベクター，イメージング剤，ワクチンをはじめとする生体機能性材料のほか，ナノリアクターやバイオセンサーとしてのキュボソーム応用もはじまっている。

6. おわりに

本稿では，自己組織化によって形成されるソフト微粒子として，これまで広く知られているミセル・ベシクル，また近年注目を集めるナノディスク・キュボソームを取り上げ，その概略を紹介した。自己組織化微粒子は，その高い生体親和性を生かして医療・バイオマテリアルとしての応用展開がこれまで盛んに進められてきた。長年にわたる基礎研究の結果，緻密な分子設計と適切な微粒子形成手法を組み合わせることで，多様な形態や性質を有する微粒子を得られる手法が確立している。簡便に nm スケールの均一な微粒子を得ることのできる自己組織化による微粒子形成は，今後，環境・食品・エネルギー分野をはじめとする幅広い分野でその応用展開が期待される。

文　献

1) J. N. Israelachvili: Intermolecular and Surface Forces Third Edition, Elsevier Academic Press, Amsterdam (2017).
2) N. Warren and S. Armes: *J. Am. Chem. Soc.*, **136**, 10174 (2014).
3) T. Terashima et al.: *Macromolecules*, **47**, 589 (2014).
4) S. Honda et al.: *J. Am. Chem. Soc.*, **132**, 10251 (2010).
5) H. Cabral et al.: *Chem. Rev.*, **118**, 6844 (2018).
6) A. D. Bangham and R. W. Horne: *J. Mol. Biol.*, **8**, 660 (1964).
7) H. Zhang: *Methods Mol. Biol.*, **1522**, 17 (2017).
8) F. Szoka and D. Papahadjopoulos: *Proc. Natl. Acad. Sci. USA*, **75**, 4194 (1978).
9) C. Jaafar-Maalej et al.: *J. Liposome Res.*, **20**, 228 (2010).
10) P. Mueller et al.: *Biophys. J.*, **44**, 375 (1983).
11) M. Angelova and D. Dimitrov: *Faraday Discuss.*, **81**, 303 (1986).
12) S. Pautot et al.: *Langmuir*, **19**, 2870 (2003).
13) T. Baumgart et al.: *Proc. Natl. Acad. Sci. USA*, **104**, 3165 (2007).
14) T. Kunitake and Y. Okahata: *J. Am. Chem. Soc.*, **99**, 3860 (1977).
15) T. Kunitake: *Angew. Chem., Int. Ed. Engl.*, **31**, 709 (1992).
16) E. W. Kaler et al.: *J. Phys. Chem.*, **96**, 6698 (1992).
17) K. Morigaki and P. Walde: *Curr. Opin. Colloid Interface Sci.*, **12**, 75 (2007).
18) G. H. Escamilla and G. R. Newkome: *Angew. Chem., Int. Ed. Engl.*, **33**, 1937 (1994).
19) S. Regen et al.: *J. Am. Chem. Soc.*, **102**, 6638 (1980).
20) D. S. Johnston et al.: *Biochim. Biophys. Acta*, **602**, 57 (1980).
21) K. Katagiri et al.: *Chem. - Eur. J.*, **13**, 5272 (2007).
22) J. Kikuchi and K. Yasuhara: in *Advances in Biomimetics*, ed. A. George, 231–250, IntechOpen, Rijeka (2011).
23) K. Yasuhara et al.: *Chem. Commun.*, **49**, 665 (2013).
24) U. H. N. Durr et al.: *Chem. Rev.*, **112**, 6054 (2012).
25) C. Loudet et al.: *Prog. Lipid Res.*, **49**, 289 (2010).
26) T. Zemb et al.: *Science*, **283**, 816 (1999).
27) E. Johansson et al.: *Biophys. Chem.*, **113**, 183 (2005).
28) M. Li et al.: *Langmuir*, **29**, 15943 (2013).
29) K. Yasuhara et al.: *Chem. Commun.*, **47**, 4691 (2011).
30) K. Yasuhara et al.: *Chem. Lett.*, **41**, 1223 (2012).
31) R. Matsui et al.: *Angew. Chem. Int. Ed.*, **54**, 13284 (2015).
32) I. G. Denisov and S. G. Sligar: *Chem. Rev.*, **117**, 4669 (2017).
33) I. G. Denisov et al.: *J. Am. Chem. Soc.*, **126**, 3477 (2004).
34) Y. N. Zhao et al.: *J. Am. Chem. Soc.*, **135**, 13414 (2013).
35) M. C. Orwick et al.: *Angew. Chem. Int. Ed.*, **51**, 4653 (2012).
36) T. Ravula et al.: *Eur. Polym. J.*, **108**, 597 (2018).
37) K. Yasuhara et al.: *J. Am. Chem. Soc.*, **139**, 18657 (2017).
38) H. M. G. Barriga et al.,: *Angew. Chem. Int. Ed.*, **58**, 2958 (2019).
39) J. Gustafsson et al.: *Langmuir*, **12**, 4611 (1996).
40) J. L. Grace et al.: *Chem. Commun.*, **53**, 10552 (2017).
41) J. Y. T. Chong et al.: *Soft Matter*, **10**, 6666 (2014).
42) H. Azhari et al..: *Eur. J. Pharm. Biopharm.*, **104**, 148 (2016).
43) R. Varghese et al.: *Colloids Interface Sci. Commun.*, **46**, 100561 (2022).
44) A. Pramanik et al.: *ACS Appl. Mater. Interfaces*, **14**, 11078 (2022).

第3章 ソフト微粒子

第4節
エマルション

信州大学　酒井　俊郎

1. はじめに

　エマルションとは，油と水のような互いに混ざり合わない液体の一方が微粒子となり，もう一方の液体中に分散したコロイドである。つまり，エマルションは互いに混ざり合わない液体同士が混ざり合った不自然な液体である。不自然とはエネルギー的に不安定な（エネルギーが高い）状態ということもできる。そのため，油と水を一時的に混合したとしても，いずれは自然な状態，つまり，エネルギー的に安定な（エネルギーが低い）状態である油と水の二層に分離した状態となる。油と水が混ざり合わない要因の1つは，油と水の表面張力の差が大きいことにある。水の表面張力は室温付近で約 $72 \, \mathrm{mN \, m^{-1}}$ であり，油の表面張力は $30 \, \mathrm{mN \, m^{-1}}$ 程度である。そのため，界面活性剤などの乳化剤を水に添加して水の表面張力を低下させ，水の表面張力を油の表面張力に近づけることにより，油と水は混合，つまり，乳化する。水の表面張力が油の表面張力と同程度まで低下した場合，すなわち，油と水の表面張力差がゼロ（界面張力がゼロ）となった場合には，油と水は自然に混合する。これを自然乳化という。このように油と水との界面張力を低下させることが乳化の基本コンセプトとなっている[1-3]。そのため，乳化には油と水の界面張力を低下させるための第3物質として界面活性剤などの乳化剤が使用される。本節では，界面活性剤の両親媒特性を巧みに利用して油と水の界面張力を低下させて乳化する転相温度（Phase Inversion Temperature：PIT）乳化法[4,5]，D相乳化法[6,7]，液晶乳化法[8]，可溶化転換法[9,10]について紹介する。また，油と水の界面に微粒子を集積させて乳化するピッカリングエマルション[11-16]，三相乳化[17]や機能性界面制御剤（Active Interfacial Modifier：AIM）を使用した乳化[18,19]について紹介する。さらに，乳化剤（界面活性剤）を一切使用しない油と水のみで乳化する乳化剤フリー乳化[20-42]について紹介する。

2. 界面活性剤の両親媒特性を利用した乳化

　乳化の基本コンセプトは油と水の界面張力を低下させることにあるが，単に界面活性剤を水に溶解して水の表面張力を低下させて油と混合しても，必ずしも安定なエマルションは得られない。代表的な乳化方法である転相温度（PIT）乳化法[4,5]，D相乳化法[6,7]，液晶乳化法[8]，可溶化転換法[9,10]に共通する点は，乳化プロセスの中で油と水の界面張力が著しく低下する（界面張力がゼロに近づく）ような状態をつくり出す点にある。転相温度（PIT）乳化法[4,5]では，非イオン界面活性剤の両親媒特性を利用して油と水の界面張力がゼロに近づく状態をつくり出している。非イオン界面活性剤は温度が低い場合には水に溶解して，温度が高くなり，ある温度以上になると水に溶解しなくなり析出する。この温度を曇点という。別の表現をすれば，非イオン界面活性剤は温度が低い場合には親水性，温度が高くなり，ある温度以上になると疎水性となる。この非イオン界面活性剤水溶液に油を混合して乳化すると，温度が低い場合には非イオン界面活性剤は水に溶解するため水中油滴型（O/W）エマルションが形成され，温度が高くなり，ある温度以上になると非イオン界面活性剤が油に溶解するようになり油中水滴型（W/O）エマルションが形成される。温度上昇によりO/WエマルションからW/Oエマルションへ転送する温度，

温度降下によりW/OエマルションからO/Wエマルションへ転送する温度を転送温度(PIT)という。この転送温度において油と水の界面張力が著しく低下する(界面張力がゼロに近づく)(図1)。そのため，転相温度(PIT)乳化法では乳化プロセスにおいて転送温度を挟み温度を上昇・降下させる操作が行われ，油と水の界面張力がゼロに近づく状態をつくり出している。転送温度において，O/WエマルションからW/Oエマルション，W/OエマルションからO/Wエマルションへ転送する場合，エマルション滴の曲率が逆転する(図1)。つまり，エマルション滴の曲率が逆転する転送温度では，油と水の界面がフラットな(曲率がゼロの)状態となる。このような状態をD相という。D相は両連続マイクロエマルションとも呼ばれ，自発的に油と水が混合する熱力学的に安定な平衡系エマルション(熱力学的に安定な平衡系エマルションをマイクロエマルションという)である(図2)[43]。このように，油と水の界面で界面活性剤が横並びに配置して油と水の界面がフラットな(曲率がゼロの)状態になると，油と水の界面張力がゼロに近づく。このD相を積極的につくり乳化する方法がD相乳化法[6,7]である。D相乳化法では，水と多価アルコールを含んだ界面活性剤溶液に油を分散させることによりO/Dゲルエマルションを形成させて，このゲルエマルションに水相を添加することによりO/Wエマルションを調製する方法である。界面活性剤が形成するラメラ液晶も界面活性剤が横並びに配置して曲率がゼロの状態といえる(図3)。この界面活性剤が形成するラメラ液晶を利用した乳化方法が液晶乳化法[8]である。液晶乳化法では，ラメラ液晶に油を添加してゲル状のO/ラメラ液晶エマルションを調製して，そこに水

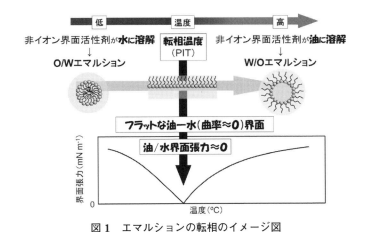

図1 エマルションの転相のイメージ図

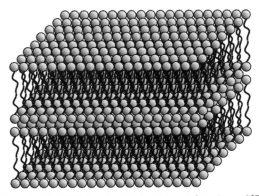

図2 D相(両連続マイクロエマルション)のイメージ図   図2 D相(両連続マイクロエマルション)のイメージ図

を添加して混合することによりO/Wエマルションが調製される。可溶化転換法[9,10]は非イオン界面活性剤水溶液の曇点付近において油の可溶化量が著しく増大することを利用した乳化方法である。先にも述べたように非イオン界面活性剤水溶液の曇点とは，非イオン界面活性剤は温度が低い場合には水に溶解して，温度が高くなり，ある温度以上になると水に溶解しなくなり析出する温度である。非イオン界面活性剤が親水性から疎水性に変化する温度付近において非イオン界面活性剤の会合数が増大して，多量の油を可溶化する（自発的に油を取り込む）ことができる。この状態から温度を降下すると可溶化状態と同様の透明なエマルションを調製することができる。このように，界面活性剤の両親媒特性を巧みに利用することにより，油と水の界面張力がゼロに近い状態をつくり出し，安定なエマルションを調製することができる。

3. 微粒子を利用した乳化

　前項では，界面活性剤の両親媒特性を巧みに利用して油と水の界面張力を低下させて乳化する方法について紹介した。ここでは，油と水の界面張力を低下させるのではなく，微粒子を油と水の界面に集積させて乳化する方法について紹介する（図4）。ピッカリングエマルション[11-16]は，油と水に疎水性シリカなどの固体微粒子を混合することにより調製される。固体微粒子は水にも油にも溶解することなく，油と水の界面に集積する。固体微粒子の疎水性-親水性のバランスを調整すると油と水への濡れ性が変化して，O/WエマルションやW/Oエマルションをつくり分けることができる。三相乳化[17]はエマルション中の液滴の表面に親水性ソフト微粒子がファンデルワールス力により液滴表面に集積することにより乳化される。機能性界面制御剤（AIM）を使用した乳化[18,19]は，エマルション中の液滴表面にAIMが集積することにより乳化される。これらのことから，安定なエマルションを調製するためには，界面活性剤も微粒子も油と水の界面に集積させる設計が重要であることがわかる。界面活性剤の原料となるパーム油の生産に限りがある中，微粒子を利用した乳化は新しい乳化処方として期待される。

4. 乳化剤（界面活性剤）を一切使用しない乳化剤フリー乳化

　油と水は互いに混ざり合わないことから，乳化剤のような第3物質を添加しないと乳化することができない，つまり，油と水のみからなるエマルションは調製できないと考えられてきた。ここでは，これまで不可能とされてきた界面活性剤などの乳化剤を一切使用せず油と水のみで乳化する乳化剤フリー乳化[20-42]について紹介する。乳化剤フリー乳化は，油と水を容器に入れ，機械的外力により混合する乳化である（図5）。機械的外力として，市販の超音波洗浄機（Bath-US; 42 kHz, 26 W），市販の超音波ホモジナイザー（Horn-US; 19.5 kHz, 600 W），筆者が開発した高出力バス型超音波照射機（HPBath-US; 28 kHz, 300 W），市販のローター式ホモジナイザー（RS-HG; 15,000 rpm, 800 W）を用いて，ドデカンを分散質，水を分散媒とした乳化剤フリー乳化を行った。その結果，Bath-USでは15分間，Horn-USでは1分間，HPBath-USは1分間，RS-HGでは1分間の処理で乳化剤フリーO/Wエマルションが得られた[41]。また，Bath-US，RS-HGを用いて調製された乳化剤フリーO/Wエマルションは調製1日後に

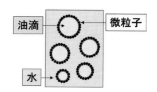

図4　微粒子を利用した乳化のイメージ図

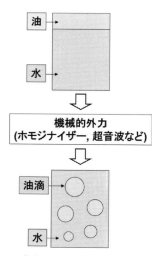

図5　乳化剤フリー乳化のイメージ図

は透明となったのに対して，Horn-US, HPBath-USを用いて調製された乳化剤フリーO/Wエマルションは調製7日後においてもクリーミングは観察されるものの白濁状態が維持されていた。このことから，高出力の超音波照射機(Horn-US, HPBath-US)は分散安定性の高い乳化剤フリーO/Wエマルションの調製に有効であることがわかった。これは，高出力の超音波照射機(Horn-US, HPBath-US)を用いて調製された乳化剤フリーO/Wエマルション中の油滴径が1μm以下になることに起因している。また，乳化剤フリーO/Wエマルションの分散安定性は分散質である油の種類により異なる。例えば，炭化水素油であるヘキサン，オクタン，デカン，ドデカン，テトラデカン，ヘキサデカンを分散質として調製された乳化剤フリーO/Wエマルションの分散安定性は，分散質がヘキサン＜オクタン＜デカン＜ドデカン＜テトラデカン≈ヘキサデカンの順に高くなる[20,23,26,38]。この序列は炭化水素油の炭素数と対応しており，乳化剤フリーO/Wエマルションの分散安定性は分散質となる炭化水素油の炭素数が増えると高くなる。また，この分散安定性の序列は界面活性剤を使用したO/Wエマルションの場合と同様である[44]。これらのことから，O/Wエマルションの分散安定性は分散質となる油の物理的性質によって決まることがわかる。さらに，分散質となる油に異種油を混合することにより，乳化剤フリーO/Wエマルションの長期分散安定化が可能となる（図6）[21,22,25,29]。例えば，ベンゼンを分散質とした乳化剤フリーO/Wエマルションは，調製後1時間程度で解乳化する[21,25]。ベンゼンに異なる炭化水素油を少量混合すると，ベンゼン/水エマルションの分散安定性が向上する[21,22,25,29]。例えば，ベンゼンに少量のオクタン，ドデカン，ヘキサデカンを混合すると，ベンゼン/水エマルションの分散安定性はオクタン＜ドデカン＜ヘキサデカンの順に向上する[21,25]。さらに，ヘキサデカンとベンゼンを1/100のモル比で混合すると，ベンゼン/水エマルションのエマルション状態は1年間以上維持される[21,25]。そのほか，少量のスクワラン，長鎖炭化水素を含むベンゼン誘導体やエーテルをベンゼンに混合した場合も，ベンゼン/水エマルションのエマルション状態は8〜10ヵ月間維持される[21,25]。また，少量のトリオレインをオレイン酸に混合した場合でも，オレイン酸/水エマルションの分散安定性が向上する[22]。このように異種油の最適な組み合わせと最適混合比により乳化剤フリーO/Wエマルションは長期分散安定化できる。異種油の混合による乳化剤フリーO/Wエマルションの分散安定化機構は，乳化剤フリーO/Wエマルション中の油滴間に可逆的な分子拡散をつくり出すことにある。O/Wエマルション中では，油滴間でオストワルドライプニングが起こり，小さな油滴から油分子が水中を拡散して大きな粒子へと吸収される。その結果，小さな油滴は小さくなり消滅し，大きな油滴はさらに大きくなり浮上して解乳化する。ここに，大きな油滴から小さな油滴へ油分子が拡散する仕組みを組み込むことができれば，油滴は大きくなることがなく，分散安定性の高い乳化剤フリーO/Wエマルションが得られるはずである。例えば，ベンゼンに少量のヘキサデカンを混合した場合，ベンゼン/水エマルション中のベンゼン滴間でオストワルドライプニングが起こり，水への溶解度(23 mM)[26]が大きいベンゼン分子が小さなベンゼン滴から大きなベンゼン滴へと拡散する。このとき，油滴内のヘキサデカンは水への溶解度(9.3×10^{-8} mM)[26]が小さいため水中に拡散せず油滴内に残留する。その結果，オストワルドライプニングにより小さくなった油滴内ではヘキサデカンが高濃度化し，一方で，大きくなった油滴内ではヘキサデカンは低濃度化する。この油滴内のヘキサデカンの濃度差を解消するため，大きな油滴から小さな油滴へベンゼン分子が水中を拡散する。このように，O/Wエマルション中の油滴間に逆向きの2つの分子拡散をつくり出すことが，乳化剤フリーO/Wエマルションの分散安定化を実現する。この原理は，乳化剤フリーW/Oエマルションにも適応でき，水に少量の電解質を溶解させることにより，乳化剤フリーW/Oエマルションの長期分散安定化が実現される（図7）[39]。このように，エマルション中の液滴の界面ではなく，内部を設計することによ

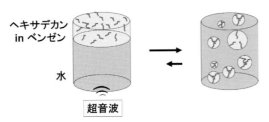

図6　異種油混合による乳化剤フリーO/Wエマルションのイメージ図

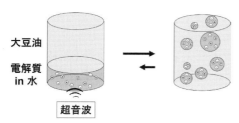

図7 水に電解質を添加した乳化剤フリー W/O エマルションのイメージ図

り，油と水のみで乳化する乳化剤フリー乳化が実現可能となる．

5. おわりに

　油と水は地球上の生命体が生きていく上で最も重要な液体である．その2つの液体が共存しているエマルションは，私たちの生活を豊かにしてくれる．しかし，油と水は互いに混ざり合わないため，それらを混合する乳化技術が必要となる．記録の範囲では界面活性剤が使用されるようになってから5,000年以上が経過している．つまり，5,000年以上，界面活性剤を使用して油と水が混合されている．5,000年経った現代においても，油と水を混合する乳化技術が開発し続けられている．これは，油と水を混合することが人類にとって極めて重要であり，かつ，極めて難しいことを意味している．また，現代社会のニーズの多様化により，エマルション製品へのニーズも多様化している．そのため，今後一層，新しい乳化処方の開発が求められるようになるはずである．ノーベル物理学賞を受賞したヴォルフガング・パウリ氏は"表面・界面"の神秘性や制御の難しさを「固体は神がつくりたもうたが，表面は悪魔がつくった」と表現している．その表面・界面を自在に操り，エマルションを自在に調製できる技術を構築したいものである．

文　献

1) S. E. Friberg et al.: Food emulsions (4th ed.), Marcel Dekker, New York (2004).
2) D. J. McClements: Food emulsions: Principles, practices, and techniques (2nd ed.), CRC Press, Boca Raton (2005).
3) D. K. Sarker: Pharmaceutical Emulsions, WILEY Blackwell, Oxford (2013).
4) 篠田耕三：転相温度方式と HLB 値方式による乳化剤選定の比較，日本化学雑誌，**89**(5), 435-442 (1968).
5) K. Shinoda and H. Saito: The Stability of O/W type emulsions as functions of temperature and the HLB of emulsifiers: The emulsification by PIT-method, *J. Colloid Interface Sci.*, **30**(2), 258-263 (1969).
6) 鷺谷広道ほか：界面活性剤(D)相乳化法による微細な乳化滴をもつ O/W エマルションの作製，日本化学会誌，**1983**(10), 1399-1404 (1983).
7) H. Sagitani: FORMATION OF O/W EMULSIONS BY SURFACTANT PHASE EMULSIFICATION AND THE SOLUTION BEHAVIOR OF NONIONIC SURFACTANT SYSTEM IN THE EMULSIFICATION PROCESS, *J. Dispersion Sci. Technol.*, **9**(2), 115-129 (1988).
8) T. Suzuki et al.: Formation of Fine Three-Phase Emulsions by the Liquid Crystal Emulsification Method with Arginine β-Branched Monoalkyl Phosphate, *J. Colloid Interface Sci.*, **129**(2), 491-500 (1989).
9) 友政哲，河内みゆき，中島英夫：二相領域で形成されるマイクロエマルション調製法と安定性，油化学 **37**(11), 1012-1017 (1988).
10) 中島英夫ほか：超微細エマルションおよびその化粧品への応用，*J. Soc. Cosmet. Chem. Jpn.*, **23**(4), 288-294 (1989-1990).
11) S. U. Pickering: Emulsions, *J. Chem. Soc.*, **91**, 2001-2021 (1907).
12) B. P. Binks and S. O. Lumsdon: Stability of oil-in-water emulsions stabilised by silica particles, *Phys. Chem. Chem. Phys.*, **1**(12), 3007-3016 (1999).
13) B. P. Binks and S. O. Lumsdon: Influence of particle wettability on the type and stability of surfactant-free emulsions, *Langmuir*, **16**(23), 8622-8631 (2000).
14) B. P. Bink: Particles as surfactants - similarities and differences, *Curr. Opin. Colloid Interface Sci.*, **7**(1-2), 21-41 (2002).
15) B. P. Binks and J. H. Clint: Solid wettability from surface energy components: Relevance to pickering emulsions, *Langmuir*, **18**(4), 1270-1273 (2002).
16) Y. Nonomura et al.: Self-assembly of surface-active powder at the interfaces of selective liquids. 1: Multiple structural polymorphism, *Langmuir*, **18**(26), 10163-10167 (2002).
17) K. Tajima et al.: Structure of Three-Phase Emulsion

18) K. Sakai et al.: Active Interfacial Modifier: Stabilization Mechanism of Water in Silicone Oil Emulsions by Peptide-Silicone Hybrid Polymers, *Langmuir*, **26**(8), 5349-5354(2010).

19) 酒井健一ほか：機能性界面制御剤という物質概念のもとでの乳化物調製, オレオサイエンス, **12**(8), 321-325(2012).

20) K. Kamogawa et al.: Evolution and Growth of Oil Droplets in Emulsifier-free, Metastable Aqueous Solutions: A Light Scattering and Conductive Probe Study, *J. Jpn. Oil Chem. Soc.*, **47**(2), 159-170(1998).

21) K. Kamogawa et al.: Dispersion and Stabilizing Effects of n-Hexadecane on Tetralin and Benzene Metastable Droplets in Surfactant-Free Conditions, *Langmuir*, **15**(6), 1913-1917(1999).

22) K. Kamogawa et al.: Surfactant-free O/W emulsion formation of oleic acid and its esters with ultrasonic dispersion, *Colloids Surf. A*, **180**(1-2), 41-53(2001).

23) K. Kamogawa et al.: Surfactant-Free O/W Emulsion Formation of Oleic Acid and Its Esters with Ultrasonic Dispersion, *Colloids Surf. A*, **180**, 41-53(2001).

24) 酒井俊郎ほか：界面活性剤無添加系エマルションの新しい展開, オレオサイエンス, **1**(1), 33-46(2001).

25) 阿部正彦, 酒井俊郎：疎水性物質の添加によるサーファクタントフリーエマルションの分散安定化, *FRAGRANCE JOURNAL*, **29**(12), 21-29(2001).

26) T. Sakai et al.: Dimpled Polymer Particle Prepared by Single-Step under Acoustic Field, *Langmuir*, **18**(10), 3763-3766(2002).

27) T. Sakai et al.: Monitoring Growth of Surfactant-Free Nanodroplets Dispersed in Water by Single-Droplet Detection, *J. Phys. Chem. B*, **107**(13), 2921-2926(2003).

28) T. Sakai et al.: An Analysis of Multi-Step-Growth of Oil Droplets Dispersed in Water, *J. Oleo Sci.*, **52**(12), 681-684(2003).

29) K. Kamogawa et al. Dispersion and Stabilization in Water of Droplets of Hydrophobic Organic Liquids with the Addition of Hydrophobic Polymers, *Langmuir*, **19**(10), 4063-4069(2003).

30) K. Kamogawa et al.: Preparation of oleic acid/water emulsions in surfactant-free condition by sequential processing using midsonic-megasonic waves, *Langmuir*, **20**(6), 2043-2047(2004).

31) T. Sakai: Surfactant-free emulsions, *Curr. Opin. Colloid Interface Sci.*, **13**(4), 228-235(2008).

32) 酒井俊郎：サーファクタントフリーエマルションの分散安定化機構の解明と分散安定化技術の開発, オレオサイエンス, **8**(12), 17-25(2008).

33) 赤塚秀貴ほか：界面活性剤無添加水溶液中におけるオレイン酸滴の粒子径に及ぼす長鎖脂肪族アルコールの添加効果, *J. Jpn. Soc. Colour Mater.*, **81**(4), 111-116(2008).

34) H. Akatsuka et al.: A Study on Droplet Growth in and Stabilization of Surfactant-Free Emulsions, *Mater. Tech.*, **26**(1), 22-31(2008).

35) 酒井俊郎：高純度オレイン酸を油剤としたサーファクタントフリーエマルション, *FRAGRANCE JOURNAL*, **37**(11), 46-53(2009).

36) 酒井俊郎, 瀬尾桂太：乳化剤フリー油中水滴型(W/O)エマルションの分散安定性：油物性の影響, 色材協会誌, **87**(11), 1-6(2014).

37) 酒井俊郎ほか：乳化剤フリー油中水滴型(W/O)エマルション：植物油による分散安定化, 色材協会誌, **89**(10), 333-339(2016).

38) 酒井俊郎：乳化剤を使用しない乳化技術の実現, *FRAGRANCE JOURNAL*, **44**(10), 14-22(2016).

39) T. Sakai and T. Oishi: Colloidal stabilization of surfactant-free emulsion by control of molecular diffusion among droplets, *J. Taiwan Inst. Chem. Eng.*, **92**, 123-128(2018).

40) 酒井俊郎：乳化剤フリーエマルション, 色材協会誌, **93**(4), 105-110(2020).

41) K. Takei et al.: Potential of High-Powered Bath-Type Ultrasonicator for Manufacturing of Emulsifier-Free Emulsions, *J. Jpn. Soc. Colour Mater.*, **94**(9), 245-251(2021).

42) K. Takei et al.: Colloidal Stability of Emulsifier-free Triolein-in-Water Emulsions: Effects of Temperature, *J. Oleo Sci.*, **71**(1), 75-81(2022).

43) 篠田耕三：溶液と溶解度, 丸善(1991).

44) J. Weiss et al.: Ostwald ripening of hydrocarbon emulsion droplets in surfactant solutions, *Langmuir*, **15**(20), 6652-6657(1999).

第4編
産業応用

第1章 エネルギー・エレクトロニクス

第1節
リチウム電池の分散,凝集とレオロジー

神戸大学　菰田　悦之

1. リチウム電池の電極スラリー

　リチウムイオンを利用した二次電池は,軽量コンパクトでありパソコンやスマートフォンなどの携帯機器の電力源として長い採用実績がある。近年では,地球環境保護の観点から自動車の電動化が世界規模でかつ急速なスピードで進展しつつある。電気自動車に搭載される電池の蓄電量は,従来の携帯用電源とは比較にならないほど多く,これまで構築されてきた電池材料系や生産技術の手直しでは到底達成できない性能・生産量が求められている。したがって,新たな材料開発は当然のことながら,それらの材料の性能を最大限に発揮できる電池製造プロセスの構築も極めて重要な課題である。

　リチウムイオン電池は,当然ながら電池である以上は正極と負極から構成されており,これらを隔てるセパレーター,これらの間を満たす電解液がさらに含まれている。そして,正極および負極は,最終的に電極を構成する主材料である活物質および導電助剤が高分子溶液中に分散されたスラリーを塗布・乾燥して作製される。粒子状材料の分散状態によっては,活物質に適切に電気が流れず,特に大電流下や充放電の繰り返しに対する電極の耐性が著しく低下する。当然ながら,これは乾燥後の電極内部構造の違いによって引き起こされるが,塗布・乾燥中の構造形成を理解するための第一歩はスラリーの時点でその内部に形成される構造とその動特性を理解することである。本節では,一般的なリチウムイオン電池の正極および負極の作製工程で用いられる電極スラリーを対象として,そのレオロジー特性に基づいてスラリーの内部構造について調査した事例を紹介する。

2. 正極スラリー [1,2]

　正極はリチウム源である粒子状の活物質,活物質の低い導電性を補う導電助剤,これらを薄膜状に成形する上で粒子同士を結合するバインダーが主成分である。そして,これらの材料を溶媒中に分散・溶解させたスラリーを塗布・乾燥することで正極膜は得られる。導電助剤やバインダーは電池容量の増加には寄与しないので少ない方が望ましく,多量の活物質が緻密に充填されていることが求められる。また,最終的にはスラリーから溶媒は取り除かれるため,製造コストや環境リスク削減の観点から,電極スラリーの高濃度化が期待されている。ところが,導電助剤が過度に少なければ大電流を流すことができず,バインダーや溶媒が不足すると粒子状物質を均質に分散させることが困難になり,いずれも性能低下を引き起こす。正極スラリーの内部構造をレオロジーの観点からひも解くには,各主要成分が溶媒中でどのように存在するのかを1つずつ知っておく必要がある。

　図1には,バインダー溶液,活物質スラリー,導電助剤スラリーのレオロジー特性をまとめた。各スラリーの組成は表1に示す通りである。バインダー溶液は,ポリフッ化ビニリデン(PVDF)をN-メチルピロリドン(NMP)に溶解した8 wt％の溶液である。これより,PVDF溶液の粘度はせん断速度によらず一定であり,粘性が支配的な Newton 流体であることがわかる。加えて,図1(b)の周波数分散測定結果からも,粘性を表す損失弾性率 G'' は弾性を表す貯蔵弾性率 G' に比べて十分に大きく,両対数プロットでそれぞれ傾きが1および2であり,この挙動は Maxwell モデルで良好に表される。

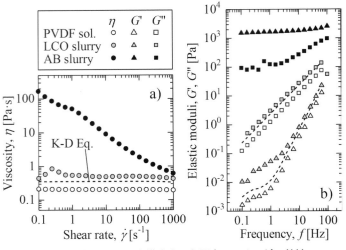

図1 正極スラリーを構成する各要素のレオロジー特性

PVDF 溶液は，$G' \sim G''$ となる 400 Hz 以上になると弾性的にふるまうが，通常の使用においては粘性流体であると考えてよいことがわかる。

次に，8 wt% PVDF 溶液に代表的な活物質であるコバルト酸リチウム(LCO)粒子を 20 vol%添加した LCO スラリーのレオロジー特性に注目する。LCO スラリーも，図1(a)より Newton 流体であることがわかり，図1(b)から弾性率の周波数依存性は PVDF 溶液とほとんど変化しないことがわかる。また，LCO 粒子を添加したことによる粘度増加率である相対粘度は，式(1)で表される Krieger-Dougherty 式[3]と粒子体積分率，球形粒子に関するパラメーター($[\eta]=2.5$ および $\phi_\mathrm{m}=0.64$)を用いて，1.8 と算出される。これより推算した LCO スラリーの粘度を同図中に点線で示した。その結果，LCO スラリーの粘度は推算値と良好に一致し，PVDF 溶液中で LCO 粒子がほぼ孤立した状態にまで分散されていることがわかった。さらに，周波数分散測定結果についても粘度と同様に PVDF 溶液の弾性率と相対粘度の積として推算した値を点線で示した。1 Hz 以下の低周波数領域ではわずかな弾性の増加が見られたが，推算値と実測値は良好に一致し，LCO 粒子同士の連結構造に起因するような明確な弾性は生じていないことがわかる。

$$\eta_r = \left(1 - \frac{\phi}{\phi_m}\right)^{-[\eta]\phi_m} \quad (1)$$

ここで，LCO 粒子が完全孤立に近い状態に分散できた理由について，粒子径の観点から考察を試みる。本検討で用いた LCO 粒子は平均粒子径 7 μm である。一般に，ミクロンサイズを超えると非コロイド粒子に分類され，その粒子運動はブラウン運動ではなく流体力学的な作用，すなわち，撹拌や混練といった外部から加えられた機械的な作用が支配的になるとされる。これを判断するために，粒子に働くせん断作用と粒子自体のブラウン運動の比で，式(2)で表されるペクレ数が用いられる。ペクレ数が 1 より十分に大きければ，粒子運動は流体力学的作用に支配されるといえる。

$$Pe = \frac{3\pi d^3 \eta \dot{\gamma}}{4 k_B T} \quad (2)$$

ここで，d, η, $\dot{\gamma}$, k_B, T はそれぞれ粒子径，分散媒粘度，せん断速度，ボルツマン定数，温度である。したがって，常温の PVDF 溶液中における LCO 粒子のペクレ数が 1 となるせん断速度は $3 \times 10^{-5}\,\mathrm{s}^{-1}$ と算出される。このことから，LCO 粒子はブラウン運動によって粒子同士が凝集する効果は無視でき，比較的弱い撹拌でも粒子の均一分散が可能

表1 レオロジー測定試料の組成

	正極スラリー	LCO スラリー	AB スラリー
LCO	19	20	—
AB	2	—	2.8
5 wt% PVDF 溶液	79	80	97.5

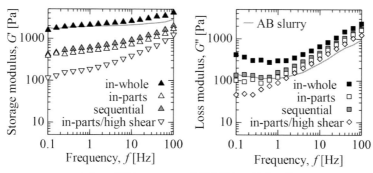

図2　正極スラリーの分散方法と周波数分散

になったと考えられる。なお，NMP中でもLCO粒子は比較的容易に分散できるが，溶媒粘度が低すぎることでLCO粒子は立ちどころに沈降する。PVDF溶液の粘性によってLCO粒子の沈降はある程度抑制できていると考えてよいだろう。

さらに，代表的な導電助剤であるアセチレンブラック(AB)を前述のPVDF溶液中の分散させたABスラリーのレオロジー特性に注目する。ABスラリー中に含まれる固形分はわずか2.5 vol%でしかないのにもかかわらず，PVDF溶液に比べると著しく粘度は増加し，せん断速度の増加に対して大きく粘度が低下する顕著なシアシニング性も観察される。加えて，周波数分散では貯蔵弾性率G'が優勢となり，比較的幅広い周波数領域で弾性率が一定値を示した。これは第二平坦部と呼ばれ，粒子架橋構造がスラリー全域に広がっていることが示唆される。一次粒子径40 nmほどのAB粒子は凝集性が強くストラクチャーと呼ばれる一次凝集構造を形成し，さらに，ストラクチャーの高次凝集構造がネットワーク状に発達してこの弾性的な特徴を示したと考えられる。せん断印加により構造が分断されたことがシアシニング挙動を引き起こしたと言える。なお，AB粒子をNMP中に分散させても一様なスラリーを得ることは困難であった。すなわち，PVDFがAB粒子に吸着することで過度な凝集を抑制できていることは確かであるが，その詳細はレオロジーの観点からは調査できていない。

さまざまな手順で分散させた正極スラリーの周波数分散測定結果を図2にまとめた。PVDF溶液にLCO粒子とAB粒子を同時に分散させた正極スラリー(in-whole)の貯蔵弾性率がABスラリー(図中実線)とほぼ一致しており，損失弾性率はLCO添加に伴う粘度増加率から想定されるよりも高い値を示した。すなわち，この正極スラリー内部で形成されるABのネットワーク構造は，AB粒子単独で分散させたときにPVDF溶液内で形成されるものと同等であり，ABネットワーク内でLCO粒子は完全に分散されていないといえる。これに対して，ABスラリーをまず作製してからLCO粒子を続けて添加した場合(Sequential)やLCOとABを同時に濃厚PVDF溶液に分散させ徐々に希釈した場合(in-parts)には同等のレオロジー特性を示し，ABスラリーに比べて貯蔵弾性率・損失弾性率のいずれもが著しく低下した。さらに，低周波数では第二平坦部はin-wholeに比べて狭くなり，損失弾性率はABスラリーとほぼ一致した。これにに対して，高周波数での損失弾性率はLCO添加に伴う粘度増加率とABスラリーのそれとの積と良好に一致した。これより，AB粒子のネットワーク構造はLCO粒子とともに分散を行うことで分断されてABの接触点数の減少が貯蔵弾性率を低下させるが，依然として分断されたABネットワーク構造が残存することで高い粘性が維持されたと考えられる。すなわち，ABネットワーク形成後や濃厚スラリーにLCO粒子を添加すると，LCO粒子はビーズミルにおけるメディアの役割を果たし，ABネットワーク構造の断片化が進む。この結果，LCOとABネットワークがミクロスケールで混合され，最も充放電性能を向上させることができた。ところが，このように分断化が進んだ正極スラリーにさらに高いせん断を印加した結果(in-part/high shear)では，特に低周波数域で貯蔵弾性率および損失弾性率のさらなる低下が観察された。そして，このスラリーを用いて作製した電極は導電性が著しく低下することもわかった。このことから，過度なせん断印加によってABネットワーク構造の細分化が進みすぎると，ABネットワーク

第4編　産業応用

に起因する導電性が確保できなくなることがわかる。

3. 負極スラリー[4]

負極では正極から放出されたリチウムイオンを効率的に貯蔵するために，多くの炭素材料が有する層状構造が利用される。このため，負極活物質として最も一般的な材料はグラファイトである。しかしながら，既存の電池において負極はすでに理論容量近くに到達しており，活物質粒子をシリコンに変更することが提案されている。ただし，シリコンは導電性が低いので導電助剤の添加が必須となること，充放電に伴う大きな体積変化に対応できる電極構造やバインダー物性が求められる。さらに，負極スラリーは一般に水系であるが，シリコン系活物質についてのスラリー水系化においては，凝集性の高い炭素系導電助剤の水中分散という難題を伴う。本稿では，従来から用いられているグラファイト粒子を分散剤であるカルボキシメチルセルロース（CMC）水溶液中で分散させたときのレオロジー変化から負極スラリーの内部構造について調査した事例を紹介する。実在スラリーには，スチレンブタジエンゴム（SBR）などが微粒状に分散されているが，添加量も少なく，レオロジー特性を大きく変化させるものではないので，ここでは割愛した。

グラファイト粒子は正極活物質と同様に比較的粗大であり，大きさの観点から分散性は悪くない。しかしながら，炭素粒子は疎水性が強く，さらに粒子間には強いファンデルワールス引力が作用するため，水中での完全分散は困難である。CMCは，セルロース骨格が疎水性を有し，側鎖のカルボキシメチル基は高い親水性を示すことから，グラファイト粒子の表面にCMCが吸着すると，親水化された表面は水との親和性が向上し，さらに，吸着層の立体斥力により粒子分散性も向上する。CMCを十分に吸着させるには，グラファイト粒子の凝集物を機械的な作用により解砕する必要があり，撹拌操作において印加するせん断作用はグラファイト粒子の分散性に大きな影響を与えることが想定される。そこで，二重円筒型の分散装置を自作し，異なるせん断速度を印加したときの負極スラリーのレオロジー変化を調査した（**図3**）。

せん断速度 $47\,\mathrm{s}^{-1}$ では，分散時間2分以降は弾

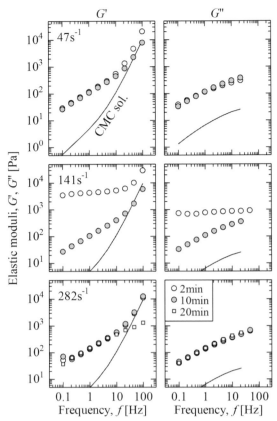

図3　負極スラリー分散中のレオロジー変化に対するせん断速度と分散時間の影響

性率の変化が見られなかった。また，貯蔵弾性率 G' と損失弾性率 G'' は10Hz以下ではほぼ一致し，クリティカルゲルが形成されている。また，図中の実線はCMC水溶液の測定結果である。G'' に着目すると，負極スラリーとCMC水溶液の周波数依存性はほぼ一致し，グラファイト粒子添加により約15倍に増加したことがわかる。これは，前述のKrieger-Dougherty式からグラファイト粒子の実質的な体積分率は51vol%と推定される。負極スラリーには完全な球形とは言えないグラファイト粒子が43vol%含まれることを考えれば，CMC水溶液中でグラファイトはほぼ孤立して存在していると考えられる。これに対して，負極スラリーの G' は低周波数側ではCMC水溶液のおよそ50倍ととても大きく，CMCはグラファイト粒子表面に吸着して分散性を向上させただけでなく，吸着CMCがグラファイト粒子間を架橋し，スラリー全体としては固体的な特徴を示したと考えられる。一方で，10Hz

以上の高周波数域では負極スラリーとCMC水溶液の貯蔵弾性率G'は同等の値を示し，CMC鎖が形成するネットワーク構造の弾性応答がスラリーの応答を支配していたことがわかる。CMC水溶液の高周波数域における強い弾性は，CMC分子鎖の絡み合いに起因すると考えられることから，CMC分子鎖は絡み合い構造を維持しながら吸着したグラファイト粒子を均一に分散させていると考えられる。

分散時に与えるせん断速度を$141 s^{-1}$に増加させると，最終的なレオロジー特性は$47 s^{-1}$と同等ではあるが，分散2分後には$G' \cdot G''$いずれもが周波数依存性を示さず，また，G'が優位になり，スラリーが固体的な性質を示すことがわかった。これは，グラファイト粒子の凝集性とCMCの吸着速度が関係していると思われる。すなわち，グラファイトは疎水性であり分散初期には水中で強固に凝集している。強いせん断を与えて多くの凝集物を速やかに解砕しても，その粒子表面に対して均一にCMCが吸着できないので，グラファイト粒子の結合が残存したまま系全体に広がることになる。その結果，高濃度に含まれたグラファイト粒子は互いに結合されたネットワーク構造を形成し，これが固体的な特徴を示した原因である。本検討で用いた装置ではスラリーに対して均一なせん断を印加し続けることができるので，徐々にCMCの吸着が進行して分散性を向上させることができた。しかしながら，工業的に用いられるような大型分散装置で均一なせん断が困難であれば，低せん断領域にはこのような固体的なスラリーが滞留し，十分長く分散を行っても流動性の回復が見込めない。

一方で，さらに高いせん断速度（$282 s^{-1}$）では，負極スラリーが固体的なレオロジー特性は観察されなかった。実際には，分散時間2分未満の時点で固体的な特徴を有していたが，$141 s^{-1}$の10分経過と同様のメカニズムにより分散が進行したと考えた。ただし，分散時間20分になると，高周波数域においてG'が大きく低下し，CMC水溶液よりも小さな値を示した。前述の通り高周波数域でのG'はCMC鎖の絡み合いに起因することから，高せん断速度を長時間印加するとCMC鎖の絡み合いが一部失われることがわかった。しかしながら，CMCの分子鎖は強固で機械的に破砕することは困難で，$10^4 s^{-1}$程度のせん断速度を与えることでその絡み合い構造が破壊できる[5]。それでも，わずか$300 s^{-1}$程度のせん断速度で絡み合い構造が破壊されたことは説明できず，高濃度スラリーであることを考慮しなければ説明できない。負極スラリー組成からグラファイト（粒子径$20\mu m$）の粒子表面間距離は式(3)のWoodcockの式[6]を用いて，$0.8 \mu m$と試算される。せん断速度は負極スラリー全体に印加された速度勾配であるが，グラファイト粒子内には速度勾配はなく，速度勾配は粒子間隙部にのみ存在する。すなわち，$20.8 \mu m$離れた2点間の速度差が実際には$0.8 \mu m$の隙間に生じているので，グラファイト粒子間のCMC水溶液に作用する実質的なせん断速度は系に与えられたそれの26倍になる。その結果，CMC水溶液に働くせん断速度は$7300 s^{-1}$程度と推定され，CMCの絡み合い構造はこの作用で破壊されたことがわかった。

$$h = d\left(\sqrt{\frac{1}{3\pi\phi} + \frac{5}{6}} - 1\right) \qquad (3)$$

これらの結果から，一様なせん断印加が困難な装置を用いて負極スラリーを分散させる場合，分散初期に過度に強いせん断を与えるとスラリーが固体化し，その後のスラリー化工程が立ち行かなくなる可能性が指摘できる。穏やかな条件から始めることで，CMC水溶液中でグラファイト粒子が過度に凝集せずに一様混合させることができ，その後必要に応じて高せん断を与えてさらに分散を進める手順が望ましいことがわかる。

4. まとめ

リチウムイオン電池を構成する正極および負極スラリーのレオロジー特性を紐解くことで，分散中の内部構造変化やそれを支配する因子が抽出できることをここでは述べた。材料開発においてさまざまな正極活物質が提案されており，例えば，活物質粒子が小さくなったり，比重が低くなったりすると，本稿で説明したような活物質によるビーズミル効果は期待できなくなる。そこで，活物質の均一分散を期待して分散剤を添加すると，高せん断印加時と同じように導電性が大きく損なわれることが懸念される。レオロジー特性を指標とすることで，導電性を犠牲にせずに活物質の分散が可能になることが期待される。また，負極のみならず正極においても水系スラリーへの転換が進められており，導電助剤の分

散制御が一番の課題となるであろう。レオロジーは不透明な材料であってもそれが形成するネットワーク構造を的確に検出できる有用なツールではあるが，推定に頼る部分も少なくなく，希釈せずに評価が可能な他の手法と組み合わせて現象を理解する必要がある。

文　献

1) K. Kuratani et al.: Controlling of dispersion state of particles in slurry and electrochemical properties of electrodes, *Journal of The Electrochemical Society*, **166**(4), A501(2019).
2) Y. Komoda et al.: Rheological interpretation of the structural change of LiB cathode slurry during the preparation process, *JCIS Open,* **5**, 100038(2022).
3) I. M. Krieger and T. J. Dougherty: A mechanism for non-Newtonian flow in suspensions of rigid spheres, *Trans. Soc. Rheol*, **3**, 137-152(1959).
4) 菰田悦之ほか：リチウムイオン二次電池負極用スラリー分散過程の粘弾性解析，粉体工学会誌，**53**(6), 371-379(2016).
5) A. R. D'Almeida and M. L. Dias: Comparative study of shear degradation of carboxymethylcellulose and poly(ethylene oxide) in aqueous solution, *Polym. Degrad. Stab*, **56**, 331-337(1997).
6) L. V. Woodcock: Developments in the non-newtonian rheology of glass forming systems, *Lect. Notes Phys*, **277**, 113-124(1985).

第1章 エネルギー・エレクトロニクス

第2節 燃料電池の分散・凝集と電池特性

神戸大学　菰田　悦之

1. はじめに

燃料電池は，水素と酸素を原料として酸化還元反応により水を生成する化学反応を利用し，化学エネルギーから直接電気エネルギーを取り出すことができる。熱エネルギーや機械的エネルギーへの変換ロスがないことからエネルギー効率が高く，排出物がクリーンであることから，持続可能な水素社会において中核を担うエネルギー源である。燃料電池はいくつかのタイプに分類されるが，中でも固体高分子形燃料電池(Polymer Electrolyte Fuel Cell：PEFC)は，低作動温度(約80～100℃)，コンパクトな装置寸法，優れた可搬性，といった特徴から，自動車の動力源としての利用が期待され，一部実用化されている。

PEFCの開発にあたって未だに多くの課題が残されているものの，発電能力の高効率化に関しては数多くの研究者によって優れた素材が開発・実用化されている。PEFCは図1に示すように，水素イオンが透過するイオン交換膜，酸化還元反応が行われ，その原料および生成物が移動する触媒層，原料および生成物の拡散層で構成される。触媒層中ではガス・プロトン・電子が共存する三相界面において反応が進行し，それらの移動および反応が発電性能に直結する。すなわち，燃料電池の発電性能は触媒層中の材料の分布状態や構造に大きな影響を受けることがわかる。

触媒層は，電気伝導性物質である数十nmの炭素微粒子の表面に数nmの白金触媒を担持させた白金担持カーボン(Pt/C)を陽イオン交換樹脂(通常は，アイオノマーと呼ばれる)溶液中に分散し，得られた触媒スラリーを塗布・乾燥して作製される。すなわち，触媒スラリー中でPt/C粒子が形成する内部構造が適切に理解・制御されることは，所望の発電性能を有する触媒層の構築には不可欠である。本稿では，触媒スラリーのレオロジー特性とスラリー内部構造の関係性について議論し，実際の発電性能にいかなる影響を与えるのかについて検討した事例について述べる。

2. 粒子濃度とレオロジー特性および発電性能[1]

Pt/C粒子を代表的なアイオノマーであるNafion溶液中に分散させた触媒スラリーを対象として研究を行った。高導電性カーボン粒子(一次粒子径：約30 nm)の表面に白金触媒(粒子径：2～3 nm)を40 wt%で担持したPt/Cを用いた。また，Nafionは水・アルコール混合溶媒に5 wt%で溶解されており，イソプロパノール(IPA)で希釈して用いた。Pt/C粒子は非常に凝集性が強いため，見かけ上均一なスラリーが得られるまで撹拌と超音波分散を繰り返した。表1に調製した触媒スラリーの組成を示す。

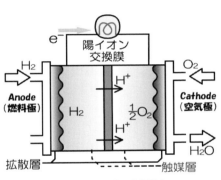

図1　燃料電池の内部構造

表1 触媒スラリーの組成

Mass ratio			Particle volume fraction [－]	Nafion-Pt/C ratio
Pt/C	5 wt% Nafion sol.	IPA		
1	4	1.5	0.043	0.20
1	6	1.5	0.032	0.30
1	8	1.5	0.026	0.40
1	10	1.5	0.021	0.50

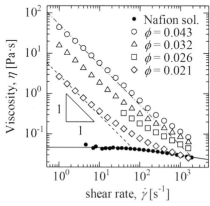

図2 粒子体積分率と触媒スラリーの粘度

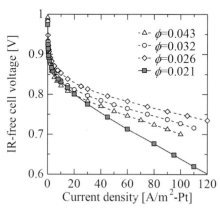

図3 触媒スラリーの組成と発電性能の関係

各触媒スラリーの粘度測定結果を図2に示す。各スラリーの分散媒は3.6～4.3 wt%に希釈されたNafion溶液ではあるが，参考として5 wt% Nafion溶液の粘度も併せて示した。さらに，粒子体積分率が2～4 vol%であるのでEinsteinの式[2]を適応すると，粒子添加による粘度増加は5～10%程度であり，Nafion溶液とほとんど変わらないことがわかる。ところが，触媒スラリーは低せん断速度では分散媒よりも何桁も高い粘度を示した。また，いずれのスラリーもせん断速度の増加に対してほぼ反比例して粘度は低下した。これは，低せん断速度域ではせん断応力がほぼ一定値を示すことに対応し，触媒スラリーが降伏応力を有していることがわかる。したがって，全ての触媒スラリー中ではPt/C粒子が系全体に広がる連結構造を形成していることが示唆される。ところが，高せん断速度域ではスラリー組成によって異なる挙動が見られた。$\phi=0.043$のスラリーでは反比例から明確に逸脱するせん断速度は10^2 s^{-1}で，最大せん断速度10^3 s^{-1}でもその構造は完全に破壊されていなかった。同様の傾向が$\phi=$

0.026でも観察されたが，$\phi=0.021$のスラリーではせん断速度10^3 s^{-1}における粘度がNafion溶液と同等であった。前述の試算より，Pt/C粒子が凝集体を作らずに孤立した状態にまで分散されることがわかった。

各スラリーを用いて触媒層を作製し，発電性能評価を実施した。なお，Pt/C粒子を多く含むスラリーから得られた触媒層には，反応場である白金が多く，当然ながら高い性能を示す。この差を考慮するため，サイクリックボルタンメトリーにより有効白金表面積を算出し，有効白金表面積基準の電流密度と触媒層由来の抵抗を差し引いた補正電圧の関係を図3に示す。また，触媒膜の作製工程で，燃料極側の触媒層は200 s^{-1}，空気極側は1000 s^{-1}のせん断速度を印加して塗布操作を実施した。これより，$\phi=0.026$までは粒子体積分率の低下に伴って発電性能が向上することがわかった。これは粒子の減少に伴って有効白金表面積が減少したにもかかわらず，依然として高い導電性を有していたことが主な原因である。これは，粘度測定結果において，高い

表2 触媒スラリーの組成

Mass ratio			Particle volume fraction[－]	Nafion-Pt/C ratio
Pt/C	5 wt% Nafion sol.	IPA		
0.4	4	1.5	0.018	0.50
0.8	4	1.5	0.035	0.25

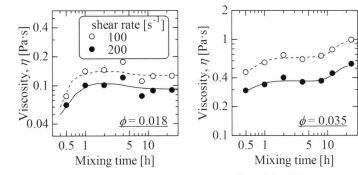

図4 分散工程における粘度変化と粒子濃度の関係

せん断速度を与えても Pt/C 粒子の凝集構造が残存していたことに対応していると思われる。一方で，$\phi=0.021$ のスラリーから得られた触媒層を用いると，低電流密度域では他の組成と同等の起電圧を示したが，電流密度の上昇に伴い著しい電圧低下が認められた。この組成では塗布時に高いせん断速度が印加されたことで，Pt/C 粒子の連結構造が完全に失われ，これが特に大電流密度における性能低下を引き起こしたと考えられる。高電流密度域すなわちプロトン・電子・原料ガスいずれの移動速度も速くする必要がある条件において拡散速度律速となり，原料ガスの供給や水蒸気の排出能力が不足したと考えられる。

3. 触媒スラリーの最適撹拌時間[3]

先の検討から，Pt/C 粒子濃度が低くなると高せん断速度の印加により Pt/C 粒子の凝集構造が過度に破壊され，電池性能が低下することを述べた。そして，塗布時に印加されるせん断速度に対応するスラリー粘度を調査することの重要性を指摘した。しかしながら，溶液中の粒子分散状態は，粒子濃度や溶媒組成などによって複雑に変化する。ここでは，濃度一定の Nafion 溶液に異なる濃度の触媒粒子を添加し，撹拌に伴う触媒スラリーの粘度変化を調査した。これにより，分散中の触媒粒子の凝集状態の変化を推察し，各スラリーを用いて作製した触媒層の構造および発電性能との関係について調査した。

表2 の組成で混合した原料をマグネチックスターラーで撹拌し，撹拌時間の異なる触媒スラリーを調製した。撹拌時間の異なる触媒スラリーを用いて粘度測定を実施するとともに，いくつかの触媒スラリーを塗布・乾燥して得られた触媒層を用いて電池性能評価も行った。

各組成の触媒スラリーについて，撹拌時間とせん断速度 100 および 200 s^{-1} における粘度の関係を図4 に示す。いずれのスラリーも撹拌初期には，凝集していた Pt/C 粒子が Nafion 溶液全体に広がりネットワーク構造を形成したことで，粘度が増加する傾向が見られた。Pt/C 粒子が少ない $\phi=0.018$ スラリーでは，粘度がほぼ定常に到達した後はあまり変化しなかった。これに対して，Pt/C 粒子が多い $\phi=0.035$ の粘度は，2 時間経過後に一旦定常にまで増加し，さらに撹拌を続けると 8 時間経過後に再び増加する傾向が見られた。乾燥後の触媒層を観察したところ，Pt/C を多く含む触媒スラリーを用いた触媒層には，2 時間後よりも 8 時間後の方に粒子凝集物が多く観察され，一旦分散された Pt/C 粒子が

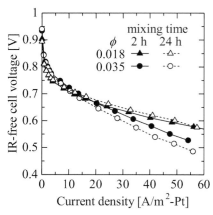

図5 撹拌時間が発電性能に与える影響

再凝集し，これが粘度再増加に関係していることが示唆された。

　Pt/C粒子が多い場合にのみに見られる再凝集挙動は，PtC粒子に対するNafionの吸着挙動により説明できる。Uchidaらは，NafionがPt/C粒子の凝集体間の間隙部に入り込んだ後，凝集体内の間隙部に入り込むと報告している[4]。Pt/C粒子は凝集性が高いために一次粒子までは孤立分散される訳ではなく，撹拌初期にはサブミクロンサイズの凝集体までしか分散されない。そして，Pt/C粒子が多ければNafionが不足するので，Pt/C粒子の表面を完全にNafionで被覆することができず，Nafionを介した架橋凝集が進行すると考えられ，これがPt/C粒子の再凝集として観察されたと考えられる。

　さまざまな撹拌時間で調製した触媒スラリーを用いて作製した触媒膜の発電性能を評価した結果を図5に示す。Pt/C粒子が少なく相対的にNafionが多い$\phi=0.018$のスラリーを用いたとき，粘度が定常値に到達した撹拌時間2時間以降は撹拌を長く続けても発電性能はほとんど変化しなかった。これに対して，Nafionが相対的に少ない$\phi=0.035$のスラリーを用いたとき，一旦粘度が定常値に到達した2時間後と粘度の再増加が見られた24時間後を比較すると，24時間撹拌した方が特に高電流密度域において電圧低下が顕著に見られた。これから，Nafionが不足する場合，過度に撹拌するとPt/C粒子の凝集物同士がさらに凝集することで内部のPt/C粒子はあまり発電に関与できなくなり，拡散分極の影響が大きく表れて発電性能が低下したと考えら

れる。

4. まとめ

　PEFCの触媒スラリーは，分散剤であるアイオノマーを用いて高凝集性のPt/C粒子を水・アルコール混合溶媒中で分散させて得られるとみなすことができる。ただし，Pt/C粒子が完全分散すると，触媒層の拡散抵抗は増大し，発電性能が低下することが明らかになった。また，分散剤であるアイオノマー量が少ない場合には，Pt/C粒子が過度に凝集し，これも発電性能の低下を引き起こした。いずれの挙動も触媒スラリーの粘度挙動と関連付けて説明することができ，レオロジー測定の有用性が示された。

　しかしながら，これまでの検討では触媒スラリーの粘弾性に関して十分に議論できておらず，Pt/C粒子が形成する凝集構造に関する知見が十分でない。加えて，溶媒中のアルコール含有率によってPt/C粒子やアイオノマーの存在形態が大きく変化し，これもレオロジー特性に影響を与えることは明白である。粘弾性測定やその他の計測手法の組み合わせによって，Pt/C粒子が形成する凝集構造に関する知見を深めることがPEFCの生産技術向上には欠かせないと考えている。

文　献

1) Y. Komoda et al.: Effect of the Composition and Coating Condition on the Structure and Performance of Catalyst Layer of PEFC, *Journal of Chemical Engineering of Japan*, **40**(10), 808–816 (2007).

2) A. Einstein: Eine neue bestimmung der moleküldimensionen (Doctoral dissertation, ETH Zurich). (1905).

3) Y. Komoda et al.: Dependence of polymer electrolyte fuel cell performance on preparation conditions of slurry for catalyst layers, *Journal of Power Sources*, **193**(2), 488–494 (2009).

4) M. Uchida et al.: Improved preparation process of very-low-platinum-loading electrodes for polymer electrolyte fuel cells, *Journal of The Electrochemical Society*, **145**(11), 3708 (1998).

第1章 エネルギー・エレクトロニクス

第3節 エネルギーデバイスにおける塗布，乾燥，成膜

九州工業大学　山村　方人

1. はじめに

Roll-to-roll 湿式塗布技術を用いて，一定速さで走行する基材上に電極を形成するプロセスは，リチウムイオン電池，燃料電池，全固体電池などのエネルギーデバイス製造に広く用いられる。このプロセスは一般に，混合分散，塗布，乾燥，プレス(圧密)，スリット(裁断)，積層など連続する複数の工程からなる。

湿式塗布方式は，所定の膜厚を得るよう液膜に外力を与えて過剰液を除去する後計量塗布(post-metered coating)と，一定流量でポンプから供給した液体の全量を基材上に塗布する前計量塗布(pre-metered coating)に大別される。電極塗布で比較的多く用いられるスロットダイ塗布[1]は，代表的な前計量塗布方式の1つである。前計量塗布における平均ウェット膜厚は，単位塗布幅当たりの供給流量 q と基材速度 U を用いて q/U で表され，液物性には依存しない。一方で欠陥なく安定に塗布可能な操作領域(コーティングウィンドウと呼ばれる)は，粘度・表面張力などの液物性と，基材速度などのプロセス条件の双方に依存する。

乾燥方式は，溶媒蒸発に必要な熱の供給法の違いにより対流伝熱型，熱伝導型，輻射伝熱型などに大別される。電極形成プロセスでは，加熱空気流を熱輸送媒体とする対流伝熱型が広く用いられるが，赤外線等の電磁波の照射により生じる分子振動を利用する輻射伝熱型が併用される場合もある。近年，高容量を確保するため電極が厚膜化する一方で，乾燥工程で要する熱エネルギーと二酸化炭素排出量の削減が共に求められていることから，固形分濃度の高い粒子分散塗布膜を，高速，均一，かつ欠陥なく乾燥させる技術への関心が高まっている。

湿式塗布技術では，熱力学，流体力学，レオロジー，表面科学，トライボロジー，ソフトマター物理など広範囲の学術分野の理解に基づいて，工程内の現象を正確に把握することが求められる。塗布技術研究は歴史的に化学工学者がその中心を担っており，我が国では化学工学会材料・界面部会塗布技術分科会が，アメリカでは米国化学工学会(AIChE)から分離した国際塗布技術学会(International Society of Coating Science and Technology：ISCST)が，それぞれこの分野の学術会合を継続的に開催し，技術情報交換の場を提供している。

2. スロットダイ塗布の特徴

スロットダイ塗布では，ダイ入口へ供給された液体を，キャビティを通して幅方向に流したのち，スリット(slit)流路へ流入させ，その流量が幅方向位置によらず一定となるようにダイ先端(リップ)から吐出する(図1)。スリットダイ塗布と呼ばれることもあるが，学術的にはスロットダイ塗布と呼称されることが多い。走行基材(web)の表面とダイリップ表面の間に形成される液だまりは塗布ビード

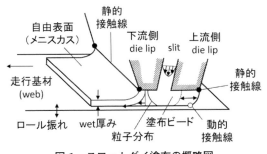

図1　スロットダイ塗布の概略図

(bead)と呼ばれる。また，ダイリップと基材の間隙をコーティングギャップと呼ぶ。

上流側の気液界面(メニスカス)は，上流側ダイリップと走行基材の表面にそれぞれ接線を作る。前者は静的接触線，後者は動的接触線となる。基材(ライン)速度を固定したままダイへの供給流量を増加させると，動的接触線はスリット出口から離れた位置へ移動し，液だれ(leakage)による塗布不良が生じる。逆に流量を減少させると動的接触線はスリット出口方向へ向かって引き込まれ，ビードが安定に保持されない bead break や，基材と液の間に発達した空気膜が分裂して生じる空気(気泡)同伴[2]，あるいは，幅方向に周期的な畝状模様が流れ方向に延びたリビング(ribbing)欠陥などを引き起こすことがある。bead break を防ぐため，ダイ上流に減圧室が設けられることもある。

下流側の気液界面は，下流側ダイリップの表面で静的接触線を形成する。一般にこの接触線の位置がダイエッジに固定されているとき流れは安定とされる。液体がダイ面上を濡れあがり，静的接触線がエッジから離れた位置に存在する場合，接触線近傍に循環渦が生じてその内部で分散粒子の凝集が生じる可能性がある。

コーティングギャップを固定したままウェット厚みを減少させると，下流側メニスカスはスリット出口方向に引き込まれる。ウェット膜厚を t，コーティングギャップを H とするとき，幾何学的条件からメニスカスの曲率半径は $(H-t)/2$ よりも小さく成り得ない。曲率半径がこの臨界値よりも小さくなるウェット厚みでは，メニスカスはその形状を保つことができず3次元的に変形し，幅方向に周期性を持つ未塗布部(dry lane)が現れる。この塗布欠陥は low-flow limit(LFL)と呼ばれており，ニュートン流体に対するその発生臨界条件が潤滑理論により導かれている[3]。粒子分散液では，LFLの発生がニュートン流体に比べより速い基材速度まで抑制される場合のあることが最近の数値解析[4]より明らかにされており，次に述べるせん断誘起粒子拡散に由来する現象と説明されている。

ブラウン運動が無視できるほど径の大きな粒子(非ブラウン粒子)は，流れ場の中でせん断速度の高い領域から低い領域へと移動することが理論的に知られている。この現象はせん断誘起拡散(shear-induced diffusion)と呼ばれる。例えば粒子分散液がスリット内を流れると，非ブラウン粒子の濃度はスリット中心軸で最も高くなる。これはせん断速度がスリット壁面上で最も高く，中心軸上においてゼロとなるためである。扁平粒子の場合，球形粒子と比べて低い粒子体積分率でせん断粒子拡散が生じる[5]。

下流側ビード内の粒子分布は，厚み方向のせん断速度分布に依存し，ウェット膜厚とコーティングギャップの比によって変わる。ニュートン流体の場合，$H/t=2$ であれば速度分布は直線で表されるクエット流れとなり，せん断速度は厚み方向に一定である。これに対し $H/t=3$ では，厚み方向のせん断速度分布が生じ，下流側ダイリップ表面近傍の速度勾配は0となる。このときせん断誘起拡散によって，ダイリップ表面における粒子濃度は，基材表面におけるそれよりも高くなる[6]。

偏心したバックアップロールが基材を介してスロットダイの反対側にあると，ロールの回転と同期でコーティングギャップが変動する。ギャップ変動が緩慢すなわちその変動周波数の低いとき，流れは定常状態とほとんど変わらず，膜厚は変動しない。また変動周波数が非常に速い場合も，流れはこの変動に追従できず，膜厚の変化は少ない。これに対して変動周波数がある特定の範囲にあるとき，ギャップ変動に応答して，塗布膜厚は周期的な増減を示す[7]。正弦波などで表される外乱を入力として与え，出力の振幅や位相から系の特性を解析する手法は，周波数応答と呼ばれる。

幅方向に厚みが均一なウェット塗布膜を得るには，ダイ先端からの吐出流量を一定に制御する必要がある。スリット内の流れを平行平板間の1次元層流と考えれば，ダイ先端からの吐出流量は，スリット出入口の圧力差と，スリット流路幅の3乗に比例することが理論的に導かれる。流体の慣性力が無視小な高粘性流体の場合，キャビティ壁面に作用する粘性抵抗のため流体圧は液供給口からダイ端部へ向かって減少するので，ダイ端部ではスリット入口の圧力が低くなり，端部のウェット膜厚は液供給口近傍に比べ薄くなる。ウェット膜厚を幅方向に均一化するために，分散液のレオロジー特性，キャビティ形状[8]，スリット部のシム形状[9]などに着目した最適設計手法が提案されている。

3. 粒子分散塗布膜乾燥の特徴

電極形成プロセスでは，スリットまたは孔形状のノズルから加熱した空気流を液面へ垂直に吹き付ける噴流乾燥が，高速乾燥に優れた方式として広く用いられる（図2）。スリットからの2次元衝突噴流の流れ場は，自由噴流領域，衝突噴流領域，壁噴流領域に分けられる。自由噴流領域の流れは無限空間中における噴流のそれに近く，噴流軸上の最大気流速度が一定値を保つ領域（ポテンシャルコア）がある。衝突噴流領域では，噴流が塗布膜表面に衝突することで流れの方向が大きく変化する。噴流衝突速度が基板走行速度に比べて十分に速ければ，流れは静止平板への衝突噴流で近似でき，気流から塗布膜へ移動する熱流束（すなわち単位時間，単位面積当たりの塗布膜への熱供給速度）は，衝突点で最も高く，かつノズルの上流側と下流側とで対称な分布を示す。これに対し基材速度が速いと，ノズルの下流側では基材走行の向きと噴流の向きは一致するが，上流側では互いに逆になるので，面内の熱流束分布はノズル位置に対し非対称となる。

塗布膜表面の不均一な温度分布によって表面張力勾配が生じると，気液界面にマランゴニ応力が生まれる。例えばウェット塗布膜の中央部に比べて端部の温度が低下すると，端部における表面張力が高くなり，マランゴニ応力によって端部へ向かう流れが誘起されて端部のウェット厚みが厚くなる。表面張力は一般に温度と濃度の関数であるので，気液界面における高分子成分等の分布が不均一な場合にも，同様の厚みムラが生じ得る。粘性応力はこの流れの抵抗として作用するので，粘度が高いほどまた薄膜化するほど，この厚みムラは低減される。粒子分散塗布膜に対する数値解析[10]によれば，厚みムラが成長すると同時に表面張力流れによって分散粒子が凸部へと輸送されると，粒子濃度の高い凸部と低い凹部が形成される。

気流から熱供給を受けて溶媒が蒸発すると，気液界面が後退する。この後退速度が，粒子のブラウン運動に比べて1桁以上速いと，界面の動きに追随できない粒子は堆積し，界面近傍に粒子濃厚層が形成される[11]。粒径の大きな粒子ほど，ブラウン運動が遅いので，より気液界面に捕捉されやすい。また分散粒子の形状が扁平（plate-like）な場合，球状粒子に

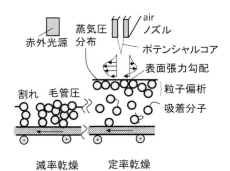

図2 粒子分散塗布膜乾燥の概略図

比べてより遅い後退速度下で粒子濃厚層が生じるとの報告もある[12]。

塗布膜の乾燥過程は一般に，定率乾燥期間と減率乾燥期間に大別される。前者では気相側の拡散・伝熱が，後者では液相側の拡散が，それぞれ律速過程となる。粒子分散塗布膜の場合，分散粒子が液中で自由にブラウン運動しながら乾燥が進行する期間が定率乾燥に当たる。上述の表面粒子濃厚層の形成は，この定率乾燥期間で生じる。減率乾燥期間では，粒子はほぼ固定された位置で3次元的に接し合い，気液界面が粒子間の間隙内へ侵入する。

減率乾燥期間では，界面を介して気体と液体との間に生じる毛管圧（またはラプラス圧）が重要な役割を果たす。液体の表面張力を σ，気液界面の曲率半径を r とすると，毛管圧の絶対値は σ/r に比例する。また基材方向に湾曲した気液界面では，毛管圧の符号は負であり，液相の圧力は気相のそれに比べて低くなる。この負圧によって生じる圧力流れが，小径粒子を塗布膜底面から表面へ移流すると，塗布膜表面に小粒子が優先的に存在する small-on-top（SoT）構造が生じる[13,14]。この小粒子の移動は大粒子間の空隙を通って生じるので，小粒子の大きさが空隙サイズよりも大きければ，小粒子偏析は抑制される[15]。リチウムイオン電池負極の製造において，ラテックス粒子と黒鉛粒子がカルボキシメチルセルロース水溶液に分散したスラリーを乾燥させると，黒鉛に比べ粒径の小さなラテックス粒子が電極表面へ偏析する現象がしばしば見られる。ラテックス粒子は電極内で結着剤の役割を果たすので，表面偏析が生じると銅基板–電極層間の密着が乏しくなり，電極剥離などの欠陥に繋がる。

さらに，負の毛管圧は粒子充填層を圧縮する。基

第4編　産業応用

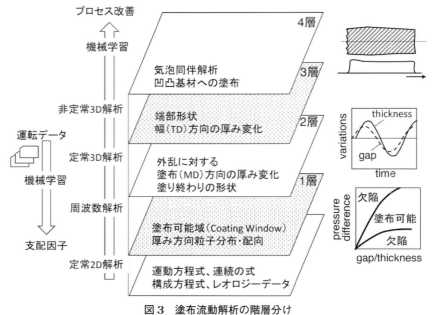

図3　塗布流動解析の階層分け

材が柔軟な場合には，この応力によって基材端部が変形する反り（カール）が生じる。基材の剛性が十分に高い場合には基材は変形せず，塗布膜と基材の間の密着が弱ければ端部の一部が基材から剥離し，逆に密着が強ければ塗布膜表面に引張応力が生じき裂（クラック）進展の要因となる[16]。

4. 塗布流動解析のシナリオ

塗布流動解析では，流体速度や圧力のみならず自由表面の位置も未知数の1つである。解を得るには，流体の運動方程式，連続の式，流体のレオロジー特性を表現する構成方程式を，表面位置を記述する方程式と連立して解かねばならず，固定された界面上で境界条件が与えられる問題と比べると，その解析は一般に複雑となる。スロットダイ塗布は前計量塗布であるので，その平均ウェット膜厚は，流動解析によるまでもなく，供給流量と基材速度のみで決定される。しかし，塗布欠陥の予測や，局所的ウェット厚みの制御などを目的とする場合には，詳細な流体解析が欠かせない。数値流体解析技術の発展は近年目覚ましく，非ニュートン流体を対象とした3次元スロットダイ塗布解析の報告事例も増加している。一方で実用的には，支障ない範囲で問題を単純化し，より速やかに解が得られる手法を適切に選択して，現象の本質を把握することが求められ

る。ここでは，塗布流動解析を4つの異なる階層に便宜的に分類し（図3），各層で得られる情報と，そのために必要な解析手法について述べる。

第1階層では，塗布膜厚み方向のz座標と基材走行方向（Machine Direction）のx座標の2次元平面における定常流（時間によらず一定な状態を保つ流れ）を考える。スロットダイ塗布における塗布欠陥の多くは流体の3次元不安定性によるが，メニスカスがそれぞれ異なるx座標に存在するときに各欠陥が起こり，かつ，その界面位置は塗布幅方向には変わらないと仮定すれば，塗布欠陥の形成条件の予測は，MD方向のメニスカス位置を求める問題に帰着する。例えば前述の液垂れ（leakage）欠陥は，供給流量の増加あるいはライン速度の低下によってビードが拡大し，上流側メニスカスの位置が上流側ダイリップ端部のx座標位置と一致するときに生じるものと考えられる。また Bead Break は，上流側メニスカスがスリット出口方向へ引き込まれてビードが縮小し，メニスカスのx座標とスリット出口のそれが一致するときに生じるものと考えることができる。ダイ上流と下流の圧力差ΔP，コーティングギャップH，ウェット厚みt，キャピラリ数Caを与えてビード内の速度・圧力分布を求め，縦軸にΔP，横軸にH/tを取ると，液垂れと Bead Break が生じる領域の間に，塗布欠陥の生じない操作範囲がある。ここでキャピラリ数は毛管圧に対する粘性応

— 282 —

力の比として定義され，塗布流れの特徴を決定する重要な無次元数である。液体のせん断粘度をμ，表面張力をσ，走行基材の速さをUとすると，キャピラリ数は$Ca=\mu U/\sigma$と表される。なお厚み方向の圧力分布を無視小と仮定して潤滑理論を適用すれば，欠陥形成領域と安定塗布領域の境界線を解析的に求めることができる。ニュートン流体に対するHiggins and Scrivenの解析[17]に端を発したこの考え方は，種々の流れ場に拡張されており，燃料電池電極塗布における非ニュートン流体の塗布可能領域予測が最近報告されている[18]。

スロットダイ塗布におけるスリット内，ビード内，およびダイから出た直後の塗布膜内の粒子分布の予測にも，定常2次元解析は有効である。これには粒子に関する濃度方程式を，他の支配方程式と連立させて解けばよい。前述のせん断誘起粒子拡散を伴う場合には，せん断速度分布によって粒子濃度分布が生じ，その濃度分布に依存する局所的なレオロジー特性がまた，せん断速度分布自体を変化させ得る。また細長い異方性粒子を含む塗布液のスロットダイ塗布について，粒子配向を予測する試みも報告されている[19]。

続く第2階層の解析では，第1階層と同様に流れ場を2次元に限定しつつ，流れの非定常性を考慮する。この解析手法は，工程内に存在する種々の外乱に対する周波数応答や，間欠塗布における塗り終わりの厚膜化を防ぐ因子の検討などに，用いることができる。

外乱には，前述のギャップ変動以外に，基材速度の変動，上流側減圧室内圧の変動，ポンプ脈動による供給流量の変動なども含まれる。例えば流量の基準値をq_0，その最大変動量をq_mとすると，1つの正弦波で表した流量は$q(t)=q_0+q_m\sin(\omega t)$と書ける。ここで$\omega$は変動の周波数である。この周期的外乱を入力として流れ場に与えると，ウェット膜厚の変動が出力として得られる[20]。外乱に対する膜厚の感度は，増幅係数$\alpha=(t_m/t_0)/(q_m/q_0)$の大きさで評価できる。増幅係数が1以上であれば外乱は増幅され，入力より振幅の大きな変動がウェット厚みに現れる。増幅係数の大きさや周波数依存性は，塗布液のレオロジー特性に強く依存することが知られており，例えばせん断速度の増加に伴ってせん断粘度が低下するshear-thinning流体について，粘度曲線を系統的に変化させて単層スロットダイ塗布の周波数応答を調査した報告がある[21]。

電極塗布では，スロットダイへ塗布液を間欠的に供給し，矩形塗布領域と非塗布領域を交互に作るパターン塗布がしばしば行われる。基材速度を保ったまま液供給を停止すると，ビード内の液体体積は時間とともに減少して，塗布膜とダイリップとを結ぶ液架橋（trailing edgeと呼ばれる）が形成される。このtrailing edgeが基材走行方向に長く伸びると，trailing edgeがダイリップから離れた際に塗布膜に取り込まれる液体体積が増加するので，端部の液膜は厚くなる。Maza and Carvalhoの非定常2次元数値解析[22]によれば，端部厚膜化を抑制するには，trailing edgeの先端がダイリップにコーナーに固定化されるように，ダイ側面の傾斜角およびダイリップ表面上の静的接触角を選べばよい。

基材走行方向に加えて塗布幅方向の厚みムラを予測するには，3次元解析が求められる。ここでは定常状態を扱うものを第3層，非定常状態を扱うものを第4層の解析として区別する。例えばスロットダイから出た塗布膜が幅方向に収縮して，スロットダイ幅に比べて塗布幅が小さくなるとき，液体の体積は保存されるから，塗布膜端部の厚みは中央部に比べて厚くなる。このとき端部の形状が時間によらず一定ならば，第3層にあたる定常3次元解析により，幅方向の厚み分布が得られる。

間欠塗布における幅方向と基材走行方向の厚み分布をそれぞれ求めるには，第4層にあたる非定常3次元解析が必要となる。また高粘度液の高速塗布における気泡同伴を抑制するためには，液と基材表面との間に形成される空気膜内の流れの非定常3次元解析が望ましい。これは気泡同伴が生じるとき，基材からの粘性応力による空気膜の発達と，気泡発生による空気膜の収縮が交互に起こるためである。

さらに今後は，機械学習を応用した解析技術の発展が期待される。流体力学における機械学習は近年急速に進展している分野の1つである。塗布流動に対しても，教師あり学習による塗布可能操作領域の予測や，深層強化学習によるプロセス改善など，物理モデルに基づく解析結果を有効に用いた予測・制御技術が発展するものと予想される。また組成や分散混合条件の異なる分散液のレオロジー特性を，機械学習を用いて予測する検討も，流動解析の基礎データを提供する新しい手法の1つと成り得る。

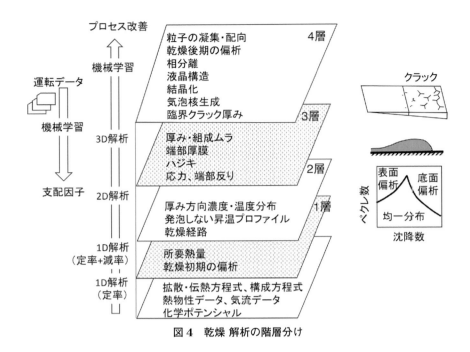

図4 乾燥 解析の階層分け

5. 乾燥解析のシナリオ

塗布膜乾燥はマルチスケール物理問題に属する。工業乾燥工程では，乾燥炉長が数〜数十 m，塗布幅が数十 cm〜数 m，気相側に形成される境界層の厚みが〜1 mm，乾燥厚みが 0.1〜100 μm，乾燥膜内部に形成される微細構造が 10〜100 nm であることが多く，空間スケールおよびそれに対応する時間スケールの大きく異なる現象が同時に進行する。液中のミクロな構造形成過程と，乾燥炉内のマクロな気流変動とを，同じ空間解像度で連成させて解こうとすると，計算量が一般に膨大となる。そこで，乾燥解析手法を異なる複数の階層に分類し，所望の結果をより速やかに得られる階層の選択や，計算量を削減する工夫などが行われる。ここでは4つの階層に分類した場合について，その概要を以下に述べる（図4）。

乾燥は熱と物質の同時輸送現象である。第1階層では，これらの輸送が塗布膜厚み方向のみに生じると仮定し，かつ，前述の定率乾燥期間のみを対象とする。解析には，気流解析から予め得た伝熱係数（または熱伝達率）と物質移動係数（または物質伝達率），気液界面および界面から十分離れた気流中におけるそれぞれの温度と溶媒成分の蒸気圧，および液体中の熱伝導度と溶媒の拡散係数などが必要である。気液界面と塗布膜底面における境界条件と，初期条件を与えて，液中の熱伝導方程式と拡散方程式を解けば，任意の乾燥時刻における塗布膜厚み，および厚み方向の温度・濃度分布が得られる。基材速度が一定なら，乾燥時刻は乾燥炉における炉長方向座標に対応する。また塗布膜温度が時間によらず一定なら，蒸発潜熱による熱損失と，気流から塗布膜への熱供給が釣り合っており，気相中の熱流束/拡散流束の計算値から塗布膜に与えるべき熱量を算出できる。

粒子分散塗布膜の場合，気液界面の移動速度がブラウン運動速度よりも速いと界面近傍に，粒子の重力沈降が速いと塗布膜底面に，それぞれ粒子濃厚層が形成される。前者を蒸発支配条件，後者を沈降支配条件とし，粒子が均一分布したまま乾燥が進行する条件を加えた3条件について，それぞれの発現領域をペクレ数と沈降数と呼ばれる無次元数で整理した乾燥領域マップが，粒子−分散媒2成分系[23]や，粒子−分散媒−高分子3成分系[24]について報告されている。ただし過去の解析事例の殆どは，乾燥中の粒子凝集がなく，かつ蒸発する分散媒成分が1種類の場合に限られている。

第2階層では，厚み方向の1次元乾燥解析を減率乾燥期間へ拡張する。減率乾燥期間の終了時までの

解析を行うことで，乾燥膜内の厚み方向成分分布，乾燥炉内の塗布膜温度プロファイル，乾燥経路などの情報が得られる。

減率乾燥期間では一般に，塗布膜温度は増加し気相温度に漸近する。これは気相中の温度や流れが不変でも，液相内の拡散抵抗が増加するにつれて乾燥速度が減少し，蒸発に費やされる熱エネルギー量が低下するためである。塗布膜温度が増加して溶媒沸点を超えると，膜内部で望ましくない発泡が生じる可能性がある。乾燥解析を活用すれば，乾燥中の成分濃縮による沸点上昇を考慮し，発泡が生じない温度プロファイルを予測することができる。低温乾燥すると発泡は抑制されるものの，十分に乾燥が進行せず残留溶媒量が増加する懸念がある。発泡抑制と残留溶媒低減を同時に満たすような炉内温度と伝熱係数の最適組み合わせを，乾燥解析により探索する検討も報告されている[25]。

乾燥過程における組成変化を相図上に表した軌跡は乾燥経路（drying process path）と呼ばれる。乾燥解析による乾燥経路の予測は，欠陥が生じにくい乾燥条件や，望ましい微細構造を形成するそれを探索する一助となる。例えばアルコール水溶液を分散媒とする粒子分散塗布膜において，固形分，水，アルコールの濃度が各々100％となる組成を頂点とするような三角相図を描くと，乾燥経路は乾燥中に液中で水分が濃縮する領域，アルコールが濃縮する領域，および，液中の水－アルコール比率が変化しない領域（擬共沸と呼ばれる）のいずれかを通る[26]。水分が濃縮されると表面張力が増加するので，マランゴニ応力に起因するセル状模様の形成や，毛管力の発達による塗布膜の反りや割れが進行しやすい。また熱力学的に不安定で相分離が誘起する組成域が相図上に存在する系では，相分離領域内のどの位置を，どの乾燥時刻の間に乾燥経路が通過するかによって，得られる相分離構造は変化し得る[27]。さらに乾燥経路解析に風速変動，温度変動などの外乱を導入することで，外乱に対して感度の高い／低い乾燥経路を特定することができれば，乾燥炉の動特性把握や最適設計に有益な情報が得られるものと考えられる。

厚み方向に加えて，面内のある1方向の濃度・温度分布を考慮に含めた2次元乾燥解析は，面内の厚みムラなどの予測に用いられる。ここではこれを第3階層の解析と呼ぶ。

塗布膜面内に表面張力勾配が存在すると，マランゴニ応力による面内流れが生じて，表面張力の高い点における膜厚は増加し，逆に表面張力が低い点におけるそれは減少する。例えば界面活性剤を含む塗布膜表面へノズルから熱風を吹きつけると，面内の活性剤濃度・温度分布が生じ，表面張力の濃度・温度依存性を反映した表面凹凸が成長する。この表面凹凸の予測には，面内方向の流れに1次元潤滑理論を適用して得られるFilm Profile式を，第1（または第2）階層で用いる厚み方向の1次元拡散・熱伝導方程式と連成させて解けばよい[28]。また乾燥中に中央に凹部を周囲に凸部を持つクレータ状の表面凹凸が現れることがあるが，クレータの表面形状が点対称ならば，半径方向と厚み方向に着目した2次元解析によりその成長過程を記述することができる[29]。

乾燥中の反り欠陥の発生は，塗布膜内の応力発達に起因する。乾燥に伴って厚み方向の収縮が生じるとき，塗布膜端部の接触線が基材上に固定されていると，面内には自由に収縮できず，歪みの空間分布が生じる。乾燥進行に伴って固形分濃度が増加し，塗布膜が弾性体として振舞う臨界濃度に達すると，この歪みによる応力が生じる。厚み方向の濃度方程式と，応力とひずみの関係を与える構成方程式とを連立して解けば，応力や塗布膜反り[30]の時間発展が得られる。乾燥ひずみによる応力発達と，塗布膜内の応力緩和が同時に進むと，応力はある乾燥時刻で極大値を示す。高分子－溶媒2成分系[31]や粒子－分散媒2成分系[32]に対して，応力の時間発展を記述するモデルが提案されている。一方で，実用的に重要な多成分系の乾燥誘起応力を予測する理論は未だ発展途上である。

第4階層で扱う解析の対象には，相分離，結晶成長，割れ（き裂，クラック）進展など，3次元的に発達する微細構造の形成問題が多く含まれる。

応力下にある均質な完全脆性材料中でクラックの進展する条件は，クラック進展による界面エネルギーの増加と弾性エネルギーの解放の競合を考慮したGriffith理論[33]を用いて説明される。減率乾燥期間における粒子分散系塗布膜は，粒子間の間隙が分散媒または空気で満たされており微視的には不均質体であるが，Griffith理論の枠組みを適用した解析がしばしば行われる。例えば球形粒子－分散媒2成分系塗布膜内の単一クラックに対しGriffith理論を適用すると，クラックが自発的に進展する臨界応力

を表す理論式が導出される[34]。乾燥厚みが臨界クラック厚み以下であれば，剥離の原因となるような長く進展したクラックは理論上生じない。今後は，乾燥中における粒子の配向変化，局所的な粒子充填率の変化，粒子表面上の高分子吸着層の変形などを考慮した弾性エネルギーの予測を，粒子間の気液界面形状[35]や3次元濃度分布などの時間変化を考慮した応力推算と連成させた新しい3次元乾燥解析技術の発展が望まれる。

乾燥解析における機械学習の応用は，各階層での数値予測をより効率的に進める上で役立つのみならず，塗布，混合分散などの前工程と乾燥工程の間の相関，あるいは，乾燥工程と最終製品品質との間の相関を明らかにするツールとして，今後の発展が期待される。実験結果を教師データとして活用する試みは先行して進んでおり，例えば最近 Niri ら（2022）は，リチウムイオン電池負極の塗布プロセスについて，決定木の組み合わせによるアンサンブル学習の1つであるランダムフォレスト（Random Forest：RF）を用い，粒子積層膜の空隙率に与える塗布操作変数の影響を報告している[36]。

文　献

1) A.E. Beguin: US Patent 2681294 (1954).
2) M. Yamamura et al.: *AIChE Journal*, **51**, 2171 (2005).
3) M. S. Carvalho and H. S. Kheshgi: *AIChE Journal*, **46**, 1907 (2000).
4) I. R. Siqueira and M. S. Carvalho: *Journal of Coatings Technology and Research*, **16**, 1619 (2019).
5) R. Rusconi and H. A. Stone: *Physical Review Letters*, **101**, 254502 (2008).
6) D. M. Campana et al.: *AIChE Journal*, **63**, 1122 (2017).
7) T. Tsuda et al.: *AIChE Journal*, **56**, 2268 (2010).
8) K. Y. Lee and T. J. Liu: *Polymer Engineering and Science*, **29**, 1066 (1989).
9) G. L. Jin et al.: *Korea-Australia Rheology Journal*, **28**, 159 (2016).
10) S. G. Yiantsios and B. G. Higgins: *Physics of Fluids*, **18**, 082103 (2006).
11) A. F. Routh and W. B. Zimmerman: *Chemical Engineering Science*, **59**, 2961 (2004).
12) V. A. Gracia-Medrano-Bravo et al.: *AIChE J*, **68**, e17398 (2022).
13) H. Luo et al.: *Langmuir*, **24**, 5552 (2008).
14) S. Lim et al.: *Langmuir*, **29**, 8233 (2013).
15) T. Tashima and M. Yamamura: *J. Coat. Technol. Res.*, **14**, 965 (2017).
16) K. B. Singh and M. S. Tirumkudulu: *Physical Review Letters*, **98**, 218302 (2007).
17) B. G. Higgins and L. E. Scriven: *Chemical Engineering Science*, **35**, 673 (1980).
18) E. B. Creel et al.: *Journal of Colloid and Interface Science*, **610**, 474 (2022).
19) I. R. Siqueira et al.: *AIChE Journal*, **63**, 3187 (2017).
20) O. J. Romero and M. S. Carvalho: *Chemical Engineering Science*, **63**, 2161 (2008).
21) S. Lee and J. Nam: *J. Coat. Technol. Res.*, **14**, 981 (2017).
22) D. Maza and M. S. Carvalho: *Journal of Coatings Technology and Research*, **14**, 1003 (2017).
23) C. M. Cardinal et al.: *AIChE Journal*, **56**, 2769 (2010).
24) F. Buss et al.: *Journal of Colloid and Interface Science*, **359**, 112 (2011).
25) P. E. Price and R. A. Cairncross: *Drying Technology*, **17**, 1303 (1999).
26) M. Yamamura: *Journal of Coatings Technology and Research*, **19**, 15 (2022).
27) M. Dabral et al.: *AIChE Journal*, **48**, 25 (2002).
28) M. Yamamura et al.: *AIChE Journal*, **55**, 1648 (2009).
29) P. L. Evans et al.: *Journal of Colloid and Interface Science*, **227**, 191 (2000).
30) H. Lei et al.: *AIChE Journal*, **48**, 437 (2002).
31) H. Lei et al.: *J. Appl. Poly. Sci.*, **81**, 1000 (2001).
32) M. S. Tirumkudulu and W. B. Russel: *Langmuir*, **20**, 2947 (2004).
33) A. A. Griffith: *Philosophical Transactions of the Royal Society London A*, **221**, 163 (1921).
34) M. S. Tirumkudulu and W. B. Russel: *Langmuir*, **21**, 4938 (2005).
35) R. Tatsumi et al.: *Appl. Phys. Lett.*, **112**, 053702 (2018).
36) M. F. Niri et al.: *J. Energy Storage Materials*, **51**, 223 (2022).

第1章 エネルギー・エレクトロニクス

第4節 印刷エレクトロニクス

国立研究開発法人産業技術総合研究所　日下　靖之

1. 印刷とエレクトロニクス

ナノ・マイクロ粒子状の各種機能性材料をインク化し，印刷法を用いてパターニングすることで電子デバイスを製造する工法を印刷エレクトロニクスと呼ぶ。太陽電池のバス電極，グルコースセンサ用カーボン電極，受動部品電極など既に実用に用いられているケースも多い。一方，ナノ材料開発や印刷プロセスの発展とともにより広範な用途に向けた応用が検討されている。本稿では，印刷プロセス，材料，デバイスに分けて説明する（図1）。

2. 印刷プロセス

2.1 スクリーン印刷

スクリーン印刷は，現在最も実用化例が多い印刷工法である。通常，金属枠に糸を張り込んだメッシュ（または紗）と呼ばれるスクリーンを用い，ここに乳剤と呼ばれる感光性樹脂を塗布し，露光現像す

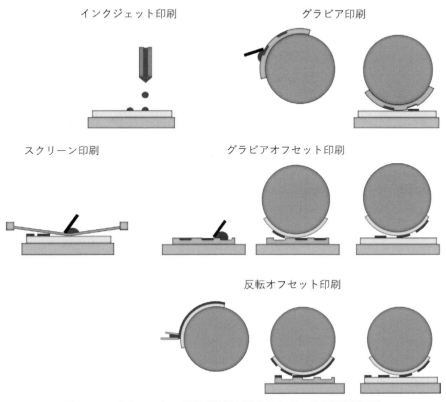

図1　エレクトロニクス分野で検討が進められている各種印刷工法

ることで紗を部分的に遮蔽したスクリーンマスクを刷版として用いる。ゴムへらを用いてペーストをスクリーンマスクに押し入れると，乳剤でマスクしていない部分から，糸と糸の隙間（オープニング）を通ってペーストが出てきて印刷が行われる。このような操作をスキージングと呼ぶ。糸の材質や太さ，張力，開口率，乳剤厚などによってパターン解像度や厚みが変えることができる。厚みは数 μm から数十 μm，最小線幅は 50〜100 μm が一般的である。メタルマスクのような方法で金属板に直接開口部を加工したものをメッシュの代わりに用いることもある（ステンシル印刷）。スクリーン印刷，ステンシル印刷ともに圧をかけながらスキージングを行うため，刷版のたわみによって長寸法精度が悪化することが知られている。また長期間繰り返し使用するとメッシュが伸びて寸法精度が悪化することもある。なお，パターン形状に制約はないが，横線（スキージングと垂直な方向）よりも縦線の方がよりパターンエッジがシャープになる傾向がある。また，パターンの印刷面積の密度に依存して基板とペーストの接触面積が変化するため，高粘度ペーストの場合で版が離れにくくなる。この版離れは特に細線パターンの品質悪化につながることがあり，高強度マスクの採用，パターンエリアの縮小，マスクと基板間距離（クリアランス）の調整などの対策が必要になることがある。

　スクリーンペーストは見かけの粘度で 1〜100 Pa・s 程度が一般的で，擬塑性を示すことが望ましい。これはスキージング時の強い剪断応力によってペーストが開口部を流下しやすく，かつ基板に沈着した後は流動せず形状保持することが求められるためである。微粒子分散系ペーストとしてはマイクロサイズからナノサイズまでさまざまな形状のものが用いられる。マイクロサイズに比べてナノサイズはメッシュの隙間に残りやすく，念入りな洗浄が必要になることがある。メッシュのペーストは長時間大気に暴露されるため，乾燥を防止する観点から沸点 200〜250℃ 以上の高沸点溶媒が用いられる。ロール状に加工されたメッシュを用いるロータリースクリーン印刷はロール・トゥ・ロール（R2R）プロセスによる長尺印刷に適用される。

2.2　インクジェット印刷

　インクジェット印刷は，多数のノズルを有したインクジェットヘッドから低粘度インクを吐出するもので，あらかじめ刷版を用意せず，オンデマンドでパターニングできることが最大の特徴である。基本的に任意形状のパターニングが可能であるが，打滴位置の任意指定はできず，ヘッド先端に加工されたノズルピッチに制約される。インクジェット印刷は，オンデマンド性に加えて，必要な部分にのみインクを滴下するため材料効率が高く高価な材料に有利で，また基板とヘッドが 1 mm 程度離れた状態で印刷を行うことから，基板側に多少の凹凸があってもステップカバレッジの問題が起こらない点も有利である。このためディスプレイ向け塗布型 OLED 材料の塗り分け工法として検討が進められている。実現可能な解像度はヘッドの仕様（吐出量）でおおよそ決まり，最小 30 μm 程度であるが，基板の濡れ性によっても多少影響を受ける。ピエゾ式ヘッドの場合は，ピエゾ素子に印加する電圧プロファイルを微調整し，特に数百から数千にわたるノズルすべてから正常かつ安定的にインク吐出をさせる必要があるため，注意深い条件設定が必要である。使用可能なインク粘度は数 mPa・s で，かつ着弾した液滴同士を境界なく滑らかに接続させるために中〜高沸点溶媒が望ましい。微粒子分散系インクの場合，ノズル詰まりを避けるため，粒径は 100 nm オーダー以下で，極めて高い分散安定性が求められる。またインクの粘度が低いため，配線パターンに生じるバルジや乾燥時に生じるコーヒーリングなど膜厚プロファイルに悪影響を与える物理現象が知られており，これらに留意したインクと打滴パターンを設計することが重要である。

　なお，高粘度ペーストのオンデマンド印刷はディスペンサを用いて行われる。ディスペンサの吐出原理はさまざまでそれぞれ説明することはしないが，一般的にインクジェット印刷と比較すると解像度が劣る。一滴ごと着弾させるディスペンサもあるが，シングルヘッドから連続的にペーストを押し出して一筆書きの要領でパターン形成を行うものが主流である。接着剤，シーリング剤，はんだペーストなどへの適用例が多い。なお，ディスペンサは複雑な基板に対して 3 次元的に追従させることが容易で，積層造形や立体形状への直接回路描画技術も盛んに研究されており，この文脈では Direct Ink Writing（DIW）と呼ばれることも多い[1]。

2.3 グラビア印刷

主に金属からなる凹版に対してドクタと呼ばれる鋭利な刃を用いて凹部にのみインクを掻き入れてこれを基材に接触させることで凹部に充填されたインクの一部を基材側に転移させる。タクトが早くインクの利用効率も高い。スクリーン印刷と同様，インクは凹版上で大気暴露されるので，乾燥によって固着してしまう版乾き現象を防ぐため，高沸点溶剤が選定される。使用されるインク粘度は0.1〜1 Pa·s程度である。エレクトロニクス用途では受動部品の電極製造に用いられているほか，R2R方式の全グラビア印刷で13.56 MHz帯の無線タグを製造する試みが韓国で行われている[2,3]。グラビア印刷は，ドクタが凹部に食い込んでしまうことによりパターン不良が発生することが知られており，ベタ膜や横線パターニングが不得手である。

2.4 グラビアオフセット印刷

上述のグラビア印刷と同様に凹版凹部にインクを充填させた後，一度シリコーンゴムシートにインクを転写させ，ゴムシートから基材にインク転写を行う工法をグラビアオフセット印刷という。シリコーンゴムシートはシロキサン骨格を有し，通常はメチル化されたポリジメチルシロキサン（PDMS）を用いる。PDMSはヤング率が数百kPa〜数MPa，表面自由エネルギーが20 mJ/m^{2}程度と疎水的で，高いガス透過性と選択的溶媒吸収性があるため，PDMS側に接触したペーストは即座に乾燥が進み一定の付着力で保持するとともにその後の濡れ広がりを抑えることができ，10〜30 μm程度の微細パターン形成にも対応できる。ただし，ドクタリングで生じる課題は前述と同様で，横線やベタのパターニングは難しい。

PDMSの溶媒吸収性は主に溶媒の極性と分子量に依存して決定され，例えば，水，多価アルコール，DMSO，イオン液体の吸収性は著しく低い。一方，酢酸エチルなどのアセテート類，メチルイソブチルケトンやシクロヘキサノンのようなケトン類，PGMEAのようなグリコールエーテル類は中程度で，炭化水素系溶剤は極めて早い吸収速度を示す。加えて，グラビアオフセット印刷用ペーストは刷版上での乾燥を防ぐため高沸点溶媒でなければならず，実際には炭化水素系または高沸点のグリコールエーテル類を主溶媒として用いることが多い。ただし，印刷を繰り返すとともにPDMS中に溶媒が蓄積されることで吸収能が徐々に低下し，パターン品質の連続安定性が悪化してしまう。このため，温風や赤外線ヒータ等を用いてシリコーンゴム中に残留した溶媒を迅速に除去する機構を追加することがある。

2.5 反転オフセット印刷

反転オフセット印刷は，シリコーンゴムシート上にインクを塗布して乾燥待機した後に，凸版に押し当てることで不要部を転写除去し，ゴム表面に形成されたパターンを基材に転写する工法である[4]。パターン形状によらず膜厚が一定で，サブミクロンから一桁ミクロンの解像性が得られ，数ある印刷工法のなかでも最も微細な印刷手法の1つである。ただし，ベタ膜から不要部を取り除くのでサブトラクティブな手法であり，材料効率は悪く，印刷毎に凸版を洗浄する必要がある。凸版はウエットエッチング，ドライエッチング，電鋳等の加工方法で作製され，版サイズ，位置精度，最小寸法，コストの観点から選択される。インク粘度は数mPa·sで，粒径10〜100 nm程度のナノ粒子分散インクは良好に印刷できることが知られている。これは乾燥後の転写除去工程において，シャープなパターンエッジを得る上で微粒子分散系の脆さが有効に働くためである。ただし，高分子系材料でリフトオフ用レジスト材料の開発に成功している例[5]や低分子系酸化物前駆体インクに関する報告[6,7]もある。

インク膜が完全に乾燥してしまうとPDMSに固着して良好な転写除去ができず，他方，乾燥が不十分だと凸版との接触時に流動してフィンガリングや転写不良がおこる（泣き別れ）。球状ナノ粒子分散系インクの場合，粒子固形分率が40〜50%になるような乾燥状態が反転オフセット印刷を行う上で最適であることがわかっていて，これを実現するために複数の溶媒を添加する方法が採られる。すなわち，グラビアオフセット印刷の項で説明したように，沸点が比較的低く，PDMSによる吸収速度が比較的大きい溶媒を主溶媒として，さらに沸点が高く，PDMSによる吸収速度が小さい溶媒を遅延溶媒として添加する。このような組成にすると，PDMSに塗布後，主溶媒は速やかに消失し，主に粒子と遅延溶媒が残留することになり，長時間にわたって一定の固形分率を維持した塗膜を得ることができる。

ナノ粒子分散系インクの組成比としては，分散剤を含むナノ粒子成分が5～10 vol%，遅延溶媒が5～10 vol%，界面活性剤が約0.1 vol%，その他を主溶媒とすることが一般的で，例えばキャピラリーコータやスピンコータで塗布すると100～300 nm程度の乾燥後膜厚になる。

3. 材料

3.1 導電性材料

　金，銀，銅，ニッケル，カーボン，はんだなどさまざまな金属・合金材料が微粒子化されてインクに用いられる。ITOナノ粒子やPEDOT：PSSのような導電性有機高分子も存在する。表面酸化されにくい金属であれば溶媒除去のみで導電性が発現する場合もあるが，通常は焼成処理が行われる。焼結方法としては，加熱焼成，光焼成，マイクロ波焼成[8]，アルゴンプラズマ焼成[9]などが代表的である[10]。金属系導電性ペーストは主に低温焼成タイプと高温焼成タイプに大別される。低温焼成タイプでは，分散安定性を担保しつつ金属粒子表面の保護基を低温で脱離・分解させ，良好な導電性を発現させることがポイントとなる。一方，高温焼成条件ではバインダー等の有機成分が分解除去されてしまうので，基板との密着を担保するための工夫が必要となる。またナノ粒子系材料では高温下で完全に融解して脱濡れを起こすことがある。このように，印刷プロセスに加えて，ターゲットとする焼成温度，焼成雰囲気，抵抗率，密着性等を考慮したインク設計開発が求められる。非粒子系としては有機金属化合物を溶解したMetal Organic Decomposition (MOD) インクがあり（金属レジネートインクと称されることもある），後焼成処理によって金属または金属酸化物パターンを得ることができる[11]。なお，ナノ粒子系インク，MODインクとは別にマイクロ粒子ベースの導電性ペーストは以前から用いられており，キャパシタやインダクタ等の受動部品電極，はんだ，タッチパネル向け引き出し配線，放熱接合材料などが代表的である。

　そのほか，近年ではバインダー材料を工夫するなどしてストレッチャブル性を付与した銀ペーストも開発されている。ただし，ストレッチャブル導電性ペーストは伸縮によって抵抗が変化し，ヒステリシスを示すことも多く，数千回から数万回の繰り返し伸縮によって抵抗値が徐々に悪化するため，現状の用途は限定的である。このため，弾性体上にシワ構造を形成した基板を用いて基板の伸縮をシワの曲率変化に変換することで基板表面の配線は曲がるだけにする方法[12]や，あるいは液体金属材料を用いる方法[13]，PEDOT：PSSにイオン液体等の可塑剤やトポロジカル超分子を添加してストレッチャブル性を付与する方法[14]など，学術レベルでは抵抗変化を抑えつつストレッチャブル配線を形成するためのさまざまな手法が提案されている。

3.2 半導体材料

　塗布プロセスに適合した半導体材料としては，低分子有機半導体，高分子有機半導体，酸化物半導体，ナノカーボン材料などがある。低分子有機半導体は，高分子有機半導体と比べて高いキャリア移動度（～30 cm^2/Vs）が得られている[15]が，一般的に基板上で規則的な配列をとることが特性発現のために極めて重要であり，基板の濡れ性，平坦性，塗布条件，パターン形状，十分な濃度で溶解可能な溶媒選択など精密な設計が必要となることが多い。一方，高分子有機半導体薄膜は通常アモルファスで素子間ばらつきが小さく，またバイアスストレス等に対して安定的な特性が得られ，比較的プロセスが容易であるという特徴がある。電荷輸送・電荷注入特性等の観点からさまざまな材料が提案されており，最近では機械学習を用いたスクリーニングの検討も進められている[16]。

　塗布型酸化物半導体は，硝酸塩等の前駆体をインクジェット等で印刷し，これを加熱または光焼成して酸化物を得る手法が一般的で，酸化インジウム，酸化亜鉛等が代表的である。塗布型酸化物半導体の特性は前駆体のアニオン種，溶媒種，焼成条件が顕著に影響することが知られていて，カーボンや水酸化物等が残留しないような材料・プロセス選定が重要である。一般的には数～10 cm^2/Vs程度の移動度が得られる。単層カーボンナノチューブ (SWCNT) トランジスタについては，理論上 10^5 cm^2/Vs以上の移動度が期待されるが，実際にドロップキャスト等で成膜したSWCNTトランジスタは10～30 cm^2/Vs程度の移動度を示す[17]。

4. デバイス応用例

4.1 薄膜トランジスタ

上述した塗布型半導体材料を用いて薄膜トランジスタを形成することで，アクティブマトリックス，論理回路，アンプ等への応用が検討されている。アクティブマトリックスは，薄膜トランジスタを格子状に多数配列させたもので，主にディスプレイの各画素表示切替に用いられるほか，2次元的に圧力や温度を取得するためのセンサシートにも応用することができる。ディスプレイ用途については，印刷によるフレキシブルディスプレイ実現のため，電子ペーパーディスプレイの試作品が提示されるなど活発な研究がされてきた経緯がある。論理回路については，現有の薄膜トランジスタの性能上，13.56 MHz帯の無線タグ応用が主なターゲットの1つとされており，Dフリップフロップ回路やADコンバータの試作報告がなされている。低消費電力の観点からn型半導体とp型半導体を組み合わせたCMOS論理回路が理想的である一方で，有機半導体とカーボンナノチューブは主にp型，酸化物半導体は主にn型半導体でありプロセスの共通化が難しいこと，電荷注入の観点からp型半導体，n型半導体それぞれに最適な電極材料が異なり，特にn型半導体については低い仕事関数を有する金属材料を用いた電極であるインク化が難しいアルミが最適であることから印刷プロセスの適用が難しいことなどの課題もある。薄膜トランジスタを用いたアンプはフレキシブル化が容易であるという特徴を活かして，人体計測等，フットプリントの制約が厳しいセンサの直近に設置することで高信号雑音比のIoTシステムを構築することを目指した開発が行われている。

4.2 センサ

印刷技術は低コストで大量のパターニングを得意とすることから，これまでもグルコースセンサの炭素電極などで実用化されている。一方，塗布型材料の低温処理適合性や材料選択性を活かしてIoT社会に資するセンサ開発も活発に進められている。塗布型材料が主なターゲットとする代表的なセンサとしては，温度センサ，湿度センサ，歪みセンサ，熱流束センサ，バイオ等の化学センサが挙げられるが，測定対象と用途にあわせて，多種多様な材料と構造を有するセンサが提案されているため，ここでは概説にとどめる。

温度センサに適用可能な材料としては，PEDOT：PSS，カーボンナノチューブ，グラフェン，酸化物等が挙げられ，温度変化に対して抵抗が大きく変化するサーミスタ材料として用いられる。これを櫛型電極上に成膜した構造や，積層セラミックコンデンサのように縦方向に電極とサーミスタ材料を交互積層した構造が代表的である。バッテリーやランプの温度管理，ヘルスケア，食品や薬剤の流通管理，ロボット向け感温スキンなど幅広い応用先がある。

湿度センサは，櫛型電極上に吸湿性のある導電層を成膜した構造を形成し，このインピーダンス変化から周辺の湿度を推定する方法がよく用いられる。感応層としてはPEDOT：PSSなどの導電性材料や絶縁性ナノ粒子を成膜して毛管凝縮を利用する方法などがある。反応域，ヒステリシス，反応速度，温度依存性が主なセンサ指標になる。

ひずみセンサはヒトの運動評価，建造物・インフラモニタリングなどが応用先で，通常は金属箔の圧抵抗効果を測定する仕組みである。金属箔の代わりに印刷でこれを作製する場合は，感度，応答速度，ヒステリシス特性に影響を及ぼすバインダー等の成分を注意深く選定したインク材料設計が重要になる。

熱流束センサは温度ではなく温度勾配を検知するセンサで，シート型にすることでヒト，各種設備，輸送機械，容器等の評価や異常管理を目的として開発されている。センサの多くがゼーベック効果を利用したもので，塗布型では主に熱電変換特性を示すカーボンナノチューブが検討されている。この系ではp型とドーパントを配合してn型半導体にしたカーボンナノチューブを直列接続した構造が代表的である。熱勾配に比例して生じる起電力を検出するため発電素子とみなすこともでき，環境中の未利用熱エネルギーの活用手段としての開発が進められている。

文　献

1) D. Behera and M. Cullinan: *Precis Eng*, **68**, 326-337 (2020).
2) H. Kang et al.: *Scientific Reports*, **4**, 344006-7 (2014).

3) A. M. Tiara et al.: *Jpn J Appl Phys*, **61**, SE0802 (2022).
4) Y. Kusaka et al.: *Jpn J Appl Phys*, **59**, SG0802 (2020).
5) A. Sneck et al.: *ACS Appl Mater Inter*, **13**, 41782–41790 (2021).
6) J. Leppäniemi et al.: *Adv Electron Mater*, **5**, 1900272–7 (2019).
7) Y. Kusaka et al.: *ACS Appl Mater Inter*, **10**, 24339–24343 (2018).
8) J. Perelaer et al.: *Adv Mater*, **21**, 4830–4834 (2009).
9) S. Wünscher et al.: *J Mater Chem C*, **2**, 1642–1649 (2013).
10) A. Kamyshny and S. Magdassi: *Small*, **10**, 3515–3535 (2014).
11) Y. Choi et al.: *Adv Mater Interfaces*, **6**, 1901002 (2019).
12) A. Takei et al.: *AIP Adv*, **10**, 025205 (2020).
13) Y. R. Jeong et al.: *NPG Asic Mater*, **9**, e443–e443 (2017).
14) Y. Jiang et al.: *Science*, **375**, 1411–1417 (2022).
15) K. Takimiya et al.: *Adv Mater*, **33**, 2102914 (2021).
16) C. Kunkel et al.: *Nat Commun*, **12**, 2422 (2021).
17) J. Liang et al.: *Nat Commun*, **6**, 7647 (2015).
18) H. Matsui et al.: *Org Electron*, **75**, 105432 (2019).

第2章 コーティングマテリアル・色材

第1節 コーティング・色材分野における分散・凝集技術

小林分散技研／東京理科大学　小林　敏勝

1. はじめに

コーティング・色材産業分野には塗料，印刷インク，絵の具などが含まれる。また，近年ではフラットパネルディスプレーのカラーフィルター製造に使用されるカラーレジストや顔料タイプのインクジェットインクも重要となっている。

これらに共通しているのは，高分子や油脂の溶液に顔料という着色粒子が分散されている液状物質（以下，コーティング液）ということである。また，最終的には溶剤が揮散し，高分子や油脂（バインダーと呼ばれる）を連続相とし，顔料が分散相となる被膜を基材上に形成するところも共通である（図1）。コーティング分野は歴史が古く，以前は植物や動物が得られる粘稠な樹液状で，乾燥後は硬質な被膜を形成する物質がバインダーとして用いられてきた。これらは慣習的に樹脂と呼ばれており，現在でも合成高分子も含めてバインダー成分を樹脂と呼ぶことが多い。

塗料は，塗られたもの（被塗物）の表面を広く均一に被覆することで，被塗物を劣化から保護し，美しく見せるために用いられる。これに対し，印刷インクや絵の具，インクジェットインクは基材の一部に画線部や描画部を形成することで，情報や感情（文字，画像）を記録・伝達することを目的として用いられる。カラーレジストは色の三原色（レッド，グリーン，ブルー）の微細なパターンをガラス基材上に形成するために用いられる。これらの目的に合わせて，種々のバインダー高分子や油脂が用いられるが，着色顔料の種類は類似している。

この分野での分散・凝集に関わる技術としては，まず顔料分散技術が挙げられる。顔料は粒子径が数10 nm～数10 μmの着色した有機固体もしくは無機固体である。

塗料や印刷インクでは，金属粉顔料や防錆顔料など高比重で大粒子径（数 μm以上）の顔料が用いられ，粒子間の凝集が生じないように分散安定化が図られていても，大きくて重いので懸濁液中で沈降分離が生じてしまう。これを防止するために，コーティング液の粘度を増加させる添加剤があり増粘剤と呼ばれる。増粘のメカニズムは多様であるが，そ

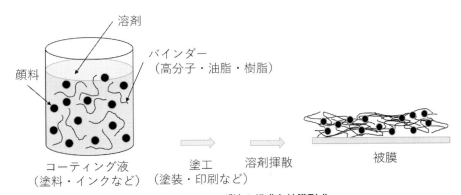

図1　コーティング液の組成と被膜形成

表1　コーティング分野で使用される顔料の分類と機能

着色顔料	無機顔料	色彩付与 素地の隠ぺい	酸化チタン，酸化亜鉛，酸化鉄，カーボンブラック，コバルトブルー，バナジン酸ビスマス，複合金属酸化物，クロム酸鉛（黄鉛）
	有機顔料		アゾ，アゾレーキ，縮合アゾ，フタロシアニン，ペリレン，ジケトピロロピロール，キナクリドン，イソインドリノン，イソインドリン，アンスラキノン
体質顔料		硬度付与，比重・粘性調製 コストダウン	シリカ，タルク，カオリン，炭酸カルシウム，沈降性硫酸バリウム，ベントナイト
光輝顔料	メタリック顔料	金属反射による光輝感付与	アルミフレーク，蒸着アルミフレーク
	光干渉顔料	光干渉による色相異方性付与 光反射による光輝感付与	酸化チタン被覆マイカ（パールマイカ），酸化鉄被覆マイカ，酸化チタン被覆ガラスフレーク
その他の機能性顔料		防錆顔料（金属の腐食抑制） 蛍光・蓄光顔料（蛍光・りん光の放出による視認性・意匠性の向上） 示温顔料（温度・温度履歴の表示） 導電性顔料（導電性の付与…回路形成，防塵，除電，静電プロセス用プライマー）	

の中にワックスや粘土鉱物に網目状の凝集（フロキュレーション：Flocculation）構造を形成させる技術がある。単純に粘度を増加させるのでは，塗工時の作業性が低下するので，沈降が生じる静置時には粘度が高く，塗工時には低いという粘度制御が必要で，増粘剤粒子の分散・凝集の制御が重要である。

有機溶剤の揮散による大気汚染防止や作業者の溶剤中毒防止のため，バインダー高分子の一部には，エマルション樹脂と呼ばれる水を溶剤とし高分子が粒子状に分散した形態のものが用いられる。エマルション樹脂の製造時から貯蔵中の分散安定性と被膜形成時の凝集・融着の制御も重要な技術課題である。

本節では上記の理由から顔料分散技術，増粘技術，エマルション樹脂技術を取り上げ，コーティング・色材分野における意義と基本的な技術と材料を紹介する。

2. 顔料分散技術

ほとんどの顔料は一次粒子（最小構成単位の粒子）が多数凝集した乾燥粉の状態で供給される。これをバインダー成分が有機溶剤や水に溶解した溶液（ビヒクル：Vehicleと呼ばれる）中で解凝集し，解凝集された状態が継続するよう分散安定化する工程が顔料分散工程である。良好な顔料分散を達成するためには，配合面（顔料，バインダー，溶剤，分散剤の選択と組み合わせ方）とプロセス面（顔料分散機の選択と運転条件）からのアプローチが重要である。以下では本書の性質上，コロイド・界面化学的な知見が重要となる配合面について記載する。

2.1 コーティング分野で使用される顔料

表1にコーティング分野で使用される主な顔料を示す。

着色顔料は光の吸収や散乱により，被膜に色彩や基材隠ぺい性を付与するために用いられ，有機と無機のものがある。一般的に，有機着色顔料は色彩が鮮やかであるが，耐候性や耐熱性などの耐久性能が無機着色顔料に比べて劣る。無機着色顔料は耐久性能には優れるが，色彩の鮮やかさでは劣る。ただし，白色の酸化チタンや黒色のカーボンブラックは無彩色ではあるが，それぞれ白さ，黒さは優れている。

体質顔料は無機顔料の一種であるが，無彩色で屈折率が低いので，被膜中では透明あるいは半透明になる。このため，コーティング液を増量するコストダウンが体質顔料を配合する主目的であるが，被膜への硬度付与や衝撃緩和，コーティング液の粘度や比重の調整，着色力（色の強さ）調整などのためにも用いられる。沈降性硫酸バリウムのように人工的に合成されるものもあるが，天然に産出する粘土鉱物や石灰岩を，粉砕，分級しただけのものもある。必要に応じて，精製や表面処理したものなども用いられる。

光輝顔料の粒子は鱗片状の形をしており，基材表面と平行に配向すると，被膜の明度や色調が被膜を見る角度によって大幅に変化し，メタリック感やパール感などの意匠性を付与する。

上記のほかにも表1最下段に示したような機能を持つ顔料が用途に応じて用いられている。

顔料粒子の形状は，**図2**に示すように球状～米粒状（二酸化チタン），レンガ形状（ペリレンレッド），針状（黄色酸化鉄），鱗片状（アルミフレーク顔料）など，さまざまである。

2.2 一般的な顔料分散過程

一般的な顔料分散工程では，顔料の一次粒子凝集体（Agglomerate）を個々の粒子に解凝集する。破砕と区別する意味で解凝集することを「解砕（Disruption）」と呼ぶ。破砕すると，破断面にラジカルなどの活性点が形成され，活性点同士の相互作用で，破砕された粒子同士が強く再結合して，凝集物を生成したり，異常な分散液の粘度上昇や疑塑性流動を示したりする。また，破断により結晶状態が変化することも報告されている[1]。

したがって，粒子製造段階で決定された一次粒子の大きさが，目的とする粒子径，もしくはそれ以下である顔料粉体を入手し，目的とする粒子径まで解砕し，解砕された状態が継続するように安定化することが顔料分散では重要である。

顔料分散工程を**図3**に示すように，濡れ，機械的解砕，分散安定化の3つの単位過程に分けて考えると，分散配合設計や分散プロセス設計，トラブルシューティングなどで便利である。

濡れの過程では，一次粒子凝集体がビヒクルに濡らされることにより，粒子同士の凝集力が低下して解砕されやすくなるとともに，分散機による解砕力（衝撃力やせん断力）が粒子凝集体の内部まで伝わりやすくなる。

次に，分散機の解砕力が加わって，より小さな凝集体や一次粒子に解砕される。この過程は機械力で分割されるので機械的解砕（Mechanical Disruption）

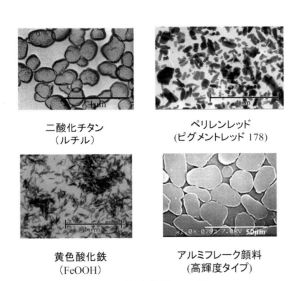

図2　着色顔料粒子の形状

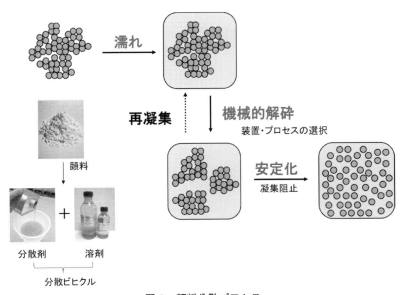

図3　顔料分散プロセス

過程と呼ばれる。目標とする粒子径や顔料分散液の粘度に応じて種々の分散機が使用される。

解砕されただけの粒子は，熱運動による衝突やVan der Waals力などにより，簡単に再凝集するので，これを防止するのが分散安定化過程である。

3つの単位過程がすべて満足された場合，「解砕され，再凝集に対して安定化された凝集体に，さらに濡れが生じて解砕されて…」，というサイクルが次々に回って，理想的には一次粒子まで解砕され，かつその状態が安定して継続する。一次粒子まで解砕するためには，3つの単位過程のすべてが分散工程を通じて継続的に生じる必要がある。

分散安定化が不十分なときに，顔料粒子同士が弱い力で引き合って，フロキュレートを形成することがある。フロキュレートが形成されると，顔料分散液や分散液から製造されるコーティング液は擬塑性流動となる。擬塑性流動は顔料粒子の沈降防止などでは有利な反面，塗工性の低下や塗工後のレベリング（平滑化）不良などを生じやすいので，顔料分散液の流動性としてはNewton流動が好ましい。一般的に顔料分散液は十分な着色を得るために高濃度であり，有機溶剤系はもとより水性系においても高分子吸着による分散安定化が必要である。

顔料分散において，良好な濡れや分散安定性を得るための条件や考え方，顔料分散に関わる評価法などの詳細は他[2)]を参照されたい。また，塗料およびインキにおける顔料分散の詳細は，本章の第2節以降で示される。

2.3 顔料の分散状態とコーティング液・被膜の性質

顔料の分散状態はコーティング液の流動挙動および顔料含有被膜の光学的性質に影響する。先述の通り，フロキュレートが形成されているとコーティング液は擬塑性流動を示し，貯蔵時の顔料沈降防止や垂直面塗装時のたれ防止など有利な面もあるが，塗工作業時に高粘度となり，多くの場合不具合を生じる。また，粒子間力で引力が優勢なためにフロキュレートが生じる訳で，そのような顔料分散液は，さらなる粒子凝集の進行で後述する離漿（Syneresis）や粗大な凝集体の生成（Seeding），顔料の沈降分離（Caking）を生じやすい。したがって，顔料分散工程では粒子間に斥力が生じるよう高分子分散剤のような高分子をしっかりと吸着させることが必要である。

分散液中での顔料粒子の運動には，沈降運動と拡散運動（ブラウン運動）の2種類がある。沈降運動は下方へのみの運動であるが，拡散運動は不特定方向への運動である。拡散運動が沈降運動より優勢になれば，実質的に沈降しない。

沈降しなくなる粒子径の目安については，以下のように考えることができる。

粘度 η の連続層中で，粒子径 d の粒子が沈降する速度 v はストークスの式（式(1)）で与えられる。

$$v = \frac{d^2(\rho - \rho_0)g}{18\eta} \quad (1)$$

ここで，g は重力加速度，ρ と ρ_0 はそれぞれ顔料粒子とビヒクルの比重である。

拡散運動は不特定方向への移動なので，原点からの移動距離は，時間が倍になっても倍にはならないが，一定時間 t 経過後の平均移動距離は計算可能であり，粒子径 d の粒子の平均移動距離 x は式(2)で表せる。

$$x = \sqrt{2Dt} \quad (2)$$

D は拡散係数と呼ばれ，アインシュタイン-ストークスの式（式(3)）で表される。k はボルツマン定数，T は絶対温度，η はビヒクルの粘度である。

$$D = \frac{kT}{3\pi\eta d} \quad (3)$$

表2に，比重 $\rho_0 = 1$，粘度 $\eta = 10$ mPa·s のビヒクル中での，比重 $\rho = 4$ の球状粒子（二酸化チタンを想定）について，沈降および拡散運動による1秒間の移動距離と，粒子径との関係を比較する。温度は室温（25℃）とした。

粒子径が小さくなるほど，拡散運動は早く，沈降運動は遅くなる。沈降しないためには，沈降より拡散による移動距離が大きくなればよいので，直径 1 μm 以下というのが目安となる。逆に言えば，これより一次粒子径が大きければ，いくら解凝集して安定性が良くても必ず沈降する。このような粒子の沈降を防止するためには，増粘剤などを処方する必要がある。また，分散安定性不良で粒子が凝集して粒子径が大きくなっても沈降が生じる。

図4に示すように，フロキュレートによって形成された網目構造が，徐々に締まっていって，網目

表2　沈降運動と拡散運動による移動距離と粒子径との関係

粒子径	100 μm	10 μm	1 μm	100 nm	10 nm	1 nm
沈降	1.6 mm	16 μm	160 nm	1.6 nm	16 pm	1.6 fm
拡散（平均移動距離）	29 nm	92 nm	290 nm	920 nm	2.9 μm	9.2 μm

※粒子は$\rho=4$の真球，ビヒクル相は$\rho_0=1$，$\eta=10$ mPa·sとして計算。
単位に注意：mm，μm，nm，pm（ピコメーター），fm（フェムトメーター）の順に1/1000ずつ小さくなる。

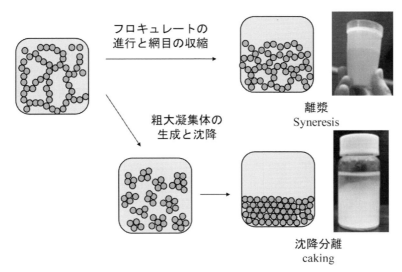

図4　顔料分散液の離漿と沈降分離

構造中に収まり切らないビヒクル成分が上部に分離することがある。この現象は離漿（Syneresis）と呼ばれ，分散安定化が不十分でフロキュレートが進行すると生じるが，沈降と異なり，粒子径や比重は関係ない。離漿が生じた下部にスパチュラを差し込んでみると，ビヒクルを抱え込んでいるので，ババロアのような状態が観測される。沈降では沈降層中には顔料に吸着している樹脂成分がわずかに存在するだけなので，沈降層は緻密で，時にはハードケーキと呼ばれる硬い層になる。

顔料は被膜中で光を吸収，散乱，反射して，被膜に色彩を付与したり基材表面を隠ぺいしたりする。このような光との相互作用は，顔料の分散粒子径に大きく依存する。顔料の最小構成単位は一次粒子であるが，実際のコーティング液中では解砕が不十分で，解凝集しきれずに残留した凝集体が存在していることもあり，この凝集体の大きさを「分散粒子径」と呼ぶ。理想的な顔料の分散状態は，分散粒子径＝一次粒子径である。

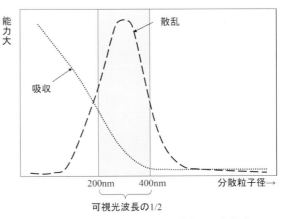

図5　顔料の分散粒子径と光の散乱・吸収能力

顔料粒子が被膜中で光を散乱する能力は，次の2つの因子に支配される。

① 被膜の連続相を構成するバインダーと顔料の屈折率差：屈折率差が大きいほど，散乱能力は大きくなる。

② 分散粒子径：図5に示すように，分散粒子

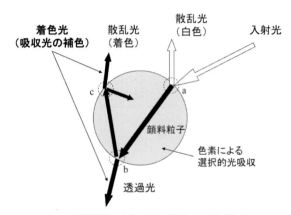

図6 顔料粒子による光の散乱と吸収(着色)

径が波長の半分の大きさの時に散乱能力は最大になり、それよりも粒子径が大きくても小さくても、散乱能力は低下する。可視光の波長はおおよそ400 nm(紫)〜800 nm(赤)であるので、粒子径が200〜400 nm のときに散乱能力は最大になる。

図6で、入射光は点aで顔料の内部に入るものと散乱されるものに分かれる。散乱された光は顔料内部の色素による選択的な光吸収がなく、すべての波長の光が含まれるので、白色に見える。白色顔料として、主に二酸化チタンが用いられるが、これは可視光領域に吸収を持たず、かつ安全・安価な物質で一番屈折率が大きいからである。また、市販の二酸化チタン顔料は一次粒子径が200〜400 nm に設定されており、一次粒子径まで分散すると光散乱能力が最大になるようになっている。

有彩色顔料は顔料粒子中の色素が特定の波長の光を吸収し、吸収した光の色の補色に発色する。顔料の発色の強さは着色力と呼ばれ、色素ごとの固有の光吸収能力と分散粒子径に依存する。同じ色素構造の顔料であっても分散粒子径が小さいほど、表面積が増加するので、着色力は大きくなる。さらに、図5に示すように200〜400 nm 以下になると急激に増加する。これは、光散乱能力が減少し、図6の点aで内部に入る光の割合が増加するためである。

図6でbから出る透過光が多いほど、透明に見える。逆に、aやcから出る散乱光が多いと不透明となる。また、aで散乱された光は着色しておらず白く見えるので、「色が濁っている(彩度が低い)」とか「ヘイズがある」と感じる。したがって、透明でヘイズの無い被膜を得るためには、分散粒子径を200 nm よりずっと小さく、現実的には顔料の屈折率にも依存するが50 nm 以下にする必要がある。

3. エマルション樹脂

塗料やインクのように、基材に塗布・塗工して被膜を形成するコーティング液は、一部を除いて溶剤で希釈して粘度を低下させ、塗布・塗工時の流動性を付与している。通常、高分子などのバインダー成分は溶剤に分子状態で溶解しているが、被膜の耐水性など諸耐久性能を満足する高分子は有機溶剤にしか溶解しないものが多い。

塗工現場における作業者の安全衛生や大気汚染防止のためには、溶剤は無害な水が好ましいが、水溶性高分子は被膜の耐水性不良を生じやすいという問題がある。そこで採用されるのが、エマルション樹脂である。水には不溶性の高分子(樹脂)を粒子状に水中に分散させたものをエマルション樹脂と呼ぶ。

3.1 エマルション樹脂の被膜形成機構

エマルション樹脂が被膜を形成するメカニズムは、図7に示すように溶剤に溶解している樹脂(溶解型樹脂)とは異なる。

溶解型の樹脂は分子同士が重なり合って(分子間で架橋反応が生じるものもある)被膜を形成するのに対し、エマルション樹脂は樹脂粒子が融着することで被膜を形成する。エマルション樹脂の樹脂成分は、本来、水に溶けないので、成膜後の耐水性は良好である。また、同じ濃度で比較すると、エマルション樹脂の懸濁液中では高分子が伸び広がったり、絡まったりしていないので、溶解性樹脂溶液よりも低粘度である。粘度が同一という条件で比較すると、エマルション樹脂の方がずっと高固形分濃度に(溶剤の量を少なく)することが可能である。

この特徴を生かして、溶剤が有機溶剤でも不溶性の高分子が粒子状に分散しているものがあり、NAD(Non Aqueous Dispersion)樹脂と呼ばれる。通常、エマルション樹脂は水が溶剤のものを指すが、NAD樹脂も含めて高分子が粒子状に分散しているものを広義のエマルション樹脂と呼ぶことがある。

3.2 エマルション樹脂の製造法と分散安定化

コーティング分野でエマルション樹脂として用いられるのは、アクリル樹脂、ビニル樹脂、ポリエステル樹脂、ポリウレタン樹脂などである。エマル

第2章 コーティングマテリアル・色材

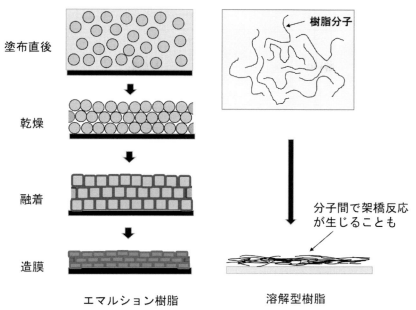

図7 エマルション樹脂と溶解型樹脂の被膜形成機構の違い

ション樹脂（樹脂粒子の懸濁液）の製造方法は次の3つに大別される。

① 強制乳化法

溶液重合法などで合成された樹脂をそのまま，もしくは溶剤に溶かして，乳化機（ホモジナイザー，ディスパーサーなど）を用いて，機械力により所望の溶剤中に分散させる方法。樹脂粒子の分散状態を安定化するために乳化剤を用いる。

② 自己乳化法

溶液重合法などで合成する際，親水性の官能基や側鎖を樹脂分子に持たせておき，乳化剤を用いずに分散安定化させる方法。自己乳化とはいうが，乳化機等の機械力は必要なことが多い。

③ 分散重合法

分散させたい溶剤中で，樹脂を合成する方法である。主に水中でのラジカル重合法が採用され，乳化重合法（開始剤が水溶性）と懸濁重合法（開始剤が非水溶性）がある。コーティング分野では乳化重合法で製造されたアクリル樹脂やビニル樹脂が多用される。乳化重合法はエマルション重合法とも呼ばれ，分散安定化は乳化剤を用いる場合と，用いない場合（自己乳化）がある。

製造方法は上記の通りであるが，樹脂粒子の浮上や沈降による分離，粒子の合一による肥大化などの不良現象を防止するためには，樹脂粒子間に十分な斥力が働いている必要がある。一方では，被膜形成時には粒子同士がしっかりと融着して強靭な被膜となる必要がある。溶剤（主に水）が揮散することで，粒子同士は接近しやがて凝集するが，凝集したからといって融着するわけではない。ここで需要なのが最低造膜温度と造膜助剤である。

3.3 最低造膜温度と造膜助剤

樹脂粒子同士が接触したときに，表面が柔らかければ融着するが，硬いと融着せず連続膜にならない。粒子表面の硬さは樹脂のガラス転移温度，樹脂粒子の構造（コア-シェル型など），乾燥温度などに依存する。乾燥時の温度が高いほど樹脂粒子表面は柔らかくなり，一定の温度以上で連続膜を形成するようになる。この温度を最低造膜温度MFT（Minimum Film-forming Temperature）と呼ぶ。MFTが異なる種々のエマルション樹脂があるので，使用条件・使用環境に応じて適切なものを選択する。

MFTが低いほど，低温でも造膜性があり，冬場や低温でも塗装作業ができるが，反面，膜は柔らかくなって力学的強度が不足するなどの欠陥が生じや

表3 水性エマルション樹脂塗料用造膜助剤

イソ酪酸エステル系	2,2,4-トリメチル-1,3-ペンタンジオール-2-イソブチラート（CS-12） 2,2,4-トリメチル-1,3-ペンタンジオールジイソブチラート（CS-16）
エチレングリコール系	ジエチレングリコール-n-ブチルエーテル（ブチルカービトール） エチレングリコール-n-ブチルエーテル（ブチルセロソルブ）
プロピレングリコール系	ジプロピレングリコール-n-プロピルエーテル（DPnP） プロピレングリコール-n-ブチルエーテル（PnB） ジプロピレングリコール-n-ブチルエーテル（DPnB） ジプロピレングリコールメチルエーテルアセテート（DPMA） プロピレングリコールフェニルエーテル（PPH）

すい。この排反事象を解決するために使用されるのが造膜助剤である。造膜助剤は樹脂粒子表面を膨潤・溶解させて融着を促進する。表3に水性エマルション樹脂塗料用の造膜助剤を示す。樹脂との親和性と造膜後の蒸発速度が適切なものを選択する。造膜助剤は塗膜形成後も徐々に被膜から放出される。例えば塗料として室内に塗装された場合に，シックハウス症候群や化学物質過敏症といった健康障害の原因物質となる可能性が指摘されており，選択には十分に注意する必要がある。

4. 増粘剤

4.1 増粘剤の働き

コーティング液保管時における顔料の沈降防止や，塗装作業時のたれ防止，スクリーン印刷後のパターン形状維持などのためには，コーティング液の粘度は高い方がよい。溶剤の量を削減すると粘度は増加するが，それでは塗工時の粘度も高くなって，噴霧塗装における塗液の微粒化やスクリーン印刷時のスキージの摺動性など塗工作業性は一般的に低下する。塗工時には粘度が低く，保管時や塗工後には粘度が高いような粘度変化をコーティング液が示してくれると都合が良い。これを実現するのが増粘剤である。

増粘剤にはさまざまな種類のものが存在するが，多くのものに共通するのは，増粘剤を構成する分子や粒子がコーティング液中で構造を形成し，その構造は力を加えることにより壊れるが，時間の経過により回復するという性質を持っていることである。

構造を形成するメカニズムは，粒子状の増粘剤の場合は粒子同士のフロキュレートの形成，分子状で作用する増粘剤では分子間の会合と考えられている。フロキュレートや分子間会合の原動力は，溶剤や増粘剤の種類に依存し，ファン・デル・ワールス力，水素結合，疎水性相互作用などさまざまであり，構造を形成する力の強さや，壊れた構造が回復する速さも異なる。

増粘剤は壊れた構造が時間の経過とともに回復するのが特徴で，せん断速度が小さいとき（遅い流動）には，構造が流動により壊れても回復してくるので，常に構造を壊し続けないと流動状態を保てない。一方，せん断速度が大きいときには，流動の最初に構造を壊してしまえば，回復が流動による破壊に追い付かないので，あとは構造を壊す力は不要である。すなわち，低せん断速度では粘度が大きく，高せん断速度では粘度が低いという擬塑性流動を示すことになる。

塗料・塗装に関連する諸現象を例として，その現象が関わるせん断速度を図8に示す。沈降やタレのせん断速度は，$10^{-3} \sim 10^{-2} \sec^{-1}$程度，スプレー塗装のせん断速度は$10^3 \sim 10^5$程度とされている。塗装時の塗液微粒化のためには粘度が低く，塗料貯蔵時の顔料沈降防止や塗装後のたれ防止のためには粘度は高い方が良いので，適切な増粘剤を用いてせん断速度が$10^3 \sim 10^5 \sec^{-1}$（スプレー塗装）では低粘度，$10^{-3} \sim 10^{-2} \sec^{-1}$では高粘度になるように塗料粘度を調整すればよい。

このように増粘剤はせん断速度に応じてコーティング液の粘度を変化させることから，レオロジーコントロール剤，揺変剤などとも呼ばれる。また，低せん断速度での粘度を増加させると顔料などの沈降が防止できることから沈降防止剤とも呼ばれる。

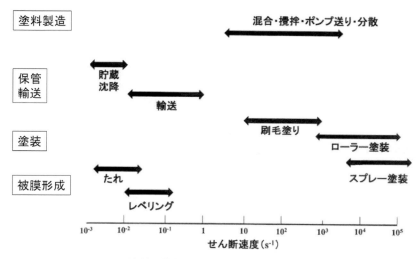

図8 塗料・塗装に関連する諸現象とせん断速度

4.2 増粘剤の種類と増粘機構

表4に増粘剤の種類とその具体例の代表的なものを示す。粒子状でコーティング液中に分散するものと、樹脂状で溶解もしくは膨潤するものがある。無機の増粘剤はすべて粒子状であるが、有機の増粘剤では粒子状のものと樹脂状のものがある。粒子状の増粘剤は粒子間のフロキュレート構造の形成と破壊・回復を利用し、樹脂状のものは分子間会合の形成と破壊・回復を利用する。

以下では各種増粘剤について各論的に説明する。増粘剤の種類ごとに増粘のメカニズムが異なるが、増粘度合いのせん断速度依存性には一定の傾向がある。一例を図9に示す。図はあくまで一例であり、基本構造に変性が加えられた品種も数多く市販されており、参考程度に留めていただきたい。

① シリカ系

コーティング分野で使用されるシリカには、気相法シリカ、湿式法シリカ、珪藻土があるが、増粘効果が顕著で増粘剤として多用されるのは気相法シリカである。湿式法シリカや珪藻土は艶消し剤として使用されることが多く、副次的に増粘作用があるが、粒子径が大きいので増粘効果は気相法シリカに比べて小さい。

表4 増粘剤の種類と具体例

種類		具体例
無機系（有機修飾品も有り）	シリカ系	気相法シリカ、湿式法シリカ、珪藻土
	粘土鉱物系	モンモリロナイト(ベントナイト)、カオリン、セピオライト、アタパルジャイト
	炭酸カルシウム系	軽質炭酸カルシウム 重質炭酸カルシウム
有機系	ワックス系	水添ひまし油系、アマイド系、酸化ポリエチレン系
	ポリウレタン系	疎水変性ポリオキシエチレンポリウレタン共重合体
	セルロース誘導体系	ヒドロキシエチルセルロース(HEC)、カルボキシメチルセルロース(CMC)、エチルセルロース(EC)
	ポリアクリル酸系	ポリアクリル酸、疎水変性ポリアクリル酸 アクリル酸-メタクリル酸共重合体

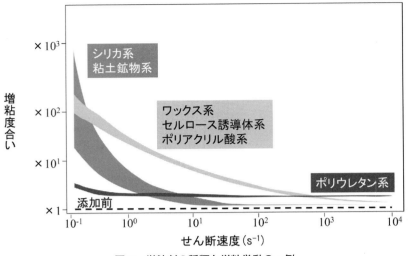

図9 増粘剤の種類と増粘挙動の一例

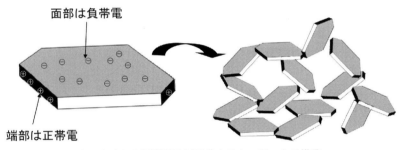

図10 モンモリロナイトの板状粒子が形成するカードハウス構造

　気相法シリカはフュームドシリカとも呼ばれ，粒子径が10〜100 nmの球状または球状粒子が焼結して鎖状に連なった形状をしている。これらの粒子がフロキュレートを形成することで，増粘剤として作用する。
　粒子間の相互作用力は表面に存在するシラノール基間の水素結合であるが，これは水や極性溶剤中では作用しにくいので，表面をシランやシロキサンなどで疎水化処理された品種も上市されている。

② 粘土鉱物系
　粘土鉱物は，自然界で起こる化学反応により，硬質な鉱物が化学変化してできた物質である。大部分は層状珪酸塩鉱物と呼ばれる結晶構造を持ち，多数の薄層が積み重なった構造をしている。
　モンモリロナイトは粘土鉱物の一種であり，層同士の付着力が弱いので，溶剤中での撹拌により容易に膨潤・剥離し，板状粒子となる。モンモリロナイト粒子の場合，図10に示すように端部は正に，面部は負に帯電するので，端部と面部が静電的に引き合ってフロキュレートを形成する。この構造はカードハウス構造と呼ばれ，この構造を形成することで著しい増粘効果を示す。ベントナイトはモンモリロナイトを主成分とする岩石で，不純物として石英や長石などの鉱物を含んでいる。有機溶剤中での膨潤・剥離を容易にするために，アミンなどによる有機変性ベントナイトも市販されている。
　カオリンは層間力が強いので通常の撹拌では剥離しない。増粘効果はあるが，モンモリロナイトほどではない。
　セピオライトやアタパルジャイト（パリゴルスカイト）は粒子形状が針状〜繊維状である。カオリンやベントナイトなどが層状粘土と呼ばれるのに対し，鎖状粘土と呼ばれる。粒子同士が絡み合って構

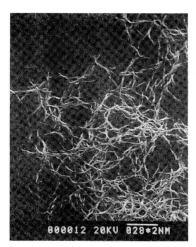

図11 アマイドワックス系増粘剤の膨潤網目構造[3]

造を形成するとされており，モンモリロナイトと比べて電解質の影響を受けにくく，水性系やアルコール系ビヒクルシステムでの増粘剤として用いられる。

③ 炭酸カルシウム

炭酸カルシウムの原材料である石灰石は土中から採掘されるが，粘土鉱物には含まれない。増粘剤として使用されるのは主にヒドロキシステアリン酸やステアリン酸などで表面処理された粒子径が$100\,\mu m$以下の極微細軽質炭酸カルシウムである。

④ ワックス系

ヒマシ油に水素を添加することにより硬化させワックス状とした水添ヒマシ油系，植物油脂肪酸とアミンの反応により合成されるワックス状のアマイド系，ポリエチレンを酸化処理し，極性基を導入してワックス状にした酸化ポリエチレン系などがある。

水添ヒマシ油系やアマイド系は，ビヒクル中で**図11**[3]のような膨潤網目構造を形成する。この網目構造は，フロキュレートと同様にせん断力により破壊され，また回復をするので，せん断速度に依存した増粘性を発現する。

酸化ポリエチレン系は，芳香族系の溶剤中に非溶解性のコロイド粒子状に膨潤分散させた増粘剤で，粒子同士や一部顔料とフロキュレーション構造を形成する。

⑤ ポリウレタン系

次項のセルロース系と同様に会合型増粘剤の一種である。一般的には水性系の増粘剤として使用され，会合のドライビングフォースは疎水性相互作用である。ポリオキシエチレンのような親水性高分子の末端を，ウレタン結合を介して疎水化した直鎖状または枝分かれ構造を持つ高分子化合物で，分子量は10万前後である。英語のHydrophobically modified ethoxylated urethane resinからHEURと呼ばれる。疎水基同士の会合，エマルション粒子や顔料への疎水基の吸着により増粘するが，せん断速度依存性は比較的少ない。

⑥ セルロース誘導体系

セルロースは繊維素とも呼ばれ，β-グルコース分子がグリコシド結合により直鎖状に重合した天然高分子である。セルロースそのものは，分子間に水素結合が生じて結晶化しており，通常の有機溶剤や水には溶解しない。セルロースの水酸基を部分的に変性したもの（セルロース誘導体）は，各種溶剤に溶解するとともに，剛直な分子が分子間で水素結合や疎水性相互作用により会合体を形成するので，増粘剤として作用する。

⑦ ポリアクリル酸系

（メタ）アクリル酸を主成分とする分子量数十万～数百万の高分子である。この増粘剤のみ，会合やフロキュレートと異なり，分子量の大きい水溶性の高分子が水に溶解することで増粘効果を発現する。

4.3 増粘剤の使用方法

増粘剤は図9に示したように，低せん断速度から高せん断速度まで比較的均一に増粘させるタイプから，高せん断速度では粘度増加はわずかで，低せん断速度で著しく増粘させるタイプまである。前者はエマルション樹脂懸濁液の増粘等，後者は光輝材含有塗料のレオロジーコントロール（貯蔵時の沈降防止，塗装時の微粒化とたれ防止）などと，目的に応じて適切な品種・銘柄を選択することが重要である。

フロキュレートや会合体を形成する増粘剤は，顔料やエマルション樹脂粒子とも相互作用して，凝集を生じさせることがある。粒子表面は分散剤や乳化剤で十分に被覆して増粘剤との相互作用をブロックしておくことが重要である。

文　献

1) 針谷香, 橋本和明：J. Jpn. Soc. Colour Mater.(色材), **79**, 136 (2006).
2) 小林敏勝：塗料大全, 日刊工業新聞社, 213-259 (2020).
3) 飯塚義雄：J. Jpn. Soc. Colour Mater.(色材), **65**, 775 (1992).

第2章 コーティングマテリアル・色材

第2節 塗料における顔料分散

日本ペイント・オートモーティブコーティングス株式会社　南家　真貴子

1. 塗料の概要

塗料は流動性を有する材料であり，物体（被塗物）の表面に塗布され，乾燥や硬化により連続皮膜（塗膜）を形成するものをいう。塗料の一般的な構成を図1に示す。従来は有機溶剤を揮発成分とする塗料が主流であったが，近年の地球環境の保全や安全性の観点から，水性化ニーズも高まっている。

塗膜の主な機能は美観と保護であり，ニーズに合わせた色や光沢を有し，長期間その状態を維持し，被塗物をさびや腐食から守らなければならない。顔料の構造や分散性は，これらの機能発現に深く関与している。

塗料は自動車や機械，家電など商品の製造ラインで塗装される工業用塗料と，建築物や家庭用に使用される汎用塗料に大別される。一層の塗膜だけでは，十分な機能（耐候性，耐食性，美観など）を付与することが困難な場合が多く，用途にもよるが，一般的に，下塗り，中塗り，上塗りといった複層膜で構成される。

図2に自動車用塗膜の構成例を示す。下塗りは被塗物である車体を環境から保護するため，電着塗装が施される。電着塗料はエポキシ樹脂による防錆に加え，防錆顔料が添加され高度な耐久性を有した塗料である。中塗り塗料は，上塗り塗料の外観向上の目的の他に，車の走行による小石などの飛び跳ね（チッピング）抑制といった機能も有する。衝撃緩和のため，可とう性に優れた樹脂を使用するとともにタルクやクレーなどの鱗片状顔料が使用される。ベースコートは車体の美観を担っており，着色顔料の他にアルミニウム顔料やマイカ顔料といった光輝性顔料も使用される。近年，高彩度化のニーズが高まっており，塗膜中で着色顔料を細かく安定に存在させる技術が重要となってきている。

2. 塗料用顔料に求められる機能

塗料の種類により要求項目は異なるが，特に重要な特性について以下に述べる。

2.1 耐候性

塗料は屋外で使用されるものも多く，一般的なインクや絵の具に比べ耐候性が求められる。顔料の劣化は化学構造に起因する要因が大きいが，同じ化学構造であれば結晶径が大きいほど堅牢になる[1]。有機顔料の場合，紫外線などのエネルギーにより，不

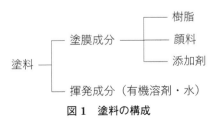

図1　塗料の構成

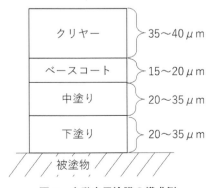

図2　自動車用塗膜の構成例

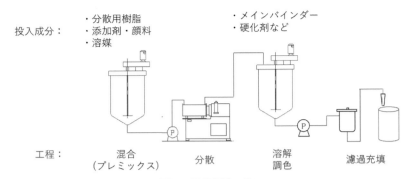

図3 塗料製造工程

飽和結合が切断されることで劣化が進行する。劣化は，顔料の表面付近から進行するため，粒子径が大きい方が変化の発現が緩やかになる。顔料メーカーは耐候性などを考慮し，同じ構造の顔料でも使用用途に応じて1次粒子径を調整している[2]。

2.2 耐熱性

一般的な焼付塗料は80～140℃の焼付温度であるが，粉体塗料は160℃以上，コイルコーティング用塗料は200℃以上で焼付するため高い耐熱性が要求される。無機顔料は耐熱性が高く使用上問題はないが，有機顔料では熱により劣化するものもあり制限を受ける。顔料の耐久性については文献等[3,4]に詳しく書かれているため参考としていただきたい。

2.3 分散性

塗料に顔料を配合するには分散が必要なため，分散性も重要な要求項目となる。分散性の低い顔料では，塗料中で顔料が沈降する，塗膜の光沢や着色力が低下するといった不具合が生じる。そのため，樹脂溶液と容易に混ざり，顔料表面に樹脂が吸着しやすいことが求められる。このような要求に答えるため，顔料凝集の抑制や，表面処理，粒子径制御などの工夫がなされている。

3. 塗料の製造プロセスと分散への影響因子

3.1 塗料の製造プロセス

図3に一般的な塗料の製造工程を示す。分散用樹脂，添加剤，溶剤，顔料をプレミックスタンクで均一に混合する。混合したミルベースを分散機に投入し，分散する。分散にはビーズミルが主に用いら

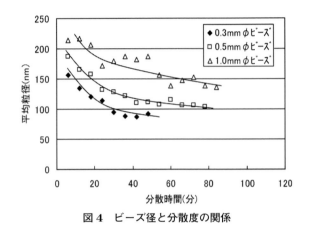

図4 ビーズ径と分散度の関係

れ，ビーズの衝撃力により顔料を細かく解砕する。メインバインダーや硬化剤を加え溶解・調色することで製品となる。

3.2 ビーズミルの特徴と分散への影響因子

ビーズミルは，ガラスビーズやセラミックスなどの分散媒体（メディア）をミルに充填し，ミルベースとともに高速回転することで，ビーズの運動に伴う衝撃力やせん断力により顔料を解砕する分散機である。生産性が高く，塗料製造において主流になっており，装置やビーズの選定，運転条件により分散性に影響を与える。代表的な因子を以下に記す。

3.2.1 ビーズ径

ビーズの個数はビーズ径の3乗に比例するため，ビーズ径が小さくなると単位体積当たりのビーズ数が増加する。そのため，ビーズが顔料粒子を補足する確率が増加し，高い分散度が得られる。図4にビーズ径を変えて分散した際の粒子径変化の事例を示す。小粒子径のビーズを使用するほど，短時間で

細かく分散されることがわかる。

3.2.2 周速

分散機の周速を高めると，分散速度が増加する。図5に周速を変えた際の粒子径変化の事例を示す。周速を高めると短時間で細かく分散できる。一方で，過剰なエネルギーを顔料に与えると1次粒子が破砕され，異常な粘度上昇や顔料機能の低下が起こる事例も報告[5]されている。また，周速を上げると時間当たりの投入エネルギーが増加するため，分散温度が上昇しやすい。塗料の性状や機能への影響を考慮して，最適な条件を選定する必要がある。

3.2.3 循環分散

ビーズミルを運転する際の方式として，パス方式と循環方式がある。パス方式は連続的にミルベースを分散機に投入する方法で，大量製造の際に使用される方式である。しかしながら，1回のパスでは目標の分散度に到達しない場合もあり，高い分散度が必要な場合は不向きである。循環方式は，循環タンクとビーズミルの間でミルベースを循環させながら運転する方式である。高流量で運転することで，顔料がミル内を通過する回数が増えるため，粒度分布が狭くなりシャープな粒度分布が得られやすい。図6に循環分散の流量の影響を示す。高流量では低流量に比べ粒度分布がシャープになっていることがわかる。高流量で運転するとビーズがミル内で偏り発熱などの原因となりやすいが，最近の分散機ではディスク形状やビーズ分離機構の工夫により，ビーズの偏りをなくして高流量での運転できるものが多くなっている。

4. 溶剤系塗料における顔料分散

顔料分散工程では濡れ，機械的解砕，分散安定化の3つの過程が同時並行的に進行する[6]。一般的な溶剤系塗料は，表面張力の低い溶剤を溶媒として使用しているため，濡れの工程が分散の進行に影響することは少ない。そのため，分散安定化に焦点を絞り，重要な項目について説明する。

4.1 顔料の酸塩基量の測定

顔料が再凝集せず安定に存在するためには，顔料の周りに樹脂吸着層を形成させる必要があり，溶剤系では，酸塩基相互作用が働くように顔料と樹脂を選択することが重要である[7]。顔料の酸塩基特性の評価方法としては，非水滴定法[8]や吸着熱測定[9]など種々の方法が提案されている。

非水滴定法は比較的安価で多くの情報が得られる。顔料の場合は，顔料が溶媒に溶解しないため逆滴定法を用いる。顔料と接触させる酸または塩基溶液の強度を変えることで，強度別の酸・塩基量を測

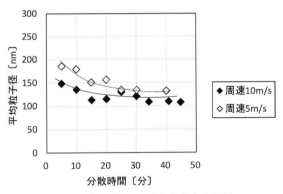

図5 ビーズミル周速と分散度の関係

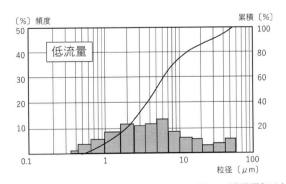
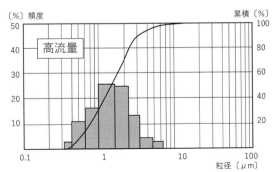

図6 循環運転の流量と粒度分布変化

第4編　産業応用

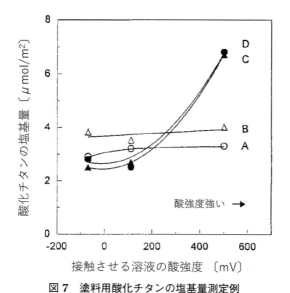

図7　塗料用酸化チタンの塩基量測定例

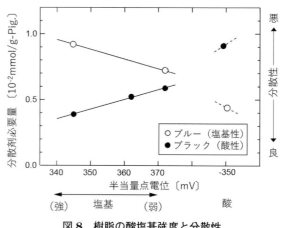

図8　樹脂の酸塩基強度と分散性

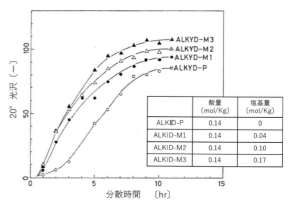

図9　酸性顔料に対する塩基量の影響[8]

定することができる。図7に塗料用酸化チタンの塩基強度の測定例[10]を示す。横軸は接触させる酸溶液の強度である。A，Bの酸化チタンは溶液の酸強度にかかわらず塩基量は一定であるが，C，Dの酸化チタンは溶液の酸強度が増加すると塩基量が増加する。これはC，Dの酸化チタンには塩基強度の分布があり，比較的低強度の塩基も存在することを示している。

4.2　酸塩基相互作用による安定化

酸塩基相互作用で顔料表面に樹脂が吸着することで顔料の分散安定化が図られる。図8に酸塩基強度の異なる樹脂を用いた際の，酸性，塩基性顔料に対する分散性を検討した事例を示す。図8の横軸は酸塩基強度の尺度である樹脂の半等量電位[8]，縦軸は流動を要するのに必要な分散剤の量で分散性の尺度である。酸性顔料であるカーボンブラックでは樹脂の塩基強度が高くなるほど少量で顔料が流動するが，塩基性処理されたフタロシアニンブルーでは樹脂の酸強度が高いほど少量で流動することがわかる。樹脂の酸や塩基強度が高いほど，顔料への吸着力が高く少量で効果が得られるものと考えられる。

また，酸塩基量による分散への影響についても報告されている[8]。図9は酸性顔料であるカーボンブラックに対する樹脂の酸塩基量の影響について示した図であるが，樹脂の塩基量が増加するに伴い，分散ペーストの光沢が上昇しており，塩基量の多い樹脂ほど酸性顔料の安定化力が高いことが理解できる。

4.3　酸塩基量の少ない顔料における分散安定化

酸や塩基が少なく中性に近い顔料の場合，酸塩基相互作用が作用しにくく十分な樹脂吸着層を形成できない場合がある。その場合は，顔料誘導体や多点吸着型分散剤が利用される。

顔料誘導体は，顔料メーカーの表面処理にも利用されており，顔料骨格に直接官能基（カルボキシル基，スルホン酸基，アミノ基など）を導入した化合物のことをいう[11]。多くは顔料メーカーのノウハウであるが，一部市販されている化合物もある。顔料に対し，類似骨格を有する顔料誘導体を少量添加することで，顔料誘導体が顔料に吸着する。顔料誘導体の官能基が樹脂と相互作用することにより，顔料

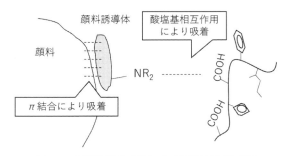

図10　顔料誘導体利用による樹脂吸着模式図

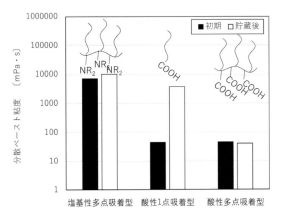

図11　分散剤構造による分散安定性

の表面に樹脂吸着層が生成され，安定化が図られる。吸着の模式図を図10に示す。

顔料分散剤は，顔料への吸着部位と溶媒への相溶部位を有する樹脂で，一般的な分散樹脂に比べて，分散に特化した機能を有する樹脂のことをいう。分散性の向上には，顔料との親和性の高い吸着官能基の選択や，吸着官能基と溶媒和部位の機能分離（構造制御）が有効である。酸や塩基の少ない顔料に対しては吸着官能基を多く有する多点吸着型分散剤が有効である。図11に少量の塩基を有するフタロシアニンブルーの分散への分散剤構造の影響について検討した事例を示す。使用したフタロシアニンブルーの酸量と塩基量は，それぞれ0.03 μmol/m^2，0.44 μmol/m^{2}で，分散直後と貯蔵（加温条件）後の粘度を測定した。塩基性分散剤の場合，多点吸着型を用いても非常に高粘度となり，分散剤が十分に吸着していないと考えられる。一方，酸性分散剤では分散直後は構造にかかわらず粘度が低下するが，吸着官能基を1点しか有しない分散剤では貯蔵後に大幅に増粘する。多点吸着型の場合は，いくつもの吸着セグメントが存在するため，1つが脱着しても他の部位が顔料表面にとどまるため，顔料の安定化が維持されやすく，酸や塩基量が少ない顔料に対する有効性が高い。

5. 水系塗料における顔料分散

水中の粒子の分散安定化はDLVO理論[12,13]が有名であるが，一般的な水性塗料はイオン濃度が高く静電斥力のみで安定化を図ることは困難な場合が多い。そのため，水系においても溶剤系と同様に樹脂吸着層を形成し安定化を図ることが望ましい。水系での樹脂吸着は酸塩基相互作用の他に疎水性相互作用が利用される。

また，水系塗料の溶媒である水は有機溶媒に比べ表面張力が高いため，親和性が低い顔料では濡れが阻害され分散の進行に影響を及ぼす。

5.1　顔料の濡れ性と分散性

濡れの工程では，顔料同士の微細な隙間に樹脂溶液が浸透することで，顔料間の凝集力が低減する。有機顔料のような疎水性の高い顔料では，濡れが進行しにくく，分散の障壁になる場合がある。図12に有機顔料の親疎水性度と分散速度の関係事例を示す[14]。図12の横軸は顔料の親疎水性度の尺度で，アセトン滴定で決定した溶解性パラメーター（SP値）である。SP値が低く疎水性の高い顔料は，光沢値が低く分散が進行しにくいことがわかる。

このように濡れ性が低位な顔料の分散を行う際は，少量の界面活性剤や溶剤を加え，顔料と樹脂溶液間の界面張力を低下させることが有効である。

5.2　疎水性相互作用による樹脂吸着

疎水性相互作用とは，水中に存在する疎水性物質が水と接する不安定な界面をできるだけ小さくしようとして集合する現象である。一般的な水性塗料ではアニオン型アクリル樹脂を分散樹脂として使用することが多く，カルボン酸の中和により水溶性が付与される。水溶性樹脂は，水中では疎水基を内側に包み込むような状態で水中に存在している。分散時のせん断力などにより内側に包まれた疎水基が露出すると，樹脂は不安定な状態となる。この状態の樹脂が顔料に接近した際に，顔料の疎水部位と再度ドメインを形成し，顔料表面に配向することで疎水界

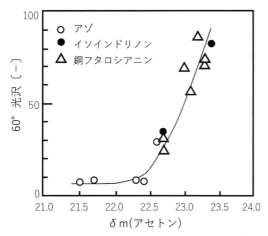

図12 有機顔料の親疎水性と分散速度の関係[14]

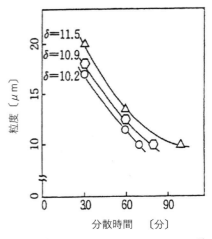

図14 樹脂の疎水性度と分散性の関係[14]

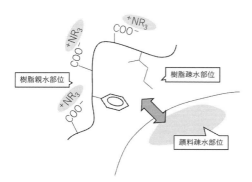

図13 顔料と樹脂の疎水性相互作用模式図

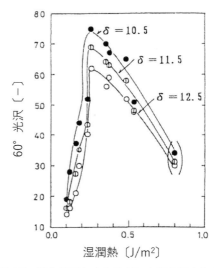

図15 親水処理キナクリドンの親水性度と分散性の関係[14]

面が減少する。疎水性相互作用力といった力が存在するわけではないが，水と疎水部位の不安定な界面を小さくしようとした結果，吸着した形となる。図13に顔料と樹脂の疎水性相互作用の模式図を示す。

図14は疎水性度(SP)の異なる樹脂を用いて疎水性のフタロシアニンブルーを分散した事例である[14]。樹脂の疎水性度が低いほど，分散速度が速く，疎水性顔料においては疎水性相互作用により樹脂が吸着し分散が進行したと考えられる。樹脂吸着に疎水性相互作用を利用するためには顔料の疎水性度が高い方が良いが，一方で濡れの進行を考えると顔料はより親水性の高い方が有利となる。疎水性相互作用による吸着と濡れの両立について検討した事例が報告されている[14]。図15はキナクリドン顔料にアンモニアプラズマ処理を施し親水性を付与し，親水性度の異なる顔料での分散性について検討した事例

である[14]。本結果では顔料の湿潤熱が0.25 J/m²付近に光沢の最大値が確認された。これは疎水性相互作用による吸着と濡れが両立する親疎水性度が存在することを示唆している。

文　献

1) 橋本薫：有機顔料ハンドブック，カラーオフィス，45 (2006).
2) 本間清史ほか：色材，**71**(7), 458 (1998).
3) 大倉研：色材，**46**(2), 113 (1973).
4) 稲村健，品田登：色材，**55**(12), 883 (1982).
5) 針谷香，橋本和明：色材，**79**(4), 136 (2006).

6) V. T. Crowl: *J. Oil colour Chem. Assoc.*, **46**, 169 (1963).
7) P. Sorensen：*J. Paint Technol.*, **41**, 31 (1975).
8) 小林敏勝ほか：色材，**61**(12), 692 (1988).
9) 石森元和ほか：色材，**65**(3), 155 (1992).
10) 国吉隆，小林敏勝：色材，**67**(9), 547 (1994).
11) 中村幸治：色材，**72**(4), 238 (1999).
12) B. Derdaguin and L. Landau: *Zhur. Eksperim. i. Teor. Fuz.*, **11**, 802 (1941).
13) E. J. Verwey and J. Th. G. Overbeek: Theory of Stability of Lyophobic Colloids, Elsevier, Amsterdam (1948).
14) 小林敏勝ほか：色材，**62**(8), 524 (1989).

第2章 コーティングマテリアル・色材

第3節
オフセット印刷インキにおける顔料分散

トーヨーケム株式会社　藪野　通夫

1. はじめに[11]

オフセット印刷インキの顔料分散は，顔料を分散機等の機械的な力により樹脂或いは溶剤中に安定かつ均一的に存在させるといった点では，基本的に塗料・グラビアインキ・着色剤等の色材における顔料分散と考え方は同じである。

しかし，オフセット印刷は水と油の反発を利用した印刷方式でありながら，印刷時にはインキ自体がある程度乳化することも必要とされ使用可能な素材も限定されてくる。また，印刷方式，印刷機の特性により，インキの硬さが他の色材と違ってかなり高粘度で弾性も必要となってくる。

本稿では，オフセット印刷インキについて，インキの製造工程からさらに顔料の製造段階までさかのぼり，顔料粒子の状態や顔料の分散性，さらに印刷適性への影響について記述する。

2. オフセット印刷インキについて[11]

2.1 オフセット印刷とは

オフセット印刷は平版印刷とも呼ばれ，図1[1]に示すようにインキを版からブランケットに転移させ，さらにブランケットから被印刷体にインキを転移させる印刷方式である。その版のインキをゴムブランケットに転写（Off）し，それを紙に印刷（Set）するという方式のため，オフセット印刷と呼ばれている。

一般的なオフセット印刷では版は図2に示すように，インキを受理しやすい親油層（画線部）と水を受理しやすい親水層（非画線部）で構成され，版に水を接触させた後にインキと接触させると親油層にのみインキが受理されることで画像が形成される。

2.2 オフセット印刷インキとは

オフセット印刷では，ブランケット胴から被印刷体に画像を転移する際に圧力を必要としインキがつぶされて広がってしまう現象が発生するため，基本的にはインキ粘度が高い（硬い）ものが良いとされる。一方，版に至るまでに回転するローラー上で練られたり，転移されることが必要とされるため適度

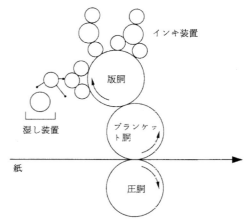

図1　オフセット印刷機の機構

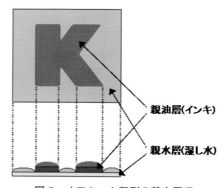

図2　オフセット印刷の基本原理

な流動性も必要とされる。また，被印刷体の強度もインキ粘度を左右する要因となる。

オフセット印刷インキは印刷インキの中で粘度が高く，グラビア・フレキソ用インキといった低粘度・液状であるリキッドインキ(liquid ink)に対比してペーストインキ(paste ink)とも呼ばれ，それに伴い顔料分散における分散ベース粘度も高いことが特徴として挙げられる。図3には典型的なオフセットインキの組成を示すが，分散工程において顔料はワニスおよび油分で適当量の配合によりベース粘度を最適な粘度に調整し分散が行われる。

3. 顔料の特徴とインキの製造方法[11]

一般にカラー印刷は「色の3原色」といわれる黄(Yellow)・紅(Magenta)・藍(Cyan)の3色と，この3色の混合では不足する黒色を補うための墨(Black)の4色を重ね合わせて印刷することでさまざまな色を再現しており，この色インキの組み合わせをプロセスカラーと呼んでいる。

3.1 プロセスカラーインキ用顔料

図4にアゾ顔料と呼ばれる黄・紅顔料(黄：C.I. Pigment Yellow 12，紅：同 Red 57:1)の製造方法の概略を示す。

アゾ顔料は水系でカップリング反応により合成され，この時生成される粒子を一次粒子という。

一次粒子径は約0.05～0.5 μmであるが，アゾ顔料は基本的に親油性であり水の中では軟凝集状態(約10～100 μm)で存在する。これをろ過・水洗して得られたものが顔料ペースト(プレスケーキ顔料)である。

顔料ペーストを乾燥させると，粒子はペーストの蒸発潜熱による強い凝集を起こしたり，結晶成長して安定化を図ろうとする。その結果，乾燥粒子はインキ化時の分散工程を経ても一次粒子まで分散し

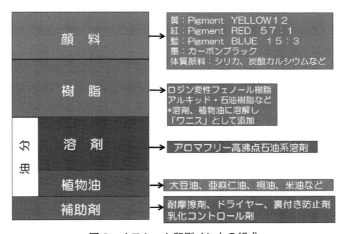

図3 オフセット印刷インキの組成

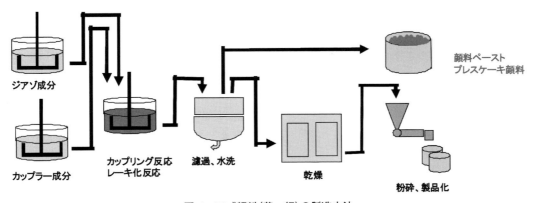

図4 アゾ顔料(黄，紅)の製造方法

くくなるためインキ化した場合に不透明になりやすく，濃度(着色力)も劣ることが多い。

図5には藍顔料(β型銅フタロシアニン：C.I. Pigment Blue 15:3)の製造方法の概略を示す。

藍顔料である銅フタロシアニン顔料は油系で合成され，得られた乾燥粒子は約10～50 μmで粗製クルードと呼ばれる。この状態では顔料粒子が大きいために濃度がないことから，摩砕剤とともに湿式粉砕する顔料化と呼ばれる工程を経て，約0.1～0.5 μmの一次粒子を得ることができる。

また，銅フタロシアニン顔料は耐熱性が強く，乾燥してもアゾ顔料ほどの強い凝集や結晶成長が起こりにくい特徴があり，近年では後述する顔料ペーストからの製造方法に加え，顔料化の工程において乾式粉砕を行いパウダー状の顔料からインキ化する方法[2]もある。

墨インキの顔料であるカーボンブラックは，高温下(1,400℃以上)の炉内に原料である油またはガスを噴霧して熱分解させることで生成する。カーボンブラックの構造(図6)[3]は一次粒子(10～60 nm)が物理的に結合してぶどう状に連なった二次粒子が構成単位であり，インキ用途に用いられるカーボンブラック(以下，カラー用カーボンブラック)の二次粒子径は最大でも0.2 μm程度であるが，実際のカラー用カーボンブラックは粉状のものでもこれらの二次粒子が凝集して5～30 μm程度の凝集体として存在している。カラー用カーボンブラックでは分散性を向上させるためにカーボン表面に酸化処理による酸性官能基を付与させている場合が多い(図7)[4]。

3.2　オフセット印刷インキの製造工程

図8にオフセット印刷インキの製造工程を示した。オフセット印刷インキの製造において，水分を含んだペースト顔料を用いる場合，親油性である顔料をビヒクル側に移動させ，ペーストの水分を排除する方法を取る。この方法をフラッシングという。主として黄，紅，藍プロセスインキはフラッシング工程から，墨プロセスインキはカーボンブラックを使用するので混合工程からの生産となる。

フラッシング工程ではニーダー中にペースト顔料

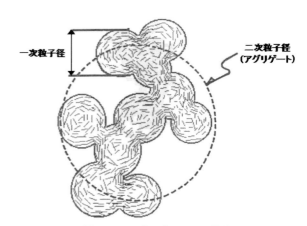

図6　カーボンブラックの構造

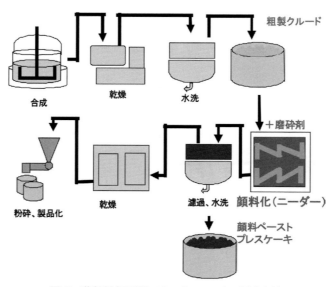

図5　藍顔料(β型銅フタロシアニン)の製造方法

とワニス等を仕込み，撹拌混合すると親油性の顔料はワニス中に置換される。この時顔料は軟凝集状態のまま水中からワニス中に置換されるが，実際はニーダー中での混練により解凝集が進んでおり，ほとんどの粒子が一次粒子状態で分散している。ワニスの添加量が多すぎたり少なすぎたりすると，エマルジョンが安定化して転相しなかったり転相が遅くなったりする。転相が遅くなると一次粒子の結晶成長や凝集が起こり，得られたインキは不透明，低濃度，低光沢などの品質低下に繋がる。したがって，フラッシング工程で良好な品位を得るには濡れのいいワニスを用い，剪断力を強くして速く転相させることが必要である。

練肉工程は分散工程ともいい，この工程では凝集している顔料を機械的にほぐして細かく粉砕し，ワニスへの濡れを完結させ，ほぼ一次粒子にすることを目的とする。濡れが悪いと微細化は進まず，分散時間が大となる。

ペースト顔料からの場合，顔料はフラッシング工程で一次粒子の状態に分散されやすく，一部の粒子が凝集しているだけなので分散は比較的容易であるが，パウダー顔料からの場合は上述した通り凝集が強くなる場合が多く，分散はより困難となる。

4. 分散の基礎理論とオフセット印刷インキにおける分散の具体例[11]

4.1 基礎理論[5,6]

冒頭にも述べた通り，分散の本質は顔料を樹脂あるいは溶剤等の媒体中に安定かつ均一的に存在させることである。しかし，媒体中に分散した顔料粒子は van der waals 力（分子間引力）等により再び凝集して表面エネルギーを小さくしようとする働きがあり，これらの再凝集を防止して安定した分散体を得るための主な理論として電荷効果（DLVO 理論）と立体障害効果がある（図9）。

DLVO 理論は主に水系での分散理論として説明されることが多い。分散された微粒状の顔料は，van der waals 力等により細かいほど凝集して表面エネルギーを小さくしようとする。しかし，粒子に同符号の電荷を付与すると，粒子同士が接近することで反発力が発生する。この反発力が van der waals 力

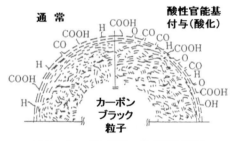

図7 カーボンブラックの酸化処理

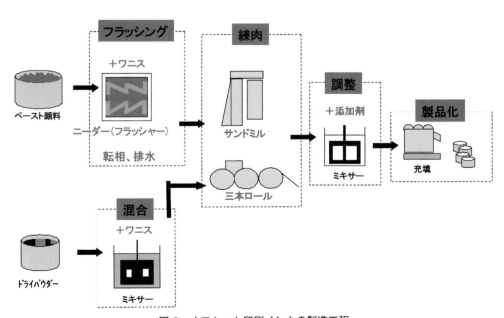

図8 オフセット印刷インキの製造工程

より大きければ，粒子間の凝集を防ぐことができる。

また，もう1つの安定化の考え方が樹脂吸着層による立体障害である。粒子表面に樹脂を吸着させることで立体障害となり，粒子同士の接近を妨げることで安定化を図るものである。オフセット印刷インキでは非極性溶剤を使用するので，分散安定化の考え方はこの立体障害効果が主体となる。

4.2 オフセット印刷インキにおける具体例

オフセット印刷インキでは，コスト・印刷適性の観点からロジン変性フェノール樹脂（図10）が用いられることが多い。ロジン変性フェノールは天然物であるロジンとレゾール（アルキルフェノール）およびポリオールから合成されるが，合成後に残存する官能基(-OH，-COOHなど)の作用で，顔料粒子の表面に樹脂吸着層を形成して分散の安定化が図られている。

4.3 顔料の表面処理

顔料についても，合成時または合成後に樹脂と近似する成分を添加して顔料表面に均一に吸着させることによって，樹脂への分散を行う際に分散をより安定化させることが可能となる。この処理を表面処理と呼ぶ。上述したカーボンブラックの酸化処理も樹脂の吸着を容易にするための表面処理の一例といえる。

5. オフセット印刷インキの生産設備[11]

冒頭で述べたようにオフセット印刷インキは印刷インキの中で粘度が高く，それに伴い顔料分散における分散ベースの粘度も高いことが特徴として挙げられる。ここではオフセット印刷インキの生産に多用されているニーダー，3本ロールおよびサンドミルについて解説する。実生産においてはこれらの分散機を組み合わせて使用し分散を行っている。

5.1 ニーダー[7]

ニーダーはオフセット印刷インキ製造においてはフラッシング用途で用いられているが，高粘度物質の混練，捏和に優れた混練機であり分散用途としても用いられる。主なブレードの配列はタンジェン

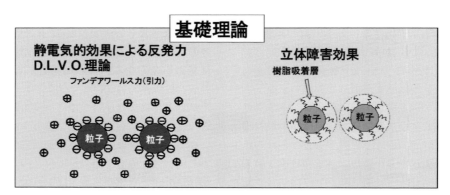

図9　分散の基礎理論

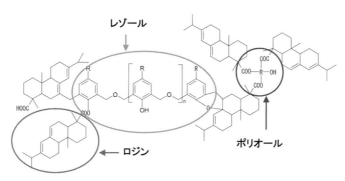

図10　ロジン変性フェノール樹脂

シャル型とオーバーラップ型の2種類がある（図11）。

タンジェンシャル方式は2本のブレードの運動経路が当たらないように配列されているので、ブレードの形状と回転数を任意に設定でき、ブレード間で強いせん断力をかけられるのが特徴である。

これに対しオーバーラップ方式は2本のブレードは運動経路が交錯しているため、ブレードは相互にぶつからないような配列であり回転比も1：1で固定され、捏和性・希釈性に優れている。

分散性を向上させるにはブレード回転数・温度といった要因のほかに、ブレードの形状やトロフとのクリアランス設定も大きなポイントとなる。

5.2 3本ロール[8]

3本ロールはその名の通り3本の金属ロールで構成される。後ロールと中ロールの間のバンク部分に処理物は供給され、中ロールの下側を通って、前ロールの上側からエプロンに出ていく（図12）。3本のロールは回転数が異なっており、インキがロール間を通過する時、例えば、後ロール：中ロール：前ロール＝1：3：9の回転比によってせん断力、圧縮力を受け分散が進む。

一般に処理物中の液状成分はロールをすり抜けやすいが、粗大粒子等の固形分はすり抜けにくいので、時間が経つとバンクに固形分が多くなり、分散性は劣化する傾向があるので注意が必要である。

また、処理物の粘度や温度、また顔料の分散性に応じてロールの締め圧やクラウン（ロールの中央部分を太くして圧力をかけたとき真っ直ぐになるよう、つまりロール間のクリアランスが一定になるように設定してある）を選ぶ必要がある。

5.3 サンドミル（ビーズミル）

サンドミル（ビーズミル）はベッセル内のメディアと処理物とを共に撹拌羽等で撹拌し、メディアの衝撃力や摩擦力によって顔料粒子を粉砕するものである（図13）。撹拌羽はアジテーターにピンやベッセルが付いたものが多いが、その形状は分散効率を上げるためさまざまな工夫が成されている。

粉砕メディアは1〜3mm径の鋼球やセラミック球を用いる。一般に粉砕効率を上げるには回転数

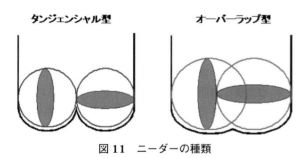

図11　ニーダーの種類

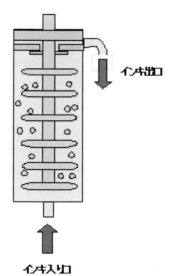

図13　サンドミルの概略図

図12　3本ロールの構造

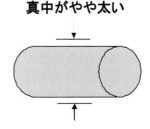

(周速)の上昇，ビーズ充填量アップ，ビーズ径の小さい比重の大きいものを選択し，処理物の滞留時間を長くする方向になるが，処理物の品質保持（温度条件等）や機械本体の運転安定性（モーター負荷，ビーズの割れや漏れ，温度上昇，内圧上昇）を考慮した上で生産性の向上を検討する必要がある。

オフセット印刷インキの場合は処理物の粘度が高いことから，ベッセル内でメディアが動きにくい状況となる。このため，ビーズ径が小さすぎたり，比重が小さいものを使用すると分散性が劣化してしまう。特に小さなビーズ径が使用できないことで，サンドミル単独では十分な分散度を得られない場合も多く3本ロールと併用される場合が多い。

6. オフセット印刷インキ生産におけるベース状態と分散性[11]

オフセット印刷インキにおいては，顔料をワニスに分散させたインキベースの状態でその基本性能が左右される。また，分散性についてもインキベースの配合比率によって大きく変化し，生産性も強い影響を受ける。ここではインキベースの状態が異なる場合の分散性について紹介する。

6.1 フラッシュベース

オフセット印刷インキを生産する場合，これまで述べてきたフラッシング・練肉工程により良好な分散状態まで分散されたベースをフラッシュベースという。フラッシュベースは，そのハイコンクの状態からさらにワニス・補助剤を添加して最終的にインキに機能性を持たせるが，生産性を考慮して顔料コンテントが設定されるため，その比率により分散性が大きく変動する。顔料分の比率が高いほどインキの機能性の幅が大きく広がるが，ワニス分が少ないことで分散性は大きく低下することになる。逆に顔料分の比率が低くなると機能性の幅が狭くなるばかりでなく，ベースの総量も増加するため生産性も低下する。したがって，フラッシュベースの状態（配合）はインキの機能性・生産性などを考慮して決定することが重要になる。

6.2 フラッシュベースの粘度と分散性

フラッシュベース中の顔料分とワニス分の比率を変更すると，それに伴いベースの粘度も変化する。顔料分を一定にしてワニス分を減量すると，ベース中の顔料濃度が相対的に高くなるためベース粘度が高粘度になっていく（図14）。このときベース粘度はせん断速度が高い状態よりも，せん断速度が低い状態ではさらにその粘度が高くなる。

ベースの分散性は，フラッシュベース中の顔料濃度が高くなるほど低下することとなり，ワニス分を増量すれば分散性は向上して二次粒子が減少することになる（図15）。

このことでわかるように，顔料濃度とベース粘度はベース分散性と密接な関係にある。

7. 顔料分散性と印刷効果・印刷適性への影響[11]

インキの顔料分散性は，印刷効果（濃度，光沢，鮮明性），印刷適性（印刷トラブル）とも密接に関係している。ここではその一例を紹介する。

7.1 光沢

オフセット印刷物の印刷物上におけるインキ膜厚は，最大でも3μm程度であり非常に薄い。図16にインキ膜における光反射の模式図を示すが，光沢はインキ膜の表面が平滑であることで，インキ膜表面における反射光の正反射成分が多いほど優れた光沢を発現する。しかし，インキに粗大顔料粒子が含まれるとインキ膜の平滑性を損なうため，反射光は

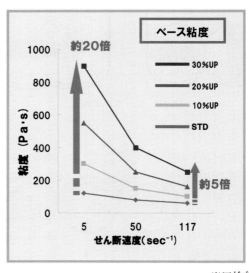

※口絵参照

図14 顔料濃度が異なるときのベース粘度の関係

乱反射し光沢を損なうことに繋がる。

7.2 ブランケットパイリング
インキ中に粗大粒子が多いと版やブランケットにそれがパイリング(堆積)し，画線の欠落や汚れなどの印刷不良を引き起こしたり，また版を磨耗させ耐刷性を劣化させる場合がある。

7.3 チキソトロピー性
チキソトロピー性とは，せん断や振動等の強い力を受けると粘度が低下したり流動性が発生したりして液体の性状に近づくが，静置しておくと再び粘度上昇や流動性低下が起こり固体の性状に近づいていく性質をいい，顔料分散体であるインキ等の色材では多かれ少なかれチキソトロピー性を有している。分散が不十分であったり安定せず顔料粒子の再凝集があるなどの場合には，チキソトロピー性が強くなりインキが硬くなったり流動性が損なわれるため，インキ供給部において供給不足が発生したり印刷機のローラー間でのインキ転移が劣化するなどのトラブルが発生する。

8. オフセット印刷インキの分散性評価方法[11]
ここではオフセット印刷インキの分散性を評価する方法をいくつか紹介する。

8.1 グラインドメーター
オフセット印刷インキにおいては最も一般的かつ簡便な評価方法であり，試験方法は JIS K 5701-1 に規定されている。溝の深さが 25〜0 μm まで直線的かつ連続して変化しているゲージ盤の溝内にスクレーパーによりインキ膜を形成し，そこに生じた線から試料中の粒の大きさを測定する(**図17**)。

8.2 ろ紙クロマト法[10]
インキをキシレン等に溶解し，ろ紙に浸して展開して色素の上がり程度を観察するもので，粗大粒子

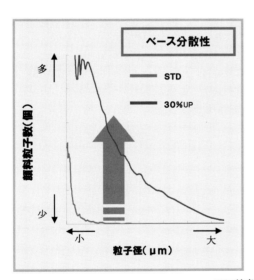

※口絵参照

図15 顔料濃度が異なるときのベース分散性の関係

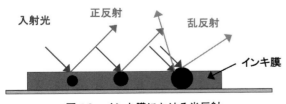

図16 インキ膜における光反射

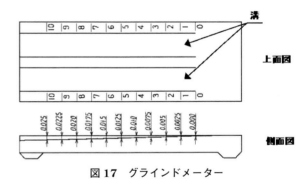

図17 グラインドメーター

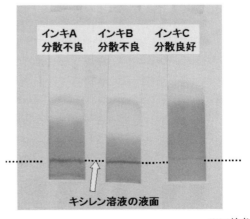

※口絵参照

図18 ろ紙クロマト試験の一例

の多く含まれているものは，ろ紙の目を詰まらせ展開が小さくなる（図18）。

インキを溶剤で希釈してサンプルを調整する場合は，溶剤の種類によってはソルベントショックにより粒子が凝集してしまい，粒径が変化する場合があるので溶剤の選択に注意を要する。

8.3 粒度分布測定[8]

粒度分布測定も分散の評価法として用いられる。最も一般的な粒度分布測定法はレーザー回折・散乱法であり，希釈した試料にレーザー光を照射し，散乱光・回折光・透過光を計測することで含有する粒子の大きさと個数を測定している。ただし，インキの分散度評価に用いる場合は以下の点に留意する必要がある。

① 物質依存のパラメータとして屈折率・散乱強度などが必要であり，複数種の粉体が混在した場合には誤差の要因となる。

② 着色の強いサンプルほど希釈により濃度を低くしなければならないため，希釈操作や希釈溶剤による凝集の発生が誤差の要因となる。

最近はブラウン運動による散乱光の計測や超音波の減衰率を測定することで，従来よりも高濃度で測定が可能な機器も開発されてきている。

9. まとめ[11]

オフセット印刷インキにおける顔料分散では，化学的，物理的の両面から分散性を向上させることが重要である。平版印刷方式においては，乳化による印刷適性不良も多く発生することから，その点についても留意する必要がある。ここでは説明できなかったが，乳化に関する評価・試験方法は多岐にわたっており，平版印刷における乳化の挙動を完全に解明できているとはいえないが，オフセット印刷インキにおける分散性向上は，紛れもなく品質向上の第一歩である。

文　献

1) 紙業タイムス社編：印刷と用紙 2000, 328 (2000).
2) 特公昭 55-6670, 特許公報第 3139396 号, 特許公報第 3470558 号など.
3) 三菱化学㈱編：技術資料（未発表）.
4) カーボンブラック協会編：カーボンブラック便覧〈第三版〉, 12 (1995).
5) 小林敏勝：分散入門講座要旨集, 3, 色材協会関西支部 (2001).
6) 角田光雄：顔料物性講座要旨集, 26, 色材協会関東支部 (1992).
7) 上ノ山周：色材, **77**(11), 517-523 (2004).
8) 五十嵐和夫：色材, **78**(2), 78-85 (2005).
9) H. W. Way: *JCT Coating Tech*, 54-60, January (2004).
10) 彦坂道邇, 大島壮一：色材, **56**(3), 171-181 (1983).
11) 藪野通夫：第 31 回顔料分散講座旨集, 33-43, 色材協会関東支部 (2022).

第2章 コーティングマテリアル・色材

第4節 顔料のナノ分散

小林分散技研／東京理科大学　小林　敏勝

1. はじめに

　ナノ粒子の定義は粒子径が 100 nm 以下の粒子である。LCD カラーフィルター用カラーレジストやインクジェットプリンター用の顔料インクなどでは，顔料の分散粒子径（一次粒子の凝集体も含んだ分散液中での平均粒子径）が 30〜50 nm とナノ粒子の領域にある。また，自動車用やスマートフォン用などの高意匠が要求される工業用塗料でも，透明感やオパール感（酸化チタンナノ粒子による光のレーリー散乱で，塗膜を見る角度によって色相が変化する効果），高度な漆黒性や彩度（いずれも微粒子になるほど高くなる）などを実現するために，分散粒子径がナノ粒子の領域にある顔料が使用されている。ハードコート用塗料でも，シリカやジルコニアなどの無機顔料が硬度付与のために用いられるが，コート層の透明性を確保するためには，やはり分散粒子径をナノサイズにする必要がある。このように，顔料の分散粒子径をナノ粒子径の領域まで微粒化すること（以下，ナノ分散）は，重要な技術課題となっている。

　本書第4編第2章第1節の［2.2］で示したように，顔料分散では配合設計による顔料と分散ビヒクル（溶剤に分散剤やバインダー樹脂が溶解した均質な溶液）との界面の制御（濡れと分散安定化の制御）と，分散機の選択や運転条件の設定等などの分散プロセスの設計が重要であり，車の両輪のようなものである。

　高分子合成化学の進歩により，優れた分散安定化効果を示す高分子分散剤が多数上市されており，最近ではリビング重合法を採用した分散剤も出現して，ナノ分散には必要不可欠なものとなっている。

　また，分散プロセス面ではナノ分散を主たる目的とした高性能の分散機が多く登場している。本章の第2節，第3節で塗料やインクにおける一般的な配合設計やプロセス設計には触れられているので，以下では顔料のナノ分散の視点からに分散剤と分散機について，最近出現したものを中心に述べることにする。

2. ナノ分散に適した顔料分散剤

　図1に，塗料やインクで用いられる顔料分散剤の進化の様子を示す。縦軸の分散安定性は顔料分散に携わってきた筆者の主観に基づくものであり，また，顔料の化学構造や表面処理，一次粒子径にも依存するので，あくまでイメージである。

　従来から，塗料やインクではバインダー樹脂が分散剤としての役割も果たしてきた。また，ポリアクリル酸系や SMA（スチレン−無水マレイン酸共重合体）系などの高分子が顔料分散剤として用いられてきた。これらの高分子顔料分散剤は，アンカー官能基（顔料表面に吸着する官能基）の分子内および分子間の分布からランダム型に分類される[1]。

　界面活性剤は表面張力が高い水性ビヒクルの表面張力を低下させて，表面張力の低い有機顔料やカーボンブラックに対する濡れを改善する。これら低表面張力顔料のナノ分散のためには，微小な顔料一次粒子凝集体の最深部まで，粒子間の隙間を分散ビヒクルが毛細管浸透する必要がある。このためには界面活性剤の使用の有無は別にして，水性ビヒクルの表面張力を低下させ，接触角がゼロの拡張濡れの状態にするべきである。

　また，界面活性剤は有機溶剤型塗料も含めて，顔料表面に吸着して顔料と分散ビヒクルとの界面張力

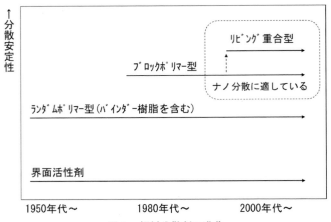

図1　顔料分散剤の進化

を低下させ，粒子間引力を軽減させたりするのに有効である。ただし，分子量が低いので十分な粒子間の反発力を得ることはできない[2]。

1980年代に入ると，アンカー部と溶媒和部がブロック化された直鎖型やくし型の高分子分散剤（ブロック型高分子分散剤）が登場し，分散安定化のレベルが大幅に向上した。

当初のブロック型高分子分散剤の合成[3]では，側鎖や主鎖それぞれの重合反応や，側鎖と主鎖の反応（グラフト反応）はランダムプロセス（ランダム重合）であり，生成する分散剤分子の分子量や側鎖数，モノマー配列にはバラツキがあった。

高分子合成化学の進歩により，2000年代にはリビングラジカル重合法やリビングイオン重合法により合成された商品が登場した。これらの高分子顔料分散剤では，分子量やモノマー組成が精密に規制され，さらに，分子量分布が極めてシャープになっている。顔料分散（安定）性も向上しており，分散粒子径が30 nm付近のナノ分散が行われるカラーレジスト向けの顔料分散などでは，必須の材料となっている。また，高彩度で透明感のある塗色の自動車外板用塗料などにも採用が進んでいるようである。

表1に顔料分散剤の合成に用いられているリビング重合法とその概要を示す。

TERP法以外のリビングラジカル重合法では，いずれもドーマントが共通して用いられる。ドーマント種は休眠種と訳され，活性種（ラジカル）と平衡状態にある化学種である。例えば，NMPを例に説明すると，図2aに示すヒドロキシルアミン誘導体（NMPの場合，Nitroxide polymerization Regulator：NORと呼ばれる）がラジカルと結合した状態（図2b左）がドーマント種である。ドーマント種は図2b右の活性種と平衡状態にあり，活性種の状態ではラジカルが鎖端に生成してモノマーを攻撃し，鎖延長反応が生じる。重要な点は，図2bの平衡が圧倒的にドーマント種側に偏っているということである。したがって，重合反応中もほとんどの鎖成長端は休眠状態にあり，平衡が活性種側に触れた瞬間に生成したラジカルがモノマーと反応して鎖延長するが，すぐに休眠種に戻ってしまう。結果的に，すべての高分子鎖の成長端で成長速度が等しくなり，分子量分布がシャープな高分子が得られる。また，通常のラジカル重合反応では，反応終了時に成長端は失活してしまう（死んでしまう）が，ドーマント種は休眠しているだけなので，モノマーがなくなって反応が中断しても，再度，モノマー（別の種類でも可）を補給すれば，反応が再開できる。異なるモノマー種で，何回にも分けて反応させれば，容易にブロック共重合体が得られるので，高分子分散剤の合成に適している。また，成長端がいつまでも生きているので，「リビング」の名が付いている。

ラジカルと結合してドーマント種を生成する化学物質そのものは，ドーマントと呼ばれる。

図3にRAFT法による重合進行のメカニズムを示す。RAFT法ではチオカルボニル化合物などのRAFT剤と呼ばれる物質の存在下に，通常のラジカル重合開始剤により重合反応が始まるが（図3a），ラジカルが生成すると即座にRAFT剤に付加（Addition）する（図3b）。次いで，RAFT剤の-SCH$_2$CN等の置換基が開裂してラジカルとなり，モノマーを攻撃し

表1　顔料分散剤の合成に用いられているリビング重合法

名称	略称	内容
リビングラジカル重合法		
Atom Transfer Radical Polymerization	ATRP	有機ハロゲン化合物をドーマント種として用い，ルテニウムや銅等の遷移金属触媒錯体の酸化還元反応を利用することで，可逆的にラジカルを発生。
Nitroxyl-Mediated Polymerization	NMP	ヒドロキシルアミン誘導体を中心とする安定ラジカルをドーマント種として用い，加熱により可逆的に活性ラジカルであるニトロキシルラジカルを生成。
Reversible Addition-Fragmentation chain Transfer Polymerization	RAFT	チオカルボニル化合物をドーマント種として用い，これとラジカル種との可逆的な付加開裂反応によりラジカル種を発生。
Organotellurium-Mediated Living Radical Polymerization	TERP	有機テルル化合物と成長中のラジカルとの連鎖交換により重合反応を制御する。低い活性種濃度での重合が可能であり，多様な多官能性ビニルモノマーの重合を制御できる。
リビングイオン重合法		
Group Transfer Polymerization	GTP	重合開始剤にケテンシリルアセタールなどのケイ素含有化合物を，触媒に求核性触媒やルイス酸触媒が用いられる。名称は，開始剤やポリマー生長末端のシリル基が重合の進行の過程で新たなポリマー末端へと移動したとみなすことができることに由来する。

a. ドーマント種[4,5]
NOR(Nitroxide polymerization Regulator)

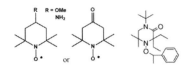

b. 重合メカニズム[5]

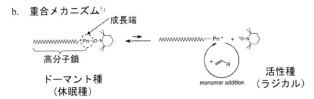

図2　NMPのドーマント種と重合メカニズム

て鎖延長するが(図3c)，すぐにRAFT剤に付加する(図3d)。図3のa～cの反応は前平衡と呼ばれ，十分早く進行する。図3dの反応が主平衡と呼ばれ，ドーマント種の総数が，成長鎖の総数よりはるかに多い[6]。

RAFT剤として主に使用されるチオカルボニル化合物はイオウ化合物特有の臭いがあり，工業製品としては好ましくない。このため，市販の分散剤には含イオウ化合物以外のRAFT剤を用いたものもあ

る。また，RAFT剤の種類によってラジカル重合できるモノマー種(アクリレートモノマー，ビニルエステルモノマー等)に制限がある。

TERP法も図3dのような交換連鎖機構により重合を制御する点はRAFT重合と似ているが，ドーマント種に相当する状態が存在せず，反応機構はRAFT法とは熱力学的に別物とされている。TERP法は高分子の分子量や構造の規制性に優れるとされている。

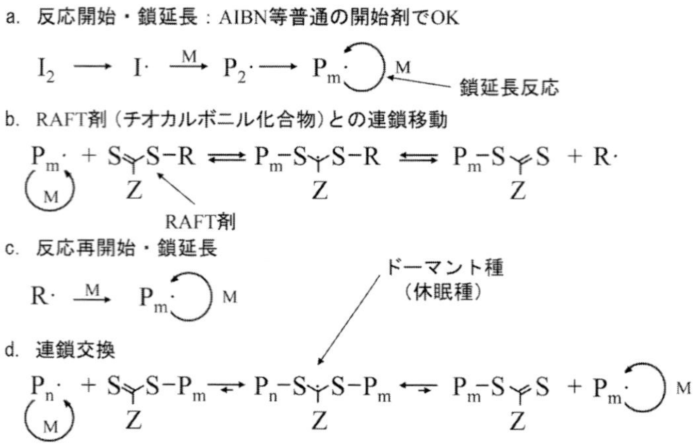

第4編　産業応用

a. 反応開始・鎖延長：AIBN等普通の開始剤でOK

$I_2 \longrightarrow I\cdot \xrightarrow{M} P_2\cdot \longrightarrow P_m\cdot$ 　鎖延長反応

b. RAFT剤（チオカルボニル化合物）との連鎖移動

$P_m\cdot + S\!=\!\!\underset{Z}{S}\!-\!R \rightleftharpoons P_m\!-\!S\!-\!\underset{Z}{S}\!-\!R \rightleftharpoons P_m\!-\!S\!=\!\!\underset{Z}{S} + R\cdot$

RAFT剤

c. 反応再開始・鎖延長　　　　　ドーマント種（休眠種）

$R\cdot \xrightarrow{M} P_m\cdot$

d. 連鎖交換

$P_n\cdot + S\!=\!\!\underset{Z}{S}\!-\!P_m \rightleftharpoons P_n\!-\!S\!-\!\underset{Z}{S}\!-\!P_m \rightleftharpoons P_m\!-\!S\!=\!\!\underset{Z}{S} + P_m\cdot$

図3　RAFT法の重合メカニズム

I_2：ラジカル重合開始剤，P：ポリマー鎖　M：モノマー
Z：$-SC_nH_{2n+1}$, -C₆H₅ 等，R：$-SCH_2CN$ 等

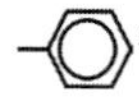

　リビングイオン重合法も高分子の分子量や構造の規制性に優れるが，活性水素を持つモノマーが重合できない。有機溶剤系用の顔料分散剤は顔料表面との酸塩基相互作用で吸着するので，アンカー官能基がアミノ基やカルボキシル基など活性水素も持つものがほとんどである。このため，リビングイオン重合法で合成する際には，モノマーのアンカー官能基をブロックしてから重合させ，重合後にブロックを除去したり，重合後にアンカー官能基を導入したりする必要があり，製造コスト高となりがちである。
　顔料のナノ分散では高度な分散安定化能力を有する顔料分散剤を使用する必要があり，ブロック型の分散剤が多用される。最近ではリビング重合法によって合成された顔料分散剤の採用も拡がっている。

3. ナノ分散用顔料分散機

　従来から一般的なインクや塗料の生産にはビーズミル，ボールミル，ロールミルなどが用いられてきた[7]。近年，コーティングマテリアル以外でも，接着剤や導電材，セラミックなど種々の分野で分散粒子径をナノサイズとする超微分散が要求されるようになり，従来の分散機より，到達分散粒子径が1桁以上小さく，数十nmまで到達可能な分散機(以下，ナノサイズ分散機)が出現している。

3.1　ナノサイズ分散機の特徴

　分散機メーカー各社から，さまざまなナノサイズ分散機が上市されているが，いずれもビーズミルの一種であり，以下に示すような共通した特徴がある。

3.1.1　微小粒子径ビーズの使用

　材質が同じであれば，ビーズ1個の運動エネルギーは，ビーズの粒子径が大きいほど大きくなる。一方，単位容積に含まれるビーズの個数は，粒子径が小さくなるほど多くなる。例えば粒子径が2 mmであれば140個/cm³程度であるが，0.5 mmだと9,200個/cm³にもなる。ビーズが粒子凝集体を解凝集させるためには，ビーズが凝集体と衝突や接触をしなければならないので，目標とする分散粒子径がナノサイズであれば，ベッセル内に微小粒子径のビーズを多数充填する方が，ビーズによる微小な粒子凝集体の捕捉確立が高くなり，結果的に分散速度や到達分散度が高くなる。
　一例として，石井らが酸化チタン微粒子(一次粒子径15 nm)の分散において，分散媒体としてジルコニア製の粒子径が0.3 mm，0.1 mm，0.05 mmである3種類のビーズを用いて分散速度を比較した結果を図4に示す。粒子径の小さなビーズを用いるほど到達できる分散粒子径が小さくなっており，0.05 mmのビーズを用いた場合には2時間の分散で30 nm程度まで微粒化されている[8]。ただし，これでも一次粒子が数個凝集した状態である。
　一般的な顔料分散工程では，粒子径が2〜1 mmのガラス製ビーズが多用されるが，ナノ分散を目的とした場合には，粒子径が0.5 mm以下のジルコニ

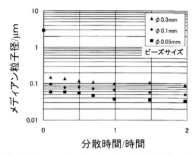

図4　酸化チタン微粒子の分散に及ぼすビーズ粒子径の影響[8]

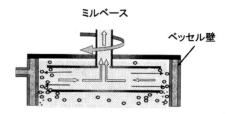

図5　遠心力を利用したビーズセパレーター[16]

ア製ビーズが用いられる。ただし，ジルコニアビーズは粒子径が小さくなるほど飛躍的に高価になるし，通常はステンレス製であるビーズに接するベッセル（分散機の容器部）内壁やアジテーター（ビーズを撹拌して運動エネルギーを付与するシャフトやディスクの部分）を，ジルコニアビーズは高硬度なので，ビーズによる摩耗を防止するためにセラミックで被覆する必要があり，さらに高価なものになる。

3.1.2　精緻なビーズ分離機構（ビーズセパレーター）

タンク内であらかじめ混合されたミルベース（顔料，溶剤，分散剤からなる懸濁液）は，ビーズミルのベッセルへポンプで送られ，ベッセル内で解凝集されたあと，ベッセルから排出されるが，ベッセルの出口にはミルベースは通すがビーズは通さないビーズセパレーターと呼ばれる部分がある。

ビーズの粒子径が小さくなるほど，また，ベッセルの容量が大きくなるほど，解凝集が不十分な粒子凝集体や磨耗したビーズによってビーズセパレーターの目詰まりが起こりやすくなる。このため，ナノサイズ分散機ではビーズを確実にベッセル内に留めることが，従来の方式（ギャップ式やスクリーン式）[9]のビーズセパレーターでは難しくなる。

多くのナノサイズ分散機では，ビーズ分離に遠心力を利用している。図5に，遠心分離方式の基本的な原理を示す[10]。図は縦型ビーズミルのベッセル上部で，ミルベースは下方からベッセル内に送り込まれ，ビーズもミルベースの流れに乗って上方へ移動してくる。セパレーター部分で，ミルベースは中央部からベッセル外へ流出するが，ビーズは比重が大きいので，遠心力が働き外周方向へはじき飛ばされ，再びセパレーター下部に移動して分散に関与する。実際には遠心力だけでは不十分なので，スクリーン式のビーズセパレーターの併用や，ビーズガイド壁の設置などが行なわれている。

3.1.3　特殊な形状のアクセラレーター

ビーズミルメーカー各社から上市されているナノサイズ分散機のビーズ撹拌機構（アジテーター）形状の一例を図6[11-14]に示す。一般的なビーズミルではモーターからのびるシャフトに平板上のディスクが取り付けられたシンプルな形状であるが，ナノサイズ分散機では図6のように複雑な形状をしていることが多い。これは，微小なビーズに効率良くエネルギーを伝え，運動方向がランダムで速度変動量が大きくなるように，また，ミルベースの流れでビーズが出口方向に偏らないように，各社各様に形状が工夫されているためである。

3.1.4　アニュラー型

アニュラー（Annular）というのは「環状の」という意味である。図6に示したように，ナノサイズ分散機ではシャフトが太くて，ベッセル壁とシャフトとの隙間が狭くなっている。ベッセル内の断面はミルベースが通る部分がバームクーヘンのような環状の狭い空間になっているのでアニュラー型と呼ばれる。アニュラー型とすることで，ベッセル内の場所によらずビーズの運動エネルギーを均等とし，さらに冷却効率を高くすることができる。

3.2　過分散

ジルコニアのような高比重・高硬度の材質のビーズを用いて，大きな周速（アジテーター回転体の端部の線速度）で分散を行うと，顔料の種類によっては，二次粒子の解凝集だけでなく，一次粒子の破砕による粒子表面での活性部位の生成や結晶格子のひずみが生じ，異常な粘度増加や凝集，耐候性などの耐久性能の変化（劣化）が生じることがある。このよ

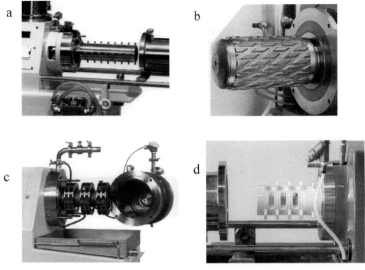

図6 ナノサイズ分散機のビーズ撹拌機構形状の例 a[11], b[12], c[13], d[14]

うな現象は過分散と呼ばれる。

過分散現象はロールミルなどのせん断力が主体の分散機では生じにくく，ビーズミルやボールミルなどの衝撃力が主体の分散機で生じやすい。また，ビーズミルでも従来からの塗料製造における運転条件（ビーズの種類，ビーズ径，周速）では生じにくく，ナノサイズ分散機を使用したり，ジルコニアのような高比重ビーズを使用したりしたときに生じやすい。

図7にビーズ径が0.1 mmのジルコニアビーズを用いて微粒子酸化チタンを分散した際に，アジテーターの周速を $4\,\mathrm{m\cdot s^{-1}}$ と $13\,\mathrm{m\cdot s^{-1}}$ にしたときの分散時間と分散粒子径（メジアン径）との関係を示す[15]。一般論として周速が大きいほど，分散速度は大きいとされている。図7でも分散初期には $13\,\mathrm{m\cdot s^{-1}}$ の方が微粒化は進んでいるが，最終的には $4\,\mathrm{m\cdot s^{-1}}$ の方が粒子径は小さくなっている。これは $13\,\mathrm{m\cdot s^{-1}}$ では一次粒子の破砕が生じ，活性な破砕面同士が再凝集したためと考えられる。一方，$4\,\mathrm{m\cdot s^{-1}}$ では破砕が生じない（生じ難い）ので，時間はかかるものの微粒化度は高い。

過分散が生じないようにするためには，目的とする分散度と顔料種に応じて，適切な分散機，分散メディア，運転条件を選択する必要がある。過分散を防止しつつナノ分散を実現するために，数10〜100 μm の極微小ビーズを用い，図7の $4\,\mathrm{m\cdot s^{-1}}$ のような低せん断速度で分散を行うビーズミルが出現している。

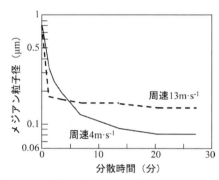

図7 過分散に対するビーズミル周速の効果[15]

4. おわりに

顔料のナノ分散のためには，まず一次粒子径が目的とする粒子径（以下）であるものを選択し，顔料分散剤の選択を中心とした分散配合設計と分散機・分散プロセスの両方の視点でアプローチすることが重要である。粒子材料のナノ分散技術は顔料だけでなく，セラミクスや導電材料，光学材料などの分野でも必要とされるようになってきており，今回紹介した分散剤や分散機はこれらの分野にも広く使われている。

文　献

1) 小林敏勝：きちんと知りたい粒子分散液の作り方・使い方, 127, 日刊工業新聞 (2016).

2) 小林敏勝：きちんと知りたい粒子分散液の作り方・使い方, 114, 日刊工業新聞 (2016).
3) 小林敏勝, 福井寛：きちんと知りたい粒子表面と分散技術, 143, 日刊工業新聞 (2014).
4) J. Kreutzer and Y. Yagci: *Polymers*, **10**(1), 35 (2018).
5) C. Auschra et. al.: *Prog. Organic Coat.*, **45**, 83 (2002).
6) 森秀晴, 遠藤剛：高分子論文集, **64**(10), 655 (2007).
7) 小林敏勝：塗料大全, 262, 日刊工業新聞 (2020).
8) 石井利博, 橋本和明：*J. Jpn. Soc. Colour Mater.*(色材), **85**, 144 (2012).
9) 小林敏勝：きちんと知りたい粒子分散液の作り方・使い方, 147, 日刊工業新聞 (2016).
10) 院去貢：分散技術大全集, 73, 情報機構 (2005).
11) 浅田鉄工㈱：ピュアグレンミル　パンフレット.
12) ㈱井上製作所：スパイクミル　パンフレット.
13) ㈱シンマルエンタープライゼズ：Willy Bachofen AG Maschinenfabrik, Dyno-Mill ECM, パンフレット.
14) アシザワファインテック㈱：スターミル LMZ パンフレット.
15) アシザワファインテック㈱：技術資料より抜粋.

第3章 香粧品

第1節
微粒子粉体である紫外線散乱剤に関する分散技術

株式会社資生堂　那須　昭夫

1. はじめに

　紫外線散乱剤と総称される無機系紫外線防御粉体は，UV-AからUV-Bまで広範囲にわたる紫外線を防御することが可能であり，さらには安全性も高い点から，紫外線防御を目的とする化粧品では広く使用されるようになった。中でも微粒子の酸化チタンと酸化亜鉛は，その高い機能の点から世界中で広く使用されている。現在使われている紫外線防御用粉体は，一次粒子径がサブミクロン以下で，数～数十nmと極めて細かな超微粒子と呼ばれる領域であるが，その結果として，粉体の表面エネルギーは大きなものとなり，分散媒の中では粉体間に強い凝集力が働くこととなる。そのため，適切な分散剤および分散条件を選定しないと，粉体間の凝集により配合量に見合った紫外線防御効果が得られないばかりではなく，製剤として肌に塗布したときの不自然な白さ，あるいは製剤そのものの安定性不良をももたらす要因となっていた。しかしながら，これまで得られてきたこの粉体分散分野に関する知見は，そのほとんどが個人の経験や官能に基づく定性的なものであり[1,2]，微粒子粉体の分散特性を定量的に評価し，さらには配合目的である紫外線防御性能との相関性を考えるような研究はなされていなかった。

　本稿では，微粒子粉体である紫外線散乱剤を分散し，かつ安定に保つために必要な考え方，またそれら粉体を微細に分散する必要性についてまず述べる。その後，分散特性を代表する指針として有益な，微粒子粉体を分散したサスペンションのレオロジー解析手法，さらにはレオロジー解析から類推できる紫外線散乱剤としての効果について解説する。レオロジー測定は定量的な解析が可能で，個人の技量に影響されにくいため，分散特性を検討する最初のアプローチとしては，最適だと筆者は考える。さらに，その結果と散乱剤としての紫外線防御性能との相関性を得ることができれば効率的な評価系が確立できる，と考えて研究を進めた結果について，以下に記述する。

2. 分散安定化の考え方

　粉体の分散安定化に関する基本的な考え方を図1に示す。化粧品の場合，粉体の分散媒に水を用いるケースは少ないので，溶媒はすべて油分として考える。粉体を油分に分散する場合，まず初めに粉体を濡らす。その際，操作する者は，無意識のうちに粉体が濡れやすいかどうかを判断している。微粒子を油分に分散する場合，必ずと言ってもよいくらい粉体表面が疎水化処理されている素材が用いられる。これには，油分に濡れやすくさせるだけではなく，粉体の表面活性を封鎖する効果がある。無機粉体の場合，粉体表面の酸点，塩基点が触媒として働き，併用する油分や香料さらには薬剤などが劣化する場合があるからである[3,4]。比表面積の大きな微粒子では，通常の粉体よりも併用している成分に大きな影響を与えるため，なおさら必要である。次に，油分に均一に濡れた粉体は，機械力によって分散される。油分に濡れた粉体は必ず凝集体となるので，それをほぐす意味でも強い機械力で分散・解砕する必要がある。ここでの分散とは，粉体粒子の凝集を少しでも解消することが目的であり，一次粒子程度までに粉砕することではない。そして分散された粉体粒子は，ほとんどの場合再凝集し沈降するが，これを防ぐためには，分散剤の選定が重要となる。分散媒を油分に限定すると，静電的な効果はほとんど期

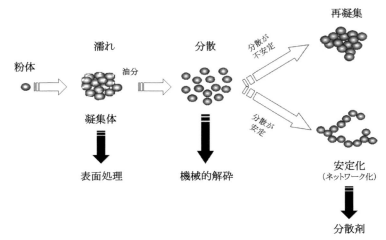

図1　粉体の濡れ・分散・安定化の考え方

待できないので，粉体間に斥力を与えるような立体障害効果を有する素材を用いることが最適である。図2に粉体分散における分散剤のイメージを，図3にはさらにミクロな状態で捉えた分散剤の考え方を示す。粉体間に斥力を与える素材としては，Trainと呼ばれる吸着サイトとLoopと呼ばれる溶媒に溶解する親油基を持つことが条件になるが，吸着サイトは多数存在する方が温度やせん断力といった化学的および物理的な刺激を受けても脱着しにくく，また親油基は長い方が大きな立体障害効果を産む可能性が高い。一般に粉体を溶媒に分散する場合，粒子の沈降に関するストークスの法則（式(1)）と，拡散・ブラウン運動に関するアインシュタインの法則（式(2)）の2つの式が成り立つことが知られている。

$$V_S = \frac{a^2 \Delta \rho g}{18\eta} \quad (1)$$

$$D = \frac{RT}{6a\eta\pi N_A} \quad (2)$$

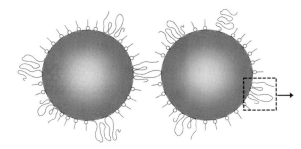

図2　分散剤のマクロなイメージ

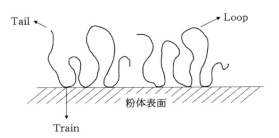

図3　分散剤の粉体粒子への吸着のミクロなイメージ

V_S は粉体粒子の沈降速度であり，D は拡散速度である。また，a は粒子径，$\Delta\rho$ は粒子と溶媒の密度差，η は溶媒の粘度，g は重力加速度，R は気体定数，T は絶対温度，N_A はアボガドロ数である。沈降を防ぐためには粒子径を細かくして系の粘度を高くすることが望ましく，拡散運動を活発にするには粒子径を細かくした上に系の粘度を低くする必要がある。$D>V_S$ の場合，粒子は沈降せずに分散状態を保てると考えると，粒子は細かくしない限り必ず沈降することになる。しかしながら，この2つの理論には，粒子間の相互作用を含まないという条件があり，相互作用を付与させることで，沈降を遅くさせることは可能である。そして，その成分がまさに分散剤ということになる。そのため，分散剤の選定，あるいは粉体の表面改質といった粉体に相互作用を与える操作が重要となる。上記した式(1)および式(2)の考え方は，粉体分散を考える上では極めて大切な理論であるため，常に念頭において検討を進めるべきである。

3. 紫外線散乱剤分散系の評価方法

3.1 紫外線防御性に及ぼす分散状態の影響

紫外線散乱剤は，分散状態の違いにより散乱効果も異なる。図4に調製方法が異なるサスペンションの透過率を測定波長に対しプロットした曲線を示す。図4中のAはペイントシェイカーを用い，サスペンションをガラスビーズ（1 mmφ，充填率50 vol%）により分散した高分散品であり，Bはホモジナイザーにて分散した通常分散品である。どちらも分散時間は30分である。なおサスペンションは，微粒子酸化チタン35 wt%に5 wt%のシリコーン系分散剤を加えたシリコーン油を用いて分散した同一組成物である。図4の結果から，Aは可視領域（450 nm以上）では透過し，紫外線領域（280～400 nm）では透過しにくくなっており，Bはその逆の傾向を示している。すなわち，Aの方が化粧品用の紫外線防御素材としては優れていることがわかる。ただしこの方法は，粉体を高濃度にて調製したサスペンションを粉体濃度5 wt%まで希釈し，石英板上に適当なアプリケーターを用いて塗膜を形成させた後に分光光度計にて透過率を測定しているため，サスペンションの粘度によっては塗膜を上手く調製できない場合があり，また塗膜を形成させるときの力のかけ方や希釈油分の種類などによって，得られる結果は大きく異なる場合がある。この場合も5～10回測定した平均値を結果としており，個人の熟練度合による差が出現しやすい方法には違いない。また図5に，実際に黒い紙に図4で用いたサスペンションを10 μmのアプリケーターにて塗布した結果を示す。図5中のAの方が明らかにバックに用いた黒が鮮明に見えており，サスペンション自体の透明性が高いことがわかる。さらに図6には，AおよびBのサスペンションを遠心分離機にて強制的に分離させたときの，沈降した粉体重量を遠心分離機の回転数から見積もった重力加速度に対してプロットした結果を示す。Bのサスペンションは100 G程度でほぼすべての粉体が沈降しているのに対し，高分散品であるAは，100 G程度ではほとんど沈降せず，装置の限界値である約30,000 Gまで上げても50%程度しか沈降していない。紫外線散乱剤は，しっかり分散することにより，さまざまなメリットが得られることがわかる。

3.2 分散系におけるレオロジー解析の妥当性および必要性

［3.1］で示したように，紫外線散乱効果を持つ微粒子粉体は，その分散状態によりさまざまな機能が変わる。しかしながら，この特性を評価する場合，個人の経験や官能が優先し，確固たる手法はこれまで存在しなかった。図4で示した透過率を求める手法が最も一般的であるが，これも個人の熟練に大きく依存する上，測定誤差も大きい方法である。そこで，経験や技術に影響を受けることなく，誰もが簡

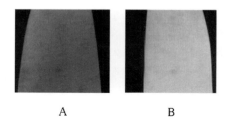

図5 サスペンションの塗布状態に及ぼす分散条件の影響

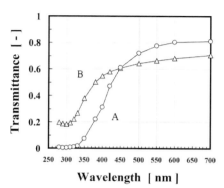

図4 サスペンションの透過率に及ぼす分散条件の影響

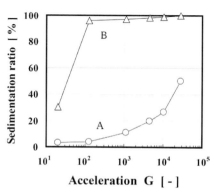

図6 サスペンションの分離安定性に及ぼす分散条件の影響

便に測定する手段として，粉体を溶媒に分散したサスペンションのレオロジー解析に着目した。これまでこのような手法は，球状粒子を水に分散するモデル的な系や，塗料やインキ，さらには電子材料を扱う業界などでは用いられているが[5]，化粧品素材，しかも紫外線散乱剤のような形状も定かではない超微粒子に応用されたケースはなかった。しかしながら，せん断およびひずみといったレオロジー測定の操作条件は，サスペンションの静置から振とう，塗布，再び静置といった一連の行為とも関連が深い。さらに，レオロジー解析から得られる分散系の流動特性，あるいは粘弾性特性からは，今まで得られなかった系統的な知見や理論がわかる可能性も高い。何よりも，誰もが簡単に同じようなデータを取得できることが，最大のメリットである。以下では，実際にレオロジー測定を用いて紫外線散乱剤の分散特性を解析した結果について示す。

3.3 紫外線散乱剤サスペンションのレオロジー解析[6]

まず，検討に用いた素材について記す。粉体は表面を疎水化した微粒子酸化チタンを，油分は揮発性シリコーン油を，さらに分散剤としてはシリコーン系の界面活性剤であるポリオキシエチレン（POE）変性ジメチルポリシロキサン（DMPS）を用いた。どれも，化粧品用素材として汎用性の高いものばかりである。検討では，用いた分散剤の構造に着目し，その構造の違いが分散特性にもたらす影響を考察した。そのため分散剤としては，ペンダント型と呼ばれる POE 基が DMPS 基の側鎖に結合するタイプと，(AB)n 型と呼ばれる POE 基が DMPS 基と交互に並ぶタイプの2種を用いた。サスペンションは，[3.1]で記したペイントシェイカーを用いた分散方法にて調製した。またレオロジー測定には，ストレス制御式レオメーターを用い，サスペンションの流動特性および粘弾性特性を測定した。

図7に，ペンダント型分散剤を用いたサスペンションの調製直後の流動特性に対する粉体濃度の影響を示す。粉体濃度 40 wt%では，せん断速度の増加とともに粘度が低下する，いわゆる Shear-thinning 現象が見られるが，粉体低濃度領域では，サスペンションは Newton 流動を示す。一般に粉体が凝集体を形成すると，分散媒が凝集体内に固定化され粘度が上昇する。しかしながら，これらの結合はそれほど強いものではなく，せん断により簡単に破壊されるが，静置しておくとまた凝集が再現する。このような現象を解析するには，せん断やひずみを加えて測定するレオロジー的な手法が極めて適していることがわかる。また，図7において，粉体濃度 35 wt%と 40 wt%とでは流動特性が大きく異なっており，この濃度間においてサスペンションの中で何かが変化していることも推測できる。次に，分散剤濃度の影響を調べるために，粉体濃度を 35 wt%に固定し，ペンダント型分散剤を1〜7.5 wt%にて調製したサスペンションの調製直後の流動特性を測定した結果を図8に示す。分散剤が少ないとサスペンションは Shear-thinning 挙動を示し，高濃度では Newton 挙動を示す。さらに，分散剤が 5 wt%以上の場合，サスペンションは安定な分散系を形成していると考えられる。また図8では，粉体濃度 4 wt%と 5 wt%の間において，サスペンションの挙動が大きく変わっており，分散系内にお

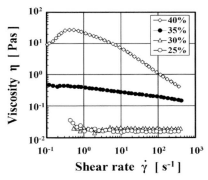

図7　サスペンションの流動特性に及ぼす微粒子粉体濃度の影響

Reprinted with permission from Ref. 6) Copyright 2006 Elsevier.

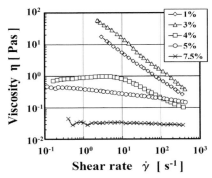

図8　サスペンションの流動特性に及ぼす分散剤濃度の影響

Reprinted with permission from Ref. 6) Copyright 2006 Elsevier.

ける何らかの変化が予想される。なお，(AB)n型分散剤を用いた場合でも同様の現象が同様の粉体濃度にて起きている。そこで，粉体および分散剤濃度により流動特性に違いが生じる要因について考察するために，粉体への分散剤吸着挙動を検討した。分散したサスペンションを超遠心分離機により固液分離し，上澄み液を揮散させた後に残存する分散剤量から粉体に吸着した量を見積もり，それを吸着量とした。この方法では，溶媒がある程度の温度で揮発することが条件となる。2種の分散剤により調製したサスペンションの吸着等温線を図9に示す。どちらの曲線も，飽和吸着量を持つLangmuir型吸着挙動を示す。図9において，y軸は微粒子酸化チタン1g当たりの分散剤吸着量であるので，サスペンションに含まれる粉体濃度35wt%に換算すると，飽和に達する分散剤濃度はペンダント型が4.2wt%，(AB)n型が4.7wt%となり，図8で得られた流動特性の違いが現われる領域と一致する。すなわち，飽和吸着量以上の分散剤を添加することが，安定な分散状態を得るためには必要であることがわかる。

これまでの結果から，サスペンションの流動特性だけを解析しても，分散剤の最適な添加量を見積もることができた。しかしながら，2種の分散剤の顕著な違いは得られていない。詳細なデータはここでは割愛するが，流動および粘弾性特性に関しても分散直後では変わらない。そこで各サスペンションをさまざまな条件で保存し，そのレオロジー挙動を検討した。図10に，50℃にて2週間保存した各サスペンションの流動特性を示す。ペンダント型の分散剤3種（HLB：1，3，4）と(AB)n型分散剤2種

(HLB：1，3)により調製した5つのサスペンションの測定結果であるが，分散剤の種類によってそれぞれの流動曲線がほぼ一致していることから，分散剤のHLBにはほとんど依存せず，吸着サイトであるPOE基が分子内のどこに存在するか，という構造によって流動挙動が決定されていることが推察できる。

次に，HLBが4のペンダント型とHLBが3の(AB)n型分散剤により調製した2種のサスペンションに関して，最初に50℃で2週間保存した後に0℃で2週間保存した場合の粘弾性挙動を測定した。弾性率の周波数依存性の結果を図11に示す。図には，50℃および0℃で2週間保存した結果も同時に示したが，ペンダント型分散剤により調製され，50℃に保存された履歴を持つ2つのサスペンションは，周波数に依存しない平坦な曲線を示している。一般に，系全体にわたってネットワーク構造が形成されると，粒子間結合を通して力が直接伝わ

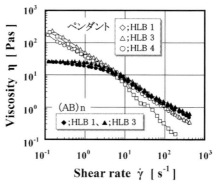

図10 50℃，2週間保存後の各サスペンションの流動特性

Reprinted with permission from Ref. 6) Copyright 2006 Elsevier.

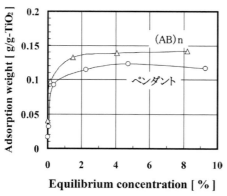

図9 各サスペンションの吸着等温線

Reprinted with permission from Ref. 6) Copyright 2006 Elsevier.

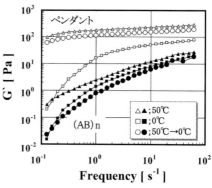

図11 各サスペンションの粘弾性特性に及ぼす保存条件の影響

るようになるため，分散系は固体的な挙動を取ることが知られている[7-9]。その結果，極めて低周波数領域でも弾性的な応答を示すが，この２品がまさに当てはまる。さらに，ペンダント型の分散剤を用いた場合，弾性挙動は先に保存した50℃の状態を保ち続けているが，(AB)n型を用いた場合は，後に保存した0℃の状態に弾性挙動は移行していることがわかる。この結果は，ペンダント型分散剤の吸着挙動は温度に対して不可逆的で，一旦形成されたネットワーク構造は破壊されにくく堅固な凝集を形成しているのに対し，(AB)n型分散剤は温度に対し可逆的に粉体表面に吸着しているため，比較的簡単に構造が壊れるような柔軟な凝集体を形成しているためであると考えられる。

3.4 紫外線防御性とレオロジー特性との相関性

これまで得られた知見を基に，最終目的である紫外線防御性とレオロジー解析値との関係について考察する。図12に２種の分散剤を用いて調製した保存履歴の異なる各サスペンションの透過率曲線を示す。透過率の測定は，図4で示した方法を踏襲した。分散直後には大きな違いがない曲線が得られているが，50℃にて２週間保存した２品については，UV-B領域(280〜320 nm)において(AB)nタイプを用いた方が透過率として約0.2低い値を示している。この違いは，例えば製品系における紫外線防御指数であるSPF値に換算すると，かなり大きな違いになると予想される。(AB)n型の分散剤を用いた場合，保存された環境によっては，ペンダント型に比べ粉体間の凝集性が弱く，構造は崩れやすいということがレオロジー解析結果から得られている。そのため，

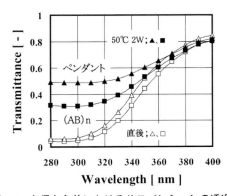

図12 各保存条件におけるサスペンションの透過率

アプリケーターにて塗膜を形成させる過程において，凝集性が弱く，わずかなせん断でも崩れやすい分散剤を用いた方が，紫外線散乱剤粒子が細かく散りばめられるため，紫外線を防ぐという点では有利に働くと考えられる。実際に化粧品を塗布する場合，皮膚に対するせん断力のかかり方は測定条件とは異なる上，個人による差があることは否めないが，粉体の凝集性の影響は，おおむね反映されると思われる。

今回の結果から，微粒子粉体である紫外線散乱剤の凝集性をコントロールすることで，紫外線防御性をも制御することが可能となることがわかった。さらに，その凝集状態や分散剤の吸着挙動に関する幅広い知見が，レオロジー的な解析から得られることもわかった。このような手法を用いることで，これまで経験や官能に頼っていたこの分野の技術開発が，より一層発展することが期待できる。さらに，微粒子酸化亜鉛を酸化チタンと併用した系[10]，分散制御に効果的な分散剤を導入した系[11]，および紫外線散乱剤の粒子径に着目した分散系[12]などの結果も得られており，興味のある方は参考にしていただきたい。

4. おわりに

微粒子粉体である紫外線散乱剤は，当然のことではあるが，微細に分散された状態で用いられることによって，その効果を最大限に発揮する。そして，その分散特性および紫外線防御効果は，レオロジー解析を用いることにより，誰もが一定の評価を得ることが可能となった。この技術を応用して，さまざまな化粧品が開発されている。一例を挙げると，微粒子粉体の使用量を低減しても紫外線防御性を維持したタイプや，O/W製剤の内油相に疎水性の微粒子粉体を安定に配合したタイプ，などである。前者は，微粒子特有の粉末感が少なく滑らかな使用感触を有し，後者はO/Wの質感ながら疎水性粉体を用いているため，化粧持ちにも優れた製品となる。なお，今回提示した手法以外にも，微粒子粉体の分散特性解析に使用可能な手法が，近年開発されている。微粒子の分散制御技術が，より一層重要視されてきたためであると推察される。AFMを用いて粉体粒子の凝集力を測定する手法[13,14]や，TD-NMRを用いて分散剤の粉体粒子への吸着性を評価する手

法[15,16]などである。レオロジー解析はあくまでも「マクロ」な手法であるのに対し，近年の手法は「ミクロ」な領域にまで踏み込んでいる。筆者は，これらの手法を組み合わせることにより，さらなる技術革新が進み，想像力にあふれた先端的な化粧品が完成されることを期待している。

文　献

1) A. B. G. Lansdown and A. Taylor: *Int. J. Cosmetic Sci.*, **19**, 167 (1997).
2) C. Bennat and C. C. Müller-Goymann: *J. Cosmetic Sci.*, **22**, 271 (1997).
3) 脇幹夫，鶴田栄一：*Fragrance Journal*, **10**, 63 (1985).
4) 特開平 2-307806.
5) L. N. Yakubenko and Z. R. Ul'berg: *Colloid J.*, **64**, 566 (2002).
6) A. Nasu and Y, Otsubo: *J. Colloid Interface Sci.*, **296**, 558 (2006).
7) Y. Otsubo: *Langmuir*, **6**, 114 (1990).
8) Y. Otsubo: *Langmuir*, **10**, 1018 (1994).
9) Y. Otsubo: *Langmuir*, **11**, 1893 (1995).
10) A. Nasu and Y. Otsubo: *J. Colloid Interface Sci.*, **310**, 617 (2007).
11) A. Nasu and Y. Otsubo: *Colloid and Surfaces A: Physicochemical and Engineering Aspects*, **326**, 92 (2008).
12) A. Nasu and Y. Otsubo: *J. Society of Rheology Japan*, **37**, 11 (2009).
13) N. Ishida and V. S. J. Craig: Characterization by Atomic Force Microscope in Powder Technology Handbook, Fourth Edition, K. Higashitani, H. Makino, S. Matsusaka(Eds.), CRC Press (2019).
14) 石田尚之：色材協会誌，**90**(9), 1-6 (2018).
15) D. Fairhurst et al.: *Magnetic Resonance in Chemistry*, **54**, 521-526 (2016).
16) D. Fairhurst et al.: *Powder Technology*, **377**, 545-552 (2021).

第3章 香粧品

第2節 紫外線散乱剤の特徴と製造方法

テイカ株式会社　三刀　俊祐

1. 紫外線防御剤について

地表に届く太陽光線の中で紫外線は最も高エネルギーの光線であり，紫外線に人体が暴露されるとDNAの損傷や免疫抑制，皮膚がん，シミやシワ等の光老化の要因となることが報告されている[1]。この有害な紫外線から肌を保護する日焼け止め化粧品は，UVB領域（280～320 nm）の防御指数をSPF（Sun Protection Factor）値で表記し，UVA領域（320～400 nm）の防御指数はUVAPF（UVA protection factor of a product）を指標としたPA（Protection grade of UVA）値で表記している。これら日焼け止め化粧品には，防御機構の違いから紫外線散乱剤と呼称される無機系の紫外線防御剤と，紫外線吸収剤と呼称される有機系の紫外線防御剤が使用されており，日焼け止め化粧品の特徴に合わせて使い分け，または併用されている。

紫外線散乱剤は光を散乱させる効果が高い物質として，屈折率の高い酸化チタンと酸化亜鉛が広く使用されている。酸化チタンと酸化亜鉛の大きな特徴は，化学的に安定性が高い固体材料であるため人体に対する安全性が高いことと，光の暴露により機能低下が起こらず紫外線防御効果が持続することである。一般的に紫外線散乱剤は皮膚に対してアレルギー反応などの刺激を起こしにくいことが知られており，紫外線散乱剤のみを配合した日焼け止め化粧品は，肌に優しいノンケミカル製剤として世界中で販売されている。特に2019年に米国FDAが発表した日焼け止めの最終モノグラフ案によると，米国で許可されている16種類の紫外線防御剤のうち，酸化チタンと酸化亜鉛の2つだけが高い安全性と高い紫外線防御効果を有することが示されている[2]。

2. 紫外線散乱剤の分散性

紫外線吸収剤は主に媒体に溶解して使用するのに対して，紫外線散乱剤は媒体に分散して使用するため，媒体への分散性が紫外線防御効果や透明性に大きく影響する。

ここで，紫外線散乱剤の分散の重要性について，紫外線散乱剤の粒子径と光学特性の関係性の観点から述べる。粒子径と光学特性を議論する上で重要となるのが光散乱の理論である。散乱体の粒子径と散乱光の波長の関係は，Stratton[3]やHulst[4]，Mie[5,6]らによって報告されている。散乱光の波長を基準にすると，図1に示すとおり散乱体の粒子径は，Rayleigh領域，Mie領域，幾何光学領域の3つの領域に分類される。

散乱体の粒子径が散乱光の波長に対して極端に大きい場合は「幾何光学領域」に該当し，式(1)で示されるように，散乱体の粒子径が小さいほど散乱体の光遮へい面積は大きくなり，その結果光の遮へい効

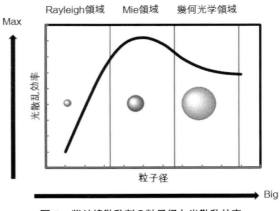

図1　紫外線散乱剤の粒子径と光散乱効率

果は高くなる。また，散乱体の粒子径が散乱光の波長より極端に小さい場合は「Rayleigh領域」に該当し，式(2)で示されるように光散乱効率は粒子径の6乗に比例して低下するため，散乱体の粒子径が小さくなるにつれて隠ぺい力が減少し，透明度は高くなる。最も光散乱効率が高い領域は散乱体の粒子径が散乱光の波長とほぼ同じ範囲に存在する「Mie領域」であり，その領域にあって可視光線の散乱力が最高になる粒子径 D_{opt} は Mitton[7]や Stieg[8]，Weber[9]らにより提唱されている。一例を式(3)に示す。例示式のみならず，他で提唱されているいずれの式においても，散乱体の粒子径は散乱光波長 λ の1/2前後で光散乱力が最大となるとされている。具体的には，白色塗料やメークアップ化粧品に白色顔料として使用される顔料級酸化チタンは，隠ぺい力，着色力を最大化するため，可視光線波長400〜700 nmの約半分である200〜350 nmに粒子径が調整されている。一方で，紫外線散乱剤として使用される微粒子酸化チタンや微粒子酸化亜鉛は粒子径を10〜100 nmに設計しており，これは可視光線に対してRayleigh領域に該当し，光散乱率が低下するために隠ぺい力が低下して透明度が高くなる。

■光遮断面積 A

$$A = \frac{3M}{2\rho D} \quad (1)$$

ここで，M は顔料の質量，ρ は顔料の密度，D は散乱体の粒子径を示す。

■光散乱係数 S

$$S = \left(\frac{m^2 - 1}{m^2 + 1}\right)^2 \cdot \frac{4\lambda^2 \alpha^6}{3\pi} \quad (2)$$

ここで，α は $\pi D / \lambda$，m は n_P/n_B，λ は散乱光波長，n_P は散乱体の屈折率，n_B はバインダーの屈折率を示す。

■Mie領域での光散乱式の例

$$D_{opt} = \frac{2}{\pi} \cdot \frac{\lambda}{(n_P - n_B)} \quad (3)$$

ここで，D_{opt} は最大光散乱粒子径を示す。

これらの理論は一次粒子径に対してはもちろんであるが，二次凝集粒子径に対しても同様に考えられる。特に，高い紫外線防御効果と透明性を両立する微粒子酸化チタンと微粒子酸化亜鉛は一次粒子径を非常に小さく設計しているため，比表面積が大きく，その表面エネルギーを下げようと粒子の二次凝集が起こりやすい。粒子が強く二次凝集した状態では高い紫外線防御効果と透明性は得られないため，高い機能性を有した日焼け止め化粧品を開発する上で，紫外線散乱剤を媒体に対し高分散させることは非常に重要である。

3. 表面処理剤の種類と分散性への影響

紫外線散乱剤は，分散性の向上，感触改良や品質の安定化等，種々の機能性を向上する手段としてさまざまな表面処理剤によって表面改質されるが，ここでは分散性の向上という視点に絞って述べることとする。

表面処理は大きく分けて無機処理と有機処理に大別される。図2に無機処理または有機処理を施した酸化チタンの透過型電子顕微鏡写真を示す。表面処理された酸化チタンの最表面には表面処理剤の層が形成され，表面処理剤の特性に由来する機能が発現する。

3.1 無機処理

無機処理に用いられる表面処理剤は，含水シリカ

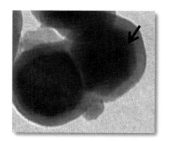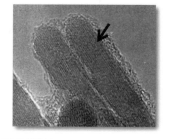

図2 酸化チタンのTEM写真
左：含水シリカ処理，右：高級脂肪酸処理

や水酸化Alなどの含水無機酸化物(M-OH)が一般的である。これらの特徴としては，水酸基を含むため高い水分散性が発現する点が挙げられる。無機酸化物と水が接触すると，その界面に電気二重層が形成されることはよく知られている[10]。この現象は，酸化物表面のイオンと水中のH^+やOH^-の平衡状態により酸化物表面の電荷が決定され，この電荷に対応して吸着イオンが変わるためと考えられている。一般に無機酸化物は，酸性の水中では式(4)のように表面のOH基がプロトンを受容して正電荷を帯び，塩基性の水中では式(5)のように表面のOH基がプロトンを放出して負電荷を帯びる。

$$M\text{-}OH + H^+ \rightarrow M\text{-}OH_2^+ \qquad (4)$$

$$M\text{-}OH \rightarrow M\text{-}O^- + H^+ \qquad (5)$$

酸化物表面の電荷が0となるpHをその酸化物の等電点と呼び，無機酸化物はそれぞれ固有の等電点を持っている。例として，酸化チタンの等電点はpH6付近にあり，表面処理剤の含水シリカはpH2，水酸化AlはpH9付近である。無機酸化物粒子を水に分散させる場合，等電点付近のpHでは電荷が0になるため電荷反発が消失し，粒子は凝集する傾向にあるが，等電点からpHが離れるほど正負いずれかの電荷が増し，分散系へと変化する。例えば，等電点がpH6の酸化チタンをpH7の水に分散する場合，等電点とpHが大きく変わらず凝集系となるため分散は容易ではないが，含水シリカ処理を施すことによって等電点がpH2付近に変化するため，pH7の水中では負電荷を帯び，静電反発の発生によって分散系となるため，図3に示すように水への高い分散性が発現する。

3.2 有機処理

有機処理に用いられる表面処理剤は，アルキルシランなどのシランカップリング剤や，チタンカップリング剤，シリコーンオイル，またはステアリン酸などの高級脂肪酸等が一般的である。有機処理の目的として，油剤に対し高い分散性と分散安定性を付与することが挙げられる。未処理の紫外線散乱剤はその表面が吸着水で覆われているため極性が高く，日焼け止め化粧品の主媒体として多く用いられるシリコーンオイルやエステルオイルなどの極性が低い油剤に対しては分散しにくい。これは無極性の油剤に対し，極性の高い水がなじまないのと同様である。有機処理の代表例として，紫外線散乱剤の粒子表面のOH基とアルキルシランのアルコキシ基を加水分解，脱水縮合させることにより顔料表面に結合させる方法がある。これによりアルキルシランのアルキル基が顔料最表面に配向し低極性化することで撥水性が発現し，油剤への分散が可能となる。また，分岐構造を持つアルキル基や分子量が大きいほど高い立体障害が付与されるため，油剤に分散した際の粒子同士の接触が抑制され，分散安定性が向上する。表面処理剤の選定については，紫外線散乱剤を分散させる油剤の性質を考慮することが重要である。例えば，シリコーンオイルへの分散が目的であるならば，一般的にシリコーンやシランカップリング剤が表面処理剤として選定される。

4. 表面処理工程と分散性への影響

表面処理は処理剤の適切な選定が重要であることを述べたが，表面処理工程も極めて重要である。工業的に活用されている工程には乾式法と湿式法がある。乾式法とは，一般的には乾式ミキサーの槽内に紫外線散乱剤と表面処理剤を投入し，撹拌混合することにより表面処理剤を紫外線散乱剤表面に吸着・結合させる手法である。一方で湿式法とは，水や溶剤などの媒体中に紫外線散乱剤と表面処理剤を添加し，ビーズミルなどで高いせん断応力を加えて，凝集粒子を解砕しながら，最終的に媒体を蒸留することで表面処理剤を紫外線散乱剤表面に吸着・結合させる手法である。

図4に，乾式法と湿式法の特徴を示す。ここでは有機処理を例に説明する。通常，紫外線散乱剤は図に示すとおり，一次粒子が凝集した二次凝集体と

図3　酸化チタンを水に添加した際の外観写真
左：未処理，右：含水シリカ処理

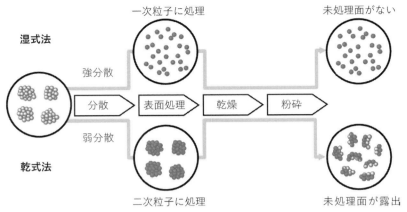

図4 乾式法と湿式法の違い

して存在する。乾式法は表面処理前の分散工程で加わるせん断応力が弱いため，二次凝集体を解砕することができず，凝集体に対して表面処理することとなる。次工程の粉砕では，分散工程でのせん断応力よりも高い力が加わるために，表面処理粒子が解砕されて内部の未処理面が露出する可能性がある。この状態で粒子が油剤に分散されると，分散中に粒子の未処理面同士が親水性相互作用によって凝集やネットワークを形成，または未処理面に水分が吸着することで，油剤に分散した際に分散不良を引き起こし，日焼け止め化粧品の機能性，安定性を低下させてしまう。

一方，湿式法は媒体中で高いせん断応力を加えながら表面処理するため，限りなく一次粒子に近い状態で表面処理することが可能であり，粒子全体に均一な表面処理を施すことができる。そのため，粉砕工程でも未処理面が露出することはなく，日焼け止め製剤に安定に配合することが可能である。

5. 表面処理プロセスによる光学特性の変化

乾式法または湿式法で表面処理した紫外線散乱剤を，日焼け止め化粧品に配合した際の光学特性について述べる。図5は，乾式法または湿式法で有機表面処理した紫外線散乱剤をW/Oエマルション処方に配合し，肌に塗布した際の外観写真である。

エマルション中の紫外線散乱剤の配合量は同量であるため，本来ならば同程度の透明性になるのが妥当である。しかしながら，乾式法で処理した紫外線散乱剤を配合したエマルションの塗膜は外観が白

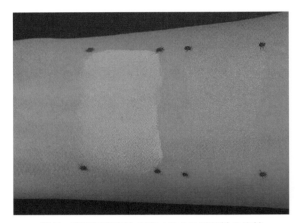

図5 表面処理方法の違いによる透明性の比較
左：乾式法，右：湿式法

く，隠ぺい力が高い。一方で，湿式法で処理した紫外線散乱剤を配合したエマルションの塗膜は，肌に違和感のない自然な仕上がりとなり，透明性が高いことが確認された。これを光散乱の理論から考えると，乾式法で処理した紫外線散乱剤はエマルション中で，400～700 nmの可視光線の散乱効率が最も高い200～350 nmの二次粒子として存在していると考えられる。一方，湿式法で処理した紫外線散乱剤は，200 nmよりも小さい粒子径で分散されているために可視光線に対してRayleigh領域となり，光散乱効率の低下によって白さが低減され，高い透明性が発現したといえる。

続いてエマルションの紫外線遮へい効果を評価した。図6は乾式法または湿式法で表面処理した微粒子酸化亜鉛を配合したW/Oエマルションの吸光度測定結果である。290～400 nmの紫外線波長領域の吸光度が高いほど，より紫外線遮へい効果に優れ

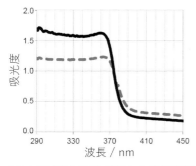

図6 乾式法と湿式法で有機処理した紫外線散乱剤を配合したW/Oエマルションの吸光度曲線
―――：湿式法，---：乾式法

ることを示す。湿式法で処理した微粒子酸化亜鉛を配合したエマルションは，乾式法と比較して吸光度が高く，紫外線遮へい効果が高いことが確認された。また，得られた吸光度曲線からUVB領域(280〜320 nm)の防御指数であるSPF値，UVA領域(320〜400 nm)の防御指数であるUVAPF値を算出した結果を表1に示す。SPF，UVAPFの結果から，表面処理工程が紫外線散乱剤の処方への分散性に影響を及ぼし，紫外線防御効果が大きく変化することが示された。

以上の結果をまとめると，乾式法または湿式法で表面処理した紫外線散乱剤はエマルション中で図7のような状態で存在していると考えられる。湿式法は乾式法よりも紫外線散乱剤が高度に分散しているために，紫外線に対して高い散乱効率を発揮する一方で，可視光線に対する散乱効率は低く，透明性が高くなる。乾式法は，エマルション中で湿式法よりも紫外線散乱剤が大きな凝集粒子径で存在しているために，可視光線に対する散乱効率が高く外観が白くなり，また紫外線に対する散乱効率が低いために高い紫外線防御効果が得られない。

6. おわりに

紫外線散乱剤を日焼け止め製剤に配合する場合，十分な効果を得るためには媒体への分散性が重要である。高い分散性を得るためには製剤の主媒体に適した表面処理を施す必要があるが，同じ表面処理剤であっても，その表面処理方法によって透明性，紫外線防御効果は大きく異なる。したがって，表面処理の設計は処理剤だけでなく，処理方法の選択が非常に重要であり，これらを最適化することによっ

表1 吸光度曲線から算出したW/Oエマルションの紫外線防御機能

表面処理方法	In vitro	
	SPF	UVAPF
湿式法	34	14
乾式法	15	9

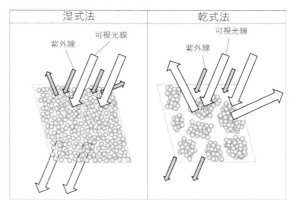

図7 紫外線散乱剤の凝集径と光散乱効率

て，紫外線散乱剤を用いる日焼け止めの機能を大きく向上させることができる。

文　献

1) M. Berneburg et al.: *Photodermatol.Photoimmunol. Photomed.*, **16**, 239-240 (2000).
2) Office of the Federal Register: *National Archives and Records Administration*, **84**(38), 6053-6311, Federal Register (2019).
3) J. A. Stratton: Electromagnetic Theory, Mcgraw Hill Book Company (1941).
4) H. C. van de Hulst: Light Scattering by Small Particles, Dover Publications (1975).
5) J. R. Partington: Advanced Treatise on Physical Chemistry v.4, Prentice Hall Press (1953).
6) G. Mie: *Annalen Der Physik*, **330**, 377 (1908).
7) P. B. Mitton: *Off. Dig.*, **34**, 73 (1962).
8) F. B. Stieg: *JOCCA*, **53**, 469 (1970).
9) H. H. Weber: *F + L*, **67**, 434 (1961).
10) 魚崎浩平：電気化学および工業物理化学，538-542，社団法人電気化学会 (1986).

第3章 香粧品

第3節
小角X線散乱法の香粧品応用事例

株式会社アントンパール・ジャパン　高崎　祐一

1. 小角X線散乱とは

小角X線散乱（Small Angle X-ray Scattering：SAXS）は，直径1～100 nmほどのさまざまなナノ粒子の粒子径，粒子形状，内部構造を非破壊で調べることができる手法である（SAXS法の原理は第2編第1章第2節第4項を参照）。SAXS法では溶液のみならずゲルやペースト，フィルムや粉末などさまざまな試料を測定でき，その応用は多岐にわたる。SAXS法では高濃度試料でも薄めずに測定できるため，溶液またはペースト状の製品をそのまま測定できる。また，試料温度を変えながら測定することも容易であり，温度変化に対する試料の分散安定性を in-situ で評価可能である。本稿では，香粧品において扱うことの多いミセル，ベシクル，ラメラ構造をSAXS法により解析した例を紹介する。

2. 小角X線散乱法によるナノ粒子の測定からデータ解析の流れ

一般的なSAXS法の試料測定からデータ解析は次のように行う。まず，ミセルやベシクルなどのナノ粒子が分散した液体試料やペースト試料を専用のセルに充填し，それをSAXS装置に取り付けてX線ビームを照射する。多くのSAXS装置では，1回の測定で用いる試料量は数十～100 μL程度で十分である。希少な試料用に数 μLでも測れるような試料セルも存在する。

次に，適当な露光時間をかけて検出器により散乱X線データを記録する。このとき，ダイレクトビーム（試料を透過して直進したX線ビーム）は散乱X線に比べて非常に強度が高く，検出器の種類によっては検出素子に不可逆なダメージが残るため，ビームストッパーにより遮へいされる。二次元検出器を用いて記録されたSAXSデータは，図1(a)に示すような二次元散乱像と呼ばれ（散乱パターンとも呼ばれる），検出器面上の各位置におけるX線強度が記録されている。散乱体の配向や結晶性ピークの有無は二次元散乱像から判断できる（詳細は[3.6]を参照）。一方，粒子サイズ，粒子形状といった構造情報は二次元散乱像からでは推定が難しく，ダイレクトビームの位置を原点とした円環平均により一次元化処理を行い，その後に後述のデータ解析により

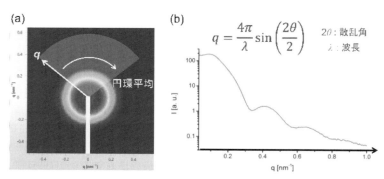

図1　SAXS法で得られる(a)二次元散乱像および(b)一次元散乱曲線

評価する。一次元のSAXSデータ(図1(b))は散乱曲線と呼ばれ，一次元検出器が搭載されたSAXS装置では，はじめから散乱曲線が得られる。このため，散乱体の配向を評価したい場合には，一次元検出器ではなく，二次元検出器を搭載したSAXS装置が必要である。

散乱曲線は，ダイレクトビーム位置を散乱ベクトル $q=0\ \mathrm{nm}^{-1}$ として，散乱強度 $I(q)$ と散乱ベクトル q の関係を示したものである。散乱ベクトル q は次の式で表される。

$$q = \frac{4\pi}{\lambda}\sin\left(\frac{2\theta}{2}\right) \quad (1)$$

λ は使用したX線の波長，2θ は散乱角である。SAXS法では，ナノ粒子を含む分散液からの散乱曲線と分散媒のみから得られる散乱曲線をそれぞれ記録しておき，強度補正などのデータ処理を行った後に分散媒の散乱曲線をバックグラウンドとして差し引く。これにより，分散媒分子に由来する散乱が打ち消し合い，ナノ粒子由来の散乱強度だけを解析できる。

SAXSデータの解析にはさまざまな方法があり，目的に応じて使い分ける。特別なソフトウェアが不要なデータ解析方法としては，ギニエプロットによる慣性半径(回転半径)の決定(詳細は第2編第1章第2節第4項を参照)[1]，小角ピーク位置からの面間隔の計算($d=2\pi/q_{\mathrm{peak}}$)が挙げられる。特に後者は香粧品において扱うことの多いラメラ構造の二分子膜間距離を簡単に計算できるため，有用である(詳細は本項[**3.4**]を参照)。

ソフトウェアを用いたSAXSデータの解析方法として，モデルフィッティング法と逆フーリエ変換法[2-4]がある。モデルフィッティング法では，試料中に存在するナノ粒子の形状やサイズなどを予想してモデルを作成し，そのモデルから計算される散乱曲線と実測の散乱曲線の一致度が高くなるように粒子モデルの構造を最適化していく方法である。一方，ナノ粒子の構造を予想できずモデル作成が難しい場合は，モデルフリーな解析方法である逆フーリエ変換法が有利な場合もある。逆フーリエ変換法では，実測の散乱曲線の逆フーリエ変換により得られる二体距離分布関数の形から粒子のサイズや形状を調べることができる。

粒子が球対称な構造を持ち，かつ単分散性が高い場合には，二体距離分布関数の逆重畳[5]により電子密度分布を調べることもできる。次項からは，ミセルやベシクルの逆フーリエ変換法によるデータ解析例を紹介する。

3. SAXS測定の応用事例

3.1 希薄系における球状ミセルの粒子径決定および電子密度分布の解析

家庭用洗剤の主成分として広く利用されているドデシル硫酸ナトリウム(SDS)は，水中の臨界ミセル濃度以上で互いに自己集合し，疎水鎖を内側に向け，親水基を外側に向けたミセル(micelle)と呼ばれる球状粒子を形成する。その直径は数nmであり，SAXS法で観測可能な粒子サイズ(1〜100 nm)に合致する。1 wt%のSDS分散液をラインコリメーション型のラボ用小角X線散乱装置(SAXSpace: Anton Paar GmbH)により測定すると，図2(a)に示すような散乱曲線が得られる。この縦軸は相対散乱強度[a.u.]，横軸は散乱ベクトル $q\,[\mathrm{nm}^{-1}]$ である。この散乱曲線は，水の散乱強度をバックグラウンドとして差し引き，さらに光学系由来のスメアリング効果を除く処理(デスメアリング)を行ってある。

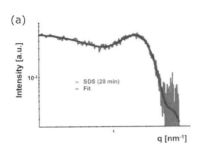
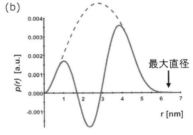

図2 (a) 1 wt%ドデシル硫酸ナトリウム分散液の散乱曲線，(b) 間接逆フーリエ変換法(IFT法)により得られた二体距離分布関数 PDDF
点線は電子密度が均一で同じ最大直径を持つ場合のPDDF。

この散乱曲線に間接逆フーリエ変換法（Indirect Fourier Transformation 法：IFT 法）[2,3] を用いると，図2(b)に示す二体距離分布関数 PDDF が得られる。PDDF の形は，ナノ粒子のサイズ，形状，電子密度分布に依存するため，試料中に分散したナノ粒子の平均構造を評価する際に役立つ（PDDF の見方は，第2編第1章第2節第4項を参照）。

ナノ粒子が球状かつ均一な電子密度を持つ場合，図2(b)の点線のように，PDDF は左右対称のシングルピークとなるが，粒子内部に電子密度の疎密を持つコア-シェル構造（疎水性コアと親水性シェルの組み合わせ）の場合には，図2(b)の実線のように1つ目のピークが2つ目よりも低いダブルピークの形になる。PDDF の2つ目のピークの右側で $p(r) = 0$ となる r の値は，コア-シェル球の最大直径を示しており，このデータではコア-シェル球の直径が 6.4 nm であることが示唆される。

試料中のナノ粒子が球対称な電子密度分布を持つと予想されるとき，逆フーリエ変換法で得られた PDDF に対して逆重畳（Deconvolution）[5]を行うことにより，粒子の半径方向の電子密度プロファイル（分散媒を基準とする電子密度のゆらぎ）が得られる。図3は，図2(b)の PDDF に逆重畳法を適用して得られた半径方向の電子密度プロファイルである。縦軸の $\Delta\rho(r)$ は分散媒の電子密度に対する粒子内部の電子密度の差を表す。$\Delta\rho(r)$ の値は，$0 < r < 1.2$ nm の範囲において負であり，粒子の中心近傍に分散媒（水）よりも電子密度が低い疎水鎖が存在することを示唆している。一方，$1.2 < r < 3.2$ nm の範囲では $\Delta\rho(r)$ の値が正であり，親水基が存在することが示されている。したがって，このナノ粒子は直径 2.4 nm の疎水性コアを持ち，厚さ 2 nm の親水性シェルを持つコア-シェル球であると結論付けられる。

3.2 濃厚系における球状ミセルの粒子径決定および電子密度分布の解析

界面活性剤の濃度が高くなり，球状ミセルの数が増えてくると，ミセル粒子間の干渉効果が散乱曲線にブロードピークとして現れる（図4）。この干渉効果は，構造因子 $S(q)$ と呼ばれる。分散粒子のサイズ，形状，電子密度分布等の評価を行うためには，散乱曲線における $S(q)$ の寄与を分離する必要があ

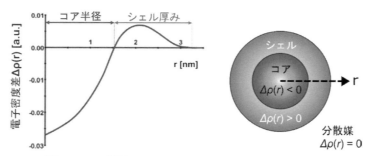

図3 SDS 球状ミセルの半径方向の電子密度プロファイル

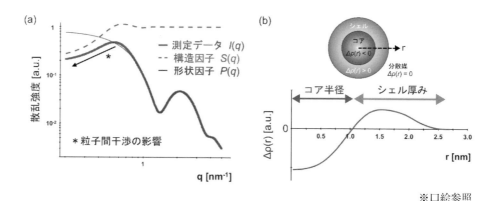

※口絵参照

図4 (a) 5 wt% CTAB (10 mM KCl) 溶液の散乱曲線，(b) 逆重畳法により得られた電子密度プロファイル

り、この点が、希薄系と濃厚系のSAXSデータ解析の違いである。前項で述べたナノ粒子の構造(サイズ、形状、電子密度分布など)は散乱曲線において形状因子$P(q)$として現れている。散乱強度$I(q)$は、$P(q)$と$S(q)$の積に比例する。

$$I(q) \propto P(q) \cdot S(q) \quad (2)$$

このため、散乱曲線($=I(q)$)から$S(q)$の寄与を分離するには、通常、粒子間干渉のモデルを仮定する必要がある。その1つの例として、GIFT法 (Generalized Indirect Fourier Transformation法)[3] を用い、静電相互作用モデル[6,7]を仮定して散乱曲線から$S(q)$と$P(q)$を分離して球状ミセルの構造解析を行った例を示す。

図4(a)は、5 wt% CTAB(10 mM KCl)溶液の散乱曲線であり、構造因子$S(q)$由来のブロードなピークが$q=0.6$ nm^{-1}付近に現れている。また、小角側に向かって散乱強度の減衰が見られる。$S(q)$に対して静電相互作用モデルを仮定し、$I(q)$から$S(q)$の寄与を分離すれば、残った形状因子$P(q)$の寄与について前項と同様の間接逆フーリエ変換法を用いてPDDFを得ることができる。粒子間で静電相互作用が生じる場合、$S(q)$の形は広角側で1に収束するような振動関数となる。また、この$S(q)$の小角側での減衰の度合い(図4(a)の*印)とブロードピークの高さは、ナノ粒子濃度の高さや静電相互作用の強さに依存する。

GIFT法で得られたPDDFに対して逆重畳法を適用すると電子密度プロファイル$\Delta\rho(r)$が得られる(図4(b))。この$\Delta\rho(r)$は、ナノ粒子がコア-シェル構造を持つことを示唆しており、疎水性コアの半径は約1 nm、親水性シェルの厚みが1.5 nmであること

が示唆されている。

3.3 板状構造のSAXSデータ解析例

SAXS法では球状粒子のみならず、界面活性剤分子の二分子膜のように平板状の散乱体であっても構造解析を行うことができる。ただし、このような二分子膜の平面方向の大きさはSAXS法で観測できないようなミクロンサイズであることが多い。一方、二分子膜の厚さは数nm程度であることが多いため、SAXS法で十分に評価できる。

単一の二分子膜が孤立しているような散乱曲線をSAXS法により調べると、図5(a)の$0.1<q<1$ nm^{-1}の領域のように、q^{-2}のべき乗則にしたがうような散乱強度の減衰が観測される。この例以外に、単層の二分子膜から成る小胞体(ベシクル)を測定したときも、q^{-2}のべき乗則が見られる場合がある。

平板状の構造では、その平面方向の電子密度は一様であり、厚み方向にのみ電子密度の疎密(ないし界面)が存在すると考えることができる。逆フーリエ変換法(IFT法)を適用する際に平板状であるという仮定を取り入れることで、厚み方向の二体距離分布関数$p_t(r)$が得られる。$p_t(r)$は二分子膜の厚みや電子密度分布を反映している[3,8]。

二分子膜の$p_t(r)$に逆重畳法を適用すると、図5(b)のように二分子膜の厚み方向の電子密度プロファイルを得ることができる。$r=0$は膜の厚み方向の中央であり、$\Delta\rho(r)$は分散媒の電子密度に対する二分子膜の電子密度の差である。$0<r<1.5$ nmの範囲において$\Delta\rho(r)$は負であり、界面活性剤分子の疎水鎖が存在することを示唆している。一方、$1.5<r<2.7$ nmの範囲では$\Delta\rho(r)$の値が正であり、親水基が存在することを示唆している。したがって、

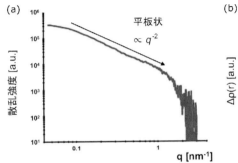
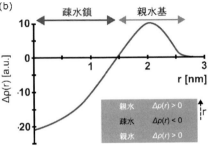

図5 (a)界面活性剤二分子膜を想定した散乱曲線、(b)逆重畳法により得られた膜の厚み方向の電子密度プロファイル

この二分子膜の厚さは 5.4 nm であると結論付けられる。

3.4 ラメラ構造の SAXS データ解析例

ヘアリンスや洗顔フォームなど身近な製品では，界面活性剤の二分子膜が何重にも積層したラメラ構造が形成されることがある。二分子膜間には分散媒が存在しており，二分子膜同士は数 nm～数十 nm の間隔で周期的に並んでいる。このようなラメラ構造が存在する試料の SAXS 測定を行うと，**図 6** のように小角領域に構造因子 $S(q)$ に由来する複数の鋭いピークが観測される。ピーク位置は二分子膜間の距離によって決まり，一次ピークの強度や高次ピークの強度は，二分子膜の積層数や膜の揺らぎの度合などによって変わる。

ラメラ構造はピークの観測位置に特徴がある。最も小角側に存在するラメラ構造由来のピークを一次ピーク q_{peak} として，その整数倍のところに高次ピーク（1：2：3：4…）が観測される。このため，小角領域のピーク位置を調べることで簡単にラメラ構造であるか判別できる。界面活性剤分子がヘキサゴナル相を形成している場合にはピーク位置が変わり，一次ピークの位置を基準に $1:\sqrt{3}:\sqrt{4}:\sqrt{7}:\cdots$ の位置に観測される[9]。

ラメラ構造の二分子膜間距離 d（面間隔とも表現する）は，一次ピークの位置 q_{peak} を用いて，$d = 2\pi/q_{peak}$ の関係から計算できる。試料中に複数のラメラ構造が存在することもあるため，どのピークが一次ピークであるのか見極める必要がある。GIFT 法のソフトウェアには，ラメラ構造の解析に適した構造因子モデルが登録されており，二分子膜間の距離 d 以外の構造情報も得られる。例えば，Modified Caillé 理論[10,11]にもとづいて $S(q)$ を再現すると，二分子膜間の距離 d，二分子膜の積層数 N，Caillé パラメーター η が得られ，図 5 と同様に形状因子 $P(q)$ の逆フーリエ変換により二分子膜の厚さも求まる。積層数 N が大きいほどラメラピーク強度（特に一次ピークの強度）が増大する。ただし，N は X 線をコヒーレントに反射する膜の数に相当するため，実際に存在する膜の数よりも小さい値となる傾向がある。Caillé パラメーター η は，膜の波打ち揺らぎの不規則性とも表現される。二分子膜の波打ち揺らぎが抑制され，見かけ上，硬い膜のようにふるまうほど η は小さい値になる。ただし，η が小さいからといって必ずしも二分子膜そのものが硬いというわけではなく，二分子膜間の静電反発などにより波打ちが抑制されている場合も η は小さい値になるので解釈には注意する。

3.5 ラメラ構造の温度安定性の評価

SAXS 法では，試料温度を変えて散乱体の構造変化を調べることも可能であり，試料中のナノ構造が実際の使用温度または保存温度において安定であるか評価できる。**図 7** は，ジアルキルジメチルアンモニウム塩と高級アルコールを主成分とする水溶液中で形成されたラメラ構造の散乱曲線である。20℃において，小角領域には $q = 0.14$ nm^{-1}，0.28 nm^{-1}，0.32 nm^{-1} にラメラピークが観測されている。一次ピーク位置から，このラメラ構造の面間隔は 45 nm であると計算される。このラメラピークは温度の増加に伴い広角側にシフトしていることから，実空間では面間隔 d が狭くなっていると考えられる。一

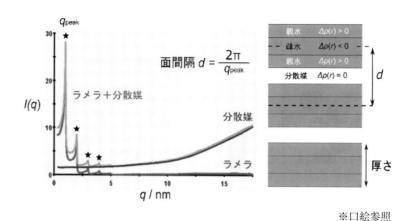

※口絵参照

図 6 ラメラ構造の SAXS データ例

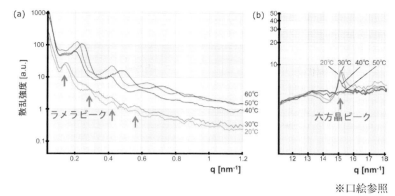

図7 ジアルキルジメチルアンモニウム塩と高級アルコールを含む水溶液中で形成されたラメラ構造（α-ゲル）の散乱曲線。(a) SAXS データ，(b) WAXS データ

SAXSpace (Anton Paar GmbH) で測定。

方，15.2 nm^{-1}の広角領域に観測されたピークは，界面活性剤分子の六方晶構造に由来するαゲル特有のピークとしてよく知られている。そのピーク位置から，この六方晶構造の面間隔dは，約0.41 nmと見積もられる。また，この六方晶ピークの高さは，温度上昇に伴って低くなり，40〜50℃にかけて消失した。これは20〜40℃で存在する六方晶構造が温度上昇により乱れていることを示唆している。温度以外にも，仮に二分子膜内部に添加物が挿入されて六方晶構造が乱されれば，この六方晶ピークは小さくなるか消失するため，それを指標にして添加剤の効果を判断することができる。

3.6 二次元散乱像における散乱体の配向評価

二次元検出器を搭載したSAXS装置では，試料中の散乱体の配向を評価できる。通常，溶液中の散乱体はさまざまな方向を向いており，データ解析において配向を気にする必要はないが，特定の条件下では散乱体が配向し二次元散乱像にその特徴が現れる。

散乱体の配向がランダムであるような等方的な試料を測ると，二次元散乱像においてダイレクトビーム位置（$q=0$ nm^{-1}の点）を中心とした円形の強度分布が観測される。濃厚系において構造因子$S(q)$に由来するピークが現れるような場合も，散乱体の配向がランダムであれば，図8(a)のようにリング状の強度分布が観測される。このような場合は，通常の手順でダイレクトビーム位置を中心とした円環平均により一次元散乱曲線を得る。

他方，散乱体が特定の方向に配向していると，

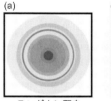

ランダムに配向　　　　特定の方向に配向

図8 散乱体の配向と二次元散乱像の関係

図8(b)のように$S(q)$に由来するピークは特定の場所に局在化したように観測される。例えば，ラメラ構造を含むペースト試料を細いキャピラリー型の試料セルに充填すると，キャピラリー内部で試料にせん断応力がかかるため，ラメラ構造が配向して異方的な散乱像が観測されることがある。また，本項では触れていないが，高分子フィルムの一軸延伸によっても配向が起こり，異方的な散乱像が観測される。このような異方的な散乱像が得られた場合には，ピークが現れた方向（図8(b)では水平方向）およびそれと直行する方向について，円環平均の範囲を限定して（例：30〜45°）散乱曲線をそれぞれ取得する。これにより，散乱体の配向を考慮したデータ解析を行える。

4. まとめ

SAXS法は，ナノ粒子のサイズのみならず形状や電子密度分布などのさまざまな構造情報を非破壊で調べられる手法である。特に，香粧品において扱う

ことの多いミセル，ベシクル，ラメラ構造などの界面活性剤が水中で形成するさまざまなナノ構造体は，そのサイズが数nm〜数十nmであるためSAXS法による粒子径や形状の推定が可能である。特にラメラ構造の評価では，二分子膜の面間隔のみならず，膜厚や膜の積層数など詳細な構造評価が可能である。また，温度変化によるラメラ構造の安定性評価も容易に行うことができ，SAXSは香粧品の開発における強力な手法である。SAXS法の原理と粒子径決定の基礎については，第2編第1章第2節第4項を参照されたい。

文　献

1) A. Guinier and F. Fournet: Small Angle Scattering of X-rays, New York, Wiley Interscience (1955).
2) O. Glatter: *J. Appl. Crystallogr.*, **10**, 415 (1977).
3) G. Fritz and O. Glatter: *J. Phys.: Condens. Matter*, **18**, S2403 (2006).
4) A.V. Semenyuk and D. I. Svergun: *J. Appl. Crystallogr.*, **24**, 537 (1991).
5) O. Glatter: *J. Appl. Cryst.*, **14**, 101 (1981).
6) J. B. Hayterand: *J. Penfold, Mol. Phys.*, **42**, 109 (1981).
7) F. J. Rogersand and D. A. Young: *Phys. Rev. A*, **30**, 999 (1984).
8) O. Glatter: *J. Appl. Cryst.*, **13**, 577 (1980).
9) T. Sato et al.: *J. Phys. Chem. B*, **108**, 12927 (2004)
10) T. Frühwirth et al.: *J. Appl. Cryst.*, **37**, 703 (2004).
11) R. Zhang et al.: *Phys. Rev. E*, **50**, 5047 (1994).

第3章 香粧品

第4節
化粧品コロイドの調製と安定性評価

国立研究開発法人海洋研究開発機構／信州大学　坂　貞徳

1. はじめに

有史以来，人類は顔を彩ること（化粧）を行ってきた。元来化粧は，身を守るために，おそらくは一種のカモフラージュとして行われていたようである。初期の入れ墨は成人となるための儀式と関連していたり，呪術的意味があったり，化粧の起源は古代エジプトまで遡ることができる[1]。日本では魏志倭人伝の中ですでにお歯黒やほお紅の記載があり，古事記や日本書紀では数多くの記載がなされている[2]。米国の演劇研究家・化粧コンサルタントであるリチャード・コーソン[1]は著書『Fashions in Makeup』の中で，トゥト・アンクアメンの墓で発見された化粧瓶には，およそ動物性脂肪が9，香料入り樹脂が1の割合で処方された三千年も昔のスキンクリームが残っているものもあったと記述している。初期の化粧品といえば肌を彩色する顔料や染料からなるメイク品が連想されるが，古代エジプト人は肌を柔軟にするために香油を含む軟膏などのスキンケア化粧品を使用していたようである。化粧品は若さや美しさの欲求により時代とともに変貌を遂げ，現代の化粧品へとつながっている。

化粧品は，大別すれば油性成分，水性成分および界面活性成分の3つの成分で構成され，化粧水，クリームやファンデーション等のアイテム毎にさまざまな成分を組み合わせて配合している。そのため，化粧品にはさまざまな大きさの粒子が配合されている。図1に化粧品と粒子サイズの関係について示す。濃い色のバーは液滴，薄い色のバーは固体粒子を示す。化粧品の成分あるいは構造の大きさはちょうどコロイドサイズの領域にあたり，可溶化，乳化，分散技術といったものはすべてこの範疇である。

2. 分散コロイドの調製と評価方法

乳化や分散は分散コロイドであり，互いに混ざり合わない2相の分散系であるため熱力学的に不安定である。クリームや乳液などのエマルションはいつか水と油に分離する。それゆえ，化粧品技術者は，分離しないエマルション（化粧品）を求めて日々努力している。特別な場合を除き，理論的にいえば分離しないエマルションは存在しない。確かに数年単位で2相に分離しない化粧品もあり，「安定なエマルションあるいは安定な乳化物は存在する」と誤解される。そのため，「安定なエマルションを作る」ということは，例えば，同じ組成であっても製造方法あるいは装置によって今よりもより寿命の長い（分離速度の遅い）エマルションを作ることを意味しており，一般には「乳化をよくする」ということを指す。エマルションの安定性にはその調製方法が大きく関与する。

分散コロイド（エマルション）の作り方には，塊あるいは粗大粒子分散系から出発し機械的に分割あるいは破砕し微細化してコロイド粒子サイズまでに到

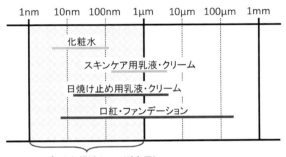

図1　化粧品と粒子サイズ

達させる方法（分散法あるいはトップダウン法）と，非常に小さい核から出発しコロイド粒子サイズまでに成長させる方法（凝縮法あるいはボトムアップ法）という2つの異なる方法がある。それぞれの作り方を**図2**に示す。トップダウン法は，粒子を細かくするためには大きなエネルギーを必要とするため100 nm以下で粒子を揃えるには難しいが，スケールアップにはあまり左右されない。一方，ボトムアップ法は，油水界面の界面張力を下げることにより効率良く（大きなエネルギーを必要としない）液滴を微細化できるが，製造スケール（バッチサイズ）が大きくなると制約が出てくる。化粧品の製造では，他の業界に比べて少量多品種のため後者が適すると思われる。それゆえ，乳化技術の分野ではD相乳化法[3]や液晶乳化法[4]などさまざまな乳化方法が開発され，日本の化粧品開発技術の高さが評価されている。

分散コロイドの安定性の評価として，流体力学的特性，光学的特性，熱的特性および電気化学的特性を調べる。流体力学的特性は流動性など調べることが多く，硬度測定やレオロジー測定がある。光学的特性は光による透過，散乱あるいは回折を調べることが多く，顕微鏡観察，粒子径測定や構造解析がある。熱的特性は融点や構造転移などを調べ，融点測定やDSC測定などがある。電気化学的特性はコロイド粒子周りには電荷を持っているために塩やポリマー添加の影響を調べるために，電気泳動やゼータ電位測定がある。どの方法で評価するかは，コロイド粒子の形状，大きさや濃度によって決める必要がある。

粒子の大きさは実際に目で見て測定することが望ましいが，光学顕微鏡を使っても500 nm程度が限界である。光学顕微鏡よりも小さい粒子を観察するには電子顕微鏡が一般に使われるが，化粧水などの水系の粒子は直接観察することができずレプリカ法や染色法などの前処理を行ってから粒子を観察する必要がある。この方法には熟練した技術が必要であり，簡便に粒子の大きさを測定することができない。他方，動的光散乱法は比較的容易に粒子の大きさを測定することができる方法の1つである。最近は1 nmから数μmまで測定できる装置も市販されており，ナノサイズからサブミクロンサイズの粒子の評価に使われている。

3. トップダウン法と高圧乳化装置

本項では，大量生産が要求される機械的エネルギーを利用した破砕・摩砕に基づくトップダウン法を用いた例について紹介する。

大きなエネルギーをかけることのできる乳化装置は数多くあり，例えば均質化装置（ホモジナイザー），高圧乳化装置などが挙げられる。高圧乳化装置の歴史は古く，1900年のパリ万博まで遡る[5]。その原理は，混合物を非常に高い圧力の下で細孔を押し出すことによって液体を分散させるというものである（**図3**）。

流体は高圧下で細孔に入ると同時に急速に加速され，この細孔を抜けると瞬間的に流体の圧力は急激に低下する。この著しい圧力降下によって，せん断力，キャビテーションおよび乱流のような現象を生じ，液体は微細化する[6]。高圧ホモジナイザーのせん断力は，流体が急速に加速されるときの細孔内の

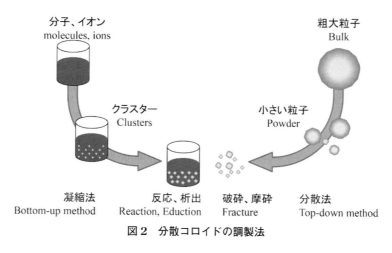

図2　分散コロイドの調製法

流れの速い中心部と流れの遅い細孔の壁面との間による速度差によって生じ，2相の密度差によって液滴を引きちぎるように微細化させる。キャビテーションとは液体の流れの中での圧力差により短時間に泡の発生と消滅が起きる物理現象をいい，この場合には低圧から常圧への圧力回復による気泡の崩壊によって液滴が微細化される。また，乱流は急速な流体の流れおよびキャビテーションによる気泡の発生によって，液滴を微細化させる。近年の技術革新によって，200 MPaを超える高圧乳化装置など，従来の装置に比べて大きなエネルギーをかけることができる装置が開発されている。これらの装置を使用することで，容易に100 nm以下の超微細エマルションやリポソーム（ベシクル）の調製が可能となった。

ここでは高圧乳化装置で調製したリポソーム分散液とエマルションについて紹介する。

リポソームは，難溶性界面活性剤が水中で形成する2分子膜が閉じた小胞体である（図4）。リポソームは，内部の水（内水相）に外部（外水相）と異なる物質を溶かすことができるため，ドラッグデリバリーシステム（DDS）などへの応用が期待されている。リポソームの最初の研究例は図5に示すレシチンで，Banghamらにより発見された[7]。その後，合成界面活性剤についても同様の形態のものが作られる

ようになり，広くベシクルと呼ばれるようになった。ベシクルは熱力学的に不安定であり，その生成には工夫が必要である。

4. 乳化粒子およびリポソームの粒径評価

乳化粒子およびベシクルの粒径評価には［2.］で述べた動的光散乱法や電子顕微鏡観察が用いられる。動的光散乱測定は，試料となる乳液などを10～10,000倍程度希釈（装置の散乱光強度が適正となる希釈率）した状態で行う。一般に，希釈する溶媒としては蒸留水を用いるが，希釈率が高い（希薄系になる）場合には測定試料の界面活性剤溶液を用いるとよい。さらに，塩濃度が高い場合には測定試料と同じ塩濃度の塩水で希釈した方がよい。これらの操作は，エマルションやリポソームが希釈による組成変化によって，粒子が壊れるあるいは凝集するなどといった系の変化を防ぐ目的で行われる。測定試料を希釈する溶媒は，フィルターでろ過を行う必要がある。これは，希釈溶媒に存在するゴミに由来するノイズを排除するためである。希釈率の低い測定試料では，必要に応じて測定試料をろ過する必要がある。ただし，ろ過する場合には光学顕微鏡などで

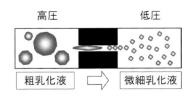

図3　高圧乳化装置の基本原理図

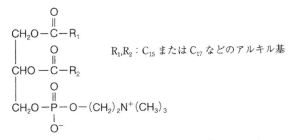

図5　代表的なレシチン（フォスファチジルコリン）の分子式

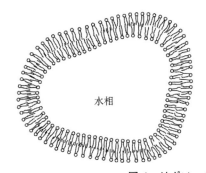
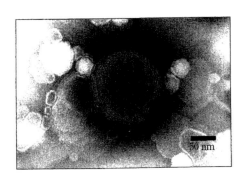

図4　リポソームのモデル図とTEM写真

第4編　産業応用

実際の粒子の大きさを予想し，測定する粒子サイズに十分影響を与えないことを確認して，任意のサイズのフィルターを使用する。また，クリームや乳液などの化粧品は増粘剤としてポリマーを配合しているため，測定の際にはポリマー(粘度)の影響も考慮する必要がある。具体的には装置定数に使われる値(例えば水の場合には，25℃，0.890 mPa·s)に近づけて測定を行う。さらに，屈折率についても同様で，着色などの外観色による影響も考慮する必要がある。

一方，電子顕微鏡には，走査型電子顕微鏡(SEM)と透過型電子顕微鏡(TEM)がある。エマルションなど水を含む試料は電子顕微鏡では直接観察することができないため，さまざまな前処理が必要となる。SEMでは，Cryo SEM(凍結割断法)が一般的である。大気下で，試料を液体窒素により事前に凍結させて固定化させる。その後，クライオステージに入れ，真空下で冷却ナイフを用いて割断し，水を昇華させて金蒸着させた後，SEM観察をする。ここで問題となるのは，液体窒素によって試料を凍結させるため，体積膨張の起こり試料が壊れるケースがあることである。また，液体窒素に直接試料を入れると沸騰して試料が壊れることもあるため，試料調製には熟練を要する。一方，TEMでは，ネガティブ染色法がよく用いられる。ネガティブ染色法は，試料を染色するのではなく試料の周囲を重金属で染色することにより観察する方法で，例えば，染色剤として酢酸ウラニル，リンタングステン酸，モリブデン酸アンモニウムなどが使われる。しかし，染色剤は塩であるため，エマルションやリポソームなどの試料は塩の濃度や種類によって凝集や合一が起こり試料調製には注意を要する。

5. 測定例

5.1 アスコルビン酸誘導体を配合したリポソーム製剤の評価

ここでは大豆由来のレシチンに水素を添加して二重結合を還元した水素添加大豆レシチン(以下，HSL)を使用した結果について示す。

HSLは室温で少量の水に分散すると2分子膜のゲル相を形成し，水の量が増えていくとゲル相と水相の2相共存状態となる。さらに，水を加えて希薄系(5 wt%以下)になるとある条件下でリポソームを形成する。

一方，アスコルビン酸(ビタミンC)は生体内に存在する水溶性の低分子化合物であり，生体に必須で重要な役割を果たしている。化粧品としては美白作用を有することが早くから知られていたが，水に溶解すると不安定で経時的に分解するため，アスコルビン酸を安定化したアスコルビン酸誘導体は化粧品分野において数多く開発されている。その中で，L-アスコルビン酸リン酸塩(以下，AP)は生理活性が高く，医薬部外品の有効成分として古くから使われている。L-アスコルビン酸リン酸塩の分子式を図6に示す。APのマグネシウム塩(APM)は，表皮の細胞膜上に存在するホスファターゼによって加水分解されアスコルビン酸を生成する。筆者らは，APMとHSLを配合した製剤を高圧乳化装置で微粒子化することによって，表皮内のアスコルビン酸が高濃度化できることを見出した[8]。この微粒子のTEM像を図7に示す。図7からわかるように数層の薄い膜からなる50～100 nmのリポソームである。図8には動的光散乱法より求めた粒子径測定結果を示す。平均粒子径は，光子相関法により得られる自己相関関数からキュムラント法により求めた

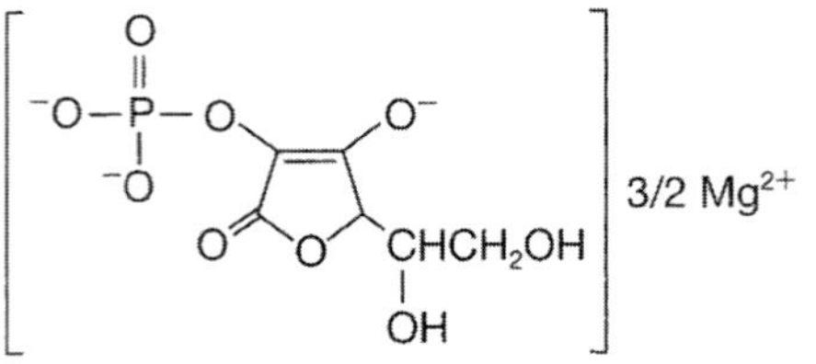

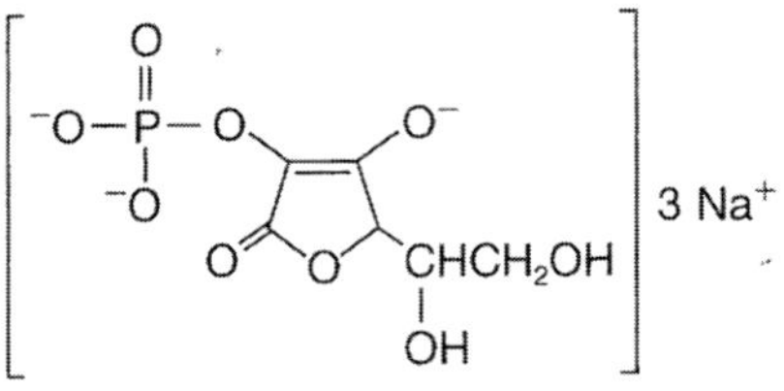

図6　L-アスコルビン酸リン酸の(a)マグネシウム塩(APM)と(b)ナトリウム塩(APS)の分子式

流体力学的半径とした。図8には調製時の塩濃度を変化させたときの結果，および比較として，ナトリウム塩（APS）を用いたときの結果についても示す[9]。

APMでは塩が0mMのときに比べて塩の添加したときの方が粒子径の経時変化が少ないのに対し，APSでは塩濃度にかかわらず粒子径の経時変化が大きく，粒子が不安定であることがわかる。図9には塩濃度を変えた各分散液についてゼータ電位測定を行った結果を示す。ゼータ電位測定は，電気泳動光散乱法（レーザードップラー法）で行った。ゼータ電位測定の結果から，APSでは塩濃度に依存せずほぼゼロであるのに対し，APMではゼータ電位の値が負から正の値へと増大していることがわかった。HSLとしては，極性基となるホスファチジルコリン（PC）の純度が98％以上のものを用いているため，その膜の表面電位は電気的に中性であり，膜表面電位はゼロ付近の値を示す。一方，2価イオンであるCa^{2+}やMg^{2+}イオンはPCの2分子膜へ吸着することが知られており，2価イオンの吸着の結果，正に帯電した表面間に電気二重層斥力が生じる[10]。それゆえ，APSを添加したベシクルはNa^+イオンによる脱水和によって不安定化するといえる。

次に，塩濃度を変えた各分散液におけるHSLの転移温度について示差走査熱量（DSC）測定した結果を図10に示す。APSの転移温度は変化がないのに対し，APMでは転移温度がわずかであるが上昇していることがわかった。塩化マグネシウムの場合についても塩濃度を変えてDSC測定を行った結果，さらに転移温度が上昇した。このことは，Mg^{2+}イオンはHSL膜へ吸着し，Na^+イオンはほとんど吸着しないことを示唆する。以上のことから，APMはHSLを用いた製剤には最適なAP塩であるといえる。

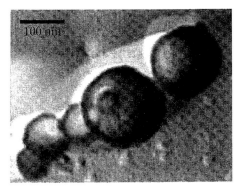

図7　APM（100mM）配合のリポソームTEM写真

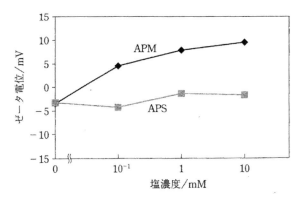

図9　APMとAPSにおける塩濃度とリポソームのゼータ電位との関係

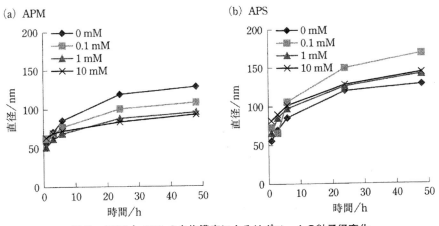

図8　APMとAPSの各塩濃度によるリポソームの粒子径変化

5.2 微細エマルションの評価

従来の高圧乳化装置では乳化粒子をナノサイズまで小さくすることはできるが,粒子径分布を制御することは難しい。しかし,最近は各メーカーからさまざまな仕様の装置が発売されており,粒子径分布を制御できるようになった。その背景には乳化部や乳化後の冷却,背圧調整などの改良が挙げられる。乳化部では,液体を固体にぶつける方式(従来法:Gaulinなど)と液体を液体にぶつける方式がある。また,乳化後の背圧および冷却部における背圧の設定には,設定なし,固定式および可変式の3タイプがある。ただし,それぞれに長所と短所があり,どの方式が優れているとは決めがたい。ここでは,乳化部が液体を液体にぶつける方式,背圧および冷却部における背圧の設定には可変式である高圧乳化装置(DeBEE装置)を使用した微細エマルションの調製について紹介する。

一般に高圧乳化装置は乳化粒子を小さくすることはできるが,粒子径分布を制御することは難しい。レシチン/水/油の3成分系において各種超高圧ホモジナイザーを使用し,脂質エマルションを調製した結果を図11に示す[11]。平均粒子径は,光子相関法で得られた自己相関関数からキュムラント法により求めた流体力学的半径とした。DeBEE装置と他の超高圧乳化装置を比べてみると,DeBEE装置は乳化部を3回通過させると粒子径分布のばらつきが少なくなっていることがわかる。2つの装置はいずれも40~50 nm程度の微細エマルションを得ることができた。しかし,DeBEE装置で作製したエマルションの外観は青味を帯びた透明であるが,他の超高圧乳化装置で作製したエマルションはこのわずかなばらつきによって濁度が上昇した(青白色)。これは,100 nm前後に大きな粒子が存在するためである。このように,同じエネルギー(圧力)を与えても用いる装置によって生成するエマルションの外観が大きく異なることがわかった。

5.3 動的光散乱実験における問題点

動的光散乱法に基づく粒子径測定では,100 nm以下の微細エマルションを評価する中でしばしば異なる結果が見られた。ここでは,上述とは異なり外観上の判別ができない3種類の微細エマルションの測定結果を表1に示す。測定は熟練した研究員が行い,3種類の粒子測定装置A,B,Cを用いて1つの試料について5回測定を行った。試料1~3の測定結果はおよそ50 nmを超える大きさであることがわかる。各々の装置について見ると,装置A

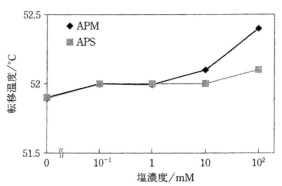

図10 APMとAPSにおける塩濃度とリポソーム転移温度との関係

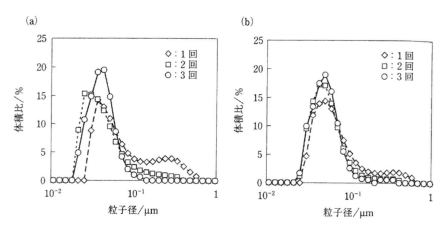

図11 各装置通過回数における脂質エマルションの乳化粒子径分布 (a) DeBEE乳化装置, (b) 他の高圧乳化装置

— 352 —

表1　3種類の粒子径測定装置での粒子径測定結果

	試料1			試料2			試料3		
	装置A	装置B	装置C	装置A	装置B	装置C	装置A	装置B	装置C
1回	49.2	59.2	56.6	50.9	54.1	58.5	51.3	52.5	67.1
2回	49.1	58.6	56.2	50.9	51.9	54.6	50.7	55.0	66.4
3回	49.0	56.3	56.3	51.1	52.0	54.5	51.8	52.9	67.6
4回	49.5	56.6	56.6	51.4	53.5	54.7	50.7	51.3	67.3
5回	49.0	54.6	56.0	51.8	52.1	54.1	51.4	52.7	68.1
平均値	49.2	57.1	56.3	51.2	52.7	55.3	51.2	52.9	67.3

単位：nm

はほぼ値は変わらない。装置Bは試料1がわずかに大きく，装置Cは全体的に値が大きくさらに試料3は特に大きい。これらの結果を見た場合，3つの試料の真の大きさはいくつかという疑問が生じる。これまでにさまざまなエマルションを測定した中で，装置にはそれぞれの癖があり，試料によって装置を選択する必要がある。例えば，装置Aは粒度分布の広いものには適し，装置B，Cは粒度分布の揃っている試料に適している。つまり，測定者はどのような特性を持つ試料であるかを正確に把握しながら測定，解析する必要がある。この理由の1つには，動的光散乱の検出器あるいは解析法による影響がある。また，試料によっては最適な希釈率の選定，繰り返し測定など，初期の測定条件設定が重要になる。これまでの経験から本試料1～3は平均粒子径が50～53 mmであり，かつ大きい粒子がわずかに含まれる微細エマルションであると結論付けた。実際に試料1のTEM写真(**図12**)から，100 nmを超える大きい粒子が含まれていることが確認できた。

6. まとめ

目視で観察することができない100 nm以下のリポソーム分散液と微細エマルションの製剤安定性を，動的光散乱法を中心に評価する方法について紹介した。しかし，動的光散乱法のみでは製剤の安定性を議論するには問題点が多い。特に100 nm以下の粒子では，製剤のわずかな変化でも粒子径測定値に影響を及ぼすため，データの解釈には注意が必要である。他の評価法を組み合わせることで，より精度の高い評価が可能となる。

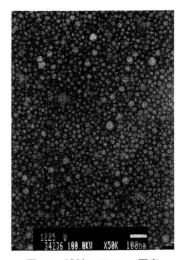

図12　試料1のTEM写真

化粧品はコロイド分散系であり，分散媒が水系か非水系か，分散質となる粒子が液体か固体か，さらには粒子の大きさや分布など，多様な要件を持つ製品である。今回の動的光散乱法では，製品を溶媒で希釈して評価するため，製品そのものを評価しているのではなく，希釈しても製品が変わらないことを前提にした評価方法である(希釈によって変わる場合には別の議論となる)。近年，半導体レーザーの進歩やコンピュータの低価格・高速化によって，希薄系の測定から準希薄～濃厚系へと粒子濃度が高い測定装置が開発され[12]，より製品に近い評価が可能となってきた。このことにより，測定する粒子の大きさの範囲も広がり，測定試料の測定時間も短縮できる。したがって，動的光散乱法は製品の安定性を短時間で多くの試料を評価できるため，製品開発で

の利用が大いに期待できる。

文　献

1) R. Corson: Fashions in Makeup: From Ancient to Modern Times, 3rd Ed., Peter Owen Publishers, London (2005)；(日本語版)ポーラ文化研究所訳：メークアップの歴史—西洋化粧文化の流れ，ポーラ文化研究所 (1982).
2) 村沢博人ほか：化粧史文献資料年表，ポーラ文化研究所 (1979).
3) 鷺谷広道ほか：日化, 1399 (1983).
4) T. Suzuki et al.: *J. Colloid Interface Sci.*, **129**, 491 (1989).
5) G. M. Trout: Homogenized Milk, Michigan State College Press, Michigan, 5 (1950).
6) L. H. Rees: *Chemical Engineering*, **81**, 86 (1974).
7) A. D. Bangham: *J. Mol. Biol.*, **8**, 660 (1964).
8) 大森敬之，坂貞徳：*Fragrance J.*, **28**, 49 (2000).
9) S. Ban: Proceedings of the International Conference on Colloid and Surface Science, Elsevier, 595-598 (2001).
10) J. Marra and J. Israelachvili: *Biochemistry*, **24**, 4608 (1985).
11) 坂貞徳：科学と工業, **80**, 367 (2006).
12) T. Sobich and D. Lerche: *Colloid Polym. Sci.*, **278**, 369 (2000).

第4章 農業, 環境分野

第1節
総論:コロイド凝集の解析に基づく土壌・水環境,農学分野の工学展開

筑波大学名誉教授　足立　泰久

1. はじめに

土壌や水環境中には粘土や有機物など多種多様なコロイド粒子が偏在し,その表面にはさまざまな化学物質を吸着,濃縮している。それらコロイド粒子の大半が凝集しており,凝集したフロックが運動の単位となる。そのことが化学物質の輸送特性,コロイド粒子を含む系全体の力学挙動に大きく影響する。したがって,環境中のコロイド粒子の凝集挙動の理解は,水質,土壌,生態系におけるさまざまな課題を考察していく上での要となる。図1はコロイド粒子の凝集体であるフロックの物理性に関する相関図である[1]。沈降特性や流動特性は運動の単位であるフロックの密度や大きさで決まり,それはフロックの構造と粒子間の結合強度およびフロックが置かれる場の関数であり,またフロックの構造はフロックが形成される場の流体力学的条件と系が置かれる物理化学的条件に左右される。このような流体物理化学的枠組みに基づく解析の有効性と整合性は,理想的なモデル粒子を用いた研究により実証されてきた。筆者らはその過程で理想的な完全球形の単分散ラテックス粒子を採用し,実験を行ってきた。

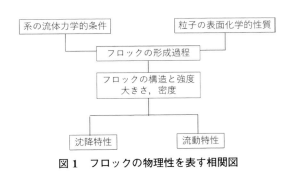

図1　フロックの物理性を表す相関図
文献1)を改変

2. 球形単分散コロイド粒子を用いるメリット

理想的な単分散粒子を用いるメリットは,フラクタルの考え方に基づくフロック構造の幾何学的記述,DLVO理論など界面化学の分野で長年培われてきた学術情報のさらなる発展にある。また,水理学的な解析においても大きさの明確な粒子を用いることによって,力学モデルとして粒子間相互作用を組み込んだ凝集速度論に基づく解析が可能になる。すなわち,物理的に理想的な状態と新たに加えた因子による結果を比較することによって,その効果,要因を解析することができるようになる。図2はコロイド粒子に反対符号の高分子電解質を加えたときの拡散係数から求まる吸着層の厚さと対応する電気泳動移度の結果を記したものだが,コロイド粒子の表面に吸着した凝集剤である高分子電解質分子の形態の変化の実態が高分子電解質鎖の荷電密度の関数として明らかになった[2]。

凝集速度を規定する粒子間の衝突頻度は乱流強度によって決定されるが,凝集速度を大きさが明確な粒子で測定することによって,未知数である乱流強度を凝集速度で評価し基準化できる[3]。第3章で紹介したようにさらに,この原理を溶存高分子が関与する系に適用したところ,コロイド粒子が凝集する直前における凝集剤高分子の溶存形態の重要性やコロイド粒子表面に吸着した際の形態の緩和過程に関する情報が得られる。また,凝集に関与する共存している腐植物質や高分子イオンコンプレックス(PIC)の形成など,種々の物質の凝集現象への阻害と促進についての影響の定量化が可能となった(図3)[4,5]。

第4編　産業応用

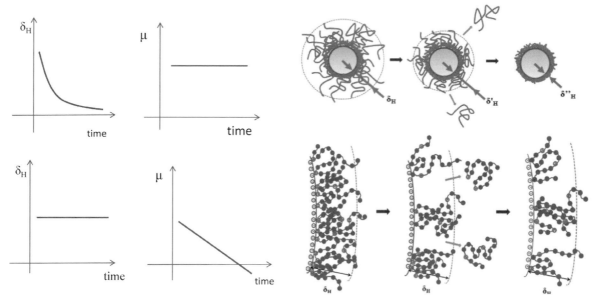

図2　粒子に吸着する高分子の厚さや構造は凝集速度を決定する上で重要であるが，アインシュタインの理論を適用した実験により，上段のように緩和過程に厚さが減少するパターン（低電荷密度高分子）と下段のように密度が減少するパターン（高電荷密度高分子）があることが明らかになった

δ_H は吸着層厚さ，μ は電気泳動移動度を表す

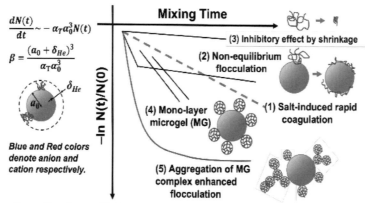

図3　乱流中の凝集速度を用いた撹拌の基準化とこの方法によって明らかになった粒子表面に存在する付着物質や高分子の状態の模式図とが凝集進行のパターン

乱流中の凝集速度は粒子数濃度 N の時間微分で表されるが大きな特徴として，粒子径の3乗に比例する。したがって，粒子に付着した物質があると，凝集速度を表す直線の傾きが増加する。$N(t)$ は総粒子数濃度を表す。(1)塩添加による急速凝集，(2)線状高分子凝集剤の過剰添加，(3)凝集剤の効果が第三の物質によって阻害される場合，(4)粒子とは反対符号のミクロゲルの添加によって凝集が誘発される場合，(5)ミクロゲルが凝集している場合

以上に述べたように，単分散球粒子の適用は，解析の枠組みを明らかにしたのみならず，次第にその成果を粘土粒子や微生物など実際の環境中のコロイド粒子の挙動の理解に拡張され，現実の問題を解析する指針が明らかにされた。球粒子の次のステージにおいては，モンモリロナイト，カオリナイト，アロフェン，イモゴライトなど特徴的な粘土鉱物を取り上げ，フロック形成の視点からデータベースの充実を行うことができるようになった[12]。

3. モデルを用いた思考と環境問題における位置づけ

一方，自然界に存在するコロイドは形も大きさも不揃いであり，表面化学的にも多様で不均一，理想的なモデル球粒子からは程遠い存在である。また，環境問題において，その技術的課題を考えることは，具体的であると同時に議論は異分野に跨る総合的な側面を有している。上記のモデルにおいては，現実の具体的，個別的な事例に対処する有効性，合理性を示すことが必要となる。吸着現象の理解はその中において特に重要な位置づけがなされる。筆者らは2008年には国際会議「Interface Against Pollution（環境汚染におけるコロイド界面と界面科学の取り組み）」を開催した。会議では，さまざまな汚染問題に対し，学術的なコアとして界面科学を取り上げ，Langmuirにはじまる吸着モデルやDLVO理論，界面動電現象について，種々の環境汚染を見据えながら学術的討議が総合的になされた[6,12]。同様の議論は，環境汚染に限らず，広く温暖化対策，AIなど活用した高度な農業技術の展開，さまざまな環境リスクの評価および環境政策に対する提言などにおいても共通すると考えられる（図4）。農学，環境面への工学的応用を考える時，このような総合化は基礎的事項の深化と合わせ不可欠である。

4. フロッキュレーション解析に基づく環境界面工学の展開

筆者は科学研究費の採択を受け，過去10年間ほど図5に示した課題に取り組んできた。一見すると他方面にわたる展開をしているように思われるが，基礎的な底流の部分には図1に示した速度論とフロック構造に基づくスキームが存在し本質は変わらない。このように1枚の絵にしてみることによりコロイドの凝集は界面でのナノスケールで生じているミクロな現象とマクロな水文現象や力学過程を繋ぐ意味で鍵となる重要な要素であることを俯瞰的に理解できる。図中の①～⑥に得られた成果や今後の課題を整理し要点をまとめると以下の通りとなる。

4.1 凝集のダイナミクス

環境中のコロイドがナノ粒子と腐植など溶存有機物から構成され，乱流条件下にあることを想定し，水理学的条件を粒子間衝突で基準化する方法を適用することによって吸着性の溶存高分子の動的作用を解析した。結果および今後の課題は，[2.]にも紹介した通りである。今後は，ナノバブル，マイクロプラスチックの界面挙動を考察する視点から，流れ場でのヘテロ凝集理論[7]の拡張と適合性の立証が課

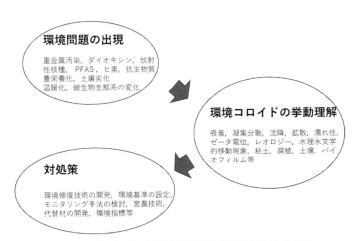

図4 モデルを用いた思考と環境問題における位置づけ

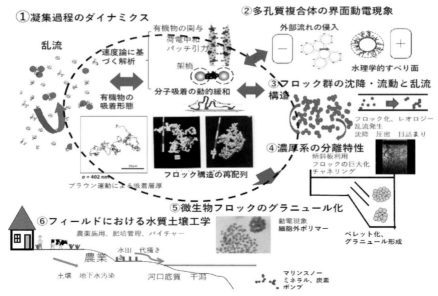

図5 フロッキュレーション解析に基づく環境界面工学の展開(概念図)[2]

題である。

4.2 多孔質複合体のゼータ電位

フロックや高分子吸着層を伴う粒子は高い空隙率を伴うので,多孔質体として扱う必要がある。単一フロックの沈降では外部の圧力差で内部流は殆ど発生しないが,構成粒子が帯電していると粒子の周りの電気二重層が形成され,外部に電位差があれば容易にフロック内部に電気浸透流が発生し,外部流の侵入が可能となる[8]。フロックのゼータ電位は,この電気浸透流が担っておりその値は構成粒子のゼータ電位と等しいことが確認された[9]。また,多孔質体層とそれを囲む自由流体の境界においては流体力学的すべりの存在のモデル化が重要である[10]。

4.3 フロック群の乱流沈降,凝集体を含む懸濁液の流動特性

フロックの沈降速度は水処理における沈殿槽設計上の基本項目であり,その正確な把握が求められる。一方,味噌汁のようなSemi-diluteな系では,フロックが沈降し,他のフロックと接触し成長すると沈降速度がどんどん増加し,ますます頻繁に衝突を引き起こし,その分沈降速度が加速するFeed ForwardなSystemと認識でき,乱流誘発のメカニズムとして認識することができる[11]。また,流動特性については,フロックを含む粘着性のコロイドの輸送特性を水理学的条件に照らしさらに解析していくことが,フロックを単位とする輸送現象の解明として有益である[11]。また,この問題は図5の⑥の問題とも密接に関わっている。

4.4 濃厚系分離技術

高分子を用いた濃厚なコロイド粒子の凝集分離過程では,高分子濃度の最適凝集の条件で分離効率の高いペレット状のフロックが形成される[12]。しかしながら,濃厚系では,条件が少しでも変わると,凝集状態やフロックの形態が一変することが示されている。形成されるフロック形態を高分子吸着とその緩和,荷電中和機構さらには溶液中の残存する高分子の振る舞いと乱流撹拌の仕方を体系的に整理する必要がある。

4.5 微生物フロックのグラニュール化

微生物を用いた排水処理においても条件を整えることにより,ペレットに類似した形態のグラニュールが形成され飛躍的に活性汚泥法の効率を向上させることができる。活性汚泥を形成しているのはいわゆるバイオフィルムと呼ばれる生物フロックである。グラニュールは内部が嫌気性相,その外側が好気性相となる2層構造を有する。グラニュールの形成機構については細胞外に放出される高分子との関係で重要であることが指摘されている[13]が,十分明

らかではない。生物学的な作用が関わる凝集の問題として新しい体系的課題を提起している[13]。

4.6 フィールドにおける水質土壌工学

河川河口域では凝集により栄養塩の蓄積，濃縮とフロック化した粘土などのコロイド画分の堆積による地形形成などが生じる。温暖化による海水面の変動は，凝集が生じる塩水と淡水の混ざる地点を変化させるので，地理的なレベルで凝集沈殿が生じる位置に大きな移動を及ぼす。生成された底泥は典型的な非ニュートン性を示し，水理学，土質力学などの解析の対象となる[14,15]。また，海洋においては，粒子状画分は少なくても，凝集による沈降速度の増加で，化学物質のフラックスが顕著に増加する。この問題は各種ミネラル，あるいはCO_2の固定などとも関わっている。

コロイド粒子の表面に化学物質が濃縮して移動するコロイド促進型輸送には地表水，地下水の両面でコロイドの凝集が大きく関わっている。各種栄養塩の挙動，圃場における凝集が関わる現象として，施肥や農薬施用の問題，土壌浸食の防止などを列挙でき，その制御が重要である。

5. 今後の展望

以上，個人的経験を中心に環境，農業面におけるコロイドの凝集についての私見をまとめた。環境面におけるコロイド界面の問題は，温暖化に対応する諸課題に加え，マイクロプラスチックや抗生物質による生態系汚染など新しいタイプの環境汚染問題にも関係する[16]。ミクロな移動現象を司るモデルコロイド粒子を用いた界面工学的なダイナミックスを活用する柔軟なアプローチは農学環境分野において工学的視点に基づく技術開発において今後も有効である。また，微生物の関わるグラニュール化については無機的なコロイドの凝集に比べタイムスケールで数千倍以上遅いプロセスである。土壌の団粒化などともに微生物が関わる凝集は，代謝や進化など生化学的な因子が複雑に関わる現象であり，今後，速度論とは別の視点で生態学的モデルとして情報を蓄積していく必要がある。

文　献

1) 足立泰久：東京大学博士論文 (1988).
2) T. H. Y. Doan et al.: *Colloids and Surf. A*, **603**, 125208 (2020).
3) Y. Adachi: *Adv. Colloid and Interface Sci.*, **56**, 1 (1995).
4) V. H. Lim et al.: *Colloids and Surf. A*, **653**, 129930 (2022).
5) O. Leonid et al.: *Langmuir*, **36**, 8375 (2020).
6) https://www.iap2024torino.it/
7) T. Sugimoto et al.: *Colloids and Surf. A*, **632**, 127795 (2022).
8) Y. Adachi: *Current Opinion in Colloid & Interface Science*, **24**, 72 (2016).
9) M. B. Engelhardt et al.: *Colloids and Surf. A*, **70**, 313524 (2024).
10) S. Santanu and Y. Adachi: *J. Colloid and Interface Sci.*, **626**, 930 (2022).
11) E. B. Ghazali et al.: *Paddy and Water Environment*, **18**, 308 (2019).
12) 足立泰久，岩田進午編著：土のコロイド現象，学会出版センター，1-451 (2003).
13) X. Chen et al.: *Bioresource Technology*, **363**, 127854 (2022).
14) 横山勝英ほか：土木学会論文集B2（海岸工学），**67**, 901 (2011).
15) J. C. Winterwerp et al.: Introduction to the Physics of Cohesive Sediment Dynamics in the Marine Environment, Vol. 56 (Developments in Sedimentology), Elsevier (2004).
16) B. Fu et al.: *J. Hazardous Materials Advances*, **8**, 100173 (2022).

第4章 農業，環境分野

第2節
吸着理論の基礎と展開

北海道大学名誉教授　石黒　宗秀

本節では，土壌中における吸着の基礎理論とその展開について記述する。土壌中での吸着には，土壌や吸着物質の種類によって，静電気力による吸着，配位結合による吸着，疎水性相互作用による吸着等がある。それらは，吸着メカニズムは異なるものの，吸着エネルギーで統一的に理論的な取り扱いができる[1]。ここでは，吸着の基礎理論として最も重要なLangmuirの式を紹介し，その拡張と具体例を示す。次に，吸着分子同士が相互作用を及ぼす場合，表面の2層目以上の吸着を示す場合，および表面の不均質性を導入したイオン吸着モデルについて簡単に紹介する。

1. Langmuirの吸着式[2]

1.1 はじめに

米国の物理学者・化学者のIrving Langmuirは，1932年に「界面化学の研究」でノーベル化学賞を受賞した。その研究の重要な部分が，ここに紹介するLangmuir式である。Langmuirの式は，吸着の基礎理論として最も重要である。すべての吸着サイトが均質で同じ吸着エネルギーを持つ単純な固体表面に適用できる式であるため，複雑多様な土壌へ適用する際には，注意が必要である。しかし，種々の複雑な吸着現象も，この理論に立ち返ることにより理解を深めることができる。ここでは，カオリナイトへのストロンチウムイオンの吸着への適用例を紹介するとともに，3種類のLangmuir式の導き方を示す。最初に，Langmuirが求めた吸脱着速度による平衡式による展開を示す。次に，化学反応式を用いた質量作用の法則による方法について述べ，吸着エネルギーとの関係を示す。そして，ポテンシャルエネルギーによって状態を決定するボルツマン分布を用いた方法について記し，Langmuir式の理解を深める。

Langmuir式を土壌のイオン吸着現象に適用する際には，溶液条件が重要になる。土壌の表面電位は，pHや電解質濃度に影響されるため，吸着サイトの吸着エネルギーが変化しやすく，適用に際しては条件設定が必要になる。

Langmuir式は，硫酸イオンに対して強い吸着サイトと弱い吸着サイトのあるアロフェン質火山灰土にも適用できる。均質でない多数の吸着サイトにもLangmuir式を適用して，分布関数を用いた積分式からLangmuir-Freundlich式を求めることができる。吸着分子が電荷の影響を受ける場合には，電気ポテンシャルを組み入れたLangmuir式を適用できる。ここでは，負電荷を持つ多腐植質土へのアニオン性界面活性剤の吸着に適用した例を示す。Langmuir式の考え方は，多成分の吸着へも拡張可能であり，その展開式を紹介する。

1.2 Langmuirの式
1.2.1 Langmuirの式の適用例

Langmuirの式は，次式で表される。

$$\frac{\theta}{1-\theta} = KC \quad \text{or} \quad \theta = \frac{KC}{1+KC} \tag{1}$$

ここで，θは吸着率（最大吸着量に対する吸着量の割合），Kは吸着定数，Cは吸着物質の溶液中濃度を表す。

Langmuirの吸着式は，すべての吸着サイトが同じ均質な吸着反応場を持つ固体表面に対する吸着理論式である。最も単純な理論式であるため，土壌の複雑な吸着には適合しないことが多いが，この式を出発点にして現象を理論的に解釈することが可能となる。

吸着サイトが均質な粘土鉱物には，Langmuir 式がよく一致することが報告されている[3,4]。カオリナイトへのストロンチウム（Sr^{2+}）の吸着に対する適用例を図 1 に示す。図中に点線で示した Langmuir 式による計算値は，吸着定数と最大吸着量を未知数として，各実測吸着等温線によく一致するように調整して求めた。広い濃度範囲の結果を検討するため，両対数目盛を用いている。NaCl 濃度が，Sr^{2+} と比較して圧倒的に高濃度かつ一定で，一定の pH 条件において，Langmuir 式がよく適合することがわかる。この場合，Sr^{2+} はカオリナイトに静電気力で吸着している。カオリナイトの主要な電荷は変異電荷で，イオン濃度と pH によって電荷密度が変化し，最大吸着量が変化する。また，同じカチオンの Na^+ と競合吸着を起こすため，pH とイオン濃度を一定にし，競合する Na^+ 濃度を Sr^{2+} 濃度より圧倒的に大きくして，Sr^{2+} 以外の溶液条件を一定にした条件で適用可能となる。つまり，異なる pH やイオン濃度で測定した吸着量を，すべて同じ Langmuir 式の曲線に乗せることはできない。このように，Langmuir 式を適用する際には，pH およびイオン組成やイオン濃度のような溶液条件を揃えて Langmuir 式を適用する必要がある。それを考慮せずに，とにかく当てはめている発表を見かけることがある。現象の持つ意味を理解して適用したいものである。

1.2.2 Langmuir の式の物理的意味（吸着平衡）

Irving Langmuir は，金属表面への分子吸着の式を，吸着速度と脱着速度の平衡関係から導いた。吸着速度は，空き吸着サイト数と，空間中の分子の個数あるいは濃度に比例する。これは，ランダム運動をする分子拡散で吸着確率が決まるためである。つまり，空いている吸着サイトの数が 2 倍になれば，その場に分子拡散で衝突して吸着する確率が 2 倍になり，空間中の分子数が 2 倍になれば，空いている吸着サイトに分子拡散で衝突して吸着する確率が 2 倍になる。したがって，吸着速度 V_a は，

$$V_a = k_a C Q (1-\theta) \quad (2)$$

となる。ここで k_a は比例定数，C は分子の空間中濃度，Q は全吸着サイト数，θ は吸着率を表す。吸着している分子の脱着速度 V_b は，吸着分子数に比例するから，

$$V_b = k_b Q \theta \quad (3)$$

となる。ここで，k_b は比例定数を表す。吸着平衡にあるときは，吸着速度と脱着速度が等しいから，式(2)と式(3)から，$K = k_b/k_a$ と置けば，先述の Langmuir の吸着式(1)を得る。

1.2.3 質量作用の法則による Langmuir 式

Langmuir の式は，質量作用の法則からも導ける。これは，質量作用の法則が，前節の吸着速度と脱着速度を用いた平衡関係と類似の考え方の法則だからである。吸着反応を式で表すと，

$$S + A \leftrightarrows SA \quad (4)$$

となる。ここで，S は空いている吸着サイト，A は吸着分子，SA は A を吸着したサイトだから，それぞれ吸着率と濃度に対応させて，$S = 1-\theta$，$A = C$，$SA = \theta$ である。したがって，質量作用の法則により，この反応の熱力学的平衡定数は，次式で表せる。

$$K = \frac{\theta}{(1-\theta)C} \quad (5)$$

これは，式(1)の Langmuir の式と同じである。質量作用の法則においては，標準反応 Gibbs エネルギー ΔG_0 を用いて，

$$k_B T \ln K = -\Delta G_0 = -(\mu_{SA0} - \mu_{S0} - \mu_{A0}) \quad (6)$$

の関係式となる[5]。ここで，k_B は Boltzmann 定数，

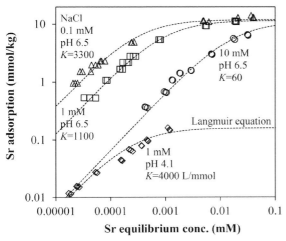

図 1 カオリナイトへのストロンチウムの吸着等温線の実測値（△□○◇）と Langmuir 式による計算値[3]

第4編　産業応用

μ_0 はそれぞれの分子の標準化学ポテンシャルである。ΔG_0 は，吸着エネルギー ε に対応するから，

$$k_B T \ln K = -\varepsilon \quad (7)$$

であり，Langmuir の吸着式を，吸着エネルギーで表現できる。

吸着反応式(4)では，完全な空きサイトに分子 A が吸着する場合を示しているが，土壌溶液中では，別の分子 B が吸着しているサイトに，分子 A が置き換わる，次の反応であることが多い。

$$SB + A \leftrightarrows SA + B \quad (8)$$

この場合も，SB を吸着可能サイトと考えて吸着前後の吸着エネルギー差 ε を用いて同様に考えることができる。この反応の平衡定数は，

$$K' = \frac{\theta C_B}{(1-\theta) C_A} \quad (9)$$

ここで，C_A は A の濃度，C_B は B の濃度を表す。分子 B の溶液中濃度が，反応前後でほとんど一定の場合は，

$$K = K'/C_B = \text{const.} \quad (10)$$

と置くと，先述と同じ Langmuir の式となる。

$$K = \frac{\theta}{(1-\theta)C} \quad (11)$$

分子 B の溶液中濃度が，反応前後でほとんど一定になるのは，B が溶媒であったり，[1.2.1] で示した例のように，B が溶液中で圧倒的に A よりも多い条件の様な場合である。

1.2.4　Boltzmann 分布による Langmuir 式

Boltzmann 分布を用いて Langmuir 式を導くこともできる。Boltzmann 分布は，平衡状態で熱運動している大気の気体分子や土壌の表面近傍のイオンなどの分布状態を表すことができる。外部ポテンシャルを u とすると，$\exp(-u/k_B T)$ が Boltzmann 分布である。大気中の気体分子がポテンシャルエネルギーの小さい地表面近傍に集まり，高度が上がるに従い希薄になることからわかるように，分子の分布は外部ポテンシャルの低い位置に多く分布する。Boltzmann 分布を用いると，自然の平衡状態を，エネルギーの大きさによる確率分布で表せる。

分子が溶液相から吸着相に移動して吸着し，それに伴い分子のエネルギーが δ になる場合を考えよう。溶液相で分子は化学ポテンシャル μ を持っているとすれば，吸着相と溶液相の分子のエネルギーの差は $\delta - \mu$ である。これを Boltzmann 分布を用いて表すと，次式となる。

$$\frac{\text{吸着する確率}}{\text{吸着しない確率}} = \frac{\text{吸着したサイト数}}{\text{空きサイト数}}$$
$$= \frac{\theta}{1-\theta} = \exp\left(-\frac{\delta-\mu}{k_B T}\right) \quad (12)$$

式(12)は，$\delta = \mu$ であれば 50% の吸着率，$\delta < \mu$ であれば 50% を超える吸着率になることを示している。化学ポテンシャル μ と濃度 C の関係は，

$$\mu = \mu_0 + k_B T \ln C \quad (13)$$

である。ここで，μ_0 は標準化学ポテンシャルを表す。厳密には，濃度は活量とすべきだが，簡略化して，濃度が小さく活量と等しいとしておく。この式を用いると，式(12)は，次の Langmuir の式となる[6]。

$$\begin{aligned}
\frac{\theta}{1-\theta} &= \exp\left(-\frac{\delta-\mu}{k_B T}\right) \\
&= \exp\left(-\frac{\delta-\mu_0}{k_B T} - \frac{\mu_0-\mu}{k_B T}\right) \\
&= \exp\left(-\frac{\delta-\mu_0}{k_B T} + \ln C\right) \quad (14) \\
&= \exp\left(-\frac{\delta-\mu_0}{k_B T}\right) C = KC \\
K &= \exp\left(-\frac{\delta-\mu_0}{k_B T}\right) = \exp\left(-\frac{\varepsilon}{k_B T}\right)
\end{aligned}$$

1.2.5　分配係数

濃度が小さく，$KC \ll 1$ になると，Langmuir 式

$$\theta = \frac{KC}{1+KC} \quad (15)$$

は，次の式に近似できる。

$$\theta = KC \quad (16)$$

両辺に最大吸着量を掛けて，吸着率を吸着量 q に変更すると，次の線形吸着式になる。

$$q = K_d C \quad (17)$$

ここで K_d は，分配係数である。低濃度では，吸着量が濃度に比例するもっとも単純な関係となること

が，Langmuir 式からわかる．低濃度の場合は，ほとんどの吸着サイトが空いており，吸着量は，分子拡散による衝突回数の確率に比例する濃度だけで決まることを示している．環境中に微量に存在する汚染物質の吸着において，この式と分配係数がよく使われる．図1の例においても，低濃度領域で吸着等温線が直線関係になっていることがわかる．

1.2.6 Langmuir 式の制約条件

Langmuir 式は，先述したように，均一な吸着サイトを持ち，固体の単位量当たりの最大吸着量が決まっている場合に適用できる理論式である．異なる吸着エネルギーサイトを持つ固体表面への吸着には，単一の Langmuir 吸着式は適用できない．また，[1.2.1]のカオリナイトへのストロンチウムの吸着例で示したように，電荷を持つ固体表面の電場は，支持電解質の濃度で変化するため，支持電解質濃度を一定にしておかないと吸着サイトの吸着エネルギーが変化してしまう．変異電荷を持つ固体表面の電場も，pH によって電場が変化する．永久電荷が卓越する粘土への吸着においても，pH が低くなると，プロトン濃度が高くなり，吸着するカチオンとの競合関係に変化が生じる．ストロンチウムは支持電解質のナトリウムより吸着の選択性が高いため，ストロンチウムの濃度が支持電解質であるナトリウムの濃度に近づいてくると，ストロンチウムの吸着が吸着サイト近傍の電場に影響するため，Langmuir 式が適用できなくなると考えられる．Langmuir 式が適用できるのは，吸着サイトの吸着エネルギーが均一であることが条件であるため，静電気力によるイオン吸着の場合，支持電解質濃度および pH が一定であるような条件に限られる．また，支持電解質と吸着イオンに吸着力の相違がある場合は，適用範囲は，支持電解質が支配的な吸着イオンの低濃度領域に限られる．

1.3 均質でない吸着サイトの場合
1.3.1 2 段階 Langmuir 式

土壌表面に，強い吸着サイトと弱い吸着サイトの2種類の吸着サイトがある場合，2段階の Langmuir 式を適用できる[7]．全吸着サイトに占める強い吸着サイトの割合が f_1，弱い吸着サイトの割合が f_2 の場合を考えると，吸着率 θ は，次式で示される．

$$\theta = f_1\theta_1 + f_2\theta_2 \tag{18}$$

$$\theta_1 = \frac{K_1 C}{1 + K_1 C} \tag{19}$$

$$\theta_2 = \frac{K_2 C}{1 + K_2 C} \tag{20}$$

$$f_1 + f_2 = 1 \tag{21}$$

ここで，θ_1 は強い吸着サイトの吸着率，θ_2 は弱い吸着サイトの吸着率，K_1 は強い吸着サイトの吸着定数，K_2 は弱い吸着サイトの吸着定数で，$K_1 > K_2$ を表す．$f_1 = f_2 = 0.5$ の場合の式(18)を片対数グラフに描くと，図2のようになる．低濃度で強い吸着サイトへの吸着が進み，さらに濃度が上昇すると弱い吸着サイトへの吸着が進行することがわかる．

図3に，硫酸イオンのアロフェン質火山灰土への吸着の実測値と，2 段階 Langmuir 式による計算値を示す．この計算モデルでは，2つの吸着定数 K_1, K_2 および強い吸着サイト量と全吸着サイト量が未知数であり，実測値と合うように計算値をフィッティングにより求めた．計算値が，実測吸着等温線によく一致している．硫酸イオンは，表面に内圏錯体と外圏錯体として直接吸着し，拡散電気二重層中に存在する割合は少ないことが知られている[8]．強い吸着サイトは内圏錯体，弱い吸着サイトは外圏錯体に対応すると考えられる．硫酸イオン濃度が高濃度側で，2 段階 Langmuir 式と実測値のずれが見られるが，これは，高濃度領域において硫酸

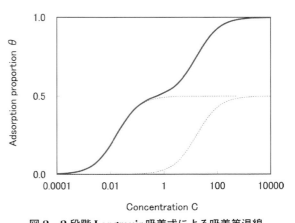

図2 2 段階 Langmuir 吸着式による吸着等温線
図中の左側の点線は強い吸着サイトへの吸着等温線($K_1=60$)，右側の点線は弱い吸着サイトへの吸着等温線($K_2=0.6$)を表す．

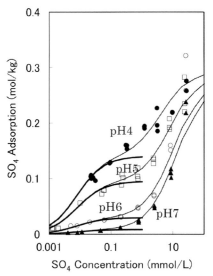

図3 アロフェン質火山灰土の硫酸イオン吸着等温線
実測値と2段階 Langmuir 吸着式による計算値との比較。太線は、強い吸着サイトの計算値、細線は強い吸着サイトと弱い吸着サイトの合計値[9]。

ナトリウムの表面沈殿が形成され始めた影響と考えられる[9]。

1.3.2 Langmuir-Freundlich 式

異なる吸着エネルギーを持つ吸着サイトが多数ある場合についても、Langmuir の吸着式を用いて、次の式で考えることができる。

$$\theta = \sum_i f_i \theta_i \tag{22}$$

$$\sum_i f_i = 1 \tag{23}$$

ここで、f_i は吸着エネルギーが均質な吸着サイト i の割合、θ_i は吸着サイト i の吸着率を表す。これを、吸着エネルギーが連続分布していると考えて積分で記述すると、次の式となる。

$$\theta = \int_{-\infty}^{\infty} \theta_L f(\ln K) d(\ln K) \tag{24}$$

$$\theta_L = \frac{KC}{1+KC} \tag{25}$$

吸着エネルギーの分布関数 $f(\ln K)$ に、Gauss 分布に近い Sips 分布を用いると、(24) 式から次の Langmuir-Freundlich 式が導かれる[10]。

$$\theta = \frac{K_f C^n}{1 + K_f C^n} \tag{26}$$

ここで、K_f, n は正の定数で、$n \leq 1$ である。低濃度で、$K_f C^n \ll 1$ であれば、次の Freundlich 式となる。

$$\theta = K_f C^n \tag{27}$$

Freundlich 式が経験式として土壌への吸着によく用いられているが、このように、多種類の吸着サイトを持つ場合と考えれば、Langmuir 式を用いて理論的な説明が可能である[7]。

1.4 電気ポテンシャルの影響がある場合

吸着物質が電荷を持つ場合、吸着量は、吸着サイトの電気ポテンシャルの影響を受ける。Langmuir 式に、この影響を加えると、次の式となる。

$$\theta = \frac{KC}{1+KC} \tag{15}$$

$$K = \exp\left(-\frac{\varepsilon_1 + \varepsilon_2}{k_B T}\right) = \kappa \exp\left(-\frac{ze\varphi}{k_B T}\right) \tag{28}$$

ここで、ε_1 は電気エネルギー以外の吸着エネルギー、ε_2 は電位による吸着エネルギー $= ze\varphi$、κ は電位の影響を除いた固有定数 $= \exp(-\varepsilon_1/k_B T)$、$\varphi$ は吸着サイトの電位、z は電荷符号を含む吸着イオンの価数、e は電気素量を表す。

式(28)を用いた Langmuir 式を適用した例を図4に示す。これは、アニオン性界面活性剤の厚層多腐植質黒ぼく土への吸着実験の結果である。界面活性剤も黒ぼく土も負電荷を持つため、電気的には反発力が働くが、互いの疎水基表面間に働く疎水性相互作用によって吸着している。電解質濃度が高くなると、電場の遮蔽効果により電気的相互作用が弱くなって、吸着量が増大していることがわかる(図4(a))。測定値に Langmuir 式を適用した計算結果を実線で示している。その際に求めた吸着サイトの電位も図示している(図4(b))。電位の項を加えた Langmuir 式は、電解質濃度が高くなると、遮蔽効果により吸着サイトの電位の絶対値が小さくなり、そのために吸着量が減少する様子を示している。実測の吸着等温線の低濃度側は、協同吸着の領域、高濃度側は界面活性剤のミセル形成領域で Langmuir 式が適用できないため、その中間の部分のみに適用している[11]。

1.5 競合吸着の場合

吸着サイトは均一で、吸着分子が多成分の場合に

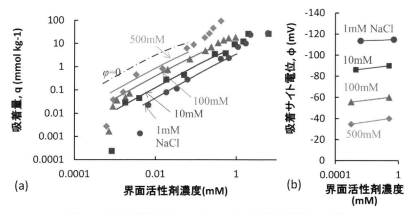

図4　多腐植質黒ぼく土へのアニオン性界面活性剤の吸着
(a)実測吸着量とLangmuir吸着式による計算値の比較，(b)Langmuir吸着式による吸着サイト電位の計算値[11]

ついて，Langmuir式を拡張してみよう。各吸着サイトが独立に溶液相と平衡関係にあるとき，吸着確率は，吸着したときのエネルギー状態のみで決まる。分子iが溶液相でμ_iの化学ポテンシャルを持ち，吸着してδ_iのエネルギーとなる場合，[1.2.4]で示したように差し引き$\delta_i - \mu_i$のエネルギーを得る。このエネルギー差によって，分子iの吸着率が決まる。ただし，他種の分子の吸着しているサイトは存在しないとみなして，空きサイトとの関係で，次式で表される。

$$\frac{\theta_i}{\theta_{ref}} = exp\left(-\frac{\delta_i - \mu_i}{k_B T}\right) = K_i C_i \quad (29)$$

ここでθ_iは全サイトに対する分子iの吸着したサイトの割合，θ_{ref}は全サイトに対する空きサイトの割合，K_iは分子iの吸着定数，C_iは分子iの平衡濃度である。θ_{ref}は次式で表せる。

$$\begin{aligned}\theta_{ref} &= 1 - \sum_i \theta_i \\ &= 1 - (\sum_i K_i C_i)\theta_{ref}\end{aligned} \quad (30)$$

式(29)，式(30)の関係を用いて次式を得る[7]。

$$\theta_i = \frac{K_i C_i}{1 + \sum_i K_i C_i} \quad (31)$$

競合する分子がAとBの2種類の場合，分子Aの吸着率は，式(31)を用いて次式で表せる。

$$\begin{aligned}\theta_A &= \frac{K_A C_A}{1 + K_A C_A + K_B C_B} \\ &= \frac{\frac{K_A}{1+K_B C_B} C_A}{\frac{1+K_B C_B}{1+K_B C_B} + \frac{K_A}{1+K_B C_B} C_A} = \frac{K_{CB} C_A}{1 + K_{CB} C_A}\end{aligned} \quad (32)$$

$$K_{CB} = \frac{K_A}{1 + K_B C_B} \quad (33)$$

競合する分子Bの濃度を一定にした場合，K_{CB}が一定となるため，式(32)の右辺を見ると，あたかも分子AのみのLangmuir式で表現できるように見えるが，その吸着定数K_{CB}は，分子Bの吸着定数と濃度の関数となることがわかる。

複数の競合吸着物質がある場合に拡張した吸着式を示した。この吸着式は，式(29)に示したように，分子の溶液相における化学ポテンシャルμ_iと，分子の吸着サイトにおけるエネルギーδ_iによって決まる。しかし，土壌科学で対象となることの多い拡散二重相中を漂う吸着イオンの場合は，固体表面からの距離が一定ではない。その場合の適用は，上述のような単純化が許容できる狭い条件下に制限されると考えられる。適用が制限される場合においても，基本的な考え方は，吸着現象を理解する上で有用であろう。

1.6　選択係数[12]

選択係数は，競合する2種類のイオンの土壌への吸着力の相違を見たり，吸着量を推定する際に用いられる。選択係数は，質量作用の法則あるいは

Langmuirの式を基本とする競合吸着の式から導かれる係数である。

土壌が負電荷を持ちそれと反対符号の電荷を持つ2種類の等価のイオンA^{a+}とB^{a+}が存在する場合の吸着を考えよう。ここで，aはイオンの価数を表す。吸着反応の式を，次式で表すことにする。

$$AX_a + B^{a+} = BX_a + A^{a+} \quad (34)$$

ここで，Xは，1個の負電荷を持つ吸着表面を表す。この反応の平衡定数K_{AB}は，

$$K_{AB} = \frac{(BX_a)(A^{a+})}{(AX_a)(B^{a+})} \quad (35)$$

である。ここで，（ ）は，それぞれの活量を表す。吸着表面の活量を求める方法がないので，活量を濃度で表すと次式になる。

$$K^E_{AB} = \frac{[BX_a][A^{a+}]}{[AX_a][B^{b+}]} \quad (36)$$

ここで，K^E_{AB}は競合するイオンの価数が等価の場合の選択係数，[ ]はその物質の電荷当量濃度である。Bの溶液中の当量分率をα，Bの吸着当量分率をβとすると，

$$\alpha = \frac{[B^{a+}]}{[A^{a+}]+[B^{a+}]} \quad (37)$$

$$\beta = \frac{[BX_a]}{[AX_a]+[BX_a]} \quad (38)$$

だから，式(36)は，次式となる。

$$\frac{1}{\beta} - 1 = \frac{1}{K^E_{AB}}\left(\frac{1}{\alpha} - 1\right) \quad (39)$$

Bの溶液中の当量分率αを横軸，Bの吸着当量分率βを縦軸に取り，式(39)の関係を描くと**図5**になる。この曲線を交換等温線と言う。選択係数が1なら，溶液中の当量分率が吸着当量分率に等しい$\alpha = \beta$の直線になり，AとBの吸着力が等しいことになる。この場合，選択性がないという。選択係数が1より大きければ，溶液濃度の比よりも吸着量の比が大きく，上に凸の曲線になる。Bの吸着力がAより強く，Bの選択性が高いという。選択係数が1より小さいと，交換等温線は下に凸になり，Bの吸着力がAより弱く，Bの選択性が低いという。

1価カチオンの選択性は，以下のようにイオン半径の大きな順に高い傾向がある。

Cs^+(169 pm) > Rb^+(148 pm) > K^+(133 pm) > Na^+

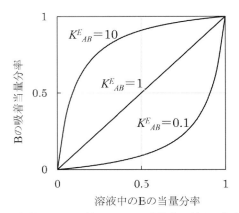

図5 価数が同じ2種のイオンの交換等温線と選択係数

(90 pm) > Li^+(60 pm)
（ ）内は，半径を示し，1 pm = 10^{-12} mである。イオン半径が大きいほど水和半径が小さくなるため，吸着表面に接近しやすくなり，静電気的な吸着力が相対的に大きくなると考えられている。1価のカチオンより，2価のカチオンの方が，1個のイオン当たりの電荷量が大きいため，一般的に選択性が高い傾向にある。

選択係数は，Langmuirの式が成立する条件下で，前述した競合吸着の場合の式(29)を用いても導くことができる。分子Aと分子Bの競合を考えると，

$$\frac{\theta_A}{\theta_{ref}} = K_A C_A \quad (40)$$

$$\frac{\theta_B}{\theta_{ref}} = K_B C_B \quad (41)$$

だから，これらの式から次式を得る[7]。

$$\frac{\theta_B}{\theta_A} = \frac{K_B C_B}{K_A C_A} = K^L_{AB}\frac{C_B}{C_A} \quad (42)$$

ここで，K^L_{AB}はLangmuirの式が成立する場合の選択係数である。式(42)は，式(36)と同じである。

2. 協同吸着・多層吸着・不均質場の静電気力によるイオン吸着

2.1 はじめに

固体表面の1吸着サイトに1分子が直接吸着し，隣接する吸着分子間に相互作用がない，単純な場合の吸着式が，前述のLangmuir吸着式であった。ここでは，吸着分子同士が相互作用を及ぼす場合や，

表面の1層目だけでなく，2層目以上の吸着を示す場合の吸着式とその理論について記述する。また，吸着表面近傍の不均質性を表現するイオン吸着モデルも紹介する。

複数の吸着分子が互いに引力を及ぼし合う場合は，吸着が進行しやすくなる。特に，分子が多数で集団を形成して吸着する場合を協同吸着という。この現象を例えて言えば，一人ひとりの力は弱くても，大衆扇動によって強大な権力を形成するファシズムのように，一つひとつの力は弱くても，集団で協同的に急激に吸着が進行するのである[13]。このような吸着反応を表現する吸着式として，Hill の式と横相互作用のモデルを紹介する。

多層吸着は，固体表面へのガスの吸着や溶液中の固体上への表面沈殿に見られる。多層吸着にはBrunauer Emmett Teller（BET）吸着式がよく利用される。BET 吸着式は，粘土鉱物の比表面積測定によく用いられる。

2.2 協同吸着[7,12]

複数の分子が，集団で固体表面に吸着する場合を，協同吸着と呼ぶ。界面活性剤の腐植物質への吸着[14]や，酸素分子の赤血球中ヘモグロビンへの吸着[13]がこの例として挙げられる。ある濃度になると，集団を形成して急激な吸着が進行する特徴がある吸着現象である。

協同吸着現象には，次の Hill の式を適用してその協同性を評価することが多い。

$$\frac{\Gamma}{\Gamma_{max}} = \theta = \frac{KC^n}{1+KC^n} \qquad (42)$$

あるいは，

$$\frac{\theta}{1-\theta} = KC^n \qquad (43)$$

ここで，C は吸着分子の溶液中濃度，Γ は濃度 C における吸着量，Γ_{max} は最大吸着量，θ は吸着率，K は平衡定数，n は吸着分子の集団個数である。Hill の式は，質量作用の法則あるいは Boltzmann 分布の式から導かれる。

図6に，カチオン性界面活性剤のアニオン性高分子への吸着等温線を示す。[1.2.5] 分配係数で述べた方法と同様の近似をすると，両対数の図上では，吸着物質濃度が低濃度領域において，吸着等温線の傾きがヒルの式の n の値となることがわかる。

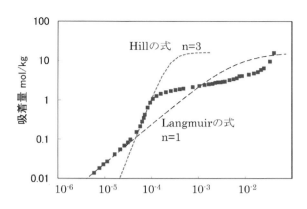

図6 カチオン性界面活性剤（デシルピリジニウムクロライド）のアニオン性高分子（ナトリウムポリスチレンスルホネート）への吸着等温線[15]

この例の場合，最も低濃度側において界面活性剤分子が独立に吸着するため傾きが1の Langmuir の式に一致し，濃度が上昇すると傾きが大きくなり（$n=3$）ヒルの式が適用できて，協同吸着が生じていることがわかる。さらに吸着が進むと吸着サイトが減少するため傾きが小さくなる。ここで用いられた界面活性剤は，炭素が10個の直鎖状であるが，炭素が16個の直鎖状界面活性剤を用いると，相互作用がより強くなり，その吸着等温線は更に急な勾配を示す（$n=8$）[15]。

協同吸着は，隣り合う吸着した物質間の横相互作用によって引き起こされる。隣接する分子間には引力が働き，吸着分子と吸着サイトの間にも引力が働く横相互作用のモデルは，次式で表せる。

$$\frac{\theta}{1-\theta} = CK_n\exp(b\theta) \qquad (44)$$

ここで，θ は吸着率，C は濃度，K_n は縦方向相互作用の吸着平衡定数，b は横相互作用エネルギーに対応する定数である。横相互作用のモデルは，ボルツマン分布の式から導かれる。式(44)から計算される吸着等温線を図7に示す。$b>0$ において，横相互作用が引力で，b が大きくなるほど引力が大きくなり，吸着が進行しやすく急勾配となる。図中の $b=6, 8$ における縦の点線は，横相互作用の強い引力のため急な吸着が進行して相転移が生じる位置を示している。$b<0$ は横相互作用が反発力の場合で，b が小さくなるほど吸着が進みにくく勾配が緩やかになる。

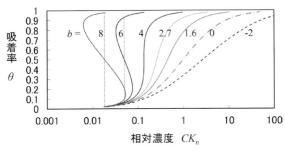

図7 横相互作用を加えた吸着式(44)を用いて計算した吸着等温線

$b>0$ は横相互作用が引力の場合,$b<0$ は横相互作用が反発力の場合。縦方向の直線は,協同吸着による相転移を表す。

2.3 多層吸着:Brunauer Emmett Teller (BET) 吸着式[7,12]

2層目以降も吸着が進行する多層吸着は,ガスの固体表面への吸着や,固液界面における固体への表面沈殿現象で認められる。これらの場合,1層目の吸着と2層目以降の吸着のエネルギーが異なり,2層目以降は吸着分子同士の吸着となる。この場合,次の Brunauer Emmett Teller (BET) 吸着式が用いられる。

$$\theta = \frac{N}{\Omega} = \frac{cx}{(1-x)(1-x+cx)} \tag{45}$$

$$c = \exp\frac{-(\varepsilon_1 - \varepsilon_L)}{k_B T} \tag{46}$$

$$x = \exp\left(\frac{-\varepsilon_L}{k_B T}\right) = \frac{a}{a_{\text{sat}}} \tag{47}$$

ここで,θ は吸着率,N は全吸着分子数,Ω は全吸着サイト,ε_1 は1層目で1分子吸着するときに変化するエネルギー,ε_L は2層目以降で1分子吸着するときに変化するエネルギー,a は吸着分子の溶液中での活量,a_{sat} は飽和濃度に対応する活量である。この吸着式もボルツマン分布を用いて求められる。

図8に,多層吸着の例を示す。図中の曲線は,BET吸着式の計算結果を示す。式(46)中の,1層目の結合エネルギーと2層目以降の結合エネルギーの差 $\varepsilon_1 - \varepsilon_L$ が大きい $8kT$ では,1層目の結合エネルギーが大きいため,低濃度から1層目吸着が開始される。1層目の結合エネルギーが小さくなり,その差が小さくなるにつれて吸着の開始濃度が大きくなることがわかる。図の目印点は,アロフェン質火山灰土への硫酸イオンの多層吸着の実測値を示す。

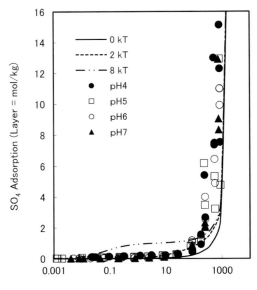

図8 硫酸イオンのアロフェン質火山灰土への吸着等温線

飽和濃度近くで表面沈殿が生じて多層吸着が始まり,急激な吸着量の増加が観測される。曲線はBET吸着式による計算結果.$0\,kT$,$2\,kT$,$8\,kT$ は,1層目の結合エネルギーと2層目の結合エネルギーの差を示す[9]

[1.3.1]に記したように,Na$_2$SO$_4$ 溶液を加えると,火山灰土の正電荷部分に硫酸イオンが吸着するのだが,Na$_2$SO$_4$ の沈殿が生じる飽和濃度まで加えていくと,多層吸着が濃度上昇とともに進行することがわかる[9]。

粘土鉱物等の粒子の比表面積測定に,BET吸着式がよく適用される。窒素ガスの吸着等温線を測定し,それにBET式を適用して1層目吸着量($\theta=1$)を求め,窒素1分子の専有面積=0.162 nm^2 として計算した表面積を"標準BET表面積"と呼んでいる[16]。

2.4 不均質場の静電気力によるイオン吸着[1]

イオンが静電気力で吸着している場合,固体表面の電荷分布が均質であっても,その近傍の吸着イオン濃度は均一ではなく,拡散電気二重層が形成され,表面から離れるに従って濃度が低下する。この場合の濃度と電位の関係は,Poissonの式とBoltzmannの式から導かれ,表面電位の絶対値が小さい場合,電位分布 $\psi(\mathrm{x})$ は,次のDebye-Hükkel 近似の式で表せる[17,18]。

$$\psi(x) = \psi_0 \exp(-\kappa x)$$

$$\kappa^2 = \frac{e^2 \sum_i z_i^2 C_{i0}}{\varepsilon k T} \quad (48)$$

$$C_i(x) = C_{i0} \exp\left(\frac{-z_i e \psi(x)}{kT}\right)$$

ここで，x は表面からの距離，ψ_0 は表面電位，z_i はイオン i の価数，C_{i0} はイオン i の溶液濃度，C_i はイオン i の拡散二重層中 x における濃度である。この式は，拡散電気二重層理論の基本となる近似式である。この式を用いて NaCl 溶液のような1価イオンの負電荷表面近傍の電位とイオン濃度分布を計算すると，図9のようになる。表面電荷と反対符号の電荷を持つカチオンは表面に近づくに従い濃度が増し，同符号の電荷を持つアニオンは濃度が減少する。イオンの大きさを無視しているため，誤差を生じる場合がある。

式(48)で示されるような，理想的な拡散電気二重層理論を適用できない場合が多いため，表面錯体モデルが提案されている。最も単純なものが，表面の第1層目に Stern 層と呼ばれる吸着相を設ける Stern-Gouy-Chapman モデルである。シリカ表面に適用される 1pK ベーシック Stern モデルは，この一例である[19-21]。表面の吸着層を，配位吸着面と物理吸着面に分けたモデルが，トリプルレイヤーモデルである[22,23]。さらに，表面電荷分布にポーリング則を用いて表面原子レベルの配置まで考慮したモデルが，CD-MUSIC（Charge Distribution -Multi Site）モデルである[24]。これらのモデルの詳細は，関連文献をご覧いただきたい。

厳密にイオン吸着を評価するためには，複雑なモデルが必要になるが，複雑なモデルは多数のパラメータを持つため，実用面では適用が困難になる傾向にある。

文　献

1) 石黒宗秀：土壌の物理性，**140**, 23 (2018).
2) 石黒宗秀：土壌の物理性，**141**, 85 (2019).
3) Z. Ning et al.: *Soil Sci. Plant Nutr.*, **63**, 14 (2017).
4) Z. Ning et al.: *J. Radioanalytical and Nuclear Chemistry*, **317**, 409 (2018).
5) P. W. Atkins：物理化学（上）第6版，東京化学同人，227-257 (2001).
6) 大井節男ほか：農業土木学会誌，**68**, 351 (2000).
7) 大井節男ほか：農業土木学会誌，**68**, 479 (2000).
8) M. Ishiguro and T. Makino: *Colloids Surf. A*, **384**, 121 (2011).
9) M. Ishiguro et. al.: *J. Colloid Interface Sci.*, **300**, 504 (2006).
10) R. Sips: *J. Chem. Phys.*, **16**, 490 (1948).
11) F. Ahmed and M. Ishiguro: *Soil Sci. Plant Nutr.*, **61**, 432 (2015).
12) 石黒宗秀：土壌の物理性，**145**, 11 (2020).
13) 早川勝光，J. C. T. Kwak：表面，**23**(3), 169 (1985).
14) M.M. Yee et. al.: *Colloids Surf. A*, **272**, 182 (2006).
15) M. Ishiguro and L.K. Koopal: *Colloids Surf. A*, **347**, 69 (2009).
16) 日本粘土学会編：粘土ハンドブック第三版，技法堂出版，127-131, 401-404 (2009).
17) 鈴木克拓，石黒宗秀：日土肥誌，**84**, 411, (2013).
18) 鈴木克拓：土壌と界面電気現象，博友社，40-58 (2017).
19) 平舘俊太郎ほか：農業土木学会誌，**68**, 597, (2000).
20) 小林幹佳：日土肥誌，**85**, 258, (2014).
21) 小林幹佳：土壌と界面電気現象，博友社，89-110 (2017).

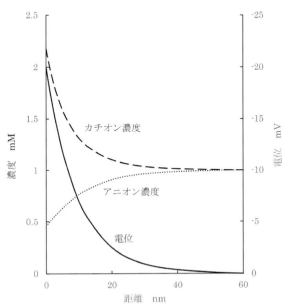

図9　Poisson-Boltzmann 式から求めた Debye-Hückel 近似による拡散電気二重層中のイオンと電位の分布

一価イオン，外液濃度 1 mM

22) 福士圭介：粘土科学, **47**, 93, (2008).
23) 福士圭介：土壌の物理性, **138**, 13, (2018).
24) T. Hiemstra and W.H. van Rimsdijk: *J. Colloids Interface Sci.*, **179**, 488, (1996).

第4章 農業，環境分野

第3節
粘土に対するDLVO理論の適合性

筑波大学　小林　幹佳

1. 粘土と分散凝集の経験則

土壌学や地盤工学の分野では，数μmよりも小さな土粒子は粘土に区分される。粘土はコロイド粒子の範疇にあり，土壌や水環境の条件に応じて分散凝集状態が変化する。分散凝集の状態は土の透水性やせん断強度，物質輸送や固液分離に影響するので，その制御は重要である[1-3]。また，粘土の性質は無機物である粘土鉱物や腐植に代表される有機物の種類，これらの混合割合によっても変化する[1-4]。

均一に濁って見える分散状態にあったコロイド懸濁液に電解質を添加すると，粒子の凝集沈降により，沈殿と透明な上澄みとに分離する(図1)。この現象は19世紀から系統的に調べられるようになり，分散凝集に関する経験則が以下①～③のようにまとめられた。すなわち，①疎水コロイドに電解質を加えると凝集する，②電気泳動が起きない等電点(いわゆるゼータ電位が0になる点)の近傍で凝集が起きる，③凝集を引き起こすために必要な電解質濃度(臨界凝集濃度，Critical Coagulation Concentration，以下CCC)は対イオンの価数zに強く依存し，CCC～$1/z^n$ ($n=2$～6)の関係がある，である。経験則③は，対イオンの価数が大きいほど低い電解質濃度で凝集を引き起こすことを意味し，Schulze-Hardy則として知られている。1940年代に提唱されたDerjaguin-Landau-Verwey-Overbeek (DLVO)の理論は，凝集分散の経験則，なかでもSchulze-Hardy則を説明できたことで，その正しさが認められるようになった[5-8]。

DLVO理論の妥当性を粘土に対して議論するとなると，歴史的には遡ることになろうが，粘土懸濁液が凝集に関する上記の経験則①～③に従うか否かを検討することになろう。実際の水田から採取した土壌について，pHと電解質の添加濃度と陽イオンの価数を変えて得た懸濁液の分散凝集状態(図1)と土粒子のゼータ電位(図2)を比較してみよう[9]。分散凝集は，目視による透明な上澄みと沈殿の発生や懸

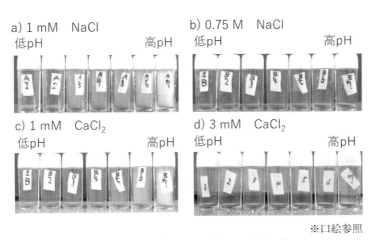

※口絵参照

図1　水田土壌懸濁液の凝集沈殿と分散の様子

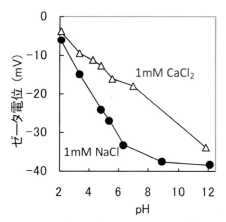

図2 水田土壌粒子のゼータ電位[9]

濁液上部の光透過率を測定することで判定される。図1の通り，1mMのNaClの存在下では，pHが低い場合に透明な上澄みと沈殿が認められ，凝集していることがわかる。図2のゼータ電位を見ると，この土がpHに依存して負に帯電することがわかる。低いpHでゼータ電位の絶対値は小さくなり，低pHに等電点があることが期待される。NaClの濃度を海水以上の0.75Mまで高めると，pHによらず凝集が起きている。CaCl$_2$を添加した場合，NaClの場合より低い3mMの濃度でさえpHにかかわらず凝集していることがわかる。これらの結果は分散凝集の経験則①～③と合致しており，対象土壌の分散凝集がDLVO理論的にふるまうことを示している。

土壌のコロイド粒子を構成する代表的な粘土鉱物として，ナノプレート状のモンモリロナイトとカオリナイト，ナノチューブ状のハロイサイトとイモゴライト，中空ナノボール状のアロフェンなどが挙げられる[1,2]。これらは，形の違いもさることながら，pH依存性の異なるゼータ電位や分散凝集特性を示す。表面に強く吸着するイオン性の物質がプロトンのみの場合，モンモリロナイトのゼータ電位はpHによらずほぼ一定の負の値を示す[10,11]。カオリナイトとハロイサイトの等電点はpH 3～5付近であり，それ以上のpHでは負のゼータ電位を示す[10,12,13]。アロフェンの等電点はpH=6付近にあり，これより低いpHでは正のゼータ電位を，高いpHでは負のゼータ電位を示す[10,14]。イモゴライトの等電点はpH 9以上であり，広い範囲で正のゼータ電位を持つ[15]。対応して，モンモリロナイトを凝集させるにはある程度の電解質濃度が必要である一方，カオリナイト，ハロイサイト，アロフェンは等電点付近で凝集する[10]。したがって，モンモリロナイト，カオリナイト，ハロイサイト，アロフェンの凝集分散挙動は上の経験則に従い，定性的にはDLVO理論に従うといえよう。例外的に，イモゴライトは等電点よりも低いpH 6以上で凝集するので，定性的にすらDLVO理論とは相容れない[15]。ナノチューブ状の形と併せて興味深いイモゴライトの特徴であろう。

2. DLVO理論の特徴と凝集速度

ここでは粘土に対するDLVO理論の適合性をより定量的に議論するために必要な関係を簡潔にまとめる。

2.1 DLVO理論と臨界凝集濃度

DLVO理論では，粒子間に働く相互作用のポテンシャルエネルギーV_{DLVO}は，van der WaalsポテンシャルエネルギーV_{vdW}と拡散電気二重層の重なりで発生する静電的なポテンシャルエネルギーV_{edl}の足し合わせで表現される[6-8]。

$$V_{\mathrm{DLVO}} = V_{\mathrm{vdW}} + V_{\mathrm{edl}} \qquad (1)$$

半径Rの球粒子間に働くV_{vdW}は，hを粒子の表面間距離として，

$$V_{\mathrm{vdW}}(h) = -\frac{AR}{12h} \qquad (2)$$

で与えられる。ここでAはHamaker定数と呼ばれ，粒子と粒子間にある媒体の組み合わせでほぼ決まる，粒子間のvan der Waals相互作用の尺度である。同種の粒子に作用する斥力的なV_{edl}については，陽イオンと陰イオンが同じ価数zを持つ対称電解質溶液中であり，相互作用する粒子間の電位が孤立していた場合の電位の重ね合わせで表現できるとすると，

$$V_{\mathrm{edl}}(h) = \frac{64\pi R n k_B T}{\kappa^2}\gamma_0^2 \exp(-\kappa h) \qquad (3)$$

$$\gamma_0 = \tanh\left(\frac{ze\psi_0}{4k_B T}\right) \qquad (4)$$

$$\kappa^{-1} = \left(\frac{\varepsilon_r \varepsilon_0 k_B T}{2 N_A e^2 I}\right)^{\frac{1}{2}} \qquad (5)$$

と書ける[6-8,16,17]。ここで，eは電気素量，nは電解質の数濃度，ψ_0は表面電位，$\varepsilon_r\varepsilon_0$は誘電率，$N_A$はアボガドロ数，$k_B$はボルツマン定数，$T$は絶対温度，

I はイオン強度である。κ^{-1} はデバイ長と呼ばれ，拡散電気二重層の広がりの指標とされている。また，電位が低い場合には，

$$V_{\text{edl}}(h) = 2\pi R \varepsilon_r \varepsilon_0 \psi_0^2 \exp(-\kappa h) \quad (6)$$

が使用でき，表面電位と表面電荷密度 σ の関係も，

$$\sigma = \varepsilon_r \varepsilon_0 \kappa \psi_0 \quad (7)$$

のように記述される[17-19]。

DLVO 理論による相互作用ポテンシャルエネルギーの計算例を図3に示す。DLVO ポテンシャルエネルギーは表面電位 ψ_0 とイオン強度 I によって変化する。図の通り，低いイオン強度では粒子同士が接近したときに相互作用ポテンシャルエネルギーの極大が確認できる。この極大はエネルギー障壁と呼ばれる。凝集するためにはポテンシャルエネルギーの低い位置まで粒子同士が近付く必要があるが，十分大きなエネルギー障壁はこれを妨げて反発的に作用し，分散状態を維持することになる。

イオン強度の増大と表面電位の絶対値の低下はエネルギー障壁を低下させる。エネルギー障壁が失われる条件は，

$$V_{\text{DLVO}} = 0 \text{ and } \frac{dV_{\text{DLVO}}}{dh} = 0 \quad (8)$$

と考えられている。この条件で決まる電解質濃度がDLVO 理論に基づく CCC である。CCC よりも高い電解質濃度の領域は，電気二重層に起因する斥力が作用しない急速凝集領域と呼ばれる。一方，CCC以下の領域は，電気二重層斥力によって凝集が抑制されるので，緩速凝集領域と呼ばれる。式(2)，(3)，(8)より，CCC は，

$$\text{CCC} = \left[\frac{768\pi k_B T}{A \exp(1)} \gamma_0^2\right]^2 \left(\frac{2z^2 e^2}{\varepsilon_r \varepsilon_0 k_B T}\right)^{-3} \quad (9)$$

と求められる。表面電位の絶対値が高くなると，$\gamma_0 \to 1$ となるので，

$$\text{CCC} \propto z^{-6} \quad (10)$$

が得られる。式(10)が主張する CCC のイオン価数 z への非常に強い依存性が Schulze-Hardy 則と一致したことから，DLVO 理論は妥当なものとして受け入れられるようになった。ただし，式(10)が成り立つためには，表面電位の絶対値が 100 mV 以上にも高くなる必要がある。しかし，表面とは反対符号の電荷を持つ多価の対イオンは表面に吸着しやすく，表面電荷を打ち消す。したがって，多価の対イオンが含まれている懸濁液において，粒子が高い表面電位を持つことを想定することには疑問がある。

一方，表面電位が低い場合，式(2)，(6)〜(8)から，臨界凝集イオン強度 I_c と表面電荷密度 σ との間に，

$$I_c = \left(\frac{\varepsilon_r \varepsilon_0 k_B T}{2e^2 N_A}\right) \left(\frac{24\pi \sigma^2}{A \exp(1)\varepsilon_r \varepsilon_0}\right)^{2/3} \quad (11)$$

の関係が得られる。この関係は，帯電量と Hamaker 定数こそが臨界凝集イオン強度の決定因子であることを表している[17-19]。

2.2 凝集速度と DLVO 理論

DLVO 理論を援用することでコロイド粒子の凝集速度を議論できる。コロイド懸濁液が全体として静止していても，粒子同士はブラウン運動によって衝突する。大きさの揃った粒子からなる懸濁液中の凝

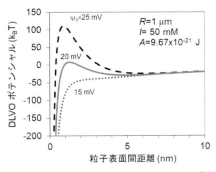
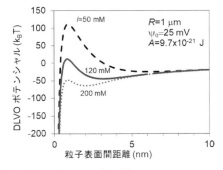

図3 DLVO 理論による相互作用ポテンシャルエネルギー

第4編　産業応用

集初期段階では，1次粒子と2次粒子(2個の1次粒子からなる粒子)の数濃度 n_1, n_2 の時間変化は，

$$\frac{dn_1}{dt} = -k_{11}n_0^2 \quad (12)$$

$$\frac{dn_2}{dt} = \frac{1}{2}k_{11}n_0^2 \quad (13)$$

と書ける[1,16]。ここで，n_0 は初期粒子数濃度，k_{11} は1次粒子同士の凝集速度係数である。k_{11} は粒子同士の衝突の仕方と粒子間の相互作用によって決まる。衝突の仕方としてブラウン運動による拡散フラックスと粒子間相互作用に起因するフラックスを考え，さらには凝集を阻害する流体力学的相互作用を考慮に入れると，半径 R の同種の固体粒子間の凝集速度係数 k_{11} は，

$$k_{11} = \left\{ 2R \int_0^\infty \frac{B(h)}{(2R+h)^2} \exp\left[\frac{V(h)}{k_BT}\right] dh \right\}^{-1} \frac{8k_BT}{3\eta} \quad (14)$$

$$B(h) = \frac{6(h/R)^2 + 13(h/R) + 2}{6(h/R)^2 + 4(h/R)} \quad (15)$$

となる[16]。ここで，$B(h)$ は粒子間の流体力学的相互作用を表す関数，$V(h)$ は粒子間の相互作用ポテンシャルエネルギー，h は粒子表面間の距離である。

急速凝集領域での速度係数 k_{11}^f を基準とした相対的な凝集速度である安定度比 W,

$$W = \frac{k_{11}^f}{k_{11}} \quad (16)$$

は伝統的に分散凝集の議論に用いられる。粒子間相互作用を記述する理論としてDLVO理論を採用すると，W は以下の式で表現される。

$$W = \frac{\int_0^\infty \frac{B(h)}{(2R+h)^2} \exp\left[\frac{V_{DLVO}(h)}{k_BT}\right] dh}{\int_0^\infty \frac{B(h)}{(2R+h)^2} \exp\left[\frac{V_{vdW}(h)}{k_BT}\right] dh} \quad (17)$$

図4に，1:1型の電解質溶液中において一定の表面電荷密度を持つ粒子を想定し，Hamaker定数 $A = 1.3 \times 10^{-20}$ J としてDLVO理論によって計算した安定度比の結果を示す。電解質濃度の増加に伴って静電的斥力が減少して安定度比が減少する緩速凝集領域，静電的斥力が消失して安定度比が一定となる急速凝集領域，両者の境界であるCCCの存在が確認できる。

3. 粘土の分散凝集とDLVO理論

実験によって凝集速度係数 k_{11} を推定する方法には，懸濁液内の粒子数濃度の変化を測定する方法，懸濁液の吸光度や光散乱強度の時間変化を測定する方法，動的光散乱法(Dynamic Light Scattering：DLS)により流体力学的直径の時間変化(図5)から粒径増加速度 dd_h/dt を測定する方法がある。電解質濃度の関数として dd_h/dt を測定したとき，上述の理論計算の結果と同様に，緩速凝集領域，CCC，急速凝集領域を確認できる場合，対象の凝集分散挙動は定性的にDLVO理論的であると判断できる。そのような場合，急速凝集領域での粒径増加速度 $(dd_h/dt)^f$ を基準として，実験的に安定度比 W,

$$W = \frac{(dd_h/dt)^f}{(dd_h/dt)} \quad (18)$$

を決定できる。

筆者らのグループでは，上でも触れた粘土の一種

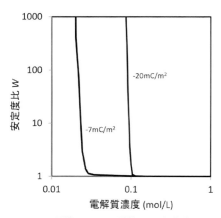

図4　DLVO理論によって計算した安定度比の結果

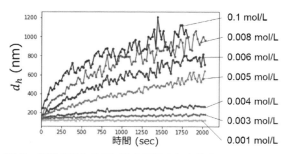

図5　濃度の異なるNaCl水溶液中におけるアロフェンの流体力学的直径 d_h の時間変化

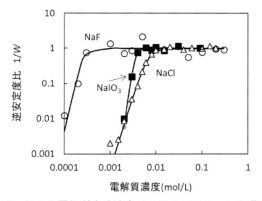

図6 異なる電解質水溶液中におけるアロフェンの逆安定度比（$1/W$）

記号は実験値，線はフィッティング曲線

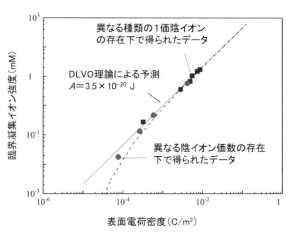

図7 アロフェンの臨界凝集イオン強度と表面電荷密度の関係[20]

記号は実験値。実線は式(11)による計算値。破線では粒子径の効果が考慮されている

であるアロフェンについて，DLSによる流体力学的径の増加速度の測定から安定度比を求め，アロフェンのCCCに対するDLVO理論の適合性を検討してきた[14,20,21]。**図6**に，異なる電解質水溶液中で得られたアロフェンの逆安定度比（$1/W$）の測定例を示す。図の通り，アロフェンについても，DLVO理論の基づく理論的な予測と同様に，急速凝集領域，緩速凝集領域，CCCの存在が明瞭に認められ，DLVO理論的な凝集分散挙動であることが確認できる。このような急速凝集領域，緩速凝集領域，CCCの存在，すなわちDLVO理論的な分散凝集挙動は，他の粘土鉱物であるカオリナイト[13]，モンモリロナイト[22]，ハロイサイト[12]においても確認されている。

安定度比に基づいて決定したアロフェンのCCCは，よく知られているように対イオンの価数が大きいほど小さく[20]，同じ一価のイオンであってもイオン種に依存し，イオンの水和の程度が強いほど低下した[14]。このようなアロフェンの示す傾向は，疎水的なポリスチレンラテックス粒子のCCCが示すイオンの水和程度への依存性とは逆の傾向であった。詳細なメカニズムについては未解明であるものの，CCCの傾向の違いは各イオンに対する粒子表面の親和性の差によるものと考えられる。

イオン種とイオン価数の異なる電解質溶液において得られたアロフェンの臨界凝集イオン強度（CCIS）と表面電荷密度との関係[20]を**図7**に示す。ここでの表面電荷密度は，電気泳動移動度の測定値をSmoluchowskiの式によりゼータ電位に換算し，ゼータ電位と表面電位が等しいと仮定することで式

(7)から求められており，いわゆる有効表面電荷密度に相当する。図中の記号は実験値，実線はDLVO理論に基づく式(11)による予測値である。図の通り，臨界凝集イオン強度の実験値とDLVO理論との一致は良好である。臨界凝集イオン強度がイオン種に依存する実験結果は，価数以外のイオンの個性を考慮していないDLVO理論とは相容れないようにも思える。しかし，図7の結果から，イオン種や価数によって臨界凝集イオン強度が変化したとしても，イオンの粒子表面への吸着の親和性を反映して決まる有効表面電荷密度の評価とDLVO理論による臨界凝集イオン強度の議論は，ポリスチレンラテックス[18,19]のみならず，天然の粘土であるアロフェンに対しても有効であるといえる。

4. DLVO理論では議論できない事例

上で確認されたように，有効表面電荷密度を考慮したDLVO理論による凝集分散の議論は，球形・非球形を問わず，多くのコロイド粒子および粘土粒子に対して有効である。しかし，複数のコロイド成分が混在している場合，凝集分散の挙動は必ずしもDLVO理論的にはならない。一例として，**図8**に，代表的な天然有機コロイドである腐植酸の有無が，シリカ微粒子の逆安定度比の塩化カルシウム濃度への依存性に及ぼす影響を示す[23]。腐植酸が存在しない場合，緩速凝集領域，急速凝集領域，CCCを確

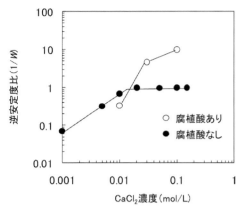

図8 シリカの逆安定度比（$1/W$）におよぼす腐植酸の影響[23]

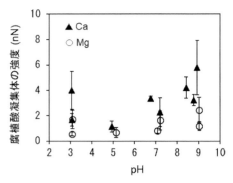

図9 腐植酸凝集体の破壊強度

認でき，DLVO理論的な挙動が認められる．対して，腐植酸が混在する時には，塩化カルシウム濃度の増加とともに逆安定度比は増加し，1よりも大きくなっている．この結果は，カルシウムイオンと腐植酸が形成するミクロゲルが系内の凝集を著しく促進することを示唆している．この促進された凝集は，ミクロゲル形成に寄与しない一価のイオンを加えることで弱められる．イオン強度の増加が凝集を弱めているので，この系の凝集分散はDLVO的とは言い難いであろう．

臨界凝集イオン強度がDLVO理論で定量的に記述されるからといって，DLVO理論において考慮されている相互作用だけが粒子間に働いているわけではない．引力のポテンシャルエネルギーとして式(2)のvan der Waals相互作用のみが働いているのであれば，粒子表面間距離がゼロに近付くとポテンシャルは無限に小さくなる．すなわち，一度，凝集した粒子同士の分離や凝集体の破壊は生じないことになる．現実には，目視できるほど大きく成長した粘土の凝集体を含む液を撹拌するなどして，ある程度の強さを持つせん断速度にさらすと，凝集体は壊れて小さくなる．凝集体の破壊に対する抵抗力としての強度や粒子間付着力の大きさは有限であるのだが，DLVO理論はこのような凝集した後のことを教えてくれない．

凝集体を含む懸濁液を毛細管に吸い込むと，管の入口近傍で発生する収縮流により，凝集体は破壊される．壊れた凝集体の最大径を知り，凝集体の形を偏長楕円体と仮定すると，破壊に対する抵抗力としての強度を推定できる．急速凝集領域にあるポリスチレンラテックス粒子の凝集体の強度が約2 nNであり，コロイドプローブ原子間力顕微鏡法による粒子間付着力と同程度であることが指摘されている[24]．さらに沖縄県で採取された赤土の凝集体強度は，凝集沈殿が起きるような条件であってもpHやイオン価数に依存し，0.3～4 nNと推定されている[25]．

同様の収縮流による方法を用いて，腐植物質の凝集体強度も求められている[26-28]．図9に，腐植酸を二価カチオンのカルシウムあるいはマグネシウムの添加により凝集させた凝集体の強度を示す．腐植酸の凝集体強度は0.5～6 nNであり，マグネシウムよりもカルシウムとの共存下において，さらには高いpHにおいて，強い凝集体が形成されている．この結果から腐植酸のカルボキシル基の間を二価カチオンが架橋する作用やイオンの水和の程度が強度に影響を与えているものと考えられる．加えて疎水性相互作用や水素結合などの相互作用も関与しているであろう．しかし，構成成分の複雑さのため，天然有機コロイドの凝集体物性に関する定量的な議論は不十分である．

5. おわりに

本節では筆者らの研究を中心に，環境中のコロイド画分としての粘土の凝集分散に対するDLVO理論の適合性を論じた．臨界凝集イオン強度に関しては，DLVO理論は極めて有効な理論であるとの実感を持っている．その一方，DLVO理論で説明できない実験結果については，各論的な結果の記述と解釈にとどまっている．今後，普遍性のある実験則や理論的な説明を構築する必要があろう．

謝　辞

ここで紹介されたデータの一部は筆者とともに共同研究を実施してくれた所属学生たちの努力により得られた。また，科研費（19H03070）による研究費の支援は不可欠であった。ここに記して謝意を表する。

文　献

1) 足立泰久，岩田進午編：土のコロイド現象，学会出版センター（2003）．
2) 岩田進午：土のはなし，大月書店（1985）．
3) 日本土壌肥料学会編：土壌と界面電気現象―基礎から土壌汚染対策まで，博友社（2017）．
4) J. Buffle et al.: *Environ. Sci. Tech.*, **32**(19), 2887 (1998).
5) B. Vincent: *Adv. Colloid Interf. Sci.*, **170**(1-2), 56 (2012).
6) B. Derjaguin and L. Landau: *Acta Physicochim. U. R. S. S.*, **14**, 633 (1941).
7) E. J. W. Verwey and J. T. G. Overbeek: Theory of the Stability of Lyophobic Colloids. Elsevier, Amsterdam (1948).
8) J. N. Israelachvili: Intermolecular and Surface Forces, Elsevier, Burlington (2011).
9) 小林幹佳ほか：土木学会論文集B1（水工学），**67**, I_1285（2011）．
10) Y. Kitagawa et al.: *Clay Sci.*, **11**, 329 (2001).
11) 小林幹佳ほか：日本土壌肥料学雑誌, **85**, 250（2014）．
12) B. Katana et al.: *J. Phys. Chem. B*, **124**, 9757 (2020).
13) R. Kretzschmar et al.: *J. Colloid Interface Sci.*, **202**, 95 (1998).
14) C. Takeshita et al.: *Colloids Surfaces A*, **577**, 103 (2019).
15) M. Kobayashi et al.: *Colloids Surfaces A*, **435**, 139 (2013).
16) 小林幹佳：塗装工学, **45**, 419（2010）．
17) 小林幹佳，杉本卓也：日本接着学会誌, **56**, 161（2020）．
18) T. Oncsik et al.: *Langmuir*, **31**(13), 3799 (2015).
19) G. Trefalt et al.: *Langmuir*, **33**(7), 1695 (2017)
20) M. Li and M. Kobayashi: *Colloids Surfaces A*, **626**, 127021 (2021).
21) M. Li et al.: *Colloids Surfaces A*, **649**, 129413 (2022).
22) E. Tombacz and M. Szekeres: *Applied Clay Sci.*, **27**, 75 (2004).
23) T. Abe et al.: *Colloids Surfaces A*, **379**, 21 (2011).
24) M. Kobayashi: *Colloids Surfaces A*, **235**(1-3), 73 (2004).
25) M. Kobayashi: *Water Res.*, **39**, 3273 (2005).
26) A. Hakim et al.: *ACS Omega*, **4**(5), 8559 (2019).
27) A. Hakim and M. Kobayashi: *Colloids Surfaces A*, **577**, 175 (2019).
28) W. K. Wan Abdul Khodir et al.: *Polymers*, **12**, 1770 (2020).

第4章 農業，環境分野

第4節 コロイドの凝集分散と農薬施用

日産化学株式会社　幸内　淳一

1. はじめに

　農薬の原体(有効成分)量は通常 1,000 m² あたり数百 mg～数百 g で効力を発揮する。しかし，原体そのままではこのような少量の農薬を広範囲の圃場(田畑)に均一に散布することは困難である。そこで，原体を散布しやすい剤型(形)に加工するために農薬製剤技術がある[1]。農薬製品は大きく分けて固体製剤と液体製剤の2つの剤型がある。固体製剤には粉剤，水和剤，顆粒水和剤，粒剤，ジャンボ剤等がある。液体製剤には乳剤，液剤，フロアブル剤，エマルション剤，サスポエマルション剤，マイクロエマルション剤，マイクロカプセル剤等がある。これらの製剤化された農薬製品は一般的な有効期限である3～5年間，製造元や商店，農家の倉庫に保管されることがある。国内では北海道の寒冷地から沖縄の温暖地まで，さらに海外も考慮するとよりさまざまな条件下で製品は保管されることが想定され，過酷な条件下での保存安定性試験をクリアする必要がある。特に，原体がコロイド状に水に分散した液体製剤を凝集，沈殿させずに安定に存在させることは困難であり，粒子の分散安定化技術が必要となる。今回は農薬液体製剤(フロアブル剤，エマルション剤，サスポエマルション剤)に関するコロイドの凝集分散と農薬施用について紹介する。

2. フロアブル剤の特徴

2.1 フロアブル剤とは

　フロアブル剤(Flowable: FL, Suspension Concentrate: SC)は農薬原体を 0.1～15 μm 程度の微粒子に粉砕して水中に分散，懸濁させた製剤であり，通常水に希釈して使用する製剤である。一方で，水に希釈せずに水田に直接散布するタイプの製剤もある。これらの製品例を図1に示す。

　粉末状の製剤では水希釈時に粉塵が舞うことにより作業者が吸入しやすいが，フロアブル剤はすでに液体状態であるため水希釈時に粉塵が舞うことなく，作業者への暴露が軽減される。また，水が分散媒であるため臭気が弱く，引火性がなく安全性の高い製剤でもある[2]。

2.2 組成

　フロアブル剤は製品の製造性や登録，実場面で必要とされる物性をクリアするために，さまざまな助剤が用いられる。主な助剤の組成を表1に示す。フロアブル剤は原体，湿潤剤，分散剤，増粘剤，凍結防止剤，消泡剤，pH調整剤，溶剤，塩類等および水から構成されており，これだけ多くの助剤を用いなければならない複雑な製剤である。以下に，これらの構成成分について説明する[3]。

(a) 通常希釈用　(b) 直接散布用
図1　フロアブル製品例

表1 フロアブル剤の組成

成分	重量%
原体	5～50
湿潤剤	1～5
分散剤	1～5
増粘剤	0～2
凍結防止剤	0～10
防腐剤	0～1
消泡剤	0～1
pH調整剤,塩類等	0～適宜
水	残

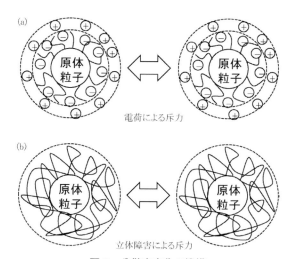

図2 分散安定化の機構
(a)DLVO理論 (b)立体障害理論

2.2.1 原体

農薬原体は除草,殺虫,殺菌などさまざまな作用を示すものがあり,それぞれ製品中に占める原体含有量は使用時の希釈倍率に合わせて,5～50%程度である。原体の望ましい物性は融点が60℃以上,水溶解度が100 ppm以下である。融点が低い原体の場合,製造中の粉砕熱による溶融や,製品の過酷試験で実施する40℃や54℃の熱に耐えられず溶融することにより,物性面で問題が生じる場合がある。水溶解度が高い原体は製品の貯蔵中に水への溶解,析出を繰り返すことで粒子が大きく成長(粒子成長)する場合や水と反応して分解(加水分解)する場合がある。

また,原体粒子径は農薬製剤にとって重要な要素であり,粒子径に関する検討は古くから行われている。粒子径を小さくすると作物や虫などに取り込まれやすくなるため効力は大きくなる一方で,太陽光などによる自然条件下での原体の消失も早くなり残効が短くなることがある。また,原体の微粒子化により粒子成長が促進され,分散安定化に影響を与えることがある。さらに,原体の微粒子化は水との接触面積が増大し,加水分解が促進される傾向にある。このように原体粒子径により生物効果や分散安定性,原体安定性に影響を及ぼすため,原体の特徴に応じて最適粒子径を設定して管理している。

2.2.2 界面活性剤(湿潤剤,分散剤)

界面活性剤である湿潤剤は水に馴染みにくい原体の表面に吸着し,付着している空気を追い出して,原体を水に馴染ませ,粒子径を細かくする製造工程において効率的に湿式粉砕するために用いられる。湿潤剤として使用される界面活性剤には,ポリオキシエチレンアリールフェニルエーテル硫酸塩,ポリオキシエチレンアリールフェニルエーテル燐酸塩等のアニオン性界面活性剤,ポリオキシエチレンアリールフェニルエーテル,ポリオキシエチレンポリオキシプロピレンブロックポリマー,アルキルポリグリコシド等のノニオン性界面活性剤などが挙げられる。しかし,湿潤剤は原体の水溶解度を増加させる傾向があるので,加水分解しやすい原体をフロアブル化するには,できるだけその使用量を低減する必要がある。

分散剤は粉砕された原体の微粒子が水中で分散する際に凝集しないように添加される助剤である。分散した粒子間にはファンデルワールス引力が働いて凝集しようとするので,分散状態を安定に保つにはその引力に抗する斥力が必要となる。この斥力を発生する機構は,図2に示すように2種類の機構が提唱されている。その1つは分散粒子に吸着して分散粒子に電荷を与え,電荷間の斥力により分散安定化するものである。この機構は提唱した研究者たちの名前の頭文字をとってDLVO(Derjaguin-Landau-Verwey-Overbeek)理論[4,5]と呼ばれる(図2(a))。この安定化に使用される界面活性剤としては,リグニンスルホン酸ナトリウムやアルキルナフタレンスルホン酸ナトリウムホルムアルデヒド縮合物等の電気的な反発力が作用するアニオン性界面活性剤が挙げられる。

もう1つの機構は分散粒子表面に形成されたポリマー層の立体障害による斥力である(図2(b))。この安定化に使用される界面活性剤には高分子量のノニオン性界面活性剤が挙げられる。分散剤は安定した懸濁液を得るために必須であるが、湿潤剤と同様、原体の水溶解度を増加させる傾向がある。よって、加水分解しやすい原体をフロアブル化する場合には、なるべくその使用量を低減する必要がある。

また、近年無人ヘリやラジコンヘリ、マルチローター(ドローン)などによる航空散布が増えている。航空散布は重量制限の関係で積載液量を少なくする必要があるため、通常より希釈水量を減らして高濃度散布が行われる。マルチローターによる散布はタンク容量の違いのため地上散布より散布量は少ないが、高濃度なので薬液タンク内で沈殿物の量が多くなる。そうすると、沈殿物による目詰まりが生じて散布できなくなるため、粒子の分散安定性が重要である[6-8]。

2.2.3 増粘剤

増粘剤はフロアブル剤に粘性を与え、分散微粒子の沈降を防止するために添加される。増粘剤は無機系と有機系のものに分類される。前者としてはベントナイトやケイ酸化合物であるホワイトカーボン(シリカ粒子)等が挙げられ、後者としては多糖類であるキサンタンガムやウェランガム等が挙げられる。これらの増粘剤は懸濁液内に3次元網目構造を形成し、力を加えられた場合の流動と変形(レオロジー特性)に影響を及ぼす。

フロアブル剤には、製品を長時間放置しても分散した微粒子が沈降しにくい性質(分散安定性)、および微粒子が沈降したとしても軽く振とうするだけで容易に再分散して元の懸濁液に戻る性質(再分散性)が必要である。これらの性質はフロアブル剤中の原体濃度を均一に保ち、生物効果を安定に発揮するために重要な特性である。

分散粒子の流体中での沈降速度(v)は下記式(1)のストークスの式[9]で示される。

$$v = \frac{2r^2(\rho-\rho_0)g}{9\eta} \tag{1}$$

ここで、v:粒子の沈降速度、r:粒子の半径、ρ:粒子の比重、ρ_0:分散媒の比重、g:重力加速度、η:分散媒の粘度である。この式によれば、沈降を防止する(vを小さくする)には以下の3点が有効である。

①原体の粒子径(r)を小さくする
②原体粒子と分散媒の比重差($\rho-\rho_0$)を小さくする
③フロアブル剤の粘度(η)を高くする

フロアブル製剤において原体の粒子径(r)は数μmと十分に小さいため、粒子径の微細化による沈降速度の減少は期待できない。一方で、原体粒子と分散媒の比重差($\rho-\rho_0$)は分散媒中に水溶性の無機塩類($NaCl$や$CaCl_2$等)を添加することによって小さくすることが可能である。さらに、増粘剤を添加してフロアブル剤の粘度(η)を高く設計すれば分散安定性は向上し、長時間保存しても分散粒子が沈降しにくくなる。

一方、式(1)より分散安定性が良好であり粒子が凝集していなければ沈降速度は遅くなるが、底には粒子が密に詰まった体積の小さな沈殿層が形成され、容器を振っても再分散しないハードケーキングとなる。図3にハードケーキングの様子を示す。図3(a)は54℃ 8週間経過後のサンプルの外観であり、上澄み層と沈殿層に分かれている。図3(b)はハードケーキングを生成している内容物を取り出したものである。このような沈殿物が生じると、すべ

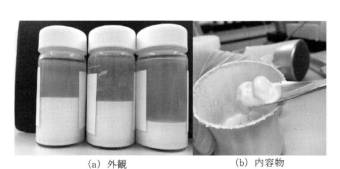

(a) 外観　　　　　　(b) 内容物

図3　ハードケーキングの様子

ての液が容器から排出されないため問題である。ハードケーキングの生成を防ぐには，フロアブル剤の粘度を高くするために，先に述べたように無機系や有機系の増粘剤を添加することで，懸濁液内に3次元の網目構造が形成され，撹拌（せん断速度）の増大とともに粘度が低下してチクソトロピー性を示すようになる。適度なチクソトロピー性の付加は，静置時の粘度を高めて粒子の分散安定性を向上させ，さらに使用時の緩やかな振とう・撹拌により粘度を低下させて，懸濁液に流動性を与えるので実用上有用である。

2.2.4　凍結防止剤

凍結防止剤は冬季に凍結による結晶析出などの物性悪化を起こさないように用いられる。また，農薬登録の場面では－5℃保管時の外観に変化が生じないことが求められており，製品を凍結させない量を添加する必要がある。一般的に毒性が低く，引火点や沸点が高く，分子量の小さいエチレングリコールやプロピレングリコール，グリセリンが使用されることが多い。添加量は5～10％程度であるが，グリコール類は極性溶剤としての性質を有するので，原体の加水分解を促進することもある。よって，その添加量は慎重に決定される。

2.2.5　防腐剤

［2.2.3］に記載した増粘剤として多糖類のキサンタンガムなどを使用すると，微生物分解により経時的にフロアブル剤の粘度が低下することがあるので防腐剤が添加される。使用される防腐剤としてはベンゾイソチアゾリン系防腐剤，ソルビン酸，安息香酸塩などが用いられる。

2.2.6　消泡剤

消泡剤は製造時および使用時の泡立ち防止のために添加される。一方で，散布時に全く泡立ちがないと散布液の視認性が悪くなり，使用者がどこまで散布したのかわかりづらくなる場合があるので，消泡剤の種類や添加量は注意する必要がある。消泡剤の基本的な作用は破泡性と抑泡性の2つの機能に分類できる。破泡性とは一旦生成した泡を破壊する性質であり，抑泡性とは泡の生成自体を抑制する性質である。フロアブル剤では破泡性と抑泡性の両方に優れたシリコーン系消泡剤が使用されることが多い。

2.2.7　pH調整剤，塩類等

原体が酸性あるいはアルカリ性のいずれか一方で安定な場合には，酸や塩基を添加することにより製剤のpHを調整する必要がある。また，一般に固体分散粒子の比重は1より大きく沈降しやすいので，塩類を添加して分散媒の比重を大きくすることで沈降を防止することがある。塩類の添加は原体の水溶解度を低下させ（塩析効果），その加水分解速度を低下させる効果もある。

2.3　フロアブル剤の製造方法

フロアブル剤の製造方法の一例として，①原体粉砕工程，②分散媒製造工程，③フロアブル製造工程を経て製造される。ここで各工程に着目すると，①原体粉砕工程は通常数十～数百μm程度の原体を数μm程度の微粒子に粉砕し，比較的濃厚な懸濁液（スラリー）を製造する工程である。通常，原体はビーズミルを用いて湿式粉砕される。ビーズミルは直径数mmのガラス製あるいはジルコニア製のビーズをシリンダーに充填した粉砕機である。ビーズを激しく撹拌しながら，湿潤剤および分散剤を含む固体原体の懸濁液を投入すると，固体原体はビーズと衝突して微粒子に粉砕される。なお，原体の物性あるいは製剤処方の都合上，湿式粉砕ができない場合には，原体をジェットミルによって乾式粉砕し，得られた粉砕原体を湿潤剤と分散剤を含む水溶液に添加してスラリーを製造することもある。ジェットミルとはノズルから高圧空気あるいは窒素を噴射して固体粒子に衝突させて微粒子化させる粉砕機である。固体粒子は粒子同士の衝突によって数μmの微粒子に粉砕される。一般的に，乾式粉砕よりも湿式粉砕の方が微粒子を得ることができる。②分散媒製造工程は，ディゾルバーなどのせん断力を有する撹拌機を用いて，増粘剤を水に分散溶解させる工程である。有機増粘剤は撹拌が弱い状態で一度に多量加えると，水溶性の高い増粘剤の表面部分のみが水に溶解して内部まで水が届かなくなるために，ママコと呼ばれるダマを形成する。一度ママコが生成すると，増粘剤をきれいに分散させるのは容易ではないので注意が必要である。③フロアブル製造工程は①で製造したスラリーと②で製造した分散媒を混合して，最終形態のフロアブル剤を得る工程である。作業の効率化を目的として，①の原体粉砕工程と②の分散媒製造工程を行わず，これらを一括混合してか

図4　水田用直接散布フロアブル剤の散布風景

図5　ボタ落ち滴下跡のイメージ

ら湿式粉砕を行い，最終製剤を得る方法もある。

3. 水田用直接散布フロアブル剤の特徴

これまでは水に希釈して散布するタイプのフロアブルについて記載したが，ここからは希釈せずに水田に直接散布するタイプのフロアブルについて記載する。水田用直接散布フロアブル剤は，水田に散布して雑草を防除する製剤である。直接散布フロアブル剤は図4に示すように水希釈せずに容器を手に持ち振りながら水面に散布する方法である。図4では水田に入りながら散布しているが，畦畔から散布する方法もある。組成と製造法は希釈タイプのフロアブルと同様なのでここでは省略する。

また，水田用直接散布フロアブル剤は希釈タイプのフロアブル剤と比較して異なる点が3つある。1つ目は，製品容器の形状が異なることである。希釈タイプのフロアブル用のボトルは図1(a)に示すように胴部分がストレートであるのに対し，水田用直接散布用のボトルは図1(b)に示すように，散布しやすいように胴の持ち手部分がくびれていることと，容器からの排出量を制御するために，口部分に数個の穴の開いた中栓があることが特徴である。

2つ目は，製剤の粘性である。湛水状態の水田に直接散布される水田用直接散布フロアブル剤には，散布された液滴が水田内の水に浸かると同時に拡散を開始し，土壌表面に達するまでに拡散を終了するような優れた水中拡散性が望まれる。しかしながら，実際の水田は場所によって水深が異なるので散布液滴の一部は土壌表面まで到達し，「ボタ落ち」と呼ばれる滴下跡を生じる。図5に水を張ったビーカーにフロアブル液滴を滴下し，滴下跡を再現したものを示す。滴下跡は再拡散して数時間後に消失すれば，生物効果の低下やイネへの薬害は生じない。しかし，「ボタ落ち」の多い直接散布フロアブル剤は散布者に与える印象が悪いので，良好な水中拡散性と素早い再拡散性が望まれる。また，水田用直接散布用ボトルには図1(b)に示すように中栓があるので，製品の粘性が高いと容器からの排出性が悪くなり，上手く散布できないことがある。そのため，粘性コントロールは重要である。

3つ目は，製剤の表面張力の違いである。希釈タイプのフロアブル剤は薬液を葉面に散布するため，効果向上を目的に表面張力を下げて葉面に付着しやすくすることがある。一方，水田用直接散布フロアブル剤は水希釈せず濃厚な薬液を水面に散布する製剤であるため，図6(a)に示すように散布時に白い薬液が稲に付着することで見た目が悪くなることや，図6(b)に示すように稲が黄色や白色に変色して枯れる薬害を生じることもある。それらを避けるために表面張力を上げて稲への付着を抑制することが多いが，逆に表面張力を著しく下げることで付着を抑制することもある。このように，界面活性剤の種類や添加量を最適化することで，原体粒子の分散安定性だけでなく，製剤の表面張力を上手くコントロールする必要がある。

(a) 付着　　　　　　(b) 薬害

図6　稲への薬剤付着と薬害の様子

4. エマルション剤の特徴

4.1　エマルション剤とは

フロアブル剤は固体の原体粒子が水に懸濁状に分散しているのに対し、エマルション剤は水に難溶な油状の原体（または原体を溶剤に溶解させた原体溶液）を、乳化剤を用いて水に乳濁状に分散している水中油型（oil in water：O/W）の製剤である。エマルションは通常粒子径数百 nm～数 μm であり、使用時には水で数十～数千倍に希釈し、薄いエマルションとして散布される。以前は原体を溶剤に溶かし、乳化剤を加えた有機溶剤系の乳剤が多く用いられていたが、最近は農薬の人体や環境への安全性に対する要求が高くなっているため、水系のエマルション剤は重要である。

4.2　組　成

表2にエマルション剤の組成例を示す。フロアブル剤と同じ組成部分は省略するが、エマルション剤で最も重要なのは乳化剤（界面活性剤）である。エマルションは微細な液滴のコロイド分散系であるため、エネルギー状態が高く、熱力学的に不安定な系である。そのため、エマルションの製造や安定化には界面エネルギーを低下させ、乳化に最適な HLB（Hydrophile-Lipophile-Balance，親水性-親油性バランス）を持つ乳化剤を選択する必要がある。

乳化剤は長期の保存安定性を得るために、吸着層による強力な保護コロイド作用を示すものが選ばれる。1つはポリビニルアルコールやアラビアガム等の高分子化合物である。他方はアルキレンオキサイド付加モル数の多いエトキシ化ひまし油、ポリオキシエチレンスチリルフェニルエーテル、ポリオキシエチレンポリオキシプロピレングリコール等であ

表2　エマルション剤の組成

成分	重量%
原体	5～50
溶剤	0～25
乳化剤	1～10
増粘剤	0～2
凍結防止剤	0～10
防腐剤	0～1
消泡剤	0～1
水	残

る。このときの乳化剤は HLB で 13 程度を中心にして、低温安定性を良くしたいときには低 HLB の界面活性剤を配合、高温安定性を良くしたいときには高 HLB の界面活性剤の配合やジアルキルスルホサクシネート Na 塩、ポリオキシエチレンスチリルフェニルエーテルサルフェートなどのアニオン界面活性剤を配合する等により広範囲の温度で安定な製剤を得るための工夫が行われる[6]。

4.3　製造法

エマルション剤の製造は、以下のように界面活性剤を用いた界面化学的手法とプロペラミキサー、コロイドミル、ホモジナイザー等を用いた機械的手法の両方を併用する。

① Agent-in-water 法：界面活性剤を水相に溶解・分散させて、そこに撹拌下で油相を加えていく。

② Agent-in-oil 法：界面活性剤を油相に溶解・分散させて、そこに水相を加えていく。直接 W/O エマルション（water in oil emulsion）を生成させるものと、途中で連続相が油相から水相に転相して O/W エマルション（oil in water emulsion）となる

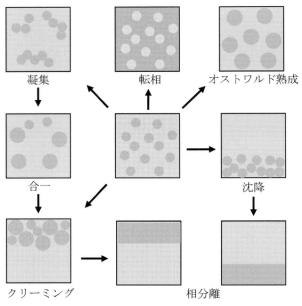

図7　エマルションの経時変化

転相乳化法がある。

エマルション剤は**図7**に示すように凝集，合一，クリーミング，オストワルド熟成(Ostwald ripening，オストワルドライプニング)等によりエマルション粒子は破壊される。凝集とは粒子同士がファンデルワールス引力により集まることであり，合一は凝集により集合したエマルション粒子同士が1つの大きなエマルション粒子となることである。これらを抑制するには，[**2.2.2**]で述べたように界面活性剤による静電的斥力や立体障害による安定化が効果的である。クリーミングとはエマルションの内相，外相の密度差により内相のエマルション粒子が浮上，もしくは沈降することである。これを抑制するにはストークスの式(式(1))より，粒子径を小さくすることや粘度を高くすることが効果的である。

オストワルドライプニングとは分散相を形成している物質の分子拡散によるもので，粒子径が異なるエマルション粒子間では油-水界面の曲率の差から，Kelvin則で示される溶解度差が生じ，小さなエマルション粒子から大きなエマルション粒子への分子拡散が起こり，大きなエマルション粒子はさらに大きくなっていく現象である。これを抑制するには，油成分の極性の高い芳香族炭化水素や脂肪族アルコールよりも，極性の低い脂肪族炭化水素を用いることが有効である[3,10]。

5. サスポエマルション剤の特徴

5.1 サスポエマルション剤とは

サスポエマルション剤は固体粒子が水に分散したフロアブル剤と液体粒子が水に分散したエマルション剤の両方が一緒に水に分散している製剤であるため，粒子同士の安定化や製造方法が難しい製剤である。

5.2 組成

表3に示した組成例は，主にフロアブル剤とエマルション剤を合わせたものであるが，重要な成分は界面活性剤(湿潤剤，分散剤，乳化剤)である。サスポエマルション剤は界面活性剤の選択が不十分であると，[**2.2.2**]で述べた固体粒子の凝集や[**4.3**]で述べたエマルション粒子の破壊が起こりやすくなる。サスポエマルション剤は通常のフロアブル剤やエマルション剤よりも凝集しやすい製剤であるので，静置での保管だけでなく，輸送を考慮した振とう条件でも安定性試験を行う方がよい。これらの物性悪化を防ぐために，界面活性剤の固体粒子への吸着とエマルション粒子への吸着が同時に満たされる界面活性剤を選択する必要がある。これらを満たす界面活性剤は親水性で分子量が大きい多芳香族環を持つイオン性界面活性剤，ホスフェート型，サル

表3 サスポエマルション剤の組成

成分	重量%
固体原体	5～25
液体原体	5～25
溶剤	0～10
湿潤剤	1～5
分散剤	1～5
乳化剤	1～5
増粘剤	0～2
凍結防止剤	0～10
防腐剤	0～1
消泡剤	0～1
水	残

フェート型またはスルホネート型アニオン界面活性剤を用いるのがよい。

5.3 製造法

製造法は大きく分けて4つある。①固体粒子の粉砕とエマルション粒子の作製を同時に行うために，すべての成分を一括混合，湿式粉砕することによる方法，②フロアブル剤とエマルション剤を別々に製造して最後に混合する方法，③最初にフロアブル剤を製造してそこに液体原体を添加して乳化する方法，④最初にエマルション剤を製造してそこに固体原体を添加して粉砕，分散させる方法がある。①は最も工程数は少ないが，原体の微粒子化と液体の乳化を同時に行うため凝集しやすく難易度が高い方法である。しかし，事前に乾式粉砕した固体原体を用いる場合，乾式粉砕による工程数は増えるが，液体原体がある状態での固体原体の湿式粉砕が回避されるので，製造難易度は下がる。②は原体湿式粉砕とエマルション粒子製造を別々に行うので製造は比較的容易であるが，製造に使用する釜を多く用いるため設備に余裕が必要である。③は①より難易度は下がるが，工程数が増える。④は①と同様に固体原体の粉砕を湿式粉砕する場合は製造難易度が高いが，事前に乾式粉砕した固体原体を用いる場合，工程数は増えるが製造難易度は下がる。以上より，固液原体の組合せ（相性）や固体原体の粉砕方法により製造性の難易度は大きく変わるので，最適な製造法を選択する必要がある[3,11]。

6. おわりに

今回はコロイドの凝集分散に関係する農薬の懸濁，乳濁状の液体製剤について紹介した。農薬は安価で高性能な品質を求められている。近年では原体構造の複雑化による価格が高騰する中で，使用できる界面活性剤やその他助剤はできるだけ安価な物を使用が求められるなど限られている。そのような条件下で，これら液体農薬製品は3～5年もの間，凝集せずに分散状態を保つ必要があり，農薬製剤関係者の凝集，分散に関する多くの技術が用いられたものである。今後も農家の高齢化や大規模化が続き，散布作業の省力化を目的としたドローン施用などが増えることが想定されており，求められる製品の物理化学性も変化する。そのような中で，農薬製剤技術の1つであるコロイドの分散安定化は常に進化し続けるであろう。

文献

1) 辻孝三：農薬製剤はやわかり―製剤でこんなことができる，化学工業日報社，5-9 (2006).
2) 森本勝之：植物防疫，**70**(8)，549-555 (2016).
3) 辻孝三：植物防疫，**71**(2)，116-121 (2017).
4) 佐藤達雄：色材，**59**(11)，682-688 (1986).
5) 大島広行：色，**77**(7)，328-332 (2004).
6) 遠山明：オレオサイエンス，**6**(3)，205-210 (2002).
7) 渡部忠一：日本農薬学会誌，**7**(2)，203-210 (1982).
8) 幸内淳一：化学工学，**84**(11)，576-579 (2020).
9) 佐藤達雄：色材，**60**(5)，290-299 (1987).
10) 鈴木敏幸：色，**77**(10)，462-469 (2004).
11) 日本農薬学会 農薬製剤・施用法研究会編：農薬製剤ガイド，日本植物防疫協会，54-57 (1997).

第5章 食品分野

第1節
食品乳化・分散系の安定性評価

京都大学　松村　康生　　京都大学　松宮　健太郎　　香川大学　石井　統也

1. 緒論

　食品分散系に含まれる食品のタイプは，その分散媒，分散相の組合せに応じて多岐にわたる。例えば，水中に起泡が分散する泡沫系，水と油がどちらか一方の相に細かい粒子として分散する乳化系（O/W型あるいはW/O型エマルション），固体粒子が水中に分散したサスペンション（分散液），その固体粒子が数珠状に繋がり絡み合うことにより粘稠な液状あるいは固体状の外観を呈するゾルやゲル，固体の中に起泡が分散した含気性焼成品（パン，ビスケット等）など，実に多彩である。さらに，豆腐やソーセージ等のエマルションゲルのように，乳化系と固体分散系が同時に存在する複雑な構造を持つものもある。これらの食品は大量に生産・消費され，その物性や分散安定性の評価は品質保持の観点から非常に重要であるが，多くのタイプについて本稿で取り上げることは不可能である。そこで，本稿では，O/W型乳化食品，サスペンションに的を絞り論述することとする。食品分野においては，サスペンションに比べO/W型エマルション研究の例が圧倒的に多く，理論的扱い，評価法で共通する部分も多いことから，主にO/W型エマルションの記述が中心となることをお許し願いたい。

　本稿では，まず，O/W型エマルション（サスペンション）の不安定化の過程を紹介し，それぞれの過程にどのような因子が関わっているかを簡単に述べる。次いで，それぞれの過程が，どのくらい進行しているのか，評価する方法を紹介する。また，それぞれの過程に関連する因子について解説する。

　本論に入る前に，食品における特殊性について触れておきたい。食品の構成成分は，そのほとんどが生体由来の物質であり，化学的，物理的変化を受けやすく，それが分散系全体の安定性にも大きく影響する。例えば，O/W型エマルションの脂質は酸化を受けやすく，酸化物はより親水性が高まるため，それが乳化状態にも影響を与える[1]。また，タンパク質は加熱やpHの変化により，アミノ酸残基の修飾が起こり分子全体の荷電状態が変化したり，高次構造が変化し疎水性部位が露出して凝集を起こしやすくなる。デンプン粒子は加熱により粒子構造が崩壊し，流失したアミロースの糊化・老化が進み，元のサスペンション状態に戻ることはない等々，さまざまな事例が指摘できる。これらの特殊性について踏まえた上で，本稿で述べられる安定性評価法と，安定性に影響を与える因子に関する記載を進めてゆきたい。

2. O/W型エマルション（サスペンション）の不安定化の過程

　図1(A)にO/W型エマルションおよびサスペンションの不安定化の過程を示す。一番左の図は分散粒子（O/W型エマルションの場合は脂質粒子，サスペンションの場合は固体粒子）が安定に分散した状態である。それが時間の経過とともに，粒子が集合し（凝集），浮上（クリーミング）する。なお，粒子の凝集とクリーミングは，この順序で起こるとは限らず，先にクリーミングによって上部に集まったものが結果として凝集する場合もあり，またこの2つの現象が同時に進行する場合もある。そのことを両方の過程のボックスの上部に記している。O/W型エマルションとサスペンションでは，凝集は共通に起こる現象であるのに対し，クリーミングはサスペンションでは通常起こらない。サスペンションでは，

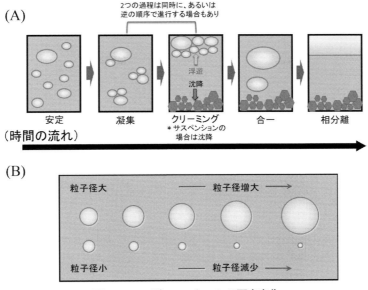

図1 O/W型エマルションの不安定化
(A)エマルションの時間経過に伴う不安定化のプロセス。一部サスペンションに関する記述も含む。すなわち，サスペンションもエマルション同様に凝集を起こすが，重力の影響を受けて分散粒子が沈降し，沈殿を形成する（「安定」「凝集」の段階のボックス内での固体粒子の図示は省略）。
(B)オストワルト成長：小さな粒子から脂質分子が水相を通して大きな粒子に移動。

図に示したように分散粒子が沈降するという現象が起こる。分散粒子の沈降・浮遊は，通常，以下のStokesの式によって記述される。

$$Vs = 2r^2 (\rho_0 - \rho) g / 9 \eta_0 \qquad (1)$$

ここで Vs はクリーミング（下降）速度，r は粒子の半径，ρ_0, ρ はそれぞれ分散媒と分散粒子の密度，g は重力加速度，η_0 はニュートンのずり粘度である。この式は，固くて凝集していない球体が無限希釈された場合だけに成り立つので，実際のO/W型エマルションやサスペンションで生じるクリーミングを記述することはできないが，密度の違いにより脂質粒子は浮上し，固体粒子が下降するということを理解するには十分である。ただし，実際の食品のO/W型エマルションでは，脂質粒子の周りに密度の高い物質が多く吸着すると下降するような場合もあり，一様にクリーミングが起こるわけではないことを付け加えておく。

O/W型エマルションの場合，凝集やクリーミングによって密着した脂質粒子は合一し，よりサイズの大きな脂質粒子となる。凝集やクリーミング状態のエマルションは，軽く上下や左右に振るなどの操作で，しばしば元の分散状態を回復することができるが，合一に至ると元の分散状態を復元することはできない。そういう意味で，不安定化が凝集・クリーミングの段階に止まっている場合には，品質の低下は決定的ではなく，合一に至って初めて大きく品質が損なわれたといえる。合一がさらに進むと油相と水相に完全に分離してしまう。

脂質粒子の粒子径が大きく変化する原因としては，上記の合一のほかに，オストワルト成長（Ostwald ripening）がある。この場合，図1(B)に示すように，脂質粒子同士は接触している必要はなく，脂質分子が分散媒である水を介して，小さい粒子から大きい粒子に移動することによって引き起こされる。この移動が進むと，やがて小さな粒子は縮小・消滅し，元々大きな粒子はさらに成長する。

このほか，O/W型エマルションからW/O型エマルション，あるいはその逆方向の，転相は，エマルションの不安定化現象として重要である。しかし，食品分野では，通常，転相が自然に起こることはまれで，かなり大きな機械的エネルギーを必要とする。例えば，牛乳から生じた濃厚クリームを激しく撹拌（チャーニング）してバターを作る工程などが，その例として挙げられる。本稿は，このような転相については取り上げない。

表1　エマルションの安定性に影響を与える因子

因　子	クリーミング	フロック凝集	合　一
脂質粒子の大きさ	3	2	1
脂質粒子径の分布	3	2	0
油相の体積分率	3	3	3
相間の密度差	3	0	0
連続相のレオロジー	3	3	2
分散相のレオロジー	0	0	0
吸着層のレオロジー	0	0	3
吸着層の厚さ	1	2	3
静電的相互作用	1	3	2
立体的相互作用	0	3	2
油脂の結晶化	0	0	3

※エマルションの不安定化の各プロセスに11の物理的因子がどの程度重要な影響を与えるかを示す。
（0＝重要性なし，1＝時には重要，2＝しばしば重要，3＝常に重要）

表1に，以上述べたエマルションの安定性の段階，すなわち凝集，クリーミング，合一の起こりやすさに関わる種々の因子についてまとめる[2]。表中の数字は，3段階の不安定化現象が起こる際に，それぞれの因子が，どれくらい決定的に重要な役割を果たしているかを表している。すなわち，「0」が付けば，その因子はほとんど重要性なしということであり，「1」は時には重要，「2」はしばしば重要，「3」は常に重要ということになる。例えば，脂質粒子の大きさは，浮力を受けやすくなることからクリーミングが生じることに関して重要な因子となるが，合一に関しては，全くとは言わないが，それほど重要でないこととなる。それぞれの因子の不安定化現象への関わり，解析法については，それぞれ以下の項目中の該当箇所，[**3.1.2**]「クリーミング」，[**3.2.2**]「凝集」，[**3.3.3**]「合一」のところで解説する。なお，オストワルト成長に関わる因子については，表1には挙げていないが，[**3.4.2**]において解説する。

3. 不安定化現象の評価法と現象に関わる重要因子の解析

3.1　クリーミング

図1では，時系列的にクリーミングに先立ち凝集が起こっているように記載したが，ここでは，クリーミング現象について，まず述べる。

3.1.1　評価法

クリーミングとは，図1で述べたように，脂質粒子が時間の経過に伴って上昇し，上層に集まることにより，上方から順番に，粒子が密に集まったクリーム層（高さ H_U），粒子が分散した中間のエマルション層（H_M），そして最も下方に水相（H_L）が分離した状態で現れる現象である（図2）。クリーミングを定量的に評価するために古くから，また最もよく用いられてきたのが，クリーミング指数（Creaming index：CI）を算出して経過時間に対して記録することである。クリーム指数は以下の式で算出する（H_E はサンプル全体の高さ）[3]。

$$CI = 100 \times H_L / H_E \qquad (2)$$

CI を時間に対してプロットするとクリーミング速度を求めることもできる。

この方法は簡易で特別な装置を用いる必要がないため頻用されるが，多くのサンプルを評価するには多大な労力を必要とすること，しばしば3層の境界が不明確で人為的なエラーが起こりやすいなどの欠点がある。そのため，透過光，散乱光を利用し客観的にクリーミングを評価する装置が広く用いられるようになってきた。現在用いられている代表的な装置は，タービススキャン（Turbiscan）およびルミサイザー（LUMiSizer）である。

タービスキャンの基本的な装置構成を図3に示す[3]。エマルションは透明なチューブに入れられ，装置に垂直に固定される。近赤外光をチューブに照

射し，散乱光と透過光をそれぞれのモニターで検出する。散乱光の検出器は入射光に対して45°の角度で設置される。チューブの上下方向にスキャンすることにより，右図のような透過光と散乱光のプロファイルを得る。その典型的な測定例を図4に示す[4]。レシチンを乳化剤として，大豆油より作成したエマルションを24時間放置し，その間，一定時間毎にスキャンを行った結果である。縦軸はΔBS（測定時間毎の散乱光の強度から初期の散乱光を差し引いた値），横軸はチューブの上下方向の距離である（0 mmが底，40 mmが最上部を表す）。ΔBSは左に行くほど減少し，マイナスの値をとっている。これは，脂質粒子の濃度がチューブ下方に行くほど，下がっていることを示す。逆に，右側，すなわちチューブ上方に向かうほどΔBSは上昇し脂質粒子が濃縮されていること，すなわちクリーミングが時間の経過とともに起きていることが観察される。装置附属のソフトを使用すれば，Turbiscan Stability Index (TSI) というパラメーターが算出でき，エマルション全体の不安定化の指標とできる。また，チューブの特定部位における脂質粒子の濃度ばかりでなく，粒子径の変化も検討可能であるため，凝集や合一についても，ある程度評価できる。詳細については，文献[5]や販売元の資料に当たられたい。

タービスキャンの場合は，基本的にチューブを放置し，時間経過とともに測定し，その不安定化を観察するため，評価に時間を要する。それに対し，ルミサイザーは，遠心操作でクリーミングを加速するところに特徴がある。図5(A)にルミサイザーの構成を示す[6,7]。遠心チューブにサンプルを入れて装置にセッティングする。図に示すように遠心力はチューブの底にかかるように設計されている。回転するディスクの上方に多くの近赤外光発射器が一列に取り付けられており，チューブは一回転する間に，ある一カ所で近赤外光の投射を受ける。近赤外光発射器の真下には，検出器が一列に並べられ，直進してきた近赤外光の投射光（透過光）を検出する。この図では，遠心によって粒子が下降するサスペンションの分析例が示されているので，時間の経過とともに粒子は底の方に集まってくる。それに従って透過する光は少なくなる。エマルションの場合は逆に，粒子は浮上するので，チューブの上方の検出器

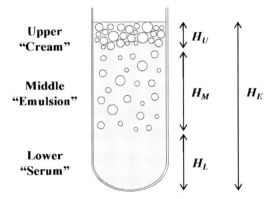

図2 O/W型エマルションの長期間保存によるクリーミングの進行

O/W型エマルションを長期間保存すると，上層に脂質粒子が浮遊し密にパッキングされたクリーム層（H_U），脂質粒子が分散した（元の状態に近い）乳化層（H_M），脂質粒子が希薄で透明度の高い水層（漿液層）（H_L）に分離する。

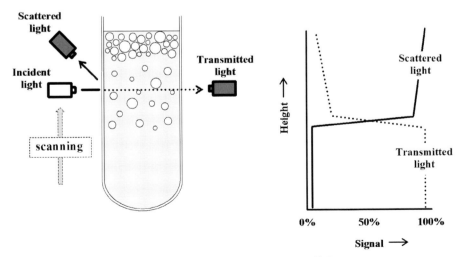

図3 タービスキャンの基本的な装置構成

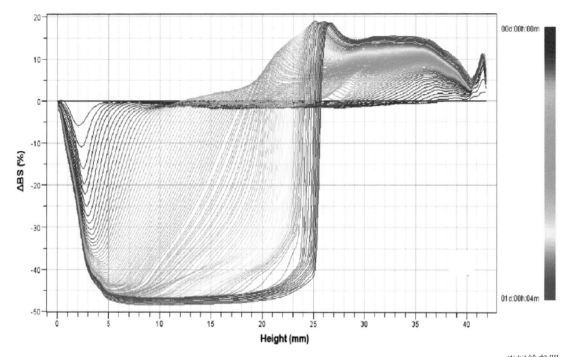

図4 レシチンで大豆油を乳化して調製したエマルションのタービスキャンによる安定性評価
エマルションを40℃で24時間静置した際のΔBSの変化をチューブの高さに対してプロットした。横軸の0はチューブの底に当たり、数字が大きくなるほどチューブの上部に近づく。一定時間毎にスキャンしたデータを重ね書きしている。文献4)より引用。

※口絵参照

に到達する光が少なくなり、底の方に透過する光の量が多くなる。図5(B)には、ヘスペリジンを溶解した大豆油をキトサン溶液で乳化したエマルションの分析結果を示す[6,8]。初期には透過光がチューブのどの部分でもほとんど見られないのに対し、時間が経過すると、透過光を検出する部位がチューブの底の方(図では右側)から上方(図では左側)に向かって拡がり、しかも透過光の量も増えていることが分かる。最終的な段階でもほとんど光が透過していないのはクリーム層であり、クリーミングが進行したことが確認できる。

3.1.2 重要因子の影響

クリーミングに影響する因子は、表1に示すように脂質粒子の大きさ、粒子の分布、粒子の体積分率、粒子と分散媒を構成する物質の密度差、連続相のレオロジーである。このうち粒子の大きさおよび分布については、この後、[3.2]の評価方法に関連して論じる。相間の密度差については油と水の差を埋めるのは難しいが、例えば油の密度を高めるように結晶成分を加える(高融点油脂成分の添加)などの方策

が考えられる。粒子の体積分率については、希薄な状態に比べ、濃度が高い場合は、粒子同士が密にパッキングすることによって、粒子の運動が制限されクリーミングが起こりにくくなる。例えば80％以上の油分を含むマヨネーズがその代表的な例である。連続相のレオロジーに関していえば、Stokesの式より、水相の粘度を高めることによってクリーミングを抑制することができる。食品の場合には、しばしばハイドロコロイドである増粘剤を加えて、クリーミングを防止するという方法が多くとられている。

3.2 凝集(フロック凝集)
3.2.1 評価法

粒子の凝集は、通常、製造後の時間経過に伴う粒子サイズの変化で評価する。その評価に最もよく用いられる装置はレーザー回折式粒度分布計である。この手法の原理であるレーザー散乱回折法については、本書第2編第1章第1節に詳細に述べられているので、ここでは触れない。この方法で注意すべきことは、時間経過とともに、元のエマルションで見

られなかった大きなサイズの粒子が観察されたときに，それを凝集の結果とするのか合一の結果とするのか，判断が付かないことである．凝集あるいは合一どちらが起こっているのかは，通常，脂質粒子間に働く凝集力を弱めるような処理を施して，粒度分布パターンに変化が生じるのかを検討する．食品O/W型エマルションの場合，よく用いられる処理としては，測定時の希釈液の塩濃度を低下させる（意図：イオンの遮蔽効果を減少させて脂質粒子表面の拡散二重層の範囲を拡げる），pHを変化させる（意図：表面荷電の値を正負に関わらず大きくする）などがある[3]．タンパク質を乳化剤として用いて調製したO/W型エマルションの場合には，希釈液にSDSを加える方法もよく試みられる．その意図は，脂質粒子の凝集は，異なった粒子表面に吸着したタンパク質の間での疎水性相互作用で引き起こされると考えられるので，タンパク質をSDSで置換することによって，表面に十分に負電荷を与えて粒子の解離を引き起こすことにある．その例を**図6**に示す[9]．図6(A)はエマルションを調製した直後の脂質粒子の粒度分布である．そのエマルションを8週間保存し測定したものが図6(B)である．大きな粒子径の位置に明確にピークが観察される．ここで，図6(A)，(B)とも測定前の希釈は純水で行ったことに注意されたい．それに対し図6(B)のエマルションをSDS溶液で希釈すると図6(C)のパターンを示した．図6(B)に見られた大きな粒径のピークが消失しており，このピークがタンパク質の疎水性相互作用を介して形成された脂質粒子の凝集体であったことがわかる．SDSを加えても，このようなピークの消失，あるいはシフトが起こらない場合は，8週間の間に脂質粒子が合一した結果，大きなサイズの粒子が生じたものと判断できる．なお，通

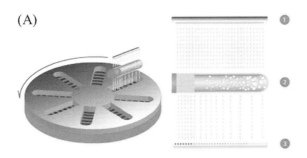

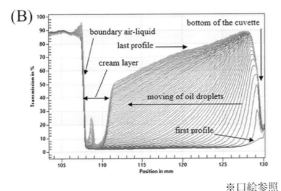

※口絵参照

図5 ルミサイザー装置によるエマルションのクリーミング評価

(A)ルミサイザーの基本的構成．①光源，②サンプルの詰まった遠心チューブ，③センサー（検出器）．文献7)より引用．
(B)ヘスペリジンを溶解した大豆油を乳化して調製したエマルションの分析結果．遠心操作を始めて一定時間後のスキャンデータを重ね書きしている．文献6)より引用．

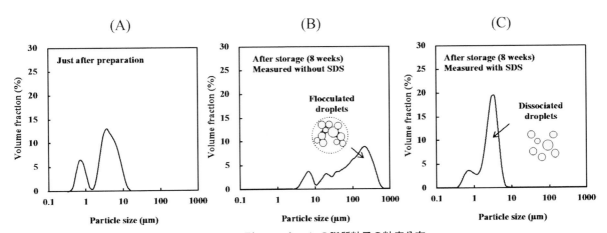

図6 O/W型エマルションの脂質粒子の粒度分布

大豆タンパク質で大豆油を乳化した．(A)調製直後のエマルション（純水にて希釈），(B)調製から8週間後のエマルション（純水にて希釈），(C)調製から8週間後のエマルション（SDS溶液で希釈）．文献9)より引用．

常の食品エマルションに含まれる脂質粒子はμm〜mmの範囲にあるので，レーザー回折式粒度分布計で測定するのが最も適当であるが，ナノサイズの脂質粒子が形成されていると想定される場合は，光散乱法を用いる。そのうち，動的光散乱法については，本書第2編第1章第2節で解説されている。

図6のような粒度分布図のデータから平均粒子径を算出することができる。平均粒子径には何種類かあるが，食品系でよく用いられるのは面積平均粒子径 $d_{3,2}$ と体積平均粒子径 $d_{4,3}$ である。調製直後のエマルションの場合には，乳化力を判定することが重要で，そのため，どれくらいの面積（界面積）が産み出されるかがポイントなってくるため，粒子サイズの評価に $d_{3,2}$ が，通常，用いられる。一方，$d_{4,3}$ は大きな粒子サイズの出現を鋭敏に表すので，製造後の時間経過による凝集や合一を評価するために用いられる。そのため，凝集や合一がどの程度，進行しているのか表現するためには，時間経過に対して $d_{4,3}$ をプロットするのが一般的である。

エマルションの脂質粒子やサスペンションの粒子のサイズを解析する手法として，もう1つ有力なのは顕微鏡観察である。通常のエマルションの脂質粒子のサイズであれば，光学顕微鏡による観察が迅速かつ簡易である。観察にあたっては，十分に希釈することが必要で，得られた観察像からソフトウェアを用いて粒度分布を計算する。現在では，市販のあるいは無料のソフトウェアが利用可能である。ナノサイズの粒子を観察するためには，電子顕微鏡による観察が有力となるが，観察までの操作が煩雑で時間を要する。このほか，食品分野で頻用される手法には共焦点レーザー顕微鏡がある。この顕微鏡は，レーザーラマン顕微鏡や電子顕微鏡とともに，粒子のサイズの評価を目的とするのではなく，粒子の形態を観察し，その粒子表面の吸着物や粒子を取り囲むネットワークの観察に用いられることが多い。

3.2.2 重要因子の影響および解析

表1によると凝集に大きく影響を与える因子として，連続相のレオロジーがある。クリーミングの抑制同様，増粘効果をもつハイドロコロイドが添加されることが多い。しかし，それは濃度によっては凝集を促進する場合があり注意を要する。このことに関しては，本項目の最後で論じる。

その他の因子として静電的相互作用と立体的相互作用がある[2]。一般的には，静電的反発力が強いほど，粒子は安定して分散できる。静電的反発力の指標としてゼータ電位を測定するが，その原理・手法については本書第2編第3章第3節に詳しい。タンパク質は酸性アミノ酸と塩基性アミノ酸を含むので，タンパク質の凝集物を含むサスペンションや脂質粒子にタンパク質の吸着層をもつエマルションの場合，等電点から離れたpHでは，タンパク質が正あるいは負に帯電することから，粒子に静電的反発力が生まれる。タンパク質は高分子であるので，立体的相互作用という因子としても脂質粒子の凝集の抑制に寄与する。すなわち，表面にタンパク質が吸着した2個の脂質粒子が接近した場合に，表面に吸着しているタンパク質のポリペプチド鎖が相互侵入し重なり合う。そうなると鎖の取り得るコンフォメーションの数が制限されることからエントロピー弾性による反発が生まれるとともに，相互侵入した部分では高分子鎖の濃度が高くなるため，浸透圧によって分散相から溶液が流れ込む効果によって粒子が引き離される。

多糖類も乳化剤として使用される場合がある。その代表例がアラビアガム[10]や水溶性大豆多糖類（SSPS）[11]である。これらの多糖類の分子鎖には，ガラクツロン酸などの電荷をもつ糖類が含まれ，またペプチドも多糖類鎖に共有結合している。油とこれらの多糖類を混合した場合には，ペプチド部分で油相に吸着するとともに，多糖類鎖は水相に突き出し，その静電的反発力と立体的相互作用による反発力で脂質粒子を安定的に分散させる。図7の左側は，SSPSで安定化した脂質粒子にセルラーゼやペクチナーゼなど糖鎖を分解する酵素を作用させ，その脂質粒子のサイズの変化を動的光散乱法で追跡したものである[12]。10分までに粒子径が急激に減少しているが，これは吸着しているSSPSの多糖類鎖が分解された結果であると考えられ，その減少量から吸着層（多糖類鎖）の厚さを見積もることができる。その後，急激な粒子径の上昇が見られるが，これは脂質粒子を保護していた厚い多糖類鎖が失われたため急速に粒子の凝集あるいは合一が起こったためである。多糖類層の厚さは，SSPSのタイプ（製造法によってさまざまなタイプがある）によって異なるが，おおむね30〜60 nmと計算された。最も吸着相の薄いSSPS-Lタイプの脂質粒子表面の構造の模式図が右側の図となる[11]。

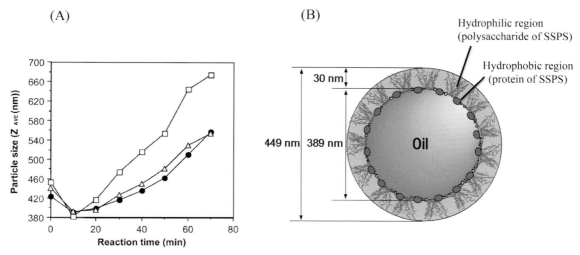

図7 脂質粒子表面における SSPS の吸着層の厚さ
(A)SSPS で乳化した脂質粒子にペクチナーゼを作用させたときの粒子径の変化。文献12)より引用。グラフのシンボルは SSPS のタイプの違いを表す。(□：SSPS-M，(△)：SSPS-H，(●)：SSPS-L。
(B)脂質粒子表面における SSPS の吸着層の模式図。文献11)より引用。

タンパク質あるいはペプチドを共有結合した天然の多糖類を乳化剤として利用するほかに，食品ではタンパク質と多糖類(基本的にタンパク質を含まない)ものの複合体を乳化剤として利用する例も多く見られる。2通りの方法があり，いったんタンパク質で脂質を乳化し，そこに後で多糖類を添加する方法と，予めタンパク質と多糖類から複合体を形成し，それを乳化剤として利用する方法である。前者の手法については，本項目の最後で述べる。タンパク質と多糖類の複合体を形成し乳化する方法は数多くの例があるが，最近，筆者のグループでも乳清タンパク質と多糖類であるザンタン(xanthan)を予め複合体化し，脂質を乳化し，その脂質粒子の安定性を pH 4 の条件下で評価した[13]。その結果，脂質粒子の平均粒子径($d_{4,3}$)は，調製直後の 50.44 ± 2.42 μm から 28 日後には 54.2 ± 1.02 μm と，わずかに上昇したものの，ほとんど変化はなく，極めて高い安定性を示した(光学顕微鏡の観察結果は図 8(A))。なお，乳清タンパク質で乳化した脂質粒子は pH 4 では通常安定性が非常に悪く，実際に本結果でも，元の4倍以上に $d_{4,3}$ は増加していた(図 8(A))。乳清タンパク質単独あるいはザンタンとの複合体で乳化した脂質粒子の電子顕微鏡写真を図 8(B)に示す。上図では，タンパク質粒子のみの吸着が見られるのに対し，下図では，複合体の鎖のネットワークが脂質粒子表面に吸着しているのが観察される。

タンパク質で乳化した脂質粒子に後で多糖類を添加する目的は，上で述べたように，水相の粘度を上げるため，もう1つはタンパク質の周りに厚い吸着層を形成させ立体反発力を強めるためである。吸着した多糖類鎖の大きな水和力も反発力に貢献する。多糖類の添加によって，水相の増粘と吸着相の立体反発力の強化の両方が同時に達成される場合もあるが，通常は，増粘効果を期待する場合は，デンプンや各種の増粘多糖類，立体反発力の強化の場合は荷電を多く有するペクチン等を使用する。両方の使い方で注意すべきは添加濃度である。増粘目的での使用の場合，増粘多糖類の添加濃度が少ないと枯渇凝集が生じ，吸着相の立体反発力強化の目的で荷電性多糖類を添加する場合は，添加濃度が少ないと橋架け凝集が起こる。枯渇凝集，橋架け凝集については，第1編第3章第2節に詳しいのでそちらを参照されたい。いずれの場合も十分な量の多糖類を添加することが解決策となる。

3.3 合一と部分合一

本項目では，図で示したような典型的な合一に加えて油脂結晶などを介して生じる部分合一についても述べる。

3.3.1 評価法

乳化粒子の合一がどれくらい進んでいるかは，

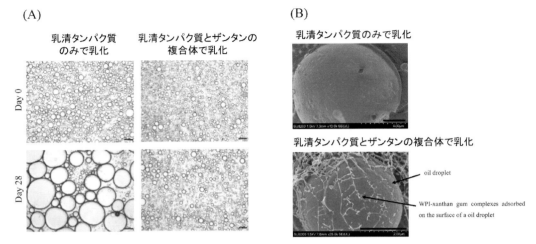

図8 乳清タンパク質とザンタンの複合体による乳化粒子の顕微鏡写真
(A)光学顕微鏡(上段:0日,下段:28日後).(B)電子顕微鏡.乳清タンパク質とザンタンの複合体溶液とキャノーラ油よりエマルションを調製し,光学顕微鏡あるいは電子顕微鏡で脂質粒子を観察した.比較のため乳清タンパク質単独で乳化した脂質粒子の観察も行った.文献13)より引用.

[3.2]で述べたような手法,すなわちレーザー回折散乱法により粒度分布を計測し,そのデータから$d_{4,3}$を算出し,時間に対してプロットすることによって評価できる.凝集を解離させるような処理を行っても,大きさが変化しない粒子は合一によって成長した粒子と見なすことができる.

合一が進むと一部油相の分離が見られることがある.分離した油相は最上部にクリアな層(油層)として観察されることが多いので,その高さを測定することによって,含まれていた油のどれくらいの割合の油が合一によって分離したか見積もることができる.ただ,元々の油含量が低く分離した油層が十分な厚みを持っていない場合など,非常に不正確となる.その点を改善するため,Palanuwechらは,次のような手法を考案した[14].すなわち,一部油層の分離が見られるエマルションの上部に静かに油(通常はエマルション調製に用いたのと同じ油)を載せる.その油には色素を加えておく.エマルションから分離した油層と上に載せた油が融合すると,色素の濃度が低下する.回収した油の吸光度を測定することによって,色素濃度の低下量を算出し,そこから増量した油の量,すなわちエマルションから分離した油の量を求めるという方法である.

上で述べた方法は,通常,サンプルの調製後,ある程度時間をおいた上での変化を観察するものである.それに対し,長時間経過後に起こるであろう合一を,短時間で誘導する加速試験もしばしば行われる.1つの方法は,激しく乳化粒子をかき混ぜることで脂質粒子の衝突頻度を増やし,その合一を促進するという方法である.よく行われるのは,一定の撹拌速度でサンプルエマルションを撹拌し,一定時間毎にサンプリングし,その粒子径サイズの上昇を計測するものである.粒子径サイズの上昇が起こり始める時間を,サンプル毎に比較し,合一に対する安定性の指標とする[3,15].もう1つの方法は遠心法である[3,16].エマルションをチューブに入れた後で遠心分離機において遠心操作をかける.図9に示すように脂質粒子は上方に移動し,密にパッキングされる.遠心力が十分大きい場合には,密にパッキングされた粒子の界面が壊れ,合一が生じ,さらに合一が進むと遊離した油が層となって分離する.遠心時間に伴う脂質粒子系のサイズを測定することにより合一の起こりやすさを評価できる.また,この手法で得られたデータを解析することで脂質粒子の破壊が引き起こされる限界圧を求めることもできる[16].

前段落の方法は,通常のさまざまな粒径の脂質粒子を含むエマルションを使い,流動下で行う実験である.静的な方法を用い,かつ粒子サイズを限定した条件で行う,より基礎的な合一評価として顕微鏡観察を用いた方法がある.その装置の概要を図10に示す[3].この方法では,キャピラリーチューブに入れた油と,水槽の水とを接触させて油水界面を作る.そこにエマルションの脂質粒子を数粒吸着させ

る。キャピラリー中の空気を拡張することにより圧力を脂質粒子にかけ合一を引き起こす。合一が生じる限界キャピラリー圧を求めて合一の起こりやすさ（起こりにくさ）の指標とする方法である。この方法あるいは改良法が合一評価に用いられている[17]。このような基礎的方法と上記の撹拌や遠心操作を伴う加速試験，長時間観察を基本とする評価法を組み合わせることによって，より正確な合一評価が可能になる。

部分合一について最後に述べる。食品中に含まれる脂質は，融点の異なるトリアシルグリセロールの混合物であるので（実際には，その他にもジアシルグリセロール，モノアシルグリセロール，ステロールなども含まれる複雑な成分組成を示す），温度によって，その固体脂含量が変化する。このような脂質を含んだO/W型エマルション中をある温度帯に置いた場合，脂質粒子中のかなりの部分は融点の低い液状の油が占めながら，一部，融点の高い結晶が含まれるといったことも起こり得る。このような場合，油脂結晶は液状油の中に存在するより，油水界面に触れた方がエネルギー的に有利なので，界面，すなわち脂質粒子表面に移動する。この状態で，例えば温度が少し低下するなど油脂結晶の成長を促す条件が整うと，脂質粒子表面上で油脂結晶が粗大化し，脂質粒子が飛びだして，隣の脂質粒子に侵入するということが起こり得る（図11）。これを部分合一という[3]。この状態で，今度は温度が上昇し油脂結晶が融解すると，そこから脂質粒子の本格的な合一に至る。部分合一は，エマルションの良好な分散状態を維持したいという目的からはネガティブな現象である。しかし，ホイップドクリームやアイスクリームの製造中には，部分合一による脂質粒子の結合が，その物性の発現には必須であるので，これらの製品の製造には，むしろ部分合一を促進する成分組成，製法を求めることになる。部分合一現象には，油脂結晶の含量，結晶の成長速度，成長のタイミング，油脂や乳化剤の組成など種々の要素が影響する。

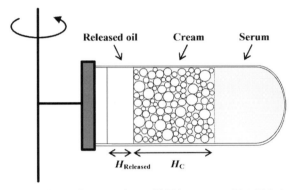

図9 遠心分離により生じる油層とクリーム層の厚さの観察

油層とクリーム層の厚さを観察することにより脂質粒子の合一がどの程度起こっているのか知ることができる。

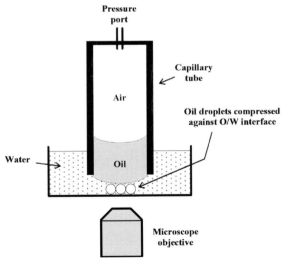

図10 個々の脂質粒子を油水界面（油表面）で圧縮した際の顕微鏡による観察

圧力をだんだん上げてゆき脂質粒子が油水界面と合一した時の圧力を限界キャピラリー圧とする。

3.3.2 重要因子の影響および解析

合一に影響する因子は，吸着層の厚さであり，吸着層のレオロジー（しばしばバルクのレオロジーと区別して界面レオロジーという）である。非常に厚い吸着層を有する脂質粒子は，たとえ吸着層同士が絡み合って脂質粒子の凝集が起こることがあったと

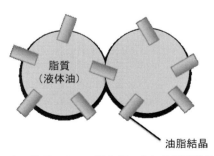

図11 油脂結晶によって引き起こされる脂質粒子の部分合一

しても，脂質表面（油水界面）は接触から遠ざけられているという意味で，合一の起こりにくさに繋がる（表1で吸着層の厚さがフロッグ凝集で重要度2であるのに対し，合一では重要度3であるのは，そういう意味である）。最近，固体粒子やゲルを砕いたミクロゲルによる乳化が盛んに試みられるようになってきた[18]。このうち，固体による乳化はPickering乳化と呼ばれる。このような微粒子を利用した乳化の場合には，脂質粒子表面に数十nmから数百nmという，高分子に比べても巨大な微粒子が存在して厚い吸着層を形成することから極めて合一を起こしにくい。なお，いったん吸着した微粒子を引き離すのに必要なエネルギーは，球状の微粒子を想定した場合，半径の2乗に比例するので，高分子に比べて脱着のために数千倍のエネルギーを必要とする[19]。もう一方の因子である界面レオロジーの測定方法，すなわち界面の粘弾性を測定する手法にはさまざまなものがあるが，それをまとめた総説は多く出ているので，そちらを参照されたい[20]。タンパク質，特に球状のタンパク質（乳清タンパク質や卵白タンパク質）は，脂質粒子表面に吸着した後，二次元的に強く相互作用し，強固なフィルムを形成することから，吸着層は高い粘弾性を示す。そのような吸着層は脂質が密接に接触した際には，強い保護バリアーとなって合一を防ぐことができる。

　油脂結晶はクリーミングや凝集にはほとんど影響を与えないが，部分合一に決定的に重要な役割を果たすということで表1に挙げている。

　最後に乳化剤の影響について述べておきたい。その影響は脂質粒子の合一のみならず，前項目である凝集にも及ぶ。乳化剤，特にO/W型エマルションの製造に利用されるHLBの高い乳化剤は，タンパク質などの高分子に比べて界面活性効果が高いことから，脂質粒子表面において，タンパク質を置換するという効果を持つ[21]。それにより，［3.2.2］の凝集，［3.3.2］の合一に関連して述べられたタンパク質等の高分子に期待される効果は失われることになる。そのことは実験的にも証明されているほか，実際の食品でもタンパク質で乳化した脂質粒子の不安定化が乳化剤によって引き起こされる実例は報告されている[22]。したがって，食品乳化系の安定性を考える場合，タンパク質等の高分子と乳化剤の相互作用，とりわけ界面（脂質粒子表面）における相互作用を念頭に置いた上で検討を加える必要がある。

3.4　オストワルト成長

　字数の制限もありオストワルト成長については，ごく簡単に触れるに止める。オストワルト成長については，脂質成分がある程度水に対して溶解性を示す場合に，小さな脂質粒子から放出された分子が大きな脂質粒子に移動することによって起こる。したがって食品に通常用いられる長鎖脂肪酸のトリアシルグリセロールの場合には，水にはほとんど溶けないので起こりにくく，香料や精油成分，短鎖脂肪酸のトリアシルグリセロールのような水に親和性をもつ油を乳化した場合に問題となるとされている[3]。しかし，長鎖脂肪酸のトリアシルグリセロールでも，その可溶化能（包摂能）に優れた乳化剤ミセルが十分に水相に存在する場合，オストワルト成長が起こる可能性はある。オストワルド成長の可能性が否定できない場合（つまり少しでも水に粒子内の成分が溶解する可能性がある場合），エマルションの粒子径の増大が，合一によるものなのかオストワルド成長によるものなのか実際に区別することはかなり難しいが，粒子径の3乗の変化が経過時間に比例していれば，オストワルド成長が主に関与している可能性が高いといわれている[3]。

3.5　おわりに

　ここまで，食品分散系，特にO/W型エマルションの不安定化を評価する方法，およびそれぞれの不安定化の段階に関わる因子について述べてきた。確認しておきたいことは，食品以外の分散系同様，それぞれの不安定化段階は時系列的に起こるばかりではなく，同時にあるいは一部重なりつつ進行することである。個々の段階における評価法をうまく組み合わせることにより，全体の不安定化に対しての，それぞれの段階の寄与を見積もることができる。例えば，［3.2.1］と［3.3.1］でレーザー回折式粒度分布計を使用する際に，希釈溶媒を選択することにより凝集と合一の寄与を区別して見積もることができるのは，その一例である。

　食品分散系では，構成成分が生体由来の天然物質であることから，外部の環境に反応しやすく分散状態が変化しやすいという特徴がある。分散状態の安定性のタイムスケールは，数秒（分離型ドレッシング等）から数ヵ月（缶や瓶入り飲料等）までさまざまである。問題は，長い分散安定性を求められる製品の場合，その安定性を評価するのに長い観察期間を

要し，それが新たな製品開発の隘路となっていることである．迅速評価のため，加速試験が行わることになるが，その例については，上記でいくつか例を挙げた．

食品に多く含まれるタンパク質やデンプン・多糖類などの高分子は，その高次構造やコンフォメーションの複雑さゆえに，分散系食品の分散安定性や物性に多大な影響を与える．そこにさらに乳化剤が添加されると，これら高分子の吸着挙動等を大きく変化させる．それらがO/W型エマルションの安定性に与える影響については上記で論じたが，その影響を考慮したエマルションの分散安定性評価やそのメカニズムの考察はまだ十分とはいえない．

これらの食品分散系，O/W型エマルションの安定性評価に纏わるいくつかの問題，すなわち，各段階の総合的な評価，長期貯蔵試験の結果と対応した迅速評価，タンパク質等生体高分子の特殊性や乳化剤との相互作用等を考慮した評価，すべてに対応した手法が待たれる．その１つの試みとして，最後に，筆者らの検討例について触れておきたい[23]．

缶コーヒーは自動販売機で長期保存される場合が多く，そこで乳化粒子の分散状態が不安定化し，粒子の凝集・浮上が起こり，受容不可能な品質劣化に繋がる．長期保存を想定した飲料では，静菌性の乳化剤が添加されることが多い．そのことがタンパク質で安定化された脂質粒子を不安定化することが，このような長期保存における品質劣化に繋がることは指摘されてきた．問題は，処方を変化させた時に，その飲料が長期的に安定な分散状態を保てるのかわからないことである．そのため，[3.1.1]で述べたタービスキャンのような機器で，調製後，間もないサンプルを計測し，長期的な安定性を予測したが，測定結果と実際の長期安定性に関連を見出すことはできなかった．そこで，図12のような方法で，このような予測が可能なのか検討を行った．ここでは，凝集，クリーミング，場合によっては合一の評価が同時にできること，また吸着タンパク質による脂質粒子の凝集力評価が可能なところがポイントである．

この方法では，調製直後のエマルションを遠心分離して，クリーム層と水相を得る．ここでは，長期間の保存後に起こるクリーム層の浮上を，短時間で再現するために，大きな重力加速度をかけている．次にこの分離した状態のエマルションに対して，加振を施す．強く上方にパッキングされたクリーム層は，加振されても下層の水相への再分散が起こりにくいため，水相の濁度は上昇しにくい．一方で，弱くパッキングされたクリーム層については，加振によって容易に再分散されることにより，濁度が上昇しやすくなる．以上の原理に基づき，水相の濁度を測定することによりクリーム層のパッキング状態を推定することができる．長期間保存で上層にクリーム層が顕著に観察されるエマルションは，クリーム層がパッキングされやすい性質を持っていると予想されることから，濁度上昇が起こりにくい．一方，クリーム層が生じにくいエマルションについては，パッキング力が弱いと判断され，今回の方法で測定したときに，濁度上昇が起こりやすいと考えられ

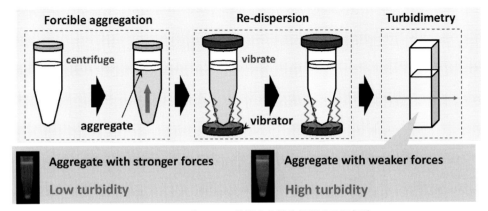

図12　エマルションの長期安定性を予測する評価法

エマルションを遠心し上層に脂質粒子の凝集物であるクリーム層を得る．チューブに加振することによりクリーム層を下方（水層）に分散させる．分散が進むと水層の濁度が上昇する．凝集力の強いクリーム層は濁度の上昇が緩やかな一方，弱いクリームは濁度が速やかに上昇すると予想される．文献23)より引用．

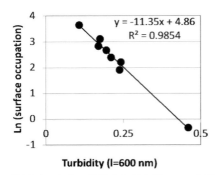

図13 乳飲料の実際の長期安定性と図12の方法で求められた濁度との相関
文献23)より引用。

る．以上の考察に基づき，濁度の上昇のしやすさが高い安定性の指標となると考えた．**図13**に，検証結果を示す．加振後の水相の濁度を横軸にとり，縦軸には45日間保存後の不安定化の指標として，エマルション上部の白い浮揚物の，上面の全体に占める割合を面積比で示す．ここでは，縦軸の値は対数値となっていることに注意されたい．その結果，本方法から求められた濁度は，長期安定性と高い相関を示した．すなわち，筆者らの方法を用いることにより，エマルションの長期安定性を，より正確に予想することができた．本方法のように，調製直後のサンプルを使って，長期保存後の安定性を予測することができれば，新製品の処方や処理条件の検討が速やかに行える可能性があることから商品の開発が加速化できるものと考えている．なお，本法はサスペンションの沈降性，沈降後の凝集力評価にも応用できる[23]．

文　献

1) E. Y. Park et al: *J. Am. Oil Chem. Soc.*, **89**, 477 (2012).
2) E. Dickinson, 西成勝好監訳：食品コロイド入門, 幸書房, 89-136 (1998).
3) D. J. McClements: Food Emulsions (Third edition), CRC Press, 289-382 (2016).
4) M. Gavahian et al.: *Food Hydrocolloids*, **83**, 79 (2018).
5) M. Kowalska et al.: *J. Dispersion Sci. Technol.*, **40**, 192 (2019).
6) H. Niu et al.: *Adv. Colloid Interface Sci.*, **311**, 102813 (2023).
7) I. Szymanska et al.: *J. Dispersion Sci. Technol.*, **41**, 699 (2019).
8) I. Dammak et al.: *J. Food Eng.*, **237**, 33 (2018).
9) J. Sirison et al.: *Food Hydrocolloids*, **141**, 108475 (2023).
10) P. A. Williams and G.O. Phillips (eds. G. O. Phillips and P. A. Williams): Handbook of hydrocolloids (Second edition), Woodhead Publishing, 252-273 (2009).
11) H. Maeda and A. Nakamura (eds. G. O. Phillips and P. A. Williams): Handbook of hydrocolloids (Second edition), Woodhead Publishing, 693-709 (2009).
12) A. Nakamura et al.: *Food Hydrocolloids*, **18**, 795 (2004).
13) S. Matsuyama et al.: *Food Hydrocolloids*, **111**, 106365 (2021).
14) J. R. Paranuwech et al.: *Food Hydrocolloids*, **17**, 55 (2003).
15) E. Dickinson and A. Williams: *Colloids Surf., A*, **88**, 317-326 (1994).
16) S. Tcholakova et al.: *Langmuir*, **21**, 4842 (2005).
17) S. Tcholakova et al.: *Langmuir*, **18**, 8960 (2002).
18) B. S. Muray: *Curr. Opin. Food Sci.*, **27**, 57 (2019).
19) M. Rayner et al.: *Colloids Surf., A*, **458**, 48 (2014).
20) J. Maldonado-Valderrama and J.M. Rodriguez Patino: *Curr. Opin. Colloid Interface Sci.*, **15**, 271-282 (2010).
21) 松村康生, 松村康生, 松宮健太郎, 小川晃弘監修：食品の解明制御技術と応用, シーエムシー出版, 1-11 (2017).
22) K. Matsumiya et al.: *J. Food Eng.*, **96**, 185 (2010).
23) K. Matsumiya et al.: *Food Hydrocolloids*, **34**, 177 (2014).

第6章 バイオ分野

第1節
タンパク質凝集（アミロイド）と疾患

愛媛大学　土江　祐介　　愛媛大学　座古　保

1. タンパク質凝集（アミロイド）の形成

1.1 タンパク質のアミロイド

　タンパク質はアミノ酸がペプチド結合によりつながった高分子鎖であり，これらは通常折り畳み（フォールディング）とよばれるプロセスによって固有の立体構造を形成する。しかしながら，タンパク質の中には温度変化やpH変化などの不安定条件下で構造が壊れ（ミスフォールディング）凝集し，オリゴマーと呼ばれるモノマーの重合体などの中間体を経て，アミロイドもしくはアミロイド線維（フィブリル）と呼ばれる線維状の凝集体を形成するものがある（図1A）[1]。アミロイドは一般的に幅約10～15 nmで長さ約0.1～10 μmの枝分かれのない針状構造を示す。内部構造として，線維軸と垂直にβシートが規則的に積層したクロスβ構造を保持している。クロスβ構造は主鎖のアミド基とカルボニル基間の水素結合によって安定化されている。クロスβを構成するβシートの間隔は約4.7 Åであり，積み重なったβシートの間隔は約10ÅということがX線線維解析により明らかとなっている[1]。

　アミロイドは毒性を持つことが知られており，アルツハイマー病など，さまざまな疾病の原因になると考えられている[1]。これまでに20種類以上のタンパク質やペプチドがアミロイドを形成し，疾病を誘発することがわかっている。これらの疾病は総称してアミロイドーシスと呼ばれる。神経変性疾患は，神経細胞にアミロイドが沈着・蓄積することで引き起こされると考えられている疾患であり，最も有名なものにアルツハイマー病がある。アルツハイマー病はアミロイドβ（Aβ）のアミロイド凝集が主原因と考えられている。そのほかの神経変性疾患として α-シヌクレイン（α-Syn）が関与するパーキンソン病や，ポリグルタミンが関与するポリグルタミン病などがある。上記のような神経変性疾患は脳に限局してアミロイドが沈着・蓄積することから限局性アミロイドーシスと呼ばれる一方，心臓をはじめとする全身のさまざまな臓器にアミロイドが沈着・蓄積するものを全身性アミロイドーシスと呼ぶ[1]。

　これらのアミロイド形成過程はモノマーが重合し，凝集体形成の核やオリゴマーを形成する核形成過程と，核をもととしてアミロイドを形成する伸長過程という2つの段階に大別される（図1A）[1]。核形成過程を経てアミロイドの伸長反応が起こるまでの時間を一般的にラグタイムと呼ぶ。核が形成されると，次いでモノマーが次々に結合していくため，伸長反応は迅速に進行する。アミロイド形成では，疎水性相互作用のほか，水素結合などさまざまな相互作用が重要な役割を果たしている[2]。

1.2 アミロイド検出

　疾病の原因となるアミロイドを検出するために，さまざまな方法が開発されてきた[3,4]。一般的には，チオフラビンT（Thioflavin T：ThT）やコンゴレッド（Congo Red：CR）という化合物が用いられる（図1B）。ThTはアミロイドに特有の積層βシートに特異的に結合し蛍光を発する。ThTのベンジルアミン環とベンゾチアゾール環は炭素–炭素結合により連結しており，この結合間で自由に回転することができ，この回転により励起光によって励起された状態が急速に消滅し，遊離ThTの蛍光は低下する。一方で，この炭素–炭素結合間の回転が阻害されるとThTは励起状態を保持し，高い蛍光量子収率をもたらす。このため450 nmの励起光を照射すると，アミロイドと結合しているときのみ480 nm

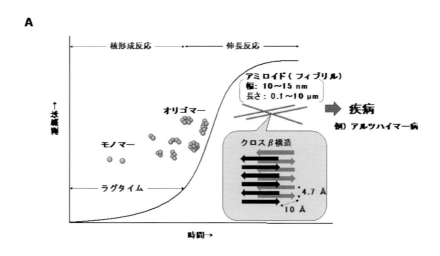

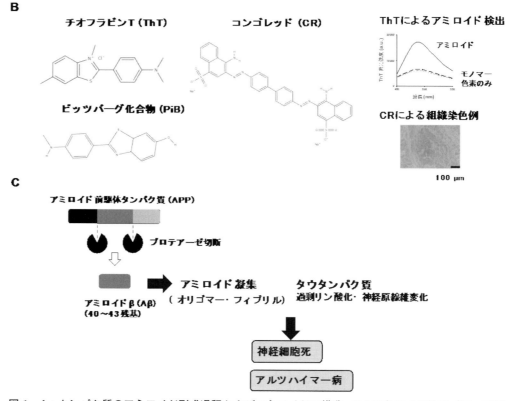

図1 A：タンパク質のアミロイド形成過程およびアミロイドの構造，B：アミロイド検出プローブ例（ThT，CR，PiB），ThTによるアミロイド検出例，CRによる組織染色例(文献15)より），C：アミロイド仮説

付近の蛍光を発し，この蛍光強度によりアミロイドの形成量を評価できる(図1B)[4]。CRの場合，アミロイドに結合することで，吸収スペクトルが490 nmから540 nmにシフトする。CRは，ベンジジン構造および帯電した末端基とアミロイドとの疎水性相互作用，静電的相互作用の組み合わせにより，アミロイドに結合すると考えられている。CRによりアミロイドは赤色に染まるため，主に組織染色に用いられる(図1B)。

ThTやCRにより，簡便なアミロイド検出が可能

になっているが，これらは脳には取り込まれず，生体内アミロイド検出には不利である．そこで電荷を持たないベンゾチアゾールを含む中性のThT誘導体が開発され生体内のアミロイド検出に応用されている[4]．代表的な例として，陽電子放射断層撮影法（Positron Emission Tomography：PET）と単一光子放射型コンピューター断層撮影法（Single Photon Emission Computed Tomography：SPECT）などが開発されている．例えば，放射性中性ThT類似体の1つであるピッツバーグ化合物（Pittsburgh Compound-B：PiB）は血液脳関門を非常によく通過することから，ヒトアルツハイマー病患者のPETイメージングへの適用されている（図1B）．特に，これらのThT誘導体は電荷を持つThTよりも高いアミロイド親和性を示す[4]．CR誘導体であるメトキシ-X04もまた動物モデルにおいてアミロイドの多光子生体内イメージングに適用されている．さらに最近では，PiBよりも長寿命でスチルベン誘導体であるF-labeled FlorbetapirがPETイメージング用に開発された[4]．

新規なアミロイドプローブも開発されている．近年，発光共役ポリチオフェン（Luminescent Conjugate Polythiophene：LCP）と発光共役オリゴチオフェン（Luminescent Conjugate Oligothiophene：LCO）がアミロイド構造特異的プローブとして用いることができることが報告された[4]．ThTやCRと比較して，LCPやLCOは柔軟な骨格を示し，アミロイドに結合した際に特有のスペクトル変化を示す．最近の研究により，アミロイドには多様な構造が存在することが明らかとなっているが，従来のプローブではその差異を認識できない場合が多い．これに対して，LCP/LCOはこれらの違いを認識することができたため，アミロイド研究において強力なツールになりうる．LCP/LCOを用いたアミロイド検出の詳細については［2.3］で後述する．

簡便にアミロイドを検出する方法として，金ナノ粒子（AuNP）を用いた方法も開発された[4]．抗体やDNAアプタマーなどで修飾されたAuNPがアミロイドに結合することで凝集・沈殿し，それを目視により観察することで，Aβやプリオンタンパク質のアミロイド検出が可能になる．

1.3 アミロイド仮説

アルツハイマー病などの神経変性疾患の発症機構において，アミロイドが原因とされる，アミロイド仮説が提案されている（図1C）[5]．ここで「仮説」とあるように，未だ拡張・修正がされており，未解明のことも多い．アルツハイマー病においては，Aβがアミロイド前駆体タンパク質（Amyloid-beta Precursor Protein：APP）からプロテアーゼによる切断によって生成することがきっかけになると考えられている．Aβは主に40〜43残基の長さで切断され，特にAβ42は凝集する傾向が強いことから疾病に大きく関与するものとして問題視されている．典型的なアルツハイマー病患者の脳にはAβのアミロイドが組織沈着している．また，微小管関連白質タンパク質の一種であるタウタンパク質が，何らかの要因で過剰リン酸化されると微小管から離れ，アミロイドを形成し神経細胞が破壊され，疾病が進行する．また，近年では，アミロイドの前駆体である可溶性オリゴマーが強い毒性を持ち，疾病の主な原因であるという説が提唱されている[6]．オリゴマーは，2個から数十個で構成される凝集過程の中間体であり，高い毒性を示す．また神経細胞やシナプス消滅，認知機能障害レベルと相関関係があり，またアルツハイマー病の動物モデルでは脳内のアミロイドの沈着が存在しなくても疾患を誘発したということから，アミロイド仮説においては，オリゴマーを含めた仮説に修正されつつある．また興味深いことに，オリゴマーがタウタンパク質の過剰リン酸化を促進・広範囲化することも報告されるなど[5]，アミロイド仮説は今も拡張されている．

2. アミロイドの多様性

2.1 アミロイドの構造多型

タンパク質が凝集することにより形成するアミロイドは，一般的には線維状の構造を示す．しかしながら，詳細に調べてみると，タンパク質アミロイドの形態は一様ではなく，同じタンパク質の場合でも温度やpH，塩などのアミロイド形成条件などにより，異なるアミロイドを形成する場合があることがわかってきた（図2A）[7]．例えばAβはpH 7.4の中性条件と，pH 2.4の酸性条件では異なる構造を持つアミロイドを形成する[8]．pH変化によりタンパク質を構成するアミノ酸の電荷が変化し，アミロイドを形成する際に重要なさまざまな相互作用の仕方に影響が生じ構造が変化したと考えられる．また，低

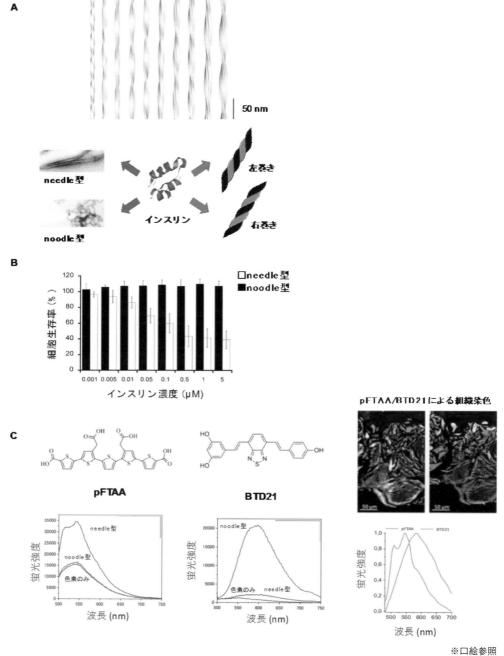

図2 A：アミロイドの構造多型例(上：AL1アミロイド(文献7)より), 下：インスリンアミロイド (needle/noodle型は文献10)より)), B：インスリンアミロイドの毒性多型(文献10)より), C：LCOによるインスリンアミロイドの多型解析(文献14)より)

pHではβストランド間の水素結合が減少し，βシート構造の形成にも影響が生じる。また，免疫グロブリン性アミロイドーシス（ALアミロイドーシス）の原因とされる，AL1ペプチドのアミロイドは，ねじれのピッチや軸対称性が異なる，10種類もの多様な構造を示す[7]。

糖尿病治療に用いられるインスリンは，酸性条件下でアミロイド形成することが以前から知られてい

た[9]。一方，還元剤であるtris (2-carboxyethyl) phosphine (TCEP) 存在下では，異なる構造を持つアミロイドを形成することが報告されている[10]。TCEP非存在下では針状のアミロイド（needle）を形成するのに対して，TCEP存在下では麺状のアミロイド（noodle）が形成された（図2A）。CDスペクトルにより，どちらもβシート構造を有していることが示されたが，ThT蛍光が異なっており，内部構造に差異があることが示唆された。

インスリンはpH条件の違いによっても異なる構造のアミロイドを形成する[11]。振動円二色性（Vibrational Circular Dichroism：VCD）スペクトルで形成したアミロイドを調べてみると，pH 1.3〜2.1では右巻きのアミロイドが生成するのに対し，pH 2.4〜3.1では左巻きのアミロイドが生成しており，pHによってキラリティが異なるアミロイドが形成されることがわかった（図2A）。このようなキラリティはアミロイド形成の初期段階ですでに確立され，これらが伸長することでキラリティの異なるアミロイドが形成したと考えられる。興味深いことにAβも異なるキラリティを有する構造多型を示す[12]。試験管内で生成したAβアミロイドは左巻きであったが生体内で形成したアミロイドは右巻きであった。さらに，生体内で形成した右巻きのアミロイドの方がより強いプロテアーゼ耐性を持っていた。このようなアミロイド多型も疾患の原因解明を困難にしている要因の1つであろう。

2.2 アミロイドの毒性多型

アミロイドは細胞毒性を有することでさまざまな疾病を誘発する。Aβアミロイドは脳組織に対して毒性を示すことで，認知症の主な原因であるアルツハイマー病などを引き起こすと考えられている。一方，アミロイドは，毒性においても多型を示す場合がある。上述のように，インスリンは還元剤であるTCEPの有無により，needleタイプとnoodleタイプのアミロイドが形成されるが，興味深いことに，needleタイプが毒性を示したのに対して，noodleタイプは毒性をほとんど示さなかった（図2B）[10]。また，β2ミクログロブリンも同様に高毒性のneedleタイプと低毒性のnoodleタイプのアミロイドを形成する[13]。このことは，同じタンパク質から生成したアミロイドにおいても，構造多型および毒性多型を示すことを意味する。

さらに，糖尿病治療に用いられるインスリン製剤に使用されるインスリンアナログにおいてもアミロイドを形成し，高毒性のアミロイドと低毒性のアミロイドの毒性多型が存在することがわかった[14]。インスリンアナログはヒトインスリンのアミノ酸配列が改変されたり修飾基が加えられたりしており，これらの違いにより形成するアミロイドの構造および毒性が異なることが示唆された。近年，インスリン製剤の局所注入部位に，インスリンのアミロイドを含む腫瘍（インスリンボール）を形成する場合があることが報告されている[15]。インスリンボール存在下では血糖値コントロールに難がある場合があり，問題視されている。また周辺細胞の壊死などの悪影響を及ぼすこともあるなど，アミロイドの毒性との相関が示唆されている。インスリンボールにおいても，毒性がある場合とそうでないものがあり，生体内で生成するアミロイドにおいても毒性多型が存在する[15]。

上述のように，アルツハイマー病などの疾患の発症には，毒性のオリゴマーが深く関わっていると考えられているが，そのオリゴマーにも多型がある。オリゴマーは2量体を最小単位とし，さまざまな大きさの重合体が存在する[5,6,12]。オリゴマーはその重合度によっても毒性メカニズムが異なる。また，大きさが同様のオリゴマーでも，抗体による認識が異なることもあるなど，その構造は多様であり，治療薬の開発を困難にする原因の1つであると考えられる。

2.3 新規アミロイドプローブによる多型分析

これまで，アミロイドの構造多型は電子顕微鏡や原子間力顕微鏡などを用いて観察されてきたが，生体組織内のアミロイド多型を解析することは困難である。そのため，蛍光プローブを用いた高感度かつアミロイド多型解析可能な手法の開発が求められていた。それに対して，近年，LCPやLCOを用いたアミロイド分析方法が開発されている（図2C）[4,16]。LCP・LCOはねじれ可能なチオフェン骨格を持ち，この骨格の立体構造がアミロイドとの結合により制限されると，フリーな状態とは異なる発光がチオフェン誘導体から観察される。ThTやCRと比較して，LCP・LCOは特定の分子の立体構造に対応した光学特性を示し，アミロイドの構造状態を反映したスペクトルを得ることが可能となる[17]。例えば，

Aβアミロイドを静置条件と撹拌条件で形成した場合，ThTではアミロイドが形成していることはわかるが，その2つは区別できない。しかし，LCPの一種であるtPTTのスペクトルでは差異があり，構造の違いが示唆された[17]。また重要なことに，LCP・LCOは疾病モデルマウスの脳で形成したAβアミロイドやAβオリゴマーの構造多型を識別することができた。また，2つの異なるマウス適応プリオン株由来のプリオン凝集体の蛍光スペクトルが異なっていたことから，これらの構造に差異があることが初めて明らかとなった[18]。これらの結果は，LCP・LCOが生体内外におけるアミロイド多型解析検出に強力な蛍光プローブとして利用可能であることを示唆している。また，例えば2つのLCOを組み合わせることで，さらに精密に構造多型を区別し，AFMやTEMによって同定された多型と関連付けることも可能となる[19]。

LCP・LCOは毒性の異なるインスリンアミロイド多型も認識可能であった。従来のアミロイドプローブであるThTやCRは，還元剤存在下で生成する，インスリンのnoodle型アミロイドには結合は弱く，これらのプローブでは検出は難しかった。一方で，LCPの1種の酢酸ポリチオフェン（PTAA）は，noodle型アミロイドにも結合し，高い蛍光を示した[13]。興味深いことに，PTAAはneedle型とnoodle型アミロイドでは異なるスペクトルを示し，needle型の方がより長波長側にシフトしていた。needle型に結合したPTAAはより規則正しい構造を取っていることを示唆しており，アミロイド構造の差異を反映していると考えられる。また，LCOの一種であるpFTAAは毒性の高いneedle型のみに，BTD21は低毒性noodle型のみに結合し高い蛍光を示すことから，これらのプローブによりアミロイドの構造・毒性多型を識別できることがわかった（図2C）[14]。実際のインスリンボールの組織切片においても，これらのアミロイドプローブで染め分けることができており，生体内アミロイドの多型解析に有用であろう。

3. アミロイドと液−液相分離

3.1 液−液相分離

近年，アミロイドと液−液相分離（Liquid-Liquid Phase Separation：LLPS）の関わりが注目されている[20,21]。液−液相分離とは，溶液が均質に混ざり合わず，2相に分離する現象のことである。複数の物質が存在しているとき，混じり合うよりも2相に分離した方が安定な場合は相分離する。この界面には仕切りはなく，水分子や物質は界面を自由に行き来できる。細胞内においても，膜がないにもかかわらずタンパク質や核酸が濃縮した領域が存在する（図3A）。これらは「膜がないオルガネラ」と呼ばれ，LLPSにより形成する。球状になった集合体は液滴，ドロプレット，コアセルベートなどと呼ばれる。液滴は10 μm程度の大きさであり，光学顕微鏡等で観察することができる。近年，細胞内にはタンパク質やRNAが高密度に集合してできた液滴が多く存在し，複雑な生化学的反応を効率的に起こす場として機能するなど，重要な働きをしていることが明らかとなってきた[20]。

LLPSを起こすタンパク質の例として，RNA結合タンパク質の1つであるFUS（RNA-binding protein fused in sarcoma）が挙げられる。FUSは核内でDNA修復やRNA合成を行っており，固有の構造を持たない低複雑性ドメイン（Low Complexity Domain：LCD）を有する天然変性タンパク質である。細胞内には多くの天然変性タンパク質が存在するが，多様な構造をとることで，さまざまな分子と相互作用できる。また天然変性タンパク質は核酸とともに液滴を形成し，遺伝子の発現制御に重要な働きをしていると考えられている。FUSは高濃度条件下でゲル状の液滴を形成するが，その内部にはLCDによるクロスβ構造が存在し，液滴内でアミロイドを形成していることが示唆された[21]。これが筋萎縮性側索硬化症の原因になるのではとされている。また，hnRNPA1，hnRNPA2などのLCDを有するRNA結合タンパク質も同様に液滴およびアミロイドを形成するため[21]，これらはLCDを有するタンパク質に共通の特徴だと考えられる。

3.2 アミロイドと液−液相分離

ほかにも，アミロイドを形成するさまざまなタンパク質が液滴を形成する。パーキンソン病の原因タンパク質と考えられているα-Synのアミロイド凝集においてもLLPSが重要である[22]。α-Synは生理的条件下ではLLPSを起こさないが，pH変化，温度変化，局所濃度の上昇などにより液滴を形成する。液滴形成初期ではほとんど単量体によって液滴が形

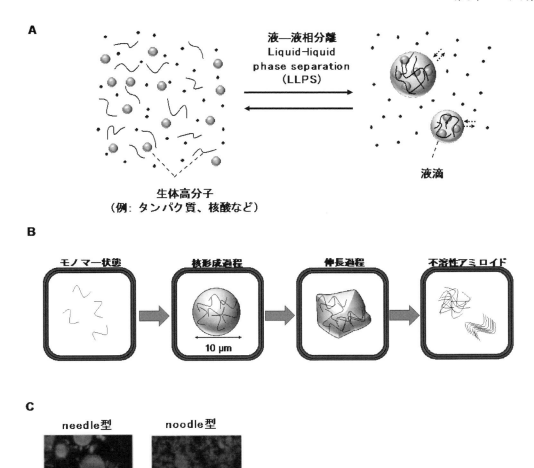

図3 A：液-液相分離(LLPS)による液滴形成，B：液滴内でのアミロイド形成，C：needle型インスリンアミロイドによる液滴形成(文献23)より)

成されており，タンパク質による弱い分子間相互作用により液滴が形成されている。その後，液滴内でアミロイドが生成され，流動性を失いゲル化してくる(図3B)。また，インスリンもアミロイド形成過程で液滴を形成する[23]。興味深いことに，液滴は毒性の高いneedle型のアミロイドの形成過程でのみ観察され，LLPSと毒性発現機構の相関が示唆されている(図3C)。

アルツハイマー病におけるアミロイド仮説においても，LLPSの関与が明らかになりつつある。神経原線維変化に重要なタウタンパク質は，疾病患者と同様の条件下(リン酸化など)で液滴を形成し，さらに液滴内でアミロイドを形成することがわかった[21]。タウタンパク質はLCDを持たないが，高電荷タンパク質であり，正電荷と負電荷のタンパク質領域間の分子間相互作用である静電的な引力によってLLPSが引き起こされたと考えられる。

LLPSにおいて重要な相互作用の1つは静電相互作用である。needle型インスリンによる液滴形成においても，静電相互作用が重要な役割を果たしていることが示されている[23]。ほかにもカチオン-π相互作用やπ-π相互作用，疎水性相互作用などの相互作用によっても促進されると考えられている。これらの相互作用は，イオン強度，pHなどを変化さ

せたときの影響や，1,6-ヘキサンジオールのような疎水性試薬，高分子試薬などの添加の影響を調べることにより評価できる[23-25]。

このように，アミロイド形成および毒性機構にLLPSが関わることが明らかになりつつある。一方で，液滴を形成しないアミロイド凝集も存在し，その相関については不明な点も多い。また他の液滴内反応と関係している可能性もあり，今後，これらの生体内環境を考慮したアプローチが重要となるであろう。

文献

1) F. Chiti and C. M. Dobson: *Annu. Rev. Biochem.*, **86**, 27 (2017).
2) J. Wang et al.: *Chem. Soc. Rev.*, **45**, 5589 (2016).
3) M. Groenning: *J. Chem. Biol.*, **3**, 1 (2010).
4) T. Zako and M. Maeda: *Biomater. Sci.*, **2**, 951 (2014).
5) D. J. Selkoe and J. Hardy: *EMBO Mol. Med.*, **8**, 595 (2016).
6) M. Sakono and T. Zako: *FEBS J.*, **277**, 1348 (2010).
7) W. Close et al.: *Nat. Commun.*, **9**, 699 (7p) (2018).
8) A. T. Petkova et al.: *J. Mol. Biol.*, **335**, 247 (2004).
9) J. Brange et al.: *J. Pharm. Sci.*, **86**, 517 (1997).
10) T. Zako et al.: *Biophys., J.*, **96**, 3331 (2009).
11) D. Kurouski et al.: *Chem. Commun.*, **46**, 7154 (2010).
12) S. Li and D. J. Selkoe: *J. Neurochem.*, **154**, 583 (2020).
13) T. Zako et al.: *ChemBioChem*, **13**, 358 (2012).
14) K. Yuzu et al.: *RSC Adv.*, **10**, 37721 (2020).
15) K. Iwaya et al.: *BMC Endocr. Disord.*, **19**, 61 (6p) (2019).
16) T. Klingstedt et al.: *Chem. - A Eur. J.*, **19**, 10179 (2013).
17) A. Herland et al.: *ACS Chem. Biol.*, **2**, 553 (2007).
18) K. Magnusson et al.: *Prion*, **8**, 319 (2014).
19) M. Fändrich et al.: *J. Intern. Med.*, **283**, 218 (2018).
20) S. F. Banani et al.: *Nat. Rev. Mol. Cell Biol.*, **18**, 285 (2017).
21) M. Fuxreiter and M. Vendruscolo: *Nat. Cell Biol.*, **23**, 587 (2021).
22) S. Ray et al.: *Nat. Chem.*, **12**, 705 (2020).
23) W. Mori et al.: *Sci. Rep.*, **12**, 8556 (15p) (2022).
24) W. M. Babinchak and W. K. Surewicz: *J. Mol. Biol.*, **432**, 1910 (2020).
25) K. Shiraki et al.: *Biophys. Rev.*, **12**, 587 (2020).

第6章 バイオ分野

第2節
タンパク質凝集抑制剤としてのアルギニンの応用

筑波大学　白木　賢太郎

1. タンパク質の凝集を抑制する添加剤

　タンパク質はアミノ酸がペプチド結合した高分子であり，通常は固有の天然構造を形成して水溶液中に分散した状態になっている。しかし，タンパク質の天然構造はそれほど安定ではなく，加熱したりpHを酸性やアルカリ性にしたりする程度でも立体構造が壊れてしまう。その結果，タンパク質の分子の間で相互作用し，肉眼でも見えるような白濁やゲルのような状態に変化してしまう。タンパク質の凝集はアミノ酸や無機イオンなどを用いてかなり合理的な制御が可能になってきた[1,2]。表1にタンパク質の凝集に影響を及ぼす添加剤と，典型的な使用濃度，メカニズムを整理している。

　添加剤として広く用いられているものとして塩がある。例えば，塩化ナトリウムを水溶液に溶かすとナトリウムイオンと塩化物イオンに分かれる。その結果，水溶液中に含まれるタンパク質の間に働く静電相互作用を防ぐ働きがある。もしタンパク質分子の間にプラスとマイナスの静電相互作用が働いており，それが凝集の原因になっているとすれば，その相互作用が弱められることで凝集が防がれるのである。ふつうタンパク質溶液に塩を加えることで静電遮へい効果が得られるにはせいぜい50 mMも添加すれば十分である。

　塩の中には塩溶や塩析の作用が現れるものがある。例えば硫酸アンモニウム（硫安）を水に溶かすと硫酸イオンとアンモニウムイオンになる。これらは通常のイオンとして静電遮蔽効果を及ぼすだけでなく，イオンの種類によってタンパク質への相互作用のしやすさが異なるのである。硫酸イオンはそれ自体が水になじみやすいので，タンパク質を水溶液から排除する働きになる。これが塩析といわれる原理である。塩析させやすい塩はタンパク質の立体構造も安定化させる。糖質も同様に，タンパク質溶液に添加するとタンパク質を析出させる働きとして現れる。

　グルコースのような糖質は，それ自身が水にとてもなじみやすい性質がある。その結果，水溶液中にタンパク質が共存している場合にはタンパク質分子

表1　タンパク質の凝集に影響する添加剤剤果

添加剤	典型的な濃度	影響する主な相互作用	備考
アルギニン	0.5 M	カチオン-π	（欠点が少ない）
塩	50 mM	静電	静電遮蔽効果
チオシアン酸ナトリウム	1 M	静電，疎水	塩溶
硫酸アンモニウム	1 M	静電	塩析
塩酸グアニジン	1 M	静電，疎水	変性作用
尿素	2 M	静電，疎水，水素結合	変性作用
アルギニンエチルエステル	0.1 M	カチオン-π	変性作用
グルコース	1.0 M	相互作用全体	析出作用

間の相互作用をむしろ促すことになる。タンパク質の濃度が低い場合には，糖質を添加すると天然構造を安定化させる働きになる。このような糖質の効果が得られるためには比較的高濃度が必要で，0.5 Mから1 M程度は添加する必要がある。

尿素は疎水性分子と水とをなじませる性質があるため，タンパク質分子間の相互作用を弱めることで凝集を防ぐことができる。しかし，尿素はタンパク質の変性剤と呼ばれることもあるように，高濃度になるとタンパク質分子内の相互作用も弱めてタンパク質の立体構造を壊す働きになる。尿素によるタンパク質の変性作用が得られるまでには2 Mなど高濃度が必要になる。尿素と類似したタンパク質変性剤として塩酸グアニジンがある。塩酸グアニジンはイオンでもあるため，タンパク質の変性構造とともにイオンとしての静電遮蔽効果も期待できる。タンパク質の立体構造を壊したり，タンパク質分子間の相互作用を弱めたりする働きは，塩酸グアニジンの方が尿素よりも強い。おおむね半分の濃度で塩酸グアニジンは尿素と同程度のタンパク質構造の変性作用がある。

2. アルギニンによるタンパク質凝集の抑制

アルギニンは天然アミノ酸の一種であり，添加剤として利用するとタンパク質の凝集を防ぐ働きが見られる。**図1**にアルギニンの化学構造を示す。アルギニンの側鎖には大きな平面性のあるグアニジニウム基がある。グアニジニウム基はpK_aが約12であり中性条件ではプラス電荷を持つ。メチレン基を介してアミノ酸の主鎖の構造であるアミノ基とカルボキシ基がある。アミノ基はpK_aが約9であり，この残基も中性条件ではプラス電荷を持つが，カルボキシ基はpK_aが約2であり，中性条件ではマイナス電荷を持つ。そのためアルギニンは中性条件では正電荷を持つことになる。

アルギニンを添加剤として使ったとき，タンパク質の凝集を防ぐメカニズムは次のようになる。アルギニンは中性の水溶液中でプラス電荷を持つグアニジニウム基を持ち，この部分がトリプトファンやチロシンなどの芳香族アミノ酸の側鎖とカチオン-π相互作用する性質がある。加熱などによって立体構造が壊れたタンパク質は，疎水性の残基が露出することで凝集しやすくなる。そこには芳香族アミノ酸も含まれているが，アルギニンを添加剤として加えておくことでタンパク質とカチオン-π相互作用し，こういった疎水性相互作用を防ぐというのがシンプルな説明になる[3]。

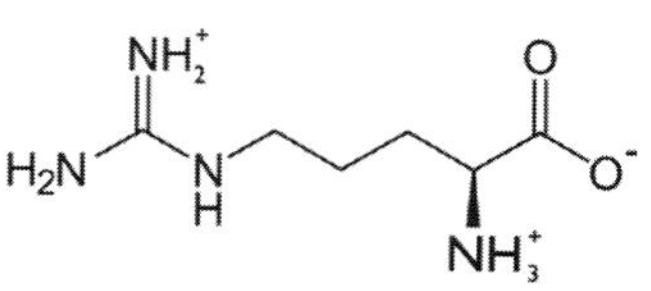

アルギニンの凝集抑制効果は，アルギニンが分子としてプラス電荷を持っている必要がある。アミノ基のpK_aが9なので，例えば，pHを10にまで上げると，アルギニンはタンパク質の凝集を防ぐことができなくなるのである。逆にカルボキシ基をエチル化やメチル化することでカルボキシ基のマイナス電荷をなくすことによって，タンパク質の凝集抑制の効果が強まる[4]。

タンパク質の加熱やpH変化，還元などに伴う凝集を防ぐためにアルギニンを添加するとき，0.5 M程度より高濃度が必要になる。すなわち，アルギニンのグアニジニウムはタンパク質の芳香族アミノ酸と一対一で結合するのではないためである。アルギニン溶液中ではタンパク質分子間の芳香族アミノ酸を含む疎水性相互作用が弱められ，その結果，タンパク質の凝集が防がれるというイメージである。アルギニンとタンパク質との相互作用はかなり弱いため，タンパク質の立体構造を不安定にする働きもかなり弱い。卵白リゾチームに0.5 Mのさまざまな添加剤を加えた実験結果がある[5]。塩酸グアニジンのように疎水性領域を水に馴染ませる働きのある変性剤を加えると，リゾチームの変性温度を5.6℃も下げるが，アルギニンを加えると1.8℃の低下にとどまった。この結果は，アルギニンはタンパク質の変性する働きが弱いということと同時に，タンパク質の天然構造の安定化因子として芳香族アミノ酸は部分的な寄与しかないことも示唆する。

3. アルギニンによる凝集抑制のメカニズム

アルギニンは芳香族アミノ酸とカチオン-π相互作用するということを上述したが，芳香族化合物であればアミノ酸に限らず相互作用する。水溶液中と1 Mのアルギニン溶液中との間の移相自由エネル

図1 アルギニンの化学構造

ギーを測定し，芳香族化合物である核酸塩基がどれだけアルギニンと親和性があるのかを熱力学的に分析した結果がある[6]。5種類の核酸塩基を調べたところ，アデニンは2.4 kJ/mol，グアニンは1.5 kJ/mol，アルギニン溶液に溶けやすいことがわかった。核酸塩基のなかではシトシンやウラシルは最もアルギニンに親和性がないが，それでも水中と比較して1 Mアルギニン溶液中には0.8 kJ/molほど溶けやすいことがわかった。一方，核酸塩基は，側鎖のないグリシン溶液には水と同程度の親和性しかないことがわかった。興味深いことに，塩基性アミノ酸であるリジン溶液は，核酸塩基を溶けやすいわけではない。

水中から1 Mアルギニン溶液中への移相自由エネルギーで比較すると，コーヒーに含まれるカフェ酸で約5 kJ/mol，植物の匂い分子であるクマリンで約2 kJ/mol，アミノ酸のチロシンで約1 kJ/molくらいよく溶ける[7]。

メチルガレートやエチルガレートなどのアルキルガレートを対象に水やアルギニン溶液，界面活性剤であるSDS溶液への溶けやすさを比較した結果がある[8]。その結果，アルキルガレートの水中から1 Mへのアルギニンへの移相自由エネルギーは，アルキル鎖の長さによらず2.5 kJ/mol程度であることがわかった。一方，50 mMのSDS溶液中にはアルキル鎖が長いがレートの方がよく溶けるようになった。すなわち，アルキルガレートの芳香族領域がアルギニンと相互作用し，アルキルガレートのアルキル鎖がSDSと相互作用することがわかった。アルギニンはメチレン基などの疎水性領域よりも芳香環と相互作用しやすいのである。

4. アルギニンの多様な応用例

アルギニンは芳香環とおおむね1 kJ/mol程度の安定性でカチオン-π相互作用するのが特徴である。この程度の相互作用の強さなので，タンパク質の天然構造を壊すこともない。そのため，アルギニンは添加剤として使いやすいのである。アルギニンは天然アミノ酸なので，食べることもでき，当然ながら安全であるのも特徴である。このように安全で安定で安価であるため，アルギニンはいろいろな応用が進められてきている。表2に添加剤としてのアルギニンの応用例を整理している。

添加剤としてのアルギニンの歴史を考えると，最初期の報告として1991年のタンパク質リフォールディングへの応用がある[9]。抗体のFabフラグメントを組み換え体として合成させたあと，封入体として得られたこのタンパク質を尿素で溶かしたあと，リフォールディングさせるときにアルギニンを加えておくと収率が改善するというデータが載せられている。アルギニンの濃度を変えてリフォールディングの収率を調べると，0.4 Mをピークとして収率が高くなったのである。その後，タンパク質を尿素や塩酸グアニジンで可溶化させたあと，段階的にアルギニンに置き換えることで収率を改善する，段階的リフォールディングなどより洗練された方法も提案されてきた。

タンパク質を加熱すると凝集するが，この加熱凝集をアルギニンが抑制するという発見は2002年のことになる[10]。この論文では，10数種類の天然アミノ酸を添加したとき，リゾチームの加熱凝集への

表2 添加剤としてのアルギニンの応用例

応用例	引用文献
リフォールディング収率を改善する	9)
タンパク質の加熱による凝集を防ぐ	10)
加熱熱によるアミノ酸の劣化を防ぐ	11)
芳香族化合物をよく溶かしたり分散させたりする	12,13)
高濃度のタンパク質溶液の粘度を下げる	14,15)
抗体溶液のオパレッセンスを抑制する	18)
タンパク質の結晶化の効率を改善する	19)
固体表面へのタンパク質の吸着を防ぐ	20)

抑制効果を調べているが，アルギニンに最も高い効果が見られることを明らかにしている。全体の傾向を見ると電荷を持つアミノ酸には凝集を防ぐ効果が見られ，非極性側鎖を持つアミノ酸には凝集を防ぐ効果はほとんどなかった。合計8種類のタンパク質に対して加熱に伴う凝集を調べているが，タンパク質の等電点にはよらず，いずれのタンパク質の凝集もアルギニンはよく防ぐ。

ちなみにアルギニンなどのアミン化合物は，タンパク質の加熱に伴う脱アミノ化を防ぐ働きがあることも知られている[11]。芳香族化合物の溶解度を増加させるのは上述通りだが，沈殿した芳香族化合物を再溶解させる働きもある[12]。核酸塩基と相互作用しやすいということは，例えばRNAを解離させる働きにつながるだろう[13]。

タンパク質が高濃度になると粘度が急速に増加する。そのときアルギニンを添加しておくと粘度が低下するタンパク質もある[14]。抗体やアルブミンはアルギニンを添加すると粘度が低下する。具体的な数値としては，250 mg/mLのウシ由来ガンマグロブリンの溶液は，pH 7.4・25°Cでおよそ60 cPの粘度がある。このくらい粘度が高いと注射針から投与するようなことが難しくなる。ここに1 Mのアルギニン塩酸塩を添加すると40 cPにまで低下するのである。塩基性アミノ酸のリシン塩酸塩や，側鎖の小さなアミノ酸であるグリシン，塩化ナトリウムではガンマグロブリンの粘度が低下しない。すなわちメカニズムを考えると，ガンマグロブリンの分子間の芳香環が関係する相互作用によって粘度が増加しているが，そこにアルギニンを添加することで相互作用が弱められて粘度が下がるのだと考えられる。

ウシ血清アルブミンはアルギニン塩酸塩でも塩化ナトリウムでも粘度が低下するので，このタンパク質は静電相互作用によって粘度が高くなっているのだと推測できる[15]。一方で，アルギニンは高濃度のキモトリプシンやα-アミラーゼの溶液の粘度を低下させない[14]。このようなタンパク質は表面の親水性が高く，芳香族アミノ酸が表面にないためにアルギニン働きかけることができないからだろう。

高濃度の抗体溶液を冷蔵庫に入れておくと白濁して見えることがある。オパールのような乳白色に見えることから，こういうタンパク質溶液の状態をオパレッセンスという[16]。この抗体溶液はタンパク質分子間にネットワークのような構造ができて光を散乱させているのだと考えられる[17]。アルギニンやその誘導体は，このようなタンパク質分子間の相互作用を弱めることもできる[18]。

タンパク質の凝集を防ぎ，分子間の相互作用を防ぐ働きを応用すると，タンパク質の結晶化効率を改善する働きにもなる[19]。タンパク質を結晶化させるときにはタンパク質を高濃度の状態にし，沈殿剤となる高分子や塩などを添加しておく。このような条件ではタンパク質は分子間の相互作用が起きるので凝集しやすく，その結果，結晶化になるような均質なタンパク質の立体構造を保つことができなくなると推測できる。リゾチームをモデルに調べた結果，アルギニンを入れておくと凝集を防ぎ，結晶化しやすくなるのである。なお，アルギニンだけでなく，グリシンエチルエステルやスペルミジンなどの他のタイプの凝集抑制剤でも結晶化しやすくなる。

アルギニンは，固体の表面へのタンパク質の吸着を抑制する働きがある。ポリスチレン粒子の表面へのタンパク質の吸着を調べたところ，タンパク質の持つ疎水性の多寡によらずアルギニンを入れておくと吸着が防がれることがわかった[20]。このような働きがあるため，アルギニンを添加しておくことで，例えばカラム樹脂への非特異的な吸着を防ぐような応用法がある[21]。このような固体への吸着の抑制に関してもアルギニンは0.5 Mくらいの濃度が必要になる。

5. アルギニンの欠点と残された課題

アルギニンはタンパク質とそれほど強い働きがないことは，どのような応用例に対しても0.5 M程度の濃度が必要になることからもわかる。この強すぎない作用によって広い応用ができるのだと考えることもできる。一方でアルギニンにも欠点がある。抗体を加熱したときの凝集を抑制できないのである[22]。

抗体を加熱すると，目に見えないサブミクロン程度の凝集体ができる。そのためサブビジブルパーティクルと呼ばれることもある[23]。タンパク質の凝集体は，そのまま分子間で均質につながって成長するのではなく，まずサブミクロン程度のサイズの小さな凝集体ができ，その小さな凝集体が会合して大きくなる[24]。そのため，基礎研究の分野では小さな凝集体のことをスタートアグリゲートと呼ぶこともある[25]。サブミクロン程度の大きさのスタートアグ

リゲートからさらに凝集体が成長し，白濁して肉眼でも見えるようになる。

抗体溶液を加熱したときにもサブビジブルパーティクルができるが，アルギニンを添加しておくと凝集が防がれるどころかむしろ増えるのである[22]。抗体をpH 2の酸性条件にしたときにできるサブビジブルパーティクルも増やす。一方で，アルギニンは抗体の大きな凝集体の形成は防ぐので，抗体の溶液はアルギニンを添加しておくと透明に保たれた状態である。抗体をバイオ医薬品に応用するとき，このような目に見えないサイズの凝集体は毒性があるため問題になるので，このような小さな凝集体も防ぎたいというニーズがある。

アルギニンとメカニズムの異なる物質や，化学構造が異なる物質に凝集抑制効果が見られないか検討を進めている。アラントインは美白効果があるとされ，化粧品などの添加剤として使われる分子である。このアラントインも，タンパク質の凝集を防ぐ働きがあることが最近明らかにされている[26]。アラントインを添加したときの抗体への凝集の抑制の効果が見られるのかを調べたところ，アルギニンよりは改善される。このような新しい凝集抑制剤の探索は，抗体をターゲットにまだ研究の余地はたくさん残されている。

最後に余談として，アルギニンは細胞内で何らかの意味があるのだろうか？ この点について触れておきたいと思う。アルギニンはそもそも凝集を防ぐ働きを示すのは少なくとも0.2 M程度を添加する必要がある。細胞内にはこれほど高濃度のアルギニンは存在しないので，細胞内でタンパク質の凝集を防ぐような役割は担っていないだろうと長年考えてきた。しかし，次の2つの見方によってそう単純ではないと思うようになっている。

まず，凝集抑制剤は1種類のタンパク質を対象に調べたときと比較すると，2種類のタンパク質が含まれた溶液系や，卵白のようなクルードのタンパク質溶液系で調べると，効果がはるかに高まるという結果がある。リゾチームとβラクトグロブリンの2種類のタンパク質の混合した溶液を加熱すると速やかに凝集する。しかし，アルギニンを添加しておくと4桁も凝集速度が遅くなるのである[27]。このような結果から考えて，多種類のタンパク質が含まれる系では凝集を防ぐ働きを示している可能性もある。もう1つは，ATPが細胞内でハイドロトロープとして機能しているという発見がある[28]。細胞内にある10 mM程度のATPがあれば，タンパク質は液-液相分離しにくくなるのである。細胞内のような夾雑系では，タンパク質分子間の相互作用がありふれた物質によって抑制されている可能性があるかもしれない。

文　献

1) K. Iwashita et al.: *Curr. Pharm. Biotechnol.*, **19**, 946 (2018).
2) K. Shiraki et al.: *Biophys. Rev.*, **12**, 587 (2020).
3) T. Miyatake et al.: *Int. J. Biol. Macromol.*, **87**, 563 (2016).
4) K. Shiraki et al.: *Eur. J. Biochem.*, **271**, 3242 (2004).
5) H. Hamada et al.: *Biotechnol. Prog.*, **24**, 436 (2008).
6) A. Hirano et al.: *Arch. Biochem. Biophys.*, **497**, 90 (2010).
7) A. Hirano et al.: *J. Phys. Chem. B*, **117**, 7518 (2013).
8) R. Ariki et al.: *J. Biochem.*, **149**, 389 (2011).
9) J. Buchner and R. Rudolph: *Biotechnology (NY)*, **9**, 157 (1991).
10) K. Shiraki et al.: *J. Biochem.*, **132**, 591 (2002).
11) S. Tomita and K. Shiraki: *Biotechnol. Prog.*, **27**, 855 (2011).
12) A. Hirano A et al.: *J. Phys. Chem. B.*, **114**, 13455 (2010).
13) A. Hirano A et al.: *Arch. Biochem. Biophys.*, **497**, 90 (2010).
14) N. Inoue et al.: *Mol. Pharm.*, **11**, 1889 (2014).
15) N. Inoue et al.: *J. Biosci. Bioeng.*, **117**, 539 (2014).
16) B. A. Salinas et al.: *J. Pharm. Sci.*, **99**, 82 (2010).
17) Y. Nakauchi et al.: *Mol. Pharm.*, **19**, 1160 (2022).
18) S. Oki et al.: *J. Pharm. Sci.*, **111**, 1126 (2022).
19) L. Ito et al.: *Acta Crystallogr. Sect. F.*, **66**, 744 (2010).
20) Y. Shikiya et al.: *PLoS One.*, **13**, e70762 (2013).
21) A. Hirano et al.: *Curr. Protein Pept. Sci.*, **20**, 40 (2019).
22) S. Yoshizawa et al.: *Int. J. Biol. Macromol.*, **104**, 650 (2017).
23) J. F. Carpenter et al.: *J. Pharm. Sci.*, **98**, 1201 (2009).
24) S. Tomita et al.: *Biopolymers*, **95**, 695 (2011).
25) N. Golub et al.: *FEBS Lett.*, **581**, 4223 (2007).
26) S. Nishinami et al.: *Int. J. Biol. Macromol.*, **114**, 497 (2018).
27) S. Oki et al.: *Int. J. Biol. Macromol.*, **107**, 1428 (2018).
28) A. Patel et al.: *Science*, **356**, 753 (2017).

第6章 バイオ分野

第3節
細胞内液−液相分離：核酸，タンパク質の凝集と機能

甲南大学　鶴田　充生　　甲南大学　川内　敬子　　甲南大学　三好　大輔

1. はじめに

　液−液相分離とは，溶液が均一に混ざり合わず，二相以上に分離する現象である（図1(A)）。身近な液−液相分離現象として，ドレッシングなど水と油を激しく混合した際に見られる水中の油滴や，溶岩のようにゆっくりと形を変えて動く様子がユニークなラバランプがある（図1(B)(C)）。近年，細胞内でも核小体やカハールボディなどの脂質膜を持たない構造体（非膜性構造体）が液−液相分離を介して形成されることが明らかになった。これらの生体分子集合体である非膜性構造体は，細胞内に存在する "新しい相" として注目され，次々にその生物学的役割が明らかにされつつある[1-3]。この球状の分子集合体はドロプレットやコンデンセートとも呼ばれる。生体分子のドロプレットは試験管内でも形成される。例えば，合成高分子であるポリエチレングリコール（Polyethylene glycol：PEG）とデキストラン（Dextran：DEX）を，それぞれ10重量％程度になるように混合すると，図1(D)に示すようにPEG相とDEX相に液−液相分離して，ドロプレットを形成する。ポリグルタミン酸と免疫グロブリンG，またはオボアルブミンとリゾチームをそれぞれ混合した場合もドロプレットが形成される[4,5]。この場合では，ポリペプチド鎖同士が相互作用することで，

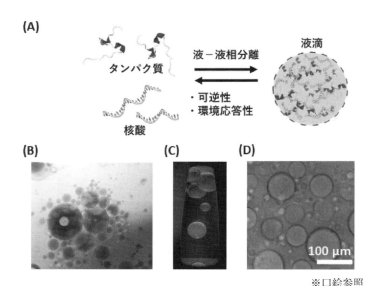

※口絵参照

図1　(A)核酸とタンパク質によって形成されるドロプレットの模式図。(B)水相と油相に分離したサラダドレッシング。(C)加温により油滴が対流するラバランプ。(D)10重量％のPEGと10重量％のDEXによって形成されるドロプレットの顕微鏡図。ドロプレットの内部がDEX濃厚相で，外部がPEG濃厚相となっている

タンパク質が濃縮な相(ドロプレット内部)と希薄な相(ドロプレット外部)に分離する。高分子化学の分野では長く研究されてきた液-液相分離現象であるが，本節では近年注目を集める生体分子の液-液相分離現象について説明する。

2. ドロプレットの形成のメカニズム

溶液中に存在する2種類の分子が相互作用し液-液相分離する場合，図2に示すような相図を描くことができる。相図では，縦軸の反応場の温度やpH，塩の種類や濃度に対して，横軸に2種類の分子の混合比(分子濃度：C)をプロットすると，一相の領域と二相に分離する領域の境界が現れる。境界内部では，分子がドロプレットを形成することで，分子が薄い相($C=C_L$)と濃い相($C=C_D$)へと分離する。図中の条件2と3から平行に引いた線はタイラインという。条件2や3を含めたタイライン上の混合比の条件では，境界線とタイラインの交点がその条件でのドロプレット内の分子の濃度となる。分子の濃度が薄く，ドロプレット形成に必要な最低限の濃度(C_{sat})に達しない場合では，条件1のように均質に混ざりあう。条件2と3は，液-液相分離を誘起する条件である。条件2では，濃縮相が占める体積の割合が希薄相よりも低いが，条件3では濃縮相の占める体積割合が希薄相よりも高い状態である。

条件4のように溶液内の分子濃度がC_Dよりも高くなった場合，液-液相分離は誘起されず，単一な相である状態が維持される。相図を作成することで，分子の結合価や化学的な特性がドロプレットの形成に対してどの程度の影響を与えるのかを示すことができる。

3. 生体分子によるドロプレットの物性と機能

ドロプレットは，ゲルや凝集体と異なる特徴的な物性を有する。第一の特徴に，その形成と解離が可逆的である点がある(図3(A))。また，ドロプレットには膜がないことから，相間(ドロプレット内外)で分子が比較的自由に移動できる。このとき，ドロプレットの内部に反応に必要な分子のみを取り込み濃縮することで，目的の反応のみを促進することや，反応を触媒する分子のみを取り込むことで，目的の反応を抑制できる(図3(B)(C))。次に，熱や毒物などの外部刺激に対する応答性もドロプレットの重要な物性である(図3(D))。ドロプレットは，利用されていない分子をドロプレット内部にため込む働きもある(図3(E))。また，ドロプレットの構成要素となる分子数が変化した際に，ドロプレットの数やサイズを変化させることで，ドロプレット外部の分子濃度を一定にするバッファリング作用を持つ(図3(F))。後述するように，これらのドロプレット独自の物性が，細胞内でドロプレットが多様な生体反応を制御することを可能にしている。

1924年のA. Oparinによる報告に見られるように，生体分子の液-液相分離によるドロプレット形成は比較的長く知られた現象である[6]。Oparinは，負電荷を持つアラビアゴムと正電荷を持つヒストンを混合することでドロプレット(本節ではコアセルベートと記す)が形成されることを見つけた(図4(A))。さらに，形成されたコアセルベートに酵素と基質が取り込まれ，酵素反応が内部で促進されることも見出した(図4(B))。コアセルベートは外界と内部を隔てることができ，内部に取り込んだ物質を用いて化学反応を促進できることは，Oparinが生命の起源として提唱する「化学進化説」につながる。化学進化説では，まず生命の誕生以前に，メタンやアルデヒド，アンモニアなどの単純な有機化合物が生成されたと考える。その後，アミノ酸や核酸

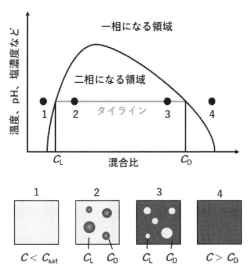

図2　さまざまな外部環境の影響を受けるドロプレットの相図

二相に分離する領域では，分子が薄い相と濃い相に分離する

第4編　産業応用

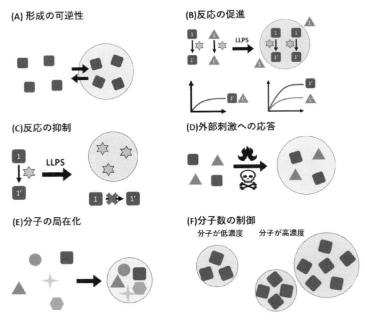

図3　ドロプレットが示す主な性質と機能

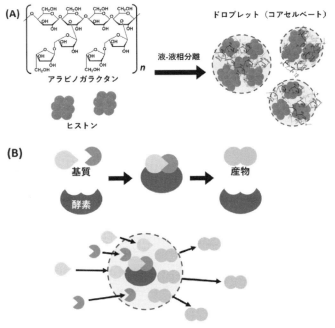

図4　(A)アラビアガムの主成分であるアラビノガラクタンとヒストンによって形成されるコアセルベートの模式図。(B)酵素による基質から産物の反応がドロプレットの形成により促進される様子

塩基，単糖が生成され，それらが結合することで，タンパク質や核酸，多糖類などの高分子化合物が生成される。最後に，高分子化合物が合成され，コアセルベートを形成する。コアセルベートとして外界から仕切られた中で，代謝経路を含む細胞の原型が誕生したと考えられている。議論が続いているもの

— 414 —

の，細胞程度の大きさまで成長したコアセルベートが分裂することが発見されたことや，進化の過程でドロプレットの構成要素が複雑化できる可能性があることが報告され，さらにコアセルベートに膜が付与されることも可能であることなどから，コアセルベートが原始細胞であるという考え方が改めて注目されている[7]。

コアセルベートが生物学の分野で再注目されるきっかけは，2009年のC. BrangwynneとA. Hymanによる線虫のPボディが流動性のあるドロプレット様の性質を示すことについての報告である[1]。Oparinがコアセルベートを原始細胞として提唱してから約70年にわたって細胞内の液-液相分離は見過ごされていたことがわかる。さらに2011年には，同じくBrangwynneとHymanが核小体もドロプレット様の性質を示すことを報告した[8]。これらの報告により，液-液相分離を介して細胞内を区画化することは，目的の分子による目的の反応を正確に遂行するために重要であると考えられるようになった。2012年には，M. RosenらとS. McKnightらの2グループの各々が，1種類のタンパク質を用いて試験管内でドロプレットを形成できることを報告した[9,10]。これらのパイオニア的な研究成果から，液-液相分離が生体分子の特性の1つであり，細胞内に見られる多様なドロプレットが液-液相分離によって形成されると考えられるようになった。このようにして，細胞生物学からソフトマター物理学まで幅広い研究者が生体分子の液-液相分離に注目するようになった。

4. ドロプレットの形成の駆動力と分子環境の効果

4.1 液-液相分離現象を誘起するための相互作用

構成要素であるタンパク質や核酸は，静電的相互作用の他にも水素結合や，カチオン-π相互作用，π-π相互作用，疎水性相互作用などのさまざまな弱い相互作用のネットワークを構築することでドロプレットを形成している[11]（図5）。そのため，反応溶液内の温度を上昇させて分子運動を活発にさせることや，次に示すように塩や電荷を持つ化合物を加えることでドロプレットの形成阻害と分解が可能である。このような環境依存性と可逆性は液-液相分離の生物学的機能においても極めて重要である。

4.2 ドロプレット形成に対する添加剤の影響

ドロプレットに対して高濃度のナトリウムやカリウムなどの一価カチオンやマグネシウムなどの二価カチオンを添加すると，静電的相互作用が不安定化してドロプレットが分解される。同様に，負電荷を持つ低分子化合物やRNAを添加することでも，ドロプレットが分解される[12-14]。他にもヌクレオチド，糖類，アミノ酸などの添加でもドロプレットの形成が変化する。

ATPは，細胞内に数mMもの高濃度で存在する負電荷化合物である。ATPの生物学的機能がエネルギー通貨だけであれば，これほどの高濃度で細胞内に存在している必要はないことから，ATPの未知なる生物学的役割があると考えられてきた。2007年に，ATPがハイドロトロープとして機能することが報告された[15]。ハイドロトロープとは，分子内に親水基と疎水基の両方を持つ比較的低分子量な化合物で，タンパク質などの有機物の水溶液への溶解

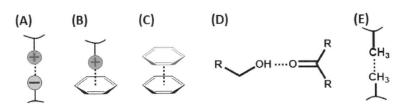

図5 液-液相分離に用いられる生体分子間の相互作用様式
(A)静電的相互作用，(B)カチオン-π相互作用，(C)π-π相互作用，(D)水素結合，(E)疎水性相互作用

度を増大させる機能を持つ。この報告では，10 mMのATPを添加することで，加熱による卵白の凝固が阻害されることを見出し，ATPにハイドロトロープとしての役割があることを明らかにした。ATPは筋萎縮性側索硬化症の原因タンパク質であるFUSが形成するドロプレットに対しても同様の効果を示す。1 mMのATPが存在する溶液内でFUSはドロプレットを形成するが，8 mM ATPはFUSのドロプレットを阻害する[16]。このように細胞内のATP濃度と同程度の濃度域でタンパク質の凝集やドロプレット形成への影響が変化することは生物学的に興味深い。ATPが枯渇することでタンパク質の凝集が進行する可能性も指摘されている。

細胞内に数百mMもの高濃度で存在する浸透圧調節物質（オスモライト）も液−液相分離を含むタンパク質の物性に大きく影響する。オスモライトとは，細胞外部の浸透圧ストレスを調節するアミノ酸類やメチルアンモニウム類，糖類などである。代表的なオスモライトであるトリメチルアミン-N-オキシド（TMAO）やベタインはタンパク質の立体構造を安定化させる。ドロプレットを形成するタンパク質のTDP-43に対してTMAOを添加することで，ドロプレットが安定化し，アミロイド凝集を抑制することが報告されている[17]。一方，免疫グロブリンGとポリグルタミンによるドロプレットに対して糖類を添加することで，ドロプレットが溶解することも報告されている[18]。さまざまなオスモライトがタンパク質や核酸などの生体高分子の物性を変化させる分子機構には未知な点が多く残っている。ましてや，生体分子の液−液相分離に対するオスモライトの効果については現象論にとどまっている。細胞内での生体分子の液−液相分離現象の制御機構の解明の観点からも，これらの点を解明することを目指した生物物理的，物理化学的な研究が必要とされている。

細胞内は，生体高分子が約400 mg/mLもの高濃度で存在する分子クラウディング状態にある。分子クラウディングの生体分子に対する効果を検討するために，5〜30重量％程度の合成高分子（PEG，DEX，フィコールなど）やタンパク質（アルブミンなど）を溶液に添加することが多い[19,20]。分子クラウディング環境では，生体分子の水和環境の変化や排除体積効果により分子間反応や脱水反応が促進される[19]。このような効果により，FUSやTAF15，hnRNPA1などのさまざまなタンパク質のドロプレットの形成も分子クラウディング環境下で促進される[16,21]。また，TDP-43やG3BP1タンパク質がドロプレットを形成するためには，数〜10重量％の分子クラウディング剤の添加が必要であることも知られている[21,22]。これらのことから細胞内の分子環境では，希薄溶液環境にある試験管内の分子環境よりも生体分子の液−液相分離能が増大し，ドロプレットを形成しやすいことがわかる。

ドロプレットの形成に対する有機溶媒の効果も検証されてきている。数重量％の1,6-ヘキサンジオールを添加すると，細胞や試験管内で形成されている生体分子のドロプレットが分解される。しかし，構造異性体である2,5-ヘキサンジオールは，ドロプレットを分解しない。一方で，1,6-ヘキサンジオールと2,5-ヘキサンジオールは，生体分子の凝集体を分解することができない。このようヘキサンジオールに対する応答性の差異を利用することで，観察している顆粒がドロプレットであるか凝集体であるかを判別できる[23]。また，免疫グロブリンGとポリグルタミンによるドロプレットはメタノールやエタノールの添加によって安定化されることが報告されている。ヘキサンジオールがドロプレットに及ぼす効果は多くの観測結果から得られた経験則であり，その分子機構は全く明らかではない。今後の研究の進展が待たれる。

5. ドロプレット形成に必要なタンパク質とRNAの配列および構造

5.1 ドロプレットの形成に必要なタンパク質のドメインや配列

液−液相分離能を持つタンパク質の多くは，プリオン様ドメイン（Prion-like domain：PrLD）やRGGドメインなどの天然変性領域（Intrinsic disordered region：IDR）を持つことが知られている（**表1**）。IDRは，ポリペプチド鎖内の高次構造を持たない領域で，数個のアミノ酸の繰り返し配列を含むことが多い。タンパク質は，IDRを介して多価の弱い相互作用を形成することにより液−液相分離を誘起し，ドロプレット形成を可能にしていると考えられている。ストレス顆粒に含まれるTIA1や，Pボディに含まれるLsmファミリータンパク質などのプリオン様ドメインでは，セリン，グルタミン，チロシン，

表1 IDRを持つタンパク質とそれが含まれる細胞内のドロプレット

ドメイン	タンパク質	ドロプレット	Ref
プリオン様ドメイン	TIA1	ストレス顆粒	29)
	Lsmファミリータンパク質	Pボディ	32)
RGGドメイン	LAF1	P顆粒	27)
	hnRNPファミリータンパク質	ストレス顆粒	28)
	TDP-43	ストレス顆粒/パラスペックル	3)
	FUS	ストレス顆粒/パラスペックル	21)
Phe/Glyドメイン	DDX4	生殖顆粒	31)
Poly-Glyドメイン	FMRP	RNP顆粒	32)

表2 ドロプレット形成に関与するRNAとそれに相互作用するタンパク質

RNA	相互作用するタンパク質	Ref
Major satellite RNA	SAFB	33)
NEAT1 lncRNA	NONO, PSPQ, SFPQ	34,35)
Xist lncRNA	PTBP1, MATR3, TDP-43	36)
CLN3 mRNA, *BNI1* mRNA	Whi3	37)

グリシンが配列全体の80％以上を占めており，これらの側鎖間でのスタッキング相互作用がドロプレット形成を促進していると考えられている[24-26]。RGGドメインは，アルギニンとグリシンの繰り返しが頻出するドメインであり正電荷を多く含む。RGGドメインは，FUSやTDP-43，hnRNPファミリータンパク質をはじめとしたさまざまなタンパク質に見られる[21,27-29]。アルギニンが他のアミノ酸残基や核酸と静電的相互作用やカチオン-π相互作用を形成する[30]。生殖顆粒に含まれるDDX4などはPhe/Glyドメインを介して，カチオン-π相互作用やスタッキング相互作用を形成する[31]。RNAの輸送に関与するFMRPに変異が導入された際に出現するPoly-Glyドメインは，疎水性相互作用を介してドロプレットを形成していると考えられている[32]。

5.2 ドロプレット形成における核酸鎖の役割

パラスペックルやクロマチン顆粒などの形成には，相互作用の足場としてRNAも重要な役割を果たす（表2）。ドロプレットの形成に関わるRNAは，高次構造を形成することやタンパク質と相互作用することでドロプレットを形成する。グアニンとアデニンに富んだ繰り返し領域を持つヘテロクロマチン関連major satellite RNA（MajSAT）は，核の構造を維持するために重要なタンパク質であるSAFBのRGGドメインと相互作用することで液−液相分離を誘起する[33]。ドロプレットを形成し，MajSATとクロマチンの相互作用を変化させることで，ヘテロクロマチン構造が安定化される。パラスペックルの形成には，ロングノンコーディングRNA（long non-coding RNA：lncRNA）の*NEAT1* lncRNAが必須である[34]。*NEAT1* lncRNA内に存在するタンパク質との相互作用モチーフには，8つの類似した領域（Cドメイン）が存在している。Cドメインはスプライシングに関与するタンパク質であるNONOやSFPQと相互作用する。タンパク質と相互作用した*NEAT1* lncRNAが放射状に整列し，枠組みのような役割を担うことによってパラスペックルが形成される[35]。染色体のサイレンシングに関与している*Xist* lncRNAは，A〜Fモチーフと呼ばれる6種類の繰り返し領域を持つ。これらのうち，Aモチーフ内の繰り返し配列がタンパク質に認識される。また，Eモチーフの繰り返し配列はヘアピン構造を形成して，PTBP1やTDP-43と結合する。このようなタンパク質との相互作用を介して，*Xist* lncRNAはドロプレットを形成する[36]。酵母の一種である*Saccharomyces cerevisiae*の細胞内では，*CLN3* mRNAもしくは*BNI1* mRNAが高次構造を形成することで，形態形成に関与するWhi3タンパク質と

結合しドロプレットを形成する[37]。興味深いことに，Whi3 を共通の構成要素としているにもかかわらず，*CLN3* mRNA のドロプレットと *BNI1* mRNA のドロプレットは融合しない。このように種々の RNA が，特徴的な繰り返し配列や高次構造を介してタンパク質と結合することで，ドロプレットを形成するための足場として働いている。

6. ドロプレットのゲル化・凝集化

FUS, hnRNPA1, eIF4G, TIA1, LSM4 などのタンパク質のドロプレットは，時間の経過に伴ってゲルや固体状の性質を示すことも知られている。これはドロプレットの成熟や硬化と呼ばれる[16,28,38]。ドロプレットの硬化は，細胞内の Balbiani ボディやストレス顆粒などでも観察される[39]。Balbiani ボディは，未成熟卵母細胞内において何年物もの休眠期間中にオルガネラが損傷するのを防ぐために形成される。アフリカツメガエルの卵母細胞では，PrLD を持つ FUS は流動性を持つドロプレットを形成する一方で，同じく PrLD を持つ Xvelo タンパク質は固体様構造体を形成する[39]。

このような凝集体とドロプレットを区別することは，液−液相分離研究においても重要である。そのために一般的に用いられる方法を簡単に説明する。まず前述の 1,6-ヘキサンジオールや ATP を添加することでドロプレットが溶解するか否かによりドロップレットの可逆性を確認する。可逆性の確認には，ドロップレットを含む溶液を昇温・降温することで，元の状態に戻るかどうかを観測する方法もある。ドロプレットの流動性を確認する方法として，蛍光後光褪色法（Fluorescent Recovery After Photobleaching：FRAP）がある。FRAP 法では，まず蛍光ラベルした分子を用いてドロプレット形成させる。次に，ドロプレットのみに高強度の光を照射することで蛍光を褪色させる。その後に蛍光が回復すれば，外部と内部の分子を交換が可能な流動性があるドロプレットであることを確認できる。ドロプレット同士の融合を観測することもドロプレットの流動性の確認に有用である。このようにして，ドロプレットと凝集体を区別することが可能である。

7. 細胞内ドロプレットの機能

細胞内には多様なドロプレットが観測される。細胞質ではストレス顆粒や P ボディ，生殖顆粒が，核内では核スペックルやパラスペックル，PML ボディなどがある（図 6，表 3）[40,41]。これらのドロプレットは，細胞の特定の場所で形成され，特定の分子をドロプレット内部に内包し，表 3 に示すような機能を用いて細胞の転写や，RNA スプライシング，翻訳など種々の反応に関与する。

具体的な例として，線虫の胚の核小体は，核小体の主要な構成要素である FIB1 が溶解度の閾値以上

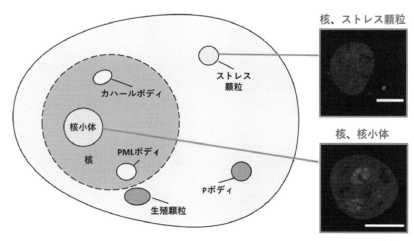

図 6 細胞内に存在するドロプレットの代表例（左）と核小体・ストレス顆粒の顕微鏡像（右）

スケールバー = 10 μm

表3 細胞内に存在するドロプレットの機能と構成要素

	ドロプレット	生物学的機能	DNA/RNA	タンパク質	Ref
核	核小体	リボソームの生合成	rDNAs, rRNAs	Fibrillarin, NPM1	40)
	パラスペックル	転写とRNAプロセシングの制御	NEAT1	PSPC1, NONO, SFPQ	35)
	PMLボディ	エピジェネティクスを介した転写の制御	なし	PML	44)
細胞質	ストレス顆粒	細胞ストレスに応答したmRNAの保管や翻訳の制御	mRNA	FUS, hnRNPA1	45)
	Pボディ	RNAプロセシングやRNAの輸送	mRNAs	PDC1, DCP1	46)
	生殖顆粒	生殖細胞における翻訳の制御	NOS1, POS1	GLH1, PGL1, LAF1	42)

の濃度になることで形成されることが知られている[40]。そのため，FIB1の濃縮相である核小体の体積は，FIB1濃度が閾値をどの程度超えたかで決定される。このような現象は，PMLボディやストレス顆粒においても確認されている[42]。液–液相分離のための閾値濃度は，タンパク質の翻訳後修飾によって変化する。試験管内で未修飾のFMRPとCAPRIN1を混合するとドロプレットが形成されないが，一方のタンパク質がリン酸化修飾された場合にはドロプレットが形成される[43]。ストレス顆粒やPボディなどのドロプレットでは，数十～数百種類以上のタンパク質やRNAが相互作用しているにもかかわらず，構成要素を選択的に内包することができる。では，どのようにして分子の選択的内包が行われているのだろうか。PMLボディではPML，ストレス顆粒ではTIA1，PボディではmRNA，パラスペックルではNEAT1 lnc RNAがそれぞれ必須の要素であると知られている[14,44–46]。これらの分子に対して結合可能な分子が集積することにより，ドロプレットに取り込まれる分子が選択されていると考えられている。選択的に特定の分子を内包することで，ドロプレットは種々の生体反応を制御することが可能となる。ドロプレット内部に基質と酵素を取り込むのがその例である。ドロプレットにリボザイムと基質を取り込むことにより，リボザイムの反応効率が70倍以上になることが報告されている[47]。アクチンの重合においても，アクチン関連タンパク質とアクチン重合を促進するタンパク質であるN-WASPがドロプレットに取り込まれることで重合

反応が促進される[9]。一方で，反応に必要な基質をドロプレット内外で分離することによって，反応の抑制も可能となる。ヒストンmRNAは，ヒストンタンパク質が形成するドロプレットにヒストンmRNAのプロセシング関連タンパク質を内包することで，ヒストンmRNA自身のプロセシングを抑制する[48]。ドロプレット内部にシグナル経路相互作用可能な分子の組み合わせを取り込むことで，分子間反応の特異性を向上させることもできる。これはシグナル伝達や生体分子の代謝において利用されている。例えば，T細胞受容体シグナル伝達では，ドロプレット内部に受容体の複合体とキナーゼを取り込み，ホスファターゼを排他することで，リン酸化依存的な複合体の形成を維持している[49]。

8. ドロプレットの破綻と疾患

8.1 神経変性疾患

これまで液–液相分離を介して形成されるさまざまな種類のドロプレットについて紹介してきたが，液–液相分離の破綻は疾患の発症にも関与する。治療困難な疾病として知られている筋萎縮性側索硬化症（Amyotrophic Lateral Sclerosis：ALS）の原因タンパク質として，FUS, TDP-43, HNRNPA1などのRNA結合タンパク質（RNA Binding Protein：RBP）が知られているが，これらはドロプレットを形成する。前述のようにこれらのタンパク質は液–液相分離に重要なIDRを持つ。ALS患者で見られる変異がFUSのIDRに導入されると，FUSのドロプレッ

トからアミロイド繊維への変化が促進される[16,28]。一方，TDP-43のαヘリックス領域に疾患関連変異が導入されると，TDP-43の液–液相分離能が低下することも報告されている[3]。この変異は，TDP-43の立体構造や機能活性そのものではなく，液–液相分離能を変化させることでALSなどの疾患の発症に関与する。また，脆弱X症候群（Fragile X Syndrome：FXS）の原因遺伝子上で形成される非標準的な核酸構造であるグアニン四重らせん構造（G-quadruplex：G4）がポリグリシンと細胞内で相互作用することでドロプレットを形成することも知られている[32]。

8.2 がん

ドロプレットの形成はがんにも関与している。p53は細胞死を制御するタンパク質であり，がんの病理を研究する上で最も重要な研究対象の1つである。p53は，翻訳後修飾や外部環境に応答してドロプレットを形成し，ストレス環境下でPML体やカハール体に取り込まれる[50–52]。また，p53結合タンパク質である53BP1は，がん細胞内でクロマチンに異常集積することによってドロプレットの形成を促進し，細胞死を誘導する[53]。

以上のように，生体分子の液–液相分離現象は，生体分子の持つ普遍的物性であると考えられるが，その破綻が種々の疾患に関与する。また，種々のタンパク質の凝集や線維形成の前段階として液–液相分離現象によるタンパク質の濃縮が重要であると考えられている。これらのことから，生体分子の液–液相分離現象は種々の疾患発症機構の解明や，疾患創薬の新しい標的としても重要である。

9. おわりに

多種多様な生体分子で満たされた細胞内環境において，必要なタイミングで必要な分子間結合や化学反応が遂行される分子機構として，生体分子の液–液相分離現象は非常に合理的である。生体分子の液–液相分離能は生体分子の普遍的な分子物性である可能性もある。本稿で紹介した多種多様なドロプレット形成には，通底する液–液相分離機構が存在すると考えられており，その分子レベルでの機構解明が待たれる。生体分子の液–液相分離現象によるドロプレット形成機構，ドロプレットが形成されるタイミングや場所，ドロプレットの構成要素が明らかになれば，ドロプレットを標的とした創薬も可能になる。実際にドロプレットを分解する方法として，1,6-ヘキサンジオールやATPの添加以外にも，ドロプレットに内包されるタンパク質を標的とした低分子化合物が開発されている[12]。また，液–液相分離現象を引き起こす核酸鎖を標的とした制御方法も報告されている[54]。重要なことに，ドロプレット内部の生体分子は数百mg/mL以上にまで濃縮されている[55]。薬剤の標的分子が細胞内でドロプレットを形成している場合，ドロプレットに薬剤が包含されれば標的分子との結合は比較的容易であると考えることができる。一方，薬剤がドロプレットから排除されると，高い結合親和性を持つ化合物であっても標的分子との結合は困難となる。このように考えると，標的分子の形成するドロプレットとの親和性（ドロプレット内外での分配率）を薬剤開発の指標として検討する必要がある。これまでに高分子化学や合成化学の分野で蓄積されてきた膨大な知見と経験が，種々の生体分子の液–液相分離機構の解明，さらには液–液相分離を制御する薬剤設計指針の構築に活用されることが求められる。

文　献

1) C. P. Brangwynne et al.: *Science*, **324**, 1729 (2009).
2) H. R. Li et al.: *J. Biol. Chem.*, **293**, 6090 (2018).
3) M. Hallegger et al.: *Cell*, **184**, 4680 (2021).
4) K. Iwashita et al.: *Int. J. Biol. Macromol.*, **120**, 10 (2018).
5) A. Matsuda et al.: *J. Pharm. Sci.*, **107**, 2713 (2018).
6) A. I. Oparin: The Origin of Life, Moskovskii rabochii (1924).
7) D. Zwicker et al.: *Nature Physics*, **13**, 408 (2016).
8) C. P. Brangwynne et al.: *Proc. Natl. Acad. Sci. USA.*, **108**, 4334 (2011).
9) P. Li et al.: *Nature*, **483**, 336 (2012).
10) M. Kato, et al.: *Cell*, **149**, 753 (2012).
11) D. M. Mitrea et al.: *J. Mol. Biol.*, **430**, 4773 (2018).
12) W. M. Babinchak et al.: *Nat. Commun.*, **11**, 5574 (2020).
13) S. Maharana et al.: *Science*, **360**, 918 (2018).
14) C. J. Decker and R. Parker: *Cold Spring Harb. Perspect. Biol.*, **4**, a012286 (2012).
15) A. Patel et al.: *Science*, **356**, 753 (2017).

16) A. Patel et al.: *Cell*, **162**, 1066 (2015).
17) K. J. Choi et al.: *Biochemistry*, **57**, 6822 (2018).
18) M. Mimura et al.: *J. Chem. Phys.*, **150**, 064903 (2019).
19) S. B. Zimmerman and A. P. Minton: *Annu. Rev. Biophys. Biomol. Struct.*, **22**, 27 (1993).
20) S. Nakano et al.: *Chem. Rev.*, **114**, 2733 (2014).
21) J. Wang et al.: *Cell*, **174**, 688 (2018).
22) P. Yang et al.: *Cell*, **181**, 325 (2020).
23) S. Kroschwald et al.: *Matters* (2017), DOI: 10.19185/matters.201702000010.
24) N. Gilks et al.: *Mol. Biol. Cell*, **15**, 5383 (2004).
25) S. L. Crick et al.: *Proc. Natl. Acad. Sci. USA*, **103**, 16764 (2006).
26) M. A. Reijns et al.: *J. Cell Sci.*, **121**, 2463 (2008).
27) S. Elbaum-Garfinkle et al.: *Proc. Natl. Acad. Sci. USA*, **112**, 7189 (2015).
28) A. Molliex et al.: *Cell*, **163**, 123 (2015).
29) S. Qamar et al.: *Cell*, **173**, 720 (2018).
30) P. A. Chong et al.: *J. Mol. Biol.*, **430**, 4650 (2018).
31) J. N. Timothy et al.: *Mol. Cell*, **57**, 936 (2015).
32) S. Asamitsu et al.: *Sci. Adv.*, 7, eabd9440 (2021).
33) X. Huo et al.: *Mol. Cell*, **77**, 368 (2020).
34) T. Yamazaki et al.: *Mol. Cell*, **70**, 1038 (2018).
35) C. S. Bond and A. H. Fox: *J. Cell Biol.*, **186**, 637 (2009).
36) A. Cerase et al.: *Nat. Struct. Mol. Biol.*, **26**, 331 (2019).
37) E. M. Langdon et al.: *Science*, **360**, 922 (2018).
38) S. Xiang et al.: *Cell*, **163**, 829 (2015).
39) E. Boke et al.: *Cell*, **166**, 637 (2016).
40) S. C. Weber and C. P. Brangwynne: *Curr. Biol.*, **25**, 641 (2015).
41) M. Hanazawa et al.: *J. Cell Biol.*, **192**, 929 (2011).
42) T. J. Nott et al.: *Mol. Cell*, **57**, 936 (2015).
43) T. H. Kim et al.: *Science*, **365**, 825 (2019).
44) A. M. Ishov et al.: *J. Cell Biol.*, **147**, 221 (1999).
45) N. L. Kedersha et al.: *J. Cell Biol.*, **147**, 1431 (1999).
46) Y. Luo et al.: *Biochemistry*, **57**, 2424 (2018).
47) R. R. Poudyal et al.: *Nat. Commun.*, **10**, 490 (2019).
48) D. C. Tatomer et al.: *J. Cell Biol.*, **213**, 557 (2016).
49) X. Su et al.: *Science*, **352**, 595 (2016).
50) M. Cioce and A. I. Lamond: *Annu. Rev. Cell Dev. Biol.*, **21**, 105 (2005).
51) A. Guo et al.: *Nat. Cell Biol.*, **2**, 730 (2000).
52) K. Kamagata et al.: *Sci. Rep.*, **10**, 580 (2020).
53) I. Ghodke et al.: *Mol. Cell*, **81**, 2596 (2021).
54) M. Tsuruta et al.: *Chem. Commun.*, **58**, 12931 (2022).
55) K. Yokosawa et al.: *J. Phys. Chem. Lett.*, **13**, 5692 (2022).

第6章 バイオ分野

第4節 細胞集積

大阪大学　松崎　典弥

1. はじめに

　細胞にとって高分子は欠かせないパートナーである。間葉系の細胞は周囲を細胞外マトリックス(Extracellular Matrix：ECM)で囲まれており，上皮系の細胞はECMの一種である基底膜に接着している。このECMや基底膜は，コラーゲンやフィブロネクチンビトロネクチン，ラミニンといった接着タンパク質である。これらの細胞は接着できなければ死滅するため，ECMがなければ生きられない。このように，細胞は外部との情報交換や機能発現を細胞表面で制御しており，それに重要な役割を果たしているのがECMである[1]。フィブロネクチンやビトロネクチンと細胞膜分子の相互作用が細胞の生存や増殖，シグナル伝達，分化誘導に強く影響することが明らかにされている。

　そこで，筆者らはこのECMの働きに着目し，ECMのように細胞の界面構造を制御できれば細胞の組織化や機能を操作できると考えた。細胞表面へECM薄膜を形成する手法として，筆者らは，ナノメートルオーダーで高分子薄膜を調製できる交互積層(Layer-by-Layer：LbL)法を用いた。LbL法は，相互作用を有する2種類の溶液に材料を交互に浸漬するだけで薄膜を調製できる手法であり，ナノレベルでの膜厚制御が可能である(図1(a))[2]。また，基板の形態に限定されないため，バルク材料やフィルム，粒子，カーボンナノチューブ，細胞など，さまざまな材料表面に適用できる[3]。

　本稿では，細胞表面へのナノ薄膜形成による細胞

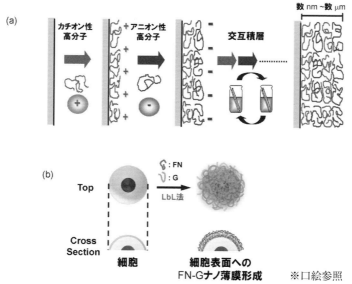

図1　(a)交互積層法，(b)細胞表面へのFN-Gナノ薄膜形成のイメージ
FN：フィブロネクチン，G：ゼラチン

機能制御と細胞集積技術によるヒト組織モデルの構築とその応用について紹介する。

2. 細胞表面への高分子ナノ薄膜形成

通常, LbL法では静電相互作用が用いられるが, カチオン性高分子が毒性を示すため, ECM成分であるフィブロネクチン(FN)とゼラチン(G)を用いた(図1(b))[4]。FNとGは, 中性条件でどちらも弱いアニオン性を示すが, FNにはゼラチン結合ドメインが存在するため, 静電反発を示さず安定にナノ薄膜を作製できた。薄膜形成後の生存率は95%以上であり, 毒性や細胞増殖への影響は認められなかった。形成されたFN-G薄膜の膜厚は乾燥状態でおよそ10 nm, 膨潤状態で20～30 nmであった[5]。細胞の直径が約15 µmであるため, その1/1,000程度の極めて薄い薄膜にもかかわらず, 細胞の性質を大きく変えることがわかってきた。

薄膜の物理的な影響を調べるため, 肝がん細胞HepG2にFN-Gナノ薄膜を形成し, 2,500 rpm(約420 g)で1分間の遠心を複数回行うことで物理ストレスを与えた(図2)。薄膜を形成しない場合, 4回後に80%以上の細胞が死滅し, 10回後の細胞生存率はわずか6%であったが, 薄膜を形成した細胞では, 18回後も約85%の細胞が生存した[6]。この細胞保護効果へのナノ薄膜の影響を調べるため, 合成高分子による静電相互作用によるLbLナノ薄膜を用いて同様の実験を行った結果, 18回遠心後の細胞生存率は61%に減少したが, 一定の保護効果が認められた。一方, 基底膜成分のIV型コラーゲンとラミニンのナノ薄膜でもFN-Gと同様の高い保護効果が確認されたため, ECM成分による細胞との相互作用の重要性が示唆された。

以上の結果より, ①細胞表面に高分子ナノ薄膜を作製すると, 物理ストレスに対する一定の保護効果が認められること, ②その保護効果は, 細胞周囲に存在するECM成分によるナノ薄膜のときに顕著に高くなること, などが明らかとなった。さらに検討を重ねた結果, ナノ薄膜形成細胞は10,000 rpm(約1,680 g)の遠心にも耐えられ, この保護効果は約5 nm以上の薄膜で顕著に示されることが明らかとなった。

3. 細胞集積技術

FN-Gナノ薄膜はECM成分であるため, コート後も細胞接着や増殖に全く影響しない。そのため, コートされた細胞を培養容器の中で培養すると, 薄膜が"ナノのり"として働くことで細胞-細胞間の接着を促進し, 3次元組織体が得られることを見出した(図3)[7]。さらに, 血管内皮細胞やリンパ管内皮細胞をサンドイッチ培養することで, 毛細血管や毛細リンパ管様のネットワークが得られた。これらの3次元組織体は, 細胞同士が3次元的に相互作用した立体組織であるため, 2次元の平面培養と比較して細胞の機能が向上した。例えば, プラスチックの培養皿で培養する2次元培養と比較して炎症タンパク質の産生が低下した"細胞にとって心地よい状態"であることや, 結腸上皮細胞の細胞間結合形成が促進されることが明らかとなった。これらの3次元組織体も, 基本は細胞と高分子の相互作用に基づいている。本手法を応用することで, がん細胞の浸潤・転移挙動を生体外で再現可能ながんモデルの作製も可能であった[8]。毒性・薬効評価など創薬研究への応用が期待されている。

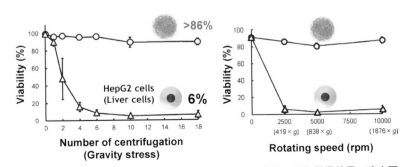

図2 FN-Gナノ薄膜コートによる物理ストレスに対する細胞保護効果。遠心回数(左)と遠心速度(右)への影響
○:コートあり, △:コートなし

4. 人工基底膜による細胞の区画化制御

生体組織は，複数種類の細胞と細胞外マトリックスで構成され，細胞の配置は主に基底膜(Basement Membrane：BM)により3次元的に精密に制御されている。例えば，皮膚は，上皮系の表皮細胞層と線維芽細胞やECMで構成される間質組織がBMで分離されており，心筋や骨格筋では，一つひとつの筋繊維の表面がBMで覆われ，周囲の毛細血管や線維芽細胞，ECMと分離されている。また，BMは，細胞の区画化を制御するだけでなく，分子透過性も制御している。例えば，腎臓にある糸球体のBMは，血清アルブミンは透過せず，それ以下の分子量の老廃物分子を透過することで血液をろ過している。したがって，生体のBMの機能を有する人工基底膜(A-BM)を再現できれば，細胞の3次元配置を精密に再現した複雑な組織構造の構築が可能となり，創薬や再生医療分野への応用が期待される。これまで，細胞を基板上に配列するパターニング技術は多数報告されてきたが，細胞層の上で細胞の配置を制御する技術はほとんど報告例がない。A-BMの作製により，細胞の配置を3次元的に制御できれば，生体の複雑な3次元組織構造を再構築できると期待される(図4(a))。筆者らは，IV型コラーゲン(Col IV)とラミニン(LN)を用いた交互積層ナノ薄膜(Col IV-LN)を細胞表面に作製することで，BMと同様の機能を発現することを見出した[9]。

Col IV-LN薄膜の形成過程を水晶振動子(Quartz Crystal Microbalance：QCM)で評価した。溶液のNaCl濃度を0〜1.0 Mまで変化させたところ，NaClを含まない0 M水溶液が最も高い振動数変化を示した。一般的に，直鎖高分子によるナノ薄膜の場合，塩濃度の増加に伴い膜厚が増加することが報告され

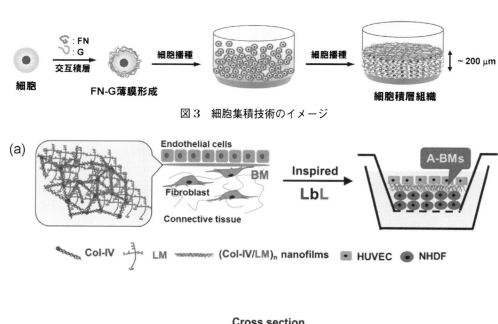

図3　細胞集積技術のイメージ

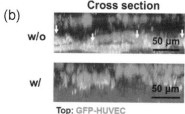

※口絵参照

図4　(a)細胞表面への人工基底膜形成による細胞の区画化制御のイメージ。(b) 75 nmのCol IV-LN薄膜あり(w/)となし(w/o)の条件における共焦点レーザー顕微鏡観察によるHUVEC(緑)とNHDFの5層組織(赤)の24時間培養後の区画化

ているが，これは，塩濃度の増加に伴い高分子鎖間の電荷反発が抑制され，伸びきり鎖からグロビュール状態へコンフォメーションが変化することが原因と知られている。一方，タンパク質の場合，立体構造は塩濃度依存せず一定であるため 0.15～1.0 M の変化に依存せず振動数変化は一定であったと考えられる。塩を含まない 0 M では，Col IV と LN の静電相互作用が塩による阻害の影響を受けなかったためと推察される。また，溶液の濃度に対する薄膜の膜厚の変化を検討した結果，膜厚は各溶液濃度に依存して増加し，1,000 μg/mL ではおよそ 80 nm の膜厚が得られた。作製したナノ薄膜の安定性を検討するため，QCM 基板に Col IV-LN 薄膜を作製し，リン酸緩衝生理食塩水（Phosphate-Buffered Saline：PBS）に浸漬して振動数変化を経時的に測定した。浸漬初期にわずかな膨潤が確認されたが，それ以降は比較的安定であり，1 週間浸漬後においても振動数の大きな変化は観察されなかった。以上より，溶液濃度と浸漬回数に依存して Col IV-LN 薄膜の膜厚を制御可能であり，作製したナノ薄膜は，生理環境下で安定に存在すること確認した。

Col IV-LN 薄膜の細胞浸潤阻害効果を明らかにするため，3 μm 孔を有するセルカルチャーインサート内部に Col IV-LN 薄膜を作製し，ヒト臍帯静脈内皮細胞（Human Umbilical Vein Endothelial Cells：HUVEC）のインサート内部から外部への侵入阻害効果を評価した。薄膜を形成しない場合はインサート内部に HUVEC を播種してから 6 時間後には外部への細胞浸潤が観察され，24 時間後にはインサート膜の 60% 以上が HUVEC で覆われた。一方，26 nm の膜厚を有する Col IV-LN 薄膜では浸潤阻害効果はほとんどなかったが，75 nm の膜厚の場合は HUVEC の浸潤は顕著に減少し，24 時間後の HUVEC による表面被覆率は 30% 以下であり，浸潤した細胞数は Col IV-LN 薄膜がない場合と比較すると 1/5 以下であった。以上より，Col IV-LN 薄膜は生体内の基底膜と同様に細胞浸潤阻害能を有しており，その効果は膜厚に依存することが明らかとなった。生体の基底膜の膜厚は 50～100 nm であるため，75 nm の Col IV-LN 薄膜が浸潤阻害効果を示したことは，理にかなっている。

Col IV-LN 薄膜が血管内皮細胞の浸潤阻害効果を有することが確認されたため，実際に 3 次元組織の中に Col IV-LN 薄膜を形成し，HUVEC の浸潤を阻害できるか検討した。正常ヒト皮膚繊維芽細胞（Normal Human Dermal Fibroblasts：NHDF）の 5 層組織を作製し，その表面に 75 nm の膜厚の Col IV-LN 薄膜を作製後，HUVEC の単層構造を作製し，CLSM にて HUVEC の浸潤性を解析した（図 4(b)）。薄膜がない場合，HUVEC が培養 1 日後から NHDF 層へ積極的に浸潤する様子が観察されたが，Col IV-LN 薄膜を形成した場合，HUVEC の浸潤はほとんど観察されなかった。したがって，3 次元組織内部においても Col IV-LN 薄膜は BM 様のバリア機能を有しており，その効果は，最低でも 3 日間は維持できることが確認された。

本結果は，Col IV と LN を用いた交互積層ナノ薄膜が A-BM として細胞の 3 次元的な区画化に有用であることを初めて示した。本 A-BM による細胞区画化技術を応用することで，複雑な形状の 3 次元組織体の構築が期待される。

5. まとめ

本稿では，高分子を用いた細胞表面の改質技術として細胞積層法を紹介した。わずか数ナノメートルの薄膜が細胞表面の物性を制御し，物理的に保護するだけでなく，インテグリンとの相互作用の誘起や細胞の浸潤阻害効果を示すことは大変興味深い。本稿では ECM タンパク質の薄膜を紹介したが，合成高分子を用いることで生体にはないさまざまな機能を付与することも可能である[10]。ナノ薄膜を用いた細胞機能制御技術は，組織工学や再生医療，創薬などさまざまな分野への応用が期待される。

文　献

1) R. O. Hynes: *Proc. Natl. Acad. Sci. USA*, **96**, 2588 (1999).
2) G. Decher: *Science*, **277**, 1232 (1997).
3) Z. Zhang et al.: *Biomat. Sci.*, **10**, 4077 (2022).
4) M. Matsusaki et al.: *Adv. Mater.*, **24**, 454 (2012).
5) A. Nishiguchi et al.: *ACS Biomater. Sci. Eng.*, **1**, 816 (2015).
6) A. Matsuzawa et al.: *Langmuir*, **29**, 7362 (2013).
7) A. Nishiguchi et al.: *Adv. Mater.*, **23**, 3506 (2011).
8) A. Nishiguchi et al.: *Biomaterials*, **179**, 144-155 (2018).
9) J. Zeng et al.: *Small*, **23**, 1907434 (2020).
10) W. Youn et al.: *Adv. Mater.*, **32** (35) 1907001 (2020).

第6章 バイオ分野

第5節
高分子電解質を活用した生体高分子の凝縮と相分離

九州大学　岸村　顕広

1. はじめに

　生命現象の舞台は水系であり，生体関連物質の多くが水を分散媒として分散している。生命を支えるセントラルドグマに関わる分子，その中心を担う核酸は高分子電解質であり，水によく分散する。また，最終的に生み出されるタンパク質も，荷電を有するものが多く存在し，水に分散できることが多い。生命の場は，これらコロイド粒子の水分散系と捉えることができるが，実際の現場，つまり，細胞の中を考えると，その液性成分といえる細胞質は希薄な分散液ではなく，大変な濃厚系である。このような環境は"分子クラウディング"状態ともいわれる。大腸菌では，そのすべてが細胞質内にあるわけではないものの，水分重量の約25％に相当するタンパク質が細胞に含まれているらしい[1]。粉砕したビーフジャーキー250gを1Lの水に懸濁させたような系であり，かなりドロドロな分散系になることが想像できるだろう。そのような現場で，生命現象は日夜営まれているが，荷電を持ったコロイドが二次凝集せずに高濃度に存在し，分散している系ということになる。このような条件では，適度な塩濃度のもと，それぞれのコンポーネントが静電相互作用を介して動的なコミュニケーションをしていると考えるのが妥当であろう。一方で，タンパク質全体の濃度が高いとはいえ，多種多様のタンパク質が存在している。大腸菌は4,000種類以上のタンパク質を持つとされる。すべてが同程度の量で細胞質にいるわけではないが，それぞれの濃度で考えると決して高いものではないことが想像される。翻って，最近，細胞質や核の内部で，生体分子が凝縮体を作り相分離する現象が盛んに報告されている[2,3]。タンパク質をはじめとする個々の生体高分子の細胞内における体積分率がそれほど高くないことを考慮すると，これら細胞内の相分離現象は，均質な分散状態（単相状態）から二相分離状態への変化が対象分子の存在量や荷電状態などの調整の結果生じ，引き起こされているとも捉えられる（図1(a)）。実際，少なくないタンパク質が，細胞内で過飽和な濃度で存在しているらしい[4]。

　本稿では，このような生体分子凝縮体をヒントに，高分子電解質を用いて作製された凝縮体であるポリイオンコンプレックス（Polyion Complex：PIC）やコアセルベートに注目しつつ，生体高分子の分散・凝集を扱った最近の筆者らの研究成果について紹介する。

2. ポリイオンコンプレックス形成とコンプレックスコアセルベート

　Flory-Hugginsの理論によれば，溶媒と高分子の溶液系ではχパラメタが相分離の指標となり，χが大きくなると相分離が起こりやすくなり，小さいと起こりにくくなる。これは，溶媒と高分子の相互作

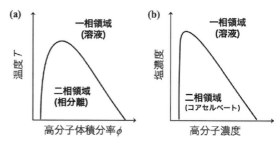

図1　高分子溶液の相分離
(a)Flory-Hugginsの理論に基づく相図。(b) Voorn-Overbeek（VO）理論に基づく相図。

用が小さくなること，あるいは，高分子成分同士が相互作用しやすくなることに対応する。したがって，細胞内の環境変化や分子の荷電の変化などにともない，溶媒（周辺環境）と生体高分子の相互作用が変わったり，分子濃度が上昇（体積分率が増大）することで相分離が促進される（図1(a)）。コンプレックスコアセルベートは，その構成分子が静電相互作用することにより生じる希薄相と濃厚相への液‐液相分離である。この場合の理論的な取り扱いはVoornとOverbeekが50年以上前に行っている。そこでは，近い重合度の高分子電解質の組み合わせについて，ポリアニオンとポリカチオンの「対」を取り扱うことでFlory-Hugginsの理論に従った定式化をしている（図1(b)）[5]。同じような図になっているが，縦軸が温度から塩濃度に変わっている。塩濃度が温度と同様な効果を示している点で興味深い。

このような系では，荷電性高分子がランダムに会合してネットワーク的に多分子集合体を生じているというよりは，まず「対」が生じ，続いてこれが二次的な会合をすることで多分子集合体に発展していると考える方が合理的であろう。実際，高分子電解質は荷電の塊であり，反対荷電の高分子電解質は，お互いがある程度の距離離れていても引力により集まりうる。そして，「対」として引き合うと，いきなり荷電がキャンセルされ，生じた「対」はもうそれ以上静電相互作用に基づく集合過程に参加することができなくなる。このようにして生じるポリイオンの対を筆者らはユニットポリイオンコンプレックス（unit PIC：uPIC）と呼んでおり，筆者らは実際に単離することにも成功している（図2左）[6]。

このような状況では，高分子電解質同士が相互作用することで直接的に相分離を引き起こす，というモデルではなく，生じた「対」，つまりunit PICと水との相互作用が不利になったり，新たに生成した「対」同士の相互作用が有利になることを考えていく必要がある。筆者らは荷電的に中性なPEG（Polyethylene Glycol）と高分子電解質からなるブロック共重合体を用いた系でunit PICの単離に成功しており，これが最終的に生じる分子集合体の形成・成長に重要であることを見出している[6,7]。例えば，PEG-ポリアスパラギン酸ブロック共重合体（PEG-PAsp）とポリペプチド由来のホモポリカチオンのPICでは，PEGの分率を制御することでコンプレックスコアセルベートが得られたり，100 nmスケールのサイズのユニラメラベシクルが得られたり，と制御ができる（図2，図3）[8,9]。特にベシクルが生じるケースで，unit PICの単離が可能で，形成したベシクルにあとからunit PICを加えることで，ベシクルを成長させることもできた[6]。

さらに，このunit PICのコンポーネントの制御により，生じるベシクルのミクロな構造や特徴を調節することもできる。ロッド状の硬い構造を有する二本鎖核酸のsiRNAを用いた場合（長さ約6 nm），ポリペプチド由来のPEG化ポリカチオンとのPIC形成において，siRNA側が支配的な挙動を示す[7]。通常，高分子電解質同士の荷電が中性となる荷電比で混合すると粒径100 nmで単分散なユニラメラベシクルが得やすいが，siRNAの場合には，PEGポリカチオンが多い条件でないとうまく形成されない。このとき，想定されるunit PICの組成も変化

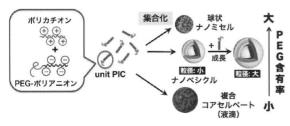

図2 unit PIC形成を経るPIC集合体形成の概念図

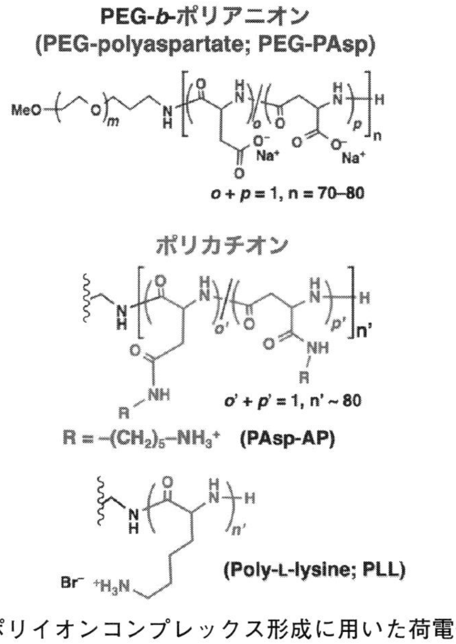

図3 ポリイオンコンプレックス形成に用いた荷電性ポリペプチドの例

していると考えられる。実際，会合比が混合荷電比に連動して変化し，結果として生じるベシクルの膜厚やゼータ電位に影響を与えることがわかっている（図4）。一方で，一本鎖のアンチセンス核酸の場合には，1：1の荷電比で粒径約100 nmで単分散のベシクルを得ることができる[10]。また別の例としては，PEGを末端に導入したポリ-L-リシン（PEG-PLL）をPEG化ポリカチオンとし，ポリアニオンとして分子量は小さいがポリリン酸を持つATPやGTPなどの分子を用いると，PLL部がα-ヘリックスを形成して集合化が進み，まるでナノベシクルを切り開いたかのような厚み25 nm程度のナノシート構造が得られることもわかっている（図5）[11]。興味深いことに，形成条件を整えると，ナノシートは分散して得られ，1辺数ミクロン程度の正六角形の構造をとる。これらは，PLLがα-ヘリックス構造をとることによりPIC膜が硬くなり，膜の辺縁部が閉じてベシクルとなることが不利になることで生じていると考えられる。これらの系ではunit PICレベルでの単離をしているわけではないが，unit PICレベルでの二次構造を考えることで，生じる分子集合体の特徴を制御できることを示す好例である。

3. ポリマー設計に基づく複合コアセルベートへのタンパク質取り込み制御：デザイナーコアセルベートの創出

細胞内に生じる生体分子凝縮体は多様であり，コンパートメントとして，さまざまな役割を持つことがわかってきている。特定の酵素を取り込み，生化学反応を効率的に進める「るつぼ」の機能，特定の生体分子を集めて機能を抑制したり，貯留したりする「スポンジ」機能などが代表的なところである[3]。例えば，多くの生体分子凝縮体でRNAが関与しており，その場合には，RNAの代謝や転写・翻訳活性の制御，ストレス応答などで機能を発揮しており，神経変性疾患などの特定の疾患の発症にも関与しているといわれている[3,12]。これらの例では，タンパク質と核酸の静電相互作用が鍵となり凝縮体形成につながることがよくあり，そのため，生体分子凝縮体とコンプレックスコアセルベートとの性質の類似性も指摘されている[13]。

これら細胞内の生体分子凝縮体の中でも，一部の分子がscaffoldとなる液滴を構成し，その他のタンパク質をclientとして引きつける場合がある（client-scaffoldモデル）。筆者らはこれにunit PICの考え方を持ち込み，タンパク質を取り込むscaffoldとしてコンプレックスコアセルベートをデザインすることを試みた[14]。まず，PEG-PAspブロック共重合体とホモポリマーであるPLLからなるコアセルベー

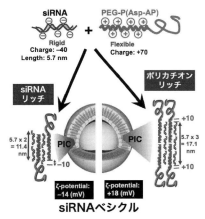

図4　siRNAとPEG-ポリカチオンを用いて作製したベシクルの概念図

Unit PICの組成が会合比によって変化すると考えると，構造や性質の差が理解しやすい。

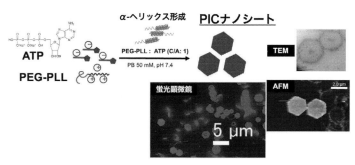

※口絵参照

図5　PEG-PLLとATPから作製されるPICナノシート

トについて，ポリマー由来の荷電比1：1でコアセルベートを作製し，荷電性タンパク質（β-galactosidase（β-gal），BSAなど）の充填（コアセルベート調製時のタンパク質取り込み）を検討したが，充填量は低かった。タンパク質の表面荷電数や密度は，PAspやPLLほど高いわけではなく，そのため，合成高分子電解質同士のペアリングと競争した際に負けてしまう。つまり，生じるunit PICが安定であり，タンパク質成分を受け付けないことが原因と考えた。そこで，PEG-PAspの荷電鎖の側鎖を荷電を持たない官能基で修飾し，荷電密度を下げることとした。このとき，生じるunit PICにおいては，イオン対形成が不均一になることが予想され，残留荷電が生じやすく落ち着きがない状態（frustrated state）になると考えられる（図6）。これにより，同様のコアセルベート調製条件であってもタンパク質がコアセルベートにアクセス可能となり，タンパク質に居心地の良い場であればそのまま残り続けるのではないか。つまり，clientであるタンパク質に対して人工的なscaffoldのデザインを行うということである。このような設計の背景としては，天然の生体分子凝縮体の形成に，荷電を持つ天然変性タンパク質（Intrinsically Disordered Proteins：IDP）や天然変性領域（Intrinsically Disordered Region：IDR）が重要な役割を果たしていることも挙げられる。つまり，明確な3次元構造を持たないタンパク質が重要な役割を果たしているということであり，筆者らが作製する荷電密度を下げた高分子電解質もその一種というわけである。

側鎖修飾ポリマーを用いた結果としては，修飾率が高まるとタンパク質の取り込み能力も高まり，修飾率50％，つまり，荷電密度を約50％にしたあたりで最大となり，フィードした量の80％以上の高い効率でタンパク質を取り込めるという結果となった。このとき，おおまかに見積もって50倍近い濃縮ができていた。さらに，コアセルベート作製後にタンパク質を添加しても，自発的にタンパク質が取り込まれた。この結果はタンパク質を吸い込むscaffoldがシンプルな発想でデザイン可能であることを意味している。興味深いことに，タンパク質取り込みの有無によるコアセルベートのポリマー組成への影響を調べたが，ほぼ変化はなく，ポリマーの荷電比は1：1で一定であった。ポリマー集合体としては電気的に中性な状態を保ちながら，微視的には荷電が中和できてない状態を作り出せ，これが高い取り込みに寄与したものと考えられる。また，β-galについては，その濃度を上げていっても取り込まれる効率はほぼ一定であり，デザインしたコアセルベートがタンパク質を抽出する溶媒のような働きをしていることがうかがえた。

側鎖修飾の化学構造によっても，取り込みの効率や，添加するNaClに対する安定性などにも差が見られた。側鎖カルボキシル基に比較的親水性が高いヒドロキシプロピル基，あるいは疎水性が高いn-ブチル基に導入すると，タンパク質取り込みの傾向にも微妙な差があるほか，NaClを添加した際の挙動にも差があった。特に，n-ブチル基修飾の場合には，NaCl濃度の増加に伴うコアセルベートの崩壊やタンパク質放出が抑制された。コアセルベート内部が疎水的環境になっていることが効いているものと思われる。このように，scaffoldの場としての性質も設計可能である。

さらに詳しく観察すると，タンパク質の種類によってコアセルベート内に取り込まれたあとの挙動にも差があることがわかってきた。BSAの場合は，コアセルベート液滴内に均一に分布する一方で，β-galの場合には，液滴内部でタンパク質が集積した顆粒を形成するのである（図7）。この顆粒形成挙動は温度やインキュベーション時間にも依存していた。また，顆粒形成条件で保存した酵素については，その活性が落ちやすい傾向にあった。一方で，NaClを添加することでこの顆粒を解消することもできるため，単純なタンパク質の凝集体ではなく，タンパク質とポリマーからなるPICの一種であると考えている。タンパク質がコアセルベートに取り

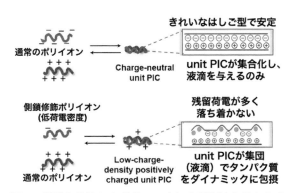

図6 側鎖を修飾したポリアニオンの例（上）とそれから得られるunit PICとその性質を示す概念図（下）

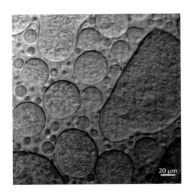

図7 修飾したポリアニオンからなるコアセルベートに
蛍光標識 β-galactosidase を取り込んだときの様子
明視野像，蛍光像の重ね合わせ．

込まれたあと，unit PIC の組み換えが行われ，より
タンパク質が濃縮された相として相分離したのかも
しれない．

次に，タンパク質側の要件について，見直してみ
ることとした．この目的で，種々のタンパク質を活
用したが，統一的な傾向が掴みづらかったため，
EGFP の変異体を用いて検討を行った．ここでは，
負電荷を増やした EGFP(−29)，正電荷を増やした
EGFP(+33)を通常の EGFP(−9)と比較してみた
(( )内はタンパク質のトータル荷電量)．その結
果，EGFP(−29)および EGFP(+33)のいずれもが，
EGFP(−9)にくらべて4倍程度効率的に取り込ま
れることが明らかとなった．このことから，荷電の
符号よりも荷電量が重要であることが示唆された．
以上の事実から，タンパク質の荷電状態と scaffold
側の高分子の特徴をうまくマッチングすることで，
種々のタンパク質を client とする人工的な scaffold
の設計が可能であるといえる．今後は，取り込むタ
ンパク質の選択性や，実際の細胞環境での振る舞い
にも興味が持たれるところであり，現在も引き続き
検討を行っている．

4. 相分離の概念を活用した階層構造体形成：過渡的な凝縮体形成の活用

[3.]の例では，タンパク質を取り込むと同時に，
顆粒状の新しいドメインを形成することがわかった
(図7)．先に述べた通り，これはタンパク質のコア
セルベート液滴内への集積化に伴って相分離が起き
て生じた「階層構造」と考えることができる．このよ
うな生体高分子，生体関連分子を用いての階層構造

形成は，人工的に細胞のような機能的階層構造体を
作っていく上で非常に重要な技術と考えている．こ
のような文脈で，筆者らは最近，ブロック共重合体
の PIC ナノ構造体形成と相分離の双方を活用して，
生体高分子凝縮部位を持つナノ～マイクロ構造体の
開発を進めている．ここでは，タンパク質凝縮コア
を持つベシクルである yolk-shell 構造体について紹
介したい[15]．

先に紹介したように，PIC 形成に直接参加しない
PEG などの非荷電連鎖の分率を調節することで，
PIC ベシクルを得ることができる．そこで筆者ら
は，ベシクル形成過程とタンパク質凝縮体の形成を
うまくカップリングさせることで，これらを統合し
た構造体が作れるのではないか，と考えた．そのよ
うなものを作製すれば，人工的な核を持つポリマー
型人工細胞の創生につながる．まず，アニオン性の
タンパク質（ジアミンオキシダーゼ（DAO），β-gal，
フェリチン，BSA など）と PIC ベシクルを得るため
のコンポーネント（PEG-PAsp と PLL）を用いて，そ
の可能性を探った．PAsp と PLL の荷電が中和する
条件でタンパク質を存在させても，従来の PIC ベ
シクルへのタンパク質封入と同様のプロセスであ
り，粒径約 100 nm のベシクル内部への封入効率は
非常に低いものであった．そこで，アニオン性タン
パク質がより多く集合体に参加できるよう，カチオ
ン性成分である PLL の比率を高めたところ，タン
パク質の利用率の上昇が見られた．特に，PAsp と
PLL の荷電比を 1.5（カチオンリッチ条件）にしたと
ころ，粒径は単分散性を保ったまま 400～500 nm
に増大し，40～50% のタンパク質が PIC 形成に使
われ，**図8b** に示すような透過型電子顕微鏡
(Transmission Electron Microscope : TEM) 像を与
えた．特に薄切した試料を用いた断面観察から，内
部に直径約 170 nm の凝縮体を持つユニラメラベシ
クル（膜の厚み約 18 nm）であることが明らかとなっ
た（図8c）．この関係を卵の黄身と殻の関係に見立
て，yolk-shell 構造体と名付けている．TEM 観察か
らは空のベシクルは見られず，目立ったタンパク質
の凝集も観察されなかった．ほとんどの場合，1つ
の shell の中に1つの yolk が確認できた．なお，
β-gal を yolk に封入した場合の酵素活性は 50% 程度
であった．密に濃縮しすぎたことが原因でネガティ
ブな影響が出ている可能性があるものの，それでも
活性自体はかなり残っていることから有用性は高

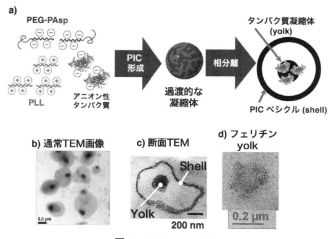

図8 Yolk-shell PIC
a) Yolk-shell PIC の形成過程を示す概念図。b) yolk-shell PIC の断面の TEM 画像。c) フェリチンから形成された yolk の TEM 画像（染色なし）。

く、また改善も可能と考えている。

Yolk-shell 構造体のような階層構造は、コンポーネントのポリマーとタンパク質の双方が一箇所に集まった濃縮相が過渡的に形成され、続いて、これが熱力学的に安定な複数の構造へと相分離したために生じたものと考えている（図8a）。具体的には、より荷電密度が高く構造的にも類似しているポリマー同士（PEG-PAsp と PLL）で PIC 膜を形成するのが安定となり、ベシクル膜が生じる。このときに取り残されたタンパク質は余剰の PLL と複合体を形成し、やがてベシクル膜から相分離する。この時にベシクルの内側に送り出され貯留されていく（ベシクル膜はタンパク質のような高分子、およびタンパク質/ポリカチオン複合体は透過させないので内側にとどまる）。β-gal（分子量 464,000）、ジアミンオキシダーゼ（分子量 170,000）、フェリチン（分子量 450,000）などのタンパク質を用いた場合は良好に yolk-shell 構造体が得られたことから、比較的高い表面荷電量と分子量がタンパク質側に必要なようである。DAO の場合には、FITC 修飾してアニオン性を高めないとうまく yolk-shell 構造が形成できないことも、適度な荷電量の必要性を裏付けている。なお、フェリチンを用いた TEM 観察から、内部の濃縮コアにはかなりの密度でタンパク質が詰まっている様子が確認できている（図8d）。また、興味深いことに、余剰分の PLL 量に対応する PAsp ホモポリマーを添加すると、yolk 構造が崩壊する様子が確認できた。この結果は、yolk がタンパク質のみからなる凝集体ではないことを示唆している。

効果的に yolk-shell 構造が得られたのはポリマー荷電比 PAsp：PLL＝1：1.5 であり、それぞれの重合度を考慮すると（PAsp の重合度 68、PLL の重合度 108）、この荷電比の時にポリマーのモル比が約1：1 となる。このことから、一連の現象を unit PIC に基づいて考えてみる。ポリマー荷電比 1：1 の時にはモル比がおよそ 3：2 であり、これが安定な PIC の組成となると想像できる。これをさらに2つの unit PIC に分解できるとしてみると、モル比が 1：1 のものと 2：1 のものが生じる（図9）。したがって、プラス荷電が多い条件では、1：1 の unit PIC の割合が増えてくると考えられる。実際、先行研究では、カチオンが多い条件でゼータ電位がプラスのベシクルが得られている。モル比1：1 の条件では荷電比が1：1.5 であり、この時に負の荷電を有するタンパク質が（おそらく一定量以上）存在すると、ベシクル（shell）と PLL/タンパク質複合体（つまり、タンパク質凝縮体：yolk）に相分離が可能となる。したがって、yolk と shell の相分離が最終的な決め手となる。先に分子量の大きなタンパク質で良い結果が得られたと書いたが、比較的分子量の小さい BSA（分子量 67,000）では yolk-shell 構造が一部できるものの、粒径の増大がより激しく μm スケールに達し、ベシクル膜にタンパク質が取り込まれたり、ベシクル膜が多重化するなどの異なる挙動を示した。BSA がベシクル膜よりもかなり小さいサイズであるためにベシクル膜に取り込まれてとどまり

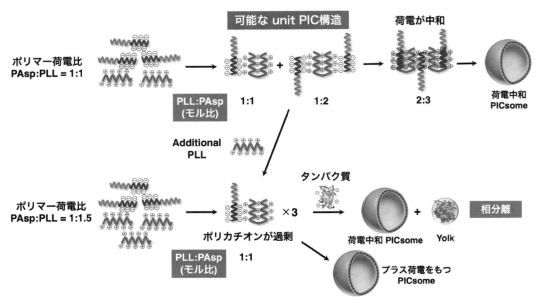

図9 ポリマーの荷電比と生じる分子集合体の関係を示す概念図
荷電の中和とともに生じる unit PIC の組成が変化すると考える。

やすく，それが膜の物性に影響を与えているものと考えられる。

もう1つ，興味深い現象を見出している。タンパク質存在下，ポリマー荷電比1：1で作製したベシクルに，荷電比が1：1.5となるように PLL を加えると，最初から PLL を1.5倍存在させた場合と類似した yolk-shell 構造体が形成された。一方で，ポリマー荷電比1：1.5で作製したベシクルにタンパク質を添加すると，一部のベシクルのみが yolk-shell 構造体に変化した。いずれの場合も，ベシクル外に単独の yolk やタンパク質の凝集体は観察されなかった。これらの結果から，yolk-shell 構造体は熱力学的に安定な状態であると類推されるとともに，タンパク質をベシクル内に取り込ませることが可能な手法となっていることがわかる。おそらく，前者の場合はあとから加えられた PLL が系内に存在しているタンパク質と一様に会合して平均的にベシクル内へと移行するのであろう。後者の場合は，あとから加えたタンパク質が余剰の PLL と会合して限られた数の yolk が形成され，それが yolk-shell 構造体形成へとつながるのではないか。

このように，PIC 形成後に適切に安定な相へと誘導することで，従来では作製が難しかった階層構造体の作製が可能となった。今後，ポリマー構造の設計の本質を見極め，適用タンパク質を拡大したり核酸にも適用することで，生体高分子凝縮体を核とする人工細胞としてさらなる応用につなげられるものと考えている。また，[3.]で得られた知見も活用することで，人工的な細胞質も併せ持つ人工細胞にも展開できるだろう。

5. おわりに

以上，高分子電解質を用いて生体高分子，特にタンパク質を凝縮させる系について筆者らの最近の成果を紹介させていただいた。これらを冒頭に述べたことと関連させると，凝縮させるタンパク質の種類が多様になれば細胞質モデル，限定的であれば生体分子凝縮体(非膜オルガネラ)モデルと言ってもよいかもしれない。今後は，複数の生体高分子，および人工的な分子・材料を濃厚状態で合理的に区画化する技術とすることで，天然の系を超えた凝縮系分子システムを構築していきたい。その先に，細胞(質)を真に細胞(質)たらしめる物質科学的学理を確立できるものと信じている。今後の研究にもご期待いただきたい。

文　献

1) 舟橋啓監訳，R. Milio and R. Phillips 著：数でとらえる細胞生物学，羊土社 (2020).

2）白木賢太郎編：相分離生物学の全貌，東京化学同人（2020）．
3）広瀬哲朗，加藤昌人，中川真一編：相分離メカニズムと疾患，羊土社（2021）．
4）木村航，白木賢太郎編：相分離生物学の全貌，東京化学同人，29-34（2020）．
5）J. T. G. Overbeek and M. J. Voorn: *J. Cell. Comp. Physiol.*, **49**, 7-26 (1957).
6）Y. Anraku et al.: *J. Am. Chem. Soc.*, **135**, 1423-1429 (2013).
7）B. S. Kim et al.: *J. Am. Chem. Soc.*, **141**, 3699-3709 (2019).
8）A. Wibowo et al.: *Macromolecules*, **47**, 3086-3092 (2014).
9）Y. Anraku et al.: *J. Am. Chem. Soc.*, **132**, 1631-1636 (2010).
10）B. S. Kim et al.: *Biomacromolecules*, **21**, 4365-4376 (2020).
11）A. Ahmad et al.: *Chem. Commun.*, **59**, 1657-1660 (2023).
12）F. Sventoni et al.: *RNA Biology*, **13**, 1089-1102 (2016).
13）N. Yewdall et al.: *Cur. Opi. in Col. & Inter. Sci.*, **52**, 101416 (2021).
14）B. KC et al.: *Chem. Sci.*, **14**, 6608-6620 (2023). DOI: 10.1039/D3SC00993A
15）Y. Liu et al.: submitted.

第6章 バイオ分野

第6節
臨床検査用ラテックス粒子

積水メディカル株式会社　高橋　弘至　　積水メディカル株式会社　太平　博暁

1. はじめに

　臨床検査とは診療を目的として直接人体から脳波や心電図を測る検査や，人体から採取した体液成分を試料として分析する検査の総称である。後者は患者から採取した血液や尿，髄液などを検体として，生体成分値の異常や特定の疾患の進行度合いの指標となる分子マーカー，病原物質そのものの存在などを定量・定性測定する検査方法（以下，検体検査）で，健康診断や治療効果の確認といったさまざまな目的で多くの項目が測定されている。

　検体検査は測定対象となる物質に応じてさまざまな測定原理，技術が用いられるが，その1つに免疫測定法がある。免疫測定法は生体の防御機構の一種である免疫反応（生体内に侵入した異物を抗原と認識し，抗原特異的に結合する抗体タンパク質を産生して異物を攻撃する生体防御機構の一種）を利用する方法で，測定対象となる物質を抗原として作成した抗体を使用する測定法の総称である。なかでも抗体を含む溶液と測定対象物質抗原を含む検査試料を混合し，抗原と抗体間の結合によって生じるタンパク質の凝集塊を測定する免疫凝集法の歴史は古く[1]，シンプルな反応系で感度良く目的成分を検出できることや，理論上，異物として認識されるすべての成分に対して抗体を作成できることなどから，これまでに数多くの項目の検体検査薬が実用化されている。

　免疫凝集法の検体検査は当初，マニュアル操作で実施されていたが，迅速化，省力化の要望に応えるように自動化が進み，臨床検査の現場では図1に示すような臨床化学自動分析装置と専用の検査薬を

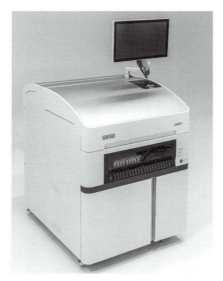 

図1　臨床検査自動分析装置の例

第6章　バイオ分野

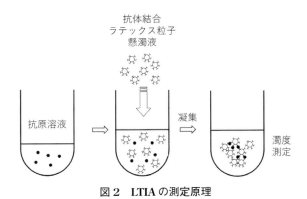

図2　LTIAの測定原理

組み合わせての測定が一般的となった。さらに機器の進歩によって測定の精度や再現性が向上した結果，検査薬に関しても今まで以上に高感度な性能への要望が高まり，微粒子担体を利用して，免疫凝集法の最大のメリットである簡便性を損なうことなく高感度化できるラテックス免疫比濁法（Latex enhanced Turbidimetric Immuno Assay：LTIA）検査薬の研究開発が加速した。特に本邦では基本特許の有効期間が満了した2000年代から，各検査薬メーカーのLTIA分野への参入が本格化し，市場のニーズも相まって測定対象の項目数や製品数が急速に拡大している。LTIAで高感度な測定が可能となった最大の要因は，抗体が不溶性の担体であるラテックス粒子上に固定されている点にある。図2に示したように懸濁液中でラテックス粒子に担持された抗体と抗原が反応すると，抗原－抗体反応によってラテックス粒子が架橋され凝集塊を形成する。粒子凝集による濁度の変化は，従来の免疫凝集法における抗体単体と抗原との結合によるタンパク質の凝集と比較するとはるかに大きいため，吸光度や散乱光強度といった光学的な検出方法で，より微量の抗原を鋭敏に検出することができる。微粒子に固定化した抗体を用いる免疫凝集法自体は古典的な方法であるが，目視で判定できるように抗原－抗体反応を十分に進行させてラテックス粒子の凝集形成を完結させるため，定性もしくは半定量の用途に限られていた。一方，臨床化学自動分析装置を用いるLTIAでは，ラテックス粒子の凝集形成が進行している間の濁度の変化量を測定するため，抗原量に応じた凝集度合の差を高精度に検出でき，多くの装置で総反応時間10分以内という短時間で抗原の定量が可能である。

本稿ではLTIAのキーマテリアルであるラテックス粒子に関して，筆者らのこれまでの研究開発活動によって得られた知見のなかから，特に精密な定量を目的とする臨床化学自動分析装置用LTIA検査薬に適したラテックス粒子の性状や，製剤化の技術などに関して述べたい。

2. LTIA用ラテックス粒子

2.1　粒子種および重合方法

LTIA検査薬用途では一般的に粒子サイズの均一性が高いポリスチレンラテックス粒子が用いられる。主な重合方法としては分散重合，乳化重合やソープフリー乳化重合などが知られているが，いずれも適用可能である[2]。筆者らは製剤設計の際の取り扱いが容易なソープフリー乳化重合で調製した粒子を使用することが多い。

2.2　粒子サイズ

ラテックス粒子は重合時の各種条件によって粒子サイズのコントロールが可能である。初期のLTIAは目視判定の定性検査であったため，マイクロオーダーで高密度の粒子が用いられていた。粒子サイズが大きいほど凝集時の濁度変化量が大きく高感度となる点は臨床化学自動分析装置用LTIAでも同様であるが，装置側で光学的に検出できる濁度範囲に制限があるため，元々の濁度が高い大径粒子を高含量に適用することができないという点で大きな違いがある。粒子の含量が低いと抗原高濃度域で粒子数が不足して凝集形成が飽和状態となるが，さらに抗原濃度が過剰になると抗原を介した架橋ができなくなるため，濁度が低下して見かけ上の測定値が低下するプロゾーン現象が発生する。検査値の誤りは診断の過誤に直結するため，抗体結合ラテックス粒子の数が不足するような設計は絶対に避けなければならない。つまりLTIAでは低濃度の検出感度と高濃度の測定範囲はトレードオフの関係にあるといえるが，特に自動分析装置用LTIAにおいてはその制約がよりシビアで，測定対象とする抗原の検出目標濃度や濃度範囲，加えて臨床的な意義も考慮したうえで適切なサイズの粒子を選ぶ必要性がある。

また特に自動分析装置用のLTIAに求められる仕様として，静置時の粒子分散系の安定性が挙げられる。これはLTIA検査薬のボトルが開封から全量使

い切るまで数日から数週間にわたって装置に架設されたままの状態，いわゆるオンボードの状態に置かれるためで，一般的な装置はボトルを撹拌する機能を持たないため，ラテックス懸濁液が長時間にわたって安定分散状態を保てることが実用性やユーザビリティの点で重要である。

以上を踏まえ，筆者らのこれまでの経験では粒子サイズ100～400 nmのラテックス粒子を採用することが多いが，300 nm以上では沈降しやすくなるため比重調整など製剤上の対策が必要である。また製品の原料として供されるラテックス粒子の重合ロット間のばらつきとしては，目標粒子サイズの±3～5％を目安として厳密に品質の管理を行っている。

2.3 分散性，凝集性の指標

ポリスチレンラテックス粒子の多くはスチレン（Styrene）とスルホン酸（Sulfonic Acid）を有したモノマーを共重合させたものであり，粒子表面に露出したスルホン酸基に起因する負電荷を有している。また，過硫酸塩などの負電荷を有する開始剤を用いることで，ポリマー末端に負電荷を付与することもでき，これらの負電荷によって，相互に反発して懸濁液内で分散状態を保っている。粒子表面の電荷はζ（ゼータ）電位で示されエマルジョンの安定性を示す指標の1つであるが，検査薬用途としては－20～－40 mVのラテックス粒子が適しているとされている[2]。筆者らはζ電位による評価と併せて，ラテックス粒子懸濁液に無機塩類を添加し，急速に凝集が進む塩濃度，いわゆる臨界凝集濃度（Critical Coagulation Concentration：CCC）の評価も実施している。これは一般的なLTIA検査薬が，緩衝液を主成分とする第一試液と，ラテックス懸濁液からなる第二試液の2種類の試液で構成され，第一試液はヒト試料中の目的抗原との反応性を向上させる目的で塩類や界面活性剤といった成分を含有するためで，CCCによるラテックス粒子の性状確認はLTIAへの適用[3]を判断するうえではより実用的な評価方法である。

2.4 抗体固定化方法

ラテックス粒子の表面に抗体を固定化する方法としては，アルファベットのYのような構造を持つ抗体分子上のテイル部分＝Fc構造の疎水性の相互作用を利用した物理吸着法が多用されるが，保管中に抗体が粒子から脱離してラテックス凝集を阻害する可能性がある。抗体をより強固に固定する方法として，ラテックス粒子にカルボキシ基を導入し，抗体タンパク質構造中の特定のアミノ酸残基の側鎖構造と架橋反応させる化学結合法がある。具体的な導入方法としては，目的の官能基を有するコモノマーをスチレンモノマーと共重合させる方法が効率的であり，コモノマーの導入量や添加タイミングを調整することで，均一な粒子サイズを維持しつつ，カルボキシ基の導入量をコントロールすることができる。この際カルボキシ基の導入によって，粒子の親水性が増すため，相対的に物理吸着は発生しにくくなる。

物理吸着，化学結合いずれの抗体固定化法にも一長一短あるため，目的に応じて導入するカルボキシ基量をコントロールし，同一粒子上で化学結合と物理吸着を併用できるラテックス粒子の利用も有効である。

3. LTIA検査薬の性能向上技術

3.1 粒径の均一化

一般的にラテックス粒子のサイズは平均値で示されるが，粒子の粒度分布はLTIAの性能に非常に大きな影響を与える。図3に2種類のラテックス粒子の電顕（TEM）撮像を示す。平均粒子サイズ150 nmのA粒子の粒度分布がほぼ均一であるのに対し，平均粒子サイズ120 nmのB粒子はバラツキが大きく極端に小さい粒子も混在していることがわかる。図3の表にはこれらの粒子を用いて調製したLTIAで同一検体を繰り返し測定した，いわゆる同時再現性の例を示すが，B粒子では明らかに測定値のバラツキが大きくなっている。この原因としては［1.］で説明したように，自動分析装置用のLTIAでは凝集形成が進行している過程の濁度変化を捉えているため，さまざまなサイズの粒子が混在していると凝集の進行度合にわずかな差異が生じるためと推察している。再現性はLTIA検査薬の検出感度すなわち抗原ゼロと陽性値の測り分けに直結する性能であるため，極力，粒子サイズの揃った粒子を選択することがLTIAの性能獲得の第一歩である。筆者らは電顕撮像の画像解析によってラテックス粒子の粒度分布を算出し厳密な品質管理を行っている。

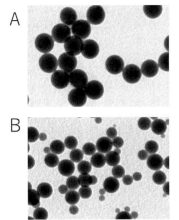

	LTIA A	LTIA B
測定値 (n=5)	0.25	0.24
	0.25	0.25
	0.24	0.24
	0.25	0.21
	0.25	0.26
平均値	0.248	0.240
標準偏差	0.004	0.019
変動係数	1.8%	7.8%

図3 粒度分布とLTIAの再現性

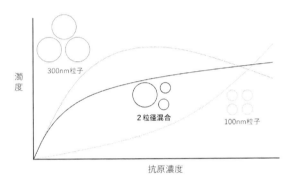

図4 粒子径とLTIA反応曲線

3.2 異径粒子の組み合わせ

[2.2]で述べたようにLTIAでは低濃度の検出感度と高濃度の測定範囲はトレードオフの関係にあるが、検査項目によっては低濃度から高濃度までの測定が必要となるケースも少なくない。そのような場合にはサイズの異なるラテックス粒子を混合して使用することで所望する性能に近づけることができる。図4に平均粒子サイズ100 nmおよび300 nmのラテックス粒子でそれぞれ調製したLTIAにおける抗原濃度−濁度曲線（反応曲線）の模式図を示す。小さい100 nmのLTIAでは抗原低濃度域での濁度が低く、ある濃度から高濃度域まで指数的に濁度の上昇が継続するのに対し、大きい300 nmのLTIAでは低濃度域の濁度が高く、高濃度域では抗体結合粒子の数が不足して濁度は低くなる。筆者らはこれらのLTIAを適当な比率で混合することによって、低濃度域の高感度検出と、高濃度域までの測定範囲の拡大を両立したLTIAの実用化に成功している。前項の粒子サイズの均一性に関する知見からは、異径粒子を混合したLTIAでは凝集形成の度合が一定とはならない印象を受けるが、大小それぞれのラテックス粒子の粒度分布を揃えたうえで、各粒子への抗体結合量や各抗体結合ラテックス粒子の混合比を工夫することによって、実用的な再現性レベルに制御することが可能であることを確認している。なお粒子サイズが異なる複数種類の粒子を組み合わせる場合には、粒子混合後にLTIAに供するのではなく、各サイズのラテックス粒子をそれぞれ個別にLTIA化したのちに混合することが肝要であると考えている。

3.3 ラテックス粒子の濁度増強

LTIA高感度化にはシンプルにラテックス粒子自体の濁度を増強する方法も有効である。筆者らが実用化済みの粒子として、ビニルナフタレン (Vinylnaphthalene) を共重合させた粒子[4]の粒子サイズと濁度の関係のプロットを、ポリスチレンラテックス粒子を対照として図5に示す。いずれの粒子サイズにおいてもビニルナフタレンを含有した粒子の方が濁度が高く、LTIA化時に検出感度の増強効果を示すことも確認している。ビニルナフタレン含量を増やすほど高感度化が期待できるが、[2.2]でも述べたように装置側で検出できる濁度に限界があるため、現在までのところはビニルナフタレン低含量粒子の適用に留まっており、今後、検出側の工夫などで適用範囲の拡大を進めたいと考えて

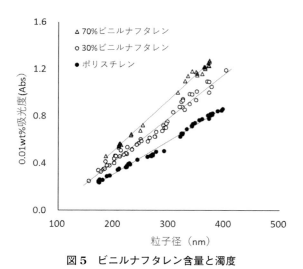

図5　ビニルナフタレン含量と濁度

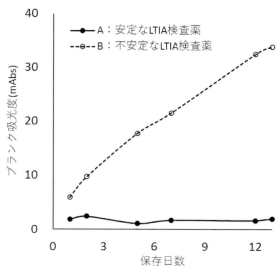

図6　LTIA 検査薬のブランク経時変化

いる。

3.4　官能基量比

ここまでラテックス粒子の表面荷電に寄与するスルホン酸基や，化学結合用途としてのカルボキシ基に関して述べてきたが，最近，粒子を構成する官能基の量比がこれまで想像していたよりも LTIA の性能に大きな影響を及ぼすという知見が得られてきた。

図6 に同程度の粒子サイズと CCC を有する2種類のラテックス粒子から同じ条件で調製した LTIA 検査薬のブランク吸光度を示す。ブランク吸光度とは抗原を含まない条件下で LTIA を構成する二液を混合した際の濁度変化量で，抗体結合ラテックス粒子の自己凝集による濁度変化と考えられるが，測定上は抗原ゼロ濃度におけるベースラインとみなされる。一般的に LTIA 検査薬は測定の都度検量線を作成するため，ベースラインの吸光度が多少変動しても測定値には影響しないと捉えがちだが，ヒト検体を測定した際に抗原ゼロ条件よりも吸光度が低くなり，測定値がマイナスとなることがあるので注意が必要である。これは抗体結合ラテックスの自己凝集を抑制するような成分を含む検体があるためと考えられるが，正確な測定のためには LTIA のブランク吸光度はより0に近い数値で，常に一定であることが望ましい。

いずれの抗体結合ラテックス粒子懸濁液も単体では安定分散状態を保っているものの，実際の測定に供した場合，LTIA-A ではブランク吸光度は，保存日数が経過してもほぼゼロで数値の変化がほとんど認められないのに対し，もう一方の LTIA-B では経日的にブランク吸光度が上昇しており，自己凝集が起こりやすくなっていることがわかる。これは時間の経過に伴って，例えば pH や塩濃度といった外的な環境の変化に対して，抗体結合ラテックスの感受性が増して不安定になったためと推察される。これら2種類の粒子は，重合開始剤である過硫酸カリウム (Potassium Persulfate) 量とスチレンとスチレンスルホン酸の共重合比を変動させて重合しており，粒子表面の X 線吸収微細構造 (X-ray Absorption Fine Structure：XAFS) 解析から，S K 吸収端 XANES (X-ray Absorption Near Edge Structure) スペクトル (図7) を確認したところ，不安定な LTIA に供したラテックス粒子 B の表面は SO_4 成分が優位であるのに対し，安定な A の方は SO_4 成分と SO_3 成分がほぼ等量存在していると推測された。その機序は分析中であるが，極めてシンプルな構造の官能基の存在量比で抗体結合ラテックス粒子の安定性が変化するという事実は非常に興味深く，粒子サイズ，CCC，ζ電位といったこれまでの粒子の評価指標を補完する重要な知見であると考えている。

3.5　抗体結合ラテックス粒子の表面荷電制御

抗体を含めてタンパク質は両性物質であるため，抗体結合ラテックス粒子は酸・塩基の両官能基を導入した両性粒子のように懸濁溶媒の pH によって表

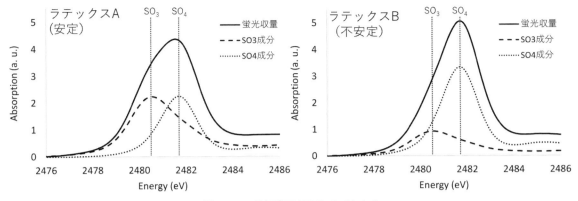

図7 S*K* 吸収端 XANES スペクトル

蛍光収量法で得られたラテックス粒子 A, B の S*K* 吸収端 XANES スペクトルにおける SO_3, SO_4 各成分※の線形フィッティング結果。

※ SO_3 標準試料：アントラキノン-2-スルホン酸ナトリウム（Sodium Anthraquinone -2-sulfonate），SO_4 標準試料：硫酸カリウム（Potassium Sulfate）

面荷電量をコントロールすることができる。[2.3]で述べたように一般的な LTIA 検査薬は二液で構成されるため，抗体結合ラテックス懸濁液としては安定分散状態を維持できるよう表面荷電が高くなる pH 条件を選択し，反応時にはもう一方の試液を混合することで溶媒の pH を大きく変化させて表面荷電を低下させ，凝集形成を促進するといった製剤設計が可能である[5]。

4. LTIA の今後の展望

筆者らがこれまでに手掛けた LTIA 検査薬のなかから，高感度 LTIA の先駆けとなった CRP 以降の高感度項目や世界で初めて LTIA 化した検査項目の概要を表1にまとめた。ここ 15 年間で LTIA の検出感度はモル数換算で約 250 倍に向上し，その結果，より重要な疾患の診断にも利用されるようになってきた。LTIA の高感度化はただ単に反応性の強い抗体や高感度となる粒子の組み合わせによって達成できたわけではなく，実用面のさまざまな課題に対する要素技術を組み合わせることで総合的に性能や品質を向上させて成し遂げられたものであることは言うまでもない。検体検査では LTIA の他にも磁性ビーズを利用する高感度免疫法や，金属コロイド粒子を利用するイムノクロマト法などさまざまな微粒子技術が利用されているが，とりわけ LTIA の性能が短期間のうちに飛躍的に向上したのは，臨床化学自動分析装置の普及によって，スピーディーに検査結果を報告する要望が高まったことによるところが大きいであろう。本稿では詳しく述べなかったが，自動分析装置はメーカーや型式によって仕様（例えば溶液分取の精度や溶液混和時の撹拌力）に違

表1 LTIA 検査薬の例

項目	発売年度	主な病態	測定範囲
CRP	2003	炎症	0.1-420 μg/ml
MMP-3*	2004	関節リウマチ	10-1600ng/ml
KL-6*	2009	間質性肺炎	5-500ng/ml**
L-FABP*	2014	腎障害	1.5-200ng/ml
IL-2R*	2016	血液ガン	0.25-50ng/ml**
BNP*	2017	心筋梗塞	15-2000pg/ml
LRG*	2019	炎症性腸疾患	5-100 μg/ml
TARC*	2021	アトピー性皮膚炎	200〜20000pg/ml
SP-D*	2022	間質性肺炎	15-1000ng/ml

*世界初 LTIA 化項目　**元の単位から重量相当に換算

いがあるため，これまではいずれの装置でも同等の性能が発揮できるLTIAを設計してきたが，近年では装置の多様化も進んでおり，これからは装置メーカーと協力してそれぞれの装置に最適化したカスタマイズも重要になると考えている。

LTIA検査薬の設計においてはラテックス粒子の技術以外にも，抗体や製剤化の技術も非常に重要であり，筆者らはさまざまなアプローチでLTIAの性能向上を進めている。現在はラテックス粒子単体での感度増強や安定性向上といった技術開発に加え，抗体結合ラテックス粒子をあたかも1つの微粒子とみなすことで，LTIA化した際のロバスト性を高める試みを進めている。これは例えばLTIAの高感度化を目的とした場合，それぞれ単体で高感度となるよう設計された抗体とラテックス粒子を組み合わせてLTIA化するという従来のアプローチを見直し，まずはLTIAに適した抗体群を作成・セレクトし，次に抗体毎に異なるさまざまな特性に対応してラテックス粒子を修飾するという相互フィードバックのプロセスを経ることで，「抗体結合ラテックス粒子」となった状態で最高の性能を発揮できるよう，抗体とラテックス粒子の双方から設計を最適化する試みで，これまでに感度や安定性の向上といった効果が確認されている。

今後もLTIA検査薬の性能のキーとなる抗体とラテックス粒子を自前で設計できる筆者らの強みを最大限に活かして，高性能化と適用項目の拡大を推進して医療の発展に貢献し，健康社会実現の一助を担いたい。

文　献

1) J.M. Singer et al.: *Am. J. Med.*, **21**, 888 (1956).
2) 室井宗一監修：超微粒子ポリマーの応用技術，シーエムシー出版 (1991).
3) 国際公開 2020/075691.
4) 特許第 5170806 号.
5) 特許第 4663822 号.

第5編
先端サイエンスにおける
コロイド凝集分散

第1章
ナノカーボン

山形大学名誉教授　佐野　正人

1. カーボンナノチューブ

カーボンナノチューブ(Carbon Nanotube：CNT)は優れた電気・熱・力学特性を有し，さまざまな分野への応用が期待されているが，実用には1本のCNTとしてではなく，集合体として用いられる。その出発材料としては，乾燥した粉体状態よりも液体やポリマーに分散した状態で扱われる場合がほとんどである。しかしながら，CNTはほとんどの溶媒に分散せず，安定性も乏しい。また，どのような構造で分散しているのかも多くの場合，不明である。ここでは，液中でのCNTの振る舞いと分散について解説する。

1.1 溶解，それとも分散？

単層CNTの直径は1～2 nm，長さは数～数十μm程度であり，DNAとほぼ同じ大きさである。一般に，「DNAは水に溶解する」と考える。それでは単層CNTは溶媒に「溶解」しないとするべきであろうか，それとも「分散」しないと考えていいのだろうか。

溶解では，熱力学的にその前後のギブズ自由エネルギー変化を考える。すなわち，エントロピーとエンタルピーの兼ね合いである。小さな分子では溶解によるエントロピーの増加が大きな原動力となるのであるが，大きな分子ではそれが小さくなるので，エンタルピーを下げる要因が必要となる。DNAでは水分子との水素結合が役立つが，単層CNTではそのような寄与はない。さらに，単層CNTの周りの水分子が構造化して水のエントロピーまで下げてしまう。よって，単層CNTは溶解しにくい。

一方，分散では液中の粒子間に働く力を考える。単層CNTを構成するπ電子は非常に動きやすいことから誘起双極子モーメントが大きくなる。さらに，すべての炭素原子が表面に位置し，各々が共有結合で結ばれている。したがって，単層CNTではファンデルワールス力，特に分散力(ロンドン力)が重要となる。2本の単層CNTが接近すると長軸に沿って平行に並びやすく，接触面積が大きくなり，分散力は他の物質と比較にならないほど大きくなる。この強大な引力に打ち勝つほどの斥力を導入しない限り，単層CNTは分散しにくい。

このように，どちらとも，それなりの説明はできるのであるが，統一的な考えを持つ方が問題解決には有利である。ところで，酸処理したCNTは水に濡れ，水中では非常にゆっくりと凝集する状態になる。そこに塩を添加すると，ある濃度でCNTが急激に凝集し始める(**図1**)[1]。この臨界凝集濃度を異なる塩で測定し，塩のイオン価数で両対数プロット

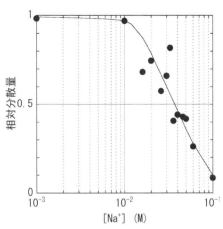

図1　食塩を添加したときの酸処理単層CNTの分散量の変化

分散量が半分になる塩濃度を臨界凝集濃度とした

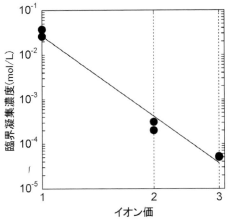

図2 臨界凝集濃度とイオン価の両対数プロット
直線の傾きは-6

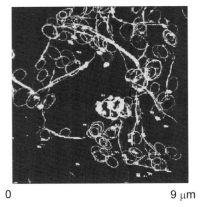

※口絵参照

図3 環状CNTのAFM像

すると，傾き-6の直線が得られた(**図2**)。この関係はSchultz-Hardy則として知られ，DLVO理論が最初に説明したことで有名である。すなわち，水中の酸処理CNTは，ファンデルワールス引力と電気二重層斥力が拮抗するコロイドとして振る舞うことが実証され，「分散」と考える方が適切であることが判明した。多層CNTは分子として考えるには大き過ぎ，固体粒子の分散として考えるほうが良いだろう。ところで，図2の結果は，イオン価の高い物質の混入には，微量であっても細心の注意を払うべきであることも示している。

1.2 分散している単層CNTの形態

電子顕微鏡写真などを見ると，単層CNTは真直ぐに伸びた細長い形をしている。これは外部との相互作用のない真空中の状態だけではなく，少なくとも単層CNTの1点が固体基板に固定された条件である。では，液中に分散していて，自由に揺らいでいる単層CNTはどのような形態を取るのであろうか。単層CNTはTPaレベルのヤング率を持つ。剛直で高弾性であることを意味するので，ある程度直線的なことが期待される。そこで重要となるのが，高分子溶液で考察される持続長である。持続長とは，液中で熱力学的に揺らいでいる状態で統計的に真直ぐに伸びていると考えられる距離をいう。柔らかい高分子ではほぼモノマーの結合距離で1 nm程度であり，DNAやコラーゲンのような剛直高分子では100 nm程度になる。単層CNTの持続長がわかれば，どのくらいまで真直ぐなのかを知ることができる。

筆者らは，単層CNTの末端同士を結合させ環状CNTを合成することに成功した(**図3**)[2]。持続長が短いと直径の小さい環が生成できるが，長いと大直径のものしか生成されない。すなわち，環サイズ分布は持続長で決まる。そこで，多数の環の直径分布を測定して理論と比較することで，持続長を求めることができる。実験から得られた持続長は0.8 μmで，それより短い単層CNTはおおよそ真直ぐな形態をしており，その倍(Kuhn長)の1.6 μmより長いものはくねくね曲がっていることがわかった。ところで，多層CNTの持続長はミリメータ以上に達するという報告もあり，実質的に直線形態と考えてよい。

1.3 濡れ

単層CNTはDNAほどの大きさなので，分散媒体に濡れるだけで分散しやすくなる(十分ではないが，必要条件)。濡れは，原子レベルの相互作用を直接反映する。理想的な単層CNTでは電荷は局在化せず，炭素以外の元素はないので，双極子相互作用や水素結合相互作用は生じない。単層CNT間では強大なファンデルワールス力も，小さい溶媒分子相手だと微弱である。よって，単層CNTはほとんどの物質に対して濡れが悪く，分散しづらい。

しかし，例外がある。N-メチルピロリドンやジメチルホルムアミドのような非プロトン性極性溶媒には濡れる。また，アミン類溶液，液晶性アルキル化合物，イオン液体などにも濡れる。これらは溶媒側の例外である。CNT側でも「例外」があり，欠陥

である。欠陥では電荷が局在化し，双極子が出現する。空気中では欠陥は酸素を含む官能基で終端されているので，水素結合が可能となる。すなわち，欠陥の多いCNTは多くの極性溶媒で濡れる。その影響は非常に大きく，種々の分散法の差より桁違いに大きな差を生じる。

単層CNTを水に分散させる（大量分散ではない）には低分子界面活性剤だけで十分なのは，濡れ性の改善が大きな要因である。しかしながら，固体粒子のような多層CNTでは濡れの改善だけでは不十分な場合が多く，分散安定剤として高分子化合物も必要になってくる。ただし，欠陥の多い多層CNTは歪な形態で密に凝集しにくく，分散安定剤なしでも簡単に分散する場合もある。

1.4 解繊

単層CNTは束になりやすく，そのときのファンデルワールス力による凝集エネルギーは固体結晶に匹敵するくらい大きい。それを解繊するには，同等のせん断応力を加える必要があり，現実的には超音波しかない。濡れを改善する界面活性剤溶液に凝集塊を入れ，超音波照射する。ここで注意すべき点が2つある。超音波は空気中の窒素と水の反応を誘導することが知られていて，硝酸を生じる。よって，空気中で超音波照射すると溶液のpHが下がり，単層CNTはドープされる（図4）[3]。もう1点は，超音波による応力は「弱い」単層CNTの引張強度より大きいため，単層CNTを切断してしまう。実質的に弱くする主な因子は欠陥であり，短時間で短小化が起こる。

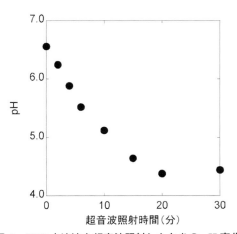

図4 SDS水溶液を超音波照射したときのpH変化

一方，多層CNTは剛直で（持続長が長い），束にする（配列させる）のに余分なエネルギーが必要となり，束になるよりも絡み合いながら凝集する。その凝集エネルギーは小さいので，粘性のあるポリマーとの混練でも解繊する。市場に出回っている多層CNTの特徴は欠陥が多いことで，弱い単層CNT同様，多層CNTでも混練程度の応力で切断・短小化が起こる。

1.5 速度論的安定化

解繊してバラバラになったCNTは，ファンデルワールス力により再凝集してしまうので，バラバラの状態を安定化させる必要がある。単層CNTの化学修飾やバイオ応用では，異種化合物の混入を避けたい。そんなときは，凝集速度を遅らせる手法が役に立つ。目的とする用途の時間に対して十分遅く凝集させれば良いとする考え方である。まず，できるだけ濡れの良い条件を選ぶ。凝集は単層CNT同士の衝突により生じるのであるから，単層CNT濃度を十分に低くすると衝突確率が減り，凝集にかかる時間が延びる。おおよそ $10\,\mu g/mL$ 程度くらいまで下げると効果的である。単層CNTは拡散で動いているから，温度を下げたり，溶媒粘度を上げたりすることも凝集を遅らせるのに役立つ。

多くの多層CNTの応用では低濃度，低温は使用条件を満たさず，溶媒粘度くらいしか適用できないかもしれない。すでに，CNTに関係のない一般製品で使われている増粘物質は多くあるので，その中から目的に適した化合物を選べばよい。

1.6 エネルギー的安定化

CNT間のファンデルワールス力より強い斥力を与えれば分散は安定化される。そのような斥力をCNT自体で発生させるのは困難なので，異種化合物を添加する。水が分散媒の場合，単層CNTでは疎水性であるという観点からすると，界面活性剤（食器洗剤）が多く用いられる。多層CNTも炭化固体粒子（スス等の汚れ）と考えると，分散剤（洗濯洗剤）が適用できる。有機溶媒においては，CNTに吸着する化合物が多く用いられる。これらは，CNTに特化したものでなく，汎用製品で十分な効果がある。

添加物の選択において重要なのは，これらの化合物を除去したくても完全に除去できないという事実である。特に，CNT同士が接触している箇所など

小さな隙間に入り込んだ化合物は微量ながら残留する。わすかな残留成分が大きく影響する応用では十分な計画が必要となる。

2. グラフェン

CNTと並んで注目されるナノカーボンにグラフェンがある。原子1層の膜厚ながら，一辺が数μm以上の面積を持つ平面状炭化物である。単層CNTと同じ炭素六員環が結合した格子からなるので，単層CNTと同様の物理化学的性質を多く持つ。

2.1 剥離

CNTと最も異なるのは凝集形態で，互いの面が向き合うように積層しやすい。ファンデルワールス力の強度は接触面積に比例するので，凝集エネルギーは単層CNTより大きくなる。よって，いったん積層してしまった凝集塊を剥離するには非常な困難が伴う。その極限が黒鉛で，黒鉛を剥離してグラフェンを得るのに必要なせん断応力は超音波でも十分ではない。

しかし，積層したグラフェン間のファンデルワールス力の距離依存性は大きく，わずかに離れただけで強度は激減する。そこで，一般に行われる剥離法は，層間距離を広げる手法である。層間に物質を挿入することをインタカレートという。リチウムイオン電池はリチウムイオンをインタカレートするのであるが，リチウムイオンは小さすぎて層間距離があまり広がらない。最も剥離で使われるのは硫酸イオンであろう。熱，酸化反応，電気化学などの手法を用いてインタカレートさせる。一般に，膨張黒鉛と呼ばれているものは熱によりインタカレートさせた製品である。層間距離を広げれば普通のせん断応力で剥離できるが，単層となる保証はない。

酸化反応を用いてグラフェンに「穴」を開けることで硫酸イオンをインタカレートし，超音波照射などで剥離して得られたものを酸化グラフェン（Graphene Oxide：GO）という。非常に過激な反応を用いるので酸化の制御が難しく，グラフェンとは全く異なる性質を持つ物質となるためGOとして区別している。多種多様な含酸素官能基が大量に存在し，水や極性溶媒に簡単に分散する。光・電子特性が劣化しているので，GOで必要な操作を行った後，還元してグラフェンに戻そうとする試みが続けられ

ているが，完全に復元できた例はない。通常の還元率は50〜80%程度で，そうして得られたものを還元GOという。還元GOの分散性は還元率に依存する。

2.2 分散しているグラフェンの形態

グラフェンは原子1個分の厚みしかないが，単層CNTと異なり一辺が数十μmの面積を持つので，光学顕微鏡でも観察可能である。しかしながら，グラフェンを通常の顕微鏡で観察できるのは固体基板に固定された状態であり，液中に分散している状態ではない。基板上では直線的なエッジで囲まれた均一な薄膜のような形態が多く観察される。筆者らは，液中に浮遊しているグラフェンを直接観察する目的でトワイライト蛍光顕微鏡を開発した。分散液に溶かした蛍光色素からの発光を照明光として用い，全反射角に幅を持たせた入射角で観察する。

分散液中で浮遊しているGOを観察したところ，固体基板上で見られるのと同様の均一な薄膜形態が確認できた一方，直線的な亀裂の入ったくさび形形態も少なからず観察された（図5）[4]。同じサンプルを固体基板上にキャストしたサンプルからは，均一な薄膜形態しか観察されなかったことから，くさび形形態は液体中でのみ安定と考えられる。良溶媒中ではGOのあらゆる箇所で溶媒分子がGOと接触しようとする力（浸透圧）が働いていて，GOをできるだけ広がらせようとするので，弱い部分が広がってくさび形になったと推測される。固体基板上では溶媒が蒸発した結果，浸透圧がなくなり，くさびが閉じた形態の均一膜となった。今のところ，グラフェ

※口絵参照
図5 ローダミン水溶液中に浮遊しているGO
均一な薄膜形態の他にも，直線的な亀裂の入ったくさび形形態も確認できる

ンではくさび形形態は観察されていないので，GO生成過程の酸化反応で弱い部分が生じたと考えられる．

2.3 濡れと安定化

グラフェンは，単層CNTで述べたと同じ理由でほとんどの溶媒に濡れない．また，例外特性も似ている．ところで，層数が制御された単層グラフェンは主にCVD法によって金属触媒表面に生成されるが，この方法では大量(重量)生産できない．それ以外の製造方法では厳密な層数制御が難しく，1～4層程度の多層グラフェンの混合物として得られる．これらは固体粒子として振る舞うので，多層CNTと同様の安定化法を適用することになる．

GOは多くの含酸素官能基を有し，完全な平面ではなく少し波打ったような形態をしているため，水などの極性溶媒に容易に分散する．しかし，GOは超音波で簡単に破断され断片化してしまう．よって，大面積GOが望まれる場合，大きなせん断応力がかかる工程では注意が必要である．濡れは問題ないが，大面積GOの長期安定化には分散剤が必要となる場合もある．

3. まとめ

CNTとグラフェンを例に，ナノカーボンの分散を概説した．ほとんどの応用はナノカーボンの電気や力学特性に注目しているので，分散液としてだけではなく，それを使用して得られた製品の特性として評価される．分散液中での凝集構造や均一性だけでなく，ナノカーボン自体の質も把握していないと，製品の仕様に結び付かない危険性がある．また，安定剤は完全に除去することが非常に困難なため，数％は残留するという前提で計画したほうが良い．

文　献

1) M. Sano et al.: Colloidal nature of single-walled carbon nanotubes in electrolyte solution: The Schulze-Hardy rule, *Langmuir*, **17**, 7172-7173 (2001).

2) M. Sano et al.: Ring closure of carbon nanotubes, *Science*, **293**, 1299-1301 (2001).

3) H. Sato and M. Sano: Characteristics of Ultrasonic Dispersion of Carbon Nanotubes Aided by Antifoam, *Colloids and Surfaces A: Physicochem. Eng. Aspects*, **322**, 103-107 (2008).

4) Y. Matsuno et al.: Direct Observations of Graphene Dispersed in Solution by Twilight Fluorescence Microscopy, *J. Phys. Chem. Lett.*, **8**, 2425-2431 (2017).

第2章
ナノセルロース分散液のレオロジー

国立研究開発法人森林研究・整備機構　田仲　玲奈

1. はじめに

　木材を水中で解繊することにより得られる「ナノセルロース」は，軽くて強い，熱膨張しにくい，生体適合性が高いなどの特長を有している[1,2]。これらの優れた特徴から，従来のセルロース利用の範囲を超えて，プラスチックの補強材や増粘剤などさまざまな用途での利用が期待されている。ナノセルロースは，棒状のセルロースナノクリスタル（Cellulose Nanocrystals：CNC）とセルロースナノファイバー（Cellulose Nanofibers：CNF）に分類される。

　一般にナノセルロースは水分散体として調製される。しかし，希薄域におけるナノセルロース分散液のレオロジー特性は，ナノセルロース自体の特性を反映する重要な指標であるにもかかわらず，完全に解明されていない。高分子の場合，固有粘度がその分子量や液中での屈曲性を表す基礎的な指標として用いられている。したがって，ナノセルロースについても，分散液の固有粘度からその平均サイズを評価できると考えられる。一方で，ナノセルロースの平均サイズは，有限個の繊維のサイズを顕微鏡法により直接測定することで評価するのが依然として一般的である。顕微鏡法は長時間を要し，また操作方法の習得が容易ではない。固有粘度は単純な粘度計を用いて評価することも可能であるため，ナノセルロースの新たな簡易サイズ評価法として期待される。本稿では，現段階でのナノセルロース（特にCNCおよび孤立分散型CNF）の固有粘度に関する理解について述べる。

2. 固有粘度の概要

　高分子溶液の粘度 η は，単位体積あたりの重量 c の関数として以下のように表される。

$$\eta = \eta_s \{1 + [\eta]c + k'([\eta]c)^2 + \cdots\} \quad (1)$$

ここで η_s は溶媒粘度である。c は高分子のモル質量 M とアボガドロ数 N_A，高分子の数密度 ν を用いて，以下のように表される。

$$c = \frac{M}{N_A}\nu \quad (2)$$

$[\eta]$ および k' はそれぞれ固有粘度および Huggins 係数である。$[\eta]$ は高分子の溶媒粘度への寄与の指標であり，高分子の分子量や屈曲性を反映する。式(1)は以下のように書き換えられる。

$$\frac{\eta-\eta_s}{\eta_s c} \equiv \frac{\eta_{sp}}{c} = [\eta]\{1 + k'[\eta]c + \cdots\} \quad (3)$$

ここで，η_{sp} は比粘度である。理想的には，$[\eta]$ は高分子同士が自由に回転でき，粒子間の相互作用が無視できる希薄域で評価する必要がある。剛直または半屈曲性高分子の k' は 0.5 以下と報告されている[3,4]。したがって，$\frac{\eta_{sp}}{c}$ は $[\eta]c$ が1より十分小さい場合，$[\eta]$ と見なすことができる。$[\eta]$ は実験的には，キャピラリー粘度計やレオメーターによるせん断粘度測定によって評価できる。

　希薄域と準希薄域の境界濃度である，臨界数密度 ν^* および臨界濃度 c^* は，希薄域を決める指標として用いられる。棒状粒子の場合，ν^* は棒の長さ L を用いて以下のように表される[5]。

$$\nu^* = L^{-3} \quad (4)$$

$$c^* = \rho V_c L^{-3} \quad (5)$$

ここで V_c は棒の体積，ρ は棒の密度である。

ナノセルロース分散液のせん断粘度から $[\eta]$ を評価する場合，ブラウン運動がずり流動よりも優勢であるせん断速度（$\dot{\gamma}$）でせん断粘度を測定する必要がある。適切なせん断速度の範囲は，回転 Pèclet 数（Pe_{ort}）で評価できる[6]。

$$Pe_{ort} = \frac{\dot{\gamma}}{D_{r,0}} \tag{6}$$

$$D_{r,0} = \frac{3k_B T(\ln(L/d) - \beta)}{\pi \eta_s L^3} \tag{7}$$

k_B はボルツマン定数，T は温度，d は棒の幅，β は粒子の形状に依存する粒子間相互作用である。$Pe_{ort} \ll 1$ の場合，棒のブラウン運動はせん断力を上回り，棒はランダムな向きになる。一方，$Pe_{ort} \gg 1$ でせん断力はブラウン運動を上回り，棒はせん断流動の向きに配向する。キャピラリー粘度計で粘度を測定する場合は，キャピラリーによって定まっているせん断速度がサンプルの $D_{r,0}$ よりも低くなるように，適切なキャピラリーを選択する必要がある。せん断粘度測定の場合，広範囲のせん断速度で粘度が測定されるため，$Pe_{ort} \ll 1$ のせん断速度の範囲は視覚的に判断できる。

3. ナノセルロース分散液の固有粘度

3.1 ナノセルロースの一次電気粘性効果が固有粘度に及ぼす影響

近年，ナノセルロース分散液の $[\eta]$ を測定し，円筒状粒子の $[\eta]$ とアスペクト比 p の関係を記述した理論式を用いて，ナノセルロース（特に CNC）の平均 p を評価する検討が盛んになされている。特に，表面電荷を持たない楕円体粒子を仮定した Simha 式[7]がよく用いられている[8-15]。

$$[\eta] = \frac{p^2}{5}\left(\frac{1}{3(\ln 2p - 1.5)} + \frac{1}{\ln 2p - 0.5}\right) + \frac{14}{15} \tag{8}$$

多くのナノセルロースは表面電荷を有するため，表面電荷が $[\eta]$ に及ぼす影響を考慮する必要がある。表面電荷を持つ粒子にせん断応力を与えると，粒子表面の電気二重層が変形し，それによって粒子分散液の η および $[\eta]$ が増加する。これを「primary electroviscous effect（一次電気粘性効果）」という[16]。2010 年代には，ナノセルロースの一次電気粘性効果が $[\eta]$ に及ぼす影響は盛んに検討された[10,12,17-20]。表面電荷を有するナノセルロースの水分散液に塩をある程度加えると，電気二重層が圧縮され，一次電気粘性効果が低減される。その結果，分散液の η および $[\eta]$ が減少する。

図1に，純水中または塩を加えたナノセルロース分散液の実測 $[\eta]$ と，電子顕微鏡観察により実測した p の関係を示した。破線は Simha 式を用いて計算した各 p における $[\eta]$ を表す。純水中で測定した $[\eta]$ は，塩を加えて測定した $[\eta]$ よりも高い値を示した。塩を加えて測定した実測 $[\eta]$ は，Simha 式によって良く記述された[10,12,17,19,20]。したがって，Simha 式を用いて表面電荷を有するナノセルロースの p を $[\eta]$ から評価するには，一次電気粘性効果を除いて $[\eta]$ を測定することが必要であると明らかになった。

一般に希薄ナノセルロース/水分散液の粘度は非常に低い。そのため，レオメーターを用いて $Pe_{ort} \ll 1$ のせん断速度で η を測定し，$[\eta]$ を正確に評価するのは困難である。特に高アスペクト比 CNF（$p > \sim 100$）の場合，c^* が非常に低いため，この問題は CNC よりも重大になる。いくつかの研究では，50% グリセリン水溶液や 20% ポリエチレングリコール（Polyethylene Glycol：PEG）水溶液など，水よりも高粘度な有機溶媒の水溶液を分散媒として用いると，この問題を解決できると報告されている。これらの有機溶媒は，ナノセルロースの一次電気粘性効果の低減にも効果的であった。Beuguel

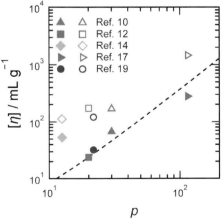

図1 低アスペクト比ナノセルロース（$p < \sim 100$）の一次電気粘性効果が実測固有粘度に及ぼす影響

破線は Simha 式（式(8)）を示す。中抜きのシンボルは純水中で，色付きのシンボルは塩を加えて（文献14）のみ PEG 水溶液で水溶液中で）測定された固有粘度を表す（R. Tanaka: *Nihon Reoroji Gakk.*, **50**(1), 73 (2022) の Figure 1 を改変）

らは，CNC が 20% PEG 水溶液中で測定した $[\eta]$ が，純水中で測定した $[\eta]$ よりも低いことを報告した（図1）[14]。Tanaka らは，50% グリセリン水溶液中で 10 mM の NaCl を加えて測定した CNC の η が，塩なしで測定した η とほぼ一致することを報告した[21]。さらなる検討が必要であるが，高粘度かつナノセルロースの一次電気粘性効果を低減できる最適な分散媒が発見されれば，レオメーターによるナノセルロースの正確な $[\eta]$ の評価は容易になるであろう。

3.2　Yoshizaki and Yamakawa 式のナノセルロースへの適用可能性の検討

Yoshizaki and Yamakawa は，希薄域で両端が半楕円体の円筒状粒子について，p と $[\eta]$ の関係式を提案した[22]。

$$[\eta] = (2\pi N_A d^3/45M)p^3 F_\eta(p,\varepsilon) \quad (9)$$

ここで $F_\eta(p,\varepsilon)$ は円筒のサイズや形に依存するパラメーターである。この式は任意のサイズの円筒状粒子に適応できる。棒状粒子の場合，その数密度 ν は式(2)に基づいて $\frac{c}{\rho V_c}$ と表されるため，以下のように書き換えられる。

$$[\eta] = (2\pi d^3/45\rho V_C)p^3 F_\eta(p,\varepsilon) \quad (10)$$

本稿では，Yoshizaki and Yamakawa 式が種々のCNC や CNF の $[\eta]$ の評価に適用可能かどうかを検討した。簡単のため，末端の半楕円体が半球であると仮定した（$\varepsilon=1$）。式(10)は，以下のように書き換えられる。

$$[\eta]\rho V_c d^{-3} = \frac{2\pi}{45} p^3 F_\eta(p,1) \quad (11)$$

図2(a)は一次電気粘性効果を除いた状態で測定された $[\eta]\rho V_c d^{-3}$ の値を示している。V_c および d は，それぞれの文献で報告されたナノセルロースのサイズを参照した。破線は式(11)により計算された，各アスペクト比における $[\eta]\rho V_c d^{-3}$ を示す。式(11)との比較のため，Simha 式（式(8)）で計算された $[\eta]\rho V_c d^{-3}$ の値も図中に示した。式(11)によって算出された $[\eta]$ は，式(8)によって算出された値とほぼ同じであった。低アスペクト比のナノセルロース（$p<\sim 100$）については，一次電気粘性効果を除いて測定された $[\eta]\rho V_c d^{-3}$ の値は，式(11)により良く表された。50% グリセリン水溶液に分散した CNC[21] の $[\eta]\rho V_c d^{-3}$ も，式(8)や(11)と良く一致しているこ

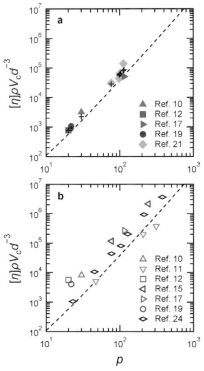

図2　種々のナノセルロースの $[\eta]\rho V_c d^{-3}$ と式(11)との比較

V_c および d は，それぞれの文献で報告されたナノセルロースのサイズを参照した。ρ はセルロースの密度（1.6 g mL^{-1}）。破線は式(11)を示す。a には一次電気粘性効果を除いた状態で測定された固有粘度，b には一次電気粘性効果が有る状態（純水中）で測定された固有粘度をそれぞれ示す。十字のシンボルは Simha 式（式(8)）により計算した $[\eta]\rho V_c d^{-3}$ を示す（R. Tanaka: *Nihon Reoroji Gakk.*, **50**(1), 73 (2022) の Figure 2 を改変）

とから，グリセリン水溶液によって CNC の一次電気粘性効果が低減されたことが確認できる。一方，純水中で測定されたナノセルロースの $[\eta]\rho V_c d^{-3}$ は，p によらず理論値よりも大きい傾向があった（図2(b)）。図1の結果に基づくと，低アスペクト比ナノセルロース（$p<\sim 100$）の場合，これは一次電気粘性効果に起因すると考えられる。しかし高アスペクト比の CNF（$p>\sim 100$）については，一次電気粘性効果に加えてキンクや屈曲性[23]も $[\eta]$ の過大評価に影響を及ぼすと考えられる。CNF のキンクや屈曲性が $[\eta]$ へ及ぼす影響を明らかにするためには，異なるサイズの CNF について一次電気粘性効果を除いた上で $[\eta]$ を実測し，式(11)と比較する必要がある。

3.3 Tanakaらの経験式の再現性

既存の棒状粒子の$[\eta]$の理論式では，粒子の屈曲性やキンクを考慮していない。そこでTanakaら[24]は，種々のナノセルロース（$p<\sim400$）を用いてpと$[\eta]$の関係を記述する経験式を提案した。ここで，ナノセルロースの$[\eta]$は，純水中で（一次電気粘性効果の存在下で）測定されたことに注意されたい。

$$\rho[\eta] = 0.15 p^{1.9} \quad (12)$$

式(11)との比較を容易にするために，式(12)は次のように書き換えた。

$$\rho V_c[\eta] d^{-3} = 0.13 p^{2.9} \quad (13)$$

図3に既報で報告された種々のナノセルロースの実測$[\eta]$と式(13)の比較を示す。Yamagataらは，pが77および243のCNFの$[\eta]$がおおよそ式(13)に従うことを報告した[15]。ただし，これらのCNFの$[\eta]$は，高せん断速度（$100\,\mathrm{s}^{-1}$）のせん断粘度から$[\eta]$を評価したため，小さく評価された可能性がある。この研究で報告されたCNFのサイズを用いて算出したところ，$100\,\mathrm{s}^{-1}$でPe_{ort}は~2.8となる。Iwamotoら[11]が報告したナノセルロースの$[\eta]$は，式(13)から離れた値を示した。ただし，最も長いCNF（$p=\sim310$）の$[\eta]$は，$Pe_{\mathrm{ort}}>1$のせん断速度で測定されたηから評価されたため，式(13)から大きな違いが生じたと考えられる。Jowkaderisら[17]によって測定されたCNFの$[\eta]$は，式(13)で良く記述できた。しかし総じて，CNFの$[\eta]$はCNCよりも圧倒的に検討例が少ない。より汎用なナノセルロースのpと$[\eta]$の関係式を構築するためには，さらなる研究が必要である。

4. まとめ

本稿では，CNCおよび孤立分散型CNF分散液の固有粘度に関する現時点での理解と課題を述べた。CNCを含む低アスペクト比のナノセルロース（$p<\sim100$）の場合，その固有粘度は盛んに検討されている。これらのナノセルロースのアスペクト比は，一次電気粘性効果を除いて測定した固有粘度から，Simha式などの電荷を持たない棒状粒子の古典的な理論式を用いることで，簡易的に評価できる。しかし，高アスペクト比のナノセルロース（$p>\sim100$）の場合，固有粘度からアスペクト比を正確に評価するのは未だに困難である。これは，ナノセルロースの一次電気粘性効果に加えて，キンクや屈曲性も原因と考えられる。ナノセルロースのpと$[\eta]$の関係を表す経験式も提案されている。しかしCNFについては検討が不十分なので，より汎用な式を構築するためにはさらなる検討が必要である。汎用な式が開発されれば，固有粘度は工業レベルにおいてもナノセルロースのサイズを簡易に評価できる強力なツールとなるであろう。

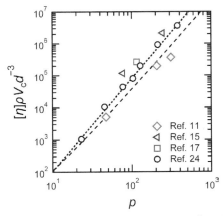

図3 種々のナノセルロースの実測$[\eta]\rho V_c d^{-3}$と式(13)の比較

V_cおよびdは，それぞれの文献で報告されたナノセルロースのサイズを参照した。ρはセルロースの密度（$1.6\,\mathrm{g\,mL}^{-1}$）。破線および点線はそれぞれ式(11)および式(13)を示す。固有粘度は一次電気粘性効果がある状態で測定された（R. Tanaka: *Nihon Reoroji Gakk.*, **50**(1), 73 (2022)のFigure 3を改変）

文献

1) D. Klemm et al.: *Angew. Chem. Int. Ed.*, **50**(24), 5438 (2011).
2) N. Lavoine et al.: *Carbohydr. Polym.*, **90**(2), 735 (2012).
3) T. Itou et al.: *Polymer J.*, **20**(2), 143 (1988).
4) F. Kasabo et al.: *Macromolecules*, **33**(7), 2748 (2000).
5) M. Doi and S. F. Edwards: The theory of polymer dynamics, 324–325, Oxford University Press New York (1986).
6) A. M. Wierenga and A. P. Philipse: *Colloids Surf., A*, **137**(1–3), 355 (1998).
7) R. Simha: *J. Phys. Chem.*, **44**(1), 25 (1940).
8) R. Marchessault, F. Morehead and M. J. Koch: *J. Colloid Sci.*, **16**(4), 327 (1961).
9) J. Araki et al.: *Colloids Surf., A*, **142**(1), 75 (1998).
10) Y. Boluk et al.: *Colloids Surf., A*, **377**(1–3), 297 (2011).

11) S. Iwamoto, S.-H. Lee and T. Endo: *Polym. J.*, **46**, 73 (2014).
12) G. Lenfant et al.: *Cellulose*, **22**(2), 1109 (2015).
13) M. Li et al.: *ACS Sustainable Chem. Eng.*, **3**(5), 821 (2015).
14) Q. Beuguel et al.: *J. Rheol.*, **62**(2), 607 (2018).
15) Y. Yamagata et al.: *Nihon Reoroji Gakk.*, **48**(4), 207 (2020).
16) Y. Adachi, Y. T. Kawashima and M. E. B. Ghazali: *KONA*, **37**, 145 (2020).
17) L. Jowkarderis and T. G. van de Ven: *Cellulose*, **21**(4), 2511 (2014).
18) E. González-Labrada and D. G. Gray: *Cellulose*, **19**(5), 1557 (2012).
19) Q. Wu et al.: *Cellulose*, **24**(8), 3255 (2017).
20) Q. Wu et al.: *Polymers*, **11**(5), 781 (2019).
21) R. Tanaka et al.: *Cellulose*, **24**(8), 3231 (2017).
22) T. Yoshizaki and H. Yamakawa: *J. Chem. Phys.*, **72**(1), 57 (1980).
23) I. Usov et al.: *Nat. Commun.*, **6**(1), 7564 (2015).
24) R. Tanaka et al.: *Biomacromolecules*, **16**(7), 2127 (2015).

第3章
コロイド結晶と宇宙実験

名古屋市立大学　山中　淳平　　名古屋市立大学　奥薗　透　　名古屋市立大学　豊玉　彰子

1. はじめに

　粒径の揃ったコロイド粒子は，粒子間に働くさまざまな相互作用により，分散液中で自発的に規則正しく配列して「コロイド結晶」構造を形成する[1-8]。コロイド系の結晶化は，原子・分子系の相転移のモデルとして，長年にわたり研究されてきた。また，コロイド結晶は格子面間隔に対応する電磁波を回折する「フォトニック結晶」[9,10]であり，その波長は可視〜近赤外領域に設定できるため，新規光学材料などへの応用が注目されている[11,12]。本章では，剛体球系，荷電コロイド系，および枯渇引力系のコロイド結晶化について説明する。また，静電安定化された荷電コロイド系について，大型で格子欠陥の少ない結晶を得るための，制御された結晶化方法[8]や，構造の固定化法[7,8]を紹介する。

　結晶化をはじめとするコロイド系の構造形成は，地上では，粒子の沈降の影響を受ける。特に，光学材料として有用な高屈折率物質の粒子は，しばしば高比重であり，沈降速度が大きい。国際宇宙ステーション（International Space Station：ISS）の微小重力環境は，粒子の沈降や媒体の対流の影響が無視できるため，コロイド系の構造形成の研究に理想的である[13-18]。本章の後半では，これまでに筆者らが参加したコロイド結晶化実験[19,20]および会合体（クラスター）形成宇宙実験[21,22]について紹介する。

2. コロイド系の結晶化

2.1 剛体球系

　まず，コロイド系の構造形成の基本となる，剛体球系の結晶化について述べる。剛体球系は，粒子が互いに接触していないとき相互作用がなく，接触したときに無限に大きな反発力が働くという，理想化されたコロイド系である。2粒子の中心間距離をrとするとき，剛体球系の相互作用ポテンシャル$U_{HS}(r)$は，

$$U_{HS}(r) = \begin{cases} 0 & (r > 2a) \\ \infty & (r \leq 2a) \end{cases} \quad (1)$$

で表される。ただし，aは粒子の半径である。

　しかし一般に，コロイド粒子間にはvan der Waals（vdW）力が働く。vdW力のポテンシャル$U_{vdW}(r)$は式(2)で与えられる。

$$U_{vdW}(r) = -A\,f(r) \quad (2)$$

ここで，Aは粒子と分散媒体の種類によって決まる定数で，Hamaker定数と呼ばれる[23,24]。また，$f(r)$は粒子の形状や大きさで決まる関数であり，半径がa_1およびa_2の2個の球状粒子間に働くvdW力の場合，

$$f(r) = \frac{1}{6}\left(\frac{2a_1 a_2}{r^2-(a_1+a_2)^2} + \frac{2a_1 a_2}{r^2-(a_1-a_2)^2} + ln\frac{r^2-(a_1+a_2)^2}{r^2-(a_1-a_2)^2}\right) \quad (3)$$

が導かれている[24]。Hamaker定数に関して，物質を誘電率と屈折率で定義される連続体と考え，その電気的な分極を考えたLifsitzの理論が知られている[24]。振動数をνとすると，Aは永久双極子の寄与を含む項$A_{\nu=0}$と，誘起双極子London力の寄与$A_{\nu>0}$の和$A=A_{\nu=0}+A_{\nu>0}$で与えられる。粒子1，2が分散媒（以下，3で表す）中に分散しているとき，粒子1，2間に働くvdW力に対するHamaker定数は，

$$A_{\nu=0} = \frac{3}{4}k_B T\left(\frac{\varepsilon_{r1}-\varepsilon_{r3}}{\varepsilon_{r1}+\varepsilon_{r3}}\right)\left(\frac{\varepsilon_{r2}-\varepsilon_{r3}}{\varepsilon_{r2}+\varepsilon_{r3}}\right) \quad (4)$$

$$A_{\nu>0} = \frac{3h\nu_e}{8\sqrt{2}} \frac{(n_1^2-n_3^2)(n_2^2-n_3^2)}{(n_1^2+n_3^2)^{\frac{1}{2}}(n_2^2+n_3^2)^{\frac{1}{2}}\left[(n_1^2+n_3^2)^{\frac{1}{2}}+(n_2^2+n_3^2)^{\frac{1}{2}}\right]} \quad (5)$$

と表される。ここで，k_B は Boltzmann 定数，T は温度，h は Planck 定数である。ν_e は物質が吸収する電磁波の代表的な振動数で，通常は紫外域にあり，$\nu_e =$ 約 3×10^{15}/s である。ε_{ri} および n_{ri} は粒子および媒体 $i(=1, 2, 3)$ の比誘電率および屈折率であり，物質中の光速度に関する考察から，関係式 $\varepsilon_r^2 = n_r$ が導かれる。式(4)より，n_{r1} または n_{r2} のいずれか，またはその両者が n_{r3} に等しいとき，$A_{\nu>0} = 0$ である。$\varepsilon_r^2 = n_r$ が成り立つ理想的な場合は，同時に $A_{\nu=0} = 0$ となる。このとき $A = 0$ となり，式(2)から粒子間には vdW 力が働かないことがわかる。このように，粒子と媒体の屈折率マッチングにより vdW 力の寄与を十分小さくすることで，剛体球系が作製できる[4,5,7]。ポリメチルメタクリレート（poly(methylmethacrylate)）粒子を二硫化炭素に分散させた系などが知られている[25]。

剛体球系の相挙動は，粒子の体積分率 ϕ のみで決まる。**図1**に示すように，ϕ が十分小さいとき，粒子の配列はほぼランダムであり，コロイドは非結晶状態である。ϕ が増加して約 0.494 になると，コロイド系の粒子の一部が規則配列しはじめる。これは，$\phi \geq 0.49$ の高濃度条件では，粒子が規則的に配列したほうが，系のエントロピーがむしろ大きく，熱力学的に有利になるためである。この現象は Alder らによる計算機シミュレーションによって初めて報告され[26]，その後実験にも確認された[25]。$0.494 < \phi < 0.550$ は結晶/非結晶の共存相であり，$\phi =$ 約 0.550 で系全体が結晶相になる。さらに ϕ が増加すると，粒子間隔が減少し，$\phi =$ 約 0.740 で，ついに粒子同士が接触して，最密充填（Hexagonal Close-Packed：HCP）構造になる。宝石のオパールは，直径数 100 nm のシリカ粒子が液中で沈殿して HCP 構造を形成したものであり，可視光のブラッグ回折による構造色を示す。一般に，コロイド粒子の HCP 構造はオパール型結晶と呼ばれる。

2.2 荷電コロイド系

コロイド系を安定化するために，粒子表面に電荷を導入して，静電反発力を利用する手法（静電安定化）がしばしば用いられる。**図2**に荷電コロイド粒子の模式図を示す。多くの場合，粒子は表面に解離基を持ち，極性媒体中で解離して，表面電荷と低分子の対イオンを与える。対イオンは熱運動と表面電荷からの静電引力により媒体中で拡散二重層を形成する。

このような荷電粒子間には静電反発力が働き，その大きさは添加塩濃度が低いとき，しばしば湯川型ポテンシャル $U_Y(r)$ を用いて議論される[2,4,5]。粒子の電荷数を Z とするとき，

$$U_Y(r) = G(\kappa, a) \frac{(Ze)^2}{4\pi\varepsilon} \frac{\exp(-\kappa r)}{r} \quad (6)$$

で与えられる。ε は媒体の誘電率，e は電気素量である。κ は静電遮蔽の程度を表すデバイパラメーターであり，$\kappa^2 = \frac{1}{\varepsilon k_B T} \sum n_i^0 z_i^2 e^2$ である。ここで，i は媒体中に存在する低分子イオン（共存イオンおよび対イオン）の種類を示す数字で，n_i^0 および z_i は，i 番目のイオンの濃度と価数である。イオン濃度（または，添加塩濃度 C_s）が高いほど κ は大きく，粒子間の静電相互作用はより近距離にしか及ばない。$1/\kappa$ は長さの次元を持ち，デバイの遮蔽長と呼ばれる。また，式(6)中の $G(\kappa, a) \equiv \exp(2\kappa a)/(1+\kappa a)^2$ は幾何学的因子と呼ばれ，粒径の影響を含む。式(6)は $a \to 0$ のとき，強電解質中のイオン間相互作用を記述する，デバイ・ヒュッケル理論[27]から導かれる相互作用ポテンシャルに一致し，また，さらに

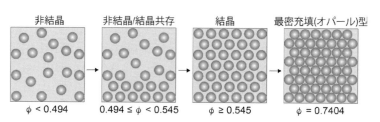

図1 剛体球コロイド系の結晶化の模式図
ϕ は粒子の体積分率

$\kappa \to 0$（イオン濃度 $\to 0$）のとき，クーロンポテンシャルに一致する．

なお，式(6)の導出にあたっては，粒子の表面電位が十分小さいことなどが仮定されているため，相互作用が強いときには適用できない．しかし，主なパラメーターは式(6)に含まれており，相互作用の大きさはZおよびC_sに依存することがわかる．このように，荷電コロイド系の相挙動に対しては，ϕに加えてZおよびC_sが主要な実験的なパラメーターである．

荷電コロイド系は，長距離の粒子間静電相互作用により，剛体球系よりも遥かに希薄な濃度域（$\phi \leq 0.01$）でも結晶化する．図3は荷電コロイド結晶の光学顕微鏡写真である．図4は，Z，C_sおよびϕを変数とした，荷電コロイド系の実験的な結晶化相図である．試料はシリカ（SiO_2）粒子（$2a = 120$ nm）の水分散系で，後述するように，試料に塩基を添加して連続的にZ値を調節している．相境界よりC_sが低い領域が結晶相である[28,29]．Robbins, Kremer, Grest[30]は，湯川ポテンシャルを用いた計算機シミュレーションにより，結晶化相図を得ており，Zが小さいとき，実験結果とよく一致する．

2.3 枯渇引力系

コロイド分散液に高分子を添加した場合を考える．ただし，高分子は粒子に吸着しないものとする（図5）．簡単のため，溶液中の高分子鎖を直径σの剛体球と考える．このとき，高分子鎖の重心は，コ

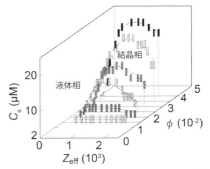

図4 荷電シリカコロイドの結晶化相図[29]
粒径 = 120 nm

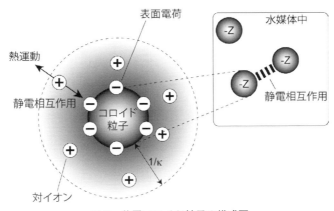

図2 荷電コロイド粒子の模式図

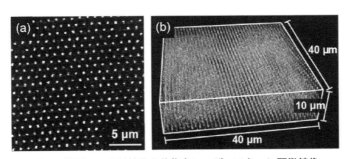

図3 荷電コロイド結晶の共焦点レーザースキャン顕微鏡像
(a) 2次元および(b) 3次元画像（ポリスチレン粒子水分散液，粒径 = 482 nm，Z = 5500，ϕ = 0.025，無添加塩系）

ロイド粒子の表面からの距離が $\sigma/2$ より小さい領域には近づけないことになる。すなわち，図5に示すように，粒子表面および半径 $a+\sigma/2$ の同心球面の間の領域（排除領域）には，高分子鎖が存在できない。2個の粒子が接近したとき，これらの排除領域が重なった領域が生じる。これを「枯渇領域」と呼ぶ[31,32]。枯渇領域の内外では高分子濃度が異なるため，浸透圧差が発生し，粒子間に引力（枯渇引力，depletion attraction）が生じる。コロイド粒子の最近接表面間距離を $h(=r-2a)$ とすると，枯渇引力のポテンシャル $U_{\text{dep}}(h)$ は，

$$U_{\text{dep}}(h) = \begin{cases} -\Pi V_{OV}(h) & (0 \leq h \leq \sigma) \\ 0 & (h > \sigma) \end{cases} \quad (7)$$

と書ける。ここで，Π はバルクの浸透圧で，高分子濃度が十分希薄な領域では van't Hoff の法則 $\Pi = n_b k_B T$ で近似できる。ただし，n_b はバルク中の高分子の数密度である。また，V_{ov} は枯渇領域の体積で，

$$V_{\text{ov}}(h) = \frac{\pi}{6}(\sigma-h)^2(3a+\sigma+h/2) \quad (8)$$

で与えられる。なお，粒子間距離 r を用いると，

$$V_{\text{ov}}(r) = \frac{4\pi}{3}R_d^3\left[1-\frac{3}{4}\frac{r}{R_d}+\frac{1}{16}(\frac{r}{R_d})^3\right] \quad (9)$$

$$U_{\text{dep}}(r) = \begin{cases} -\Pi V_{OV}(r) & (2a \leq r \leq 2R_d) \\ 0 & (r > 2R_d) \end{cases} \quad (10)$$

と書ける。ただし，$R_d = a+\sigma/2$ である。$\sigma/2$ には高分子鎖の慣性半径 R_g がしばしば用いられる。

枯渇引力系では，海島状のコロイド結晶が生成する[33-35]。図6に，ポリスチレン粒子分散液のコロイド結晶の一例を示す（$a=300$ nm，$\phi=6.7\times10^{-3}$）[34]。高分子電解質であるポリアクリル酸ナトリウム（sodium polyacrylate，分子量=820,000，濃度=0.08 wt%）を添加している。

枯渇引力系の結晶化挙動は自由体積理論により詳細に研究されており，理論相図が報告されている[33]。また，結晶成長学に基づく詳細な検討が報告されている[35]。

3. 荷電コロイド系の制御された結晶成長

本項では，荷電系について，大型で高品質なコロイド結晶の作製法を述べる。荷電コロイド系は，①センチメートルサイズの大型結晶が得られること，②粒子濃度の変化により，格子面間隔が容易に調整できること，③粒子間に距離を隔てた構造のため，結晶をゲル等の弾性体で固定することで，外力により格子面間隔が可変な材料が得られること，などの特徴を持つ。

結晶材料の用途は，その大きさと品質により著しく影響されるため，これまでに大型かつ格子欠陥が少ない結晶を構築するさまざまな手法が考案されている[8]。例えば，コロイド多結晶を0.1 mm程度のギャップを持つ平行平板間で流動させ，せん断配向させることで，大面積（最大で数 cm^2）で回折波長の均一性に優れた薄膜型結晶が得られる。以下では，3次元的な大型結晶を得る方法として[36-39]，後述する宇宙実験にも用いられた，コロイド結晶の一方向成長法について述べる。

3.1 塩基の添加による表面電荷数の制御

荷電コロイド結晶化実験に，粒径の揃ったシリカ（SiO_2）粒子がしばしば用いられる。シリカ粒子の表面は弱酸性のシラノール基（$\equiv$Si-OH）で覆われているが，その解離度は pH とともに増加する。このた

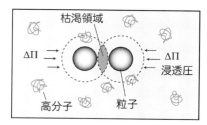

図5　高分子添加系における枯渇引力の模式図

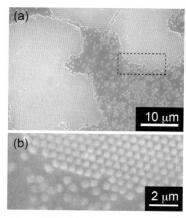

図6　枯渇引力系のコロイド結晶[34]
ポリスチレン粒子水分散液．$\phi=0.025$．高分子：ポリアクリル酸ナトリウム，分子量82万，0.08 wt%

め，シリカ粒子の電荷数ZはpHとともに増加し，塩基の添加によりZ値を容易に調節できる（図7）[36]．例えば，ゾル-ゲル法で合成した$2a=100$ nm程度のシリカ粒子の場合，純水中では$Z=200$（$\phi=0.02$のときのpH〜4）であるが，[NaOH]$=100$ μMでは$Z=$約5000（pH〜6）に増加する．図4に示した結晶化相図は，このようにpHを変化させることで得られた．

3.2 塩基の拡散による結晶の一方向成長

荷電コロイド結晶は一般に多結晶であり，結晶グレイン（格子面の配向が揃った領域）のサイズは，ミリメートルオーダー以下である．シリカ粒子のZ値のpH依存性を用い，シリカコロイドに塩基を拡散させることで，コロイド結晶を一方向に成長させることができ，センチメートルサイズで，結晶グレイン境界に起因する格子欠陥が少ない高品質結晶が得られる．

原子・分子系の単結晶育成には，しばしば温度勾配下での一方向凝固が用いられる．荷電コロイドの結晶化に対しては，温度は主要なパラメーターではないが[30,37]，主要な実験パラメーターである，Z，C_sおよびϕの勾配のもとで，原子系と同様の一方向成長が起こる．このうち，ϕの勾配を利用する手法では格子面間隔が不均一になるため，ZまたはC_sの勾配下の結晶成長を行った．Zの勾配を用いた例として，弱塩基であるピリジン（pyridine：Py）の拡散によるシリカコロイドの結晶成長を行った．図8に装置の模式図を，また図9には結晶過程の一例を示す（粒径$=100$ nm，$\phi=0.034$）．Py水溶液のリザーバーから半透膜を介して塩基を拡散させている．図中の[Py$_0$]はリザーバー中のピリジン濃度である[38,39]．Py濃度が一様なとき，Py濃度が30 μM（$Z=200$）以上で結晶化した．Pyの拡散により，結晶化条件を満たす領域が徐々に拡大して，結晶が一方向に成長した．図10は結晶成長曲線である．適切な成長条件では，長さ数cmに達するコロイド結晶が得られた．

なお，Pyの解離度は温度とともに増加するため，Pyを溶解させたシリカコロイドは，加熱により結晶化する[40]．また，Py共存シリカコロイドへの熱伝導を利用すると，温度勾配下で結晶が一方向に成長する[41]．この手法で，1 mm × 1 cm × 3.5 cmの

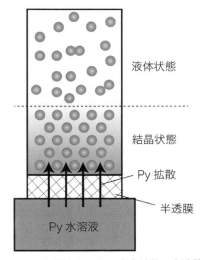

図8 pH勾配を用いた一方向結晶の実験装置

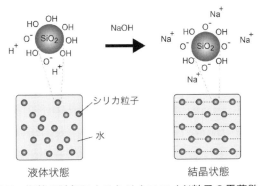

図7 塩基の添加によるシリカコロイド粒子の電荷数制御と結晶化

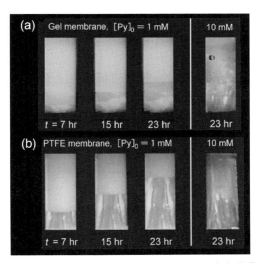

図9 Pyの拡散によるシリカコロイドの一方向結晶成長[39]

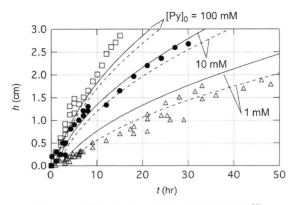

図10 3種類の[Py]₀に対する結晶成長曲線[39]
シンボルは実験点，実線および破線は反応拡散方程式による計算結果

大面積結晶が，短時間（10分以内）で得られる。回折波長の不均一性は0.1%以下で透過禁止帯の透過率は0.5%以下，また半値幅=5 nmと，光学特性に優れたコロイド結晶が作製できる。

3.3 高分子ゲルによるコロイド結晶の固定化

荷電コロイド結晶は液体中で形成されるため，応用にあたって結晶構造の固定が必要となる。高分子ゲル等による結晶構造の固定化[42-44]が広く用いられている。コロイド試料にゲルモノマー（ビニル系モノマーなど），多官能性の架橋剤，および重合開始剤を溶解させ，コロイド結晶が生成したのち媒体をゲル化して，結晶構造を固定する。荷電コロイド結晶の固定には，非イオン性のゲル化剤を用いる必要がある。ゲル以外にも，高分子樹脂などのさまざまな母材を用いたコロイド結晶の固定化手法が開発されている。

柔軟な母材で固定されたコロイド結晶は圧縮によって変形し，回折波長を制御できるため，チューナブルな光学素子として，活発な研究が行われている。圧縮により格子面間隔が狭くなり，回折波長は短波長側にシフトする。十分希薄な条件で得られた荷電コロイド結晶では，可視光領域（400 nm〜800 nm）をほぼカバーするゲル固定結晶も得られる。また逆に，変形にともなう回折波長の変化を測定することで，センサーとしても利用できる。

4. 宇宙実験

国際宇宙ステーション（ISS）は，地上から約400 kmの軌道上に建設された巨大な有人実験施設である。ISSの微小重力環境では，沈降や対流の影響が無視できるため，コロイド系の実験に理想的である。またISS以外にも，スペースシャトルやロケット，航空機などの手段を用いて，微小重力実験が行われている。以下では，コロイド結晶化と会合体生成に関する実験を紹介する。

4.1 コロイド結晶化宇宙実験

剛体球系のコロイド結晶化について，これまでに数多くの微小重力実験が行われている。スペースシャトルを用いた微小重力実験により，粒子の沈降が核生成・成長過程に大きな影響を与えることが明らかになっている[13]。また，微小重力下での結晶成長モードは樹枝状成長が支配的であることが報告されている[14]。これらにより，硬質球体の結晶化カイネティクスが見直され，結晶中の拡散場の相互作用を取り入れたモデルが考案されている[15,16]。また，航空機を用いた微小重力実験（パラボリックフライト）による荷電コロイドの結晶化実験でも，核生成速度が低下することが報告されている[17,18]。

筆者らは宇宙航空研究開発機構（JAXA）他の機関との共同研究として，3次元フォトニック結晶（3DPC）に利用できる大型のコロイド結晶をISSで作製することを目標とした宇宙実験プロジェクト（3DPCプロジェクト）に参加した。コロイド結晶は上記の一方向結晶成長法により作製し，高分子ゲルで固定して，地上に帰還させた。宇宙実験は2005年と2007年に実施された。図11(a)に宇宙実験で用いたセルを，また図11(b)には宇宙で作製したゲル固定化コロイド結晶の断面の一例を示す。

本実験により，宇宙でコロイド結晶を成長させ，地上に帰還させる技術が世界で初めて実証された。また，宇宙実験では地上対照実験より結晶格子面間隔の均一性が向上したほか，地上では困難であった，直径200 nmのシリカ粒子を用いた，ミリメートルサイズのコロイド結晶を作製することに，世界で初めて成功した。

4.2 コロイド会合体宇宙実験

荷電コロイド結晶は，同符号の荷電コロイド粒子が作る構造である。これに対して，反対符号の荷電コロイド粒子2成分系では，静電引力により，会合体（クラスター）が生成する[45-48]。図12に，正およ

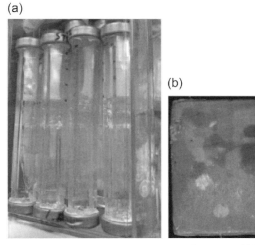

図 11　宇宙実験で得られた，ゲル固定コロイド結晶サンプル
©JAXA/NASA

び負に荷電した 2 成分ポリスチレン粒子の光学顕微鏡像の例を示す。さまざまな会合数を持つ会合体が生成する。いずれも，中央の粒子が正電荷，周囲の粒子が負電荷を持つ。

　荷電コロイド系のように，等方的な相互作用が働く一成分コロイド系では，生成する結晶格子構造は，面心立方（Face-Centered Cubic：FCC），体心立方（Body-Centered Cubic：BCC），六方最密充塡（Hexagonal Close-Packed：HCP）格子のいずれかである。一方，ダイヤモンド格子型のコロイド結晶は，特定波長の光を閉じ込める「完全フォトニック結晶」として働くことが知られている[49]。正四面体型のコロイドクラスターは，ダイヤモンド型結晶の構成単位であり，正四面体型クラスターを効率よく作成する手法の探究に注目が集まっている[50–52]。

　筆者らは 2020 年 7 月に，JAXA 他の多くの機関と共同で，ISS の微小重力環境において正負の荷電コロイド粒子の会合体形成実験を実施した。図 13(a) は，実験に用いた試料バッグである。プラスチック製の 3 mL の 2 つの部屋が，隔壁を介して接続されている。図 13(b) に示すように，これらのバッグを圧縮すると隔壁は破れ，内部の液体が混ざる仕組みになっている。両室に，正および負に荷電したコロイド粒子の希薄な分散液（$\phi = 10^{-4} \sim 10^{-5}$）を，それぞれ注入した。また，紫外線照射によりゲル化する試薬を，あらかじめ試料に溶解させた。図 13(c) に示すように，試料バッグは紐で結ばれており，微小重力下でのバッグの散逸・紛失を防いでいる。

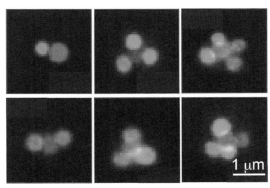

図 12　正および負に帯電したポリスチレン粒子のクラスター

粒径 = 500 nm

図 13(d)(e) はバッグを設置する実験装置の外観であり，筐体の内部には，ゲル化のための紫外 LED が設けられている。

　試料と実験装置は，2019 年 12 月に米国 Space-X 社のファルコンロケットにより打ち上げられ，ISS に運ばれた。宇宙実験は 2020 年 7 月に実施された。ISS の日本実験棟「きぼう」で宇宙飛行士が試料バッグを圧縮して，正負のコロイド分散液を混合した。図 14 は作業中の宇宙飛行士である。混合後，試料を微小重力下で 2 日間静置した後，紫外線を照射してゲル化した。図 15 は，宇宙から帰還した試料の外観である。上澄みや沈殿は観察されず，微小重力の効果が確認できた。ゲルの断面を切断し，光学顕微鏡により内部の粒子を観察した。図 16 に，ポリ

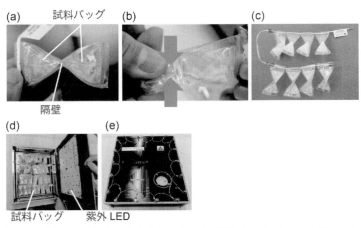

図13 (a)コロイド会合宇宙実験に用いた試料バッグ，(b)バッグを押して隔壁を破ることで2液が混合する，(c)飛散防止のため紐で連結されたバッグ，(d)，(e)紫外LEDを備えた実験装置
©JAXA/NASA

図14 国際宇宙ステーションで実験を行う宇宙飛行士(2020年7月)
©JAXA/NASA

スチレン粒子会合体の顕微鏡像の一例を示す．微小重力では地上対照試料と比較して平均会合数が大きく，また対称性に優れた会合体が得られた．さらに，高比重のチタニア粒子についても会合体の生成が確認できた．

5. おわりに

本章では，剛体球系，荷電コロイド系，および枯渇引力系のコロイド結晶化について説明した．特に，静電安定化された荷電コロイド系の結晶化について，制御された結晶化方法や，光学材料への応用を紹介した．また，本章の後半では，コロイド系の宇宙実験について，筆者らが参加したコロイド結晶化および会合体(クラスター)形成実験を交えて紹介した．コロイド粒子の会合体形成については，多成分系や異方性の相互作用を示すコロイド粒子(ヤヌス粒子やパッチ粒子など)を用いて，一層複雑な構造が作製されており，今後の展開が期待される．また，宇宙実験で用いたゲル化手法は，コロイド結晶だけでなく，さまざまなソフトマターにも有用であると期待する．

謝　辞

3DPC宇宙実験プロジェクトは，富山大学 伊藤研策，浜松ホトニクス㈱瀧口義浩，JAXA 大木芳正，

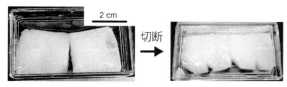

図15 地上に帰還したゲル固定化試料（内部観察のため切断して利用）
©JAXA/NASA

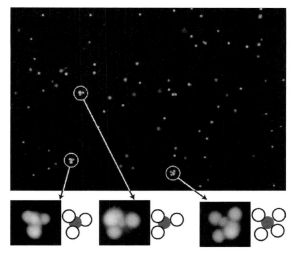

図16 宇宙で生成したポリスチレン系会合体の顕微鏡写真
©JAXA/NASA

加納剛，池田俊民，小林智之，㈱エイ・イー・エス 荒金恭一，渡邊勇基，依田英里香，物質材料研究機構 澤田勉，富士化学 内田文生の各氏をはじめ，多くの関係者の皆様との共同研究として実施された。また，コロイドクラスター宇宙実験は，JAXA 坂下哲也，足立聡，日本宇宙フォーラム 島岡太郎，永井正恵，㈱エイ・イー・エス 渡邊勇基，福山誠二郎の各氏ほか，多数の関係者との共同研究である。ここに深く感謝申し上げます。

文　献

1) P. Pieranski: *Contemp. Phys.*, **24**, 25 (1983).
2) A. K. Sood: *Solid State Phys.*, **45**, 1 (1991).
3) 北原文雄ほか：ゼータ電位，サイエンティスト社 (1995).
4) V. J. Anderson and H. N. W. Lekkerkerker: *Nature*, **416**, 811 (2002).
5) A. Yethiraj and A. van Blaaderen: *Nature*, **421**, 513 (2003).
6) 伊勢典夫，曽我見郁夫：高分子物理学，朝倉書店 (2004).
7) J. Yamanaka et al.: Springer Nature, Lecture Notes in Chemistry 108, Colloidal Self-assembly (2023).
8) 中村浩，山中淳平監修：コロイド結晶とその応用，シーエムシー出版 (2020).
9) J. D. Joannopoulous et al., 藤井・井上訳：フォトニック結晶，コロナ社 (2000).
10) 迫田和彰：フォトニック結晶入門，森北出版 (2004).
11) N. Vogel, M. Retsch, C.-A. Fustin, et al.: *Chem. Rev.*, **115**, 6265 (2015).
12) Z. Cai et al.: *Chem. Soc. Rev.*, **50**, 5898 (2021).
13) J. Zhu et al.: *Nature*, **387**, 883–885 (1997).
14) W. B. Russel et al.: *Langmuir*, **13**, 3871–3881 (1997).
15) Z. Cheng et al.: *Phys. Rev. Lett.*, **88**, 015501 (2001).
16) H. J. Schöpe and P. Wette: *Phys. Rev. E*, **83**, 051405 (2011).
17) Y. Tomita et al.: *Int. J. Microgravity Sci. Appl.*, **35**, 350303 (2018).
18) M. Ishikawa et al.: *Int. J. Modern Phy. B*, **16**, 338 (2002).
19) Y. Ohki et al.: *Trans. JSASS Space Tech. Jpn.*, **7**, Th_21 (2009).
20) 池田俊民：日本マイクログラビティ応用学会誌, 25, 112 (2008).
21) JAXA Web page: https://humans-in-space.jaxa.jp/kibouser/subject/science/70504.html (2021).
22) H. Miki et al.: *npj Microgravity*, **9**, 33 (2023).
23) W. B. Russel et al.: Colloidal Dispersions, Cambridge University Press (1989).
24) J. N. Israelachvili: Intermolecular and Surface forces, Third Edition, Academic Press (2011). 邦訳，J. N. イスラエルアチヴィリ：分子間力と表面力，第三版，大島広行訳，朝倉書店 (2013).
25) P. N. Pusey and W. van Magen: *Nature*, **320**, 340 (1986).
26) B. J. Alder and T. E. Wainwright: *J. Chem. Phys.*, **27**, 1208 (1957).
27) J. O'M. Bockris and A. K. N. Reddy: Modern Electrochemistry, vol.1, Chapter3, Plenum Press (1973).
28) J. Yamanaka et al.: *Phys. Rev. E*, **53**, R4317 (1996).
29) J. Yamanaka et al.: *Phys. Rev. Lett.*, **80**, 5806 (1998).
30) M. O. Robbins et al.: *J. Chem. Phys.*, **88**, 3286 (1988).
31) S. Asakura and F. Oosawa: *J. Chem. Phys.*, **22**, 1255

(1954).
32) A. Kose and S. Hachisu: *J. Colloid Interface Sci.*, **55**, 487 (1976).
33) H. N. W. Lekkerkerker and R. Tuinier: Colloids and the Depletion Interaction, Springer, New York (2011).
34) A. Toyotama et al.: *Sci. Rep.*, **6**, 23292 (2016).
35) J. Nozawa et al.: *Langmuir*, **33**, 3262 (2017).
36) J. Yamanaka et al.: *Phys. Rev. E*, **55**, 3028 (1997).
37) A. Toyotama and J. Yamanaka: *Langmuir*, **27**, 1569 (2011).
38) J. Yamanaka et al.: *J. Am. Chem. Soc.*, **126**, 7156 (2004).
39) M. Murai et al.: *Langmuir*, **23**, 7510 (2007).
40) M. Shinohara et al.: *Langmuir*, **29**, 9668 (2013).
41) A. Toyotama et al.: *J. Am. Chem. Soc.*, **129**, 3044 (2007).
42) E. A. Kamenetzky et al.: *Science*, **263**, 207 (1994).
43) J. H. Holtz and S. A. Asher: *Nature*, **389**, 829 (1997).
44) Y. Iwayama et al.: *Langmuir*, **19**, 977 (2003).
45) E. Spruijt et al.: *Soft Matter*, **7**, 8281 (2011).
46) N. B. Schade et al.: *Phys. Rev. Lett.*, **110**, 148303 (2013).
47) Y. Nakamura et al.: *Langmuir*, **31**, 13303 (2015).
48) T. Okuzono et al.: *Phys. Rev. E*, **94**, 012609 (2016).
49) K. M. Ho et al.: *Phys. Rev. Lett.*, **65**, 3152 (1990).
50) Y. Wang et al.: *Nature*, **491**, 51 (2012).
51) É. Ducrot et al.: *Nat. Mater.*, **16**, 652 (2017).
52) Y. Wang et al.: *Nat. Commun.*, **8**, 1 (2017).

第4章
粒子安定化泡

大阪工業大学 藤井 秀司

1. はじめに

　親水部と疎水部を一分子中に有する低分子および高分子は気液界面に吸着し，泡を安定化剤させる。このような分子レベルの界面活性剤に加え，固体粒子が泡の安定化剤として働くことも知られている[1)-10)]。固体粒子が油水界面に吸着することで安定化されたエマルションは，1907年に論文報告を行った研究者の名[11)]をとり「Pickeringエマルション」と呼ばれることが多く，この流れを受け，粒子で安定化された泡を「Pickeringフォーム」と表現している研究報告が見られる。しかし，Ramsdenが先に，1903年に粒子によって泡の安定化が可能であることを学術誌に報告しており[12)]，人名を付けるとするならば「Ramsdenフォーム」とするのが筋であろう。ただ，普遍的な自然現象に対しては，その現象を正確に表現する命名が好ましいと考え，本章では「粒子安定化泡」という表現を使用する（粒子が鎧のように泡を守っている様子から，「アーマードバブル」という表現を使用している論文もある）。このような粒子で安定化された泡は，浮遊選鉱，放射性物質処理，浄水，洗浄，食品など広範な工業分野において観察され，利用または問題視される[7,13)]。上記分野で対象となる粒子は，大きさが多分散であり形状，表面化学が不均質であるものがほとんどである。そのため，起泡性，泡の安定性および構造の精密評価や，高い再現性を有する実験結果を得ることが困難である問題を抱えていた。

　このような背景のもと，粒子径，粒子径分布および表面化学等，素性の明らかな粒子を泡安定化剤として用いる研究が活発化している。これまでのところ，分子レベルの界面活性剤と粒子を共存させて泡を安定化させる研究例が多く見られる[14,15)]。このような界面活性剤-粒子共存系では，両者が気液界面に競争的に吸着し，さらに界面活性剤の粒子表面への吸着も起こるため，泡の安定化について検討を行う際，単独系に比べ複雑さを伴う。したがって，粒子を単独で用いた泡に関する研究を行い，系を単純化することにより，泡の安定化に対する粒子の役割に関して基礎的な知見を得ることは重要であると考えられる。本章では，分子レベルの界面活性剤の不存在下で粒子のみを泡安定化剤として用いた研究に焦点を当てる。まず，気液界面吸着粒子の物理化学について述べた後，粒子安定化泡の作製方法および構造評価，作製条件と起泡性，泡の安定性との相互関係について説明する。最後に，粒子安定化泡に関する研究の今後を展望する。

2. 気液界面に吸着した粒子とその評価法

2.1 粒子の気液界面における接触角と吸着エネルギー

2.1.1 接触角

　比較的親水的な表面を有する粒子（粒子の空気-水界面における接触角が90°以下）は，水中で気泡を安定化しやすい（図1(a)）。また，比較的疎水的な表面を有する粒子（粒子の空気-水表面における接触角が90°以上）は，気相中にて水滴を安定化させやすい。実際，シリカ粒子表面の親水性・疎水性バランスをコントロールすることにより，気泡の水分散系（泡）と水滴の空気分散系（ドライリキッド）間での相転換現象が観察されている[16,17)]。

　一方で，比較的疎水的な粒子は，消泡剤としても機能することも知られている。図2は，比較的親水的な表面を有する粒子および比較的疎水的な粒子

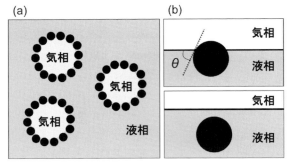

図1 (a)固体粒子が気液界面に吸着することで安定化された泡(粒子安定化泡),(b)液相中に存在する固体粒子の気液界面吸着前後の様子

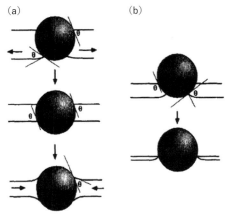

図2 (a)親水的表面を有する粒子と(b)疎水的表面を有する粒子の液膜架橋
文献4)より引用,改変

が,気相に挟まれた液膜を架橋している様子を示している。

比較的親水的な粒子の場合,水相が排液され気液界面が平面になると,そこで平衡状態が達成されるため泡の安定化が可能になるが,比較的疎水的な粒子の場合,90°以上の接触角になるように双方の気相が接近し,最終的に接触するため,液膜が崩壊し,消泡につながる。以上のように,粒子の濡れ性が気液分散系の特性,安定性を支配する重要な因子であることがわかる。

2.1.2 吸着エネルギー

気液界面に吸着した真球状粒子の吸着エネルギー(球状の粒子が水相から気液界面に吸着する際に伴うエネルギー変化)(ΔG)は,以下の式で表すことができる(図1(b))[18]。

$$\Delta G = -\gamma_{gl} \pi a^2 (1 - \cos\theta)^2 \quad (1)$$

ここで,γ_{gl}は気液界面の表面張力,aは粒子半径,θは(粒子表面と気液界面がなす液相側の)接触角である。この式は,粒子径,気液界面張力が大きく,接触角が90°に近いほど吸着エネルギーが大きくなることを示している。適当な接触角を示す粒子は,分子レベルの泡安定化剤の吸着エネルギーと比べて非常に大きな吸着エネルギーを示すため,一度界面に吸着した粒子は界面から脱着しにくく,粒子で安定化された泡は通常の分子レベルの泡安定化剤で安定化された泡と比べ,消泡しにくく安定性が高いと考えられる。

式(1)から,90°以下の接触角を有する粒子は泡の安定化剤として機能し,接触角が90°に近づくと泡の安定性が高くなると考えられるが,90°以下の接触角を示す粒子でも消泡剤として働く結果も報告されている。理由は明らかになっていないが,粒子表面に存在する粗さが引き起こす濡れのピン止め効果が原因の1つだと考えられる。これまでのところ,63〜66°の接触角を有する粒子を用いると,安定性の高い泡が形成されることを実験的に確認している研究報告が多い[19)-21)]。ただ,泡の安定性評価の際に使用されている接触角は,乾燥粒子粉体を加圧成型することで作製したペレットや,粒子と同一材料から作製した平板・フィルム上における接触角測定から求めた値であり,曲率を有する単一粒子表面における接触角とは異なる可能性がある。また,粒子の凝集体が気液界面に吸着し,泡が安定化されていることもあり,この場合は,凹凸を有する凝集体表面に対する濡れ性の評価を行うことが必要だと考えられる。

2.2 粒子の気液界面における接触角測定法

粉体工学の分野で,固体粒子の乾燥体から成る粉体への液体の浸透速度を測定することで,粒子の濡れ性を評価するWashburn法が利用される。この手法では,Lucas-Washburn式を用いて接触角が計算されるが,その値は,粉体を形成する粒子の接触角の平均値である。粒子安定化泡の起泡性,安定性,構造を理解する上で,単粒子の気液界面における接触角の理解は重要であり,気液界面に吸着した単一粒子の接触角測定法の確立を目指した研究が行われている。

粒子径が数 μm 以上の粒子の場合，光学顕微鏡を用いて湿潤状態で接触角の直接測定が可能である[22]。一方，数 μm 以下の粒子は，光学顕微鏡観察ではその分解能の制限を受け，接触角測定は難しい。そのため，何らかの方法で界面を硬化させた後に，電子顕微鏡観察する必要がある。粒子の界面固定化法として，gel trapping 法が開発されている[23]。この方法ではまずゼラチンを加熱溶解した水溶液を水相とし，気液界面に粒子を吸着させた後，温度を室温まで下げることで水相をゲル化させ，粒子を界面に固定化する。粒子が表面に固定化されたゼラチン上にポリジメチルシロキサン（polydimethylsiloxane：PDMS）を流し込み，架橋・固体化させる。次いでこの固体化した PDMS をゼラチンから引き離すことにより，粒子が PDMS 表面に転写されたサンプルを作製し，これを走査型電子顕微鏡（Scanning Electron Microscope：SEM）観察することにより，接触角測定を行うという手順である。

また，粒子が吸着した空気-水界面に対して，シアノアクリレート（cyanoacrylate：CA）蒸気をあてることで，粒子を界面に固定化する方法も開発されている（**図3**）[24]-[27]。ここで，CA は，空気-水界面においてアニオン重合を起こし，ポリシアノアクリレート（polycyanoacrylate）フィルムが形成され，そのフィルムに粒子が固定化される。この粒子固定化フィルムを SEM にて観察し，接触角を測定することができる。また，粒子が吸着した気液界面の液相にて重合反応を実施し，液相に接触している面のみ重合反応により生成する高分子で覆った生成粒子を SEM 観察することで接触角を測定する方法も提案されている[28]。

顕微鏡観察による接触角測定法以外の方法も提案されている。Butt らは原子間力顕微鏡のカンチレバーに粒子を接着し，その粒子と気泡の相互作用を表すフォースカーブから粒子の気液界面での接触角を測定している（**図4**）[29],[30]。この方法を用いると，吸着した粒子の気液界面における吸着エネルギーも測定できる。

Hunter ら[31],[32]は，気液界面に単層吸着した粒子膜に対し，エリプソメトリーにより反射振幅比と位相差を測定することで，粒子の気液界面での接触角を算出している（**図5**）。この方法では，レーザー光の散乱を少なくするため，利用するレーザーの波長より小さな粒子径の粒子を使用すること，粒子径分布が狭い粒子サンプルを使用し，単粒子層の厚みが均一になるようにすることが測定必要条件となる。

Horozov ら[33]は，単粒子が薄い水膜の両界面に架橋する形で吸着した状態が生み出す干渉縞から，気液界面における粒子の接触角を求める film-caliper 法と呼称する方法を開発している（**図6**）。この方法では，マイクロメートルからサブマイクロメートルサイズの粒子の接触角の測定が可能である。

今後も，簡便な操作で再現性高く，気液界面に吸着した粒子の接触角測定を可能にする技術の開発が

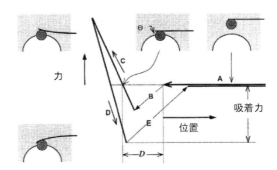

図4 コロイドプローブ原子間力顕微鏡による気液界面における固体粒子の接触角測定

文献29)より引用，改変

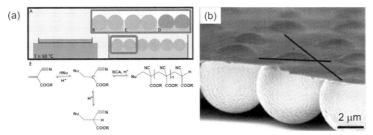

図3 (a)界面アニオン重合法による気液界面での固体粒子の固定化，(b)SEM 観察による固体粒子の接触角測定

文献24)より引用，改変

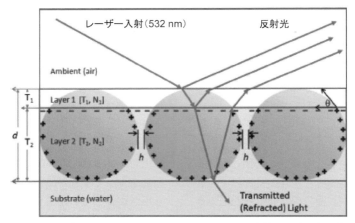

図5 エリプソメトリーによる気液界面における固体粒子の接触角測定
文献32)より引用,改変

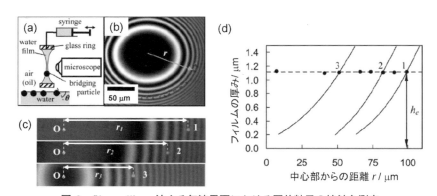

図6 film-calliper法よる気液界面における固体粒子の接触角測定
(a)実験装置,(b)空気中の垂直水膜を架橋した固体粒子が生み出す干渉縞,(c)異なる厚みの水膜が生み出す干渉縞,(d)フィルム中心からの距離とフィルム厚さの関係。文献33)より引用,改変

望まれる。

3. 粒子安定化泡

3.1 粒子安定化泡の作製方法

分子レベルの界面活性剤を用いて泡を作製する方法と同様の方法で,粒子安定化泡も作製することができる。粒子,液体,気体の3成分を,手またはタッチミキサーで振とう,またはブレンダーで撹拌する方法が一般的である。また,粒子の液体分散体に一定体積の気泡を導入することでサイズ・単分散性がコントロールされた泡の作製が可能である。これまでに,マイクロ流路を使用して,単分散性の高い粒子安定化泡が作製されている。Subramaniamら[34]は,3つのチャネル(1つは気体,他の2つは液体用)を有するマイクロ流路装置を用いて,粒子安定化泡のサイズの精密制御に取り組んでいる(図7)。

Kumachevaら[35]は,マイクロ流路を用い,単分散性の高い(多分散度が5%以下)二酸化炭素の泡を1秒間に3,000個の速度で作製することに成功している。Fujiiらは,マイクロメートルサイズの高分子粒子が水媒体中で沈降して堆積した層に注射針を利用して泡を導入することで,ミリメートルサイズの泡の作製に成功している[36,37]。さらに,発泡剤から気泡を発生させる方法,粒子の液体分散体に対し加圧により気体を液相に溶解させた後,急激に減圧する方法で,粒子安定化泡を生成させることも可能である。スペースシャトルチャレンジャー号(STS 7, June 1983)において,無重力状況下でのスチレンのシード乳化重合により,マイクロメートルサイズのポリスチレン(polystyrene:PS)粒子が気液界面に吸着することで安定化された気泡が生成することが偶然見出された[38]。この気泡は,重合開始剤として利用したアゾ系重合開始剤のラジカル生成反応時に発

生した窒素であり，重合開始剤が開始剤としてだけではなく発泡剤としても機能していると考えられる。

3.2 粒子安定化泡の評価法
3.2.1 気泡の構造評価

光学顕微鏡観察により，マイクロメートルからサブミリメートルサイズの泡の，湿潤および乾燥状態における形状・構造評価が可能であり，泡の平均径を求める際に便利である。サンプル作製，および観察操作が比較的簡便である点が利点として挙げられる。また，共焦点レーザー顕微鏡も湿潤および乾燥状態での泡の形状・構造評価に適している。安定化

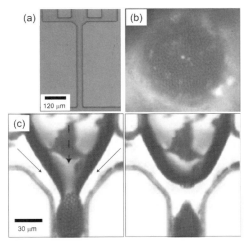

図7 マイクロ流路を使用した単分散性の高い粒子安定化泡の作製

(a)マイクロ流路デバイス，(b)マイクロ流路を使用して作製した粒子安定化泡，(c)粒子安定化泡の生成の様子(実線矢印，点線矢印は，それぞれ固体粒子の水分散体の流れ，気相の流れを示す)。文献34)より引用，改変

剤，媒体を蛍光物質でラベルすると，粒子，液体の存在位置が明瞭に観察可能であり，気液多相分散系の構造評価の際，力を発揮する[39,40]。これまでに，蛍光物質でラベルされたマイクロメートルサイズのPS粒子によって安定化された泡を湿潤状態で光学顕微鏡観察することで，10～400 μmの直径を有する泡の表面で粒子が配列構造を形成して吸着している様子が確認されている。さらにこの泡を共焦点レーザー顕微鏡を用いて光学切片観察したところ，粒子が線状に並ぶことで形成された円状の光が観察されている(**図8**)。

SEMは，ナノメートルからマイクロメートルレベルの泡の微細構造の評価を可能にする。ただ，試料を乾燥させる必要があるため湿潤状態での泡の構造を正確に評価できていない可能性があることを認識しておく必要がある。PS粒子で安定化した泡を乾燥させ，崩した後にその破片をSEM観察したところ，PS粒子の2次元コロイド結晶が2枚重なったバイレイヤー構造が形成されている様子が明らかにされている(**図9**(a))[39,40]。この構造は，PS粒子が気液界面に単層吸着して安定化された泡が乾燥し，互いに接触・重なることで形成されたと考えられる(図9(b))。

さらにこの破片を光学顕微鏡観察したところ，数種の興味深いモアレパターンが観察されている。これは，2次元PSコロイド結晶が2層重なることで形成されたものであり，シミュレーションの結果と一致することが確認されている[39,40]。

3.2.2 起泡性，泡の安定性評価

泡の体積を測定することで，起泡性や泡の安定性

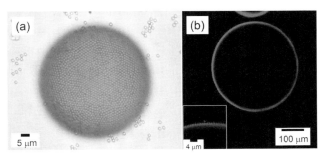

※口絵参照

図8 蛍光ラベルした固体粒子が気液界面に吸着することにより水中にて安定化された泡

(a)光学顕微鏡写真，(b)共焦点レーザー顕微鏡写真(挿入図は泡壁の拡大図)。文献40)より引用，改変

を評価することが多い。一般に，フォームカラムを使用し生成泡の体積測定が行われるが[41]，目視で評価するため，測定者の恣意が入ってしまう恐れがある。このような背景の下，automated dispersion stability analyzer 装置が開発され，恣意性を排除して，泡の合一，クリーミングを一定時間おきに簡便に評価することが可能になっている。この装置を用いると，機械的に自動で評価するだけでなく，肉眼では観察しにくい泡の不安定化を検知することが可能である[42]。

Ata は[43]，ガラス粒子で安定化した気泡を細管の先に作製し，2つの気泡を接触させてから合一するまでの時間測定，および泡の形状の経時観察を行うことで，泡の安定性に関する基礎的な知見を取得している（**図10**）。気泡表面における粒子の被覆率が高くなると，合一までの時間が長くなることが明らかになっている。また，合一した気泡が平衡状態の形状に至るまでの形状変化を経時観察した結果，界面に粒子が吸着していない泡に比べ，粒子が吸着した泡の方が，damping effect が小さいことを見出している。

3.3 粒子安定化泡の特徴
3.3.1 合一・不均一化に対する高い安定性

泡は熱力学的に最安定な状態ではない。分子レベルの界面活性剤が気液界面に吸着することで安定化された泡は，気泡の合一および気体の液相への溶解により，最終的に気体と液体がマクロ相分離した状態になる。一方，粒子で安定化された泡は，合一に対して高い安定性を示すことが知られている[44]。分子レベルの界面活性剤の界面における吸着エネルギーは数十 kT であるため界面からの脱着が起こるが，粒子の場合は，粒子径，接触角にもよるが，数万 kT 程度以上の吸着エネルギーを有するため，界面へ一旦吸着した粒子は脱着できず，不可逆的な吸着になる。粒子安定化泡は，この不可逆的に界面に

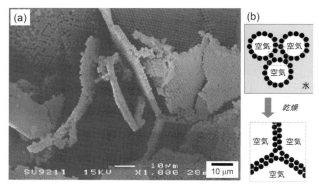

図9 (a)固体粒子で安定化された泡の乾燥後の SEM 写真，(b)泡表面に形成されたポリスチレン粒子の2次元配列構造体から，乾燥過程を経てバイレイヤーが形成される様子
文献40)より引用，改変

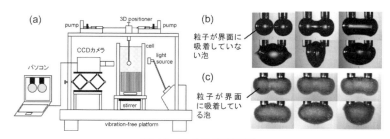

図10 泡の安定性評価
(a)評価装置，(b)固体粒子が気液界面に吸着していない泡の合一の様子，(c)粒子が気液界面に吸着することで安定化された泡(界面被覆率 約94%)の合一の様子。0.5 ms おきに写真撮影。文献43)より引用，改変

吸着した粒子膜に覆われているため，合一に対して安定であると考えられおり，中には15年以上も体積が変化せず安定に存在する泡もある。

3.3.2 乾燥に対する安定性

分子レベルの泡安定化剤で安定化された泡は，ほとんどの場合，乾燥すると崩壊してしまう。これは分子レベルの界面活性剤が単層または数層で吸着した気液界面の硬さが十分ではなく，乾燥中および乾燥後に，3次元立体構造を保つことが困難なためである。一方，固体粒子が界面に吸着することで安定化された泡は，界面で硬い粒子膜を形成し，乾燥中および乾燥後も3次元立体構造を保つことが可能である（図11）。実際，乾燥前後で形状をほとんど変えず，3次元立体構造を少なくとも15年間保っている粒子安定化泡がある[40,45]。

3.3.3 非球状形態

分子レベルの界面活性剤で安定化された気泡は，界面自由エネルギーが駆動力として働き，気液界面積を最小にするように球状の形をとる。一方，粒子で安定化された気泡は，球状のみならず楕円体，棒状等の非球状の形をとることができる。これは適度な濡れ性をもって界面に不可逆的に吸着した粒子の界面における数密度が高くなると，界面が流体的ふるまいから固体的ふるまいを示すようになるジャミング現象が起こるためである[46,47]。Subramaniamら は[47]，粒子で安定化された泡を複数個合一させ，機械的応力を加えることで，楕円体，シリンダー等，さまざまな形状を有する泡の作製が可能であることを示している（図12(a)–(d)）。また，Fujiiらは[48]，親水的および疎水的表面を併有するヤヌス粒子の水分散体を空気と混合すると，非定型な泡が生成することを確認している（図12(e)，(f)）。

3.4 泡の作製条件が泡の安定性に与える影響

固体粒子が気液界面に吸着することで安定化された泡の起泡性・安定性は，安定化剤として機能する粒子の性質，媒体組成等の影響を大きく受ける。ここでは，粒子表面化学，粒子濃度，粒子径，粒子形状，分散媒組成が，起泡性・泡の安定性に与える影響について検討した研究を紹介する。

3.4.1 粒子表面化学

粒子表面の化学組成と，親水性・疎水性バランスおよび粒子の界面における接触角は，密接に相関している。そのため，粒子表面化学は，起泡性・泡の安定性に大きな影響を与える。

シランカップリング剤を利用して，表面を改質したシリカ粒子を安定化剤として用いる研究が多い。

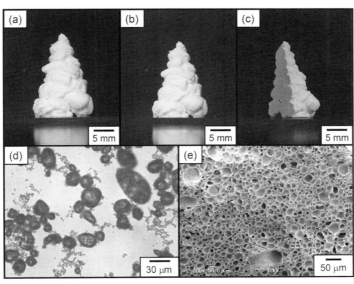

図11 粒子安定化泡の乾燥前後の(a–c)光学写真，(d)光学顕微鏡写真，(e)SEM写真

(a, d)乾燥前，(b, c, e)乾燥後，(d)乾燥前のサンプル(a)を水媒体中に分散させた様子，(c)乾燥泡をナイフで切った様子，(e)泡の断面図。文献45)より引用，改変

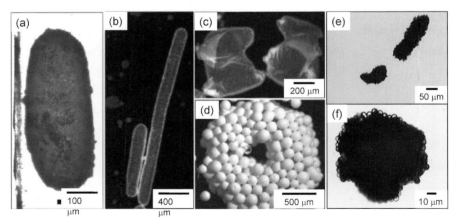

図 12 非球状形状を有する粒子安定化泡
(a) 2つの粒子安定化泡を合一させることで得られた楕円体の泡，(b) 高いアスペクト比を有する球面円柱レンズ形状の泡，(c) 球状の粒子安定化泡を減圧することで作製した非球状の泡，(d) 円環体形状を有する泡（文献47）より引用，改変），(e, f) ヤヌス型粒子で安定化された非球状の泡（文献48）より引用，改変）

ジメチルジクロロシラン（dimethyldichlorosilane：DCDMS）等の適当な疎水的シランカップリング剤を用いることで，シリカ粒子表面の親水性・疎水性バランスを調整することが可能である。シリカ粒子の親水性・疎水性バランスは未反応の表面 SiOH 基の存在量で評価される（SiOH 100％：非常に親水的，SiOH 20％以下：非常に疎水的）。Murry ら[49)-51)]，DCDMS によって疎水化処理したシリカナノ粒子を泡安定化剤として用いて起泡性・安定性に関する検討を実施し，SiOH 67〜80％の適度な親水性・疎水性バランスを有する粒子は，界面に高い吸着エネルギーをもって吸着し，合一，不均一化に対して安定な泡を生成することを明らかにしている。一方，表面 SiOH が 57％以下の疎水的な粒子を用いた場合，泡の安定性は低いことを確認している。これは，粒子表面に対する水の接触角が 90°以上になるため，気液界面の曲率の影響から泡の安定化が困難になること，また水媒体中で粒子が凝集するため安定化可能な気液界面積が減少することが理由として考えられる。同様に，Horozov と Binks は，親水的（SiOH ≥ 70％）および非常に疎水的（SiOH 14％）な粒子は気泡を安定化しないが，適度な親水性・疎水性バランスを示す粒子は，安定な泡を形成することを示している[52)]。

低分子量の両親媒性分子の固体表面吸着現象を利用して，粒子表面の親水性・疎水性バランスを制御し，起泡性・安定性の評価を行う研究も多く報告されている。Gonzenbach，Studart らは，両親媒性低分子の添加量が起泡性・泡の安定性に与える影響を検討している（図13）[53,54)]。具体的には，固体粒子として，ポートランドセメント（portland cement），Al_2O_3，ZrO_2，$Ca_3(PO_4)_2$，Ti，シリカを，両親媒性低分子として，プロピオン酸（propionic acid），没食子酸プロピル（propyl gallate），吉草酸（valeric acid），没食子酸ブチル（butyl gallate），ヘキシルアミン（hexylamine）等を使用し実験を行っている。粒子に対し両親媒性物質を添加していくと，低濃度では泡は生成しないが，一定以上の濃度を超えると，両親媒性低分子が静電引力により粒子表面に適量吸着することで表面が適度に疎水化され，濃度の増加とともに泡の生成量が増加することを見出している。さらに両親媒性分子の濃度を高めると，泡の生成量が減少していくことを明らかにしている。最も高い起泡性が確認された系では，元の水分散体の体積の 4〜5 倍の泡が生成し，泡全体の体積に対し空気が 85 vol％を占めることが明らかになっている。粒子，両親媒性低分子が共存する系では，気液界面への粒子の吸着を考える際，粒子の親水性・疎水性バランスだけでなく，粒子と両親媒性分子両者間の競争的吸着についても考慮する必要がある。

粒子で安定化された泡に，両親媒性分子を添加し，泡の安定性を評価する研究が行われている。Subramaniam らは[55)]，PS粒子で安定化された非球形の泡への，ノニオン性界面活性剤である Triton X-100 の添加が，泡の形状・安定性へ与える影響について検討している。Triton X-100 が低濃度の条件

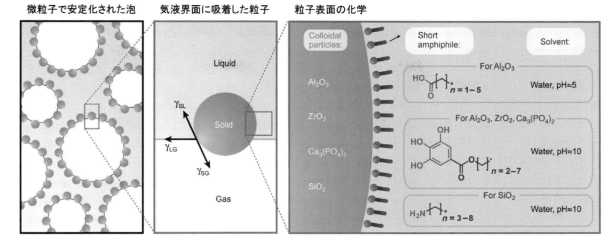

図13 両親媒性低分子を表面改質剤として利用することで表面を疎水化した固体粒子による泡の安定化
文献53)より引用,改変

では,泡の形状,安定性には変化が見られないが,一定の濃度以上になると,非球形の形状を保ったまま粒子が気液界面から脱離し,消泡する様子が確認されている。さらに高濃度にすると,非球状であった泡は,真球状に変形した後,粒子が泡表面から脱離し,消泡する様子が確認されている。この実験系では,Triton X-100 が粒子表面に吸着することで粒子の親水性・疎水性バランスが in situ で変化するだけでなく,気液界面にも吸着し表面張力も変化していることにも注意を払う必要がある。

高分子を使用して粒子表面の親水性・疎水性バランスをコントロールした粒子を利用する研究も行われている。Fujii ら[39]サブマイクロメートルサイズの PS 粒子,ポリメタクリル酸メチル(poly(methyl methacrylate):PMMA)粒子,ポリ(メタクリル酸2-ヒドロキシプロピル)(poly(2-hydroxypropyl methacrylate):PHPMA)粒子を用いて,粒子表面の親水性・疎水性バランスと起泡性・泡の安定性との相関関係を検討し,適度な親水性・疎水性バランス表面を有する PS,PMMA 粒子は界面に吸着し泡を安定化するが,高い親水性表面を有する PHPMA 粒子は界面に吸着せず水媒体中に分散するため起泡しないことを明らかにしている。また,マイクロメートルサイズの高分子粒子表面を,PS,PMMA,PHPMA シェルで覆った粒子を使用しても,同様の結果が得られており,粒子径より粒子表面の親水性・疎水性バランスの方が,起泡性・泡の安定性の支配因子になることが示されている[56]。シリカ-金の2面を有するヤヌス粒子の金面に,親水性・疎水性バランスの異なる高分子を吸着させ,起泡性・泡の安定性を評価する研究も報告されている[48]。親水性の高い高分子を吸着させた系では粒子は界面に吸着しないため起泡せず,適度な親水性・疎水性バランスを有する高分子が吸着した系で,安定な泡が形成されている。また,疎水性が高い高分子を吸着させた系では,粒子が媒体中で金面同士を接触させる形で凝集するため,気液界面に効率的に吸着できず,安定な泡が作製できないことが明らかになっている。

Kettlewell ら[57]は,高分子粒子の表面電荷が起泡性・泡の安定性に与える影響について検討を行っている。この研究では,カチオン性およびアニオン性ラジカル重合開始剤を使用して合成したサブマイクロメートルサイズの単分散性の高い静電安定化 PS 粒子を泡安定化剤として使用している。水媒体のpH が起泡性に与える影響を検討した結果,カチオン性 PS 粒子については,等電点より低い pH では粒子は正に帯電し,高い起泡性,泡安定性を示すが,等電点より高い pH においては粒子は負に帯電し,泡は生成しないことが確認されている。一方,アニオン性 PS 粒子については,検討された酸性～塩基性 pH 範囲において泡は生成しないことが確認された。上記の結果と,気液界面はマイナス電荷を有していること[58,59]を考慮に入れると,気液界面と粒子との間に働く静電引力が駆動力となり,粒子が界面に吸着していることが考えられる。Fukui ら[60],

両性ラジカル重合開始剤を使用して合成したPS粒子を用いて，同様の結果を得ており，粒子と界面の静電引力が起泡に重要な働きをしていることを示している。

高分子粒子を表面改質剤として用いる研究報告もある。Peltonら[61,62]，親水的な表面を有するガラスビーズの水分散体にカチオン性のPS粒子を加えると，ガラスビーズ表面にPS粒子が吸着し，ガラスビーズの疎水性を向上させることができることを見出している。このPS被覆ガラスビーズは，気液界面に吸着し泡を安定化させる[13]。

3.4.2 粒子濃度

固体粒子を用いた系でも，分子レベルの界面活性剤を用いた系と同様に，泡安定化剤の濃度は起泡性・安定性，および気泡のサイズに影響を与える重要な因子であることが明らかにされている。

Fujiiら[39]，マイクロメートルサイズのPS粒子を安定化剤として用いて粒子の固形分濃度と起泡性，泡の安定性の関係について検討を行った結果，1.0 wt%以下の固形分濃度では起泡性が低く，2.0 wt%以上になると起泡性が高く，安定な泡が生成することを明らかにしている。低粒子濃度では，空気と水の撹拌により水中に生成する気泡表面への粒子の吸着が追いつかず，気泡同士の合一が起こっていると考えられる。

Gonzenbach, Studartら[53,54]，吉草酸(valeric acid)で表面を疎水化したサブマイクロメートルサイズのAl$_2$O$_3$粒子を用いて，固形分濃度が泡の生成量および気泡サイズに与える影響について検討している。泡の生成には5 vol%以上の粒子濃度が必要であり，10〜50 vol%の範囲では，泡中の空気の含有率は70%以上に保たれながら，粒子濃度の増加とともに気泡の直径が161 μmから16 μmまで小さくなることが示されている。興味深いことに，50 vol%以上の濃度になると，泡の生成量が急激に減少することを報告している。これは，粒子水分散体の粘度が高くなるため，撹拌により水媒体中に効率的に気泡を導入しにくくなるためであると考察している。同様の現象が，サブマイクロメートルサイズのPS粒子を用いた系でも確認されている[45]。

3.4.3 粒子径

同じ固形分濃度で粒子径が小さくなると，粒子の比表面積が大きくなるため，安定化可能な気液界面積が増加する。また，粒子径が大きくなると，一粒子あたりの気液界面における吸着エネルギーが高くなる。上記のことから，粒子サイズと起泡性・泡の安定性は強く相関していることが理解できる。

Wilsonは[63]，1.02〜3.89 μmの粒子径を有する負電荷により静電安定化されたPS粒子を安定化剤として使用し，粒子径が，起泡性・安定性に与える影響を詳細に検討し，泡の安定化には，粒子径が1.50 μm以上の粒子を使用する必要があることを報告している。一方Fujiiら[39]，170 nm〜1.62 μmの粒子径を有するPS粒子を用いて検討を行い，約5 wt%の固形分濃度において，すべての粒子が起泡性を示す結果を得ている。

Gonzenbach, Studartら[54]，吉草酸(valeric acid)で表面疎水化した粒子径28 nm〜1.8 μmのAl$_2$O$_3$粒子を泡安定化剤として用いて，粒子径が泡の生成量，泡の径に与える影響について検討を行っている。固形分濃度を15 vol%と一定値にして実験を行った結果，粒子径と泡の生成量の間には強い相関は見られないが，粒子径の増大に伴い，生成気泡の直径が大きくなることを報告している。

Pughは[64]，二酸化チタン(titanium dioxide)粒子を泡安定化剤として使用し，水媒体中での粒子の分散，凝集状態が起泡性に与える影響を検討している。粒子が水媒体中で良好に分散している条件下では安定な泡が生成するが，凝集を起こして粒子径が大きくなる条件下では安定な泡が生成しないことを報告している。

現在，上記の初期の研究に続いて粒子径と起泡性・泡の安定性の相関について検討する研究が報告されているが，泡安定化が可能な粒子径は研究によって異なる。これは，使用されている泡安定化剤粒子の濃度，表面の親水性・疎水性バランス，形状の違いが理由であると考えられる。

3.4.4 粒子形状

粒子の形状が起泡性・泡の安定性に与える影響について検討を行う研究が近年注目を集めている。粒子形状の違いにより界面での吸着形態が異なること，工業分野で観察・利用される粒子安定化泡は，真球状ではない非定型粒子で安定化されていることを考慮に入れると，その相関について理解することは重要である。

Velevら[65,66]，ビスフェノールAベースのマイクロメートルサイズのロッド形状を有するエポキシ粒子を泡安定化剤として使用し，水媒体中において泡の作製が可能であることを示している。エポキシロッド粒子は柔らかいため泡表面において変形して絡まり合い，生成泡は，乾燥後も安定であることを報告している（図14(a)）。Zhouら[67]，ロッド形状を有する$CaCO_3$粒子を安定化剤として使用して，泡を安定化している（図14(b)）。$CaCO_3$粒子は硬いため変形せず，気泡の直径に対してロッド長さが短い場合，ロッドは気液界面に配列構造を形成して吸着し球状に近い気泡が生成するが，気泡の直径に対してロッド長さが長いまたは同等の場合，ロッドは気液界面から水相に突き出て，鳥の巣のような気泡が形成されることを報告している。

またVelevら[68]，セルロースの誘導体であるフタル酸ヒポメロース（hypromellose phthalate）からなるファイバー状粒子が泡の安定化剤として機能することを示し，環境問題・資源活用を配慮に入れた研究も行っている。泡表面でファイバーの絡まり合うことで泡の安定性が高くなっており，泡は数か月間消泡しないことが確認されている。

Aramaki，Kuniedaら[69]，ロッド形状を有するモノラウリン（monolaurin）粒子が分散したスクアラン（squalane）に気泡を導入すると，粒子が気液界面に吸着することで，泡が生成することを報告している。この先駆的な非水系におけるロッド粒子を用いた泡の安定化に引き続き，最近，Fameauらによって[70]，脂肪酸から形成されるロッド粒子を用いた非水媒体中での泡の安定化に関する一連の研究が行われている。ロッド状の粒子は気液界面で立体的に絡まり合うため，球状の粒子と比べ，硬い界面を形成していると考えられる。真球状の粒子で安定化された泡と比較し，外部応力に対する泡の耐変形性，安定性の評価が興味深いところである。

ロッド形状以外に，プレート形状の粒子を用いた泡の安定化に関する研究も行われている（図14(c)）。Sakuraiらは，（サブ）ミリメートルサイズの高分子プレートを用いて，プレートサイズと泡の形状の相関について検討し，気泡の直径がプレートサイズと比べて大きい場合，球状に近い気泡が形成されるが，気泡の直径がプレートサイズと同等の場合，4面体，5面体，6面体等の多面体形状の気泡が生成し，さらに泡のサイズが小さくなると，プレートで泡が挟まれたサンドイッチ状の気泡が生成することが確認されている[71]。

3.4.5 分散媒組成
(1) 塩濃度

静電安定化している粒子の水分散体に塩を加えると，イオン強度が高くなり粒子の表面電荷がスクリーニングされるため，粒子表面の疎水性が向上する。そのため，起泡性・泡の安定性，さらには泡の構造にも影響が出てくることが明らかになっている。Wilsonは[63]，マイクロメートルサイズのアニオン電荷安定化PS粒子を泡安定化剤として使用した結果，塩を添加することで，粒子が凝集状態，または凝集状態に近い条件になると，安定な泡が生成することを報告している。同様の結果は，ナノメートルサイズのシリカ粒子を用いた系でも観察されている。BinksとMurakamiらは[17]，比較的親水的な表面を有するシリカ粒子（SiOH 66％）は，純水中では気液界面に吸着せず良好に分散するのに対し，NaCl水溶液中では気液界面に吸着し泡が形成されることを明らかにしている。Murrayらは[51]，SiOH 67％のシリカ粒子を泡安定化剤として使用した場合，NaCl濃度が0.5～3Mの範囲で増加するとともに泡の安定性が向上することを明らかにしている。

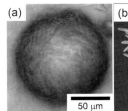  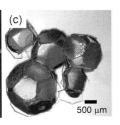

図14 非球状粒子によって安定化された泡
(a)高分子マイクロロッドによって安定化された泡（文献65より引用），(b)炭酸カルシウムマイクロロッドによって安定化された泡（文献67より引用），(c)高分子プレートによって安定化された泡（文献71より引用）

塩の添加による粒子の界面吸着が促進されることに加え，水媒体中でシリカ粒子がネットワーク構造を形成し，泡の合一を防いでいることが高い泡の安定性に寄与していると考察している。

Gonzenbach, Studartらは[54]，吉草酸(valeric acid)で表面修飾したサブマイクロメートルサイズのAl_2O_3粒子を用いて，NaCl濃度と泡の生成量，泡の直径の相関関係を明らかにしている。NaCl濃度が1 mmol/Lから500 mmol/Lまで増加すると，粒子水分散体の粘度は0.013 Pa sから1.92 Pa sまで増加し，泡の直径が65 μmから20 μmまで減少することを確認している。また，100 mmol/L以下のNaCl濃度条件では，粒子水分散体の粘度は0.18 Pa s以下であり，良好に気泡を水媒体中に導入することができるため泡中の空気含有率は80 %以上であるが，それ以上の塩濃度になると，粘度が2 Pa sまで上昇し，気泡の導入が困難になるため泡の生成量が減少することを見出している。

(2) 混合溶媒

気液界面の界面張力は，媒体組成によって変化する。その結果，粒子の気液界面への吸着挙動が変わるため，起泡性・泡の安定性に影響が出てくる。SunとGaoは[72]，ポリテトラフルオロエチレン(poly(tetrafluoro ethylene))，ポリエチレン(polyethylene)，ポリ塩化ビニル(poly(vinyl chloride))からなる高分子粒子を安定化剤，水-エタノール混合液を媒体として使用し，媒体組成が泡の安定性に与える影響を検討している。粒子表面における液体の接触角が75～85°になるエタノールと水の混合比において，安定性の高い泡が生成することが確認されている。また，安定な泡を生成するためには，まず粒子表面を良好に濡らすエタノールに分散させた後，水を加えることで，先に粒子を液体媒体に分散させておくことが重要であることを明らかにしている。FletcherとHoltは[73]，DCDMSで表面疎水化処理を行ったシリカ粒子を使用し，水-メタノール混合液の組成が生成する分散体の系に与える影響を検討している。媒体が純水の場合は，水は粒子を濡らさず，粒子で液滴が覆われた気中水滴型のリキッドマーブルが生成し，0.6 vol%のメタノール水溶液の場合は，媒体が粒子を適度に濡らすため，液中気泡型の泡が生成することを確認している。また，1.0 vol%までメタノール濃度を上げると，粒子は完全に媒体に濡れるようになり，粒子の液体分散体が得られることを報告している。

(3) 非水系粒子安定化泡

粒子安定化泡についての研究は，主に液相として水(または水溶液)を使用したものが多く，非水媒体を用いた研究例は少ない。これは，水-空気界面と比べて界面張力の低い油-水界面に対して有効に機能する安定剤の選択肢が限られており，泡を安定化させることが困難であるためである。1970年にSandersは[74]，ポリオキシエチレン アルキルエーテル(polyoxyethylene alkyl ether)系界面活性剤が鉱油中で固体粒子状泡安定化剤として機能することを報告している。また，1984年にFribergらは[75]，オレイン酸トリエタノールアンモニウム界面活性剤の固体粒子でキシレン中にて泡の安定化が可能であることを示している。2006年，Shresthaらは[69]，グリセロール脂肪酸エステル(monoglycerol fatty acid esters)粒子を用いて，非水媒体中で粒子安定化泡が得られることを示し，非水系の粒子安定化泡への関心を高めた。近年，流体界面におけるコロイド粒子の吸着挙動，界面にて形成する構造に関する一般的な理解が進んだ背景のもと，Fameauら[76,77]，Binksら[77,78]のグループが，分子レベルからマイクロメートルレベルで評価を行った安定化剤を使用して，非水系粒子安定化泡に関する研究を展開している。上記の研究例のうち，低分子物質集合体から形成される粒子を安定化剤として使用した系において，昇温により粒子が媒体に溶解すると，泡の安定性が低下することが確認されており，外部刺激印加により泡の安定性の制御が可能である点は興味深い。

非水系粒子安定化泡の基礎研究は，油脂や食用成分の発泡体に興味が持たれる食品分野，化粧品分野で注目を集めており，重合反応等により油相を固化することで新規多中空・多孔質材料創出に繋がるため，材料化学分野でも利用が進むと期待できる。

3.5　気相-液相体積比

エマルション系において，水相と油相の体積比が生成する分散体の系(水中油滴型または油中水滴型)を決定する重要な因子の1つであるのと同様，気液分散系においても，気相と液相の体積比が生成する分散体の系(泡またはリキッドマーブル，ドライリキッド)を決める因子の1つであることが知られている。BinksとMurakamiは[16]，一定体積の試験管内でシリカ粒子の導入量を一定にした条件下で，水

を 0.056 vol%から 0.95 vol%まで増加させて混合すると，気中水滴型のドライリキッド，スフレ状の生成物，泡の順番で系が変化することを明らかにしている。

4. おわりに

気液界面に吸着した固体粒子，および粒子で安定化した泡について概観した。15年以上の高い保存安定性や速度論的に安定化された非球状の泡の作製が可能であるなど，分子レベルの界面活性剤で安定化された泡では実現が困難な特徴を有することが明らかになっている。

今後，泡安定剤として機能する機能性固体粒子の開発が重要になると思われる。野菜，果物，植物，動物，昆虫に由来する食用粒子や，草や木から作製された生分解性/生体吸収性粒子は，重要な安定剤になると考えられる。また，適切な親水性・疎水性バランスを有する表面を有する固体粒子の合成とその表面改質技術の開発も重要である。その中でも，合成高分子粒子は，さまざまな機能性モノマーとの共重合，高分子反応(エステル化，加水分解など)により，表面化学や親水性・疎水性バランスを設計することができるため，魅力的である。また，ウイルス，細菌，細胞などの生体関連分子・物質からなる粒子の泡安定化剤としての開発にも注目したい。近年，外部刺激によって表面の親水性・疎水性バランスが変化，または融解する粒子によって安定化された粒子安定化泡が，新規刺激応答性材料として注目を集めている。これまでに，外部刺激(pH，温度，光，磁場)によって，崩壊[45,79)-83]，運動[36,37]する泡が開発されており，物質運搬キャリアとしての応用利用が期待できる。

粒子安定化泡は，油と水から形成される粒子安定化エマルション[44,84,85]，気体と液体から形成されるリキッドマーブル[86,87]・ドライリキッド[16,88-90]と多くの類似点を有している。したがって，粒子安定化泡系で確立された原理は，粒子安定化エマルション，リキッドマーブル，ドライリキッド等，他の粒子安定化ソフト分散系にも適用できると考えられる。

粒子安定化泡から多孔質材料やマイクロリアクターなどの機能性材料の創出を試みる研究も始まっている[2,91,92]。液体，気体，粒子のみを使用して機能性材料創出が可能であるため，粒子安定化泡は，スマートソフトマテリアルの環境適応型プラットフォームとして機能し，幅広い学術的・産業的応用が提案されると期待される。

文　献

1) B. S. Murray: *Curr. Opin. Colloid Interface Sci.*, **12**(4), 232 (2007).
2) A. R. Studart et al.: *J. Mater. Chem.*, **17**(31), 3283 (2007).
3) T. Horozov: *Curr. Opin. Colloid Interface Sci.*, **13**(3), 134 (2008).
4) T. N. Hunter et al.: *Adv. Colloid Interface Sci.*, **137**(2), 57 (2008).
5) S. Lam et al.: *Curr. Opin. Colloid Interface Sci.*, **19**(5), 490 (2014).
6) A.L. Fameau et al.: *ChemPhysChem.*, **16**(1), 66 (2015).
7) R. J. Pugh: Bubble and Foam Chemistry, Cambridge University Press, xxii (2016).
8) S. Fujii and Y. Nakamura: *Langmuir*, **33**(30), 7365 (2017).
9) S. Fujii: *Polym. J.*, **51**(11), 1081 (2019).
10) A. -L. Fameau and S. Fujii: *Curr. Opin. Colloid Interface Sci.*, **50**, 101380 (2020).
11) S. U. Pickering: *J. Chem. Soc. Trans.*, **91**(0), 2001 (1907).
12) W. Ramsden and F. Gotch: *Proc. R. Soc. London.*, **72** (477-486), 156 (1904).
13) M. C. Fuerstenau et al.: Froth Flotation : A Century of Innovation, Society for Mining Metallurgy. ix (2007).
14) R. Aveyard et al.: *Adv. Colloid Interface Sci.*, **48**, 93 (1994).
15) R. J. Pugh: *Adv. Colloid Interface Sci.*, **64**, 67 (1996).
16) B. P. Binks and R. Murakami: *Nat. Mater.*, **5**(11), 865 (2006).
17) B. P. Binks et al.: *Langmuir*, **23**(18), 9143 (2007).
18) S. Levine et al.: *Colloids Surf.*, **38**(2), 325 (1989).
19) G. Johansson and R. J. Pugh: *Int. J. Miner. Process.*, **34**(1), 1 (1992).
20) S. Ata et al.: *Miner. Eng.*, **17**(7), 897 (2004).
21) S. Schwarz and S. Grano: *Colloids Surf. A,* **256**(2), 157 (2005).
22) C. Li et al.: *Soft Matter*, **13**(7), 1444 (2017).
23) V. N. Paunov: *Langmuir*, **19**(19), 7970 (2003).
24) N. Vogel et al.: *Nanoscale*, **6**(12), 6879 (2014).

25) T. Sekido et al.: *Langmuir*, **33**(8), 1995 (2017).
26) Y. Asaumi et al.: *Langmuir*, **36**(44), 13274 (2020).
27) Y. Asaumi et al.: *Langmuir*, **36**(10), 2695 (2020).
28) S. Fujii et al.: *Angew. Chem. Int. Ed. Engl.*, **51**(39), 9809 (2012).
29) M. Preuss and H. -J. Butt: *J. Colloid Interface Sci.*, **208**(2), 468 (1998).
30) G. Gillies et al.: *Adv. Colloid Interface Sci.*, **114–115**, 165 (2005).
31) T. N. Hunter et al.: *Aust. J. Chem.*, **60**(9), 651 (2007).
32) T. N. Hunter et al.: *Langmuir*, **25**(6), 3440 (2009).
33) T. S. Horozov et al.: *Langmuir*, **24**(5), 1678 (2008).
34) A. B. Subramaniam et al.: *Nat. Mater.*, **4**(7), 553 (2005).
35) J. I. Park et al.: *Angew. Chem. Int. Ed.*, **48**(29), 5300 (2009).
36) M. Ito et al.: *Langmuir*, **36**(25), 7021 (2020).
37) J. Yamada et al.: *Eur. Polym. J.*, **132**, 109723 (2020).
38) J. W. Vanderhoff, O. Shaffer: EPI Lehigh University, Bethlehem, USA (STS 7, June 1983).
39) S. Fujii et al.: *Langmuir*, **22**(18), 7512 (2006).
40) S. Fujii et al.: *J. Am. Chem. Soc.*, **128**(24), 7882 (2006).
41) E. Iglesias et al.: *Colloids Surf., A*, **98**(1), 167 (1995).
42) T. S. Horozov and B. P. Binks: *Langmuir*, **20**(21), 9007 (2004).
43) S. Ata: *Langmuir*, **24**(12), 6085 (2008).
44) B. P. Binks and T. S. Horozov: Colloidal Particles at Liquid Interfaces. Cambridge, New York: Cambridge University Press, xiii (2006).
45) S. Nakayama et al.: *Soft Matter*, **12**(21), 4794 (2016).
46) A. B. Subramaniam et al.: *Nature*, **438**(7070), 930 (2005).
47) A. B. Subramaniam et al.: *Langmuir*, **22**(24), 10204 (2006).
48) S. Fujii et al.: *Langmuir*, **34**(3), 933 (2018).
49) Z. Du et al.: *Langmuir*, **19**(8), 3106 (2003).
50) E. Dickinson et al.: *Langmuir*, **20**(20), 8517 (2004).
51) T. Kostakis et al.: *Langmuir*, **22**(3), 1273 (2006).
52) B. P. Binks and T. S. Horozov: *Angew. Chem. Int. Ed.*, **44**(24), 3722 (2005).
53) U. T. Gonzenbach et al.: *Angew. Chem. Int. Ed. Engl.*, **45**(21), 3526 (2006).
54) U. T. Gonzenbach et al.: *Langmuir*, **23**(3), 1025 (2007).
55) A. B. Subramaniam et al.: *Langmuir*, **22**(14), 5986 (2006).
56) K. Fukuoka et al.: *Chem. Lett.*, **45**(6), 667 (2016).
57) S. L. Kettlewell et al.: *Langmuir*, **23**(23), 11381 (2007).
58) H. A. McTaggart: *Lond. Edinb. Dublin Philos. Mag. J. Sci.*, **44**(260), 386 (1922).
59) M. Takahashi: *J. Phys. Chem. B.*, **109**(46), 21858 (2005).
60) S. Fukui et al.: *Polymers* (Basel), **12**(3) (2020).
61) S. Yang and R. Pelton: *Langmuir*, **27**(18), 11409 (2011).
62) S. Yang et al.: *Langmuir*, **27**(17), 10438 (2011).
63) J. C. Wilson: A Study of Particulate Foams, University of Bristol (1980).
64) R. J. Pugh: *Langmuir*, **23**(15), 7972 (2007).
65) R. G. Alargova et al.: *Langmuir*, **20**(24), 10371 (2004).
66) R. G. Alargova et al.: *Langmuir*, **22**(2), 765 (2006).
67) W. Zhou et al.: *Angew. Chem. Int. Ed. Engl.*, **48**(2), 378 (2009).
68) H. A. Wege et al.: *Langmuir*, **24**(17), 9245 (2008).
69) L. K. Shrestha et al.: *Langmuir*, **22**(20), 8337 (2006).
70) A. L. Fameau et al.: *Angew. Chem. Int. Ed. Engl.*, **50**(36), 8264 (2011).
71) Y. Sakurai et al.: *Langmuir*, **39**(10), 3800 (2023).
72) Y. Q. Sun and T. Gao: *Metall. Mater. Trans. A*, **33**(10), 3285 (2002).
73) P. D. I. Fletcher and B. L. Holt: *Langmuir*, **27**(21), 12869 (2011).
74) P. A. Sanders: *J. Soc. Cosmet. Chem.*, **21**, 377 (1970).
75) S. E. Friberg et al.: *J. Colloid Interface Sci.*, **101**(2), 593 (1984).
76) A. -L. Fameau and A. Saint-Jalmes: *Adv. Colloid Interface Sci.*, **247**, 454 (2017).
77) A. L. Fameau and B.P. Binks: *Langmuir*, **37**(15), 4411 (2021).
78) B. P. Binks and B. Vishal: *Adv. Colloid Interface Sci.*, **291**, 102404 (2021).
79) S. Fujii, et al.: *Langmuir*, **27**(21), 12902 (2011).
80) S. Fujii et al.: *Soft Matter*, **11**(3), 572 (2015).
81) A. -L. Fameau et al.: *Chem. Sci.*, **4**(10), 3874 (2013).
82) S. Nakayama et al.: *Soft Matter*, **11**(47), 9099 (2015).
83) M. Ito et al.: *Front. Chem.*, **6**, 269 (2018).
84) B. P. Binks: *Curr. Opin. Colloid Interface Sci.*, **7**(1), 21 (2002).
85) R. Aveyard et al.: *Adv. Colloid Interface Sci.*, **100–102**, 503 (2003).

86) P. Aussillous and D. Quéré: *Nature*, **411**(6840), 924 (2001).
87) S. Fujii et al.: *Adv. Funct. Mater.*, **26**(40), 7206 (2016).
88) R. Murakami and A. Bismarck: *Adv. Funct. Mater.*, **20**(5), 732 (2010).
89) K. Kido et al.: *Adv. Powder Technol.*, **28**(8), 1977 (2017).
90) M. Nakamitsu et al.: *Adv. Mater.*, **33**(14), e2008755 (2021).
91) S. Nakayama et al.: *Chem. Lett.*, **44**(6), 773 (2015).
92) K. Aono et al.: *Langmuir*, **38**(24), 7603 (2022).

第5章
天然色素の凝集制御と分子の柔らかさ

仙台高等専門学校　鈴木　龍樹　　国立研究開発法人海洋研究開発機構　出口　茂

1. はじめに

カロテノイドはトマトやニンジンの赤色 - 橙色，花の黄色として知られる高発色性の天然色素である。近年では，カロテノイドが持つプロビタミンAとしての作用[1,2]や抗酸化作用[3-5]などが注目を集め，疾病の予防に効果的な栄養素として摂取することが政府や科学機関により推奨されている。また，食の安全への消費者意識の高まりとともに，食品添加物に使用する合成品を天然由来成分へと置き換える流れが世界的に加速している。赤 - 黄色の天然着色料としてのカロテノイドの需要も高まりつつあり，その世界市場の規模は約2,600億円（2022年）であり，今後も約3,500億円（2027年）へと拡大することが見込まれている[6]。

脂溶性のカロテノイドの着色料としての適用先の多くは肉類の加工食品・水産食品・乳製品などの脂質の多い食品である。一方で飲料など水系の食品への応用では，Hornらが提案したカロテノイドナノ粒子の水分散系製剤として利用される[7-9]。カロテノイドのナノ粒子化では，サイズに代表される粒子の構造特性によって色調が著しく変化する。食品の彩りは視覚的に人々の食欲増進に貢献するため，着色料の色調制御は我々の健康的な食生活を支える重要な課題の1つである。カロテノイドナノ粒子の構造と光学特性の相関を明らかにできれば，カロテノイド色素の精緻な色調制御が可能となり，現在750種類以上あるカロテノイドを利用した天然着色料のカラーバリエーションや用途の大幅な拡大が期待できる。

本章では，カロテノイドナノ粒子の構造と光学特性について，従来議論されてきた分子配列の議論から発展し，最近提案された分子ひずみの寄与に関する考察を交えて解説する。

2. 分子配列に基づく解釈

2.1 有機色素の発色機構

一般的に有機色素は共役二重結合（単結合と二重結合が交互に繋がった構造）を持っており，その長さ（π共役長と呼ぶ）に応じて色が変わる。共役系におけるπ電子は1つの結合の部分に局在しているのではなく分子全体に広がっていると考えられる。すなわちπ電子は分子という箱の中を自由に動いており，その大きさに応じて光学特性も変化する。また，色調を決めるHOMO-LUMO間のエネルギーギャップはπ共役長に反比例する。すなわち，π共役長が長くなれば，HOMO-LUMO間のエネルギーギャップが小さくなり，吸収スペクトルは長波長域にピークが現れる。有機色素の多くはキサンテン系やアゾベンゼン系などの芳香族色素であり，芳香環の共役二重結合に由来して発色する。一方，カロテノイドは1次元に共役結合が伸びたポリエン鎖に由来して発色する（図1）[10-12]。

ナノ粒子のような固体中では，また，集合した分子の配列によっても色調が変わる[13]。色素分子が周期的に配列した結晶や会合体では，励起状態の分子間（実際には遷移モーメント間）で強い相互作用が起こる。そのため溶液中では励起と緩和が分子それぞれで起こるのに対し，固体中では複数の分子が共同的に励起されることにより，吸収スペクトルのシフトが誘起される。

この際，遷移モーメントの並び方によって吸収スペクトルのシフト方向が変化する（図2）。より具体的には遷移モーメントがHead-to-tail方向に揃った

J会合体では吸収スペクトルは長波長側に，また parallel に揃ったH会合体では短波長側にそれぞれシフトする。加えて会合体を形成するとスペクトルの線幅も狭くなる。分子の共同的な励起によって振動準位のばらつきが少なくなるためである。

2.2 カロテノイドナノ粒子の発色

では改めて，ナノ粒子化によるカロテノイドの色調変化の原因について考える。β-カロテンのナノ粒子では，サイズがより小さい粒子において吸収スペクトルが溶液状態よりも短波長側にシフトし，粒子サイズの増大に伴い溶液状態よりも長波長シフトする。この粒子サイズによる色調の違いも，ナノ粒子中での遷移モーメントの並び方の違いによって説明される（図3）[14]。単結晶X線構造解析では，β-カロテン分子は結晶中で Head-to-tail の配列を取っていることが確認されている。すなわちサイズの大きな粒子に見られる吸収スペクトルの長波長シフトの原因はJ会合体に起因すると考えられる。一方，ナノ粒子で見られる吸収スペクトルの短波長シフトについても，吸収スペクトルのシフト値についての分子シミュレーションの結果から，ナノ粒子がH会合体を形成しているためと説明されている。

しかしながら，従来の議論では会合体形成のもう1つの特徴であるスペクトル形状の変化が一切考慮されていない。実際，カロテノイド色素はナノ粒子，バルク結晶の双方において，吸収スペクトルが会合体に特有の鋭い吸収ピークを示さない。これはカロテノイドナノ粒子の色合いを分子の「配列」だけで議論することは不十分であり，別の因子が関与していることを強く示唆する。

ベンゼン環などの芳香環が連結した有機色素が比較的剛直な分子構造を持つのに対し，カロテノイド色素はポリエン鎖を基本骨格としたグニャグニャと曲がる「柔らかい」構造である。この「柔らかい」という特徴は，発色する上で実効的な π 共役長（有効 π 共役長）を変化させうる。例えば，β-カロテンは，共役二重結合数 N が11であり，理想的には吸収ピークが 650 nm に現れるはずだが，アセトン溶液中では 449 nm と短波長シフトする。これは溶液中で結合の回転や分子の湾曲によって生じる「分子ひ

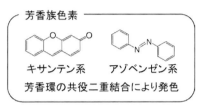
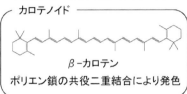

図1 有機色素の例

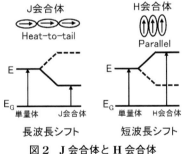

図2 J会合体とH会合体

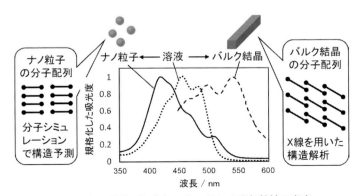

図3 分子配列に基づく β-カロテンの吸収特性の考察

ずみ」に起因して有効 π 共役長が短縮される可能性を表している。最近の研究によって，カロテノイド色素の柔らかさに起因する「分子ひずみ」こそが，ナノ粒子の色に影響する主要な因子であることが明らかとなってきた[15]。

3. 分子ひずみに基づく解釈

3.1 カロテノイドナノ粒子の作製と構造評価

カロテノイドのナノ粒子化は再沈殿を原理とした手法で行われ，今日，工業的にグローバルスタンダードな製造手法として定着している。簡単にいえば，カロテノイドの溶液を多量の水と混ぜることで，固体として急激に析出させる。この再沈殿を簡便に行う手法として再沈法が知られている[16]。再沈法では対象化合物の希薄溶液を激しく撹拌している貧溶媒中に注入して再沈殿・析出させることによりナノ粒子分散液が得られる（**図4**）。再沈法を用い，ポリエン鎖の末端構造が異なる4種のカロテノイド色素（リコペン：完熟トマトの赤色，β-カロテン：ニンジンの橙色，ルテイン：ホウレンソウに多く含まれる黄色色素，アスタキサンチン：鮭やエビ，カニなどに多く含まれる赤色色素）のナノ粒子化が検討された。実際には，それぞれのカロテノイド分子のテトラヒドロフラン（THF）溶液（200 μL）を激しく撹拌した純水（10 mL）中に注入することで調製できる。

再沈法で得られるカロテノイドナノ粒子は，いずれも粒径が100 nm以下の粒子である（**図5(a)**）。また粉末X線回折（pXRD）パターンには，ハロパターンと複数のピークがどちらも現れることから，ナノ粒子中には結晶化度が高いドメインと低いドメインが混在していると考えられる（**図5(b)**）。

クライオ透過型電子顕微鏡（cryo-TEM）を用いた観察では，1つの粒子内にコントラストの異なる2つのドメインが観察される（**図5(c)**）。高コントラスト領域は電子線回折測定において輝点が現れることから結晶性であると考えられる（**図5(d)**）。大半の粒子で高コントラスト領域はナノ粒子の中心部に位置している様子が観察される。一般的に粒子表面近傍の分子は，相互作用する分子数の減少から粒子内部に位置する分子よりも不安定化し，配列の乱れが生じやすい。すなわちカロテノイドナノ粒子においても，内側が結晶性ドメイン，外側がアモルファスドメインというコアシェル型の構造を取っていると考えられる。β-カロテン以外の3つのカロテノイドについても，そのナノ粒子はコントラストの異なる2つのドメインから構成されていることから，再沈法により得られたナノ粒子にはカロテノイド分子の末端構造に関わらず，結晶性ドメインとアモルファスドメインが混在していると考えられる。

3.2 分子ひずみの評価

カロテノイド分子の分子ひずみは，ラマン分光を用いて評価できる。カロテノイドのラマンスペクトルでは，炭素-炭素二重結合（C=C）の対称伸縮振動に対するピーク位置 ν_1 が $(N+1)^{-1}$（N：共役二重結合数）に比例する[17-19]。つまりラマンスペクトルのピーク位置から得られる有効 π 共役長を元にして，分子のひずみの度合いを見積もることが可能である。

図6(a) に β-カロテンのバルク結晶，ナノ粒子そして溶液について ν_1 のラマンスペクトルを示す。ナノ粒子と溶液のピークはバルク結晶よりも高波数に現れる。また，ナノ粒子のピークは溶液とピーク

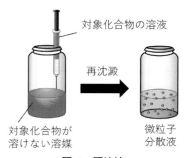

図4 再沈法

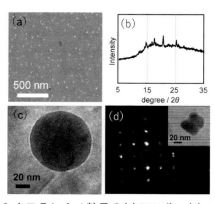

図5 β-カロテンナノ粒子の(a) SEM像，(b) pXRDパターン，(c) cryo-TEM像および(d) 電子線回折像

位置は近いものの，スペクトル線幅のブロードニングを伴う。

単結晶X線構造解析ではバルク結晶中のβ-カロテン分子は末端環とポリエン鎖が共平面にあり，ポリエン鎖が1次元に伸びたひずみの少ないコンフォメーションを取っている[20,21]。つまりバルク結晶中のβ-カロテンの有効π共役長は減少していないと考えられる。その一方でナノ粒子や溶液のスペクトルに見られるピーク位置の高波数シフトは，バルク結晶よりも有効π共役長が短い分子の存在を示唆しており，これは分子ひずみを伴ったコンフォメーションを取っている可能性がある。

一方でスペクトルのブロードニングは，ナノ粒子のTEM観察で見られた結晶性の異なる2つのドメインが反映されたものとして解釈される。すなわち，結晶性ドメインはバルク結晶と同様なひずみの少ない分子で構成され，アモルファスドメインでは溶液状態のようなひずんだ分子が存在すると仮定できる。実際，ナノ粒子のν_1のラマンピークは，2つのピークの和として良好にフィッティングされる（図6(b)）。1,516 cm^{-1}に現れたピークは，バルク結晶のν_1（以下，$\nu_{1crystal}$）とよく一致することから，結晶性ドメインに由来するピークと考えられる。一方，1,524 cm^{-1}に現れた高波数のピークは，アモルファスドメイン由来のひずんだ分子を反映している。他のカロテノイドナノ粒子についても同様にラマンスペクトルが解析され，高波数に現れたアモルファス由来のピーク（以下，$\nu_{1amorphous}$）から有効π共役長の短縮について考察が行われた。

まず，バルク結晶では分子ひずみが少なく，有効π共役長の短縮は起きにくいことから，**表1**にまとめられる$\nu_{1crystal}$と末端環の二重結合も含めた理想的な共役二重結合数$N_{bulk\ crystal}$を用いてν_1と$(N+1)^{-1}$の関係式（式(1)）が導出される。

$$\nu_1 = 1447 + \frac{801}{N+1} \quad (1)$$

続いて，得られた式(1)に，各カロテノイドの$\nu_{1amorphous}$を代入することで，ひずんだ分子の有効π共役長$N_{nanoparticles}$が算出される（表1）。カロテン，アスタキサンチン，ルテインのナノ粒子の$N_{nanoparticles}$はおおよそ9であり，これはポリエン鎖の共役二重結合の数（末端環の二重結合を除く）と同じであることから，末端環の回転により分子がひずんでいることが示唆される。一方，リコペンは他のカロテノイドと異なり，末端環を持たないにもかかわらず，$N_{nanoparticles}$=9.7でありバルク結晶の$N_{bulk\ crystal}$=11よりも短くなっている。これは，ポリエン鎖の湾曲やねじれによって有効π共役長が短縮したと考察される。

この事実をもとに，有効π共役長の短縮が吸収スペクトルに与える影響が考察された。**図7**はそれぞれのカロテノイドのバルク結晶とナノ粒子の吸収ピークについて，対応する$N_{bulk\ crystal}$と$N_{nanoparticles}$

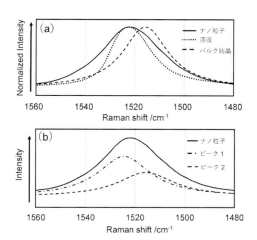

図6 (a)β-カロテンのν_1ラマンピーク，(b)β-カロテンナノ粒子のν_1のピーク分割

表1 各カロテノイドのC=C伸縮振動のピーク位置ν_1と共役二重結合数N

カロテノイド	$\nu_{1bulk\ crystal}$ (cm^{-1})	$N_{bulk\ crystal}$	$\nu_{1nanoparticles}$ (cm^{-1})	$N_{nanoparticles}$
β-カロテン	1515	11	1524	9.2
リコペン	1510	11	1522	9.7
アスタキサンチン	1515	11	1525	9.1
ルテイン	1519	10	1530	8.5
レチナール	1580	5	−	−

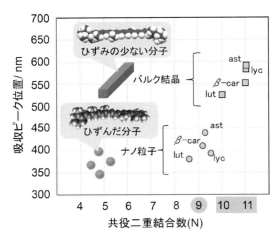

図7　吸収ピークと共役二重結合数 N の関係
β-car：β-カロテン，lyc：リコペン，ast：アスタキサンチン，lut：ルテイン

をプロットした結果である。バルク結晶では波長550〜600 nm の範囲でピークが現れ，その中でもルテインの吸収ピークが最も短い波長に現れる。ルテイン分子は $N_{bulk crystal} = 10$ を持つが，他のカロテノイド分子の共役二重結合数（N=11）よりも少ない。つまり，バルク結晶の吸収スペクトルでは，それぞれのカロテノイド分子が持つ最大の共役二重結合数を反映しおり，バルク結晶は分子のひずみが少ない分子で構成されていることがわかる。一方，再沈殿で得られたナノ粒子の吸収スペクトルは波長400〜450 nm 付近に現れ，いずれのカロテノイドについても対応するバルク結晶の吸収スペクトルよりも短波長シフトする。これまでに単純なポリエン鎖 $-(CH=CH)_N-$ において共役二重結合数 N と吸収波長の関係が調べられ，N=9 では450 nm 付近にピークが現れることが明らかになっている[22]。ナノ粒子ではいずれのカロテノイドでも共通に持つポリエン鎖の有効π共役長 $N_{nanoparticles} = 9$ 程度であることから，ひずんだ分子が吸収ピーク波長に寄与していると考えられる。また，ひずんだ分子はアモルファス成分中に存在するため，配列の効果によって吸収スペクトルが鋭くなる効果が得られていないことにも注意したい。

ナノ粒子中におけるカロテノイド分子のひずみは，再沈殿プロセスにより生成していると考えられる。急激な析出を伴う再沈殿では粒子の成長が速いため，単結晶のような最安定な分子のコンフォメーションと配列を取れず，準安定な固体として分子が凝集することが多い[23,24]。これまで芳香環を持つ剛直な有機色素において固体化に伴う光学特性変化は配列様式の変化や乱れから解釈することが多かった。しかし，芳香環を持つ有機色素よりも「柔らかい」分子構造を持つカロテノイドでは，配列だけでなくコンフォメーション変化が光学特性に大きく寄与する重要な因子となることが明らかとなった。

4. おわりに

カロテノイド色素など柔らかい分子の動きや形を制御する試みは，形の変わりにくい剛直な分子系では考えられてこなかった因子であり，「柔らかさ」に特有の新たな物性を生む可能性がある。

また，野菜や果物中のカロテノイドはナノからマイクロサイズの粒子として細胞に蓄積されることが知られている[25]。つまり，トマトなどが成熟する過程で赤く色づくメカニズムの一端には，カロテノイドナノ粒子の成長に伴う「分子ひずみ」の変化が関与していることも考えられる。生体内のナノ粒子についても分子ひずみの観点から解析を行うことで，植物が進化の過程でカロテノイドを色素として選択した理由にも迫れるだろう。そして，そのような生体に関連した情報をもとに，分子の柔らかさによって光学特性を制御できる有機色素の分子設計など，バイオミメティクスにもとづく工学応用に繋がることが期待されている。

文　献

1) G. Tang and R. M. Russell: Carotenoids, 149-172, Birkhäuser Basel, Switzerland (2009).
2) A. J. Meléndez-Martínez et al.: *J. Agric. Food Chem.*, **53**, 6362 (2005).
3) P. Di Mascio et al.: *Arch. Biochem. Biophys.*, **274**, 532 (1989).
4) P. F. Conn et al.: *J. Photochem. Photobiol. B Biol.*, **11**, 41 (1991).
5) H. Tamura and H. Ishikita: *J. Phys. Chem. A.*, **124**, 5081 (2020).
6) The Global Market for Carotenoids, BCC Research (2022).
7) Dieter Horn: *Die Angew. Makromol. Chemie.*, **166**, 139 (1989).
8) D. Horn and E. Lüddecke: Fine Particles Science and

9) H. Auweter et al.: *Angew. Chemie - Int. Ed.*, **38**, 2188 (1999).
10) G. Britton: Carotenoids Handbook, 13–62, G. Britton, S. Liaaen-Jensen, H. Pfander, Eds., Birkhäuser Basel, Switzerland (2004).
11) D. Rodriguez: A Guide to Carotenoid Analysis in Foods, 14–22, OMNI Research, Washington, D. C. (2001).
12) S. Takaichi and G. P. Moss: *Photosynth. Res.*, **47**, 97 (1976).
13) M. Kasha et al.: *Pure Appl. Chem.*, **11**, 371 (1965).
14) D. Horn and J. Rieger: *Angew. Chem.*, **40**, 4330 (2001).
15) R. Suzuki et al.: *J. Phys. Chem. C*, **126**, 2607 (2022).
16) H. Kasai et al.: *Jpn. J. Appl. Phys.*, **31**, L1132 (1992).
17) R. Withnall et al.: *Spectrochim. Acta - Part A Mol. Biomol. Spectrosc.*, **59**, 2207 (2003).
18) J. C. Merlin: *Pure Appl. Chem.*, **57**, 785 (1985).
19) L. Rimai et al.: *J. Am. Chem. Soc.*, **95**, 4493 (1973).
20) C. Sterling: *Acta Crystallogr.*, **17**, 1224 (1964).
21) G. Bartalucci et al.: *Acta Crystallogr. Sect. B Struct. Sci.*, **65**, 238 (2009).
22) K. Maruyama et al.: *Bull. Chem. Soc. Jpn.*, **58**, 2923 (1985).
23) R. Suzuki et al.: *J. Taiwan Inst. Chem. Eng.*, **92**, 129 (2018).
24) H. R. Chung et al.: *J. Cryst. Growth*, **294**, 459 (2006).
25) R. M. Schweiggert et al.: *Planta.*, **234**, 1031 (2011).

(Reference 8 continued) Technology, 761, E. Pelizzetti, Ed., Springer, Netherlands (1996).

索　引

【英数】

1,6-ヘキサンジオール	418
2段階Langmuir式	363
2流体モデル	90
Active Interfacial Modifier：AIM	260
Adaptive Mesh Refinement(AMR)法	94
Adler転移	12, 54
automated dispersion stability analyzer装置	468
Basement Membrane：BM	424
Binghamモデル	75
Bragg-Williams近似	88
Brookfield型粘度計	168
Brown運動	80
Brunauer Emmett Teller(BET)吸着式	368
B型粘度計	168
Cailléパラメーター	344
Casimirの理論	16
Cellulose Nanocrystals：CNC	448
Cellulose Nanofibers：CNF	448
Chemical Mechanical Polishing：CMP	105
clientscaffoldモデル	428
CMPスラリー	118
Congo Red：CR	399
CONTIN法	112
Coulomb相互作用	87
Creaming index：CI	388
Critical Concentration Coagulation：CCC	436
Critical Packing Parameter：CPP	252
Criticall Micelle Concentration：CMC	252
Cumulant展開法	112
Debye相互作用	13
Dextran：DEX	412
DLVO力	79
DLVO理論	9, 34, 39, 76, 146, 158, 200, 249, 309, 315, 371, 379
du Noüy法	175
dynamic light scattering：DLS	111
D相	261
D相乳化法	260
Ewald法	87
Extracellular Matrix：ECM	422
film-caliper法	465
Fingerテンソル	90
Flocculation	294
Flory-Hugginsの理論	426
Flory-Hugginsモデル	90
Fluid Particle Dynamics(FPD)法	93
Fluorescent Recovery After Photobleaching：FRAP	418
Fuchsの緩慢凝集の理論	30
FUS	404, 416
Gay-Berneモデル	87
gel trapping法	465
Giant vesicle：GV	254
GIFT(一般化間接逆フーリエ変換法)	126
Gouy-Chapmanモデル	19
Guinier(ギニエ)プロット	122
Hagen-Poiseuille流れ	81
Hamaker定数	14, 372
Hamakerの理論	13
Hansen Dispersibility Parameter：HDP	206
Henryの式	22
Hershel-Bulkleyモデル	75
High-Speed Atomic Force Microscopy：HS-AFM	247
Hückelの式	21
Hydrophile-Lipophile-Balance：HLB	383
Intrinsic disordered region：IDR	416
Intrinsically Disordered Proteins：IDP	429
KAPSEL	93
Keesom相互作用	13
Kremer-Grestモデル	87
Landau自由エネルギー	88
Langevin動力学法	94
Langevin方程式	83
Langmuir-Freundlich式	364
Langmuirの吸着式	360

項目	ページ
Langmuir 理論	10, 43
Large unilamellar vesicle：LUV	254
Layer-by-Layer：LbL	422
Lennard-Jones（LJ）相互作用	87
Lifshitz 理論	16
Liquid-Liquid Phase Separation：LLPS	404
Lorentz-Berthelot 則	87
Low Complexity Domain：LCD	404
low-flow limit :LFL	280
Luminescent Conjugate Oligothiophene：LCO	401
Luminescent Conjugate Polythiophene：LCP	401
L-アスコルビン酸リン酸塩	350
Membrane Scaffold Proteins：MSP	257
Minimum Film-forming Temperature：MFT	299
Modified Caillé 理論	344
MOD インク	290
Multilamellar vesicle：MLV	254
Navier-Stokes 方程式	80, 88
NIST トレーサブル標準粒子	105
Non Aqueous Dispersion：NAD	298
O/W 型エマルション	386
O'Brien-White の理論	25
Ohshima の式	249
oil in water：O/W	383
Oldroyd-B モデル	88
Onsager の排除体積理論	11
Onsager の理論	46
Oseen テンソル	90
Ostwald ripening	384, 387
Overbeek の緩和効果の理論	23
p53	420
Pair Distance Distribution function：PDDF	123
PEG（Polyethylene Glycol）	427
Phase Inversion Temperature：PIT	260
Pickering エマルション	463
Pickering 乳化	396
Pittsburgh Compound-B：PiB	401
poly（N-isopropyl acrylamide）：pNIPAm	246
Polyethylene glycol：PEG	412
Polyion Complex：PIC	426
Polymer Electrolyte Fuel Cell：PEFC	275
Porod 領域	124
P ボディ	415
RGG ドメイン	417
Rheology	70
RNA-binding protein fused in sarcoma	404
Schultze-Hardy の経験則	41
Schultz-Hardy 則	144, 371, 444
SDS	391
shear thickening	81
shear thinning	81
Siegert の関係式	112
Single Particle Optical Sizing：SPOS	117
siRNA	427
SK 吸収端	438
SLLOD 法	87
Small Angle X-ray Scattering：SAXS	120, 340
Small unilamellar vesicle：SUV	254
small-on-top（SoT）構造	281
Smoluchowski の急速凝集の理論	27
Smoluchowski の式	20
Smooth Particle Mesh Ewald 法（SPME 法）	88
Smooth Profile Method（SPM）	93
spurious current	94
Stokes-Einstein 式	112, 154
Stokes 近似	89
Stokes の式	387
Syneresis	297
Tanaka らの経験式	451
Thioflavin T：ThT	399
T-matrix 法	156
Transmission Electron Microscope：TEM	430
TraPPE モデル	87
Turbiscan Stability Index：TSI	389
unit PIC：uPIC	427
upper convected time derivative	90
van der Waals（引）力	7, 9, 199, 217
van der Waals 引力相互作用	13
van der Waals 相互作用エネルギー	39
Van der Waals モデル	91
Vibrational Circular Dichroism：VCD	403
Wilhelmy 法	173, 184
X-ray Absorption Fine Structure：XAFS	438
X-ray Absorption Near Edge Structure：XANES	438

X線吸収微細構造	438
yolk-shell 構造体	430
Yoshizaki and Yamakawa 式	450
α ゲル	345
α-シヌクレイン(α-Syn)	399
α-ヘリックス	428
β シート	399
π-π 相互作用	405, 415

【あ行】

藍顔料	314
アキュサイザー	117
朝倉・大澤理論	48
アスコルビン酸	350
アゾ顔料	313
圧縮空気	108
圧力テンソル	95
後計量塗布	279
アプリケーター	330
アポリポタンパク質 A-I	257
アーマードバブル	463
アミロイド	399
アミロイド β（Aβ）	399
アミロイドーシス	399
アミロイド仮説	401
アミロイド線維	399
アミロイド多型	403
アラビアゴム	413
アラントイン	411
アルギニン	408
アルツハイマー病	399
アロフェン	375
アンチセンス核酸	428
安定性評価法	386
安定度比	31, 145, 157, 374
イオン間相互作用	35
イオン強度	473
イオン種	375
イオンの遮蔽効果	391
異形粒子	239
異種油	263

位相解析光散乱法	190
一次電気粘性効果	449
一方向成長	456
イモゴライト	372
インクジェットインク	293
インクジェット印刷	288
印刷エレクトロニクス	287
印刷効果	318
印刷適性	318
インスリンアナログ	403
インスリン製剤	403
インスリンボール	403
インタカレート	446
宇宙実験	458
ウベローデ粘度計	168
埋め込み境界法	80
液–液相分離	404, 412
液晶	90
液晶乳化法	260
液相法	233
液体–液体相分離	88
液中凝集性	217
液滴	347, 404
液面センサー	103
エクストルージョン	254
エネルギー障壁	373
エマルション	70, 249, 260, 347
エマルション剤	378
エマルション樹脂	298
エリプソメトリー	465
塩化ナトリウム	407
円環法	175
塩酸グアニジン	408
遠心沈降分析法	154
エントロピー弾性	392
応答関数	102
応力緩和	169
応力緩和法	73
オストワルド熟成	384
オストワルト成長	387
オストワルド粘度計	167
オストワルドライプニング	263, 384

オパレッセンス	410
オフセット印刷	312
オフセット印刷インキ	312
オリゴマー	399

【か行】

解砕	80, 295
階層構造	430
回転拡散係数	115
回転半径	123
回転翼式粘度計	168
解乳化	263
界面	263
界面活性剤	236, 260
界面自由エネルギー	469
界面張力	95, 173
界面動電現象	18, 193
界面レオロジー	395
火炎噴霧熱分解法	230
カオリナイト	375
化学機械研磨	105
化学結合	436
化学進化説	413
可逆コロイド	6
可逆的凝集	33
可逆的相転移	10
架橋力	202
拡散係数	112, 296
拡散層	275
拡散電気二重層	19, 200, 373
拡散二重層	391
核小体	415
拡張機能	104
拡張/収縮法	184
拡張濡れ	321
散乱角度	111
下限臨界共溶温度(LCST)	246
加速試験	394
カチオン-π相互作用	405, 408, 415
カップ粘度計	167
滑落(転落)法	182

荷電コロイド	94
荷電コロイド系	453
カードハウス構造	302
加熱凝集	409
過分散	325
カーボンナノチューブ	443
カーボンナノホーン	159
カーボンブラック	314
可溶化転換法	260
可溶化能(包摂能)	396
可溶化量	262
カラー用カーボンブラック	314
カラーレジスト	293
カルボキシ基	249
カロテノイド	478
カロテノイドナノ粒子	478
皮張り	83
乾式ユニット	108
管状火炎燃焼	230
含水無機酸化物	337
慣性半径	123
乾燥 Péclet 数	84
乾燥経路(drying process path)	285
乾燥特性	83
乾燥領域マップ	284
緩速凝集領域	157, 373
緩慢凝集	10, 27
顔料	293
顔料級酸化チタン	336
顔料分散技術	293
顔料分散剤	309
顔料誘導体	308
緩和	127
緩和弾性率	73
気液界面	463
気液界面吸着粒子	463
機械学習	94
機械的解砕	295
機械的外力	262
擬塑性	288
擬塑性流動	170
擬塑性流体	71

気体-液体相転移	91	金ナノ粒子（AuNP）	401
基底膜	424	空孔構造	227
機能性界面制御剤	260	クエット	169
起泡性	470	クエン酸塩	219
逆重畳（Deconvolution）	342	グラインドメーター	319
逆フーリエ変換法	123	グラビア印刷	289
逆フーリエレンズ	102	グラビアオフセット印刷	289
逆問題	102	グラフェン	446
キャノン-フェンスケ粘度計	168	グラントムソン・プリズム	115
キャパシタ	235	クリープ	169
キャピラリ数	283	クリープコンプライアンス	73
吸引ノズル	108	クリープ法	73
吸光断面積	143	クリーミング	386, 468
吸光度	142	クリーミング指数	388
吸収ピーク波長	482	グルコース	407
急速凝集	10, 27	クロスβ構造	399
急速凝集領域	145, 157, 373	蛍光後光褪色法	418
吸着	3	蛍光体	230
吸着エネルギー	464	経時変化	163
吸着基	214	形状因子	126
吸着高分子間の立体相互作用	51	ケーク層	81
吸着剤	232	結晶化	410
吸着層の厚さ	395	結晶成長	226, 456
吸着平衡	361	ゲル微粒子	245
キュービック相	257	限界圧	394
キュボソーム	256	原子間力顕微鏡	198
強凝集体（aggregate）	33	懸濁重合	240
競合吸着	364	懸濁重合法	299
凝集構造	76	懸滴法	175
凝縮相と分散相の平衡	43	顕微鏡法	189
凝集速度係数	144, 158, 374	減率乾燥	83
凝集体強度	376	減率乾燥期間	281
凝集沈降	143	コアシェル粒子	233
凝集半減期	145	コアセルベート	404, 413, 426
凝集粒子	33	高 Weissenberg 数問題	94
共焦点レーザー顕微鏡	392, 467	高圧乳化装置	348
強制乳化法	299	合一	387
協同吸着	367	広角 X 線散乱（WAXS）	120
キラリティ	403	光学因子	144
均一核生成	232	光学検出系	133
金属錯体熱分解法	223	光学顕微鏡	392
金属ナノ粒子	218	光学的粒子検出技術	117

交互積層	422
交差拡散	85
光子相関法	112
格子ボルツマン法	92
高出力バス型超音波照射機	262
高次粒子	29
構造因子	126
構造損失	140
構造多型	401
構造粘性	72
高速原子間力顕微鏡法	247
剛体球系	453
高濃度高粘度	106
高濃度スラリー	106
高濃度低粘度セルユニット	106
降伏応力	71
高分子	90
高分子ゲル	458
高分子電解質	250
高分子ナノ薄膜	423
高分子微粒子	238
高分子分散剤	217
恒率乾燥	83
枯渇引力	76, 202
枯渇引力系	453
枯渇凝集	393
枯渇相互作用	48
枯渇領域	456
国際宇宙ステーション	453
固体高分子形燃料電池	275
固体粒子	347, 386
コーヒーリング	288
固有粘度	448
コロイド	6
コロイド会合体	458
コロイド結晶	77, 453, 467
コロイドゲル	94
コロイド振動電流	195
コロイドプローブ	198
コロイド粒子	355, 453
コンゴレッド	399
混相流	92
コンデンセート	412
コーンプレート	169
コーンプレート型粘度計	169

【さ行】

サイクリックボルタンメトリー	276
細胞集積技術	423
最大泡圧法	177
再沈法	480
最低造膜温度	299
最適撹拌時間	277
細胞外マトリックス	422
細胞質モデル	432
材料固有損失	140
散乱パターン	101
サスペンション	70, 330, 386
サスポエマルション剤	378
サブビジブルパーティクル	410
サーミスタ材料	291
散逸粒子動力学	94
酸塩基相互作用	307
酸化亜鉛	335
酸化チタン	335
酸化物半導体	290
三相乳化	260
サンドミル	317
散乱	335
散乱光	389
散乱損失	140
散乱ベクトル	112, 120
シアシックニング流体	71
シアシニング流体	71
紫外線散乱剤	328, 335
紫外線遮へい	230
紫外線防御性	330
時間依存 Ginzburg-Landau (TDGL) モデル	88
刺激応答性材料	475
自己相関関数	112, 189
自己組織化	247
仕事関数	291
自己乳化法	299

示差走査熱量	351	水中油型	383
脂質ナノディスク	256	水和力	200
脂質粒子	386	スクリーン印刷	287
指数法則流体	75	スチレン	248
自然沈降分析法	154	ストークスの式	296, 380
持続長	444	ストーマー粘度計	168
湿式塗布	279	ストレス顆粒	419
湿潤熱	310	スラリー	70, 154, 269
質量作用の法則	361	ずり応力	71
シート成形	163	ずり速度	71
シード分散重合法	241	ずり流動	71
ジドデシルジメチルアンモニウムブロミド	255	スロットダイ塗布	279
ジメチルホルムアミド	221	正極スラリー	269
弱凝集体（agglomerate）	33	成形体充填率	163
ジャミング現象	469	生体分子凝縮体	426
充填性	162	静的接触角測定	181
周波数応答	280	静的動的同時光散乱法	157
周波数解析法	112	静的光散乱	111
周波数分散	171	静電遮へい効果	407
自由表面	79	静電斥力	10
重力沈降試験	161	静電斥力/電気二重層	218
樹脂	293	静電相互作用	200, 405
循環分散	307	静電相互作用エネルギー	39
循環ポンプ	103	静電的相互作用	392, 415
小角X線散乱	120, 340	静電反発力	454
小角分解能	120	斥力	51
消泡	464	ゼータ（ζ）電位	18, 143, 188, 194, 227, 249, 351, 358, 371, 436
触媒スラリー	276		
触媒層	275	接触抵抗	231
シランカップリング剤	469	接触角	180, 463
人工細胞	432	接触力	79
親水コロイド	6	接着タンパク質	422
親水性	4	セラソーム	256
親水性-親油性バランス	383, 463	セルロースナノクリスタル	448
親水性ソフト微粒子	262	セルロースナノファイバー	155, 448
浸透圧	392	線形領域	171
浸透圧調節物質	416	全相互作用エネルギー	39
振動円二色性	403	選択係数	365
振動フィーダ	108	せん断応力	71
親油性	4	せん断速度	71
水素化ホウ素ナトリウム	222	せん断速度依存性	170
水素結合	35, 415	せん断粘稠化流体	71

せん断流動	71
せん断流動化流体	71
静電斥力	76
双極子相互作用	35
造孔剤	234
相互作用	111
相互作用ポテンシャル	453
相互作用ポテンシャルエネルギー	146
相互作用力(表面間力)	198
交互積層ナノ薄膜	424
相図	413
相対粘度	82
相転移	45, 88
増粘剤	300
相分離現象	426
造膜助剤	299
損失弾性率	74
毒性多型	403
測定自動トリガ	108
速度論	9
疎水コロイド	6
疎水性引力	202
疎水性相互作用	309, 415
塑性流体	71
粗大粒子	109
ソーティング系	135
ソフト系	7
ソープフリー乳化重合	435
損失コンプライアンス	74
損失正接	74
損失弾性率	169

【た行】

第1種フレッドホルム型積分方程式	102
対称型電解質溶液	39
対称電解質	372
体積ダイラタンシー	71
体積平均粒子径 $d_{4,3}$	392
帯電コロイド粒子	18
ダイヤモンド格子型	459
ダイラタント流体	71

ダイラタント流動	170
タウタンパク質	401
濁度	142, 397
濁度変化速度	145
多層吸着	368
多点吸着型分散剤	308
多糖類	392
ダブルクエット	169
単一円筒型回転式粘度計	168
単純せん断流れ	80
沈殿重合法	245
チオフラビンT	399
チキソトロピー性	319
チクソトロピー	72
チクソトロピーインデックス	169
チクソトロピー性	169
チクソトロピック流体	72
秩序変数	88
超音波	445
超音波減衰機構	139
超音波洗浄機	262
超音波プローブ	103
超音波法	138, 194
超音波ホモジナイザー	262
超音波霧化	228
長期安定性	397
直接数値シミュレーション	79
貯蔵コンプライアンス	74
貯蔵弾性率	74, 169
沈降	37, 387
沈降数	284
沈降電位法	193
沈降分析法	154
沈降平衡	37
沈降法	161
沈降防止剤	300
定常流粘度	170
低複雑性ドメイン	404
定率乾燥期間	281
データ処理系	134
デキストラン	412
デッドエンドろ過	81

デバイ・ヒュッケル理論	454
デバイ長	373
デバイの遮蔽長	454
電解質	263
電荷反発	337
電気泳動	18
電気泳動移動度	19, 155, 190, 249
電気泳動光散乱法	189
電気泳動法	188
電気浸透流	191
電気二重層	19, 39, 76, 156
電気ポテンシャル	364
電子顕微鏡	392
転相温度乳化法	260
天然変性タンパク質	404, 429
天然変性領域	416, 429
テンプレート	227
透過型電子顕微鏡	430
透過光	389
透過率	142
透過率バー	103
動的接触角測定	182
動的粘弾性測定	169
動的光散乱	111
動的光散乱法	154
動的表面張力	177
等電点	337, 371, 471
銅フタロシアニン顔料	314
トークスの法則	168
トップダウン法	348
ドーマント	322
ドメイン構造	248
ドラッグデリバリーシステム	105, 252
トリアシルグリセロール	395
塗料	305
塗料用顔料	305
ドルン効果 (Dorn Effect)	193
ドロプレット	404, 412
トワイライト蛍光顕微鏡	446
曇点	260

【な行】

ナノ構造	247
ナノコンポジットゲル微粒子	249
ナノサイズ分散機	324
ナノシート	428
ナノセルロース	448
ナノバブル	202
ナノ分散	321
ナノ粒子	213, 229
ナノ粒子表面修飾剤	214
軟粒子集合体 (flocculate)	34
二成分スラリー	164
ニーダー	316
二体距離分布関数	123
乳化剤フリー乳化	260
乳化剤ミセル	396
乳化重合	239, 248
乳化重合法	299
ニュートンの法則	70
ニュートン流体	71, 168
ニュートン流動	170
尿素	408
濡れ	3, 180, 295
濡れ性	4, 35
熱的損失	140
ネットワーク構造	165
練肉工程	315
粘性損失	140
粘性流体	71
粘弾性	88
粘弾性流体	72
粘度	71, 390, 410
燃料電池	231, 275
ノイズ項	96
濃厚分散系	193
濃縮層	83
濃度依存性	113
農薬製剤	378

【は行】

項目	ページ
バイオフィルム	358
排除体積効果	46
排水弁	103
バイセル	256
ハイドロゲル	245
ハイドロコロイド	392
ハイドロトロープ	415
薄膜トランジスタ	291
橋架け凝集	393
発光共役オリゴチオフェン	401
発光共役ポリチオフェン	401
発泡剤	467
ハード系	7
ハードケーキ	297
パラレルプレート	169
パルスNMR	206
パルスNMR法	127
パルス処理系	134
ハロイサイト	375
パワースペクトル分析	189
反転オフセット印刷	289
反電場	88
半等量電位	308
ハンドリング性	229
反復法	102
非可逆的凝集	33
光散乱法	392
光触媒	229
微細エマルション	352
微小重力実験	458
ビーズセパレーター	325
ヒストグラム法	112
ヒストン	413
ビーズミル	306, 317
ひずみセンサ	291
ひずみ分散	170
非線形領域	171
ピッカリングエマルション	260
ピッツバーグ化合物	401
非ニュートン流体	71, 168
ビニルナフタレン（Vinylnaphthalene）	437
非ビンガム流体	71
非プロトン性極性溶媒	444
日焼け止め化粧品	335
表面荷電	391
表面自由エネルギー	186
表面修飾剤	215
表面処理	336
表面張力	173
表面電位	18
表面電荷密度	249, 373
表面電荷	471
表面力測定装置	198
微粒子酸化亜鉛	336
微粒子酸化チタン	336
ビルドアップ法	4
ビンガム流体	71
ピン止め効果	464
フィード重合法	240
フィブリル	399
フェイズフィールド法	91
フォークト模型	72
フォームカラム	468
不可逆コロイド	6
負極スラリー	272
不均一重合法	238
不均質場	368
復元速度	165
腐植酸	376
付着性制御	216
付着力	199
フックの法則	70
物理吸着	436
部分合一	393
浮遊	387
ブラウン運動	92, 115
フラウンホーファー回折理論	101
フラッシュベース	318
フラッシング	314
フラワーミセル	253
ブランケットパイリング	319
ブレイクダウン法	4

プレート	473	ポリ(N-イソプロピルアクリルアミド)	246
フロアブル剤	378	ポリイオンコンプレックス	426
フローカーブ	75	ポリエチレングリコール	412
フローサイトメトリー	133	ポリオール	220
フロキュレーション	294	ポリシアノアクリレート	465
フロキュレート	296	ポリジメチルシロキサン	289
プロゾーン現象	435	ポリスチレンラテックス	435
フロッキュレーション解析	357		
ブロック型高分子分散剤	322		
ブロック共重合体	427		

【ま行】

分光光度計	142	マイクロエマルション重合	241
分散剤	236	マイクロ流路	466
分散安定化	295, 307	前計量塗布	279
分散安定性(Dispersion stability)	3, 37, 263	膜骨格タンパク質	257
分散コロイド	347	マックスウエル模型	72
分散重合	241	マランゴニ応力	281
分散重合法	299	マルチスケールシミュレーション	94
分散状態	162	ミー散乱理論	101
分散性(Dispersibility)	3, 37	ミセル	234, 252
分散力相互作用	13	ミニエマルション重合	240
分子クラウディング	416, 426	無極性溶媒	213
分子動力学	86	無乳化剤乳化重合	240
分子ひずみ	480	メークアップ化粧品	336
粉体接触角	185	メソッド・エキスパート機能	104
分配係数	362	面積平均粒子径 $d_{3,2}$	392
噴霧乾燥法	226	モアレパターン	467
噴霧熱分解法	225	毛管式粘度計	168
噴流乾燥	281	毛管力	79, 229
平衡論	9	モデルフィッティング法	123
ペクレ数	284	モンモリロナイト	375
ベシクル	253, 427		

【や行】

ヘテロダイン法	112		
偏光解消動的光散乱	115	ヤヌス粒子	469
変性剤	408	やわらかさパラメータ	249
偏析	84	有機色素	478
抱水ヒドラジン	221	有機処理	337
ポーラス構造体	228	有機半導体	290
ホスファチジルコリン	255	有効ポテンシャル	86
ボトムアップ法	348	油脂結晶	395
ボブ&カップ	169	ユニットポリイオンコンプレックス	427
ホモダイン法	111	ユニマーミセル	253
ボラ型界面活性剤	255		

溶解性パラメーター	309
溶解度	263
溶媒和力	203
揺変剤	300

【ら行】

落球式粘度計	168
ラテックス免疫比濁法	435
ラプラス圧	95
ラメラ液晶	261
ラメラ長測定	175
乱流沈降	358
リアルタイム表示	104
離漿	297
リチウムイオン電池	269
リチウムイオン電池正極スラリー	164
立体的相互作用	392
立体障害	380
リビング(ribbing)欠陥	280
リビング重合	253
リビングラジカル重合法	322
リフォールディング	409
リポソーム	253
粒径評価	349
硫酸アンモニウム	407
粒子間相互作用	3
粒子間付着力	376
粒子径	379
粒子径分布測定装置	138
粒子滞留時間	230
粒子濃度	275
粒子の解離	391
流体力学的径	155

流体力学的相互作用	93
流体力学的半径	113, 154
流体力	79
流動 Péclet 数	82
流動学的ダイラタンシー	71
流動特性	331, 358
粒度分布測定	320
流路系	133
粒子安定化泡	463
両親媒性 α ヘリックス	257
両親媒性高分子	245
両連続マイクロエマルション	261
臨界凝集イオン強度	159, 373
臨界凝集濃度	10, 41, 145, 157, 371, 443
臨界充填パラメータ	252
臨界ミセル濃度	201, 252
リングデテクタ	102
臨床化学自動分析装置	434
臨界凝集濃度	436
臨界クラック厚み	286
臨床検査	434
レアメタル	230
レイリー散乱理論	101
レーザーラマン顕微鏡	392
レーザ回折・散乱法	101
レオペクシー	72
レオペクシー性	169
レオペクチック流体	72
レオメーター	169
レオロジー	390
レオロジー解析	331
レオロジーコントロール剤	300
レオロジー特性	270
ローター式ホモジナイザー	262
ろ紙クロマト法	319
ロッド	473

分散・凝集技術ハンドブック
Handbook of Dispersion and Flocculation Technology

発行日	2025年4月24日 初版第一刷発行
監　　修	秋吉　一成
編集幹事	武田　真一
編集委員	足立　泰久，大島　広行，川﨑　英也，小林　功，小林　敏勝，中村　浩
発行者	吉田　隆
発行所	株式会社 エヌ・ティー・エス 東京都千代田区北の丸公園2-1 科学技術館2階　〒102-0091 TEL：03(5224)5430　http://www.nts-book.co.jp/
制作・印刷	株式会社 双文社印刷

Ⓒ 2025　秋吉一成，武田真一ほか　　ISBN978-4-86043-903-3　C3050

乱丁・落丁はお取り替えいたします。無断複写・転載を禁じます。
定価はケースに表示してあります。
本書の内容に関し追加・訂正情報が生じた場合は，当社ホームページにて掲載いたします。
※ホームページを閲覧する環境のない方は当社営業部(03-5224-5430)へお問い合わせ下さい。

NTSの本 関連図書

	書籍名	発刊年	体裁	本体価格
1	濡れ性 ～基礎・評価・制御・応用～	2024年	B5 384頁	63,000円
2	実践 エマルション安定化・評価技術 ～各種指標値に基づく科学的アプローチ～	2020年	B5 248頁	36,000円
3	乾燥工学ハンドブック ～基礎・メカニズム・評価・事例～	2025年	B5 480頁	69,000円
4	分散系のレオロジー ～基礎・評価・制御、応用～	2021年	B5 436頁	54,000円
5	三訂　高分子化学入門 ～高分子の面白さはどこからくるか～	2024年	B5 376頁	3,800円
6	2020版 薄膜作製応用ハンドブック	2020年	B5 1570頁	69,000円
7	実感する化学　原書第10版　上巻 地球感動編	2025年	B5 496頁	3,800円
8	実感する化学　原書第10版　下巻 生活感動編	2025年	B5 416頁	3,800円
9	接着工学　第2版 ～接着剤の基礎、機械的特性・応用～	2024年	B5 736頁	54,000円
10	先端の分析法 第2版	2022年	B5 1072頁	69,000円
11	新訂三版　ラジカル重合ハンドブック	2023年	B5 1024頁	69,000円
12	Brown粒子の運動理論 ～材料科学における拡散理論の新知見～	2017年	B5 224頁	20,000円
13	表面・界面技術ハンドブック ～材料創製・分析・評価の最新技術から先端産業への適用、環境配慮まで～	2016年	B5 858頁	58,000円
14	ゲルテクノロジーハンドブック ～機能設計・評価・シミュレーションから製造プロセス・製品化まで～	2014年	B5 908頁	65,000円
15	CFRPの成形・加工・リサイクル技術最前線 ～生活用具から産業用途まで適用拡大を背景として～	2015年	B5 388頁	40,000円
16	多形現象と制御技術 ～晶析と多形の基礎から多形制御の実際まで～	2018年	B5 354頁	30,000円
17	多孔質体ハンドブック ～性質・評価・応用～	2023年	B5 912頁	68,000円
18	食品コロイド・ゲルの構造・物性とおいしさの科学	2024年	B5 420頁	42,000円
19	膜タンパク質工学ハンドブック	2020年	B5 624頁	59,000円
20	光と物質の量子相互作用ハンドブック	2023年	B5 992頁	70,000円
21	接着界面解析と次世代接着接合技術	2022年	B5 448頁	54,000円
22	革新的AI創薬 ～医療ビッグデータ、人工知能がもたらす創薬研究の未来像～	2022年	B5 390頁	50,000円

※本体価格には消費税は含まれておりません。